U0301216

21世纪高等学校规划教材 | 计算机应用

数据库及其应用
（Access及Excel）（第二版）

肖慎勇 熊平 编著

清华大学出版社
北京

内容简介

本书以 Microsoft Office 2010 套件中的 Access 和 Excel 为工具，介绍数据库系统的基本理论、设计开发和操作应用。全书分为 12 章，主要内容包括信息与数据处理的基本知识、关系数据库的基本理论、数据库系统的设计思想、数据库的创建与应用等，以及 Access 数据库和表、查询、窗体等 6 种对象的操作，特别是完整详细地介绍了 SQL 语言、Web 数据库基础、数据库的安全管理、Access 与 Excel 之间的数据转换和处理等内容，使本书具有鲜明的特色。

本书以具有典型意义的"图书销售管理"案例为基础，通过大量实例对数据库、数据库设计应用、数据处理等各方面进行了全面、深入的阐述，书中所用实例前后连贯、简明生动、易于理解，全书内容完整，文字深入浅出，理论知识通俗易懂。

本书非常适合作为非计算机专业的 Access 数据库教材和学生自学使用，也可作为读者学习关系数据理论和使用 Access 和 Excel 的参考书。

图书在版编目(CIP)数据

数据库及其应用：Access 及 Excel/肖慎勇等编著. —2 版. —北京：清华大学出版社，2014（2015.1 重印）
21 世纪高等学校规划教材·计算机应用
ISBN 978-7-302-35139-9

Ⅰ. ①数…　Ⅱ. ①肖…　Ⅲ. ①关系数据库系统　Ⅳ. ①TP311.138

中国版本图书馆 CIP 数据核字(2014)第 012433 号

责任编辑：魏江江　王冰飞
封面设计：傅瑞学
责任校对：白　蕾
责任印制：沈　露

出版发行：清华大学出版社
网　　址：http://www.tup.com.cn，http://www.wqbook.com
地　　址：北京清华大学学研大厦 A 座　　邮　　编：100084
社 总 机：010-62770175　　邮　　购：010-62786544
投稿与读者服务：010-62776969，c-service@tup.tsinghua.edu.cn
质 量 反 馈：010-62772015，zhiliang@tup.tsinghua.edu.cn
课 件 下 载：http://www.tup.com.cn，010-62795954
印 装 者：三河市中晟雅豪印务有限公司
经　　销：全国新华书店
开　　本：185mm×260mm　　印　张：25.5　　字　　数：618 千字
版　　次：2009 年 3 月第 1 版　2014 年 2 月第 2 版　　印　　次：2015 年 1 月第 2 次印刷
印　　数：6501～11500
定　　价：39.50 元

产品编号：039330-01

出版说明

随着我国改革开放的进一步深化，高等教育也得到了快速发展，各地高校紧密结合地方经济建设发展需要，科学运用市场调节机制，加大了使用信息科学等现代科学技术提升、改造传统学科专业的投入力度，通过教育改革合理调整和配置了教育资源，优化了传统学科专业，积极为地方经济建设输送人才，为我国经济社会的快速、健康和可持续发展以及高等教育自身的改革发展做出了巨大贡献。但是，高等教育质量还需要进一步提高以适应经济社会发展的需要，不少高校的专业设置和结构不尽合理，教师队伍整体素质亟待提高，人才培养模式、教学内容和方法需要进一步转变，学生的实践能力和创新精神亟待加强。

教育部一直十分重视高等教育质量工作。2007 年 1 月，教育部下发了《关于实施高等学校本科教学质量与教学改革工程的意见》，计划实施"高等学校本科教学质量与教学改革工程(简称'质量工程')"，通过专业结构调整、课程教材建设、实践教学改革、教学团队建设等多项内容，进一步深化高等学校教学改革，提高人才培养的能力和水平，更好地满足经济社会发展对高素质人才的需要。在贯彻和落实教育部"质量工程"的过程中，各地高校发挥师资力量强、办学经验丰富、教学资源充裕等优势，对其特色专业及特色课程(群)加以规划、整理和总结，更新教学内容、改革课程体系，建设了一大批内容新、体系新、方法新、手段新的特色课程。在此基础上，经教育部相关教学指导委员会专家的指导和建议，清华大学出版社在多个领域精选各高校的特色课程，分别规划出版系列教材，以配合"质量工程"的实施，满足各高校教学质量和教学改革的需要。

为了深入贯彻落实教育部《关于加强高等学校本科教学工作，提高教学质量的若干意见》精神，紧密配合教育部已经启动的"高等学校教学质量与教学改革工程精品课程建设工作"，在有关专家、教授的倡议和有关部门的大力支持下，我们组织并成立了"清华大学出版社教材编审委员会"(以下简称"编委会")，旨在配合教育部制定精品课程教材的出版规划，讨论并实施精品课程教材的编写与出版工作。"编委会"成员皆来自全国各类高等学校教学与科研第一线的骨干教师，其中许多教师为各校相关院、系主管教学的院长或系主任。

按照教育部的要求，"编委会"一致认为，精品课程的建设工作从开始就要坚持高标准、严要求，处于一个比较高的起点上；精品课程教材应该能够反映各高校教学改革与课程建设的需要，要有特色风格、有创新性(新体系、新内容、新手段、新思路，教材的内容体系有较高的科学创新、技术创新和理念创新的含量)、先进性(对原有的学科体系有实质性的改革和发展，顺应并符合 21 世纪教学发展的规律，代表并引领课程发展的趋势和方向)、示范性(教材所体现的课程体系具有较广泛的辐射性和示范性)和一定的前瞻性。教材由个人申报或各校推荐(通过所在高校的"编委会"成员推荐)，经"编委会"认真评审，最后由清华大学出版社审定出版。

目前,针对计算机类和电子信息类相关专业成立了两个“编委会”,即“清华大学出版社计算机教材编审委员会”和“清华大学出版社电子信息教材编审委员会”。推出的特色精品教材包括:

(1) 21世纪高等学校规划教材·计算机应用——高等学校各类专业,特别是非计算机专业的计算机应用类教材。

(2) 21世纪高等学校规划教材·计算机科学与技术——高等学校计算机相关专业的教材。

(3) 21世纪高等学校规划教材·电子信息——高等学校电子信息相关专业的教材。

(4) 21世纪高等学校规划教材·软件工程——高等学校软件工程相关专业的教材。

(5) 21世纪高等学校规划教材·信息管理与信息系统。

(6) 21世纪高等学校规划教材·财经管理与应用。

(7) 21世纪高等学校规划教材·电子商务。

(8) 21世纪高等学校规划教材·物联网。

清华大学出版社经过三十多年的努力,在教材尤其是计算机和电子信息类专业教材出版方面树立了权威品牌,为我国的高等教育事业做出了重要贡献。清华版教材形成了技术准确、内容严谨的独特风格,这种风格将延续并反映在特色精品教材的建设中。

清华大学出版社教材编审委员会

联系人:魏江江

E-mail:weijj@tup.tsinghua.edu.cn

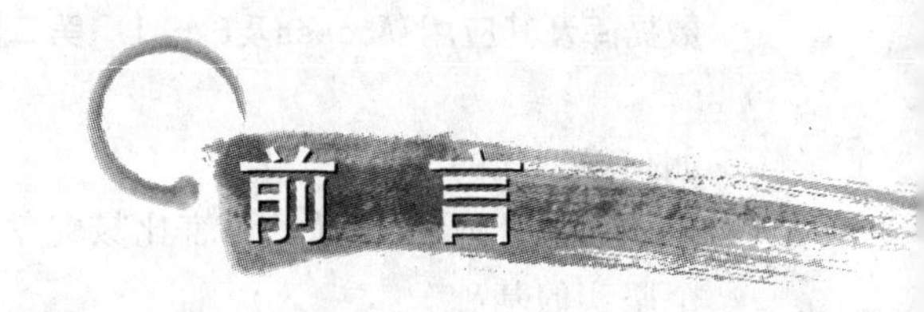

前　言

数据库技术是计算机信息处理的核心技术。自20世纪60年代出现数据库以来,数据库技术得到了很大的发展,并且渗透到计算机应用的各个领域。1970年产生的关系数据理论在数据库技术发展史上具有特别重大的意义,目前绝大多数数据库系统都基于关系数据理论。

与此同时,计算机网络技术也得到了迅猛发展,目前的Internet广泛普及,使得计算机已经成为人们生活中不可分割的一部分,甚至成为很多人工作、生活的重要内容。

可以这样认为,我们所处的信息时代以计算机信息处理为标志。在计算机信息处理技术中,数据库技术是信息存储管理和处理的技术,网络技术是信息传输的技术。因此,生活在这个时代的人,特别是年轻的一代,应该了解和掌握以数据库技术和网络技术为代表的信息处理技术。

虽然计算机信息处理技术有很强的专业性,但是对于大部分人而言,并不需要深入全面地学习深奥的专业理论,能够满足应用要求的基本理论、概念并不复杂,而且易于理解,同时信息处理工具的集成度很高,易学易用。

本书以Microsoft Office 2010中的数据库组件Access和表处理工具Excel为工具,针对需要了解和应用数据库技术的各类学生和有关人员编写。学习本书,读者并不需要掌握特别的计算机基础知识,只要使用过计算机,了解Windows、Internet的基本知识即可。

本书分为12章。第1章从开发应用数据库系统的角度,简明扼要地从整体上介绍了数据库系统的基本概念、数据模型、关系模型以及数据库的工作模式和应用领域,并初步介绍了Access 2010的基本界面和操作,使读者对本书所要介绍的知识有初步的了解。

第2章进一步用直观的方式介绍了关系数据库的基本理论,概述了数据库设计的基本方法,并以"图书销售管理"案例为基础介绍了设计数据库的方法和过程。

第3章至第8章完整地介绍了Access数据库及其6种对象(表、查询、窗体、报表、宏和模块)的知识和应用。

第9章结合计算机网络的应用,介绍了数据库中C/S、B/S模式的概念,并以Access作为数据库服务器,重点介绍了数据库中B/S模式的应用。

第10章介绍了数据库的安全管理。

第11章介绍了Access与其他产品的协同应用,包括与SharePoint的协同应用,这是Office 2010新增的功能,同时还介绍了Access与Word的协同应用,以及数据的导入与导出。

第12章将数据库和表处理结合起来,介绍了使用Excel进行数据处理的一些知识。

与目前介绍Access及数据库知识的大部分图书相比,本书具有以下特点:

(1) 比较完整地介绍了数据库设计的知识,用具有典型意义的"图书销售管理"案例对需求分析中的数据分析以及数据模型设计进行了比较完整的说明,使读者能够了解数据是如何模型化的。

(2) 用通俗、易懂的语言比较完整地介绍了关系数据理论,使读者对于应用数据库有一个坚实的基础。

(3) 与一般图书介绍查询对象时重点使用设计视图不同,本书深入、全面地介绍了 SQL 语言,因为它是关系数据库的标准语言,也是查询对象的基础。可以说,只要读者学习了本书介绍的 SQL 语言和相关实例,掌握查询对象的复杂应用都没有问题。

(4) 以 Access 作为数据库服务器,对 C/S、B/S 模式的应用进行了介绍,使得读者能够充分理解目前 Internet 上的 Web 应用的技术意义。

(5) 将 Access 和 Excel 进行了关联,便于读者在办公应用中将二者的功能进行有机的融合。

(6) 数据库安全管理是比较重要的方面,本书比较完整地介绍了 Access 的安全管理知识。

本书在《数据库及其应用(Access 及 Excel)》第一版的基础上更新了软件的版本,并进行了大量改进。

本书由肖慎勇担任主编,熊平担任副主编,参加编写工作的还有王少波、蔡燕、张爱菊、骆正华、万少华以及莫会丹、祁慧娟、赵姗姗、邹艳梅等。

本书通过大量实例对数据库设计、数据库实现、数据库操作及应用等各方面进行了全面深入的阐述,书中所用实例具有很强的典型意义,前后连贯、简明生动、易于理解,其中许多例子是作者精心设计的。全书内容完整,文字深入浅出,理论知识通俗易懂。

本书有配套的实验与学习指导教程。

本书非常适合作为非计算机专业的 Access 数据库教材和学生自学使用,也可作为读者学习关系数据理论和使用 Access 和 Excel 的参考书。

本书在编写过程中得到了中南财经政法大学信息与安全工程学院领导和全院老师们的大力支持,没有各位领导和老师们的支持,本书是不可能完成的,同时清华大学出版社为本书的顺利出版付出了极大的努力,在此一并致以深深的感谢。

尽管本书编者尽了很大的努力,但由于水平和时间有限,书中难免有许多不足之处,敬请读者不吝赐教,以便今后能够进一步完善。

编　者

2013 年 11 月

目 录

第1章 数据处理与数据库系统概述

信息是最重要的资源之一，与能源、物质并列为人类社会活动的三大要素。计算机是信息处理最主要的工具。随着信息技术的飞速发展和广泛应用，建立以数据库为核心、基于网络环境的信息处理系统成为目前最主要的信息处理形式。

1.1 计算机数据处理

1.1.1 信息与数据

当人们准备做或者不准备做某件事时，总是先去了解其相关情况，然后通过对情况进行分析和评估来最终决定是否实施或改变既定的计划。实际上，这就是收集信息、分析信息并依靠信息进行决策的过程。信息掌握得越充分、及时、正确，决策的正确程度就越高，收效也就越大；反之，收效可能不大甚至决策失败。

因此，信息已经成为人们越来越熟悉、越来越经常提到的概念。随着计算机的广泛使用，对于很多人来说，计算机和信息密不可分。那么，如何准确地理解信息呢？如何认识信息与计算机之间的关系呢？怎样最好地利用计算机来处理和获得信息呢？

1. 信息

由于信息与所有行业、学科、领域密切相关，因此对于信息存在多种认识和观点。

信息论的创始人香农(C. E. Shannon)给出信息的定义："信息是事物不确定性的减少"。

控制论的创始人诺伯特·维纳(Norbert Wiener)给出信息的定义："信息是人们在适应外部世界并使这种适应反作用于外部世界的过程中，同外部世界进行交换内容的名称"。《中国大百科全书》则定义："信息是符号、信号或消息所包含的内容，用来消除对客观事物认识的不确定性"。

关于信息的定义，不同的行业、学科基于各自的特点给出了不同的定义。一般情况下，人们把消息、情报、新闻、知识等当做信息。

本书从应用角度定义信息，即信息是对现实世界中事物的存在特征、运动形态以及不同事物间的相互联系等多种属性的描述，通过抽象形成概念，这些概念能被人们认识、理解，能被表达、加工、推理和传播，以达到认识世界和改造世界的目的。因此，信息是关于事物以及事物间联系的知识。

通常将信息分为 3 种类型或 3 个层面：

① 事物的静态属性信息。事物的静态属性信息包括事物的形状、颜色、状态、数量等。

② 事物的动态属性信息。事物的动态属性信息包括事物的运动、变化、行为、操作、时空特性等。

③ 事物之间的联系信息。事物之间的联系信息包括事物之间的相互关系、制约和相互运动的规律。

事物的静态、动态属性信息属于事物本身的特性，比较直观、容易收集，而事物之间的联系信息可能隐藏在事物之中，不容易认识和获得，一般需要在前两类信息的基础上进行分析、综合并进行加工处理才能够获得。

在一个确定的环境下，获得的信息量越大，就意味着人们对特定事物及相互联系的认识越深入，不确定性越小。所以，信息是关于事物不确定性的度量。

2. 信息表达及其特性

迄今为止，人们已经研究和发明了非常多的信息表达形式，也发明了很多媒介和设备来记录、存储和展示信息，计算机就是目前具有综合处理各种信息表达方法的最重要的设备。从某种意义上讲，人类进步的突出标志之一就是对信息表达、处理以及传播手段的不断更新。

但是还有非常多的信息人们尚没有完善的表达方式，例如人类自身的嗅觉、触觉、味觉的表达等。不断研究新的信息表达手段和方法，是人们需要长期面对的课题。

目前使用的计算机信息表达方法主要有数字、文字和语言、公式、图形和曲线、表格、多媒体(包含图像、声音、视频等)、超链接等。

信息具有可共享性、易存储性、可压缩性、易传播性等特性。

① 可共享性。这是信息与其他资源的本质区别之一。在物质世界里，资源有限，且常常处于被争夺状态，而信息可以被无限复制，并可以使所有相关人员共享。

扩大信息可共享性使信息发挥尽可能大的效用，是信息管理的主要目标之一。但是，信息的可复制性也带来信息使用安全和信息非法使用的问题，涉及知识产权保护、商业秘密安全等。一般来说，生产信息的成本较高，而复制信息的成本极低，因此复制也带来一系列问题。如何保护信息并且限制信息的共享，也是信息管理的目标。

提供信息共享的便利以及保护信息、防止信息被非法共享成为信息管理中需要同时关注并完成的任务。

② 易存储性。在现代信息系统中，信息以数字形式存储和传递，信息的易存储性表现在现在已经有非常多的存储介质和存储技术，例如磁介质、光、半导体、生物等，并且存储的容量越来越大，存储成本越来越低，在信息管理的总成本中甚至可以忽略不计。

③ 可压缩性。数字化的信息表达，可以通过一定的算法对信息的表达空间进行压缩，从而减少表达空间且不丢失信息的内容。目前，压缩技术是信息技术的重要分支，产生了多种压缩技术标准和产品。使用压缩技术可以减少信息的存储空间，大幅度降低网络传送负载，提高传送效率。对信息压缩存储还可以有效提高信息的存储安全。

④ 易传播性。网络技术的发展和普及可以使信息在瞬间被传播到世界的各个角落，同

时各种信息技术的不断更新，使得传输信息的类型不断增多、传输容量不断增加。信息的这种特性已经从根本上改变了人们获得信息、交流信息的方式。

3. 数据与数据处理

信息的表达需要借助于符号，也就是数据。数据是信息的载体，信息是数据的内涵。

计算机是处理数据的机器。数据符号各种各样，在计算机中都转换成二进制符号 0 和 1 保存和处理。事实上，表达各种信息的数据在计算机中就是由 0 和 1 组成的各种编码。计算机处理数据，而这些数据所蕴含的信息是由用户赋予的，产生于人的大脑中。因此，计算机针对的是"数据"，对信息的加工处理也称为数据处理。

在现实社会中，生产经营、日常管理等活动要产生或处理大量数据。人们直接获取的通常是原始数据，原始数据反映了实际业务活动，但原始数据还需要计算机进行进一步处理，才能获得有价值的信息，这就是数据处理的过程。

所谓数据处理，是指对数据的收集、整理、组织、存储、维护、加工、查询和传输的过程。

1.1.2 数据库系统

为了实现数据处理的目标，需要将多种资源聚集在一起，例如实现数据采集和输入的输入设备、为处理数据而开发的程序、运行程序所需要的软/硬件环境、各种文档，以及所需要的人力资源等。

1. 数据处理系统

为实现特定的数据处理目标所需要的各种资源的总和称为数据处理系统。一般情况下，数据处理系统主要包括硬件设备、软件环境、开发工具、应用程序、数据集合、相关文档等。

数据处理系统的开发是指在确定的软/硬件环境下，设计实现特定数据处理目标的软件系统的过程。数据处理过程中涉及大量数据，对数据的管理格外重要。目前，数据库技术是数据处理系统中最核心的技术。

2. 数据库技术与数据库系统

数据库技术是计算机数据管理技术发展到一定阶段的产物。随着计算机软/硬件的发展，计算机数据管理经历了 3 个阶段，即手工管理阶段、文件系统阶段、数据库系统阶段。

20 世纪 50 年代中期以前，计算机主要用于科学计算。当时还没有磁盘等直接存取设备，外存只有纸带、磁带等，也没有操作系统和专门管理数据的软件，数据由人们手工管理。

50 年代后期到 60 年代，有了磁盘等设备及操作系统等软件，计算机开始大量用于数据处理。操作系统中有专门的文件管理模块管理数据，数据可长期保存，应用软件不必过多考虑数据存储的物理细节。数据由应用程序定义，数据不独立，共享性差、冗余度大。

60 年代中期以后，产生了数据库技术，出现了统一管理数据的软件——数据库管理系统(Data Base Management System，DBMS)。

所谓数据库，简而言之，就是长期存储的相关联、可共享的数据集合。数据库是数据处理系统的重要组成部分。数据库技术具有以下特点：

① 数据结构化。数据库是存储在外存上的按一定结构组织的相关联的数据集合。

② 数据共享性好、冗余度低。数据库中的数据面向全系统、面向系统中的所有用户。系统中的特定应用使用的数据从数据库中抽取,不同应用无须重复保存,使数据的冗余度较低,实现了数据的一致性。

③ 数据独立性强。数据库采用三级模式、两级映射体系结构,具有很强的物理数据独立性和逻辑数据独立性,即数据全局模式与存储设备、与用户程序的独立性。

④ DBMS 统一管理。数据库的定义、创建、维护、运行操作等所有功能由 DBMS 统一管理和控制,使数据库的性能和使用方便性都有充分的体现。

数据库系统是运用数据库技术的数据处理系统,由计算机软/硬件、数据库、DBMS、应用程序以及数据库管理员(Data Base Administrator,DBA)和数据库用户构成。典型的数据库系统构成如图 1.1 所示。

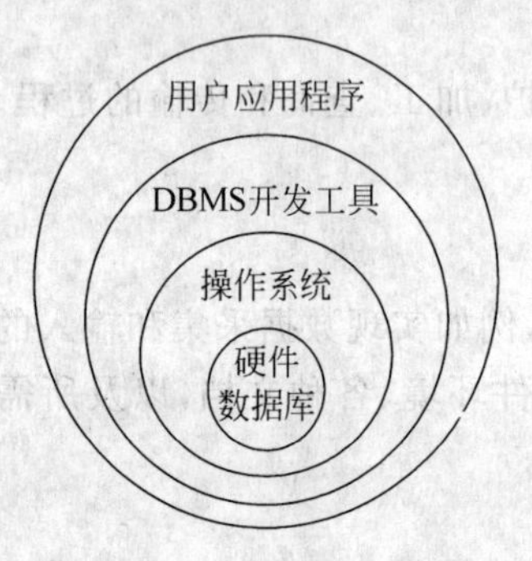

图 1.1 数据库系统构成示意图

数据库系统需要存储容量大、速度快、安全可靠的高性能计算机。在数据库系统中,用户一般通过应用程序使用数据库,用户应用程序体现了数据库系统的功能。因此,建立数据库和开发建立在数据库之上的应用程序是开发数据库系统的主要工作。

DBMS 是专门处理数据库的软件,是数据库系统的核心,数据库的所有工作都由 DBMS 完成。DBMS 需要操作系统及有关工具软件的支持。

为了有效、安全地管理数据库,大型数据库一般都配有专职 DBA,职责是管理和维护数据库,主要工作包括安装、升级数据库服务器;监控数据库服务器的工作并优化;正确配置、使用存储设备;备份和恢复数据;管理数据库用户和安全;与数据库应用开发人员协调;转移和复制数据;建立数据仓库等。

3. 数据库应用系统与管理信息系统

数据库系统的开发和建立,大多是为了满足企业或组织的应用需求,因此也称为数据库应用系统(Date Base Application System,DBAS)。

在各类企业或组织中,管理都必不可少。企业的各类管理部门,需要记载和管理业务数据,并将数据加工处理,产生反映企业生产运营状况的报表,以及支持管理决策的信息,实现其管理的职能。针对企业管理工作开发的信息处理系统称为管理信息系统(Management Information System,MIS),目前,大多数 MIS 都是数据库系统。

计算机很早就开始应用于企业管理中。最早大约在 1955 年,美国开始将计算机用于企业的工资和人事管理,这是最早基于计算机的 MIS 雏形。美国学者瓦尔特·肯尼万(Walter T. Kennevan)于 1970 年最早对 MIS 进行定义:“以书面和口头的形式,在合适的时间向经理、职员以及外界人员提供过去的、现在的、预测未来的有关企业内部及其环境的信息,以帮助他们进行决策”。

此后,随着对 MIS 研究的不断深入,多种有关 MIS 的定义被提出,这些定义的区别和变化反映了 MIS 理论的发展。《中国企业管理百科全书》对 MIS 的定义是:“一个由人、计算机等组成的能进行信息的收集、传送、存储、加工、维护和使用的系统。管理信息系统能实测企业的各种运行情况；利用过去的数据预测未来；从企业全局出发辅助企业进行决策；利用信息控制企业的行为；帮助企业实现其规划目标”。

概括 MIS 的基本目标，就是辅助完成企业的日常管理工作，在适当的时间、适当的地点，以适当的方式，向适当的人提供适当的信息，并辅助决策者完成适当的决策。

按照信息系统各组成要素的特点，可以将 MIS 的组成分为技术组成和社会组成两类。技术组成包括计算机、网络、办公自动化（Office Automation，OA）设备等；应用数据库及 DBMS；系统管理软件及应用软件；模型库及算法库等。社会组成包括单位或组织、用户、系统开发人员与管理人员。

MIS 的核心任务是数据处理，其要完成的数据处理功能包括以下内容：

① 数据的采集与输入（事务处理数据、多维数据）。

② 数据的存储（集中、分布）。

③ 数据的管理（安全、并发控制、过滤）。

④ 数据的处理（筛选、概括、数据挖掘、决策）。

⑤ 数据的检索（个性化、不同的信息）。

⑥ 数据的传输（内部、外部、代理）。

⑦ 数据的应用（用户界面、信息属性、表达方式）。

⑧ 系统及数据的维护处理（及时更新、安全可靠）。

1.2　数据库实例与数据模型

数据库系统的核心是 DBMS，通过 DBMS 建立和应用数据库。目前，市面上有不同厂家、性能各异的多种 DBMS 产品，以满足不同用户的不同需求。

Access 是 Microsoft 公司推出的基于桌面应用的小型数据库系统软件，它是 Office 套件中的一员，目前被广泛应用。本书采用的 DBMS 即是 Access 2010，在本书中，若不特别指明，Access 即指 Access 2010。

1.2.1　Access 数据库实例

【例 1-1】　考察运用 Access 2010 创建的“教学管理”数据库，分析其中的有关概念。

首先，计算机上应该安装有包含 Access 2010 的 Office 2010 套件，并已建立教学管理数据库（参见第 3 章、第 4 章的数据库和表的创建）。

找到“教学管理”数据库的存储文件（教学管理. accdb），双击启动 Access，将“教学管理”数据库打开。该数据库中存储了某高校的学院、专业、学生、课程和学生成绩信息。

依次双击“学院”、“专业”、“学生”、“课程”和“学院”表，打开各表。然后选择“课程”选项卡，如图 1.2 所示，可以看到，数据库是用若干个表来组织各种数据并进行存储和管理的。表对象是 Access 中最重要的对象。

每个表由行和列组成，所有表的结构特征完全相同。在 Access 中，表的行又称为记录（Record），表的列又称为字段（Field）。字段表示表的构成，记录是相同结构的数据。

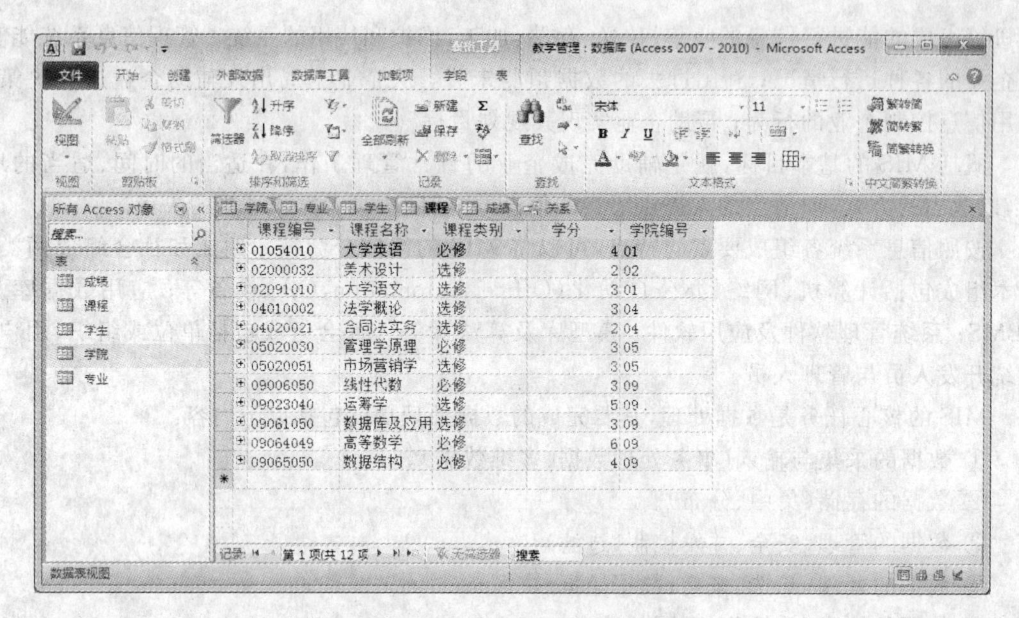

图 1.2 数据库的表对象示意图

"学院"表存储学院信息,包括学院编号、学院名称、院长、办公电话等字段。

"专业"表包括专业编号、专业名称、专业类别和学院编号等字段。一个专业属于一个学院,一个学院可以有若干个专业。

"学生"表包括学号、姓名、性别、生日、民族、籍贯、简历、登记照和专业编号字段。每名学生主修一个专业。

"课程"表包括课程编号、课程名称、课程类别、学分字段,每门课程由一个学院开设。

学生选修的每门课程获得一个成绩,"成绩"表包括学号、课程编号和成绩字段。

作为数据库的表,必须满足一些相应的规定。

例如,原则上,表中不允许有重复行。这样,一个表的每行数据都是可相互区分的,可以在表中指定某个(或某些)字段作为每行的标识。例如,在"学生"表中,可以指定"学号"字段作为标识。在表中标识每行的字段,称为表的主键。主键值是唯一的。

原则上,每个表都可以指定主键。

在设计数据库的表时,基本原则是数据不应该有冗余,即同一个数据只出现一次。若在不同表中都要用到同一个数据,应该采用引用方式。例如,"成绩"表中需要包含课程的数据,但课程数据首先出现在课程表中,因此,"成绩"表中只能存放一个"课程编号"用于引用,而不应将完整的课程信息放置在"成绩"表中,而"课程编号"则是"课程"表的主键。

在一个表中用于引用其他表主键的字段称为外键,例如"课程"表中的"课程编号"字段。

事实上,Access 数据库中几乎所有的表之间都存在引用或被引用的情况,这种表之间的引用和被引用称为"关系"。被引用的表称为父表或主表,引用其他表的表称为子表或外键表。

在 Access 数据库窗口上部的功能区中单击"数据库工具"标签,选择相应选项卡,然后单击"关系"按钮,打开"教学管理"数据库的关系图,如图 1.3 所示。

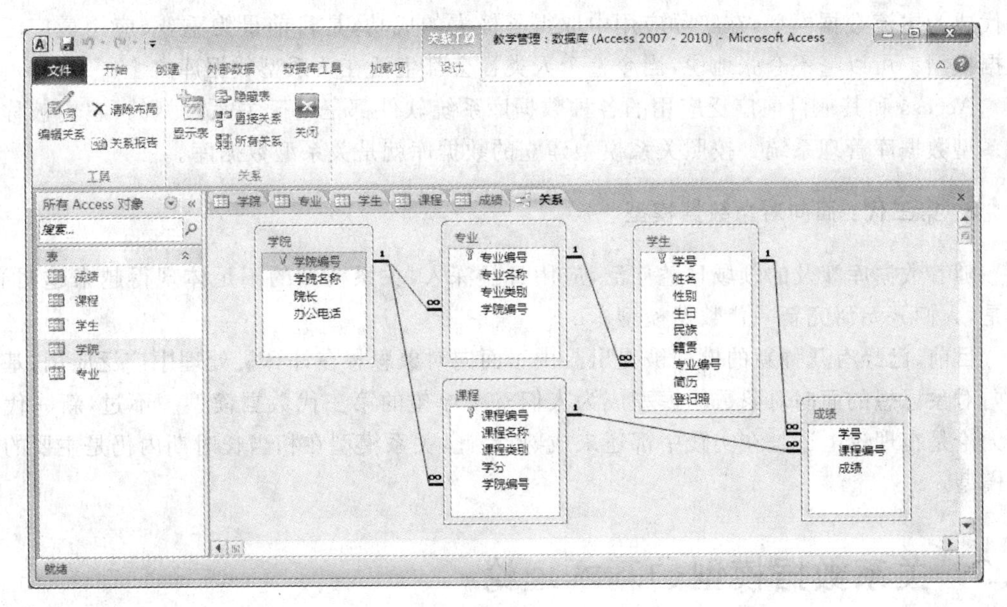

图 1.3 数据库关系图

该关系图反映了“教学管理”数据库中所有表对象的字段构成及表之间的相互关系。直观地看，Access 数据库就是相互关联的表的集合。

当然，为了数据处理的需要，Access 还提供了其他几种对象。Access 中共有 6 种对象，分别是表、查询、窗体、报表、宏和模块。后面将详细介绍这 6 种对象的概念和应用。

1.2.2 数据模型

Access 关于数据组织的规定有坚实的理论基础，即数据模型理论。

事实上，每个 DBMS 都是基于某种数据模型设计开发的。数据库技术自出现以来，主要的数据模型有层次模型、网状模型、关系模型和面向对象数据模型等。

所谓数据模型(Data Model)，就是对客观世界的事物以及事物之间联系的形式化描述。每一种数据模型，都提供了一套完整的概念、符号、格式和方法作为建立该数据模型的工具。

在数据库技术发展史上，将数据库所依据的数据模型划分为三代。

1. 第一代：层次模型和网状模型

第一代数据模型于 20 世纪 60 年代出现，包括层次模型和网状模型。依据这两种模型建立的数据库称为层次型数据库和网状型数据库。IBM 公司的早期系统——IMS 数据库管理系统是层次模型的代表。DBTG 系统则是网状模型的代表。

层次模型的数据结构是树形结构，网状模型用图表示对象的数据及其联系。这两种模型的主要缺陷是表示对象与表示对象间的联系用不同的方法，操作复杂。这两种数据模型目前几乎已经见不到了，但它们在数据库技术发展过程中发挥了重要的作用。

2. 第二代：关系模型

第二代数据模型是关系模型。关系模型自 1970 年出现，经过不断完善，于 20 世纪 80

年代成为主流数据模型,在实际应用中取得了极大的成功,是目前最为重要、应用最广泛的数据模型。可以毫不夸张地说,当今整个人类社会都生活在关系型数据库之上。

Access 和其他目前广泛应用的各种数据库系统软件都是基于关系模型的,它们被称为关系型数据库管理系统。按照关系模型建立的数据库就是关系型数据库。

3. 第三代:面向对象数据模型

随着数据库涉及的领域日益广泛,应用日益深入,关系模型的不足体现得越来越明显,于是,人们开始研究新一代数据模型。

目前,已经有几种新的模型被提出。由于面向对象思想在计算机处理中广泛应用,基于面向对象思想的面向对象数据模型成为人们寄予厚望的第三代数据模型。不过,新一代模型无论是在理论上还是在实践中都还未成熟,因此,关系模型在相当长时期内仍是主要的数据模型。

1.3 关系数据模型的基本理论

关系数据理论于 1970 年由 IBM 公司的研究员 E. F. Codd 首先提出,其核心是关系数据模型(Relation Data Model),经过数十年的研究、发展,并在实践应用中不断完善,建立了完整的理论体系。关系数据理论非常简洁、易于理解,它基于集合论,有严格的数学基础。这一理论提出后立即得到广泛应用,发展成为过去数十年、现在和将来相当长时期内占主导地位的数据库技术。

1.3.1 关系数据模型的三要素

完整描述关系数据模型需要 3 个要素,即数据结构、数据操作和数据约束。

① 数据结构。数据结构表明该模型中数据的组织和表示方式。

② 数据操作。数据操作指对通过该模型表达的数据的运算和操作。

③ 数据约束。数据约束指对通过该模型表达的数据的限制和约束,以保证存储数据的正确性和一致性。

在关系模型中,数据结构只有一种,即关系,也就是二维表。无论是表达对象,还是表达对象的联系,都通过关系来表达。

在理论上,关系模型中实现数据操作的运算体系有关系代数和关系谓词演算。这两种运算体系是等价的,本书在第 2 章简要介绍关系代数。在实际的关系 DBMS 中,通过结构化查询语言(SQL)实施对数据库的操作。

在关系模型中,数据约束包括 4 种完整性约束规则,分别是实体完整性规则、参照完整性规则、域完整性规则和用户定义的完整性规则。

1.3.2 关系及相关概念

本书从直观的角度来讨论关系模型。

1. 关系

关系模型中最重要的概念就是关系。所谓关系(Relation),直观地看,就是由行和列组成的二维表,一个关系就是一张二维表。

考察表1.1和表1.2所示的两个关系。

表 1.1　学院

学院编号	学院名称	院长	办公电话
01	外国语学院	叶秋宜	027-88381101
02	人文学院	李容	027-88381102
03	经济学院	王汉生	027-88381103
04	法学院	乔亚	027-88381104
05	工商管理学院	张绪	027-88381105
07	数统学院	张一非	027-88381107
09	信息工程学院	杨新	027-88381109

表 1.2　专业

专业编号	专业名称	专业类别	学院编号
0201	新闻学	人文	02
0301	金融学	经济学	03
0302	投资学	经济学	03
0403	国际法	法学	04
0501	工商管理	管理学	05
0503	市场营销	管理学	05
0902	信息管理	管理学	09
0904	计算机科学与技术	工学	09

关系需要命名,上述两个关系的名称分别是学院和专业。

关系中的一列称为关系的一个属性(Attribute),一行称为关系的一个元组(Tuple)。

一个元组是由相关联的属性值组成的一组数据。例如专业关系的一个元组就是描述一个专业基本信息的数据。同一个关系中,每个元组在属性结构上相同。关系由具有相同属性结构的元组组成,所以说关系是元组的集合。一个关系中元组的个数称为该关系的基数。

为了区分各个属性,关系的每个属性都有一个名称,称为属性名。一个关系的所有属性反映了关系中元组的结构,属性的个数称为关系的度数或目数(Degree)。

每个属性都从一个有确定范围的域(Domain)中取值,域是值的集合。例如,学生关系的"性别"属性的取值范围是{男,女},课程关系的"学分"属性对应的域是{1..10}。

对于有些元组的某些属性值如果用户事先不知道(或没有),可以根据情况取空值(Null)。

在很多时候,对关系的处理是以元组为单位的,这样就必须能够在关系中区分每一个元组,在一个关系中,有些属性(或属性组)的值在各个元组中都不相同,这种属性(或属性组)可以作为区分各元组的依据。例如,学院关系中的"学院编号"。而有些属性则没有这样的特性。

在一个关系中,可以唯一确定每个元组的属性或属性组称为候选键(Candidate Key),从候选键中指定一个作为该关系的主键(Primary Key)。原则上,每个关系都有主键。

有些属性在不同的关系中都出现。有时,一个关系的主键也是另一个关系的属性,并作为这两个关系联系的"纽带"。一个关系中存放的另一个关系的主键称为外键(Foreign Key)。例如专业关系中的"学院编号"是学院关系的主键,而在专业关系中是外键。

2. 关系的特点

并不是任何的二维表都可以称为关系,关系具有以下特点:

① 关系中的每一列属性都是原子属性,即属性不可再分。

② 关系中的每一列属性都是同质的,即每个元组的该属性的取值都来自同一个域。

③ 关系中的属性没有先后顺序。

④ 关系中的元组没有先后顺序。

⑤ 关系中不应该有相同元组(在 DBMS 中,若表不指定主键,则允许有相同的行数据)。

3. 关系模式

关系是元组的集合,而元组是由属性值构成的。属性的结构确定了一个关系的元组结构,也就是关系的框架。关系框架看上去就是表的表头结构。如果一个关系框架确定了,则这个关系就被确定下来。虽然关系的元组值根据实际情况经常在变化,但其属性结构却是固定的。关系框架反映了关系的结构特征,称为关系模式(Relation Schema)。

如果要完整地描述一个关系模式,必须包括关系模式名、关系模式的属性构成、关系模式中所有属性涉及的域以及各属性到域的对应情况。

在实际应用时,域通常是规定好的数据类型,属性到域的对应也是明确的,所以在关系模式的表示中往往将域、属性到域的对应省略掉。这样在描述关系模式时,若 R 是关系模式名,$A_1,A_2,\cdots,A_n$ 表示属性,则关系模式可以表示为 $R(A_1,A_2,\cdots,A_n)$。

关系模式是关系的型。在同一个关系模式下,可以有很多不同的关系。例如,一个学校的学生可以都在同一个关系内,但若按专业划分,则可以有数十个学生关系,所有这些关系的模式都是相同的。

在实际应用时,在不影响理解的情况下关系模式有时也简称关系。

4. 关系模型与关系数据库

对于一个数据库来说,会涉及多种对象,需要用多个关系来表达,而这些关系之间会有多种联系。关系模型,就是对一个系统中所有数据对象的数据结构的形式化描述。将一个系统中所有不同的关系模式描述出来,就建立了该系统的关系模型。

关系模型与具体的计算机和软件无关,是描述数据及数据间联系的理论。而计算机上的 DBMS 则是依据数据模型的理论设计出来的数据库系统软件。依据关系数据理论设计的 DBMS 称为关系型 DBMS,通过关系型 DBMS,可以建立关系数据库(Relation Data Base)。

如果要在计算机上创建一个关系数据库,首先要将该数据库的关系模型设计出来。

【例 1-2】 写出例 1-1 中的"教学管理"数据库对应的关系模型。

例 1-1 中的"教学管理"数据库对应的关系模型由 5 个关系组成，它们的关系模式如下：

学院(学院编号,学院名称,院长,办公电话)
专业(专业编号,专业名称,专业类别,学院编号)
课程(课程编号,课程名称,课程类别,学分,学院编号)
学生(学号,姓名,性别,生日,民族,籍贯,专业编号,简历,登记照)
成绩(学号,课程编号,成绩)

上述表示中的下划线用于标明主键。根据这些关系模式，结合实际确定相应的元组，就可以得到实际的关系，例如表 1.1 和表 1.2 就是学院关系和专业关系。

结合具体关系 DBMS 进行物理设计后，就可以在计算机上创建数据库了。

为了保持概念的完整性和可区分性，在关系理论与关系 DBMS 中分别使用了不同的术语，但这两者之间可一一对应。具体的术语对照参见 2.4.5 节中的表 2.18。

1.3.3 关系数据库的数据完整性约束

一个关系数据库可以包含多个关系。一般来讲，关系模式是稳定的(不会有大的修改)，但关系中的数据却是经常变化的。例如，"商场销售管理"数据库中每天增加大量的销售数据；"银行储蓄管理"数据库中每天处理大量储户的存/取款数据；"证券交易"数据库中每天处理交易数据等。这些数据库中的数据时时都在变化。数据是信息系统最为重要的资源，如何保证输入和所存放数据的正确对于数据库而言是至关重要的。

数据库系统通过各种方式保证数据的完整性。数据的完整性是指数据的正确性和一致性。数据正确性是指存储在数据库中的所有数据都应符合用户对数据的语义要求；数据的一致性也称相容性，是指存放在不同关系中的同一个数据必须是一致的。

在向数据库输入数据时，关系模型通过以下四类完整性约束规则保证数据完整性。

1. 实体完整性规则

在关系中，主键具有唯一性，根据主键属性的值就能够确定唯一的元组。

实体完整性规则：在定义了主键的关系中，不允许任何元组的主键属性值为空值。

例如表 1.1 所示的学院关系中，学院编号是主键，因此，学院编号是不能取空值(Null)的，因为取空值意味着存在不可识别的学院元组(实体)，而这是不允许的。

因此，实体完整性规则保证关系中的每个元组都是可识别和可区分的。

2. 参照完整性规则

关系模型的基本特点就是一个数据库中的多个关系之间存在引用和被引用的联系。关系模型的这种特点使得在关系数据库中，一种数据只需存储一次，凡是需要该数据的位置都采用引用的方式。这样，可以最大程度地降低数据冗余存储，保障数据的一致性。

在表 1.2 所示的专业关系中，"学院编号"属性存放的是开设该专业的学院的编号，引用学院关系中的主键"学院编号"，是外键。

被外键引用的属性只能是关系的主键或候选键。通常，将被引用关系(如这里的学院关系)称为主键关系或父关系，将外键所在的关系(如专业关系)称为外键关系或子关系。

参照完整性规则:子关系中外键属性的取值只能符合两种情形之一,即在父关系的被引用属性(主键或候选键)中存在对应的值,或者取空值(Null)。

当专业关系中的学院编号取值为空时,表示该专业尚未确定开设的学院。已经明确开设学院的专业,其学院编号的取值一定能在学院关系的学院编号属性中找到对应值。这一规则也称引用完整性规则,用来防止对不存在数据的引用。

父子关系可以是同一个关系。例如,设某企业员工关系模式如下:

员工(工号,姓名,性别,生日,所属部门,部门负责人工号)。

在这个模式中,工号是主键,“部门负责人工号”是引用同一关系中的工号属性。在输入员工元组时,如果该值为空,表示该员工所在的部门尚无负责人;如果有,则这里的负责人工号一定也是某个员工工号。这个例子也说明,主键和外键可以不同名。

3. 域完整性规则

关系中每一列的属性都有一个确定的取值范围,即域。

域完整性规则:对关系中单个属性的取值范围定义的约束。

在数据库实现时,域对应数据类型的概念。对属性实现域约束的方法包括指定域(即数据类型),指定是否允许取空值、是否允许重复取值、是否有默认值等。

4. 用户定义的完整性规则

此外,在实际数据库应用中,用户会对很多数据有实际的限制。例如,“招聘”数据库中存有“拟招聘人员名单”表的数据,要求“年龄”在35周岁以下(或转换为某年某月某日之后出生);“岗位”要求招聘特定“性别”的员工;“工资”属性有最低、最高的规定等。又如,在会计账簿数据库中,每记一笔账,借方金额之和必须与贷方金额之和相等……这样的例子举不胜举。

用户定义的完整性规则:用户根据实际需要对数据库中的数据或者数据间的相互关系定义约束条件,所有这些约束构成了用户定义的完整性约束。

用户定义的约束规则,一般是通过定义反映用户语义的逻辑运算表达式来表达的。

关系DBMS提供了完整性约束的实现机制,例如Access就提供了自动实现上述完整性检验的功能。在数据库中创建表时,通过定义表的主键、联系、数据类型、唯一约束、空值约束、逻辑表达式检验约束等自动实现完整性约束功能。有些高性能DBMS还可以通过各种机制,实现更复杂的完整性约束。

在数据库创建之后,其完整性检验机制就对数据的输入和更新进行监管,保证存储在数据库中的数据都符合用户要求,而违反数据完整性约束的数据都会被自动拒绝。

1.4 数据库系统的工作模式和应用领域

建立起来的数据库为各种应用提供支持和服务。随着技术的发展,数据应用系统先后产生了主机/终端模式、文件服务器模式、客户机/服务器模式、浏览器/服务器模式等工作模式。而数据库技术的应用领域,也由开始以处理日常管理业务的事务处理为主,逐步扩展到辅助决策的数据分析领域。

1.4.1　数据库系统的工作模式

最早的数据库系统出现在20世纪60年代早期的大型主机上。早期的数据库是集中管理、集中使用。随着数据库的大型化以及网络技术的发展与应用的普及，数据向"集中管理、分散使用；分散管理、分散使用"发展。

20世纪80年代初，个人计算机应运而生，同时，桌面DBMS出现。个人计算机和桌面DBMS对计算机数据处理的普及意义重大。单机数据库系统成为数据库应用的重要形式。

1. 主机/终端模式

主机/终端(Master/Terminal)模式与当时的计算机系统相适应，采用宿主机与多个(仿真)终端连网形式，是由分时操作系统支配主机共享的集成数据处理结构。

主机/终端模式是集中式体系结构。在这种结构中，DBMS、数据库和应用程序都放在主机上。数据为多用户终端共享，用户通过本地终端或拨号(远程)终端访问数据库，这些终端多是哑终端(即本身没有处理能力)，通常只包括一个屏幕、一个键盘以及与主机通信的软件。计算机终端则通过仿真终端的形式与主机进行数据通信。

主机/终端模式具有很好的安全性，能够方便地管理存储设备上的庞大数据库，并支持各种各样的并发用户。但这种模式对主机的性能要求很高，系统的建设和维护成本高昂。

2. 文件服务器模式

随着计算机网络的发展和普及，到20世纪80年代，产生了文件服务器模式。

所谓文件服务器，就是在网络中数据通过数据库或文件系统以文件形式保存在提供数据服务的服务器上。当用户需要数据时，通过网络向服务器发送数据请求，服务器将整个数据文件传送给用户，再由用户在客户端对数据进行处理。这种方式就是数据在服务器上，处理工作在工作站上完成。这种模式管理简单、容易实现，扩充了计算机的功能，并使得计算机用户能够共享公共数据。

其主要的缺点是将整个数据文件传送给用户，导致大量对用户无用数据的传送，大大增加了网络流量、增加了客户端的工作；同时，对于数据的安全也存在很大的隐患。

3. 客户机/服务器模式

20世纪80年代末，出现了客户机/服务器(Client/Server，C/S)模式。根据实现的方式不同，C/S模式分为两层结构和多层结构。

最先出现的两层C/S结构将应用系统分为两个部分，即客户机部分和服务器部分。客户机(前台)指安装在用户计算机上包括用户操作界面和处理业务的应用程序，负责响应客户请求；服务器端(后台)有存储企业数据的数据库，负责数据管理。

当客户端应用程序需要数据时，通过网络向服务器提出数据请求。服务器处理客户端传送的请求，并执行相关操作，然后将满足用户要求的数据集合传回客户端。客户端再将数据进行计算并将结果呈现给用户。两层C/S结构在客户端需要有实现全部业务和数据访问功能的程序，通常称为"胖客户机(Fat Client)"。该模式的结构示意图如图1.4所示。

C/S模式较"文件服务器"模式有很大的优势，大大提高了人机交互效率，显著地减少网

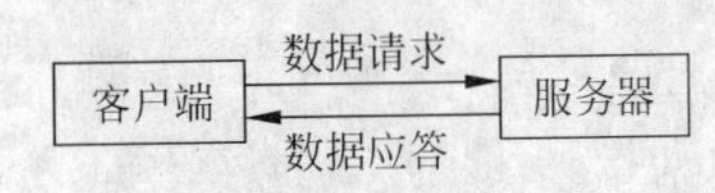

图 1.4 C/S 模式的结构示意图

络数据传输量；同时，不同用户的应用程序独立开发，每一部分的修改和替换不影响其他部分，降低了对数据控制的难度，提供了多用户开发特性。

这种结构尤其适合于客户端数目较小、复杂程度较低的企业 MIS。当应用规模扩大、客户机数量增加时，两层 C/S 结构的局限性就暴露出来，主要体现在对于客户机和用户要求较高，升级和维护工作任务繁重。

为了解决两层 C/S 结构的不足，三层(或多层)C/S 结构成为企业 MIS 方案的核心，其基本思想是将用户界面与企业逻辑分离，将应用明确分割为 3 个部分，即表示部分、应用逻辑部分、数据访问部分，使其在逻辑上各自独立，并单独实现，分别对应客户、应用服务器、数据库服务器。三层 C/S 结构如图 1.5 所示。

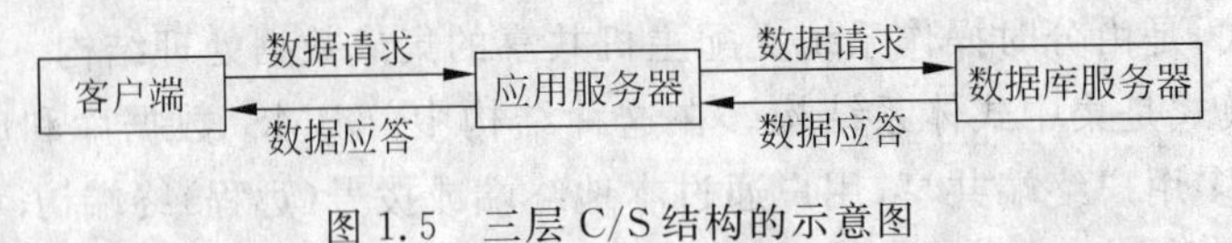

图 1.5 三层 C/S 结构的示意图

其中，客户端接受用户输入和请求，也将结果呈现给用户。应用服务器实现具体业务处理。应用服务器向数据库服务器发送 SQL 请求进行数据交换，数据库服务器完成数据的存储、管理和处理，将应用所需的数据集返回给应用服务器。

三层 C/S 结构把业务逻辑封装到应用服务器的中间层，能较好地适应企业需求多变的特点。如果企业需要更改业务，只要修改相关中间层即可，可以将企业的所有业务规则及对数据库的访问都封装在中间件中。一旦企业的业务规则发生变化，只要其接口保持不变，客户机软件就不必更新。同时，所有对数据库的操作也封装在中间件中，在很大程度上保证了数据库的安全。

多层 C/S 结构是在三层 C/S 结构的基础上，允许中间件服务器可以再访问其他中间件形成。

4. 浏览器/服务器模式

随着 Internet/Intranet 技术的兴起，基于“浏览器/服务器(Browser/Server，B/S)”模式的信息系统应运而生。B/S 结构维护、扩展方便，应用地点灵活、广泛，越来越多的应用系统开发模式都从 C/S 转向 B/S 模式，B/S 模式日益成为应用的主流模式。

B/S 模式是基于 Web 技术的网络信息系统模式，是三层 C/S 结构的一种特殊形式。B/S 模式的基本框架如图 1.6 所示，可以实现客户端零代码编程，是一种瘦客户机模式。

图 1.6 B/S 模式结构

在这种结构中，客户端只需安装和运行浏览器软件，而 Web 服务软件和 DBMS 安装在服务器端。B/S 结构提供了一个跨平台、简单一致的应用环境，实现了开发环境和应用环境的分离，避免了为多种不同操作系统开发同一应用的重复工作。

B/S 模式与 C/S 模式相比，B/S 的优点如表 1.3 所示。

表 1.3 B/S 与 C/S 模式的比较

比较项	B/S 模式	C/S 模式
安装调试	只需在服务器端安装和调试程序	需要在每台计算机上安装软件并调试成功
升级维护	只需对服务器扩充装备和升级软件	需要对服务器和每个客户机的软/硬件——升级
维护费用	只需维护服务器,维护简单、费用低	软件和硬件升级,人员维护费用较高
平台支持	客户端只需浏览器,对网络无特殊要求	客户端需要安装必要软件,对系统有一定的要求
用户端数量	基本没有限制	一般来说,都有一定数量级别的限制
系统兼容性	适用于各种类型、版本的操作系统	不同操作系统需开发不同版本的程序,升级代价高
移动办公	位于不同地点,可通过互联网、专线等连接,易于资源共享、协同办公	异地办公需要高投入,需要安装必要设备和软件实现数据和资料的共享和传送
系统整合	非常容易融合 OA、人力资源管理系统、客户关系管理系统、ERP 等	用较复杂的方式才可以将企业所需的各个管理系统融合使用
电子商务	主要开发模式,通过互联网或内部广域网与全球客户、各地分支机构相连	需要大的投入,安装必要设备和软件实现数据和资料的共享和传送

1.4.2 OLTP 与 OLAP

从数据库的用途来看,目前数据处理大致可以分成两大类,即联机事务处理(On-Line Transaction Processing,OLTP)和联机分析处理(On-Line Analytical Processing,OLAP)。

最初的数据库应用系统都属于 OLTP。所谓事务处理,指的是企业日常的业务处理,例如银行交易、企业销售业务管理等。OLTP 提供的基本功能有业务数据的即时输入与更新、信息查询、数据汇总计算、业务报表的生成等。通常所讲的信息系统就是指 OLTP。在这一应用领域,关系数据库取得了极大的成功。

随着 OLTP 成功实施,企业日积月累了大量的数据。人们发现,这些数据中实际蕴含了反映企业经营现状和未来发展趋势的真实信息。问题的关键是如何通过去粗取精、去伪存真,获得支持企业决策的有价值的信息。于是,在 OLTP 基础上出现了 OLAP 应用。

OLAP 的概念最早由 E. F. Codd 于 1993 年提出,是使管理决策人员能够从多角度对数据进行快速、一致、交互地存取,从而获得对数据的更深入了解的一类软件技术,它是数据仓库(Data Warehouse,DW)的主要应用。OLAP 的目标是满足决策支持或者满足在多维环境下特定的查询和报表需求,它的技术核心是"维(Dimension)"。

"维"是人们观察客观世界的角度,是一种高层次的类型划分。"维"一般包含层次关系,这种层次关系有时会相当复杂。通过把一个实体的多项重要属性定义为多个维,可以使用户能对不同维上的数据进行比较。因此,OLAP 也可以说是多维数据分析工具的集合。

例如,一个企业在考虑产品的销售情况时,通常从时间、地区和产品的不同角度来深入观察产品的销售情况。这里的时间、地区和产品就是维。而这些维的不同组合和所考察的度量指标构成的多维数组则是 OLAP 分析的基础。

OLAP 有多种实现方法,可以分为 ROLAP、MOLAP、HOLAP 等。

① ROLAP。ROLAP 表示基于关系数据库的 OLAP 实现(Relational OLAP)。它以关系数据库为核心,以关系型结构进行多维数据的表示和存储。ROLAP 将多维数据库的

多维结构划分为两类表：一类是事实表，用来存储数据和维关键字；另一类是维表，即对每个维至少使用一个表来存放维的层次、成员类别等维的描述信息。维表和事实表通过主键和外键联系在一起，形成“星形模式”。对于层次复杂的维，为避免冗余数据占用过大的存储空间，可以使用多个表来描述，这种星形模式的扩展称为“雪花模式”。

② MOLAP。MOLAP 表示基于多维数据组织的 OLAP 实现(Multidimensional OLAP)，以多维数据组织为核心。多维数据在存储中将形成“立方块(Cube)”结构。

③ HOLAP。HOLAP 表示基于混合数据组织的 OLAP 实现(Hybrid OLAP)，例如低层是关系型的，高层是多维矩阵型的。这种方式具有更好的灵活性。

在数据仓库应用中，OLAP 应用一般是数据仓库应用的前端工具，同时，OLAP 工具还可以和数据挖掘工具、统计分析工具配合使用，增强了决策分析功能。

OLAP 与 OLTP 区别明显，表 1.4 比较了 OLTP 与 OLAP 之间的基本特点。

表 1.4 OLTP 与 OLAP 基本特点比较

比较项目	OLTP	OLAP
用户	操作人员、低层管理人员	决策人员、高级管理人员
功能	日常操作处理	分析决策
DB 设计	面向应用	面向主题
数据	当前的、细节的、二维的、分立的	历史的、聚集的、多维的、集成的、统一的
存取读/写	数十条记录	可读上百万条记录
工作单位	简单事务	复杂查询
用户数	可多至数千、数万个	一般不超过上百个
DB 大小	100MB～1GB	100GB～1TB
时间	实时或短时间响应	延时或间隔较长时间

本章小结

本章从计算机数据处理及数据库技术的角度，对信息与数据、数据库技术、数据模型、关系模型、DBMS，以及数据库系统的工作模式和应用领域进行了概述。

信息是人们认识世界的知识，数据是表达信息的符号。计算机是进行数据处理的最重要的工具，而数据库技术是目前最主要的技术。一般来说，人们通过建立数据库系统来实现数据处理的需求，而数据库管理系统(DBMS)是数据库系统的核心。目前，几乎所有的系统都采用关系模型。本书所使用的 DBMS 主要是 Access 2010，它也是关系型的。

数据系统有 OLTP 和 OLAP 等主要应用，当前基于网络环境的数据库应用模式主要为 C/S 模式和 B/S 模式。

思考题

1. 简述信息的概念及其特点。
2. 什么是数据？什么是数据处理？

3. 简述数据库和数据库系统的概念，简述 DBMS 的作用和功能。
4. 简述 MIS 的概念。
5. 简述数据模型的概念。第一代数据模型包括哪些模型？
6. 什么是关系、元组、属性和域？什么是主键和外键？什么是关系模式？
7. 关系数据模型的三要素包含哪些内容？
8. 简述关系的特点。
9. 什么是数据库的数据完整性？关系数据库有哪几种数据完整性？
10. 什么是实体完整性？实体完整性的作用是什么？
11. 什么是参照完整性？参照完整性的作用是什么？
12. 简述 C/S 和 B/S 模式的含义和特点。
13. 简述 OLTP 和 OLAP 的概念。

第2章 数据库设计方法与实例

关系型数据库的基础是关系数据理论。关系模型包含3个要素，关系操作用于处理关系数据库中的数据。关系规范化理论指导数据库设计。本章进一步讨论关系运算、关系规范化以及有关数据库设计的基本方法和实例。

2.1 关系数据理论的进一步分析

关系模型包含数据结构、数据操作和数据约束3个要素，在第1章已经介绍了关系模型中数据结构和数据约束的概念。关系操作包括关系代数和关系谓词演算，其功能是等价的。本节简要介绍关系代数的知识和关系规范化的基本概念。

2.1.1 关系代数

通常，一个数据库中会包含若干个有联系的关系，关系是数据分散和静态的存放形式，经常要对各关系中的数据进行操作。对关系的操作称为关系运算。由于关系是元组的集合，所以传统的集合运算也适用于关系。

组成关系代数的运算包括关系的并、交、差、笛卡儿积运算，以及关系的选择、投影、联接和除运算。

1. 关系的并、交、差

关系的并(Union)、交(Intersection)、差(Difference)运算属于传统集合运算。关系的元组是集合的元素，元组由属性分量值构成，是有结构的，因此，在做这3种运算时，要求参与运算的关系必须满足以下条件：

① 关系的度数相同(即属性个数相同)。

② 对应属性取自相同的域(即两个关系的属性构成相同)。

可以理解为参与运算的关系具有相同关系模式。设关系R、S满足上述条件，定义：

① R与S的并。R与S的并是由出现在R或S中所有元组(去掉重复元组)组成的关系，记作R∪S。

② R与S的交。R与S的交是由同时出现在R和S中的相同元组组成的关系，记作R∩S。

③ R与S的差。R与S的差是由只出现在R中未出现在S中的元组组成的关系，记作R—S。

关系R和S的并、交、差的运算结果分别如图2.1中的阴影部分所示。

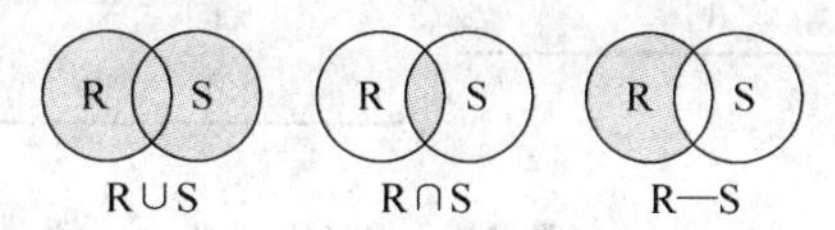

图2.1　关系的并、交、差示意图

从上述运算的定义可知，交运算可以由差运算来实现，即R∩S=R−(R−S)。

【例2-1】 已知关系R、S如表2.1和表2.2所示，则R∪S、R∩S、R−S的结果如表2.3～表2.5所示。

表2.1　关系R

A	B	C
a1	b1	c1
a2	b3	c2
a2	b2	c1

表2.2　关系S

A	B	C
a2	b1	c2
a1	b1	c1
a2	b3	c1
a1	b2	c2

表2.3　R∪S

A	B	C
a1	b1	c1
a2	b3	c2
a2	b2	c1
a2	b1	c2
a2	b3	c1
a1	b2	c2

表2.4　R∩S

A	B	C
a1	b1	c1

表2.5　R—S

A	B	C
a2	b3	c2
a2	b2	c1

【例2-2】 若关系SP1、SP2分别是2013年上半年和下半年已销售的商品清单，它们具有相同的关系模式，即(商品编号，商品名称，型号，单位，生产厂商)，则：

运算SP1∪SP2指全年已销售的商品清单；

运算SP1∩SP2指上、下半年都有销售的商品清单；

运算SP1−SP2指只在上半年有销售而下半年没有销售的商品清单。

2. 关系的笛卡儿积

关系的笛卡儿积是将笛卡儿积运算用在关系中。设有关系$R(A_1, A_2, \cdots, A_n)$和$S(X_1, X_2, \cdots, X_m)$，关系笛卡儿积(Cartesian Product)运算记为R×S，结果关系的模式是$(A_1, A_2, \cdots, A_n, X_1, X_2, \cdots, X_m)$，结果关系的元组由R的所有元组与S的所有元组两两互相配对拼接而成，R×S的基数为$M_R \times M_S$。

【例2-3】 已知关系R、S如表2.6和表2.7所示，则R×S的结果如表2.8所示。

表 2.6 关系 R

A1	A2
1	1
2	3

表 2.7 关系 S

X	Y	Z
x2	y1	z2
x1	y1	z1
x2	y3	z3

表 2.8 R×S

A1	A2	X	Y	Z
1	1	x2	y1	z2
1	1	x1	y1	z1
1	1	x2	y3	z3
2	3	x2	y1	z2
2	3	x1	y1	z1
2	3	x2	y3	z3

3. 选择

选择(Selection)运算是从一个关系中选取满足条件的元组组成结果关系。该运算只有一个运算对象,运算结果和原关系具有相同的关系模式。

选择运算的表示方法是 $\sigma_{条件表达式}$(关系名)。

在选择运算的条件表达式中,条件的基本表示方法是<属性>θ<值>。

其中,θ 是=、≠、>、≥、<、≤运算符之一。

条件表达式的运算结果为真(True)或假(False)。有时需要同时用到多个单项条件,这时,应将各单项条件根据要求用逻辑运算符 NOT(求反)、AND(并且)、OR(或者)连接起来。当有多个逻辑运算符时,其运算优先顺序是 NOT→AND→OR,相同逻辑运算符按从左到右的顺序运算,括号可改变运算顺序。逻辑运算符的运算规则如表 2.9 所示。

表 2.9 逻辑运算符的运算规则

X	Y	NOT X	X AND Y	X OR Y
True	True	False	True	True
True	False	False	False	True
False	True	True	False	True
False	False	True	False	False

【例 2-4】 对于关系 R(见表 2.10),求 $\sigma_{A=\text{“a1”}\ \text{AND}\ B=1}$(R),结果如表 2.11 所示。

表 2.10 关系 R

A	B	C
a1	1	c1
a2	3	c2
a2	2	c1
a2	1	c2
a2	3	c1
a1	1	c2

表 2.11 $\sigma_{A=\text{“a1”}\ \text{AND}\ B=1}$(R)

A	B	C
a1	1	c1
a1	1	c2

【例 2-5】 查询“教学管理”数据库的专业关系(见表 1.2)中专业类别为“管理学”的所有专业数据。查询学生关系中所有 1995 年之后出生的女生数据。

查询运算表达式分别如下：

$\sigma_{\text{专业类别}=\text{“管理学”}}$(专业)

$\sigma_{\text{性别}=\text{“女”}\ \text{AND}\ \text{生日}\geq\text{“1995-01-01”}}$(学生)

在进行选择运算时，逐个元组进行条件运算，使运算结果为真(即条件成立)的所有元组即是所求的结果。

4. 投影

投影(Project)运算是在给定关系中指定若干属性(列)组成一个新关系。结果关系的属性由投影运算表达式指定，结果关系的元组由原关系中的元组去掉没有指定的属性分量值后剩下的值组成。由于去掉了一些属性，结果中可能出现重复元组，投影运算要去掉这些重复的元组，所以结果关系的元组个数可能少于原关系。

投影运算的表示方法是 $\pi_{\text{属性表}}$(关系名)。

投影运算表达式中的“属性表”即投影运算指定要保留的属性。

【例 2-6】 对于关系 R(见表 2.10)，求 $\pi_{A,C}(R)$，结果如表 2.12 所示。

表 2.12　$\pi_{A,C}(R)$

A	C	A	C
a1	c1	a2	c1
a2	c2	a1	c2

【例 2-7】 求表 1.1 学院关系中学院名称和院长姓名。

查询运算表达式是 $\pi_{\text{学院名称},\text{院长}}$(学院)。

5. 联接及自然联接

由于关系笛卡儿积将两个关系拼接成为一个关系时，两个关系的所有元组不加区分地全部相互拼接起来，这样拼接得到的元组大部分都没有意义，应该在进行元组拼接时进行筛选。联接运算实现了这一要求。

联接(Join)运算是根据给定的联接条件将两个关系中的所有元组一一进行比较，符合联接条件的元组组成结果关系。结果关系包括两个关系的所有属性。

联接运算的表示方法是关系 1 $\underset{\text{条件}}{\bowtie}$ 关系 2。

联接条件的基本表示方法是＜关系 1 属性＞θ＜关系 2 属性＞。

其中，θ 是比较运算符，当有多个联接条件时用逻辑运算符 NOT、AND 或者 OR 联接起来。

【例 2-8】 对于关系 R(见表 2.13)、S(见表 2.14)，求 $R \underset{R.B>S.B}{\bowtie} S$，结果如表 2.15 所示。

由于一个关系内不允许属性名相同，所以在结果关系中针对相同的属性，在其前面加上原关系名前缀“关系名.”。

表 2.13　关系 R

A	B	C
a1	1	c1
a2	3	c2
a3	2	c1
a2	4	c2
a1	3	c3

表 2.14　关系 S

B	D
2	d1
3	d2
4	d1

表 2.15　$R \underset{R.B>S.B}{\bowtie} S$

A	R.B	C	S.B	D
a2	3	c2	2	d1
a2	4	c2	2	d1
a2	4	c2	3	d2
a1	3	c3	2	d1

【例 2-9】　根据例 1-2 中的“教学管理”数据库的关系模型，求学生及相关专业的数据。

学生及其专业数据存储在学生和专业关系中，由“专业编号”联系。联接运算表达式如下：

$$学生 \underset{学生.专业编号=专业.专业编号}{\bowtie} 专业$$

该运算式的联接条件是对两个关系中的主键和外键进行相等比较。联接结果包括两个关系的所有属性，这样，“专业编号”属性会出现两次，但是值却相同。

在联接条件中使用“＝”进行相等比较，这样的联接称为等值联接。

等值联接并不要求进行比较的属性是相同属性，只要两个属性可比即可。由于关系一般都是通过主键和外键建立联系，这样对有联系的关系依照主键和外键相等进行联接就是联接中最常见的运算。这样，结果关系中由原关系的主键和外键得到的属性必然重复。

为此，将最重要的联接运算单独命名，称其为自然联接(Natural Join)。

与一般的联接相比，自然联接有以下两个特点：

① 自然联接是将两个关系中相同的属性进行相等比较。

② 结果关系中去掉重复的属性。

自然联接运算无须写出联接条件，其表示方法是关系 1 ⋈ 关系 2。

因此，对于例 2-9，最好使用自然联接运算，运算表达式如下：

$$学生 \bowtie 专业$$

结果关系包括学生关系和专业关系中的所有属性，但专业编号只出现一次。

【例 2-10】　对于表 2.13、表 2.14 所示的关系 R 和 S，求 R ⋈ S，结果如表 2.16 所示。

表 2.16　R ⋈ S

A	B	C	D
a2	3	c2	d2
a3	2	c1	d1
a2	4	c2	d1
a1	3	c3	d2

关系代数以关系为运算对象，其结果也是关系。在实际运用中，可以根据情况将上述各种运算混合在一起使用，用括号来确定运算顺序。

【例 2-11】 根据例 1-2 中的"教学管理"数据库的关系模型，查询所有少数民族学生的学号、姓名、专业名称及所在学院名称。

该查询的关系代数表达式如下：

$$\pi_{\text{学号,姓名,专业名称,学院名称}}(\sigma_{\text{民族}\neq\text{“汉”}}(\text{学生})\bowtie\text{专业}\bowtie\text{学院})$$

关系代数奠定了关系数据模型的操作基础。其中，投影、选择和联接是关系操作的核心运算。在各种关系型 DBMS 中，都通过不同方式实现了关系代数的所有运算功能。

2.1.2 关系的规范化

关系数据库使用关系或表来组织和表达数据，那么，怎样判断关系数据库设计的好与坏呢？

1. 关系的存储特性与操作特性

由于数据库是存储和处理数据的技术，所以要判断数据库设计的好与坏，要从其存储特性和操作特性进行分析。

【例 2-12】 表 2.17 是一个将学生、专业、成绩等放在一起的学生信息关系，分析该关系存在的问题。

表 2.17　学生信息关系

学号	姓名	性别	生日	专业号	专业名	课程编号	课程名	学分	成绩
12102001	范小默	男	1993/04/10	0501	工商管理	102004	管理学概论	2	90
12102003	曾晓	女	1994/10/18	0501	工商管理	102004	管理学概论	2	80
12102003	曾晓	女	1994/10/18	0501	工商管理	204002	英语	6	75
12102003	曾晓	女	1994/10/18	0501	工商管理	307101	高等数学	5	91
12204009	吴敏	女	1994/04/20	0201	新闻	204002	英语	6	95
12307010	张宁	女	1994/04/03	0902	信息管理	307101	高等数学	5	88
12307010	张宁	女	1994/04/03	0902	信息管理	307010	程序设计	4	84
12307021	王景	男	1993/11/23	0902	信息管理	307001	计算机原理	3	86
12307021	王景	男	1993/11/23	0902	信息管理	307010	程序设计	4	82
12307021	王景	男	1993/11/23	0902	信息管理	307101	高等数学	5	92

这张表符合关系的特点，是一个关系。通过观察分析，该关系存在以下问题：

① 数据冗余度大。相同数据在不同行反复出现，数据冗余度大，浪费存储空间。

② 数据修改异常。在修改重复存储的数据时，不同位置的同一数据都必须修改，很容易造成不一致。并且，相关数据也要同步修改，例如学生转专业，则多行数据都要修改。若一个数据只存储一次，则可避免修改异常。

③ 数据插入异常。由于关系完整性约束的要求，有些有用的数据不能存储到关系中。例如，若准备为某专业学生开设一门课，但课程信息无法添加到该关系中，因为该关系的主

键是“学号”和“课程编号”。仅有课程编号的数据是不能存入的,否则会违反实体完整性的要求。同理,仅有学生的信息也无法存入。在一个关系中,发生应该存入的数据不能存入的情况,称为数据插入异常。

④ 数据删除异常。与数据插入异常对应,假定某学生选修了某课程,数据已存入,但其后他又放弃选修,在删除他选修的课程数据时,由于已没有主键值(课程编号),这名学生的档案数据不能继续存在于学生信息关系中,必须删除。这种删除无用数据导致有意义的数据被删除,称为数据删除异常。

在这 4 个特性中,第 1 个是关系的存储特性异常,其余 3 个为操作特性异常。

评价关系模型设计的好与坏,就是判断关系是否出现了存储特性异常和操作特性异常。

2. 函数依赖

关系数据理论深入研究了关系的存储特性和操作特性,建立了完善的规范化理论。关系规范化理论是数据库设计的指导理论。

在关系规范化理论中,将关系划分为不同的规范层级,并对每一级别规定了不同的判别标准,用来衡量这些层级的概念称为范式(Normal Form,NF)。级别最低的层级为第一范式,记为 1NF。如果有关系 R 满足 1NF 的要求,记为 $R \in 1NF$。

仅达到 1NF 要求的关系存储特性和操作特性都不好。在 1NF 基础上,通过对关系逐步添加更多的限制,可以使它们分别满足 2NF、3NF、BCNF、4NF、5NF 的要求。这一过程就是关系规范化的过程。目前,最高范式级别为 5NF。

如果要弄清楚关系规范化,必须首先了解关系中属性间数据依赖的概念。

在一个关系中,不同属性具有不同的特点。例如,在员工关系中,每个元组的工号都不相同。这样,根据一个给定工号,在员工关系中可唯一确定一个元组,同时,这个元组中的所有其他属性值也都确定下来。但是,员工关系中的其他属性没有这一特性。

关系中属性间的这种相互关系是由数据的内在性质决定的,反映这种相互关系的概念是数据依赖。数据依赖有不同种类,其中,最重要的是函数依赖(Function Dependency)。

关系中的函数依赖定义如下:设 X、Y 是关系 R 的属性或属性集,如果对于 X 的每一个取值,都有唯一一个确定的 Y 值与之对应,则称 X 函数决定 Y,或称 Y 函数依赖于 X,记为 $X \rightarrow Y$。

这里,X 是函数依赖的左部,称为决定因素,Y 是函数依赖的右部,称为依赖因素。

根据定义可知,对于关系中任意的属性或属性组 X,如果有 $X' \subseteq X$(即 X' 是 X 的一部分,或者 X' 就是 X 本身),$X \rightarrow X'$ 都是成立的,这种函数依赖被称为平凡函数依赖,其他的函数依赖称为非平凡函数依赖。一般情况下只讨论非平凡函数依赖。

函数依赖有以下几种类别:

① 部分函数依赖。若关系中有 $X \rightarrow Y$,并且 X' 是 X 的一部分,$X' \rightarrow Y$ 也成立(即 Y 只由 X 中的部分属性决定),则称 Y 部分函数依赖于 X。

例如,表 2.17 所示的学生信息关系中,主键是(学号,课程编号),则:

(学号,课程编号)→姓名

但事实上，姓名只依赖于主键中的部分属性，即“学号”。

② 完全函数依赖。若在关系中有 X→Y，并且对于 X 的任意真子集 X′，X′→Y 都不成立(即 Y 不能由 X 中的任何部分属性决定)，则称 Y 完全函数依赖于 X。

例如，学生信息关系中的“成绩”属性完全依赖于(学号，课程编号)。

可以看出，若一个函数依赖的决定因素是单属性，则这个依赖一定是完全函数依赖。

③ 传递函数依赖。若在关系中有 X→Y、Y→Z(不能是平凡函数依赖)，则 X→Z 成立，这种函数依赖被称为传递的函数依赖。

例如，在学生信息关系中有：

专业号→专业名，学号→专业号

则“学号→专业名”成立，“专业名”传递依赖于“学号”。

3. 候选键

有了函数依赖的概念，可以重新定义候选键的概念。

定义：设有关系 R(U)，属性集 U，X 为 U 的子集。若 X→U 成立，但对于 X 的任意真子集 X′，X′→U 都不成立，则称 X 是 R 的候选键。

在一个关系中，候选键可以不止一个。一个关系中所有候选键的属性称为该关系的主属性，其余属性为非主属性。

在表 2.17 所示的学生信息关系中，(学号，课程编号)是候选键。但是，考察所有非主属性可以看出，它们并非都完全、直接依赖于候选键。例如姓名、性别等只依赖于学号，课程名、学分只依赖于课程编号。

当关系中存在非主属性部分或传递依赖于候选键时，这样的关系在存储特性和操作特性上都不好，规范化程度低。关系规范化就是通过消去关系中非主属性对候选键的部分和传递函数依赖来提高关系的范式层级。

4. 关系范式的含义

根据关系的定义和特点可知，关系中的属性不可再分。这是二维表称为关系的基本条件，它也是 1NF 的基本要求。

1) 1NF

如果一个关系 R 的所有属性都是不可分的原子属性，则 R∈1NF。

可以看出，表 2.17 所示的学生信息关系是满足 1NF 要求的。

2) 2NF

若关系 R∈1NF，并且在 R 中不存在非主属性对候选键的部分函数依赖，即它的每一个非主属性都完全函数依赖于候选键，则 R∈2NF。

很明显，表 2.17 所示的学生信息关系不是 2NF 的关系，要使关系从 1NF 变为 2NF，就要消去 1NF 关系中非主属性对候选键的部分函数依赖。可以采用关系分解方法，即将一个 1NF 关系通过投影运算分解为多个 2NF 及以上范式的关系。

对学生信息关系进行投影运算，将依赖于学号的所有非主属性作为一个关系，依赖于课程编号的所有非主属性组成另一个关系，保留完全依赖于候选键的属性组成单独的关系。这样，一个关系变为了 3 个关系：

学生(学号,姓名,性别,生日,专业号,专业名)
课程(课程编号,课程名,学分)
成绩(学号,课程编号,成绩)

在这3个关系中,均不存在部分函数依赖,它们都满足2NF的要求。已经证明,这种关系分解属于无损联接分解。即关系分解不会丢失原有信息,通过自然联接运算仍能恢复原有关系的所有信息。虽然关系由一个变为3个,学号、课程编号在不同关系中重复出现两次,但它们是所谓的联接属性(即在成绩关系中是外键),在学生、课程关系中,数据的冗余度大大降低。

通过对以上3个关系的分析,可以发现在学生关系中专业数据仍然重复。

若专业数据发生了变动,则与之相关的学生元组都要修改。若要开设新专业,则专业数据依然不能存入学生关系中,因为学号是该关系的候选键。

学生关系存在存储特性和操作特性的问题。它与课程关系、成绩关系的区别是,学生关系中存在传递的函数依赖,而在其他关系中不存在。

3) 3NF

若关系R∈1NF,并且在R中不存在非主属性对候选键的传递函数依赖,则R∈3NF。

可以证明,属于3NF的关系一定满足2NF的条件。

2NF升为3NF的方法依然是对关系进行投影分解。

由于只有学生关系中存在传递的函数依赖,对学生关系进行投影分解,变为学生关系和专业关系,在学生中保留专业号属性作为外键。它们的关系模式如下:

学生(学号,姓名,性别,生日,专业号)
专业(专业号,专业名)

这种关系分解仍然是无损联接分解。若要开设新专业,只需在专业表中增加一行即可,这样就彻底解决了1NF和2NF中存在的问题。

因此,将表2.17中的一个仅符合1NF的学生信息关系分解为符合3NF的4个关系,它们的关系模式如下:

学生(学号,姓名,性别,生日,专业号)
专业(专业号,专业名)
课程(课程编号,课程名,学分)
成绩(学号,课程编号,成绩)

直观来看,1NF或2NF关系的缺陷是在一个关系中存放了多种实体,使得属性间的函数依赖呈现多样性。解决的办法是使关系单纯化,通过投影运算对关系进行分解,做到"一关系一实体",而实体间的联系通过外键或联系关系来实现,在应用中需要综合多个关系的数据时通过联接运算来实现。

除3NF外,目前更高级别的范式还有BCNF、4NF、5NF,高一级范式都满足低一级范式的规定。属于3NF的关系已经能够满足绝大部分的实际应用。

关系规范化理论是进行数据库设计的指导思想,数据模型的设计应符合规范化的要求。一般来说,数据库中的各关系都应符合3NF的要求。

2.2 数据库系统开发方法

2.2.1 系统开发方法概述

开发与建设数据库系统，是为了满足用户的信息处理需求。用户需求一般可分为功能需求和信息需求两大类。

① 信息需求。信息需求指用户需要信息系统处理和获得的信息的内容与特性。用户获得的信息有赖于系统所存储、管理的数据。

② 功能需求。功能需求指用户要求系统完成的对数据和业务的处理功能，以及相关的对处理的响应时间、处理方式、操作方式等的要求。

信息需求涉及的数据由数据库管理，由信息需求可以导出数据库中需要存储、管理的数据对象；而功能需求通过编写程序实现。

此外，用户需求还涉及对于信息和信息处理的安全性、完整性、可操作性要求。因此，开发数据库系统，应该是数据库和应用程序紧密结合在一起的综合开发。并且，这样的系统通常规模较大、功能复杂。系统开发应该遵循科学的方法。

系统开发方法的研究历经几十年的发展变化，目前主要的开发方法有结构化设计方法、原型设计方法、面向对象设计方法。

2.2.2 结构化设计方法

结构化设计方法也称为“生命周期方法”，它是较早出现的系统开发方法。结构化设计方法将系统开发过程看作系统的“生命周期”。通常，信息系统开发的生命周期包括系统规划与调查、系统分析、系统设计、系统实现与调试、系统运行评测和维护等几个大的阶段，每个阶段又包含若干具体的开发步骤。

结构化设计遵循“瀑布模型”，它要求每个阶段都有完整、规范的文档作为本阶段的设计结果，并将设计结果作为下一阶段的起点。结构化的主要含义是指严格的开发过程、文档的标准化、工具的规范化等。结构化方法充分体现了系统观点和方法的应用，强调系统性、结构性和整体性，由系统的总体特征入手，自上而下地逐步分析和解决问题。

结构化设计的基本指导思想可概括为以下3个要素：

① 以业务流程为分析的切入点，对系统进行抽象，确定用户需求。

② 以结构化方法分析和设计系统。

③ 以信息系统生命周期来组织和管理系统的开发过程。

通过对业务进行分析，确定用户需求，从而确定信息系统的边界和范围。然后以此为基础，建立描述全系统的模型。为了使模型设计准确，采取多层设计思想，先建立与具体实现无关的逻辑模型，在确认逻辑模型无误的前提下，再设计面向实现的物理模型。逻辑模型用于描述系统的本质，即主要分析业务流程和系统需求，集中解决系统做什么的问题，与系统如何实施无关。物理模型不仅描述系统是什么、做什么，而且描述系统是如何从物理上实施的。因此，设计物理模型要结合具体的技术方案和将要采用的开发工具。

两种模型在系统开发过程中承担着不同角色,这样容易实现物理系统的正确设计并实现原系统到新系统的转换。

在系统开发过程中结构化方法贯穿始终,体现在以下几个方面:

① 开发过程阶段化。开发过程阶段化指严格的开发步骤、任务、结果。

② 开发工具标准化。开发工具标准化指采用数据流图、结构图、数据字典、Petri 网等。

③ 开发文档规范化。开发文档规范化指统一对格式、内容和功能的表述要求。

④ 开发方法层次化。开发方法层次化指运用自顶向下分析(逐层分解)、自底向上设计。

⑤ 开发的系统结构化、模块化。开发的系统结构化、模块化指按照功能独立等原则分解模块、构建子系统。

结构化方法过程严谨,减少了开发的随意性,适合大型系统的开发。结构化方法的目标之一是尽量避免将前期开发中产生的错误留到开发的后期,因为错误产生得越早,以后发现时纠正的成本越高,可称之为"纠错成本倍增"原理。与之相关联,如果有可能,尽量将系统实现的阶段往后移,期望在开始实施时弄清楚全部需求,这称为"推迟实现"。这些特性造成了结构化开发方法的一些局限性,主要体现在以下方面:

① 基本单向的开发流程,不允许失败,要求事先定义完整、准确的需求,即要求在需求分析时获得全部的需求信息,这实际上很难做到。

② 对用户要求高,用户难以和开发者沟通。在开始阶段用户看不到开发的结果,等到看到结果,已经处于生命周期中/后期,如果要改动,成本很大。

③ 开发周期长,每一阶段都要求详细文档,使文档很复杂,难以适应需求的变动。

④ 不利于使用快速的开发工具。

结构化方法建立在对系统需求完整、准确定义的基础上,但是由于用户在开发初期对系统的理解程度有限,造成与开发者之间难以实现快速和准确的沟通,所以,实际上这样的基础常常难以真正实现。这就严重影响了信息系统的开发质量,并造成开发人员和使用者之间的矛盾和冲突。

另外,系统分析的逻辑模型和系统实施的物理模型之间的分离,造成两种模型之间存在过渡的差异和困难。同时,系统要同时实现用户信息需求和功能需求,但在开发时,这两者在设计上处于分离状态,这也为系统开发真正满足用户需求造成负面影响。

为此,人们对结构化方法不断进行改进,也产生了一些新的开发方法。

2.2.3 原型设计方法

与结构化设计方法"推迟实现"相反,原型设计方法期望让用户很早就看到系统开发的结果。其基本方法是,在开发时首先构造一个功能相对简单的原型系统(初始模型),然后通过对原型系统逐步求精、不断扩充完善得到最终的软件系统(工作模型)。

原型设计方法符合人们认识事物的基本探索过程,首先构造系统的大致框架,然后通过试探和逐次逼近的方法获得最后的设计结果。该方法借助于快速开发工具,提高了开发速度。

原型设计方法是开发者和用户一起对开发的系统进行探索的过程。原型就是进行研究、改造的模型。最初的原型是待构建的实际系统简化的、缩小比例的模型,但是保留了实际系统的大部分功能。这个模型可以在运行中被检查、测试、修改，直到它的性能达到用户需求为止。因此，这个工作模型很快就能转换成实际的目标系统。

原型设计方法的核心是初始原型的构建和修改。建立初始原型需要对系统进行初步的需求分析和规划，并借助于快速开发工具的支持。原型设计方法的开发流程如图 2.2 所示。

与结构化方法相比，原型设计方法有以下特点：

① 允许试探和重复，是一个不断迭代、逐渐逼近、积累知识的过程。

② 不需要预先完整、准确地定义系统需求。

③ 迭代过程是对开发对象认识的不断深入、需求不断清晰的过程，也是系统功能不断实现和完善的过程，体现了分析和设计过程的统一。

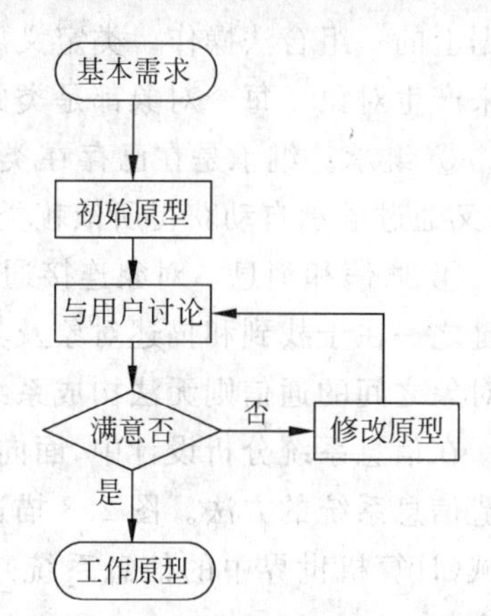

图 2.2 原型设计方法的开发流程示意图

原型设计方法具有以下优点：

① 无论是开发者还是用户，对系统的认识过程都随着原型的建立和不断改进逐渐深入，更符合人类对不熟悉事物的认识规律。

② 原型设计方法是一种支持用户参与开发的方法，使得用户在系统生命周期的分析和设计阶段起到积极的作用。

③ 能减少系统开发的风险，特别是在不确定性大的项目开发中，由于对项目需求的分析难以一次完成，使用原型设计方法效果更明显。

④ 充分利用可视化的开发工具提高开发效率，减少培训时间和成本。

⑤ 原型设计方法的概念既适用于新系统的开发，也适用于原系统的修改。

原型设计方法对开发人员和开发工具的要求比较高，容易忽视对文档的撰写和整理，或者由于经常修改，使得文档的管理变得复杂，从而影响后期的系统维护。

一般来说，原型设计方法适用于系统规模不太大、业务不太复杂的系统。通常将原型设计方法与生命周期方法结合使用，在系统开发初期设计一个简单的原型，以便于用户尽可能参与需求分析和逻辑设计等阶段的活动，达到提高开发效率、更满足用户需求的目标。

2.2.4 面向对象设计方法

随着面向对象(Object Oriented，OO)思想和对象模型的推广应用，面向对象的系统开发方法得到了飞速发展，成为目前重要的设计方法之一。统一建模语言(Unified Modeling Language，UML)是面向对象开发方法的有力工具。

现实世界是由无数个相互关联的事物(实体)构成的。人们在认识世界时总是首先认识每个独立的事物，然后分析事物之间的联系，从而认识事物变化的规律和过程。面向对象方法正是基于认识客观世界思想的基本方法。

面向对象方法的核心是对象。对象用于模拟客观世界中的实体。对象的概念包括对象、对象类以及类的继承等，被称为面向对象方法的三大要素。

① 对象。对象是由描述事物当前状态的静态特征和描述事物行为的动态特征组成的综合体。对象的静态特征用“属性”加以描述，动态特征由“操作”描述。

属性的取值反映了事物当前的状态,取值的改变意味着状态的变化。操作又称为方法或服务,它描述了对象执行的功能,通过完成这一功能的过程代码实现。另外,通过消息传递,操作还可以被其他对象使用。

② 类。类是一组具有相同数据结构和相同操作的对象的集合,包括一组数据属性和在数据上的一组合法操作。类定义可以视为一个具有类似特性和共同行为的对象的模板,可用来产生对象。每个对象都是类的一个实例。

③ 继承。继承是在已存在类的基础上建立新类的技术,使得新类既能够增加新的特性,又通过继承自动获得所依赖类的原有特性。

④ 通信和消息。对象连接通过消息驱动实现,从而构建对象之间的联系。系统分析的关键之一在于找到和描述对象及其联系。系统的运行通过对象之间的通信来驱动,如果没有对象之间的通信则无法构成系统。消息是一个对象与另一个对象的通信单元。

在信息系统分析设计中,面向对象方法就是基于构造问题域的对象模型、以对象为中心构造信息系统的方法。图 2.3 描述了面向对象方法中问题域(现实世界中的业务过程)和求解域(计算机世界中的信息系统)之间的映射关系,表达了面向对象系统开发方法的基本概念。

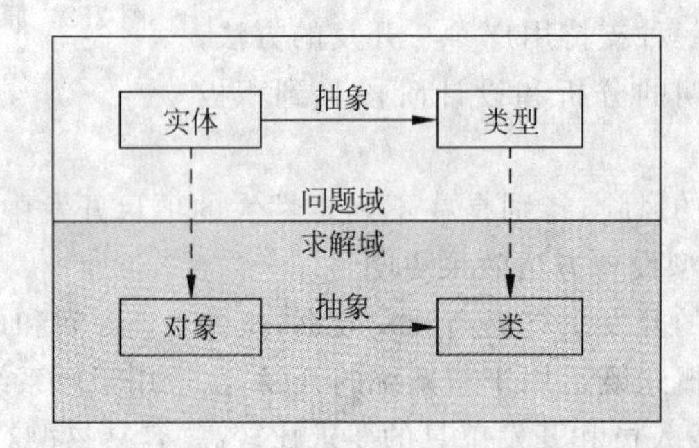

图 2.3 面向对象方法设计模型

不同企业和组织的业务流程多种多样,但究其本质,在对象和对象的类型上有很多相似之处,因此对象可以作为组装系统的可重用的部件。而且,对象固有的封装性和信息隐藏性等特性使得对象内部的实现与外界隔离,具有较强的独立性。

2.3 数据库设计方法

用户建立自己的数据库是为了满足自身的需求,当现有的数据处理手段和方法不能满足用户的业务、管理的实际需要时,用户就需要开发新的数据处理系统。如果采用数据库作为数据管理技术,则开发的数据处理系统就是数据库系统。

2.3.1 数据库设计的定义

数据库在数据库系统中处于核心的位置。设计符合用户需要、性能优异的数据库,成为开发数据库系统的重要组成部分。

数据库设计是指对于给定的应用环境,设计构造最优的数据库结构,建立数据库及其应用系统,使之能有效地存储数据,对数据进行操作和管理,以满足用户各种需求的过程。

2.3.2 数据库设计的步骤

结构化设计方法,将开发过程看成一个生命周期,因此也称为生命周期方法。其核心思想是将开发过程分成若干个步骤,主要包括系统需求的调查与分析、概念设计、逻辑设计、物理设计、实施与测试、运行维护等。

① 系统需求的调查与分析。在这一步骤,设计人员要调查现有系统的情况,了解用户对新系统的信息需求和功能需求,对系统要处理的数据收集完整,并进行分析整理和分类组织,写出需求分析报告。

② 概念设计。在系统需求分析的基础上设计出全系统的面向用户的概念数据模型,作为用户和设计人员之间的"桥梁"。这个模型既能够清晰地反映系统中的数据及其联系,又能够方便地向计算机支持的数据模型转化。

③ 逻辑设计。将概念模型转化为DBMS支持的数据模型,但该模型并不依赖于特定的DBMS。目前,数据库一般都使用关系模型。

④ 物理设计。将逻辑设计的数据模型与选定的DBMS结合,设计出能在计算机上实现的数据库模式。

⑤ 实施与测试。应用DBMS,在计算机上建立物理数据库,通过测试之后投入实际运行。

⑥ 运行维护。对数据库的日常运行进行管理维护,以保障数据库系统的正常运转。

数据库设计的基本目标是建立信息系统的数据库,而在计算机上建立数据库必须由DBMS来完成,目前几乎所有的DBMS都是基于关系模型的。因此,在数据库设计过程中,最主要的是正确掌握用户需求,然后在此基础上设计出关系模型。

然而,关系模型面向DBMS,它与实际应用领域所使用的概念和方法有较大的距离。用户对关系模型不一定了解,而数据库设计人员也不一定熟悉用户的业务领域,因此,这两类人员之间存在沟通问题。并且,应用领域很复杂,往往要经过多次反复的调查、分析才能弄清用户需求,因此,根据用户要求一步到位地建立系统的关系模型较为困难。

由于用户是开发数据处理系统的提出者和最终使用者,为保证设计正确和满足用户要求,用户必须参与系统的开发设计。因此,在建立关系模型前,应先建立一个概念模型。

概念模型使用用户易于理解的概念、符号、表达方式来描述事物及其联系,它与任何实际的DBMS都没有关联,是面向用户的;同时,概念模型又易于向DBMS支持的数据模型转化。概念模型也是对客观事物及其联系的抽象,也是一种数据模型。概念模型是现实世界向面向计算机的数据世界转化的过渡,目前,常用的概念模型为实体联系模型。因此,概念设计成为数据库设计过程中非常重要的环节。

用户可以用3个世界来描述数据库设计的过程。用户所在的实际领域称为现实世界;概念模型以概念和符号为表达方式,所在的层次为信息世界;关系模型位于数据世界。

通过对现实世界调查分析,然后建立起信息系统的概念模型,就从现实世界进入信息世界;通过将概念模型转化为关系模型进入数据世界,然后由DBMS建立起最终的物理数据库。数据库设计的整个变化过程如图2.4所示。

图 2.4 数据库设计过程示意图

2.4 实体联系模型及转化

实体联系(Entity Relationship,ER)模型是目前常用的概念模型,它有一套基本的概念、符号和表示方法,面向用户,并且很方便向其他数据模型转化。

2.4.1 ER模型的基本概念

在ER模型中,主要包括实体、属性、域、实体型、实体集、实体码以及实体集之间的联系等概念。

1. 实体与属性

实体(Entity)指现实世界中任何可相互区别的事物。人们通过描述实体的特征(即属性)来描述实体。在建立信息系统概念模型时,实体就是系统关注的对象。

属性(Attribute)指实体某一方面的特性。一个实体由若干个属性来描述。通过给属性取值,可以确定具体的实体。例如,对于员工实体,需要描述工号、姓名、性别、生日、职务、薪金等属性。给定{"0301","李建设","男","1978-10-15","经理",￥6650}一组值,就确定了一个实体。所以,实体靠属性来描述。为了表述方便,每个属性都有一个名称,称为属性名,例如"工号"、"姓名"等。

2. 域

每个属性都有对取值范围的限定,属性的取值范围称为域(Domain)。例如,性别的取值范围是{"男","女"},职务的取值范围是{"总经理","经理","主任","组长","业务员","见习员"},薪金的取值范围是{1000～10 000},等等。域是值的集合。

3. 实体型与实体集

信息系统要处理众多的同类实体。例如在销售管理系统中,每个员工都是一个实体,而所有员工实体的属性构成都相同。将同类实体的属性构成加以抽象,就得到实体型的概念。用实体名及其属性名集合来描述同类实体,称为实体型(Entity Type)。例如,员工(工号,姓名,性别,生日,职务,薪金)定义了员工实体型。

每个实体的具体取值就是实体值。例如上面员工"李建设"的相关取值就是一个实体值,可见,型描述同类个体的共性,值是每个个体的具体内容。

对于同一个对象使用不同的实体型,表明我们所关注的内容不同。同样是员工,当用(工号,姓名,性别,年龄,身高,体重,视力)等属性来表示时,是针对员工的健康信息。

同型实体的集合称为实体集(Entity Set)。例如,所有员工实体的集合构成员工实体集。在以后的应用中,无须强调时一般不区分实体型或实体集,都简称为实体。

4. 实体码

实体集中的每个实体都可相互区分,即每个实体的取值不完全相同。用来唯一确定或区分实体集中每一个实体的属性或属性组合称为实体码(Entity Key),或称为实体标识符。例如,在员工实体集中指定一个工号值,就可以确定唯一一个员工。所以,工号可作为员工实体集的码。

实体码对于数据处理非常重要,如果实体集中不存在这样的属性,设计人员往往会增加一个这样的标识属性。

5. 实体集之间的联系

现实世界中事物不是孤立存在而是相互关联的,事物的这种关联性在信息世界的体现就是实体联系。实体集之间的联系方式可以分为以下三类:

① 一对一联系。两个实体集A、B,若A中的任意一个实体最多与B中的一个实体发生联系,而B中的任意一个实体最多与A中的一个实体发生联系,则称实体集A与实体集B有一对一联系,记为1∶1。例如,乘客实体集与火车票实体集的持有联系,院长实体集与学院实体集的领导联系等。

② 一对多联系。两个实体集A、B,若A中至少有一个实体与B中一个以上的实体发生联系,而B中的任意一个实体最多与A中的一个实体发生联系,则称实体集A与实体集B有一对多联系,记为1∶n。例如,学院与专业的设置联系,部门与员工的聘用联系等。

③ 多对多联系。两个实体集A、B,若A中至少有一个实体与B中一个以上的实体发生联系,而B中至少有一个实体与A中一个以上的实体发生联系,则称实体集A与实体集B有多对多联系,记为m∶n。例如,学生与课程的选修联系、销售员与商品的销售联系等。

当一个联系发生时,可能会产生一些新的属性,这些属性属于联系而不属于某个实体。例如,学生选修课程会产生成绩属性,销售会产生数量和金额属性。

联系反映的是实体集之间实体对应的情况。若一个联系发生在两个实体集之间,称为二元联系;若联系发生在一个实体集内部,例如球队集的比赛联系,则称为一元联系或递归联系;联系也可以同时在3个或更多实体集之间发生,称为多元联系。例如在销售联系中,销售员、商品、顾客通过一个销售行为联系在一起,从而使销售联系成为三元联系。

2.4.2 ER图

ER模型通过描述系统中的所有实体及其属性以及实体间联系来建立MIS的概念模型。1976年,P. P. Chen提出实体联系方法,用实体联系(ER)图来表示实体联系模型。由于ER图简便直观,这种表示方法得到了广泛的应用。依照一定的原则,ER图可以方便地转化为关系模型。

在ER图中,只用到很少几种符号。在画系统ER图时,将所有的实体型及其属性、实体间的联系全部画在一起,便得到了系统的ER模型。下面是画ER图时使用的符号及其含义。

实体名 矩形框中写上实体名表示实体型。

属性 椭圆框中写上属性名,在实体或联系和它的属性间连上连线,在作为实体码的属性下面画一条下划线。

联系 菱形框中写上联系名,用连线将相关实体连起来,并标上联系类别。

如果一个系统的ER图中实体和属性较多,为了简化最终的ER图,可以将各实体及其属性单独画出,在联系图中只画出实体间的联系。

【例 2-13】 设计例1-1中的"教学管理"数据库的ER图。

① 首先识别实体,实体是独立存在的对象,教学管理系统中的实体包括学院、专业、学生、课程,它们的属性如下:

- 学院实体。其属性为学院编号、学院名称、院长、办公电话。
- 专业实体。其属性为专业编号、专业名称、专业类别。
- 学生实体。其属性为学号、姓名、性别、生日、民族、籍贯、简历、登记照。
- 课程实体。其属性为课程编号、课程名称、课程类别、学分。

② 然后确定实体间的联系,教学管理系统中各实体间的联系如下:

- 学院与专业发生 $1:n$ 联系。一个专业只由一个学院设置,一个学院可以有若干个专业。
- 学院与课程发生 $1:n$ 联系。一门课程只由一个学院开设,一个学院开设多门课程。
- 学生与专业发生 $n:1$ 联系。每名学生主修一个专业,一个专业有多名学生就读。
- 学生与课程发生 $m:n$ 联系。一名学生可选修多门课程,并获得一个成绩,一门课程有多名学生选修。

③ 画出ER图,教学管理系统的ER图如图2.5所示。

注意:在ER图中,每个实体只出现一次,实体名不可以重复。

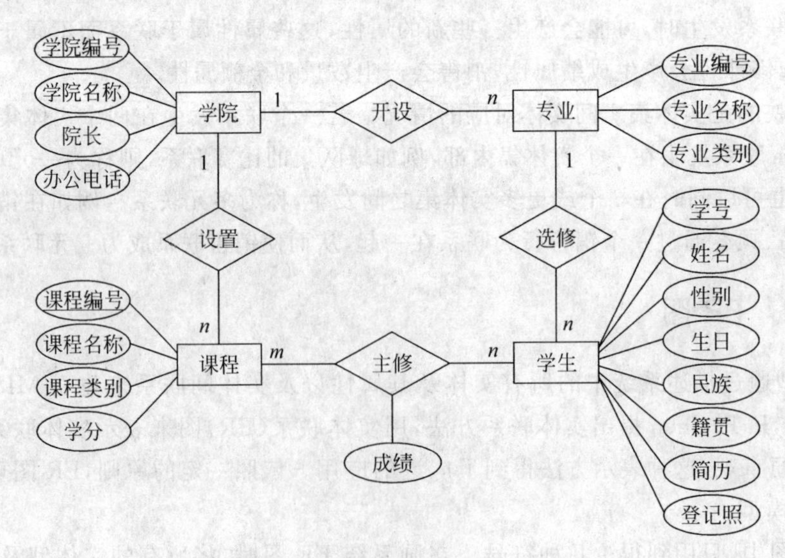

图 2.5 教学管理系统的ER图

2.4.3 ER 模型向关系模型的转化

ER 模型需要转化为关系模型，才能被 DBMS 所支持。转化方法可以归纳为以下几点：

① 每个实体型都转化为一个关系模式，即给该实体型取一个关系模式名，实体型的属性成为关系模式的属性，实体码成为关系模式的主键。

② 实体间的每一种联系都转化为一个关系模式，即给联系取一个关系模式名，与联系相关的各实体的码成为该关系模式的属性，联系自身的属性成为该关系模式其余的属性。

③ 对以上转化后得到的关系模式结构按照联系的不同类别进行优化。

联系有 3 种类型，转化为关系模式后，与其他关系模式可进行合并优化。

① 1∶1 的联系，一般不必单独成为一个关系模式，可以将它与联系中的任何一方实体转化成的关系模式合并(一般与元组较少的关系合并)。

② 1∶n 的联系也没有必要单独作为一个关系模式，可将其与联系中的 n 方实体转化成的关系模式合并。

③ m∶n 的联系必须单独成为一个关系模式，不能与任何一方实体合并。

按照以上方法，将例 2-13 的 ER 模型转化为关系模型，得到例 1-2 的关系模型。

2.4.4 设计 ER 模型的进一步探讨

当信息系统比较复杂时，设计正确的 ER 模型非常必要，但也是较为困难的事情。基本方法是从局部到整体，先将每个局部应用的 ER 图设计出来，然后再进行优化集成。

设计 ER 模型的关键是识别初始的实体和联系。一般而言，在现实世界中独立存在的对象就是实体，一般用名词命名；而反映企业或用户业务、行为的对象，大多涉及不同的实体，一般用动词命名，这就是联系。

实体或联系一般都需要使用属性来描述。根据前述 ER 模型转化为关系模型的方法可知，实体或联系的属性要转化为关系的属性。在关系模型中，属性是不可分的原子属性，因此，在 ER 模型中的属性也应是不可分的。

但在初始 ER 模型中，实体或联系的属性可能不是原子属性，对于这类属性，必须进行处理和转换。

对于实体或联系的属性，根据其取值的特点可进行以下分类：

① 简单属性和复合属性。简单属性也称原子属性，是指不能再分为更小部分的属性。而复合属性是指有内部结构、可以进一步划分为更小组成部分的属性。

② 单值属性和多值属性。如果某属性在任何时候都只能有单独的一个值，则称该属性为单值属性，否则为多值属性。

③ 允许和不允许取空值属性。允许取空值指允许实体在某个属性上没有值，这时使用空值(Null)来表示。Null 表示属性值未知或不存在。属性不允许取空值，则意味着所有实体在该属性上都有确定的取值。

④ 基本属性和派生属性。派生属性的值是从其他相关属性的值计算出来的。

在最终 ER 图中，必须消去多值和复合属性，因此需要对它们进一步处理。一般情况下，单值复合属性可以按子属性分解为简单属性；多值简单属性可以将多值转化为多个单值简单属性(适合值较少的情况),或者将多值属性转化为实体对待；多值复合属性则需要转化为实体来处理。

2.4.5 术语对照

数据库设计过程经过了从概念模型到关系模型,再到利用 DBMS(例如 Access)建立计算机上物理数据库的各个环节。

在各个不同环节,为了保持概念的独立性和完整性,分别使用了不同的术语。为了方便读者进行比较,这里将常用的术语对照列出,如表 2.18 所示。

表 2.18 术语对照表

实体联系模型	关系模型	Access 数据库
实体集	关系	表
实体型	关系模式	表结构
实体	元组	记录(行)
属性	属性	字段(列)
域	域	数据类型
实体码	候选键、主键	不重复索引、主键
联系	外键	外键(关系)

注意：本书除实体联系模型和关系理论部分以外,其他地方都使用 Access 数据库中的术语。

2.5 图书销售管理数据库设计

"进、销、存"是很多企业的主要业务类型,而在管理信息系统中,"进、销、存"是最典型的模式。本书重点介绍某中小型书店图书销售管理系统的数据库设计。

2.5.1 需求调查与分析

根据系统开发方法,首先需要根据用户需求展开系统调查分析,并在此基础上写出系统的"系统调查与需求分析报告"。该报告是在对现有的信息处理和管理业务进行调查分析的基础上,结合用户对将要开发的系统的要求,提出新系统的基本目标。

该报告的内容主要包括企业组织结构、用户业务分析、数据流图、数据字典等,需要将用户需求的具体内容表述清楚。

用户需求主要由两个部分组成,即信息需求和功能需求。

信息需求即新系统应该收集、整理、存储、处理的所有数据,包括从最基本的数据项(例如图书名)到关联在一起的数据集合(例如图书信息,由书名、作者、出版社、定价等若干项数据组成)。系统调查与需求分析报告对此都应该给出详细、准确、完整、无异义的描述。

由于信息在系统中会有处理要求和状态的变化,与信息需求联系在一起的就是处理功能需求。功能需求是新系统应该实现的业务功能,例如数据的输入与修改、查询汇总、报表打印等。

1. 组织结构

对于组织结构进行分析有助于分析业务范围与业务流程。书店的组织结构如图 2.6 所示。

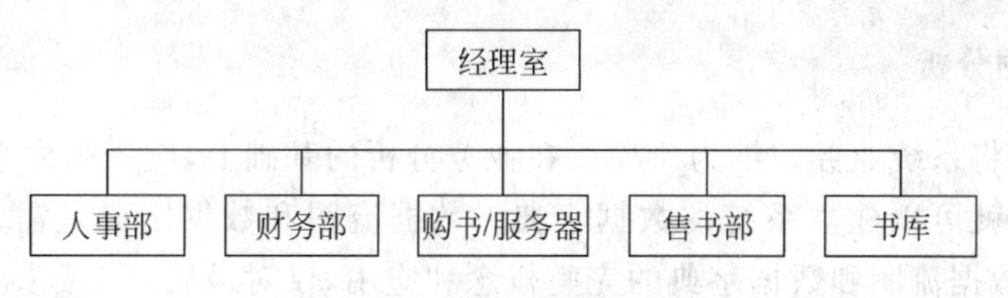

图 2.6　书店组织结构简图

其中，书库是保存图书的地方；购书/服务部负责采购计划、读者服务、图书预订等业务；售书部负责图书的销售；财务部负责资金管理；人事部负责员工管理与业务考核。

2. 业务分析

对于信息处理系统来说，划分系统边界很重要，即划分哪些功能由计算机来完成，哪些工作在计算机外完成，这些划分要通过业务分析来确定。同时，业务流程中涉及的相关数据也通过业务分析得到归类和明确。在业务分析的基础上，可以确定数据流图和数据字典。

图书销售管理系统主要包含以下业务内容：

① 进书业务。采购员根据事先的订书单采购图书，然后将图书入库，同时登记图书入库数据。

本项业务涉及的数据单据有进书单(含有进书单明细)以及书库账本。

② 售书业务。销售人员根据读者所购图书填写售书单，同时修改相应图书库存数据。

图 2.7 所示为某书店售书单小票的样式，售书单的前面是销售单号、交易时间数据，中间是本单的售书明细，后面是应收金额、收银员等数据。

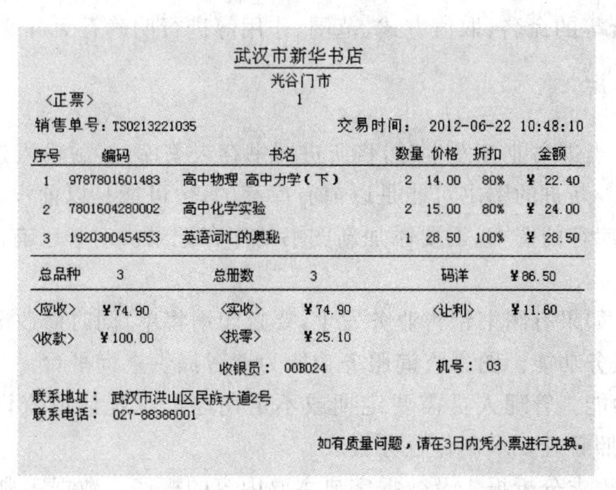

武汉市新华书店
光谷门市
〈正票〉　1

销售单号：TS0213221035　交易时间：2012-06-22 10:48:10

序号	编码	书名	数量	价格	折扣	金额
1	9787801601483	高中物理 高中力学(下)	2	14.00	80%	¥ 22.40
2	7801604280002	高中化学实验	2	15.00	80%	¥ 24.00
3	1920300454553	英语词汇的奥秘	1	28.50	100%	¥ 28.50

总品种　3　总册数　3　码洋　¥86.50

〈应收〉 ¥74.90　〈实收〉 ¥74.90　〈让利〉 ¥11.60
〈收款〉 ¥100.00　〈找零〉 ¥25.10

收银员：00B024　机号：03

联系地址：武汉市洪山区民族大道2号
联系电话：027-88386001

如有质量问题，请在3日内凭小票进行兑换。

图 2.7　售书单样式

本项业务涉及和产生的数据单据有售书单(包括售书明细)以及书库账本。

③ 图书查询服务业务。根据读者需要，提供本书店特定的图书及库存信息。

本项业务涉及的主要数据单据是书库账本。

④ 综合管理业务。综合管理业务包括进书、销售、库存数据的查询、汇总和报表输出等。

本项业务涉及所有的进书数据、销售数据和库存数据等。

3. 系统数据分析

上面的分析将系统业务归纳为4项。在业务分析的基础上,应该画出系统的数据流图,然后在此基础上就可以建立系统的数据字典。数据流图和数据字典是需求分析使用的工具,本书不讨论数据流图和数据字典的完整概念和应用,仅对最后建立数据库所需要的数据进行分析说明。

在上述4项业务中涉及的业务数据包括进书数据、库存数据、销售数据。在这些数据中包含有图书数据、员工数据等,而图书数据与出版社有关,员工与部门有关。这样,将所有的数据进行归类分析,书店图书销售管理系统要处理的数据如下:

① 部门数据。其组成为部门编号、部门名、办公电话。

② 员工数据。其组成为工号、姓名、性别、生日、职务、所属部门、薪金。

③ 出版社数据。其组成为出版社编号、出版社名、地址、联系电话、联系人。

④ 基本图书数据。其组成为图书编号、ISBN、书名、作者、出版社、版次、出版日期、定价、图书类别。

⑤ 售书单及明细。其组成为售书单号、日期、{售书明细}、金额、业务员。

⑥ 书库账本。其组成为图书编号、库存数量、平均进价折扣、备注。

对于这些需要处理的数据对象,每种对象由其相应属性来描述。这些属性有的是基本数据项,有的是数据项集合(由“{}”括起来)。

例如,{售书明细}由序号、图书编号、售价、折扣、数量、金额等属性组成。

当所有数据对象都归纳完毕后,就可以编制数据字典了。在数据字典中,要对所有这些数据项、数据项集合等的命名、取值方式、范围、作用等进行明确且无异义的说明。

4. 处理功能分析

① 进书功能。当进书业务发生时,将所进图书存入书库,然后输入进书数据,并根据进书单修改库存数据。新进的图书可能是以前有库存的,也可能是以前没有库存的。

对于以前没有库存的图书,需要添加新图书的库存记录。对于已有图书,则修改库存的数量。

② 售书功能。如果有图书销售业务发生,要打印销售单,同时修改图书库存数据。

③ 图书查询服务功能。图书查询服务功能为读者提供查询平台。

④ 综合管理功能。管理人员需要定期或不定期地汇总统计或查询进书数据、销售数据、库存数据,并按照管理要求制作业务报表。

上述内容是对需求分析报告及数据字典主要内容的概述。数据字典是数据库设计最重要的成果和基础。只有将数据字典编制正确,才能保证数据库设计符合用户要求。

进书业务和售书业务的数据特征很相似,为了简化设计,以下设计省略进书管理部分,读者可根据售书管理的分析自行设计和添加。

说明:进、销、存是复杂的企业业务。为了突出重点,便于教学,这里进行了大量的简化，略去许多相关业务和细节分析，但核心的数据处理功能基本上得到完整体现。本书的主要目的是介绍数据模型设计，若读者需要更专业和全面的需求分析文档，可参阅其他资料。

2.5.2 概念设计与逻辑设计

1. 概念模型设计

在完成需求分析的基础上，接下来进行概念模型设计。

【例 2-14】 分析并设计图书销售管理数据库的 ER 图。

① 首先识别初始实体，确定实体的属性，标明实体码。实体是现实世界中独立的、确定的对象，本系统中可以确定的实体类别有部门、员工、出版社、图书以及书库，它们的属性如下：

- 部门实体。其属性为部门编号、部门名、办公电话。
- 员工实体。其属性为工号、姓名、性别、生日。
- 出版社实体。其属性为出版社编号、出版社名、地址、联系电话、联系人。
- 图书实体。其属性为图书编号、书名、作者。
- 书库实体。其属性应该包括编号、地点等，这里假定只有一个书库，这样书库的属性可以不予考虑。

② 确定初始的实体间联系及其属性。

- 部门与员工发生聘用联系。这里规定一个员工只能在一个部门任职，因此部门与员工是 1∶n 联系。当联系发生时，产生职务、薪金属性。
- 出版社与图书发生"出版"联系。一本图书只能在一家出版社出版，这是 1∶n 联系。当联系发生时，产生 ISBN、版次、出版时间、定价、图书类别等属性。
- 图书与书库发生"保存"联系。如果有多个书库，就要区分某种图书保存在哪个编号的书库中。这里假定只有一个书库，所以所有的图书都保存在一个地点，书库与图书是 1∶n 的联系。"保存"联系产生存书折扣、数量、备注等属性。
- 员工和图书发生"售出"联系。售书单是联系的属性(省略"购进"联系的分析)。

③ 将以上分析用初始 ER 图表示。

初始实体及属性如图 2.8 所示。

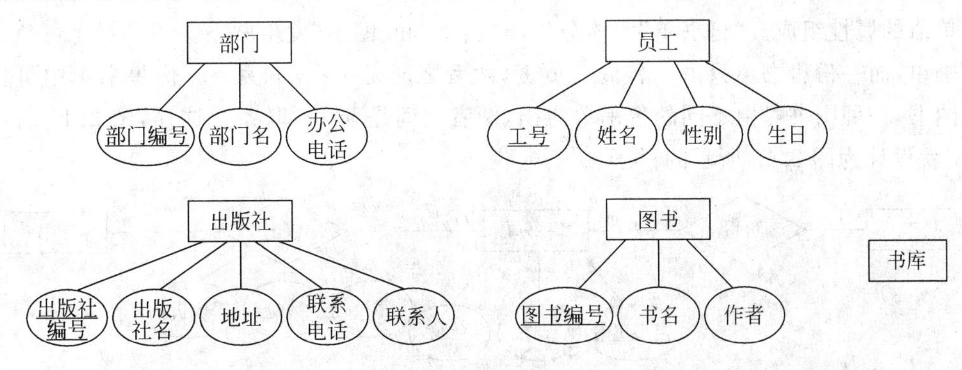

图 2.8 图书销售管理数据库的实体及属性图

图 2.9 为“聘用”联系图，图 2.10 为“出版”联系图和“保存”联系图。

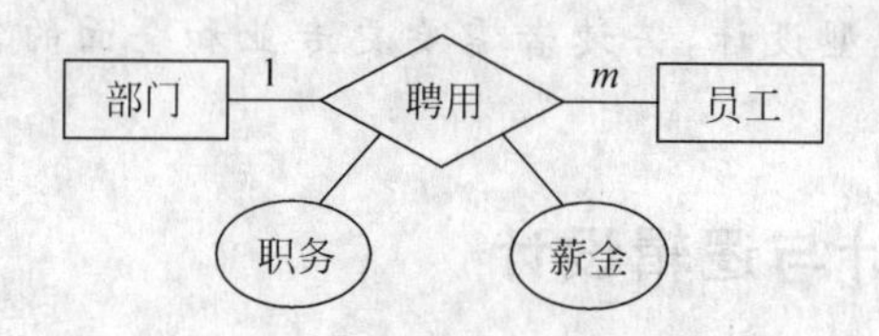

图 2.9 部门与员工联系图

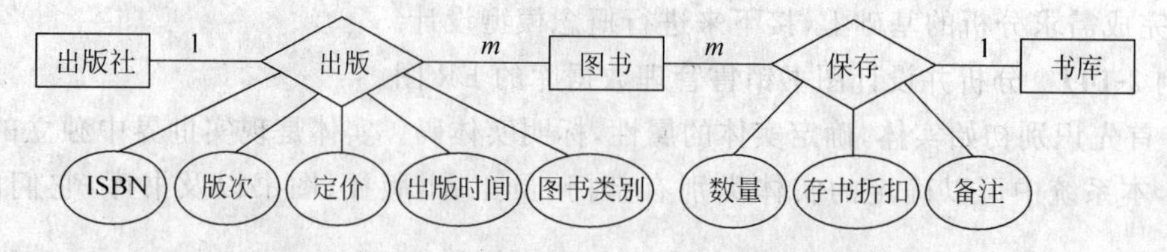

图 2.10 图书与出版社、图书与书库联系图

当员工在书店售书时，由于一个员工可以售出多种图书，一种图书可以从多名员工那里售出，因此员工与图书的“售出”联系是 $m : n$ 联系，产生“售书单”属性。图 2.11 为员工与图书售书联系的 ER 图。

仔细分析“售书单”属性，可以发现该属性与其他实体或联系的属性有很大的区别。其他的属性都是不可分的、单个值的属性。而“售书单”不是一个单一的数据，它由多项内容构成，本身是有结构的，见图 2.7，因此该属性为“多值”、“复合”属性。

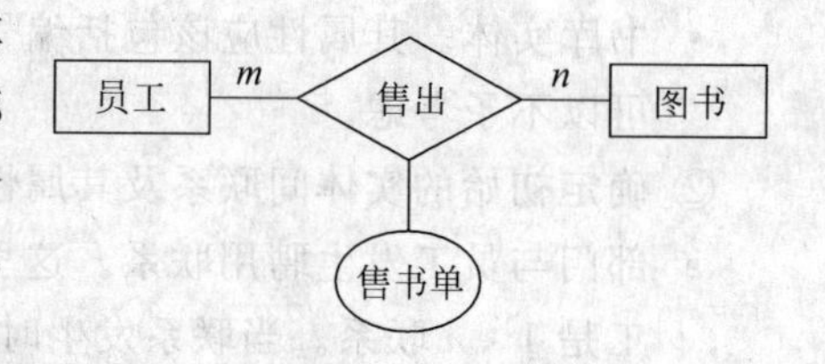

图 2.11 员工与图书售出联系的 ER 图

由于 ER 图将来要转化为关系模型，而关系中的属性必须是原子的，因此必须对 ER 图的非原子、单值属性进行专门处理。

对于单值的复合属性，一般将组合属性的子属性分解为独立属性。例如，假设“薪金”由“基本工资”和“奖金”组成，那么取消“薪金”，直接将“基本工资”和“奖金”变成独立的属性就可以了。

对于多值属性，一般将这个“属性”变成“实体”来对待，这样，它与原实体的关系就变成了实体间的联系。

图 2.11 中的“售书单”是多值的组合属性，将其看作“售书单”实体，实体的属性由售书单中单值的属性组成。“售书单”实体分别与“员工”和“图书”发生联系。一名员工可负责多份售书单，而一份售书单只由一名员工负责，两者之间是 $1 : n$ 联系；一份售书单中可包含多种图书，一种图书可由不同的售书单售出，两者之间是 $m : n$ 联系。这样，图 2.11 所示的 ER 图就设计为图 2.12 所示的样子。

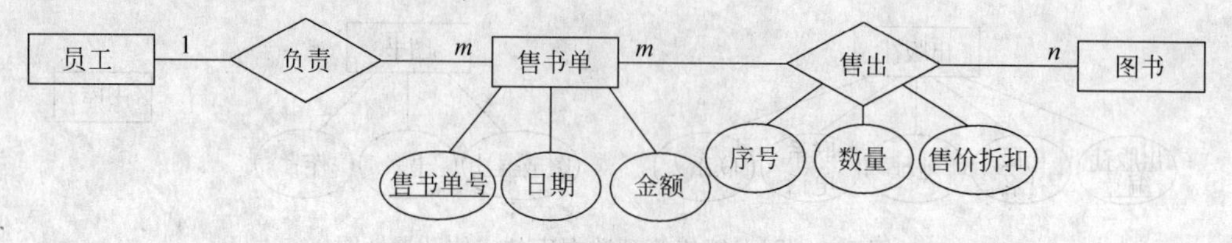

图 2.12 售书单相关联系的 ER 图

其中，售书单的“金额”属性是本单中所有图书销售金额的合计，即：

$$金额 = \sum(数量 \times 定价 \times 折扣)$$

通常，“金额”属性称为“导出”属性，由于可以从其他属性导出，在数据库中一般略去。

根据以上分析，在实体属性图中增加“售书单”实体，如图 2.13 所示。

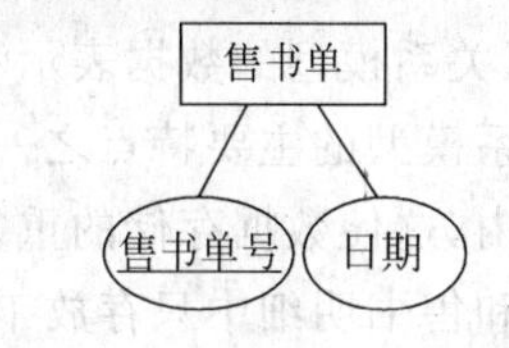

图 2.13 售书单实体及属性图

这样，得到图书销售管理数据库的 ER 图。实体属性图如图 2.8 和图 2.13 所示，综合图 2.9～图 2.11，略去联系图中的所有属性，得到如图 2.14 所示的最终 ER 图。

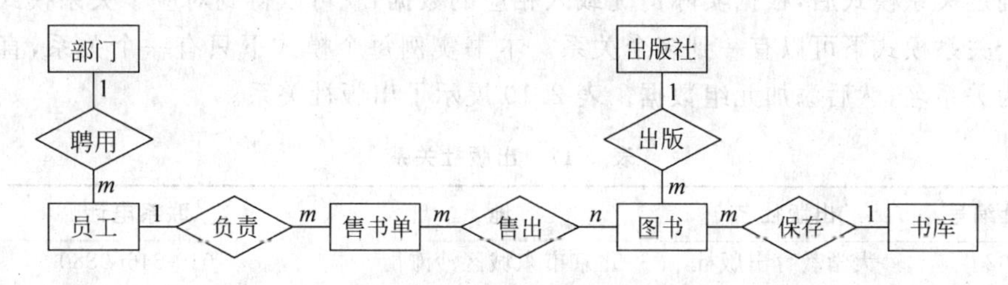

图 2.14 图书销售管理数据库的 ER 模型联系图

注意：该图中略去了与“进书业务”相关的部分。

2. 逻辑模型设计

ER 模型是面向用户的概念模型，是数据库设计过程中概念设计的结果。下面以 ER 模型为基础，将其转化为关系模型。

【例 2-15】 将例 2-14 中的图书销售管理 ER 模型转化为关系模式表示的关系模型。

① 首先将每个实体型转化为一个关系模式，得到部门、出版社、员工、图书、售书单的关系模式，关系的属性就是实体图中的属性（书库不需要单独列出）。

② 然后将 ER 图中的联系转化为关系模式。ER 图中有 5 个联系，因此得到 5 个由联系转化而来的关系模式，它们分别如下：

聘用(部门编号,工号,职务,薪金)
出版(出版社编号,图书编号,ISBN,版次,出版日期,定价,图书类别)
保存(图书编号,数量,存书折扣,备注)
负责(工号,售书单号)
售出(售书单号,图书编号,序号,数量,售价折扣)

在这些联系中，由 1∶n 联系得到的关系模式可以与 n 方实体合并，在合并时要注意属性的唯一性。这样，“聘用”与员工合并；“出版”、“保存”与图书合并；“负责”与售书单合并（合并时重名的不同属性要改名，关系模式名和其他属性名也可酌情修改）。

保留“售出”联系的模式，并结合需求分析改名为“售书明细”。

这样，得到以下一组关系模式，它们构成了图书销售管理数据库的关系结构模式：

部门(部门编号,部门名,办公电话)
员工(工号,姓名,性别,生日,部门编号,职务,薪金)
出版社(出版社编号,出版社名,地址,联系电话,联系人)

图书(图书编号,ISBN,书名,作者,出版社编号,版次,出版时间,图书类别,定价,折扣,数量,备注)
售书单(售书单号,售书日期,工号)
售书明细(售书单号,图书编号,序号,数量,售价折扣)

相对于ER模型中有实体、实体间的联系,在关系模型中都是用关系这一种方式来表示的,所以关系模型的数据表示和数据结构都十分简单。

关系模型的主要特点之一是将各实体数据分别放在不同的关系中而不是放在一个集成的关系内,这使数据存储的重复程度降到最低。例如员工、图书等关系中存放各自的数据,售书单和售书明细中只存放工号、图书编号,通过工号和图书编号来引用其他关系的数据,这样数据存储的冗余度最小,也便于维护数据库和保持数据的一致性。

在确定关系模式后,根据实际情况载入相应的数据,就可以得到对应于关系模式的关系了。一个关系模式下可以有一到多个关系。本书实例每个模式下只有一个关系,直接用模式名作为关系名,然后添加元组数据。表2.19展示了出版社关系。

表2.19 出版社关系

出版社编号	出版社名	地址	联系电话	联系人
1002	大学教育出版社	北京市东城区沙滩街	010-64660880	赵伟
1010	清华大学出版社	北京市海淀区中关村	010-65602345	路照祥
2120	电子技术出版社	上海市浦东区建设大道	021-54326777	张正发
2703	湖北科技出版社	湖北省武汉市武昌区黄鹤路	027-87808866	范雅萍
2705	武汉大学出版社	武汉市洪山区八一路	027-83056656	刘山

建立关系模型是数据库逻辑设计的成果。

设计好关系模型后,结合特定的DBMS就可以进行物理设计,并在计算机上建立物理数据库。

2.6 数据库体系结构

数据库系统有比较统一的体系结构。虽然世界上运行的数据库众多,差异很大,但其体系结构基本相同,在创建和运行过程中都遵循三级模式结构。

2.6.1 三层体系结构

1975年,美国国家标准委员会(ANSI)公布了一个关于数据库的标准报告,提出了数据库三级模式结构(SPARC分级结构)。这三级模式分别是模式、内模式、外模式,如图2.15所示。

在三级模式结构中,不同的人员从不同的角度看到的数据库是不同的。

1. 三级模式

① 模式。模式又称概念模式,它是对数据库的整体逻辑描述,并不涉及物理存储,因此被称为DBA视图或全局视图,即DBA看到的数据库全貌。例如,第1章在Access中关于教学管理的所有表及其关系图结构即是描述整个数据库的模式。

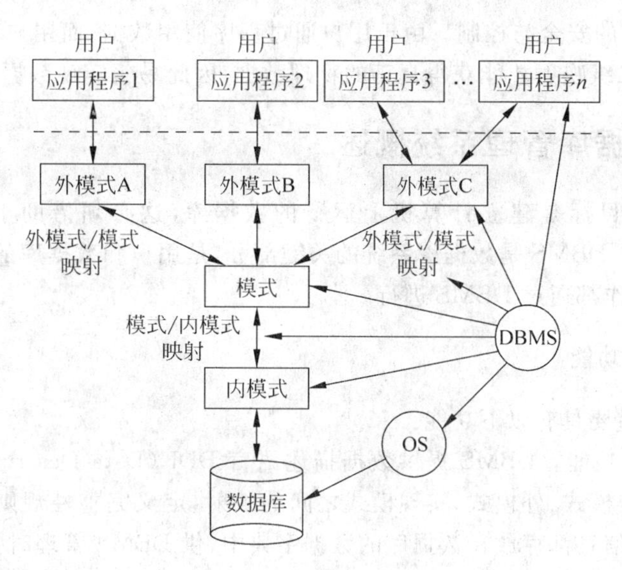

图 2.15 数据库三级模式体系结构简图

② 内模式。内模式又称存储模式，它是数据库真正在存储设备上存放结构的描述，包括所有数据文件和联系方法，以及对于数据存取方式的规定。例如，Access 中数据库文件的内部结构以及存储位置、索引定义等。

③ 外模式。外模式又称子模式，它是某个应用程序中使用的数据集合的描述，一般是模式的一个子集。外模式面向应用程序，是用户眼中的数据库，也称为用户视图。

综上所述，模式是内模式的逻辑表示；内模式是模式的物理实现；外模式是模式的部分抽取。这 3 个模式反映了对数据库的 3 种观点：模式表示概念级数据库，体现了数据库的总体观；内模式表示物理级数据库，体现了对数据库的存储观；外模式表示用户级数据库，体现了对数据库的用户观。

2. 二级映射

在三级模式中，只有内模式真正描述数据存储，模式和外模式仅是数据的逻辑表示。用户使用数据库中的数据是通过“外模式/模式”映射和“模式/内模式”映射来完成的。一个数据库中只有一个模式和一个内模式，因此，数据库中的“模式/内模式”是唯一的；而每一个外模式都有一个“外模式/模式”映射，从而保证用户程序对数据的正确使用。

在数据库中，三级模式、二级映射的功能由 DBMS 在操作系统的支持下实现。

采用三级模式、二级映射有以下好处：

① 方便用户。用户程序看到的是外模式定义的数据库，因此，数据库向用户隐藏了全局模式的复杂性，用户也无须关心数据的实际物理存储细节。

② 实现了数据共享。不同的用户程序可使用同一个数据库中的同一个数据。

③ 有利于实现数据独立性。数据独立性包括物理独立性和逻辑独立性。如果由于物理设备或存储技术发生改变引起内模式发生变化，但不影响模式结构，这是数据的物理独立性；如果数据库的模式发生变化，但某个应用程序使用的数据没有变化，这样不需要修改该外模式和程序，这是数据的逻辑独立性。

④ 有利于数据的安全与控制。由于用户通过程序使用数据,而用户程序使用外模式定义的数据,要通过二级映射才能获得真正的物理数据,因此易于实现数据的安全控制。

2.6.2 数据库管理系统概述

数据库设计的目标是建立计算机上运行的数据库,这必须借助于数据库管理系统(DBMS)才能完成。DBMS是数据库系统的关键部分,是用户和数据库的接口,用户程序及任何对数据库的操作都通过DBMS进行。

1. DBMS基本功能

通常,DBMS主要具有以下功能:

① 数据库定义功能。DBMS提供数据描述语言DDL(Data Description Language)定义数据库的模式、内模式、外模式,实现模式之间的映射,定义完整性规则,定义用户口令与存取权限等。这些信息都存放在数据库的数据字典中,供DBMS管理时参照使用。

② 数据库操纵功能。DBMS提供数据操纵语言DML(Data Manipulation Language)实现对数据库的操作,共有4种基本的数据库操作,即查询、插入、修改和删除。

③ 支持程序设计语言。大部分用户通过应用程序使用和操纵数据库,任何DBMS均支持某种程序设计语言。

④ 数据库运行控制功能。DBMS对数据库运行的控制主要是通过数据的安全性和完整性检验、故障恢复和并发操作等实现的,不同DBMS的控制能力不同,方法各异。

⑤ 数据库维护功能。数据库维护功能指数据库的初始装入、数据库转储、数据库重组、登记工作日志等,以保证数据库数据的正确与完整,使数据库能正常运行。

由于不同DBMS的目标各异,功能、规模等相差很大,因此适用的领域也各不相同。诸如Access属于微机环境下的桌面数据库管理系统,在易用性、成本等方面有优势,但建立网络环境的大型数据库系统必须使用大型的数据库管理系统。

2. 几种常用的DBMS简介

目前,DBMS有很多,下面简要介绍几种常用的DBMS。

1) Oracle

Oracle公司目前是世界上第一大数据库供应商。1977年,Larry Ellison、Bob Miner和Ed Oates成立了Relational Software Incorporated(RSI)公司,他们开发了关系数据库管理系统——Oracle。1983年,RSI公司改名为Oracle公司。

Oracle公司于1985年推出Oracle 5,引入了客户机/服务器计算,因此成为Oracle发展史上的一个里程碑;1988年推出Oracle 6,可以运行在多平台上;1992年推出Oracle 7;1997年推出Oracle 8,该版本主要增加了以下3个方面的功能:

① 支持超大型数据库。Oracle 8支持数以万计的并行用户,创建了若干新的数据类型,支持大容量的多媒体数据。

② 支持面向对象。Oracle 8将面向对象引入到关系型数据库中,使Oracle 8成为对象关系型的数据库。

③ 增强的工具集。Oracle 8中的Enterprise Manager是DBA重要的管理工具。

1999 年又推出 Oracle 8i。作为世界上第一个全面支持 Internet 的数据库,Oracle 8i 是当时唯一一个具有集成式 Web 信息管理工具的数据库,也是世界上第一个具有内置 Java 引擎的可扩展的企业级数据库平台。Oracle 8i 提供了在 Internet 上运行电子商务所必需的可靠性、可扩展性、安全性和易用性,从而广受用户的青睐,自推出后市场表现非常出色。

随后,Oracle 公司又相继推出了 Oracle 9i、Oracle 10g 和 11g 等版本,成为众多企业特别是大型企业首选的 DBMS。

2) SQL Server

SQL Server 是 Microsoft 公司的大型关系 DBMS 产品,最初由 Sybase、Microsoft 和 Ashton-Tate 三家公司共同开发,于 1998 年推出第一个基于 OS/2 的版本。之后,Microsoft 公司将 SQL Server 移植到 Windows NT 系统上,专注于开发、推广基于 Windows NT 的 SQL Server,Sybase 公司则专注于 SQL Server 在 UNIX 操作系统上的应用。

SQL Server 自 6.5 版逐步受到市场好评,随后的 7.0、2000、2005 和 2008 版不断改进其功能和性能。目前,SQL Server 2008 是重要的 DBMS 之一。

随着 SQL Server 2000 中联机分析处理(OLAP)服务的引入,Microsoft 公司成为商务智能解决方案领域的先驱之一。企业需要对来源各异的数据信息进行集成、合并与汇总摘要,而数据仓库则通过使用大型、集中的数据存储来提供上述功能。在这种数据存储中,信息被收集、组织,并可供决策者随时调用。于是,决策者便可洞悉详情、探究规律与趋势、优化商务决策,并预测未来的行动。

SQL Server 针对包括集成数据挖掘、OLAP 服务、安全性服务及通过 Internet 对多维数据集进行访问和连接等在内的分析服务提供了新的数据仓库功能。

3) 国产 DBMS 达梦(DM)

DM 是中国达梦公司研制的大型关系型 DBMS。达梦公司是从事 DBMS 研发、销售和服务的专业化公司。

DM 的基础是 1988 年研制完成的我国第一个有自主版权的数据库管理系统 CRDS。1996 年研制成功我国第一个具有自主版权的商品化分布式数据库管理系统 DM2。DM2 应用于多种系统中,获得了良好的社会经济效益。2000 年推出 DM3,其在安全技术、跨平台分布式技术、Java 和 XML 技术、智能报表、标准接口等诸多方面,又有重大突破。2004 年 1 月,达梦公司推出 DM4。DM4 吸收了当今国际领先的同类系统及开源系统的技术优点,大胆创新,重新从底层做起,是完全自主开发的大型 DBMS。

目前,DM 不断推出新的版本。随着我国大力开展政府上网和电子政务工程,DM 作为具有完全自主知识产权、安全性高、技术水平先进的国产 DBMS,已被推荐为建立政府网站的主要数据库软件。

DM 除了具有一般 DBMS 所应具有的基本功能外,还具有以下特性:

① 通用性。DM 服务器和接口依据国际通用标准开发,支持多种操作系统。

② 高性能。可配置多工作线程处理、高效的并发控制机制、有效的查询优化策略。

③ 高安全性。数据库安全性保护措施是否有效是衡量数据库系统的重要指标之一。国外数据库产品在中国的安全级别一般只达到 C 级,DM 的安全级别可达 B1 级,部分达到 B2 级。DM 采用“三权分立”安全机制,把系统管理员分为数据库管理员、安全管理员、数据

库审计员三类,对重要信息提供了有力的保障。

④ 高可靠性。确保全天候的可靠性,主要功能包括故障恢复措施、双机热备份。

4) My SQL

My SQL 是一个开放源码的关系型 DBMS,开发者为瑞典的 My SQL AB 公司,该公司于 2008 年初被 Sun 公司收购(目前 Sun 公司已并入 Oracle 公司)。

My SQL 采用客户机/服务器结构,主要设计目标是快速、健壮和易用,它能在廉价的硬件平台上处理与其他厂家提供的数据库在一个数量级上的大型数据库,但速度更快。My SQL 具有跨平台的特点,可以在不同操作系统环境下运行。My SQL 可以同时处理几乎不限数量的用户。

My SQL 的快速和灵活性足以满足一个网站的信息管理工作。目前,My SQL 被广泛地应用在 Internet 上的各种网站中,AMP(Apache+My SQL+PHP)模式成为网站建设中一种重要的开发模式,即 Web 服务器使用 Apache,数据库服务器采用 My SQL,网站开发工具采用 PHP。当然,My SQL 也支持 Microsoft 公司的 Web 服务器 IIS 和 ASP. NET 开发工具。

由于 My SQL 体积小、速度快、总体拥有成本低,尤其是开放源码这一特点,许多中小型网站为了降低网站总体拥有成本而选择 My SQL 作为网站数据库服务器。

本章小结

本章介绍了数据库基本理论和数据库设计的方法和实例。

数据模型是数据库技术的基础。数据库技术发展至今,第一代为层次模型、网状模型,第二代为关系模型,目前正在研究新一代基于面向对象思想的数据模型。

数据模型包括 3 个要素,即数据结构、数据操作、数据约束。在关系模型中分别是关系、关系代数和完整性约束规则,投影、选择、连接是关系操作的核心运算。

关系数据库设计的指导理论是关系规范化理论。本章介绍了函数依赖及其分类、候选键与主属性和非主属性的概念,并在此基础上介绍了关系范式的概念以及 1NF、2NF 和 3NF 的定义。从低范式提升到高范式的方法是投影分解。

数据库设计遵循结构化设计方法,分为需求调查与分析、概念设计、逻辑设计、物理设计、测试实现及运行维护等步骤,本章详细介绍了 ER 模型的相关知识,并分析了图书销售管理数据库的设计过程。

本章还介绍了数据库系统的模式、内模式和外模式三级体系结构,介绍了数据库管理系统的基本功能,最后简要介绍了几种常用的 DBMS。

思考题

1. 关系代数包括哪几种运算?其核心运算是什么?
2. 简述关系代数中投影、选择、联接运算的含义。
3. 什么是关系的函数依赖?函数依赖有哪几种类型?

4. 什么是关系的候选键？什么是主属性？什么是非主属性？

5. 什么是范式？关系规范化的作用是什么？

6. 2NF 对关系有何要求？3NF 对关系有何要求？

7. 什么是数据库设计？

8. 简述信息系统开发方法中结构化设计方法的基本思想与特点。

9. 简述信息系统开发方法中原型设计方法的基本思想与特点。

10. 简述面向对象方法的三大要素。

11. 简述 ER 模型中实体、属性、域、实体码、实体集、实体型和实体联系的概念。

12. ER 模型的属性有几种情形？怎样使非单值原子属性转化为单值原子属性？

13. 试将“进书业务”的数据加入本章实例中。如何设计进书部分的 ER 模型？如何转化为关系模型？

14. 简述数据库三级模式体系结构。如何理解数据库的逻辑数据独立性和物理数据独立性？

15. DBMS 有哪些主要功能？列举几种常用的 DBMS。

第3章 Access概述及数据库管理

Access是Microsoft(微软)公司Office办公套件中重要的组成部分,是目前流行的桌面数据库管理系统。本章介绍Access的主要特点、Access 2010的界面和操作方法以及Access数据库的有关概念、创建和基本管理操作。

3.1 Access概述

3.1.1 Access的发展

微软公司最初主要的业务领域在操作系统方面,后来,它相继进入到办公软件、开发工具、数据库等领域,陆续开发了Word、Excel等Office软件和Access数据库管理系统。

Office第1版于1989年发布,而最早的Access 1.0版于1992年11月发布。起初,Access是一个独立的产品,后来微软公司在1996年12月发布的Office 97将Access加入其中,成为其重要的一员。

其后,微软公司不断更新Office版本。1999年1月发布Office 2000,2001年5月发布Office XP(2002)。2002年11月,Office 2003发布,该版本在我国的应用极为广泛。2006年年底,微软公司发布了全新的Office 2007版,对以前的版本有重大的更改,设计了新的操作界面,对Office组件进行了重新整合。2010年,微软公司对Office 2007又进行了诸多改进,发布了Office 2010版。

经过多年的发展更新,Access现已成为最流行的桌面DBMS,应用领域十分广泛。目前,不管是处理公司客户订单数据,还是管理个人通讯录,或者记录和处理大量的科研数据,以及作为中小型网站的数据库服务器,人们都可以利用Access来完成大量数据的管理工作。Access现已成为办公室中不可缺少的数据处理软件之一。

作为在计算机上运行的关系型DBMS,Access界面友好、易学易用。其主要特点如下:

① 完善的管理能力。Access具有强大的数据组织、用户管理及各种数据库对象管理功能。

② 强大的数据处理功能。在工作组级别的网络环境中,使用Access开发的多用户数据库系统具有传统的单机数据库系统无法实现的客户机/服务器(C/S)结构和相应的数据库安全机制,Access具备了许多大型数据库管理系统所具备的特征。

③ 提供多种设计器和生成器。Access提供了多种设计器和生成器,可以方便地生成各

种数据库对象，利用存储的数据建立窗体和报表，可视性好。

④ 无缝连接。Access 作为 Office 套件的一部分，与 Office 的其他成员集成，实现无缝连接，并可利用 ODBC、OLEDB 等数据库访问接口，与其他软件进行数据交换。

⑤ 能够利用 Web 检索和发布数据，实现与 Internet 的连接。Access 主要适用于中小型应用系统，或作为 C/S 系统中的客户端数据库，也适合作为中小型网站数据库服务器。

3.1.2 安装 Access

Access 是 Office 套件的一员，一般情况下随 Office 一起安装。下面简要介绍 Office 2010 的安装过程。

Office 2010 共有 6 个版本，分别是初级版、家庭及学生版、家庭及商业版、标准版、专业版和专业增强版。Office 2010 支持 32 位和 64 位 Windows Vista 及 Windows 7，仅支持 32 位 Windows XP，不支持 64 位 Windows XP。各版本包含的组件如表 3.1 所示。

表 3.1 Office 2010 各版本包含的组件

组件 \ 版本	初级版	家庭及学生版	家庭及商业版	标准版	专业版	专业增强版
Word 2010	●	●	●	●	●	●
Excel 2010	●	●	●	●	●	●
PowerPoint 2010	×	●	●	●	●	●
OneNote 2010	×	●	●	●	●	●
Outlook 2010	×	×	●	●	●	●
Publisher 2010	×	×	×	●	●	●
Access 2010	×	×	×	×	●	●
InfoPath 2010	×	×	×	×	×	●
SharePoint Workspace 2010	×	×	×	×	×	●
Communicator	×	×	×	×	×	●

在 Windows 7 下安装 Office 2010 专业增强版的基本过程如下：

① 获得 Office 2010 安装程序，然后选择 setup. exe 文件并双击，启动安装过程，系统自动进入安装界面，如图 3.1 所示。接着按照屏幕提示，进行必要的设置和操作即可。

② 进入“阅读 Microsoft 软件许可证条款”对话框，选中“我接受此协议的条款”复选框，单击“继续”按钮。

③ 进入“选择所需的安装”对话框，如图 3.2 所示，单击“自定义”按钮，进入设置安装选项、文件位置、用户信息的对话框。

④ 选择“安装选项”选项卡，如图 3.3 所示，在其中设置安装的组件，可单击项目前的“十”号展开项目，进行是否安装的选择。

图 3.1 启动安装界面

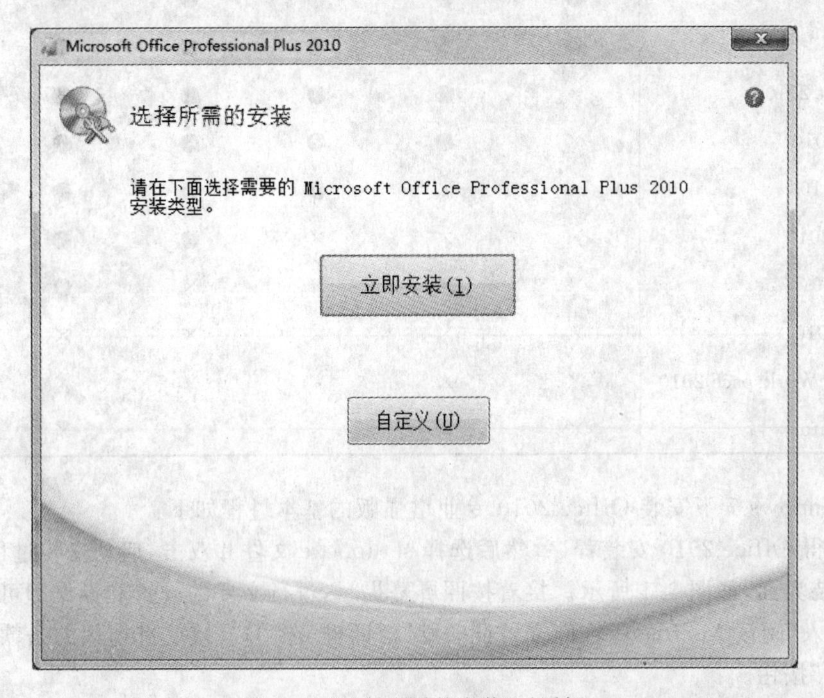

图 3.2 “选择所需的安装”对话框

⑤ 选择“文件位置”选项卡，如图 3.4 所示，在其中设置安装的位置。

⑥ 选择“用户信息”选项卡，设置用户的有关信息，然后单击“立即安装”按钮。

⑦ 开始安装，并显示“安装进度”提示框。安装完成后，进入安装完成提示框，如图 3.5

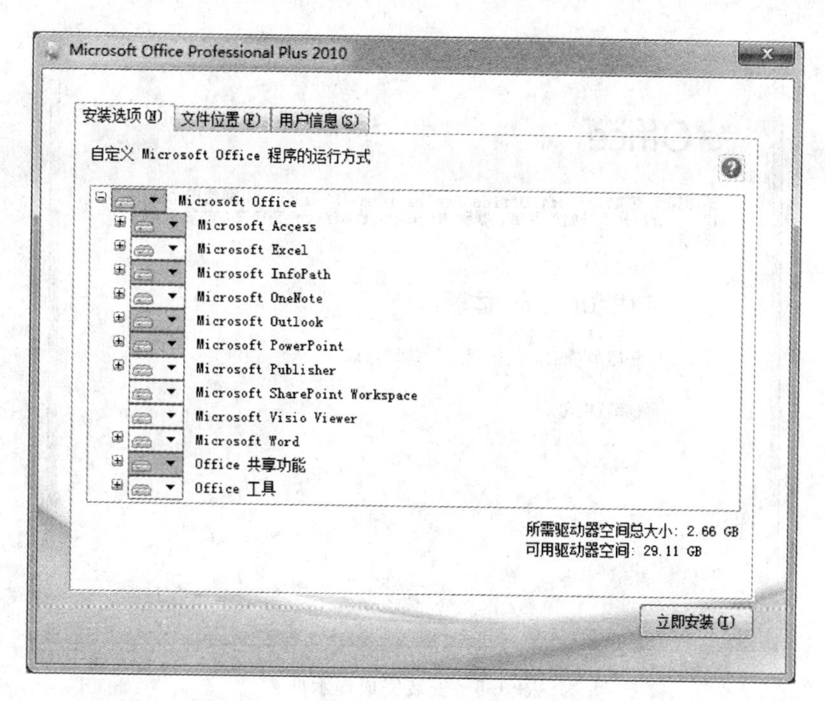

图 3.3 确定安装选项

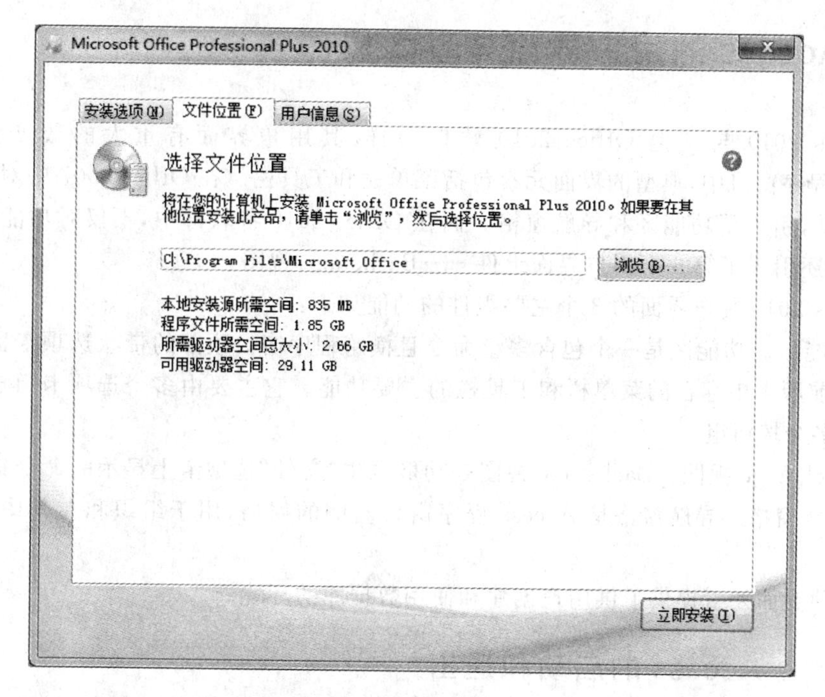

图 3.4 选择文件位置

所示，单击"关闭"按钮，结束程序的安装。

⑧ 安装完成后，可进入 Office 任一程序的"帮助"窗口，通过激活密钥激活 Office 2010，这样，最终完成整个安装过程。

图 3.5　安装完成提示框

3.2 Access 的用户界面与基本操作

Access 2010 与其他 Office 2010 软件一样，其用户界面有重大的改变。在一般 Windows 程序窗口中，典型的界面元素包括菜单栏和工具栏。在 Office 2007 中对此进行了大幅度改动，引入了功能区和导航窗格。而在 Office 2010 各软件中，不仅对功能区进行了多处更改，还引入了第 3 个用户界面组件——Backstage 视图。

Access 2010 用户界面的 3 个主要组件的功能如下：

① 功能区。功能区是一个包含多组命令且横跨程序窗口顶部的带状选项卡区域，替代 Access 以前版本中存在的菜单栏和工具栏的主要功能。它主要由多个选项卡组成，这些选项卡上有多个按钮组。

② Backstage 视图。Backstage 视图是功能区中“文件”选项卡上显示的命令集合。

③ 导航窗格。导航窗格是 Access 程序窗口左侧的窗格，用于组织和在其中使用数据库对象。

这 3 种界面元素提供了供用户创建和使用数据库的环境。

3.2.1 Access 的启动和退出

1. 启动 Access

Access 的启动和退出与其他 Windows 程序类似，其主要启动方法有以下几种：

① 单击“开始”按钮，选择“所有程序|Microsoft Office|Microsoft Access 2010”命令。

② 若桌面上有 Access 快捷图标，双击该图标。

③ 双击与 Access 关联的数据库文件。

在启动 Access 但未打开数据库，即通过第①、②种方式启动 Access 时，将进入 Backstage 视图。

2. 退出 Access

在 Access 窗口中，退出 Access 的主要操作方法有以下几种：

① 单击窗口右上角的"关闭"按钮 ☒。

② 单击窗口左上角的 Access 图标，在弹出的控制菜单中选择"关闭"命令。

③ 选择"文件"选项卡，在 Backstage 视图中选择"退出"命令。

④ 按 Alt+F4 组合键。

3.2.2 Backstage 视图

Backstage 视图是 Access 2010 中增加的新功能，它是功能区中"文件"选项卡上显示的命令集合，可以创建新数据库、打开现有数据库、通过 SharePoint Server 将数据库发布到 Web，以及执行很多文件和数据库维护任务。

1. "新建"命令的 Backstage 视图

直接启动 Access，或在"文件"选项卡中选择"新建"命令，会出现新建空数据库的 Backstage 视图界面，如图 3.6 所示。

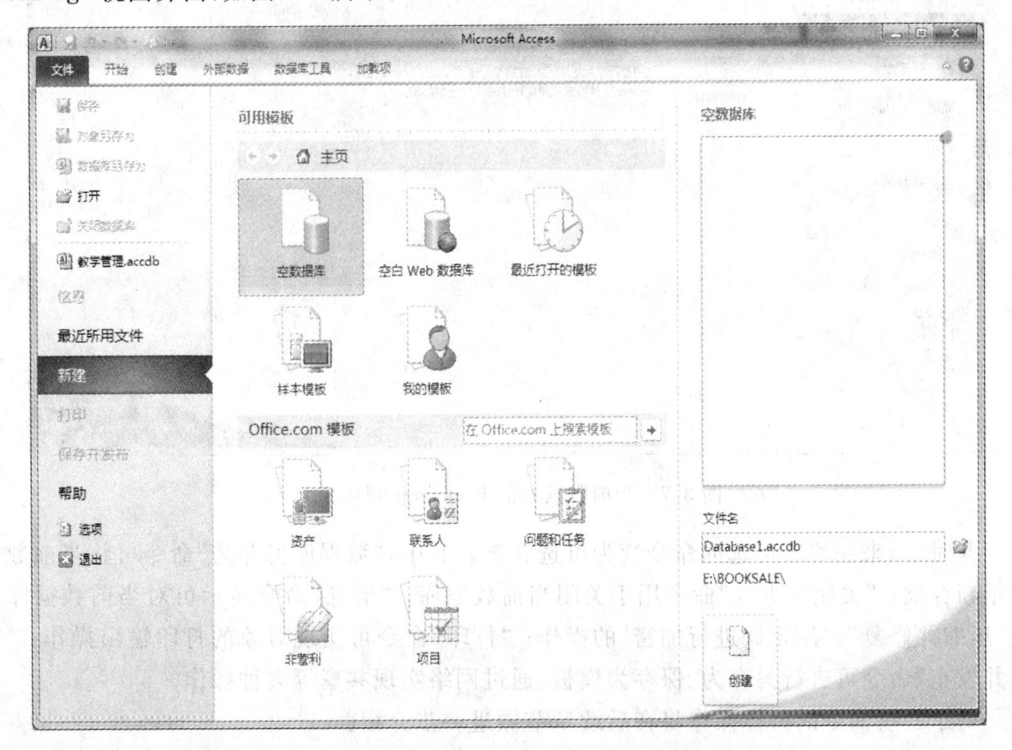

图 3.6　启动 Access 后的 Backstage 视图界面

在窗口左侧列出了可以执行的命令,灰色命令表示在当前状态下不可选。

①“打开”命令:用于打开已创建的数据库,其下的数据库列表是曾打开过的数据库,选择某个数据库单击可直接打开。

②“最近所用文件”命令:用于列出用户最近访问过的数据库文件。

③“新建”命令:用于建立新的数据库,其右侧列出了许多模板,便于用户按照模板快速建立特定类型的数据库。用户也可以单击“空数据库”选项,然后一步步建立一个全新的数据库。

④“帮助”命令:用于进入帮助界面,以激活产品、获取帮助等。

⑤“选项”命令:用于对 Access 进行设置。

2. 打开已有数据库的 Backstage 视图

若已经打开了数据库,例如打开了“图书销售”数据库,选择“文件”选项卡,进入当前数据库的 Backstage 视图,如图 3.7 所示。

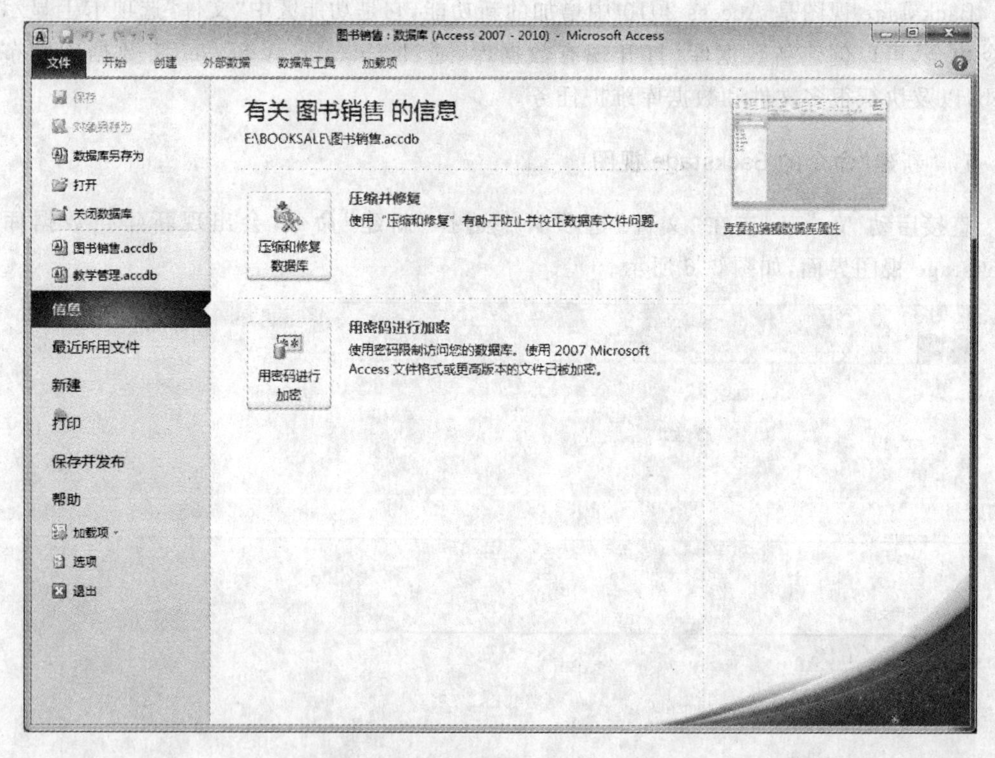

图 3.7 当前数据库的 Backstage 视图界面

此时,原来一些不可选的命令变为可选状态。其中,“数据库另存为”命令可将当前数据库重新存储;“关闭数据库”命令用于关闭当前数据库;“信息”命令显示可对当前数据库进行“压缩并修复”、“用密码进行加密”的操作;“打印”命令可实现对象的打印输出操作;“保存并发布”命令可进行另存为、保存为模板、通过网络实现共享等多种操作。

对于一些命令的具体操作将在后续章节做进一步介绍。

3.2.3　功能区

进入 Access，横跨程序窗口顶部的带状选项卡区域就是功能区，如图 3.8 所示。

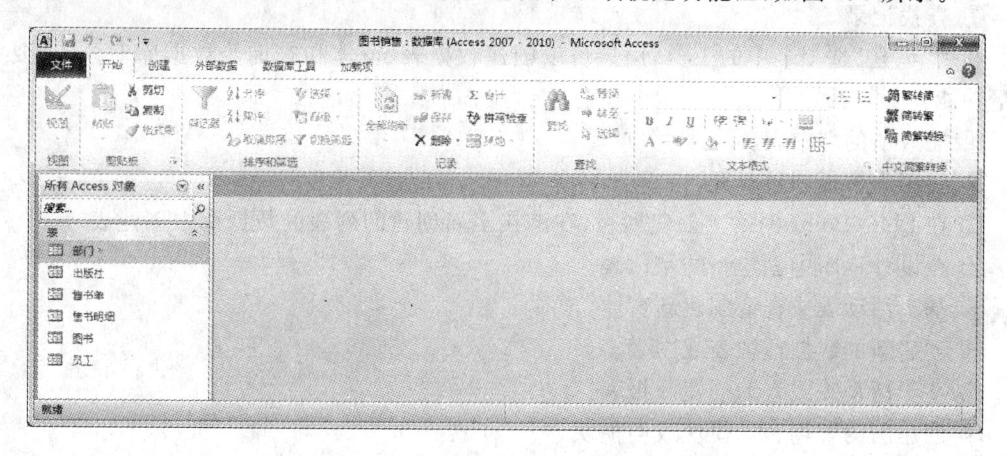

图 3.8　上部为功能区，左部为导航窗格

功能区是早期版本中的菜单栏和工具栏的主要替代者，提供了 Access 2010 中主要的命令界面。功能区的主要特点之一是，将早期版本的需要使用菜单栏、工具栏、任务窗格和其他用户界面组件才能显示的任务或入口点集中在一个地方，这样，用户只需要在一个位置查找命令，而不用四处查找命令了。在数据库的使用过程中，功能区是用户经常使用的区域。

功能区包括将相关常用命令分组在一起的主选项卡、只在使用时才出现的上下文命令选项卡，以及快速访问工具栏（可以自定义的小工具栏，可以将用户常用的命令放入其中）。

功能区主选项卡包括"文件"、"开始"、"创建"、"外部数据"和"数据库工具"。每个选项卡都包含多组相关命令，这些命令组展现了其他一些新的界面元素（例如样式库，它是一种新的控件类型，能够以可视方式表示选择）。

功能区上提供的命令还反映了当前活动对象。有些功能区选项卡只在某些情况下出现，例如，只有在设计视图中已打开对象的情况下，"设计"选项卡才会出现。因此，功能区的选项卡是动态的。

在功能区选项卡上，某些按钮提供选项样式库，而其他按钮将启动命令。

1. 功能区的主要命令选项卡

Access 功能区中主要有 4 个命令选项卡，即"开始"、"创建"、"外部数据"和"数据库工具"，通过单击选项卡上的标签进入选定的选项卡。

在每个选项卡中，都有不同的操作工具。例如，在"开始"选项卡中，有"视图"组、"文本格式"组等，用户可以通过这些组中的工具对数据库对象进行操作和设置。

利用"开始"选项卡中的工具，可以完成以下功能：

① 选择不同的视图。

② 从剪贴板复制和粘贴。

③ 设置当前的字体格式、字体对齐方式。

④ 对备注字段应用 RTF 格式。

⑤ 操作数据记录(刷新、新建、保存、删除、汇总、拼写检查等)。

⑥ 对记录进行排序和筛选。

⑦ 查找记录。

利用“创建”选项卡中的工具,用户可以创建数据表、窗体和查询等数据库对象,主要完以下功能:

① 插入新的空白表。

② 使用表模板创建新表。

③ 在 SharePoint 网站上创建列表,在链接至新创建的列表的数据库中创建表。

④ 在设计视图中创建新的空白表。

⑤ 基于活动表或查询创建新窗体。

⑥ 创建新的数据透视表或图表。

⑦ 基于活动表或查询创建新报表。

⑧ 创建新的查询、宏、模块或类模块。

利用“外部数据”选项卡中的工具,可以完成以下功能:

① 导入或链接到外部数据。

② 导出数据。

③ 通过电子邮件收集和更新数据。

④ 使用联机 SharePoint 列表。

⑤ 将部分或全部数据库移至新的或现有的 SharePoint 网站。

利用“数据库工具”选项卡中的工具,可以完成以下功能:

① 启动 Visual Basic 编辑器或运行宏。

② 创建和查看表关系。

③ 显示/隐藏对象相关性或属性工作表。

④ 运行数据库文档或分析性能。

⑤ 将数据移至 SQL Server 或其他 Access 数据库。

⑥ 运行链接表管理器。

⑦ 管理 Access 加载项。

⑧ 创建或编辑 VBA 模块。

2. 上下文命令选项卡

有一些选项卡属于上下文命令选项卡,即根据用户正在使用的对象或正在执行的任务而显示的命令选项卡。例如,当用户在创建表进入数据表的设计视图时,会出现“表格工具”下的“设计”选项卡;当在报表设计视图中创建一个报表时,会出现“报表设计工具”下的 4 个选项卡,如图 3.9 所示。

有关的选项卡和功能及其应用将在后续章节中进一步介绍。

3. 快速访问工具栏

快速访问工具栏是出现在窗口顶部 Access 图标右边的标准工具栏( ),

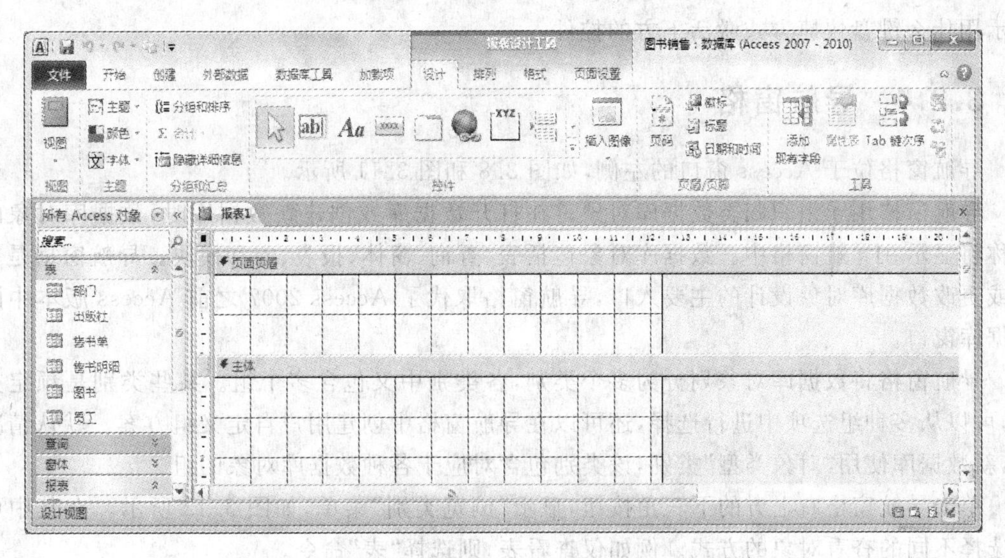

图 3.9　功能区的上下文命令选项卡

它将最常用的操作命令按钮(例如“保存”、“撤销”等)显示在其中,用户可单击按钮进行快速操作。另外,用户还可以定制该工具栏。

如图 3.10 所示,单击快速访问工具栏右边的下三角按钮,显示“自定义快速访问工具栏”菜单,用户可以在该菜单中选择某一命令,将其设置为快速访问工具栏中显示的图标。

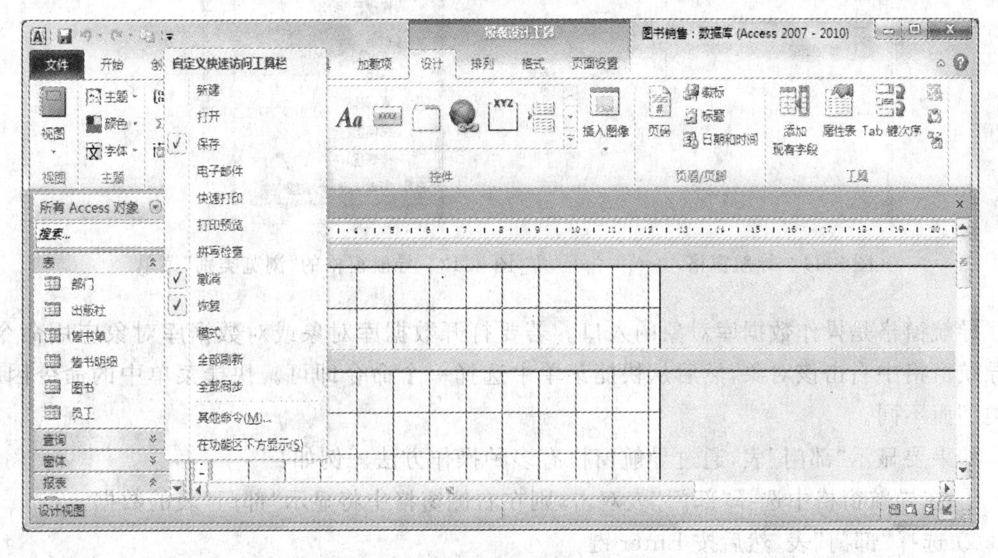

图 3.10　自定义快速访问工具栏

4. 快捷键

执行命令的方法有多种,最快速、最直接的方法是使用与命令关联的键盘快捷方式。在功能区中可以使用键盘快捷方式,Access 早期版本中的所有键盘快捷方式仍可使用。在 Access 2010 中,“键盘访问系统”取代了早期版本的菜单加速键。此系统使用包含单个字母或字母组合的小型指示器,这些指示器在用户按下 Alt 键时显示在功能区中。这些指示器显示用什么键盘快捷方式激活下方的控件。

3.2.4 导航窗格

导航窗格位于Access窗口的左侧,如图3.8和图3.11所示。

导航窗格用于组织归类数据库对象。在打开数据库或创建新数据库时,数据库对象的名称将显示在导航窗格中。数据库对象包括表、查询、窗体、报表、宏和模块。导航窗格是打开或更改数据库对象设计的主要入口,导航窗格取代了Access 2007之前Access版本中的数据库窗口。

导航窗格将数据库对象划分为多个类别,各类别中又包含多个组。某些类别是预定义的,可以从多种组选项中进行选择,还可以在导航窗格中创建用户自定义组方案。默认情况下,新数据库使用“对象类型”类别,该类别包含对应于各种数据库对象的组。

单击导航窗格右上方的下三角按钮,显示“浏览类别”菜单,如图3.12所示。在其中可以选择不同的查看对象的方式。例如仅查看表,则选择“表”命令。

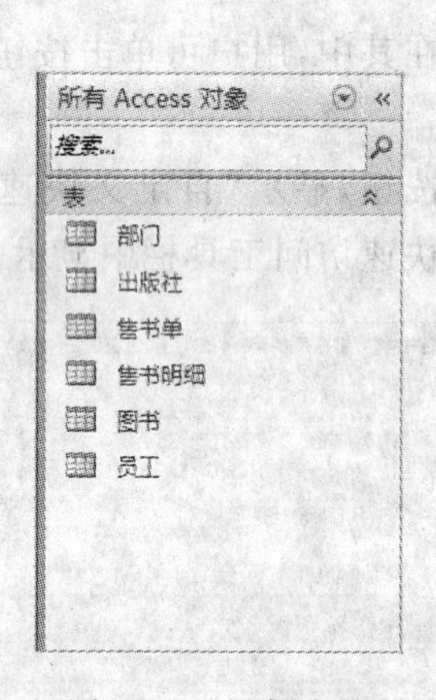

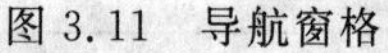
图3.11 导航窗格

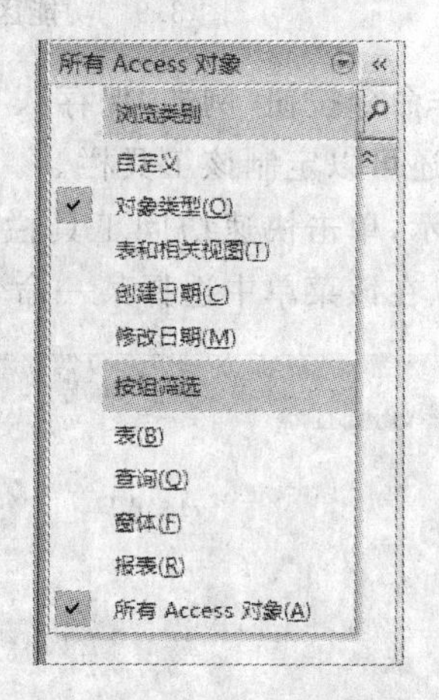

图3.12 导航窗格的“浏览类别”菜单

导航窗格是操作数据库对象的入口。若要打开数据库对象或对数据库对象应用命令,在导航窗格中右击该对象,然后从快捷菜单中选择一个命令即可。快捷菜单中的命令因对象类型而不同。

如果要显示“部门”表,通过导航窗格有多种操作方法。例如:

① 在导航窗格中选择“部门”表双击,则在右侧窗格中将显示“部门”表的数据。

② 选择“部门”表,然后按Enter键。

③ 选择“部门”表右击,然后在快捷菜单中选择“打开”命令。

在处理数据库对象时,可以根据需要显示或隐藏导航窗格,重复单击导航窗格右上角的 « 按钮或按F11键即可。

对于导航窗格,还可以进行定制,操作方法如下:

① 打开数据库,然后选择“文件”选项卡,进入Backstage视图。

② 选择“选项”命令,弹出“Access选项”对话框,选择“当前数据库”选项,如图3.13所示。

③ 在Access中打开数据库时默认显示导航窗格,如果取消选中“显示导航窗格”复选

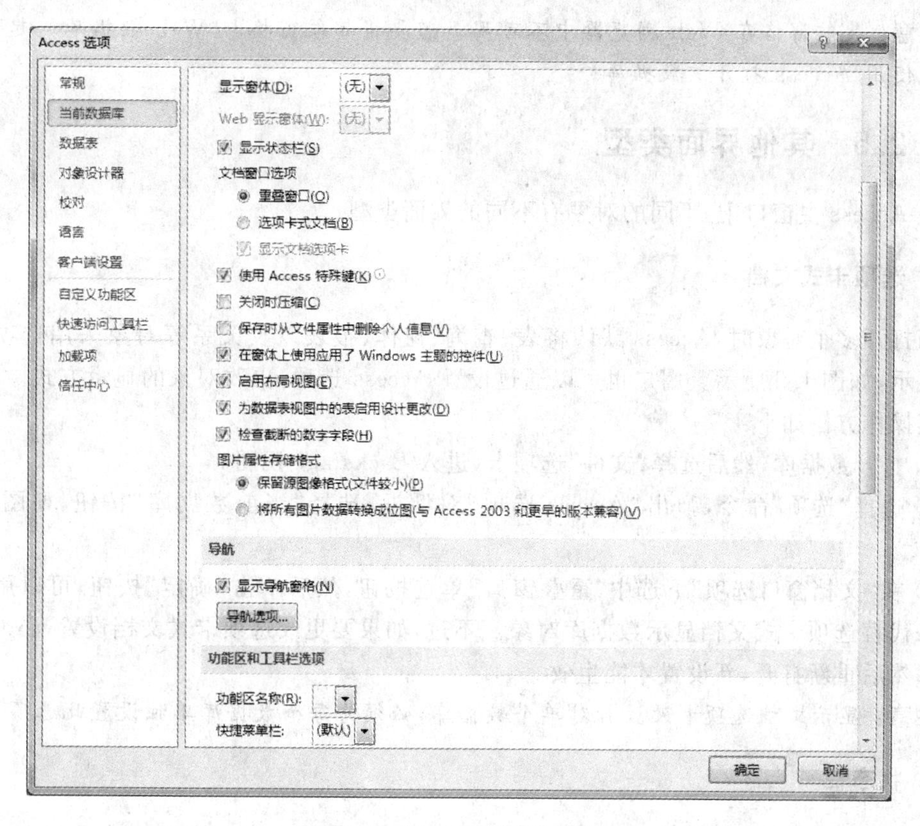

图 3.13 “Access 选项”对话框

框，则打开数据库时将不会再看到导航窗格。如果想重新显示导航窗格，需要进入“Access 选项”对话框重新设置。

④ 单击“导航选项”按钮，弹出“导航选项”对话框，如图 3.14 所示。在该对话框中可以对导航的类别、对象打开方式等进行设置。

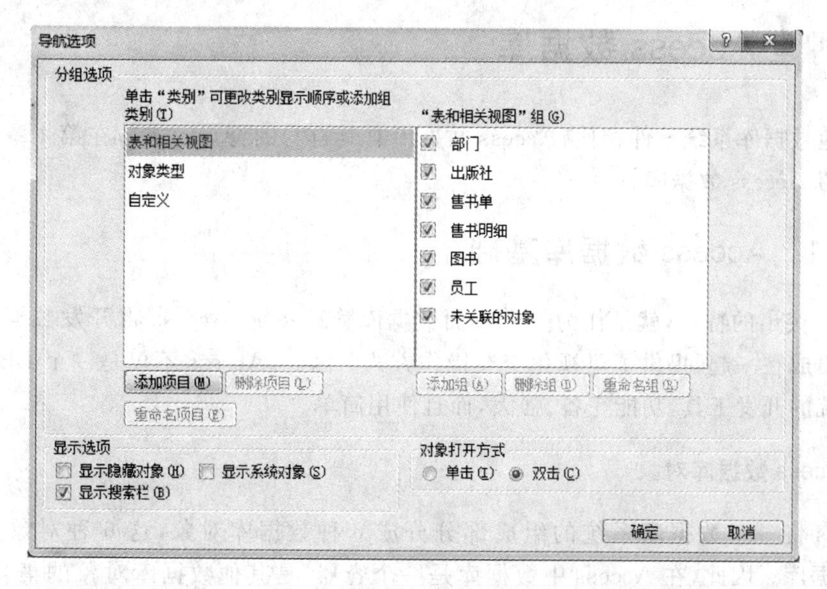

图 3.14 “导航选项”对话框

注意:导航窗格在 Web 浏览器中不可用。若要将导航窗格与 Web 数据库一起使用,必须先使用 Access 打开该数据库。

3.2.5 其他界面类型

在 Access 主窗口中,不同的对象有不同的界面类型。

1. 选项卡式文档

当打开多个对象时,Access 默认将表、查询、窗体、报表以及关系等对象采用选项卡的方式显示,如图 1.2 所示。用户也可以通过设置 Access 选项,更改对象的显示方式。

其操作方法如下:

① 打开数据库,然后选择“文件”选项卡,进入 Backstage 视图。

② 选择“选项”命令,弹出“Access 选项”对话框,选择“当前数据库”按钮,如图 3.13 所示。

③ 在“文档窗口选项”下选中“重叠窗口”单选按钮,然后单击“确定”按钮,可以用重叠窗口来代替选项卡式文档显示数据库对象。不过,如果要更改选项卡式文档设置,必须关闭数据库然后重新打开,新设置才能生效。

注意:显示文档选项卡设置针对单个数据库,必须为每个数据库单独设置此选项。

2. 状态栏

窗口下部为状态栏,用于提示一些当前操作的状态信息。图 3.15 所示为设计表时的状态提示。

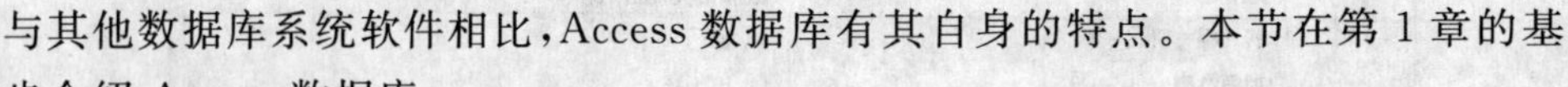

设计视图。 F6 = 切换窗格。 F1 = 帮助。

图 3.15 状态栏

3.3 创建 Access 数据库

与其他数据库系统软件相比,Access 数据库有其自身的特点。本节在第 1 章的基础上进一步介绍 Access 数据库。

3.3.1 Access 数据库基础

Access 突出的特点,就是作为一个桌面数据库管理系统,Access 将开发数据库系统的众多功能集成在一起,提供了可视化交互操作方式。因此,Access 不仅是一个 DBMS,也是数据库系统的开发工具,功能完备、强大,而且使用简单。

1. Access 数据库对象

Access 将一个数据库系统的组成部分分成 6 种数据库对象,这 6 种对象共同组成 Access 数据库。因此,在 Access 中数据库是一个容器,是其他数据库对象的集合,也是这些对象的总称。

Access 数据库的 6 种对象是表、查询、窗体、报表、宏和模块。

① 表。数据库首先是数据的集合。表是实现数据组织、存储和管理的对象，数据库中的所有数据都是以表为单位进行组织管理的，数据库实际上是由若干个相关联的表组成的。表也是查询、窗体、报表等对象的数据源，其他对象都是围绕表对象来实现相应的数据处理功能，因此，表是 Access 数据库的核心和基础。

建立一个数据库，首先要定义该数据库的各种表。由于数据库表之间相互关联，建立表也要定义表之间的关系。

② 查询。查询是实现数据处理的对象。查询的对象是表，查询的结果也是表的形式，因此，用户可以针对查询结果继续进行查询。实现查询要使用数据库语言，关系数据库的语言为结构化查询语言（SQL）。将定义查询的 SQL 语句保存下来，就得到了查询对象。

因为查询结果是表的形式，所以查询对象也可以作为进一步处理的对象。但查询对象并不真正存储数据，因此，查询对象可以理解为“虚表”，是对表数据的加工和再组织。这种特点改善了数据库中数据的可用性和安全性。

③ 窗体。窗体用来作为数据输入/输出的界面对象。在 Access 中虽然可以直接操作表，但表的结构和格式往往不满足应用的要求，并且表中的数据往往需要进一步处理。将设计好的窗体保存下来以便于重复使用，就得到了窗体对象。

窗体的基本元素是控件，用户可以设计任何符合应用需要的、各种格式的、简单美观的窗体。在窗体中可以驱动宏和模块对象，即可以编程，从而根据要求任意处理数据。

④ 报表。报表对象用来设计实现数据的格式化打印输出，在报表对象中也可以实现对数据的统计运算处理。

⑤ 宏。宏是一系列操作命令的组合。为了实现某种功能，可能需要将一系列操作组织起来，作为一个整体执行。也就是说，事先将这些操作命令组织好，命名保存，就是宏。宏所使用的命令都是 Access 已经预置好的，按照它们的格式使用即可。

⑥ 模块。模块是利用程序设计语言 VBA（Visual Basic Application）编写的实现特定功能的程序集合，可以实现任何需要程序才能完成的功能。

以上 6 种对象共同组成 Access 数据库（早期 Access 版本有 7 个对象，在 Access 2010 中取消了页对象）。其中，表和查询是关于数据组织、管理和表达的，表是基础，因为数据通过表来组织和存储，而查询实现了数据的检索、运算处理和集成；窗体可用来查看、添加和更新表中的数据；报表以特定版式分析或打印数据，窗体和报表实现了数据格式化的输入/输出功能；宏和模块是 Access 数据库较高级的功能，用于实现对数据的复杂操作和运算、处理。本书后续内容将分章介绍各对象的应用方法。

当然，在开发一个数据库系统时，并不一定要同时用到所有这些对象。

2. Access 数据库的存储

数据库对象都是逻辑概念，而 Access 中的数据和数据库对象以文件形式存储，称为数据库文件，其扩展名为. accdb（2007 之前的版本，数据库文件的扩展名为. mdb）。一个数据库保存在一个文件中。

这样存储,提高了数据库的易用性和安全性,用户在建立和使用各种对象时无须考虑对象的存储格式。

3.3.2 创建数据库

使用 Access 建立数据库系统的一般步骤如下:

① 进行数据库设计,完成数据库模型设计。

② 创建数据库文件,作为整个数据库的容器和工作平台。

③ 建立表对象,以组织、存储数据。

④ 根据需要建立查询对象,完成数据的处理和再组织。

⑤ 根据需要设计创建窗体、报表,编写宏和模块的代码,实现输入/输出界面设计和复杂的数据处理功能。

对于一个具体系统的开发来说,以上步骤并非都必须要有,但数据库文件和表的创建是必不可少的。

创建数据库的基本工作是,选择好数据库文件要保存的路径,并为数据库文件命名。在 Access 中创建数据库有两种方法,一是创建空数据库,二是使用模板创建数据库。

1. 创建空数据库

创建空数据库是建立一个数据库系统的基础,是数据库操作的起点。

【例 3-1】 创建空的图书销售数据库,生成相应的数据库文件。

操作步骤如下:

① 在 Windows 下为数据库文件的存储准备好文件夹,这里的文件夹是 E 盘根目录下的 BOOKSALE。

② 启动 Access,进入 Backstage 视图,如图 3.6 所示。

③ 在"文件"选项卡中选择"新建"命令,然后在中间窗格中单击"空数据库"选项。

④ 单击窗口右下侧的"文件名"文本框右边的文件夹浏览按钮 ,弹出"文件新建数据库"对话框,如图 3.16 所示。选择 E 盘下的 BOOKSALE 文件夹,在"文件名"文本框中输入"图书销售",然后单击"确定"按钮。

⑤ 返回 Backstage 视图,单击"创建"按钮,空数据库"图书销售"就建立起来了。然后,就可以在新建的数据库容器中建立其他数据库对象了,如图 3.17 所示。

2. 使用模板创建数据库

在 Access 中,还可以使用模板创建数据库。

1) 创建新的 Web 数据库

操作步骤如下:

① 进入 Backstage 视图,选择"新建"命令。

② 在"可用模板"下选择"空白 Web 数据库"选项,在"空白 Web 数据库"下的"文件名"文本框中输入数据库文件的路径和名称,或单击"文件名"文本框右边的文件夹浏览按钮

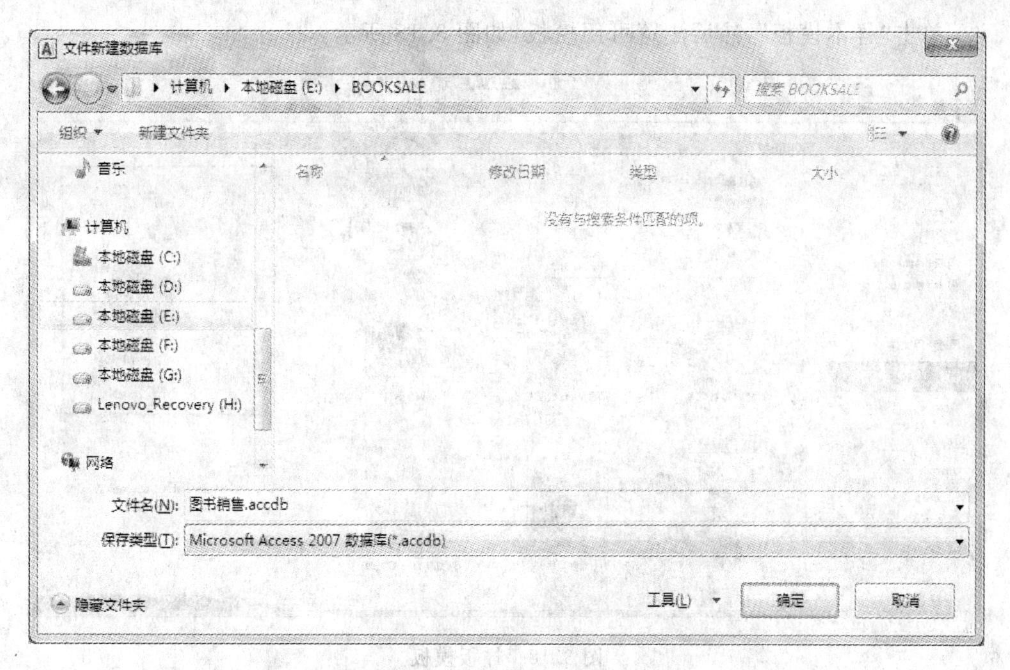

图 3.16 “文件新建数据库”对话框

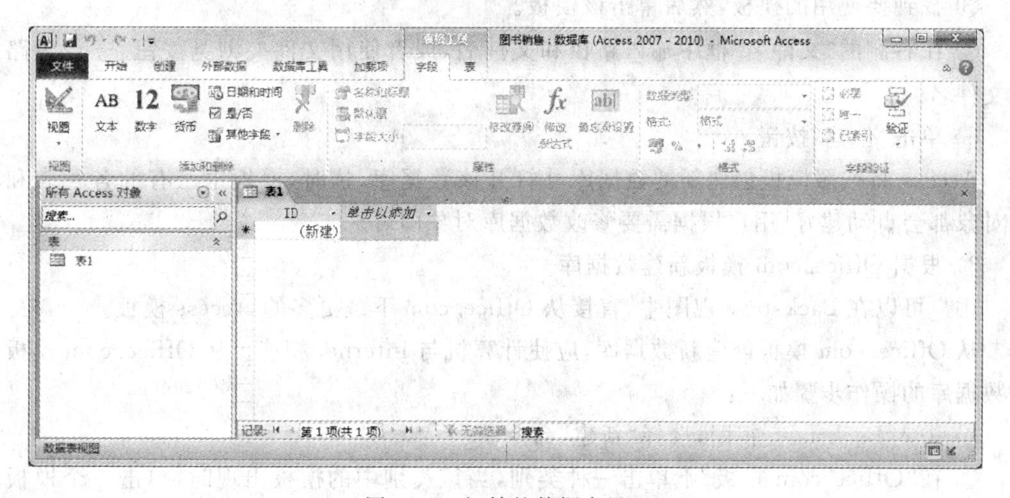

图 3.17 初始的数据库界面

,弹出“文件新建数据库”对话框,选择路径并输入文件名,然后单击“确定”按钮返回 Backstage 视图。

③ 单击“创建”按钮,则创建了一个新的 Web 数据库,并且在数据表视图中打开一个新的表。

2) 根据样板模板新建数据库

Access 2010 产品附带有很多模板,用户也可以从 Office.com 下载更多模板。

Access 模板是预先设计的数据库,它们含有专业人员设计的表、窗体和报表,可为用户创建新数据库提供很大的便利。

操作步骤如下:

① 进入 Backstage 视图,选择“新建”命令。

② 单击“样本模板”,然后浏览可用模板,如图 3.18 所示。

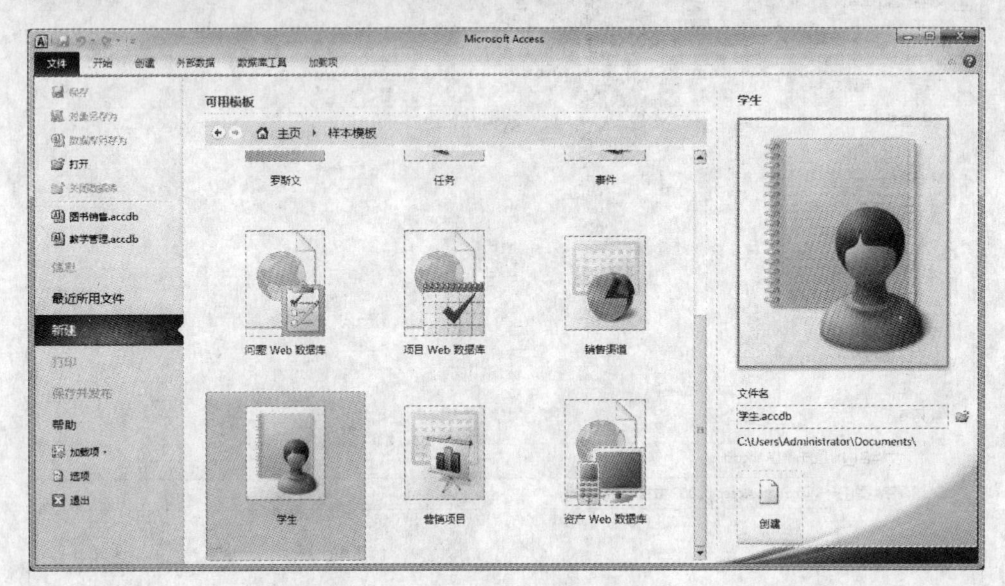

图 3.18 样板模板

③ 找到要使用的模板,然后单击该模板。

④ 在右侧的“文件名”框中输入路径和文件名,或者使用文件夹浏览按钮 设置路径和文件名。

⑤ 单击“创建”按钮。

Access 将按照模板创建新的数据库并打开该数据库,这时,模板中已有的各种表和其他对象都会自动建好,用户根据需要修改数据库对象即可。

3) 根据 Office.com 模板新建数据库

用户可以在 Backstage 视图中,直接从 Office.com 下载更多的 Access 模板。

从 Office.com 模板创建新数据库,应使计算机与 Internet 相连。从 Office.com 模板创建数据库的操作步骤如下:

① 进入 Backstage 视图,选择“新建”命令。

② 在“Office.com 模板”下单击一种类别,当该类别中的模板出现时,单击一个模板即可,还可以使用 Access 提供的搜索框搜索模板。例如单击“项目”类别,将从 Office.com 上下载其模板,如图 3.19 所示。

③ 在右侧的“文件名”文本框中输入路径和文件名,或者使用文件夹浏览按钮 设置路径和文件名。

④ 单击“下载”按钮。

Access 将自动下载模板,并根据该模板创建新数据库,将该数据库存储到用户定义的文件夹中,然后打开该数据库。

用户使用模板可以简化创建数据库的操作,但前提是用户必须很熟悉模板的结构,并且模板与自己要建立的数据库有很高的相似性,否则依据模板建立的数据库需要大量修改,不一定能提高操作效率。

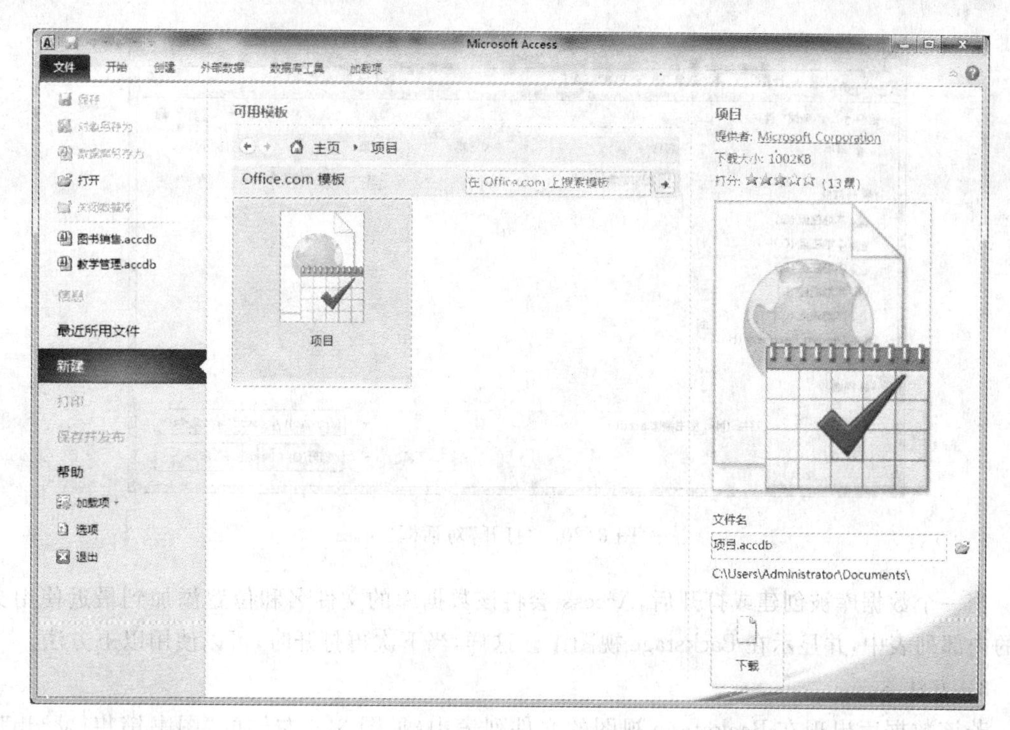

图 3.19 Office.com 模板

3.4 Access 数据库管理

数据库是集中存储数据的地方。对于信息处理来说，数据是最重要的资源，随着时间的增加，数据库中存储的数据会越来越多。因此，对数据库的管理非常重要。

3.4.1 数据库的打开与关闭

通常，已经建立好的数据库以文件形式存储在外存上，每次使用时首先需要打开。Access 提供了多种打开数据库的方法。对于桌面数据库，一般不会长时间的不间断操作使用，因此，在操作完毕后应及时关闭数据库。

1. 打开数据库

用户可用多种方法打开数据库，下面介绍 3 种常用的方法。

1）方法 1

若在 Windows 中找到了数据库文件，直接双击该文件，将启动 Access 并打开数据库。

2）方法 2

其操作步骤如下：

① 启动 Access，进入 Backstage 视图，如图 3.6 所示。

② 选择“打开”命令，弹出“打开”对话框，如图 3.20 所示。

③ 查找指定的文件夹路径，选择要打开的数据库文件，然后单击“打开”按钮，打开数据库，并进入数据库窗口。

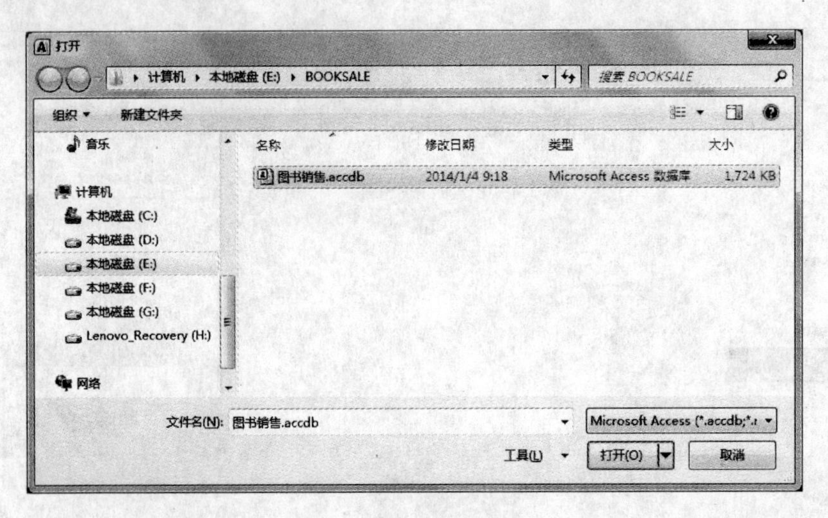

图 3.20 “打开”对话框

当一个数据库被创建或打开后，Access 会将该数据库的文件名和位置添加到最近使用文档的内部列表中，并显示在 Backstage 视图中。这样，当下次再打开时，可以使用以下方法。

3）方法 3

若该数据库出现在 Backstage 视图的文件列表中（见图 3.6 左侧的“图书销售.accdb”、“教学管理.accdb”），则进入 Access 的 Backstage 视图，选择列出的数据库文件单击，即可打开选定的文件。

用户也可以选择“最近所用文件”命令，进入“最近使用的数据库”列表窗口，如图 3.21 所示，选择要打开的数据库文件单击，打开数据库。

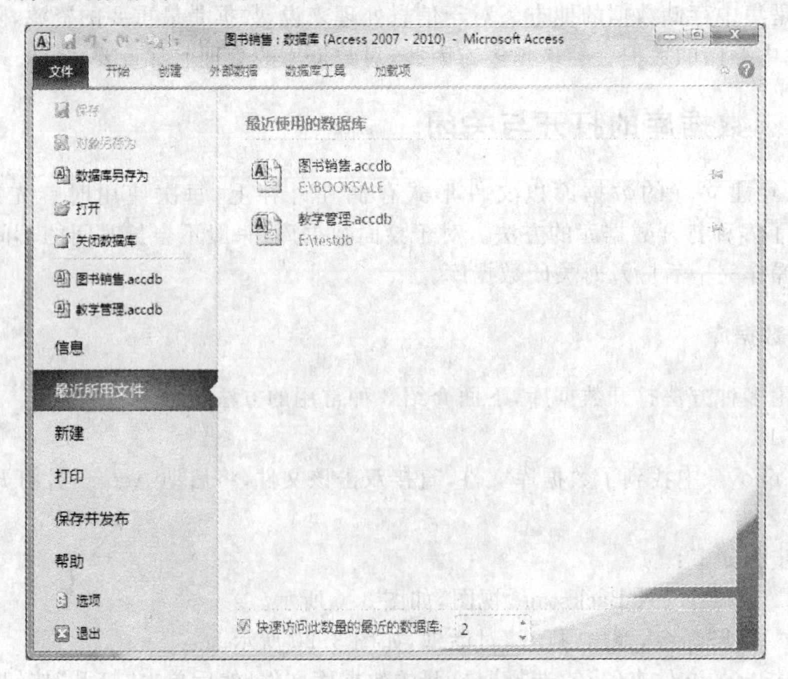

图 3.21 “最近使用的数据库”列表窗口

对于列表中的数据库文件，可以右击，弹出如图 3.22 所示的快捷菜单，根据菜单命令进行相应的操作。

2. 数据库文件的默认路径设置

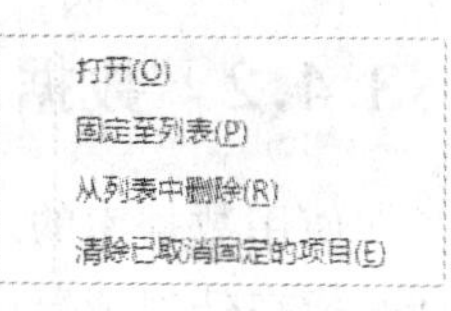

图 3.22 右键快捷菜单

文件处理是经常要做的工作。无论是创建数据库文件还是打开数据库，都需要查找文件路径。Access 或其他 Office 软件都有默认文件夹，一般是“我的文档(My Document)”。一般来说，用户总是将自己定义的文件放在指定的文件夹中，因此有必要修改文件的默认文件夹，以提高工作效率。

在 Backstage 视图中选择“选项”命令，弹出“Access 选项”对话框，选择“常规”选项，如图 3.23 所示。

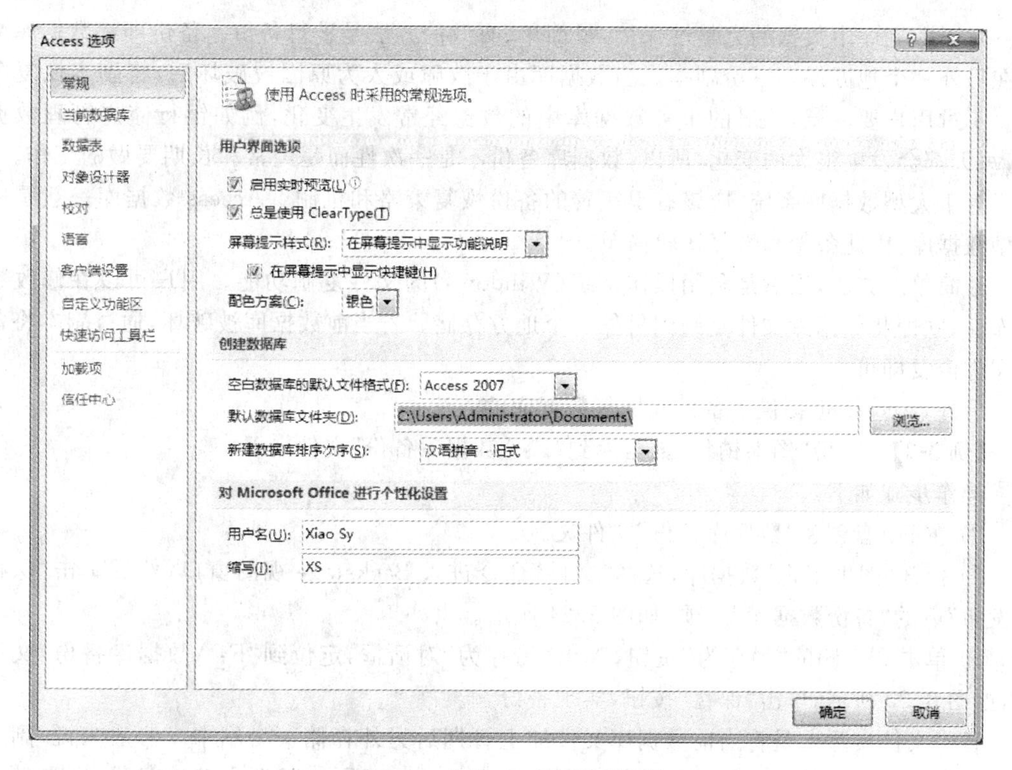

图 3.23 “Access 选项”对话框

在“默认数据库文件夹”文本框中输入要作为 Access 默认文件夹的路径，例如输入“E:\BOOKSALE\”，单击“确定”按钮。这样，下次再启动 Access 时，“E:\BOOKSALE\”就成为了默认路径。

3. 关闭数据库

数据库使用完毕后应及时关闭，并且 Access 一次只能操作一个数据库。关闭数据库有以下几种方法：

① 在 Backstage 视图中选择“关闭数据库”命令，关闭当前数据库。

② 在打开一个新数据库文件的同时,将先关闭当前数据库。

③ 在退出 Access 的时候,将关闭当前数据库。

3.4.2 数据库管理

在使用数据库的过程中,对于数据库的完整性和安全性的管理非常重要。数据库的完整性是指在任何情况下都能够保证数据库的正确性和可用性,不会由于各种原因而受到损坏。数据库的安全性是指数据库应该由具有合法权限的人来使用,防止数据库中的数据被非法泄露、更改和破坏。Access 提供了必要的方法来保证数据库的完整性和安全性,本节介绍数据库的备份与恢复,有关数据库的安全性管理参见第 10 章。

1. 数据库的备份与恢复

对于数据库中数据的完整性保护,最简单、有效的方法是进行备份。备份即将数据库文件在另外一个地方保存一份副本。当数据库由于故障或人为原因被破坏后,将副本恢复即可。不过用户要注意,一般的事务数据库中的数据经常发生变化,例如银行储户管理数据库,每天都会发生很大的变化,所以,数据库备份不是一次性而是经常和长期要做的工作。

对于大型数据库系统,应该有很完善的备份恢复策略和机制。Access 数据库一般是中小型数据库,因此备份和恢复比较简单。

最简单的方法,当然是利用操作系统(Windows)的文件复制功能。用户可以在修改数据库后,立即将数据库文件复制到另外一个地方存储。若当前数据库被破坏,通过副本将备份文件恢复即可。

另外,Access 也提供了备份和恢复数据库的方法。

【例 3-2】 备份"图书销售"数据库到"F:\数据库备份"文件夹下。

操作步骤如下:

① 在 F:盘创建"数据库备份"文件夹。

② 打开"图书销售"数据库,选择"文件"命令进入 Backstage 视图窗口,然后单击"保存并发布"下的"备份数据库"选项,如图 3.24 所示。

③ 单击右下侧的"另存为"按钮,弹出"另存为"对话框,定位到"F:\数据库备份"文件夹,如图 3.25 所示,单击"保存"按钮,实现备份。

备份文件实际上是将当前数据库文件加上日期后另外存储一个副本。一般来说,副本的文件位置不应该与当前数据库文件在同一磁盘上。如果同一日期有多次备份,则自动命名时会加上序号。

当需要使用备份的数据库文件恢复还原数据库时,将备份副本复制到数据库文件夹即可。如果需要改名,重新命名文件即可。

如果用户只需要备份数据库中的特定对象,例如表、报表等,可以在备份文件夹下先创建一个空的数据库,然后通过导入与导出功能,将需要备份的对象导入到备份数据库(导入与导出方法见后面的有关章节)。

2. 查看和编辑数据库的属性

对于打开的数据库,可以查看其相关信息,并编辑相应的说明信息。

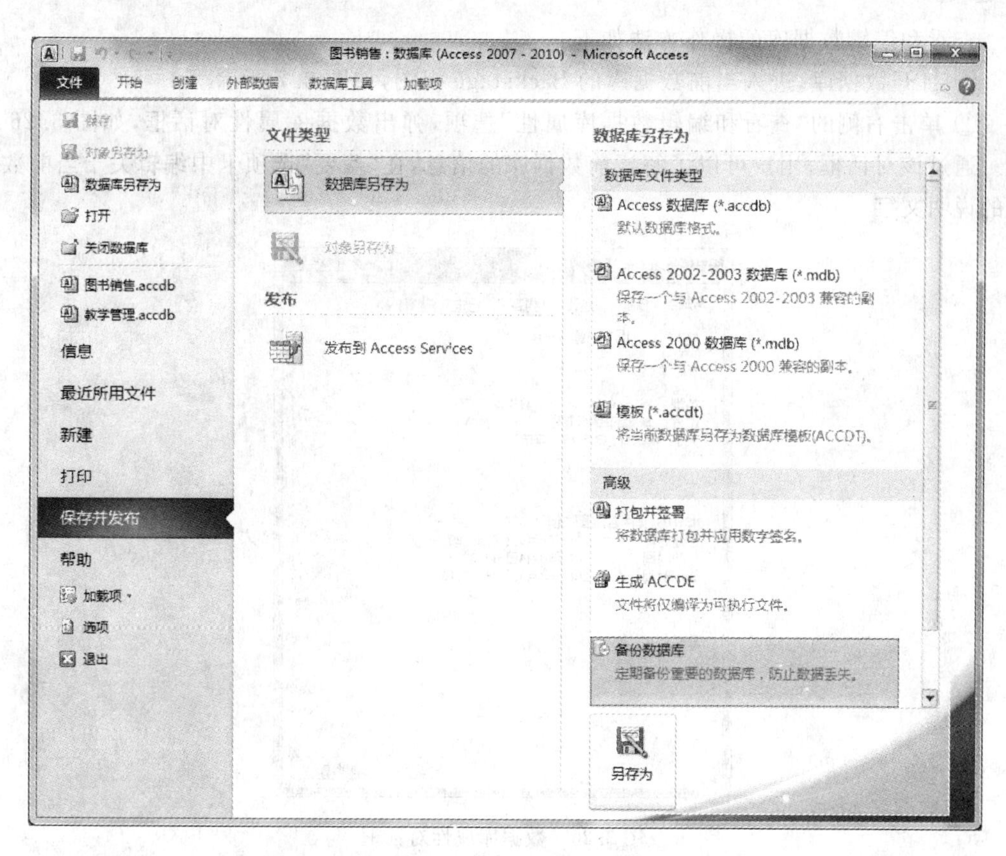

图 3.24 “保存并发布”的“备份数据库”窗口

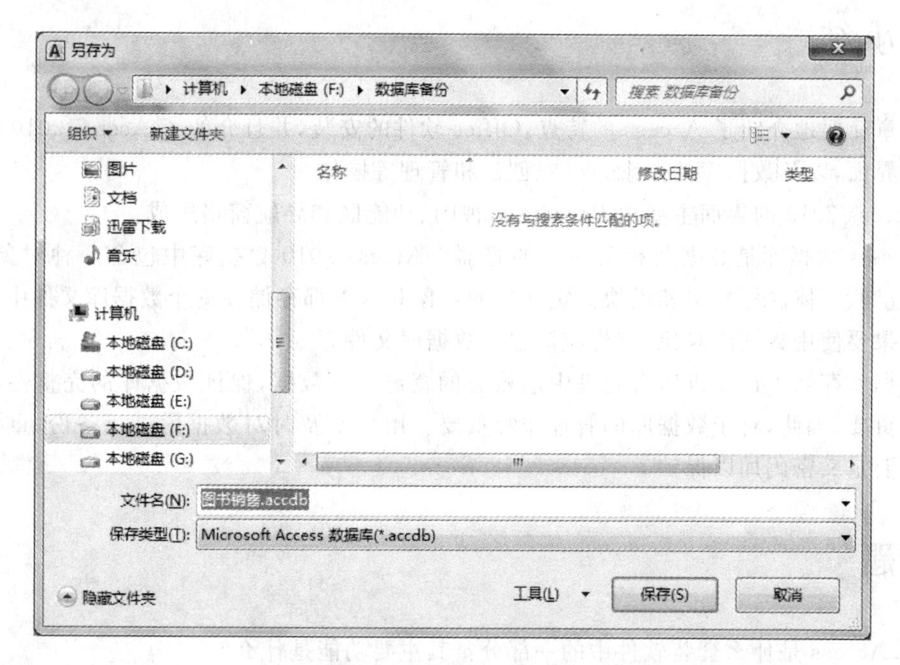

图 3.25 “另存为”对话框

查看和编辑数据库的操作方法如下：

① 打开数据库，进入当前数据库的 Backstage 视图，如图 3.7 所示。

② 单击右侧的“查看和编辑数据库属性”选项，弹出数据库属性对话框，如图 3.26 所示。通过该对话框，用户可以了解当前数据库的信息，在“摘要”选项卡中编辑关于当前数据库的说明文字。

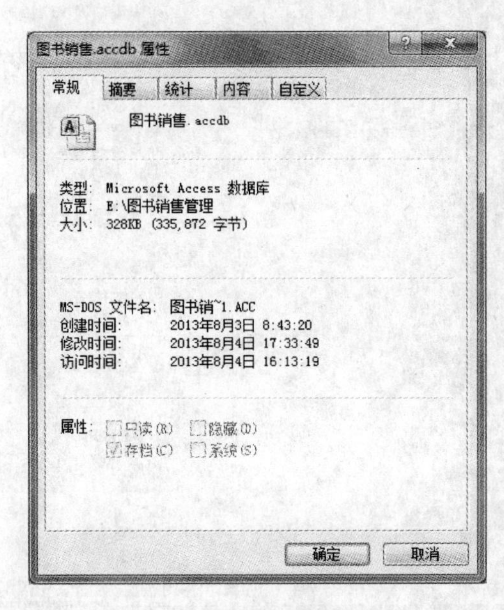

图 3.26　数据库属性对话框

本章小结

本章简要地介绍了 Access 的特点、Office 软件的安装，并且介绍了 Access 2010 的启动和工作界面，以及数据库的概念、存储、创建和管理等操作。

Access 2010 的界面主要由 Backstage 视图、功能区和导航窗格组成。

Access 数据库是数据及相关对象的容器。Access 2010 数据库中包含 6 种对象，分别是表、查询、窗体、报表、宏和模块。定义好的对象和数据都存储在一个数据库文件中。

如果要使用数据库对象，首先应该建立数据库文件。

数据库存储了计算机信息处理中最核心的资源——数据，保证数据库的完整性和安全性非常重要，因此，对于数据库的管理非常重要。用户要及时对数据库进行备份，重要的数据库还要定义密码加以保护。

思考题

1. Access 是什么套装软件中的一部分？其主要功能是什么？
2. 列举启动 Access 的几种方法。
3. Access 的操作界面主要由哪几个部分组成？

4．功能区有何特点？

5．Backstage视图有何作用？

6．Access数据库如何存储？

7．Access数据库中有几种数据库对象？每种对象的基本作用是什么？

8．什么是导航窗格？如何隐藏导航窗格？

9．创建Access数据库的基本方法有哪几种？

10．怎样设置打开数据库文件的默认路径？

11．为什么要进行数据库备份？简述备份Access数据库的几种方法及其主要操作过程。

12．怎样查看当前数据库的属性？

第4章 表与关系

数据库是长期存储的相关联数据的集合，而数据库中组织数据存储与表达数据的对象是表(Table)，因此，建立数据库首先要建立数据库中的表。表对象是数据库中最基本、最重要的对象，是其他对象的基础。

4.1 Access数据库的表对象及创建方法

对于Access的表对象，本书第1章已经对其结构做了基本分析。一个数据库中可以有若干个表，每个表都有唯一的表名。表是满足一定要求的由行和列组成的规范的二维表，表中的行称为记录(Record)，列称为字段(Field)。

表中所有的记录都具有相同的字段结构。一般来说，表中的每个记录都不重复。因此，在表中要指定用于记录的标识，称为表的主键(Primary Key)。主键是一个字段或者多个字段的组合。一个表的主键的取值是绝对不能重复的，例如"图书"表的主键是"图书编号"。

表中的每列字段都有一个字段名，在一个表中字段名不能相同，在不同表中可以重名。字段只能在事先规定的取值集合内取值，同一列字段的取值集合必须是相同的。在Access中，用来表示字段取值集合的基本概念是"数据类型"。此外，字段的取值还必须符合用户对于每个字段的值的实际约束规定。

一个数据库中的多个表之间通常相互关联。一个表的主键在另外一个表中作为将两个表关联起来的字段，称为外键(Foreign Key)。外键与主键之间必须满足参照完整性的要求，例如"图书"表中，"出版社编号"就是外键，对应"出版社"表的主键。

创建表的工作包括确定表名、字段结构、表之间的关系，以及为表输入数据记录。

在Access 2010中提供了多种方式建立数据表，以满足用户不同的需求。具体来说，可用以下6种方式建立表。

① 第1种和Excel一样，直接在数据表中输入数据。Access会自动识别存储在该表中各列数据的数据类型，并据此设置表的字段属性。

② 第2种是通过"表"模板，应用Access内置的表模板来建立新的数据表。

③ 第3种是通过"SharePoint列表"，在SharePoint网站建立一个列表，然后在本地建立一个新表，再将其连接到SharePoint列表中。

④ 第4种是通过表的"设计视图"创建表，该方法需要完整地设置每个字段的各种属性。

⑤ 第 5 种是通过“字段”模板设计建立表。

⑥ 第 6 种是通过导入外部数据建立表。

用户可以根据自己的实际情况选择适当的方法来建立符合要求的 Access 表。在创建表的这些方法中，最基本的方法是在表的设计视图中创建。对于其他一些方法建立的表，有的还需要在设计视图中对表的结构进行修改调整。

4.2 数据类型

数据类型是数据处理的重要概念。DBMS 事先将其所能够表达和存储的数据进行了分类，一个 DBMS 的数据类型的多少是该 DBMS 功能强弱的重要指标，不同的 DBMS 在数据类型的规定上各有不同。

在 Access 中创建表时，可以选择的数据类型如图 4.1 所示。

数据类型规定了每一类数据的取值范围、表达方式和运算种类，所有数据库中要存储和处理的数据都应该有明确的数据类型。因此，创建一个表的主要工作之一，就是为表中的每个字段指定数据类型。

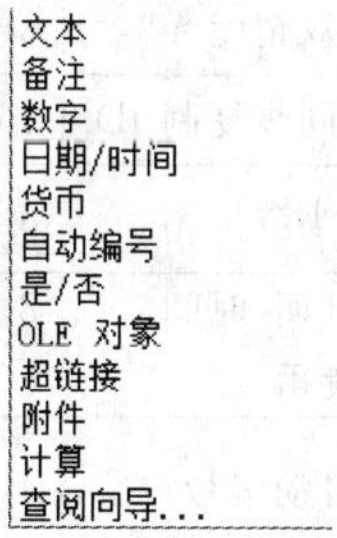

有一些数据，例如“员工编号”，可以归到不同的类型，既可以指定为“文本型”，也可以指定为“数字型”，因为它是全数字编号。这样的数据到底应该指定为哪种类型，要根据它自身的用途和特点来确定。

文本
备注
数字
日期/时间
货币
自动编号
是/否
OLE 对象
超链接
附件
计算
查阅向导...

图 4.1 数据类型

有些数据类型不能算作基本数据类型，例如“计算”、“查阅向导”等。

因此，用户要想最合理地管理数据，就要深入地理解数据类型的意义和规定。

在 Access 中关于数据类型规定的说明见表 4.1，其中，数字类型可进一步细分为不同的子类型。如果不特别指明，存储空间以字节为单位。

① 文本型和备注型。文本型用来处理文本字符信息，可以由任意的字母、数字及其他字符组成。在表中定义文本字段时，长度以字符为单位，最多 255 个字符，由用户定义。备注型也是文本，主要用于在表中存储长度差别大或者大段文字的字段。备注型字段最多可存储 65 535 个字符。

② 数字型和货币型。数字型和货币型数据都是数值，由 0～9、小数点、正/负号等组成，不能有除 E 以外的其他字符。数字型又进一步分为字节、整型、长整型、单精度型、双精度型、小数等，不同子类型的取值范围和精度有所区别。货币型用于表达货币。

数值的表达有普通表示法和科学记数法两种方式。普通表示如 123、−3456.75 等。科学记数法用 E 表示指数，例如 1.345×10^{32} 表示为 1.345E＋32。数值和货币值在显示时可以设置不同的显示格式。

自动编号型相当于长整型，一般只在表中应用。该类型字段在添加记录时自动输入唯一编号的值，并且不能更改。很多时候，自动编号型字段作为表的主键。

自动编号字段有 3 种编号方式，即每次增加固定值的顺序编号、随机编号及“同步复制 ID”（也称作 GUID，全局唯一标识符）。最常见的“自动编号”方式为每次增加 1；随机“自动编号”将生成随机号,并且该编号对于表中的每条记录都是唯一的。“同步复制 ID”的“自动编号”用于数据库的同步复制,可以为同步副本生成唯一的标识符。

所谓数据库同步复制是指建立 Access 数据库的两个或更多特殊副本的过程。副本可以同步化,即一个副本中数据的更改均被送到其他副本中。

表 4.1 数据类型

<table>
<tr><th colspan="2">数据类型名</th><th>存储空间</th><th>说 明</th></tr>
<tr><td colspan="2">文本</td><td>0～255</td><td>处理文本数据,可以由任意字符组成,在表中由用户定义长度</td></tr>
<tr><td colspan="2">备注</td><td>0～65 536</td><td>用于长文本,例如注释或说明</td></tr>
<tr><td rowspan="7">数字</td><td>字节</td><td>1</td><td rowspan="7">在表中定义字段时首先定义为数字,然后在“字段大小”属性中进一步定义具体的数字类型。各类型数值的取值范围如下。
字节:0～255,是 0 和正数;
整型:$-32\ 768\sim32\ 767$;
长整型:$-2\ 147\ 483\ 648\sim2\ 147\ 483\ 647$;
单精度:$-3.4\times10^{38}\sim3.4\times10^{38}$;
双精度:$-1.797\times10^{308}\sim1.797\times10^{308}$;
同步复制 ID:自动
小数:1～28 位数,其中,小数位数为 0～15 位</td></tr>
<tr><td>整型</td><td>2</td></tr>
<tr><td>长整型</td><td>4</td></tr>
<tr><td>单精度</td><td>4</td></tr>
<tr><td>双精度</td><td>8</td></tr>
<tr><td>同步复制 ID</td><td>16</td></tr>
<tr><td>小数</td><td>8</td></tr>
<tr><td colspan="2">日期/时间</td><td>8</td><td>用于日期和时间</td></tr>
<tr><td colspan="2">货币</td><td>8</td><td>用于存储货币值,并且计算期间禁止四舍五入</td></tr>
<tr><td colspan="2">自动编号</td><td>4/16</td><td>用于在表中自动插入唯一顺序(每次递增 1)或随机编号。一般存储为 4 个字节,用于“同步复制 ID”(GUID)时存储 16 个字节</td></tr>
<tr><td colspan="2">是/否</td><td>1bit</td><td>用于“是/否”、“真/假”、“开/关”等数据,不允许取 Null 值</td></tr>
<tr><td colspan="2">OLE 对象</td><td>≤1GB</td><td>用于使用 OLE 协议的在其他程序中创建的 OLE 对象(例如 Word 文档、Excel 电子表格、图片、声音或其他二进制数据)</td></tr>
<tr><td colspan="2">超链接</td><td>≤64 000</td><td>用于超链接,超链接可以是 UNC 路径或 URL</td></tr>
<tr><td colspan="2">附件</td><td></td><td>将各类文件以附件形式存储</td></tr>
<tr><td colspan="2">计算</td><td></td><td>根据表达式求值</td></tr>
<tr><td colspan="2">查阅向导</td><td>4</td><td>用于创建允许用户使用组合框选择来自其他表或来自值列表的值的字段。在数据类型列表中选择此选项,将会启动向导进行定义</td></tr>
</table>

③ 日期/时间型。日期/时间型可以同时表达日期和时间,也可以单独表示日期或时间数据。

例如,2013 年 8 月 8 日表示为 2013-8-8;晚上 8 点 8 分 0 秒表示为 20:8:0,其中,0 秒可以省略;两者合起来,表示为 2013-8-8 20:8。

日期和时间之间用空格隔开。日期的间隔符号还可以用/。日期/时间型数据在显示的时候也可以设置多种格式。

④ 是/否型。是/否型用于表达具有真或假的逻辑值,或者是相对的两个值。作为逻辑值的常量,可以取的值有 True 与 False、On 与 Off、Yes 与 No 等。这几组值在存储时实际上都只存储一位。True、On、Yes 存储的值是-1,False、Off 与 No 存储的值是 0。

⑤ OLE 对象型。OLE 对象型用于存储多媒体信息,包括图片、声音、文档等。例如,要将员工的照片存储,或将某个 Word 文档整个存储,就要使用 OLE 对象。

在应用中若要显示 OLE 对象,可以在界面对象(如窗体或报表)中使用合适的控件。

⑥ 超链接型。超链接型用于存放超链接地址。用户定义的超链接地址最多可以有4个部分,各部分之间用数字符号(#)分隔,含义是显示文本#地址#子地址#屏幕提示。

下面的例子中包含“显示文本”、“地址”和“屏幕提示”,省略了“子地址”,但用于子地址的分隔符#不能省略:

清华大学出版社#http://www.tup.tsinghua.edu.cn/##出版社网站

若超链接字段中存放上述地址,字段中将显示“清华大学出版社”;将鼠标指向该字段时屏幕会提示“出版社网站”;如果单击,将进入http://www.tup.tsinghua.edu.cn/网站。

⑦ 附件。附件是Access 2010新增的一种类型,它可以将图像、电子表格文件、文档、图表等任何受操作系统支持的文件类型作为附件附加到数据库记录中。

⑧ 计算。计算表示引用表中其他字段的表达式,由其他字段的值计算本字段的值。

⑨ 查阅向导。查阅向导不是一种独立的数据类型,而是应用于“文本”、“数字”、“是/否”3种类型字段的辅助工具。当定义“查阅向导”字段时,会自动弹出一个向导,由用户设置查阅列表。查阅列表用于将来输入记录的字段值时供用户参考,可以从表中选择一个值的列表,起提示作用。

4.3 表的创建

Access提供了多种创建表的方法,有的方法先输入数据,然后设定表结构;有的方法先定义结构,然后再输入数据。但无论哪种方式,在创建表时都应该事先完成表的物理设计,即将表的表名、各字段的名称及类型,以及字段和表的全部约束规定,包括表之间的关系都设计出来,在实际创建表时遵循物理设计的规定创建,这样创建的数据库才是符合用户要求的。

4.3.1 数据库的物理设计

设计所有表的物理结构以及表之间的相互关系。按照结构化设计方法,物理设计是在逻辑设计的基础上结合DBMS的规定,设计可上机操作的表结构。

【例4-1】 根据例2-15“图书销售”数据库的逻辑设计,结合实际设计“图书销售”数据库的表结构。

例2-15设计的关系模型如下:

部门(部门编号,部门名,办公电话)
员工(工号,姓名,性别,生日,部门编号,职务,薪金)
出版社(出版社编号,出版社名,地址,联系电话,联系人)
图书(图书编号,ISBN,书名,作者,出版社编号,版次,出版时间,图书类别,定价,折扣,数量,备注)
售书单(售书单号,售书日期,工号)
售书明细(售书单号,图书编号,序号,数量,售价折扣)

在数据字典(进行需求分析时完成)中,各属性的取值应该有明确的规定。

本例中表结构的设计如表4.2~表4.7所示。

表 4.2 部门

字段名	类型	宽度	小数位	主键/索引	参照表	约束	Null 值
部门编号	文本型	2		↑(主)			
部门名	文本型	20					
办公电话	文本型	18					√

表 4.3 员工

字段名	类型	宽度	小数位	主键/索引	参照表	约束	Null 值
工号	文本型	4		↑(主)			
姓名	文本型	10					
性别	文本型	2				男或女	
生日	日期/时间型						
部门编号	文本型	2		↑	部门		√
职务	文本型	10					√
薪金	货币型					≥800	

表 4.4 出版社

字段名	类型	宽度	小数位	主键/索引	参照表	约束	Null 值
出版社编号	文本型	4		↑(主)			
出版社名	文本型	26					
地址	文本型	40					
联系电话	文本型	18					√
联系人	文本型	10					√

表 4.5 图书

字段名	类型	宽度	小数位	主键/索引	参照表	约束	Null 值
图书编号	文本型	13		↑(主)			
ISBN	文本型	22					
书名	文本型	60					
作者	文本型	30					
出版社编号	文本型	4			出版社		
版次	字节型					≥1	
出版时间	文本型	7					
图书类别	文本型	12					
定价	货币型					>0	
折扣	单精度型						√
数量	整型					≥0	
备注	备注型						√

表 4.6 售书单

字段名	类型	宽度	小数位	主键/索引	参照表	约束	Null 值
售书单号	文本型	10		↑(主)			
售书日期	日期/时间型						
工号	文本型	4			员工		

表 4.7 售书明细

字段名	类型	宽度	小数位	主键/索引	参照表	约束	Null 值
售书单号	文本型	10		↑	售书单		
图书编号	文本型	13			图书		
数量	整型						
售价折扣	单精度型					0.0～1	√

以上各表的设计，除字段名外，其他都属于约束，包括各字段的类型和长度，指定表的主键、索引，外键及其参照表，是否取空值，以及表达式约束等。因此，物理设计指明了数据库的约束要求。

在设计表中，用户需要给表和字段命名。Access 对于表名、字段名和其他对象的命名制定了相应的规则，命名一般遵循以下规则：

名称长度最多不超过 64 个字符，名称中可以包含字母、汉字、数字、空格及特殊的字符（除句号(.)、感叹号(!)、重音符号(')和方括号([ ])以外）的任意组合，但不能包含控制字符（ASCII 值为 0 到 31 的控制符），并且，首字符不能以空格开头。

在 Access 项目中，表、视图或存储过程的名称中不能包含双引号(")。

在命名时用户要注意，虽然字段、控件和对象名等名称中可以包含空格，也可以用非字母、汉字开头，但是由于 Access 数据库有时候要在应用程序中使用，或者导出为其他 DBMS 的数据库，而其他 DBMS 的命名更严格，这样，在这些应用中可能会出现名称错误。

因此，一般情况下，命名的基本原则是以字母或汉字开头，由字母、汉字、数字以及下划线等少数几个特殊符号组成，并且不超过一定的长度。

另外，命名对象时不应和 Access 保留字相同。所谓保留字，就是 Access 已使用的词汇。否则，会造成混淆或发生处理错误。例如词汇“name”是控件的属性名，如果有对象也命名为“name”，那么在引用时就可能出现系统理解错误，导致达不到预期结果。

4.3.2 使用设计视图创建表

1. 创建表的基本过程

启动设计视图创建表的基本步骤如下：

① 进入 Access 窗口，单击功能区中的“创建”标签，选择“创建”选项卡，如图 4.2 所示。

② 单击“表设计”按钮，启动表设计视图，如图 4.3 所示。

③ 在设计视图中按照表的设计定义各字段的名称、数据类型，并设置字段属性等。

④ 定义主键、索引等，设置表的属性。

⑤ 最后对表命名保存。

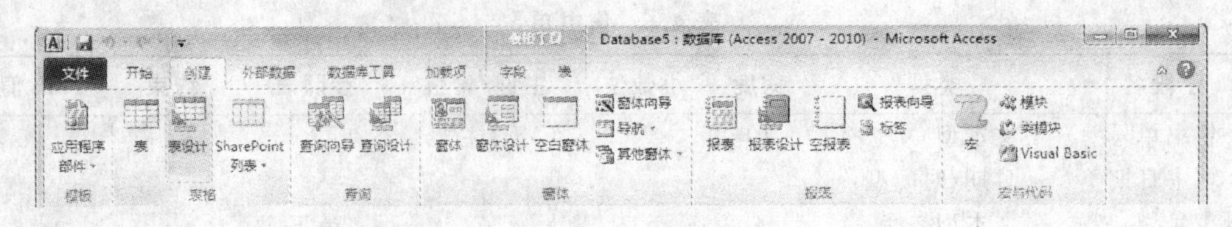

图 4.2 “创建”选项卡

如果新创建的表和其他表之间有关系，还应建立与其他表之间的关系。当然，也可以在创建完所有表之后，再建立所有表之间的关系。

【例 4-2】 根据例 4-1 对“图书销售”数据库的物理设计，在设计视图中创建表。

下面以“图书”表为例，介绍表的创建过程。

根据事先完成的物理设计，依次在“字段名称”列中输入“图书”表的字段，并选择合适的数据类型，然后在各字段的“字段属性”栏中做进一步设置，如图 4.3 所示。

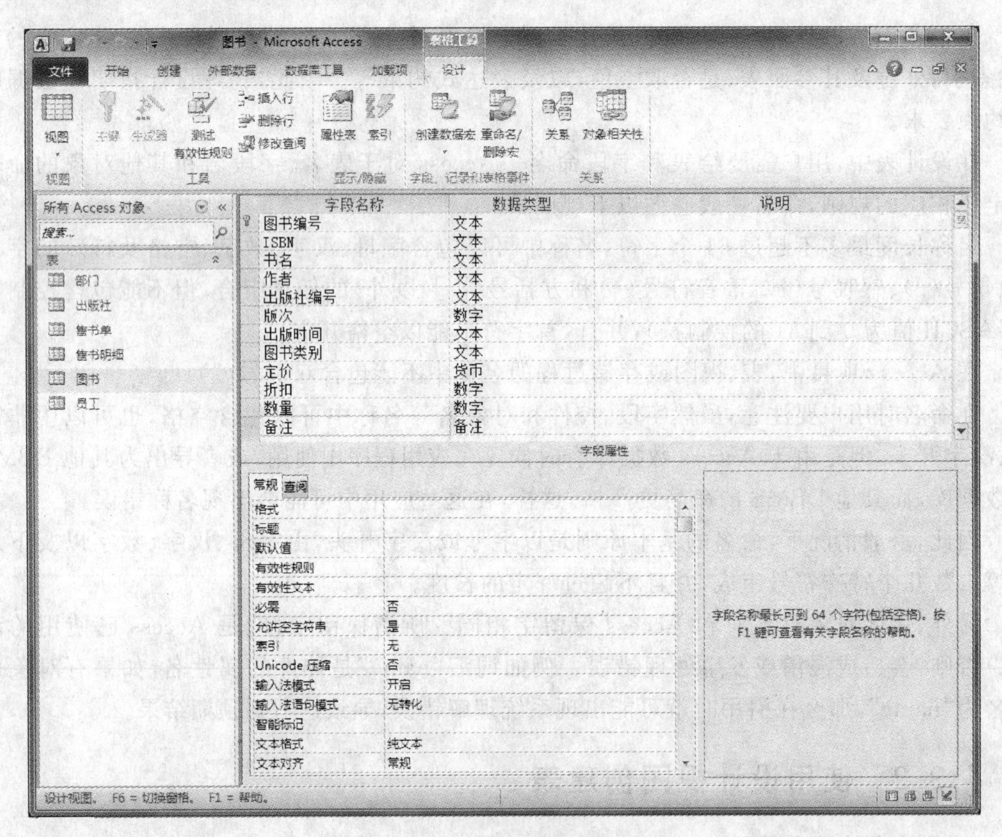

图 4.3 创建表的设计视图

在定义表结构时，用户应该清楚地了解设计视图的组成。

设计视图分为上、下两个部分。其中，上面的部分用来定义字段名、数据类型，并对字段进行说明(字段名前的方块按钮称为“字段选择器”)；下面的部分用来对各字段的属性进行详细设置，不同数据类型的字段属性有一些差异。

在给字段选择数据类型时，有些字段只有一种选择，但有些字段可以有多种选择，这时要根据该字段要存放的数据的处理特点加以选择。在确定数据类型后，就要在“字段属性”

栏中对该字段做进一步设置。

"字段属性"栏中有两个选项卡,即"常规"和"查阅"。"常规"选项卡用于设置属性。对于每个字段的"字段属性",由于数据类型不同,需要设置的属性有所差别,有些属性每类字段都有,有些属性只针对特定的字段。表 4.8 列出了"字段属性"的主要选项以及有关说明,部分属性在后面有进一步的应用说明。

表 4.8 字段属性

属性项	设置说明
字段大小	定义文本型长度、数字型的子类型、自动编号的子类型
格式	定义数据的显示格式和打印格式
输入掩码	定义数据的输入格式
小数位数	定义数字型和货币型数值的小数位数
标题	在数据表视图、窗体和报表中替代字段名显示
默认值	指定字段的默认取值
有效性规则	定义对于字段存放数据的检验约束规则,是一个逻辑表达式
有效性文本	当字段输入或更改的数据没有通过检验时要提示的文本信息
必需	"是"或"否"选择,指定字段是否必须有数据输入
允许空字符串	对于文本、备注、超链接类型字段,是否允许输入长度为 0 的字符串
索引	指定是否建立单一字段索引,可选择无索引,可重复索引、不可重复索引
Unicode 压缩	对于文本、备注、超链接类型字段,是否进行 Unicode 压缩
新值	只用于自动编号型,指定新值产生的方式:递增或随机
输入法模式	定义焦点移至字段时,是否开启输入法
智能标记	定义智能标记,是否型和 OLE 对象没有智能标记
文本对齐	定义数据在表中的对齐方式,包括常规、左、居中、右、分散

"查阅"选项卡是只应用于"文本"、"数字"、"是/否"3 种数据类型的辅助工具,用来定义当有"查阅向导"时作为提示的控件类别,用户可以从"文本框"、"组合框"、"列表框"(是/否型字段使用"复选框")指定控件。

对于"图书"表字段的定义及其属性设置,应依照"图书销售"数据库的物理设计。

"图书编号"是图书唯一的编码,全部由数字组成,起标识和区分图书的作用。"图书编码"可以定义为数字型或文本型。考虑到"图书编码"不需要做算术运算,并且编码一般是分层设计,因此这里定义为文本型。根据最长编码,定义其"字段大小"为 13。

ISBN、"图书名"、"作者"、"出版社编号"、"图书类别"等都定义为文本型,字段大小根据各自的实际取值的最大长度定义。"出版社编号"是外键,必须与对应主键在类型和大小上一致。根据设计,这些字段都不允许取 Null 值,即"必需"栏为"是"。

"出版时间"虽然表示日期,但一般以月份为单位,所以不能采用日期/时间型,只能采用文本型。其格式为"××××.××",长度为 7 位。

"版次"、"折扣"、"数量"都是数值,定义为数字型。由于"版次"字段是不太大的自然数,因此定义为字节型,从 1 开始;"数量"字段是整数,定义为整型,但不能为负数;"折扣"字段存放百分比,是小数,可以定义为单精度型或小数型,允许取 Null 值。

"定价"定义为货币型,且大于 0。关于其取值的约束在有效规则中定义表达式实现。

"备注"用来存储关于图书的说明文字信息,文字的长度无法事先确定,且可能超过 255

个字符,因此采用“备注型”,允许取 Null 值。

这样,依次在设计视图中设置,完成字段的定义。

接下来,定义主键。单击“图书编号”字段,然后单击“表设计”工具栏中的“主键”按钮 ,在表设计器中最左边的“字段选择器”上会出现主键图标 (见图 4.3)。

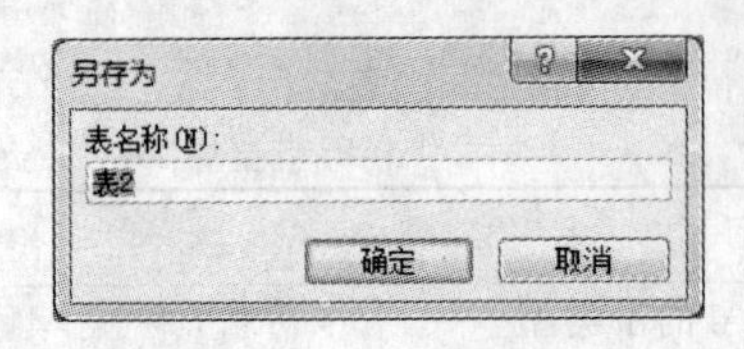

图 4.4 定义表名保存

单击快速工具栏中的“保存”按钮 ,弹出“另存为”对话框,如图 4.4 所示,输入“图书”,然后单击“确定”按钮,则“图书”表的结构就建立起来了。

另外,在创建空数据库时,Access 会自动创建一个初始表“表 1”。在“开始”选项卡中单击“视图”按钮下方的下三角按钮,会显示一个视图切换列表,如图 4.5 所示。

单击“设计视图”,弹出如图 4.4 所示的“另存为”对话框,为表命名后,单击“确定”按钮,即可进入该表的设计视图。

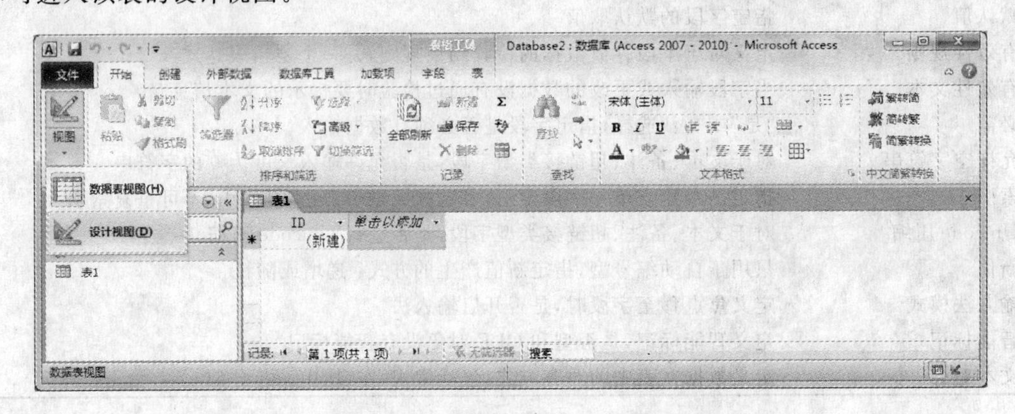

图 4.5 从初始表进入设计视图

采用同样的方式,创建物理设计中的所有表,这样,数据库框架就建立起来了。

2. 主键和索引

主键是表中最重要的概念之一,主键有以下几个作用:

① 唯一标识每条记录,因此作为主键的字段不允许有重复值或取 Null 值。

② 主键可以被外键引用。

③ 定义主键将自动建立一个索引,可以提高表的处理速度。

每个表在理论上都可以定义主键,一个表最多只能有一个主键。主键可以由一个或几个字段组成。如果表中没有合适的字段作为主键,那么可以使用多个字段的组合,或者特别增加一个记录 ID 字段。

当建立新表时,如果用户没有定义主键,Access 在保存表时会弹出提示框询问是否要建立主键,如图 4.6 所示。若单击“是”按钮,Access 将自动为表建立一个 ID 字段并将其定义为主键。该主键具有“自动编号”数据类型。

当使用多个字段建立主键时,操作步骤如下:

按住 Ctrl 键,依次单击要建立主键的字段的字段选择器,选中所有主键字段,然后单击“主键”按钮。

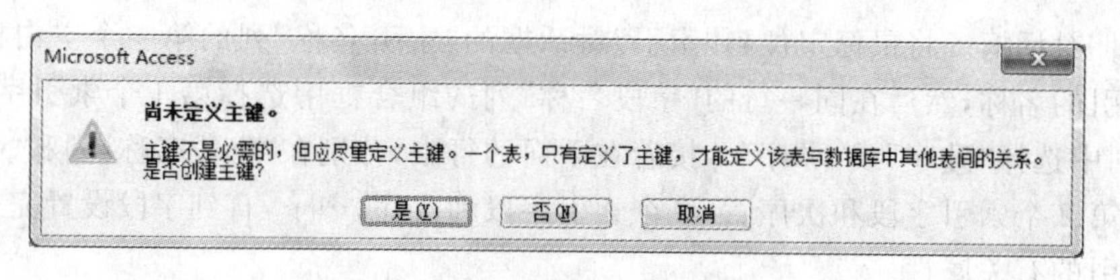

图 4.6 定义表的主键时的提示框

作为主键定义的标识是在主键的字段选择器上显示有一把钥匙，如图 4.3 所示。

主键是一种数据约束。主键实现了数据库中实体完整性的功能，同时可作为参照完整性中的被参照对象。定义一个主键，同时也是在主键字段上建立了一个“无重复”索引。

“索引”是一个字段属性。给字段定义索引有以下两个基本作用：

① 利用索引可以实现一些特定的功能，例如主键就是一个索引。

② 建立索引可以明显地提高查询效率，更快地处理数据。

当一个表中建立了索引时，Access 会将索引信息保存在数据库文件中的专门位置。一个表可以定义多个索引。索引中保存每个索引的名称、定义索引的字段项和各索引字段所在的对应记录编号。索引本身在保存时会按照索引项值的从小到大（即升序（Ascending））或从大到小（即降序（Descending））的顺序排列，但索引并不改变表记录的存储顺序。索引存储的结构示意图如图 4.7 所示。

索引名称 1		…	索引名称 m	
索引项 1	物理记录	…	索引项 m	物理记录
索引值 1	对应记录 1	…	索引值 1	对应记录 1
索引值 2	对应记录 2		索引值 2	对应记录 2
…	…		…	…
索引值 n	对应记录 n		索引值 n	对应记录 n

图 4.7 索引存储示意图

由于索引字段是有序存放的，当查询该字段时，就可以在索引中进行，这比没有索引的字段只能在表中查询快很多。由于数据库最主要的操作是查询，因此，索引对于提高数据库的操作速度是非常重要和不可缺少的手段。但要注意，索引会降低数据更新操作的性能，因为修改记录时，如果修改的数据涉及索引字段，Access 会自动地同时修改索引，这样就增加了额外的处理时间，所以对于更新操作多的字段要避免建立索引。在建立索引时，Access 分为“有重复”和“无重复”索引。“无重复”索引就是建立索引的字段是不允许有重复值的。当用户希望不允许某个字段取重复值时，就可以在该字段上建立“无重复”索引。

在 Access 中，可以为一个字段建立索引，也可以将多个字段组合起来建立索引。

① 建立单字段索引。在该表的设计视图中，选中要建立索引的字段，然后在“字段属性”的“索引”栏中选择“有(有重复)”或者“有(无重复)”即可。

有重复索引字段允许重复取值，无重复索引字段的值都是唯一的，如果在建立索引时已有数据记录，但不同记录的该字段数据有重复，则不可以再建立无重复索引，除非先删掉重复的数据。

② 建立多字段索引。进入表的设计视图，然后单击“设计”选项卡中的“索引”按钮，

弹出“索引”对话框。将鼠标定位到“索引”对话框的“索引名称”列的第一个空白栏中，输入多字段索引的名称，然后在同一行的“字段名称”列的组合框中选择第 1 个索引字段，在“排序次序”列中选择“升序”或“降序”。接着在下面的行中，分别在“字段名称”列和“排序次序”列中选择第 2 个索引字段和次序、第 3 个索引字段和次序，……，直到字段设置完毕为止，最后设置索引的有关属性。

【例 4-3】 在“图书”表中为“图书类别”和“出版时间”字段创建索引。

操作步骤如下：

① 在导航窗格的“图书”表上右击，弹出快捷菜单，如图 4.8 所示。

② 选择“设计视图”命令，启动设计视图。然后在设计视图中单击“设计”功能区中的“索引”按钮，弹出如图 4.9 所示的图书表的“索引”对话框。

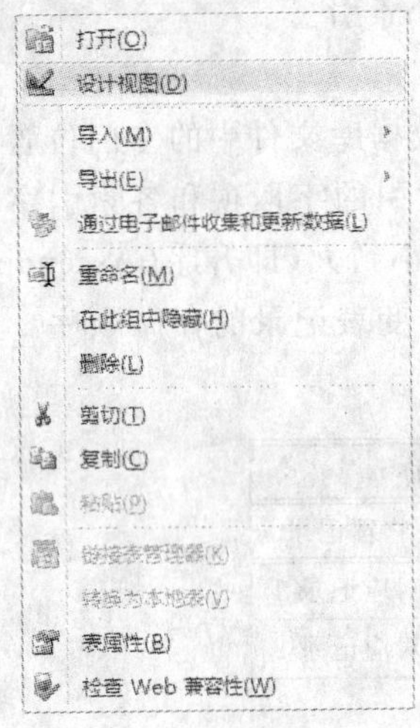

图 4.8　表的快捷菜单

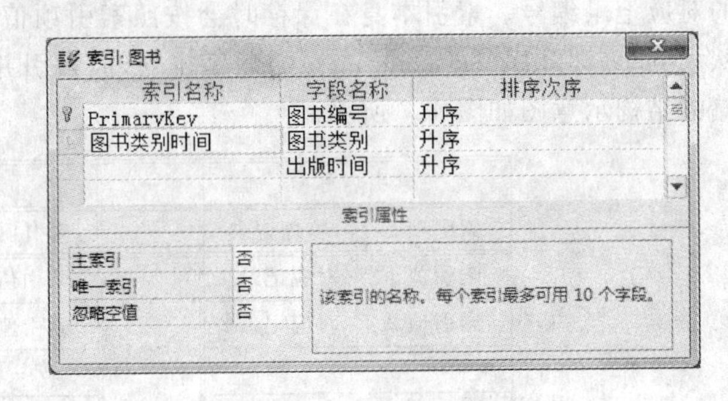

图 4.9　创建索引

③ 在“索引名称”中输入该索引的名称，索引名称最好能够反映索引的字段特征，这里输入“图书类别时间”。然后在“字段名称”中依次选择“图书类别”、“出版时间”，并分别设置排序次序为“升序”，以保证其排序。

注意：这个索引不是主索引，也不能定义为唯一索引(即无重复索引)，因为“图书类别”和“出版时间”两项合起来可能会有重复值。

④ 单击按钮关闭对话框，在退出表设计视图时，Access 会要求用户保存。这样，索引就建立起来了。

在这个“索引”对话框中还可以定义主键索引、单字段索引；也可以定义索引为有重复索引和无重复索引。所以，主键也可以通过这个对话框定义。

删除主键的操作方法如下：

在表设计视图中选中主键字段，单击功能区中的“主键”按钮，即可撤销主键的定义。但是，如果主键被其他建立了关系的表作为外键引用，则无法删除，除非先取消关系。

删除索引的操作方法如下：

① 删除单字段索引直接在表设计视图中进行。选中建立了索引的字段，在“字段属性”的索引栏中选择“无”，然后保存，索引即被删除。

② 删除多字段索引。首先进入“索引”对话框，选中索引行，然后右击，在快捷菜单中选择“删除行”命令。之后关闭对话框，并保存，索引就被删除了。

用户也可以通过“索引”对话框删除主键和单索引，操作方法与上述类似，在此不再赘述。

另外，在“索引”对话框中还可以修改已经定义的索引，在其中增加索引字段或减少索引字段。

3. 定义表时有关数据约束的字段属性

为了保证数据库数据的正确性和完整性，关系数据库中采用了多种数据完整性约束规则。实体完整性通过主键来实现，参照完整性通过建立表的关系来实现，而域完整性和其他由用户定义的完整性约束，是在 Access 表定义时，通过多种字段属性来实现，与之相关的字段属性有“字段大小”、“默认值”、“有效性规则”、“有效性文本”、“必需”、“允许空字符串”等。“索引”属性也有约束的功能。

① “字段大小”属性。在 Access 中，很多数据类型的存储空间大小是固定的，由用户定义或选择“字段大小”属性的数据类型，包括“文本”、“数字”或“自动编号”。

“文本”类型字段的长度最长可达 255 个字符，应根据文本需要的最大可能长度定义。对于“数字”类型，“字段大小”属性有 7 个选项，其名称、大小如表 4.1 所示，默认类型是“长整型”。对于“自动编号”类型，“字段大小”属性可以设置为“长整型”或“同步复制 ID”。

“字段大小”属性值的选择应根据实际需要而定，但应尽量设置尽可能小的“字段大小”属性值，因为较小的字段运行速度较快并且节约存储空间。

② “默认值”属性。除了“自动编号”、“OLE 对象”和“附件”类型以外，其他基本数据类型的字段可以在定义表时定义一个默认值。默认值是与字段的数据类型相匹配的任何值。如果用户不定义，有些类型自动有一个默认值，例如“数字”和“货币”型字段的“默认值”属性设置为 0，“文本”和“备注”型字段的设置为 Null(空)。

使用默认值的作用，一是提高输入数据的速度。当某个字段的取值经常出现同一个值时，就可以将这个值定义为默认值，这样在输入新的记录时就可以省去输入，默认值会自动加入到记录中。二是用于减少操作的错误，提高数据的完整性与正确性。当有些字段不允许无值时，默认值可以帮助用户减少错误。

例如，在“员工”表中，如果女性比男性多，那么可以为“性别”字段设置“默认值”属性为“女”。这样，当添加新记录时，如果是女员工，对于“性别”字段可以直接按回车键。

③ “必需”属性。该属性用于规定字段中是否允许有 Null 值。如果数据必须被输入到字段中，即不允许有 Null 值，则应设置属性值为“是”。Access 默认该属性值为“否”。

④ “允许空字符串”属性。该属性针对“文本”、“备注”和“超链接”等类型字段，设置是否允许空字符串(" ")输入。所谓空字符串是指长度为 0 的字符串，注意要把空字符串(" ")和 Null 值区分开。Access 默认该属性值为“是”。

⑤ “有效性规则”和“有效性文本”属性。这是两个相关的属性，“有效性规则”属性允许用户定义一个表达式来限定将要存入字段的值。

所谓表达式，是指数据处理中用来完成计算求值的运算式。Access 的表达式主要由字段名、常量、运算符和函数组成。根据计算结果值的类型不同，表达式可分为文本(或字符)

型表达式、数值(包括货币)表达式、日期/时间表达式和逻辑(即是/否型)表达式等。

所谓常量,就是出现在表达式中明确的值。不同类型的常量值的表示方式不同,文本型常量由定界符 ASCII 码的单引号“'”或双引号“"”前后括起来;数字型常量直接写出;日期/时间型常量用“#”前后括起来;是否型常量用 0 或 −1 表示。

有效性规则是一个逻辑表达式,一般情况下,由比较运算符和比较值构成,默认用当前字段进行比较。比较值是常量。如果省略运算符,默认运算符是“=”。多个比较运算要通过逻辑运算符连接,构成较复杂的有效性规则。关于表达式的进一步讨论见后续章节。

用户可以直接在“有效性规则”栏内输入表达式,也可以使用 Access 的“表达式生成器”生成表达式。

在定义了一个有效性规则后,用户针对该字段的每一个输入值或修改值都会带入表达式中运算,只有运算结果为“是”的值才能够存入字段;如果运算结果为“否”,界面中将弹出一个提示框提示输入错误,并要求重新输入。

“有效性文本”属性允许用户指定提示的文字,所以,“有效性文本”属性与“有效性规则”属性配套使用。如果用户不定义“有效性文本”属性,Access 将提示默认文本。

【例 4-4】 在“图书”表中为“折扣”和“数量”字段定义有效性规则和有效性文本。

操作步骤如下:

① 设置“折扣”字段。“折扣”字段的类型是单精度型,取值范围为 1%~100%,因此,在定义“折扣”字段时,在“有效性规则”栏中输入“>=0.01 and <=1.00”,在“有效性文本”栏中输入文字“折扣必须在 1%(0.01)到 100%(1.00)之间”。

② 设置“数量”字段。由于书的数量是整数,这里的类型是整型。但数量不能为负数,所以“有效性规则”应该是“>=0”。“有效性文本”栏中可输入文字“存书数量不能为负数”。

除了直接输入外,还可以采用“表达式生成器”输入,在此以“折扣”字段为例。在“图书”表设计视图中选中“折扣”字段,在“字段属性”的“有效性规则”栏右边单击 ... 按钮,弹出“表达式生成器”对话框,如图 4.10 所示。

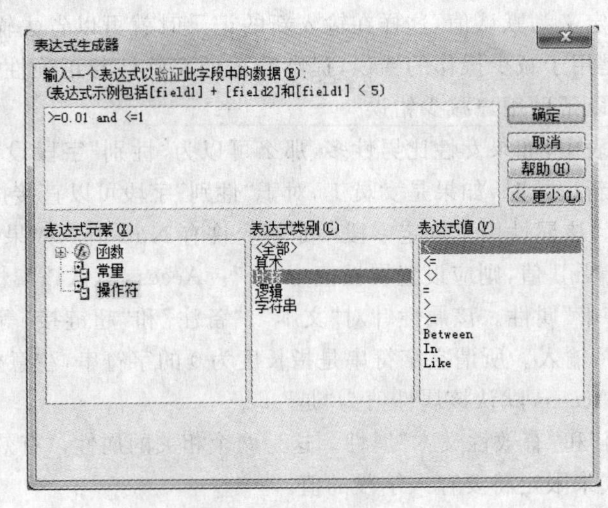

图 4.10 “表达式生成器”对话框

在左上角的文本框中输入“＞＝0.01 and ＜＝1.00”，其中运算符可以单击相应按钮输入，然后单击“确定”按钮，完成设置。

4. “格式”属性的应用

当用户打开表时，就可以查看整个表的数据记录。每个字段的数据都有一个显示格式，这个格式是 Access 为各类型数据预先定义的，也就是数据的默认格式。但不同的用户有不同的显示要求，因此，Access 提供“格式”属性用于定义字段数据的显示和打印格式，允许用户为某些数据类型的字段自定义“格式”属性。

“格式”属性适用于“文本”、“备注”、“数字”、“货币”、“日期/时间”和“是/否”等数据类型。Access 为设置“格式”属性提供了特殊的格式化字符，不同字符代表不同的显示格式。

设置“格式”属性只影响数据的显示格式，不会影响数据的输入和存储。

1）“文本”和“备注”型字段的“格式”属性

“文本”和“备注”数据类型字段的自定义“格式”属性最多由两部分组成，各部分之间需要用分号分隔。第一部分用于定义文本的显示格式，第二部分用于定义空字符串及 Null 值的显示格式。表 4.9 列出了“文本”和“备注”型字段可用的格式字符。

表 4.9　“文本”和“备注”型字段的格式字符

格式化字符	用　途
@	字符占位符，用于在该位置显示任意可用字符或空格
&	字符占位符，用于在该位置显示任意可用字符。如果没有可用字符要显示，Access 将忽略该占位符
＜	使所有字符显示为小写
＞	使所有字符显示为大写
－、＋、＄、()、空格	可以在“格式”属性中的任何位置使用这些字符，并且将这些字符原文照印
"文本"	可以在“格式”属性中的任何位置使用双引号括起来的文本，文本原文照印
\	将其后跟随的第一个字符原文照印
!	用于执行左对齐
*	将其后跟随的第一个字符作为填充字符
[颜色]	用方括号中的颜色参数指定文本的显示颜色，有效颜色参数为黑色、蓝色、绿色、青色、红色、紫红色、黄色和白色。颜色参数必须和其他字符一起使用

【例 4-5】　为“出版社”表中的“联系电话”字段定义显示格式。

操作步骤如下：

① 进入“出版社”表设计视图，在“联系电话”字段的“格式”属性中输入：

```
"Tel"(@@@)@@@@@-@@@@[红色]
```

② 关闭设计视图并保存，然后打开“出版社”表。这时，在表的数据视图的“联系电话”字段中将显示红色的数据，格式如“Tel(010)-6466-0880”。

2）“数字”和“货币”型字段的“格式”属性

Access 预定义的“数字”和“货币”型字段的“格式”属性如表 4.10 所示。

如果没有为数值或货币值指定“格式”属性，Access 将以“常规数字”格式显示数值，以

“货币”格式显示货币值。

表 4.10 “数字”和“货币”型字段预定义的“格式”属性

格式类型	输入数字	显示数字	定义格式
常规数字	87654.321	87654.321	######.###
货币	876543.21	￥876,543.21	￥#,##0.00
欧元	876543.21	€876,543.21	€#,##0.00
固定	87654.32	87654.32	######.##
标准	87654.32	87,654.32	###,###.##
百分比	0.876	87.6%	###.##%
科学记数	87654.32	8.765432E+04	#.####E+00

若用户自定义了“格式”属性，自定义“格式”属性最多可以由 4 个部分组成，各部分之间需要用分号分隔。第一部分用于定义正数的显示格式；第二部分用于定义负数的显示格式；第三部分用于定义零值的显示格式；第四部分用于定义 Null 值的显示格式。

表 4.11 列出了“数字”和“货币”数据类型字段的格式字符。

表 4.11 “数字”和“货币”型字段的格式字符

格式化字符	用　途
.	用来显示放置小数点的位置
,	用来显示千位分隔符的位置
0	数字占位符。如果在该位置没有数字输入，则 Access 显示 0
#	数字占位符。如果在该位置没有数字输入，则 Access 忽略该数字占位符
-、+、$、()、空格	可以在“格式”属性中的任何位置使用这些字符，并且将这些字符原文照印
"文本"	可以在“格式”属性中的任何位置使用双引号括起来的文本，并且原文照印
\	将其后跟随的第一个字符原文照印
*	将其后跟随的第一个字符作为填充字符
%	将数值乘以 100，并在数值尾部添加百分号
!	用于执行左对齐
E-或 e-	用科学记数法显示数字。在负指数前显示一个负号，在正指数前不显示正号。它必须和其他格式化字符一起使用。例如：0.00E-00
E+或 e+	用科学记数法显示数字。在负指数前显示一个负号，在正指数前显示正号。它必须和其他格式化字符一起使用。例如：0.00E+00
[颜色]	用方括号中的颜色参数指定显示颜色，有效颜色参数为黑色、蓝色、绿色、青色、红色、紫红色、黄色和白色。颜色参数必须和其他字符一起使用

【例 4-6】 为“图书”表中的“折扣”字段定义百分比和红色显示格式。

操作方法如下：

进入“图书”表设计视图，在“折扣”字段的“格式”属性中输入“#.#%[红色]”。

3) “日期/时间”型字段的“格式”属性

Access 为“日期/时间”型字段预定义了 7 种“格式”属性，如表 4.12 所示。

如果没有为“日期/时间”型字段设置“格式”属性，Access 将以“常规日期”格式显示日期/时间值。

表 4.12　“日期/时间”型字段预定义的“格式”属性

格式类型	显示格式	说　明
常规日期	2013-8-18 18:30:36	前半部分显示日期，后半部分显示时间。如果只输入了时间没有输入日期，那么只显示时间；反之，只显示日期
长日期	2013 年 8 月 18 日	与 Windows 控制面板中的“长日期”格式设置相同
中日期	13-08-18	以 yy-mm-dd 形式显示日期
短日期	2013-8-18	与 Windows 控制面板中的“短日期”设置相同
长时间	18:30:36	与 Windows 控制面板中的“长时间”设置相同
中时间	下午 6:30	把时间显示为小时和分钟，并以 12 小时时钟方式计数
短时间	18:30	把时间显示为小时和分钟，并以 24 小时时钟方式计数

若用户自定义了“日期/时间”型字段的“格式”属性，自定义“格式”属性最多可由两部分组成，它们之间需要用分号分隔。第一部分用于定义日期/时间的显示格式；第二部分用于定义 Null 值的显示格式。表 4.13 列出了“日期/时间”型字段的格式字符。

表 4.13　“日期/时间”型字段的格式字符

格式化字符	说　明
:	时间分隔符
/	日期分隔符
c	用于显示常规日期格式
d	用于把某天显示成一位或两位数字
dd	用于把某天显示成固定的两位数字
ddd	显示星期的英文缩写(Sun～Sat)
dddd	显示星期的英文全称(Sunday～Saturday)
ddddd	用于显示“短日期”格式
dddddd	用于显示“长日期”格式
w	用于显示星期中的日(1～7)
ww	用于显示年中的星期(1～53)
m	把月份显示成一位或两位数字
mm	把月份显示成固定的两位数字
mmm	显示月份的英文缩写(Jan～Dec)
mmmm	显示月份的英文全称(January～December)
q	用于显示季节(1～4)
y	用于显示年中的天数(1～366)
yy	用于显示年号的后两位数(01～99)
yyyy	用于显示完整的年号(0100～9999)
h	把小时显示成一位或两位数字
hh	把小时显示成固定的两位数字
n	把分钟显示成一位或两位数字
nn	把分钟显示成固定的两位数字
s	把秒显示成一位或两位数字
ss	把秒显示成固定的两位数字
tttt	用于显示“长时间”格式
AM/PM、am/pm	用适当的 AM/PM 或 am/pm 显示 12 小时制时钟值
A/P、a/p	用适当的 A/P 或 a/p 显示 12 小时制时钟值

续表

格式化字符	说　明
AMPM	采用 Windows 控制面板中的 12 小时时钟格式
一、+、$、()、空格	可以在"格式"属性中的任何位置使用这些字符，并且将这些字符原文照印
"文本"	可以在"格式"属性中的任何位置使用双引号括起来的文本，并且原文照印
\	将其后跟随的第一个字符原文照印
!	用于执行左对齐
*	将其后跟随的第一个字符作为填充字符
[颜色]	用方括号中的颜色参数指定文本的显示颜色，有效颜色参数为黑色、蓝色、绿色、青色、红色、紫红色、黄色和白色。颜色参数必须和其他字符一起使用

【例 4-7】 将"员工"表中的"生日"字段定义为长日期并以红色显示。

操作方法如下：

进入"员工"表设计视图，在"生日"字段的"格式"属性中输入"dddddd[红色]"。

4) "是/否"型字段的"格式"属性

Access 为"是/否"数据类型字段预定义了 3 种"格式"属性，如表 4.14 所示。

表 4.14 "是/否"型字段预定义的"格式"属性

格式类型	显示格式	说　明
是/否	Yes/No	系统默认设置。Access 在字段内部将 Yes 存储为－1，将 No 存储为 0
真/假	True/False	Access 在字段内部将 True 存储为－1，将 False 存储为 0
开/关	On/Off	Access 在字段内部将 On 存储为－1，将 Off 存储为 0

Access 还允许用户自定义"是/否"型字段的"格式"属性，自定义的"格式"属性最多可以由 3 个部分组成，它们之间用分号分隔。第一部分空缺；第二部分用于定义逻辑"真"的显示格式，通常为逻辑真值指定一个包含在双引号中的字符串(可以含有[颜色]格式字符)；第三部分用于定义逻辑"假"的显示格式，通常为逻辑假值指定一个包含在双引号中的字符串(可以含有[颜色]格式字符)。

例如，"性别"字段定义为"是/否"型，Yes 代表"男"、No 代表"女"。为了直观显示"男"、"女"，可以为"性别"字段设置以下"格式"属性：

```
"男"[蓝色]; "女"[绿色]
```

这样，在数据表窗口中可以看到用蓝色显示的"男"，用绿色显示的"女"。

5. "输入掩码"属性的应用

"输入掩码"属性可用于"文本"、"数字"、"货币"、"日期/时间"、"是/否"、"超链接"等类型。定义"输入掩码"属性有以下两个作用：

① 定义数据的输入格式。

② 输入数据的某一位上允许输入的数据集合。

如果某个字段同时定义了"输入掩码"和"格式"属性，那么在为该字段输入数据时，"输入掩码"属性生效；在显示该字段数据时，"格式"属性生效。

"输入掩码"属性最多由3个部分组成，各部分之间用分号分隔。第一部分定义数据的输入格式；第二部分定义是否按显示方式在表中存储数据。若设置为0，则按显示方式存储；若设置为1或将第二部分空缺，则只存储输入的数据。第三部分定义一个占位符，以显示数据输入的位置。用户可以定义一个单一字符作为占位符，默认占位符是一个下划线。

表4.15列出了用于设置"输入掩码"属性的输入掩码字符。

表 4.15 输入掩码字符

输入掩码	说明
0	数字占位符。必须输入数字(0～9)到该位置，不允许输入"+"和"-"符号
9	数字占位符。数字(0～9)或空格可以输入到该位置，不允许输入+和-符号。如果在该位置没有输入任何数字或空格，Access将忽略该占位符
#	数字占位符。数字、空格、+和-符号都可以输入到该位置，如果在该位置没有输入任何数字，Access认为输入的是空格
L	字母占位符。必须输入字母到该位置
?	字母占位符。字母能够输入到该位置，如果在该位置没有输入任何字母，Access将忽略该占位符
A	字母数字占位符。必须输入字母或数字到该位置
a	字母数字占位符。字母或数字能够输入到该位置，如果在该位置没有输入任何字母或数字，Access将忽略该占位符
&	字符占位符。必须输入字符或空格到该位置
C	字符占位符。字符或空格能够输入到该位置，如果在该位置没有输入任何字符，Access将忽略该占位符
.	小数点占位符
,	千位分隔符
:	时间分隔符
/	日期分隔符
<	将所有字符转换成小写
>	将所有字符转换成大写
!	使"输入掩码"从右到左显示。可以在"输入掩码"的任何位置放置惊叹号
\	用来显示其后跟随的第一个字符
"Text"	可以在"输入掩码"属性中的任何位置使用双引号括起来的文本，并且原文照印

【例 4-8】 为"出版社"表的"出版社编号"字段定义"输入掩码"属性。

由于"出版社编号"是全数字文本型字段，位数固定，所以在"出版社编号"的"输入掩码"属性栏中输入"9999"，表示必须输入四位数字，并且只能由0～9的数字组成。

除了可以使用表4.15列出的输入掩码字符自定义"输入掩码"属性以外，Access还提供了"输入掩码向导"引导用户定义"输入掩码"属性。单击"输入掩码"属性栏右边的 … 按钮即可启动"输入掩码向导"，最终定义的效果与手动定义的相同。

6. 其他字段属性的使用

① "标题"属性。"标题"属性是一个辅助属性。当在数据表视图、报表或窗体等界面中需要显示字段时，直接显示的字段标题就是字段名。如果用户觉得字段名不醒目或不明确，

希望用其他文本来标识字段,可以通过定义“标题”属性来实现。用户输入的“标题”属性的文本将在显示字段名的地方代替字段名。

在实际应用中,一般使用英文或拼音定义字段,然后定义“标题”属性来辅助显示。

② “小数位数”属性。“小数位数”属性仅对“数字”和“货币”型字段有效。小数位的数目为 0~15,这取决于“数字”或“货币”型字段的大小。

对于“字段大小”属性为“字节”、“整型”或“长整型”的字段,“小数位数”属性值为 0;对于“字段大小”属性为“单精度型”的字段,“小数位数”属性值可以设置为 0~7 位小数;对于“字段大小”属性为“双精度型”的字段,“小数位数”属性值可以设置为 0~15 位小数。

如果用户将某个字段的数据类型定义为“货币”,或在该字段的“格式”属性中使用了预定义的货币格式,则小数位数固定为两位。但是用户可以更改这一设置,在“小数位数”属性中输入不同的值即可。

③ “新值”属性。“新值”属性用于指定在表中添加新记录时,“自动编号”型字段的递增方式。用户可以将“新值”属性设置为“递增”,这样,表每增加一条记录,该“自动编号”型字段值就加 1;也可以将“新值”属性设置为“随机”,这样,每增加一条记录,该“自动编号”型字段值将被指定为一个随机数。

④ “输入法模式”属性。“输入法模式”属性仅适用于“文本”、“备注”、“日期/时间”型字段,用于定义当焦点移至字段时是否开启输入法。

⑤ “Unicode 压缩”属性。“Unicode 压缩”属性用于定义是否允许对“文本”、“备注”和“超链接”型字段进行 Unicode 压缩。

Unicode 是一个字符编码方案,该方案使用两个字节编码代表一个字符,因此,它比使用一个字节代表一个字符的编码方案需要更多的存储空间。为了弥补 Unicode 字符编码方案所造成的存储空间开销过大,尽可能少地占用存储空间,可以将“Unicode 压缩”属性设置为“是”。“Unicode 压缩”属性值是一个逻辑值,默认值为“是”。

⑥ “文本对齐”属性。“文本对齐”属性用于设置数据在数据表视图中显示时的对齐方式,默认为“常规”,即数字型数据右对齐,文本型等其他类型左对齐。用户可设置的方式有“常规”、“左”、“右”、“居中”和“分散”等对齐方式。

7. “查阅”选项卡与“显示控件”属性的使用

除上述字段属性外,Access 还在“查阅”选项卡中设置了“显示控件”属性,该属性仅适用于“文本”、“是/否”和“数字”型字段。“显示控件”属性用于设置这 3 种字段的显示方式,将这 3 种字段与某种显示控件绑定以显示其中的数据。表 4.16 列出了这 3 种数据类型所拥有的显示控件属性值。

表 4.16 “显示控件”属性值

数据类型 \ 显示控件	文本框	复选框	列表框	组合框
文本	√(默认)		√	√
是/否	√	√(默认)		√
数字	√(默认)		√	√

其中，“文本”和“数字”型字段可以与“文本框”、“列表框”和“组合框”控件绑定，默认控件是“文本框”；“是/否”型字段可以与“文本框”、“复选框”和“组合框”控件绑定，默认控件是“复选框”。至于要将某个字段与何种控件绑定，主要应从方便使用的角度去考虑。

使用文本框，用户只能在这个文本框中输入数据，但对于一些字段，它的数据可能是在一个限定的值集合中取值，这样，就可以采用其他列表框等其他控件辅助输入。

【例 4-9】 为“员工”表的“性别”字段定义“男、女”值集合的列表框控件绑定。

操作步骤如下：

① 性别字段只在“男”、“女”两个值上取值，进入“员工”表的设计视图，选中“性别”字段，选择“查阅”选项卡，如图 4.11 所示。

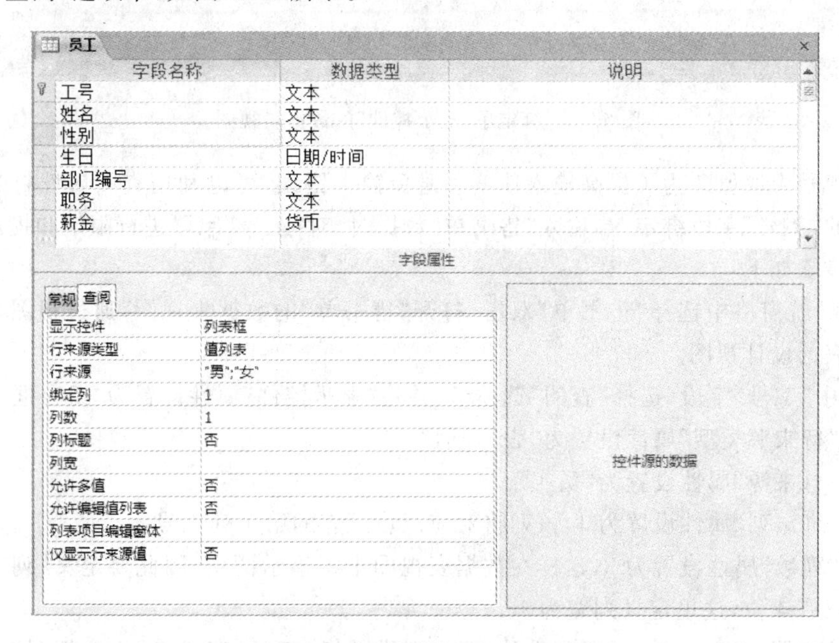

图 4.11　字段属性的“查阅”选项卡

② 设置“显示控件”栏，其中包括文本框、列表框、组合框，在此选择“列表框”。

③ 设置“行来源类型”，其中包括“表/查询”、“值列表”、“字段列表”，在此选择“值列表”。

④ 设置“行来源”，由于行来源类型是“值列表”，在此输入取值集合“"男"；"女"”。

⑤ 单击快速工具栏中的“保存”按钮保存表的设计。

⑥ 在功能区的“视图”下拉按钮上单击，显示下拉列表，如图 4.12 所示。然后单击“数据表视图”，将设计视图切换到数据表视图。

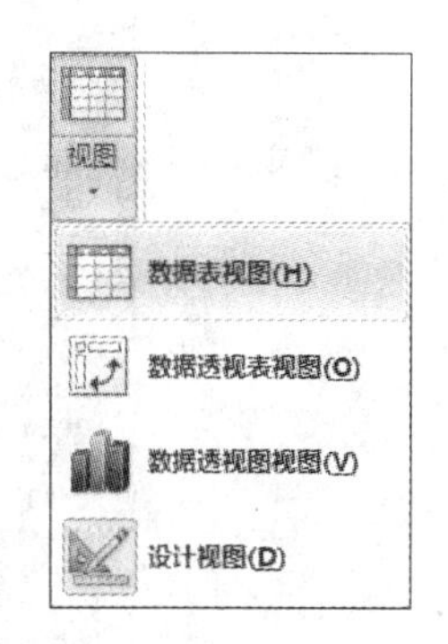

图 4.12　视图切换列表

在“员工”表的数据表视图中输入或修改记录时，“性别”字段将自动显示“值列表”，用户只能在列出的值中选择，如图 4.13 所示，这具有提高输入效率和避免输入错误的作用。

【例 4-10】 为“售书单”表的“工号”字段定义显示控件绑定。

由于“售书单”表的“工号”字段是一个外键，只能在“员工”

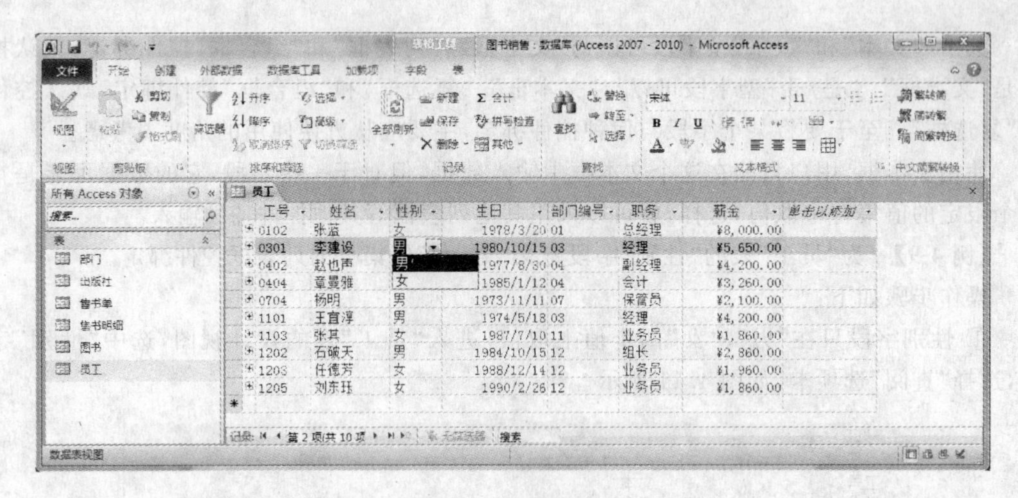

图 4.13　绑定了“显示控件”的数据表视图

表列出的工号中取值。为了提高输入速度和避免输入错误，可以利用查阅属性将“工号”与“员工”表的“工号”字段绑定，当输入“售书单”数据时，对“工号”字段进行限定和提示。

操作步骤如下：

① 在导航窗格中选择“售书单”双击，打开“售书单”的数据表视图，通过视图切换进入“售书单”表的设计视图。

② 选中“工号”字段，选择“查阅”选项卡，并将“显示控件”属性设置为“组合框”。

③ 将“行来源类型”属性设置为“表/查询”。

④ 将“行来源”属性设置为“员工”。

⑤ 将“绑定列”属性设置为 1，该列将对应“员工”表的第 1 列工号。

⑥ 将“列数”属性设置为 2，这样在数据表视图中将显示两列，因此要定义“列宽”属性。由于工号只有 4 位，这里定义列宽为 1cm。

其设计如图 4.14 所示，保存表设计，至此完成了将“工号”字段与“组合框”控件的绑定工作，并且组合框中的选项是“员工”表的“工号”字段中的数据。

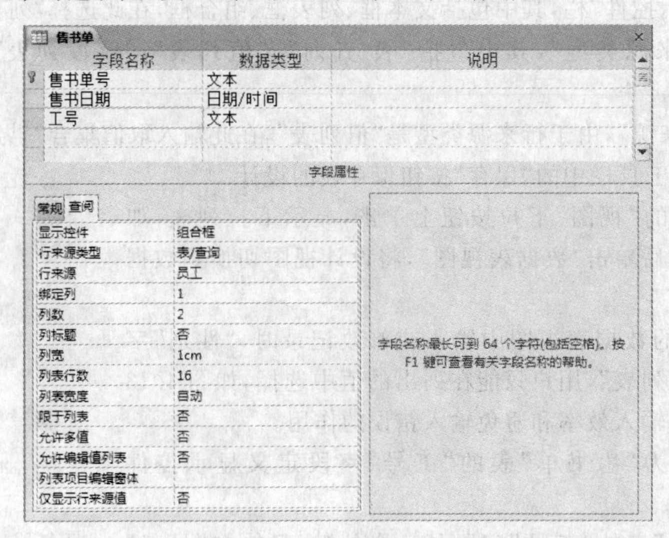

图 4.14　选择“查阅”选项卡时的设计视图

切换到“售书单”的数据表视图中，可以看到，当进入“工号”字段时，可以在“组合框”中拉出“员工”表的“工号”和“姓名”两列字段，如图 4.15 所示。在输入或修改时，可以选择一个工号，这样，既不需要用键盘输入，也不会出错。

图 4.15　绑定了“显示控件”的数据表视图

这里存在的不足是，“售书单”表的“工号”字段绑定了所有的员工，而实际上需要绑定的只是职务为“营业员”的员工，因此最好能够先从“员工”表中筛选出“营业员”，然后再绑定。这种功能，可以通过“查询”来实现，参见第 5 章。

8. 表属性的设置与应用

当表的所有字段设置完成后，有时候需要对整个表进行设置，该设置在“表属性”对话框中进行。在表的设计视图中单击功能区中的“属性”按钮，弹出如图 4.16 所示的“属性表”对话框。

“属性表”对话框中主要栏的基本意义和用途如下：

① “子数据表展开”栏定义在数据表视图中显示本表数据时是否同时显示与之关联的子表数据。“子数据表高度”栏定义其显示子表时的显示高度，0cm 是采用自动高度。

② “方向”栏定义字段显示的排列是从左向右还是从右向左。

③ “说明”栏可以填写对表的有关说明性文字。

④ “默认视图”是在表对象窗口中双击该表时默认的显示视图，一般是直接显示该表所有记录的“数据表”。另外，在这里可以更改默认视图，用户可以在下拉列表框中选择“数据透视表”或“数据透视图”。

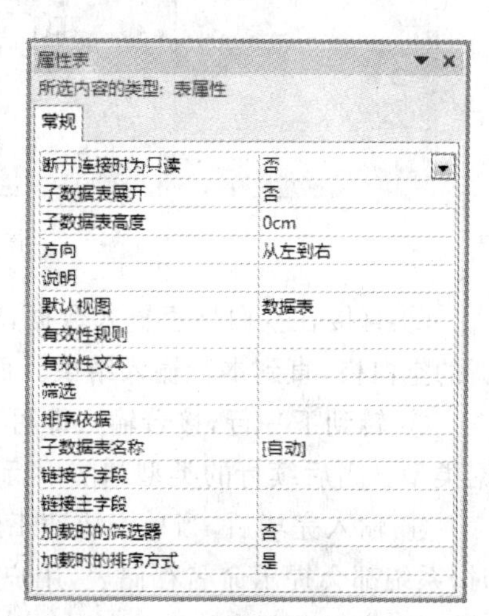

图 4.16　“属性表”对话框

当一个表完成设计后打开时，共有 4 种视图可以切换，如图 4.12 所示。其中的"设计视图"用于表结构的设计修改，其他视图用于表数据的显示。在功能区的"开始"或"设计"选项卡中都可以进行切换操作。

⑤ "有效性规则"和"有效性文本"栏与字段属性类似，用于用户定义的完整性约束设置，区别是字段属性定义的只针对一个字段，如果要对字段间的有效性进行检验，就必须在这里设置。这里的"有效性规则"可以引用表的任何字段。

⑥ "筛选"和"排序依据"栏用于对表显示记录时进行限定，本章后面有介绍。

⑦ 与"子数据表"有关的栏目参见 4.4 节的关系中的内容。

⑧ 与"链接"有关的栏目参见有关"链接表"的内容。

4.3.3 使用其他方式创建表

除表设计视图外，Access 还提供了其他创建表的方法。

1. 使用数据表视图创建表

"数据表视图"是以行、列格式显示来自表或查询的数据的窗口，是表的基本视图。使用数据表视图创建表是直接进入表的数据表视图输入数据，然后根据数据的特点来设置调整各字段的类型。这种方法适合已有完整数据的表的创建。

基本操作方法如下：

① 创建新的空数据库时，会自动建立一个"表 1"的初始表并进入其数据表视图。或者，用户单击"创建"选项卡"表格"组的"表"按钮，Access 将创建一个新表(可能暂时命名为"表 2"、"表 3"等)，并进入数据表视图窗口，如图 4.17 所示。

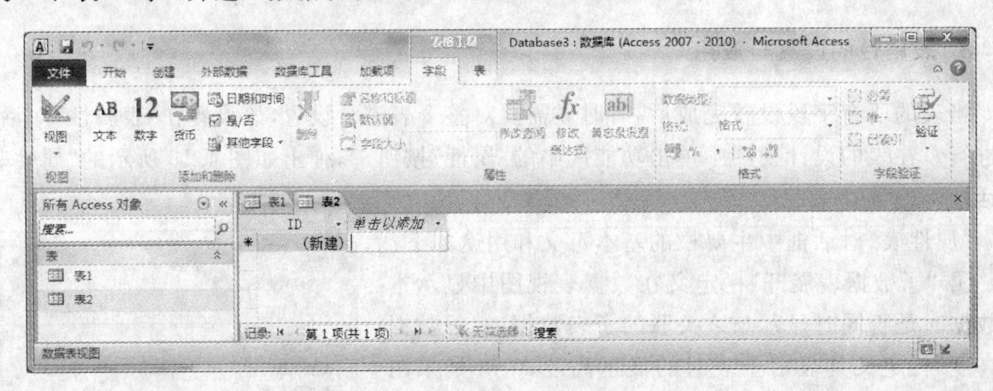

图 4.17 新表的数据表视图

② 直接在空白格里输入数据，输入完毕后按 Enter 键或 Tab 键，将自动在其右侧添加新的空白格，直到本行输入结束。而第 1 列的 ID 值，Access 会自动加入。

③ 转到下一行，接着输入即可。在输入时，Access 会根据输入的数据自动设置一个数据类型。当后续行的类型和前面行有不匹配的情况时，Access 会提示用户进一步处理。

④ 输入完毕后，当单击快速工具栏中的"保存"按钮，或者关闭数据库，或者退出 Access 时，系统都会提示命名存储表，用户命名后，单击"确定"按钮保存即可。

⑤ 若用户需要修改表结构，打开保存的表，进入设计视图做进一步修改即可。

2. 使用字段模板创建表

在上述使用数据表视图创建表的过程中，可以应用 Access 新增的字段模板，在添加字段的同时对字段的数据类型等做进一步设置。

基本操作方法如下：

① 创建一个新的空白表，并进入数据表视图窗口，如图 4.17 所示。

② 选择“表格工具”下的“字段”选项卡，在“添加和删除”组中单击“其他字段”右侧的下三角按钮，显示要建立的字段类型，如图 4.18 所示。

③ 选择其中最适合当前字段的数据类型单击，在表中将把当前字段的类型改为用户所设的类型，并给字段命名为“字段 1”、“字段 2”（依次增加），然后在后面又增加一列“单击以添加”列。

④ 用户若想同时给字段命名，可以选中字段，快速地在字段名上单击两次，或者右击，在弹出的如图 4.19 所示的快捷菜单中选择“重命名字段”命令，这时将进入字段名的编辑状态，用户可输入字段名。

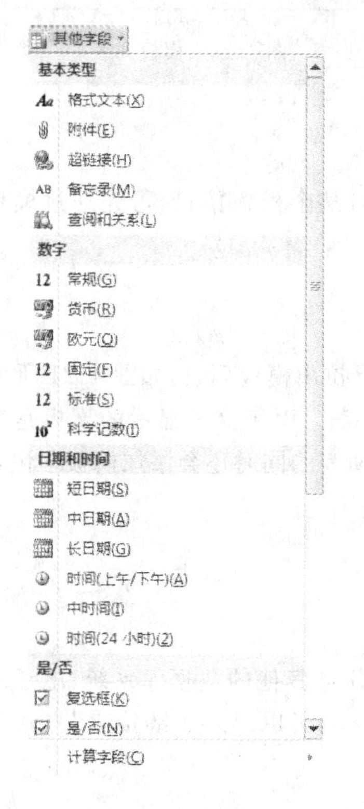

图 4.18 字段模板

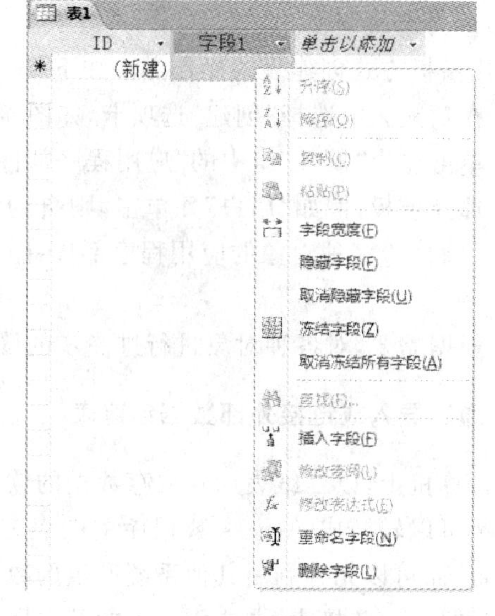

图 4.19 字段快捷菜单

⑤ 用户也可以直接在新增字段上指定类型。在“单击以添加”列上单击，下拉出数据类型列表，如图 4.20 所示，然后选择其中合适的字段类型单击，则当前新增字段就被设定为所选类型。

⑥ 依次确定表的所有字段，然后输入数据存盘即可。

按照该方法，可以快速确定表的基本结构和输入数据。不过，用户一般都需要进一步修改调整表结构,下一步进入设计视图做进一步修改即可。

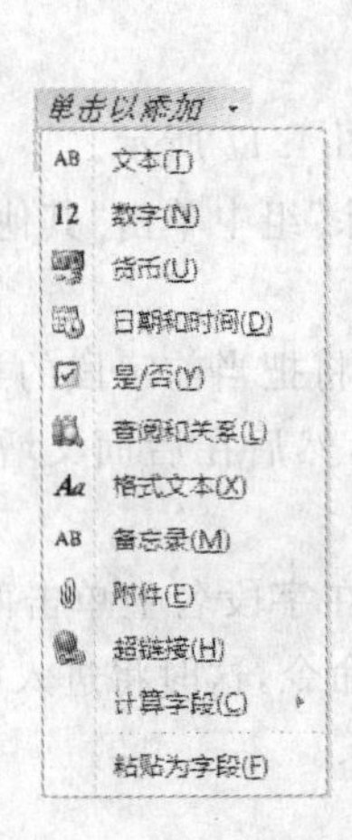

图 4.20 快速指定新增字段类型

图 4.21 模板列表

3. 使用 Access 内置的表模板建立新表

Access 内置了一些表的模板,若用户要创建的表与某个模板接近,可先通过模板直接创建,然后再修改调整。

使用模板方式创建表的操作方法如下:

① 在功能区中选择"创建"选项卡,如图 4.2 所示。

② 单击左边"模板"组中的"应用程序部件"按钮,下拉出模板列表,如图 4.21 所示。

③ 选择模板,例如"用户"并单击,则自动添加用户表。由于这里显示的模板是综合了表、查询、窗体等多种对象的应用程序部件,因此,在添加表的同时还会添加模板中包含的各种部件。

④ 根据需要,对各种对象进行进一步的修改。

4. 通过导入或链接外部数据创建表

在计算机上,以二维表形式保存数据的软件很多,并且其他的数据库系统、电子表格等二维表都可以转换成 Access 数据库中的表。Access 提供了以"导入/链接表"方式创建表的功能,从而可以充分利用其他系统产生的数据。

通过"导入/链接表"方式创建表的基本操作步骤如下:

① 进入 Access 数据库的工作界面,选择功能区中的"外部数据"选项卡,如图 4.22 所示。

用户可以看出,可以将 Excel 表、其他 Access 数据库、文本文件、XML 文件,以及支持 ODBC 的数据库等多种数据源的数据导入或链接到 Access 中。

② 根据数据源的类型,选中相应的按钮单击,启动导入/链接向导。

③ 根据向导提示,一步步进行相应的设置,就可以将外部数据导入或链接到当前数据

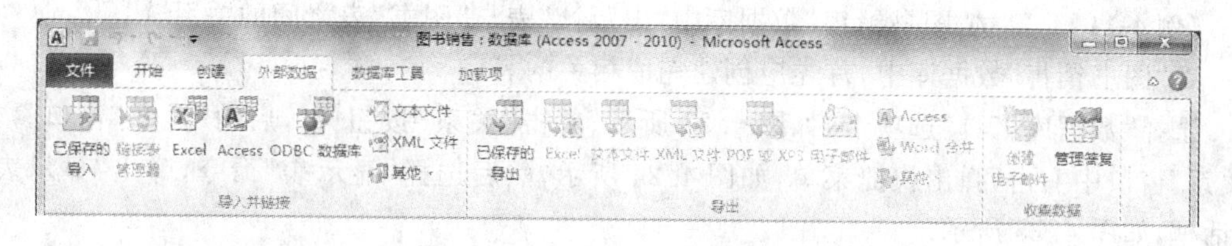

图 4.22 “外部数据”选项卡

库中。

导入与链接的区别如下：

导入是将外部数据源的数据复制到当前数据库中，然后就与数据源没有任何关系了；链接方式并不将外部数据复制过来，而是建立与数据源的链接通道，从而可以在当前数据库中获取外部源数据。所以，“链接表”方式能够反映源数据的任何变化。如果源数据对象被删除或移走，则链接表也无法使用。

在链接表创建后，对链接表的操作都会转换成对源表的操作，所以有一些操作将受到限制。

4.4 表之间关系的操作

按照关系数据库理论，在数据库中一个表应该尽量只存放一种实体的数据。当某个表需要另外表的数据时采用引用的方法，这样数据的冗余最小。按照这样的思想设计数据库，在一个数据库中就会有多个表，这些表之间存在大量引用和被引用，通过主键和外键进行联系(事实上，在关系数据库中，除主键外，无重复索引字段也可以作为外键的引用字段。为了简便，以下只介绍主键)。Access 通过建立父子(或主子)关系来实现这种引用。

在表之间建立关系之后，主键和外键应该满足参照完整性规则的约束。因此，创建数据库不仅仅是创建表，还要定义表之间的关系，使其满足完整性的要求。

4.4.1 建立表之间的关系

根据父表和子表中相关联字段的对应关系，表之间的关系可以分为两种，即一对一关系和一对多关系。

① 一对一关系。在这种关系中，父表中的每一条记录最多只与子表中的一条记录相联系。在实际工作中，一对一关系使用得很少，因为存在一对一关系的两个表多数情况下可以合并为一个表。

若要在两个表之间建立一对一关系，父表和子表发生联系的字段都必须是各自表中的主键或无重复索引字段。

② 一对多关系。这是最普通、常见的关系。在这种关系中，父表中的每一条记录都可以与子表中的多条记录相联系，但子表的记录只能与父表的一条记录联系。

若要在两个表之间建立一对多关系，父表的联系字段必须是主键或无重复索引字段。

表之间的联系字段，可以不同名，但必须在数据类型和字段属性设置上相同。

【例 4-11】 建立“图书销售”数据库中“出版社”表与“图书”表之间的关系。

在“图书销售”数据库中，首先应创建完成相关的表。

选择“数据库工具”选项卡，如图 4.23 所示，单击“关系”按钮，启动“关系”窗口。在“关系”窗口中右击，弹出快捷菜单，如图 4.24 所示，然后选择“显示表”命令，弹出“显示表”对话框，如图 4.25 所示。

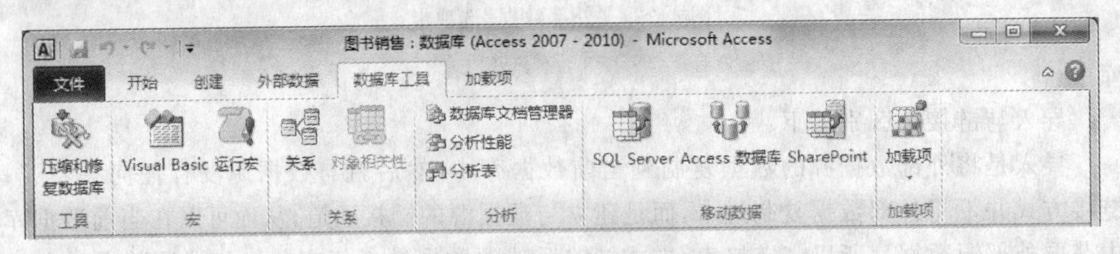

图 4.23 “数据库工具”选项卡

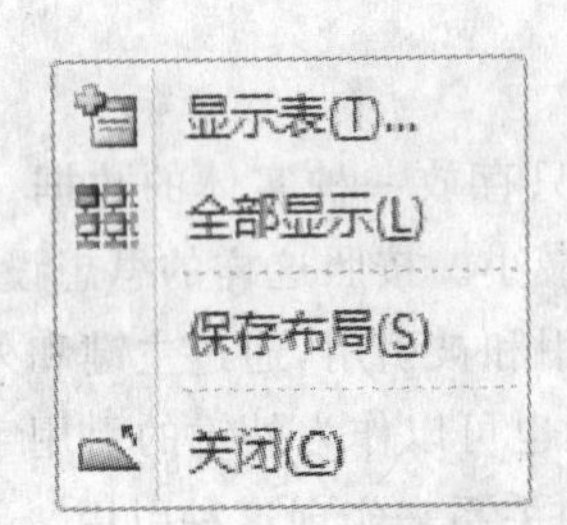

图 4.24 “关系”窗口快捷菜单

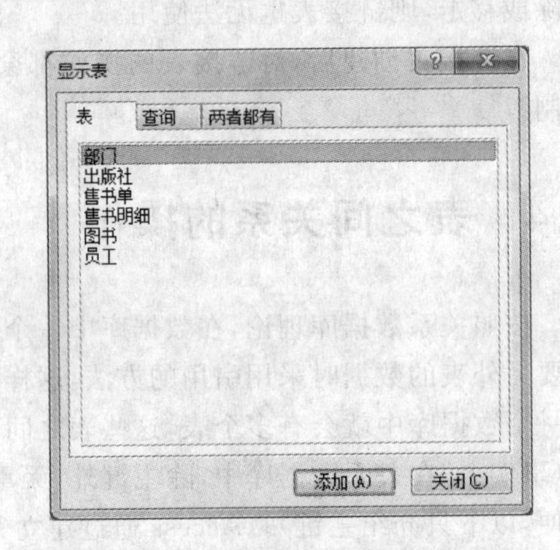

图 4.25 “显示表”对话框

在“显示表”对话框中选中“出版社”表，单击“添加”按钮，再双击“图书”表，依次将两个表添加到“关系”窗口中，最后关闭“显示表”对话框，如图 4.26 所示。

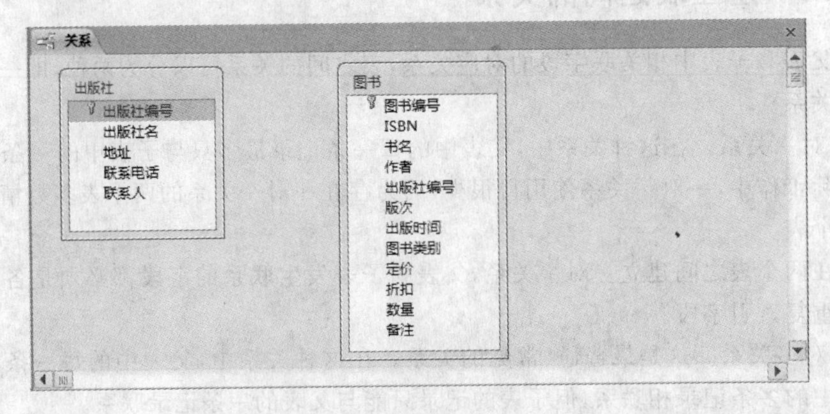

图 4.26 “关系”窗口

从父表中选中被引用字段拖动到子表对应的外键字段上。这里选中“出版社”表的“出版社编号”字段拖动到“图书”表的“出版社编号”上，这时将弹出“编辑关系”对话框，如图 4.27

所示。

在“编辑关系”对话框中，左边的表是父表，右边的相关表是子表。在下拉列表框中列出了发生联系的字段，关系类型是“一对多”。

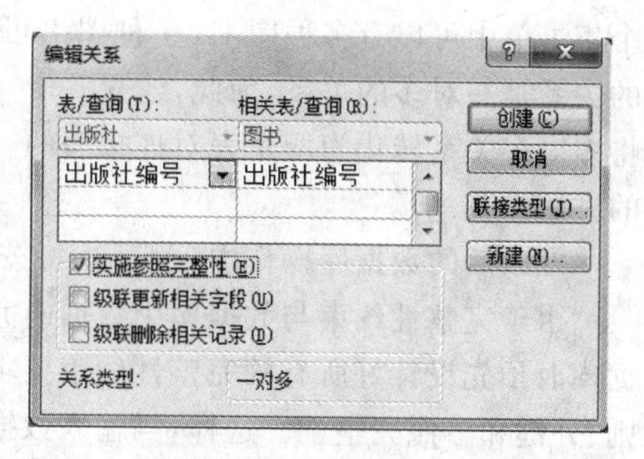

图 4.27 “编辑关系”对话框

如果要全面实现“参照完整性”，可以设置“编辑关系”对话框中的复选框。

① 实施参照完整性——针对子表数据操作。选中“实施参照完整性”复选框，这样，在子表中添加或更新数据时，Access 将检验子表新加入的外键值是否满足参照完整性。如果外键值没有与之对应的主键值，Access 将拒绝添加或更新数据。

② 级联更新相关字段——针对父表数据操作。在选中“实施参照完整性”复选框的前提下，可选中该复选框。其含义是，当父表修改主键值时，如果子表中的外键有对应值，外键的对应值将自动级联更新。

如果不选中该复选框，那么当父表修改主键值时，如果子表中的外键有对应值，则 Access 拒绝修改主键值。

③ 级联删除相关记录——针对父表数据操作。在选中“实施参照完整性”复选框的前提下，可选中该复选框。其含义是，当父表删除主键值时，如果子表中的外键有对应值，外键所在的记录将自动级联删除。

如果不选中该复选框，那么当父表删除主键值时，如果子表中的外键有对应值，则 Access 拒绝删除主键值。

如果不选中“实施参照完整性”复选框，虽然在“关系”窗口中也会建立两个表之间的关系连线，但 Access 不会检验输入的数据，即不强制实施参照约束。

在设置完毕后，单击“创建”按钮，就建立了“出版社”表和“图书”表之间的关系。

按照以上类似的操作方法，依次建立所有有联系的表的关系，这样，整个数据库的全部关系就建立起来了。图 4.28 所示为“图书销售”数据库中的全部关系。

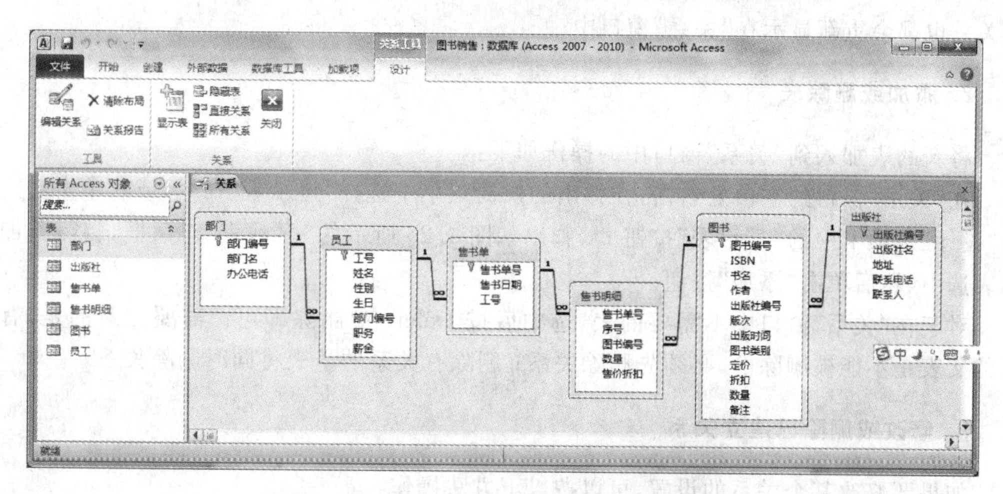

图 4.28 “图书销售”数据库的全部关系示意图

在本书第 2 章的分析中，我们知道，“售书单”实际上与“图书”发生多对多的联系，即一个售书单中可以有多种图书，一种图书可以出现在不同的售书单中。在这里，Access 建立的关系是一对多的关系，为此，建立一个“售书明细”表，该表是“售书单”与“图书”的连接表，将多对多关系转化为两个表对连接表的一对多关系。这就是关系数据库表达实体及其联系的方法。

在以后的数据库操作中，Access 将按照用户设置严格实施参照完整性。

由于完整性约束与数据库中数据的完整性和正确性息息相关，因此，用户应该在创建数据库时预先设计好所有的完整性约束要求。在定义表时，应同时定义主键、约束和有效性规则、外键和参照完整性。这样，当输入数据记录时，所有设置的规则将发挥作用，最大限度地保证数据的完整性和正确性。

如果用户是先输入数据再修改表的结构并定义完整性约束，若存在数据不能满足约束要求，则完整性约束将建立不起来。

4.4.2 对关系进行编辑

对于已经建立了关系的数据库，如果有需要可以对关系进行修改和维护。

1. 在“关系”窗口中隐藏或显示表

在“关系”窗口中，当有很多表时，可以隐藏一些表和关系的显示以突出其他表和关系。在需要隐藏的表上右击，弹出如图 4.29 所示的快捷菜单，选择“隐藏表”命令，则被选中的表及其关系都会从“关系”窗口中消失。

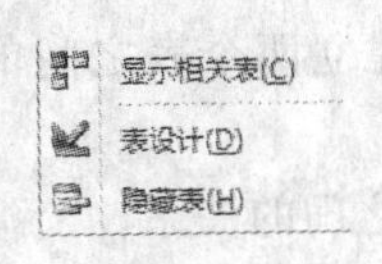

图 4.29 快捷菜单

如果要重新显示隐藏的表及其关系，可以在“关系”窗口中选中某个表，然后右击，在弹出的如图 4.29 所示的快捷菜单中选择“显示相关表”命令，这样将重新显示与该表建立了关系而被隐藏的所有表和关系。

另外，单击功能区中的“所有关系”按钮，被隐藏的所有表及其关系也都会重新显示在“关系”窗口中。

2. 添加或删除表

将新的表加入到“关系”窗口中的操作如下：

在“关系”窗口的空白处右击，在弹出的快捷菜单中选择“显示表”命令，或者单击功能区的“设计”选项卡中的“显示表”按钮，弹出如图 4.25 所示的“显示表”对话框，将需要加入的表选中，然后单击“添加”按钮。

对于在“关系”窗口中不需要的表，选中后按 Delete 键删除即可。需要注意的是，有关系的父表是不能被删除的，必须先删除关系；删除有关系的子表将同时删除关系。

3. 修改或删除已建立关系

如果要修改某个关系的设置，可以按以下方法操作：

选中关系连线双击，或者在“关系”窗口中选中某个关系连线右击，在弹出的如图 4.30

所示的快捷菜单中选择“编辑关系”命令，弹出如图 4.27 所示的“编辑关系”对话框，在其中对已建立的关系进行编辑修改。

如果要删除某个关系，可以单击该关系连线将其选中，然后右击，在如图 4.30 所示的菜单中选择“删除”命令，或者选中关系连线后按 Delete 键，Access 将弹出对话框询问是否永久删除选中的关系，单击“是”按钮将删除已经建立的关系。

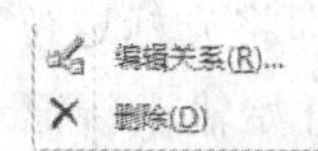

图 4.30　编辑关系菜单

4.5　表的操作

当表建立后，就可以对表进行各种操作了。

在 Access 数据库中，数据表视图是用户操作表的主要界面，可以随时输入记录，或编辑、浏览表中已有的记录，还可以查找和替换记录以及对记录进行排序和筛选。数据表视图是可格式化的，用户可以根据需要改变记录的字体、字形及字号，调整字段的显示次序，隐藏或冻结字段等。

4.5.1　表记录的输入

1. 数据表视图及操作

图 4.31 为“图书”表的数据表视图。

图书

图书编号	ISBN	书名	作者	出版社编号	版次	出版时间	图书类别	定价	折扣	数量	备注
7031233232	ISBN7-03-123323-X	高等数学	同济大学数学教研室	1002	2	2004.06	数学	¥30.00	.65	300	
7043452021	ISBN7-04-345202-X	英语句型	荷比	1002	1	2004.12	语言	¥23.00	.7	23	
7101145324	ISBN7-1011-4532-4	数据挖掘	W.Hoset	1010	1	2006.11	计算机	¥80.00	.85	34	
7201115329	ISBN7-2011-1532-7	计算机基础	杨小红	2705	3	2012.02	计算机	¥33.00	.6	550	
7203126111	ISBN7-203-12611-1	运筹学	胡权	1010	1	2009.05	数学	¥55.00	.8	120	
7204116232	ISBN7-2041-1623-7	电子商务概论	朱远华	2120	1	2011.02	管理学	¥26.00	.7	86	
7222145203	ISBN7-2221-4520-X	会计学	李光	2703	3	2007.01	管理学	¥27.50	.65	500	
7302135632	ISBN7-302-13563-2	数据库及其应用	肖勇	1010	2	2013.01	计算机	¥36.00	.7	800	
7302136612	ISBN7-302-13661-2	数据库原理	施丁乐	2120	2	2010.06	计算机	¥39.50	.8	150	
7405215421	ISBN7-405-21542-1	市场营销	张万芬	2703	1	2010.01	管理学	¥28.50	.75	80	
9787302307914	ISBN978-7-30230-791-4	数据库开发与管理	夏才达	1010	1	2013.02	计算机	¥39.50	1	15	
9787811231311	ISBN978-7-81123-131-1	数据库设计	朱阳	2120	1	2007.01	计算机	¥33.00	.8	20	
*					0					0	

记录：第 6 项(共 12 项　搜索

记录选择器

记录浏览按钮

图 4.31　数据表视图界面

在数据表视图中，每一行显示一条记录，每列头部显示字段名。如果定义表时为字段设置了“标题”属性，那么“标题”属性的值将替换字段名。

数据表视图设置有记录选择器、记录浏览按钮，以及右边和右下方的记录滚动条、字段滚动条。记录选择器用于选择记录以及显示当前记录的工作状态。记录浏览按钮包含 6 个控件(第一条记录、上一条记录、当前记录、下一条记录、尾记录、新记录)，用于指定记录。

在数据表视图左边的记录选择器上可以看到 3 种不同的标记，其中，深色标记表明“当前记录”；“编辑记录”标记 ✎ 表明正在编辑当前记录；“新记录”标记 ✱ 表明输入新记录的位置。

在数据表视图中，如果打开的表与其他表存在一对多的表间关系，Access 将会在数据表视图中为每条记录在第一个字段的左边设置一个展开指示器“＋”号，单击“＋”号可以显示与该记录相关的子表记录。在 Access 中，这种多级显示相关记录的形式可以嵌套，最多可以设置 8 级嵌套。

在数据表视图中,若要为表添加新记录,应首先单击数据表视图中的"新记录"按钮,Access 即将光标定位到新记录行上,新记录行的记录选择器上会显示"新记录"标记✱。一旦用户开始输入新记录,记录选择器上的标记将变成"编辑记录"标记,直到输入完新记录,光标移动到下一行。

若要输入多条记录,每输入完一条记录,直接下移就可以继续输入。

输入完毕后,关闭窗口保存,或者单击快速工具栏中的"保存"按钮保存。

在实际应用 Access 数据库时,要存入表的数据都是实际发生的数据。对于实际应用来说,数据的正确性和界面友好(符合用户习惯的格式)是很重要的。所以,Access 应用系统一般会根据实际设计符合用户习惯的输入界面,同时还要进行输入检验,以保证数据输入的正确性,提高输入速度,这个功能由 Access 的窗体对象实现。

由于 Access 的设计特点是可视化、易于交互操作,所以很多用户也直接操作数据表视图,本章前面介绍的"查阅显示控件"就是输入记录时非常重要的一种手段。

对于某些字段,尽量设置"输入掩码"、"有效性规则"、"默认值"等属性,将极大地提高输入速度和正确性。

如果输入的记录值中有外键字段,必须注意字段值要满足参照完整性约束。

2. OLE 对象字段的输入

作为"OLE 对象"型字段,可以存储的对象非常多。例如,如果在"图书"表中增加"图书封面"字段,这是一幅图片;增加"图书简介"字段,可能是一篇 Word 文档;增加"电子课件",可能是 PPT 文档,这些都可以是"OLE 对象"型字段。

在数据表视图上输入"OLE 对象"字段值一般有两种方法。

方法一,首先利用"剪切"或"复制"将对象放置在"剪贴板"中,然后在输入记录的"OLE 对象"型字段上右击,弹出的快捷菜单如图 4.32 所示。快捷菜单中选择"粘贴"命令,则该对象就保存在了表中。

方法二,在输入记录的"OLE 对象"型字段上右击,弹出快捷菜单,选择"插入对象"命令,弹出如图 4.33 所示的对话框。

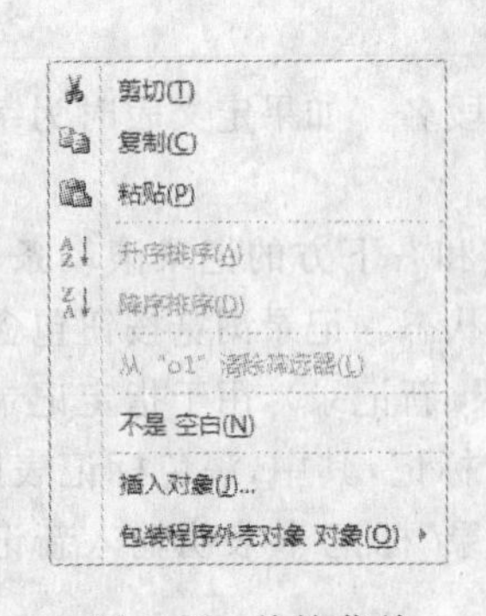

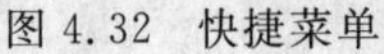
图 4.32 快捷菜单

图 4.33 由文件创建对象对话框

该对话框左边有两个单选按钮,即"新建"和"由文件创建"。选中"由文件创建"单选按钮,则该对象已经作为文件事先存储在磁盘上。单击"浏览"按钮,查找到要存储的文件,然后单击“确定”按钮，文件就作为一个“包”存储到 Access 表记录中。如果选中“链接”复选框，则 Access 采用链接方式存储该“包”对象。

如果选中“新建”单选按钮，则在中间的“对象类型”列表中选择要建立的对象，然后单击“确定”按钮，Access 将自动启动与该对象有关的程序来创建一个新对象。例如选择“Microsoft Excel 工作表”，Access 将自动启动 Excel 程序，用户可以创建一个 Excel 电子表，在退出 Excel 时，这个电子表就保存在 Access 表的当前记录中了。

对于所有“OLE 对象”值的显示或处理，都使用创建和处理该对象的程序。

3. 附件字段的输入

附件字段，是将其他文件以附件的形式保存在数据库中。其操作方法如下：

① 在输入记录的“附件”型字段上右击，弹出如图 4.34 所示的快捷菜单，选择“管理附件”命令，弹出如图 4.35 所示的“附件”对话框。

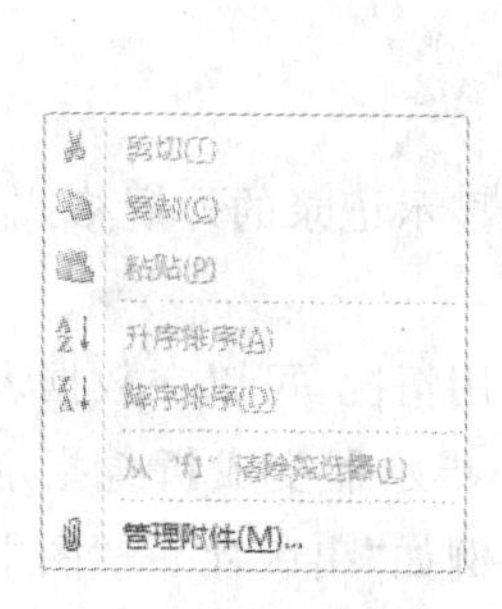

图 4.34　快捷菜单

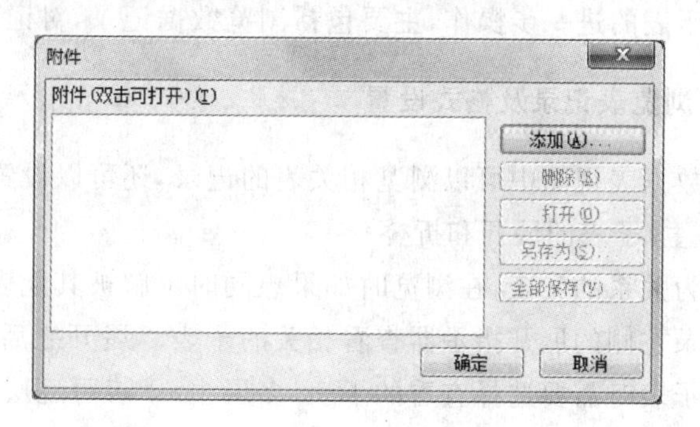

图 4.35　“附件”对话框

② 单击“添加”按钮，弹出“选择文件”对话框，用户找到需要存储的文件后，单击“打开”按钮，将文件置于“附件”列表中。注意，可以添加多个文件。

③ 单击“确定”按钮，所有文件将保存到数据库中。

4.5.2 表记录的修改和删除

对于实际应用的数据库系统来说，存储于表中的记录都是实际业务或管理数据的体现。由于实际情况经常发生变化，所以相应的数据也在不断改变。Access 允许用户修改和删除表中的数据。

用户可以在数据表视图中修改或删除数据记录。在数据表视图中，对于要处理的数据，用户必须首先选择它，然后才能进行编辑。

① 用新值替换某一字段中的旧值或删除旧值。首先将光标指向该字段的左侧，此时光标变为✚形，单击鼠标选择整个字段值，然后输入新值即可替换原有旧值或按 Delete 键删除整个字段值。

② 替换或删除字段中的某一个字。将光标放置在该字上，双击选择该字，则被选择的字高亮显示，此时输入新值即可替换原有字或按 Delete 键删除该字。

③ 替换或删除字段中的某一部分数据。将光标放置在该部分数据的起始位置，然后拖曳鼠标选择该部分数据，输入新值即可替换原有数据或按 Delete 键删除。

④ 在字段中插入数据。将光标定位在插入位置,进入插入模式,输入的新值将被插入,其后的所有字符均右移。按退格键将删除光标左边的字符,按 Delete 键将删除光标右边的字符。

在开始编辑修改记录时,该记录最左边的记录选择器上将出现“编辑记录”标记,直到编辑修改完该记录并将其写入表中,“编辑记录”标记才会消失。

⑤ 使用 Esc 键取消对记录的编辑修改。按一次 Esc 键可以取消最近一次的编辑修改;连续按两次 Esc 键将取消对当前记录的全部修改。

⑥ 在记录选择器上选中某记录,然后右击,在快捷菜单中选择“删除记录”命令,或者选中记录后按 Delete 键,可删除记录。注意,被引用记录不能删除。

4.5.3 表的其他操作

对于表的进一步操作,主要包括浏览数据记录,对记录进行查找、排序、筛选。

1. 浏览表记录及格式设置

在数据表视图中可以浏览相关表的记录,还可以设置多种显示记录的外观格式。

1) 主/子表的展开和折叠

作为关系的父表,在浏览时如果想同时了解被其他表的引用情况,可以在数据表视图中单击记录左侧的展开指示器查看相关的子表。展开之后,展开指示器变成折叠指示器。当有多个子表时需要选择查看的子表,多层主/子表可逐层展开,例如“出版社”—“图书”—“售书明细”表。

单击折叠指示器的“－”号,将收起已展开的子表数据,同时“－”号变成“＋”号。

2) 改变数据表视图的列宽和行高

在数据表视图中,Access 通常以默认的列宽和行高来显示所有的列和行,用户可根据需要调整列宽和行高。

调整列宽的一种方法是,把鼠标指针放置在数据表视图顶部的字段选择器分隔线上,指针变成双向箭头,拖曳鼠标即可任意调整字段列的宽度。同样,把鼠标指针放置在左侧记录选择器分隔线上,指针变成双向箭头,拖曳鼠标即可调整记录行的高度。

使用鼠标调整列宽或行高虽然操作方便,但精度不高,用户可按以下方法精确地调整列宽或行高。

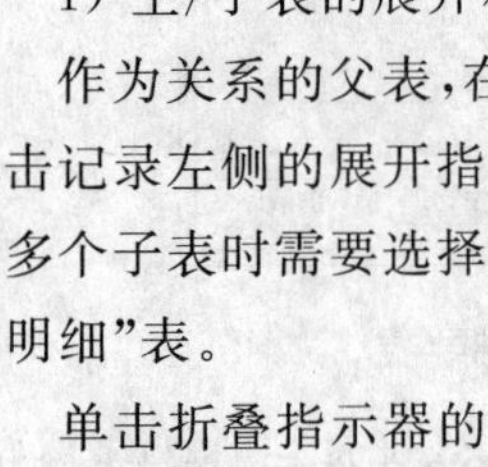

① 单击“开始”选项卡中的“其他”按钮,显示如图 4.36 所示的下拉菜单。

② 选择“行高”命令,弹出如图 4.37 所示的对话框,设置行高,然后单击“确定”按钮;或者选择“字段宽度”命令,弹出如图 4.38 所示的对话框,设置列宽,然后单击“确定”按钮完成设置。

在“列宽”对话框中,如果选中“标准宽度”复选框,Access 将把该列设置为默认的宽度。如果单击“最佳匹配”按钮,Access 就会把宽度设置成适合该字段列最大显示数据长度的列宽。

其他
从 Outlook 添加(O)
另存为Outlook 联系人(S)
行高(H)...
子数据表(I)
隐藏字段(F)
取消隐藏字段(U)
冻结字段(Z)
取消冻结所有字段(A)
字段宽度(F)

图 4.36 下拉菜单

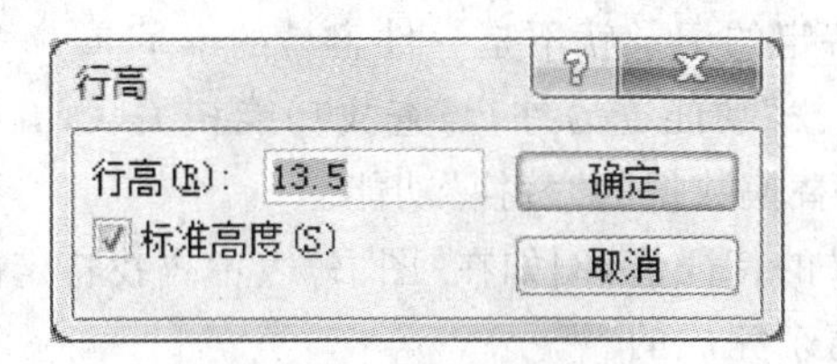

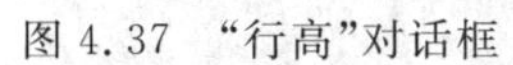
图 4.37　“行高”对话框

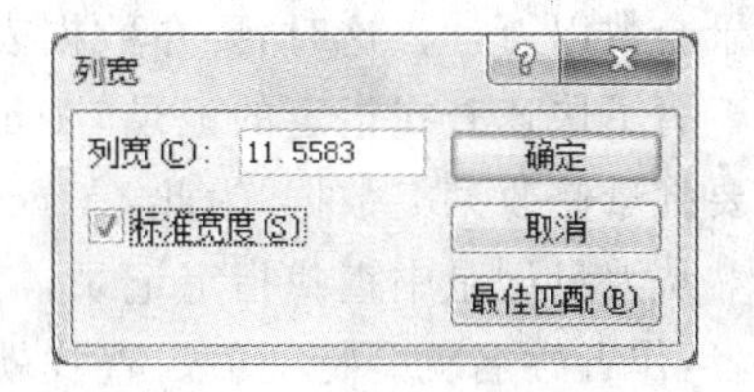

图 4.38　“列宽”对话框

3）重新编排列的显示次序

在数据表视图中，默认按照字段定义顺序从左到右显示。用户可以重新编排、改变字段的显示顺序，操作步骤如下：

① 单击字段选择器选择要移动的字段列，若在字段选择器上拖曳鼠标，将选择多列。Access 以高亮方式显示选择的列。

② 在选择的字段列的选择器上按住鼠标，然后拖曳鼠标。

③ 到达目的地后放开鼠标，字段的显示顺序即被改变。

4）隐藏和显示列

若表中的字段较多或数据较长，部分字段就会在数据表视图中不能直接看到，需要移动字段滚动条才能看到窗口外的某些列。如果用户不想浏览表中的所有字段，则可以把一些字段列隐藏起来。

隐藏列的一个简单方法是，将鼠标放置在某一字段选择器的右分隔线上，指针变为双向箭头，然后向左拖曳鼠标到该字段的左分隔线处，放开鼠标，该列即消失。

用户也可以首先选择要隐藏的一列或多列，然后单击功能区的“开始”选项卡中的“其他”按钮，在图 4.36 所示的下拉菜单中选择“隐藏字段”命令，则所选字段被隐藏。

被隐藏的列并没有从表中删除，只是在数据表视图中暂时不显示而已，用户可以在图 4.36 所示的下拉菜单中选择“取消隐藏字段”命令，在弹出的对话框中进行设置。

5）冻结列

当记录比较长时，数据表视图只能显示记录的一部分。如果所有字段都要显示不能隐藏，则需要移动字段滚动条来浏览或编辑记录的其余部分。这时，向后移动会导致前面的列移出窗口。用户有时候需要某些列总是保留在当前窗口上，采取“冻结字段”方式可以做到这一点。

其操作方法是，首先选择要冻结的一列或连续的多列（不连续的多列可以先重新排列），然后选择图 4.36 中的“冻结字段”命令，Access 即把选择的列移到窗口最左边并冻结它们，冻结的列始终在视图中显示。当单击字段滚动条向右或向左滚动记录时，被冻结的列始终固定显示在最左边。

选择“取消冻结所有字段”命令，将释放所有冻结列。

6）设置字体、字形、字号、网格线、对齐方式等

在表的数据表视图中，通过“开始”选项卡的“文本格式”组（见图 4.5）可以设置数据表的字体、字形、字号，以及字体颜色、网格线、对齐方式等。

2. 记录数据的查找和替换

在实际应用的表中往往会存储非常多的数据记录。例如，一段时间内书店的图书销售

记录会数以万计。这时,要在数据表视图中查找特定的记录就不是一件容易的事了。

为了快速查找指定的记录,Access 提供了“查找”功能。另外,与查找功能相关联,有时需要批量修改某类数据,为此,Access 提供了快速替换数据的“替换”功能。

从大量记录中查找指定记录,需要有标识记录的特征值,例如在“图书”表中查找特定的作者,作者姓名就是特征值。查找就是通过特征值来完成的。

查找操作的基本步骤如下:

① 在数据表视图中,选择特征值所在的字段。

② 在功能区的“开始”选项卡的“查找”组(见图 4.5)中单击“查找”按钮,弹出“查找和替换”对话框,如图 4.39 所示。

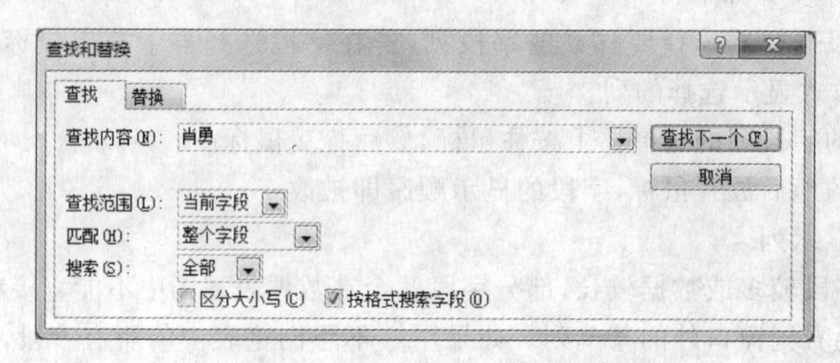

图 4.39 “查找和替换”对话框

③ 在“查找内容”下拉列表框中输入查找特征值,然后设置“查找范围”、“匹配”模式、“搜索”范围等。

④ 单击“查找下一个”按钮,Access 从当前记录处开始查找。如果找到要找的数据,Access 将定位在该数据所在的记录。

若继续单击“查找下一个”按钮,Access 将重复查找动作。若没有找到匹配的数据,Access 提示已搜索完毕,单击“取消”按钮退出查找。

在输入查找的特征值时,可以使用通配符来描述要查找的数据。其中,用“*”匹配任意长度的未知字符串,用“?”匹配任意一个未知字符,用“#”匹配任意一个未知数字。

“查找范围”下拉列表框用于确定数据的查找范围。该下拉列表框中有两个选项,即当前字段和当前文档(即所有字段)。

“匹配”下拉列表框中包含 3 个选项,默认设置为“整个字段”选项,该选项规定要查找的数据必须匹配字段值的全部数据;“字段任何部分”选项规定要查找的数据只需匹配字段值的一部分即可;“字段开头”选项规定要查找的数据只需匹配字段值的开始部分即可。

“搜索”下拉列表框中包含 3 个选项,用于确定数据的查找方向,默认设置为“全部”。若选择“全部”选项,Access 将在所有记录中查找;若选择“向上”选项,Access 将从当前记录开始向上查找;若选择“向下”选项,Access 将从当前记录开始向下查找。

“区分大小写”复选框用于确定查找记录时是否区分大小写。

“按格式搜索字段”复选框用于确定查找是否按数据的显示格式进行。需要注意的是,使用“按格式搜索字段”可能会降低查找速度。

在“查找和替换”对话框的“替换”选项卡中,增加了“替换为”下拉列表框,用于在查找的基础上将找到的内容自动替换为“替换为”下拉列表框中输入的数据。

在“替换”选项卡中还增加了“全部替换”按钮，单击该按钮，会自动将表中查找范围内所有匹配查找特征值的数据自动替换为“替换为”下拉列表框中输入的值。该功能特别适用于同一数据的批量修改。

3. 排序和筛选

在数据表视图中，一般按照主键的升序顺序显示表中的所有数据记录。如果没有定义主键，将按照记录输入时的物理顺序显示。用户可以对记录排序以重新显示记录。另外，还可以对记录进行筛选，使只有满足给定条件的记录显示出来。

1）重新排序显示记录

基本操作如下：

在数据表视图中选择用来排序的字段，然后在功能区的“开始”选项卡的“排序和筛选”组（见图 4.5）中单击“升序”或“降序”按钮，这时，将按照所选字段的升序或降序重新排列显示记录。单击“取消排序”按钮，将重新按照原来的顺序显示记录。

若一次选择相邻的几个字段（如果不相邻，可通过调整字段使它们邻接），单击“升序”或“降序”按钮，记录将根据这几个字段从左至右的优先级，按照升序或降序排序。

如果根据几个字段的组合对记录进行排序，但这几个字段的排序方式不一样，则必须使用“高级筛选/排序”命令。例如显示“图书”表，按照“图书类别”的升序和“出版时间”的降序排列，操作步骤如下：

图 4.40 高级命令下拉菜单

① 在“图书”表的数据表视图内，单击“开始”选项卡的“排序和筛选”组（见图 4.5）中的“高级”按钮，显示高级命令下拉菜单，如图 4.40 所示。

② 选择“高级筛选/排序”命令，打开“图书筛选”窗口，如图 4.41 所示。筛选窗口分为上、下两个部分，上面部分是表输入区，用于显示当前表；下面部分是设计网格，用于为排序或筛选指定字段、设置排序方式和筛选条件。

③ 在设计网格的“字段”栏的下拉列表框中指定要排序的字段。

④ 每选择一个排序字段，就指定该字段的排序方式（升序或降序）。

⑤ 重复第③、④步操作，指定多个字段的组合来进行排序。设置的字段依次称为第一排序字段、第二排序字段、……。

⑥ 单击功能区中的“切换筛选”按钮，Access 即根据指定字段的组合对记录进行排序。注意，只有在上一排序字段值不分大小时，下一排序字段才发挥作用。

单击“取消排序”按钮，则将重新按照原来的顺序显示记录。

2）筛选记录

通过筛选可以实现在数据表视图中只显示满足给定条件记录的功能。对记录进行筛选的操作与对记录进行多字段排序的操作相似，基本方法如下：

在筛选窗口中指定参与筛选的字段，然后将筛选条件输入到设计网格的“条件”行和“或”行中。

Access 规定：在“条件”行和“或”行中，在同一行中设置的多个筛选条件，它们之间存在

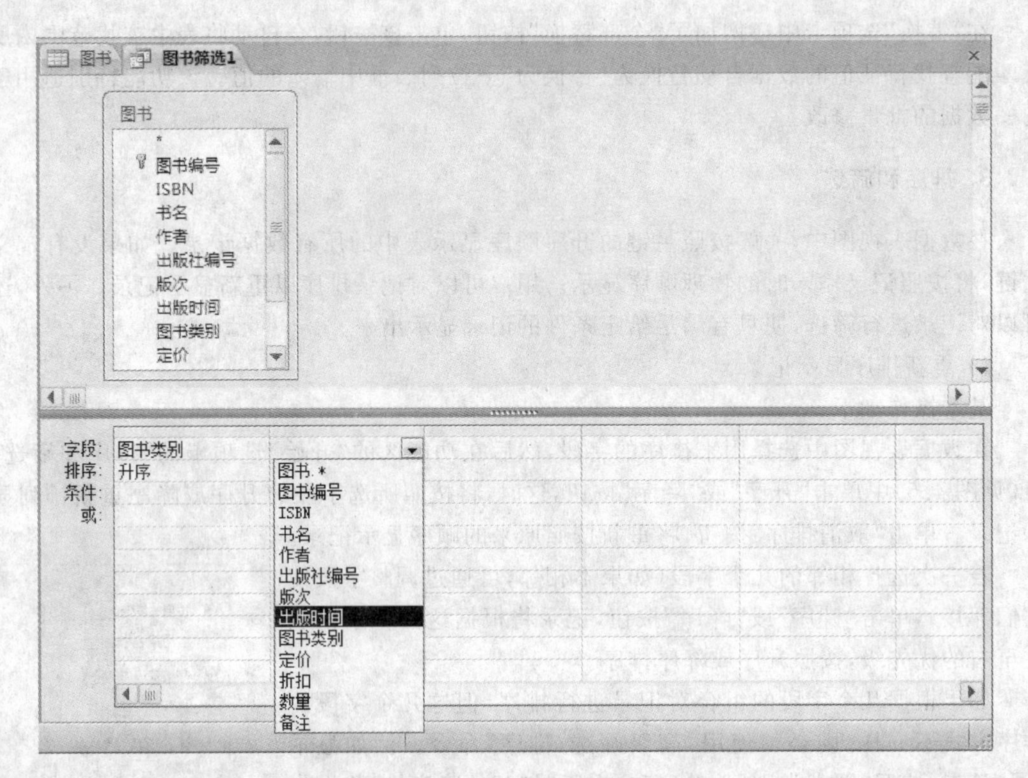

图 4.41 筛选窗口

逻辑“与”的关系。在不同行中设置的多个筛选条件,它们之间存在逻辑“或”的关系。如果有需要,可以同时设置排序,也可以设置字段只排序不参与筛选。

设置完毕后,单击功能区中的“切换筛选”按钮,Access 即根据设置的筛选条件进行组合筛选,若同时设置有排序,则在筛选的基础上按排序设置显示数据表。

继续单击“切换筛选”按钮,Access 将重新显示该表中的所有记录。

4. 表的打印输出

如果想直接打印表中的记录,可以将表数据在数据表视图中打开,然后选择“文件”选项卡,在 Backstage 视图中选择“打印”命令进行打印。

打印格式是数据表的基本格式,如果希望查看打印效果,可以先选择“打印预览”命令进行查看。

4.5.4 修改表结构和删除表

通过表设计视图,可以随时修改表结构。但要注意,由于表中已经保存了数据记录,与其他表可能已经建立了关系,所以修改表结构可能会受到一定的限制。

修改操作包括添加、删除字段,修改字段的定义,移动字段的顺序,添加、取消或更改主键字段,添加或修改索引等。

在表设计视图左侧的字段选择器(即字段名前的方块按钮)上右击,会弹出一个快捷菜单,如图 4.42 所示。

选择“删除行”命令，将从表中删除当前选择的字段。如果删除的字段被关系表引用，那么 Access 会提示删除前必须先解除关系，否则不允许删除。

如果要增加新的字段，可以直接在最后一个字段的后面（空白处）输入新的字段，也可以在快捷菜单中选择“插入行”命令，先插入一个空行，然后在其中输入新字段的定义。需要注意的是，如果不是空表，则表中存在的记录中其他字段有值，新定义的字段就不能定义“必填字段”属性为“是”，否则，Access 将提示检验通不过的信息。

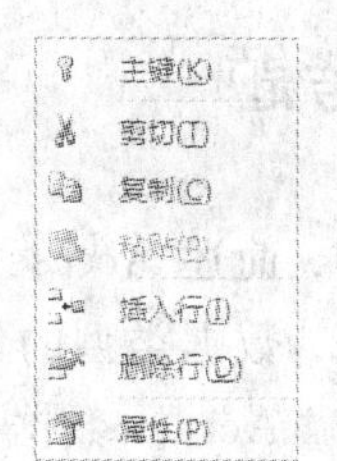

图 4.42　设计视图中的快捷菜单

用鼠标按住某个字段的字段选定器拖曳，可以改变字段的排列次序，那么在数据表视图中字段列的位置顺序也会更改。

选中某个字段，可以更改其字段名称、数据类型、字段属性。但要注意，若该字段已经有数据在表中，那么修改字段定义可能会引起已有数据与新定义的冲突。

选中“主键”字段，单击工具栏中的“主键”按钮，可以取消已有主键。若主键被关系表引用，则不可取消，除非先解除该关系。如果表之前没有定义主键，可以选中某个字段，单击工具栏中的“主键”按钮定义主键，前提是，选定的字段没有重复值。

对于表结构的修改，必须保存才能生效。

当某个表不再需要时，应及时删除。在导航窗格中选中某个表，然后右击，弹出如图 4.8 所示的快捷菜单，选择“删除”命令即可；或者选中表后按 Delete 键，弹出如图 4.43 所示的对话框，单击“是”按钮，将从数据库中删除表。这种删除是不可恢复的永久删除。用户需要注意的是，若该表在关系中被其他表引用，必须先解除关系。

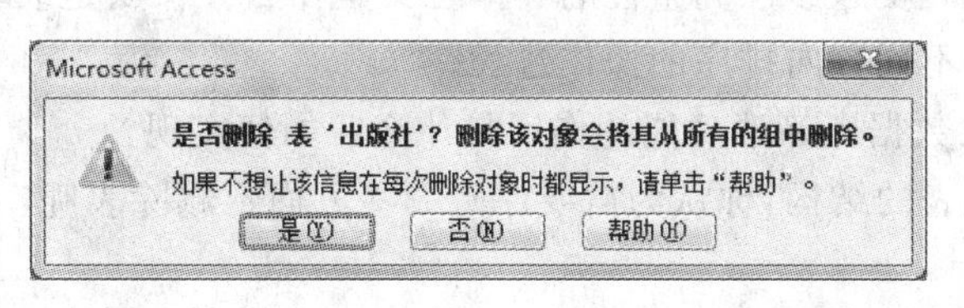

图 4.43　删除表提示对话框

本章小结

本章介绍了表结构的基本概念，详细介绍了 Access 中用到的数据类型。物理设计是创建数据库及表的前提，本章完整地介绍了本书所用案例的表结构设计。

表的创建有多种方法，本章重点介绍了通过设计视图创建表的方法，完整地分析了字段属性的含义及应用、查阅选项的作用及应用。另外，本章简要介绍了通过数据表视图、表和字段模板、导入或链接表等方法创建表的过程。

表之间的关系是关系型数据库的重要组成部分，本章全面介绍了关系的定义方法及不同设置对操作数据的影响。

表及关系的创建过程，其实质就是定义各种数据约束的过程，通过数据类型、默认值、是否必须输入、主键、不重复索引、主键（即外键）引用联系、有效性规则等多种方法，规定了数据的域完整性、实体完整性、参照完整性以及用户定义完整性约束规则的建立。

对于创建后的表,本章以数据表视图为核心,比较全面地介绍了对表的操作和设置。

思考题

1. 简述 Access 数据库中表的基本结构。
2. 数据类型的作用有哪些?试举几种常用的数据类型及其常量表示。
3. Access 数据库中有哪几种创建表的方法?简述各种方法的特点。
4. 什么是主键?在表中定义主键有什么作用?
5. Access 数据库表之间有几种关系?它们之间有什么区别?
6. 什么是数据完整性?Access 数据库中有几种数据完整性?如何实施?
7. 在设计表时,设置"表属性"对话框的"有效性文本"与字段属性中设置的"有效性文本"有什么相同和不同之处?
8. 什么是索引?索引的作用是什么?
9. 什么是输入掩码?在定义表时使用输入掩码有何作用?
10. 文本型字段可以使用哪几种查阅显示控件?简述使用列表框绑定给定值集合的操作。
11. 通过导入表创建表和通过链接表创建表的主要区别是什么?在数据库窗口中如何区分这两种方式创建的表?
12. 什么是主/子表?如何查看主/子表?
13. 在定义关系时实施参照完整性的具体含义是什么?什么是级联修改和级联删除?
14. 简述多字段不同方向排序的操作过程。
15. Access 提供数据表筛选功能的作用是什么?如何实现?
16. 如果要修改表的结构,你认为需要注意哪些方面?删除表呢?

第5章 查询

查询对象是数据库中用于实现数据操作和处理的对象，数据库的操作使用结构化查询语言(SQL)。本章详细介绍 SQL 语言，以及查询对象的使用。

5.1 查询及查询对象

5.1.1 理解查询

数据库系统一般包括三大功能，即数据定义功能、数据操作功能、数据控制功能。其中，定义功能实现数据库及各种对象的创建、修改和删除；操作功能包括对于数据的插入、删除、更新和查询；控制功能包括对数据库安全性、可用性等的管理和控制。

用户通过数据库语言实现数据库系统的功能。关系型数据库的标准语言是结构化查询语言(Structure Query Language，SQL)。

在关系型数据库中，查询(Query)有广义和狭义两种解释。广义的解释是，使用 SQL 对数据库进行管理、操作，都可以称为查询。狭义的查询是指数据库操作功能中查找所需数据的操作。在 Access 中，查询主要实现了定义功能和操作功能。

因此，Access 中的查询包括了表的定义功能和数据的插入、删除、更新等操作功能，但是核心功能是数据的查询。

在数据库中，表对象实现了数据的组织与存储，是数据库中数据的静态呈现，而查询对象实现了数据的动态处理，查询是在表的基础上完成的。在关系模型中，通过关系运算实现对关系的操作，对应在关系 DBMS 中就是通过 SQL 查询实现数据运算和操作。

5.1.2 SQL 概述

1. SQL 的发展过程

1974 年，Boyce 和 Chamberlin 提出 SQL，并在 IBM 公司研制的关系 DBMS 原型 System R 中首先实现。经过不断修改、扩充和完善，SQL 发展为关系数据库的国际标准语言。

1986 年 10 月，美国国家标准局(American National Institute，ANSI)的数据库委员会批准将 SQL 作为关系数据库语言的美国标准，并公布了标准文本。1987 年，国际标准化组织 ISO 通过了这一标准。此后，ANSI 不断修改和完善 SQL 标准。

自SQL成为国际标准以后,各数据库公司纷纷推出各自的SQL软件或与SQL的接口。现今所有关系型DBMS都支持SQL,虽然大多对标准SQL进行了改动,但基本内容、命令和格式完全一致。掌握SQL对使用关系数据库是非常重要的。

2. SQL的基本功能

SQL具有完善的数据库处理功能,其主要功能如下:

① 数据定义功能。SQL可以方便地完成对表和关系、索引、查询的定义与维护。

② 数据操作功能。操作功能包括数据插入、删除、更新和数据查询。

③ 数据控制功能。SQL可以实现对数据库安全性和可用性等的控制管理。

3. SQL的使用方式

SQL既是自主式语言,能够独立执行,也是嵌入式语言,可以嵌入程序中使用。SQL以同一种语法格式提供两种使用方式,使得SQL具有极大的灵活性,也很方便用户学习。

① 独立使用方式。在数据库环境下用户直接输入SQL命令,并立即执行。这种使用方式可立即看到操作结果,对测试、维护数据库极为方便,也适合初学者学习SQL。

② 嵌入使用方式。将SQL命令嵌入到高级语言程序中,作为程序的一部分来使用。SQL仅是数据库处理语言,缺少数据输入/输出格式控制以及生成窗体和报表的功能、缺少复杂的数据运算功能,在许多信息系统中必须将SQL和其他高级语言结合起来,将SQL查询结果用应用程序进一步处理,从而实现用户所需的各种要求。

4. SQL的特点

SQL的特点如下:

① 高度非过程化,是面向问题的描述性语言。用户只需将需要完成的问题描述清楚,具体处理细节由DBMS自动完成。即用户只需表达“做什么”,不用管“怎么做”。

② 面向表,运算的对象和结果都是表。

③ 表达简洁,使用的词汇少,便于学习。SQL定义和操作功能使用的命令动词只有CREATE、ALTER、DROP、INSERT、UPDATE、DELETE、SELECT几个。

④ 自主式和嵌入式的使用方式,方便灵活。

⑤ 功能完善和强大,集数据定义、数据操作和数据控制功能于一身。

⑥ 所有关系数据库系统都支持,具有较好的可移植性。

总之,SQL已经成为当前和将来DBMS应用和发展的基础。

5.1.3 Access查询的工作界面

在Access中,查询工作界面提供了两种方式,即SQL命令方式和可视交互方式。

进入Access查询工作界面的操作如下:

① 选择“创建”选项卡,如图5.1所示。

② 单击“查询设计”按钮,Access将创建初始查询,命名为“查询1”,并进入“查询1”的工

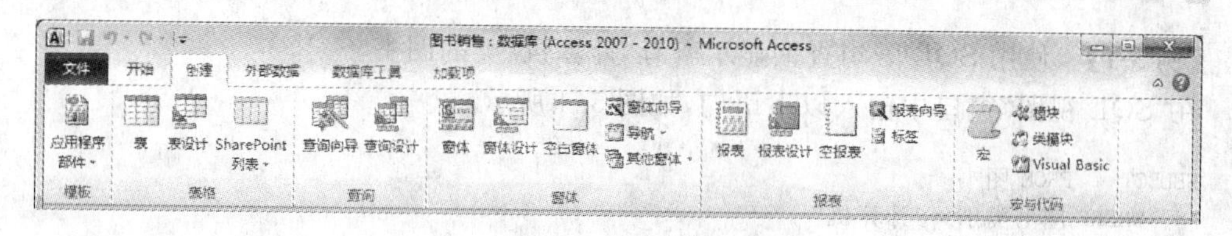

图 5.1 “创建”选项卡

作界面。由于查询的基础是表，所以首先弹出“显示表”对话框，如图 5.2 所示。

③ 依次或一次性选中要处理的表，单击“添加”按钮，将其添加到“查询 1”中。然后单击“关闭”按钮，关闭“显示表”对话框。

或者，直接单击“关闭”按钮，关闭对话框。然后再根据需要添加表。

接下来，进入“查询 1”的工作界面。

④ 在“查询 1”功能区的“设计”选项卡中，单击“SQL 视图”下三角按钮，显示可以切换的视图界面，如图 5.3 所示。

可以看出，其中有两种设计查询的视图界面，即“SQL 视图”和“设计视图”。

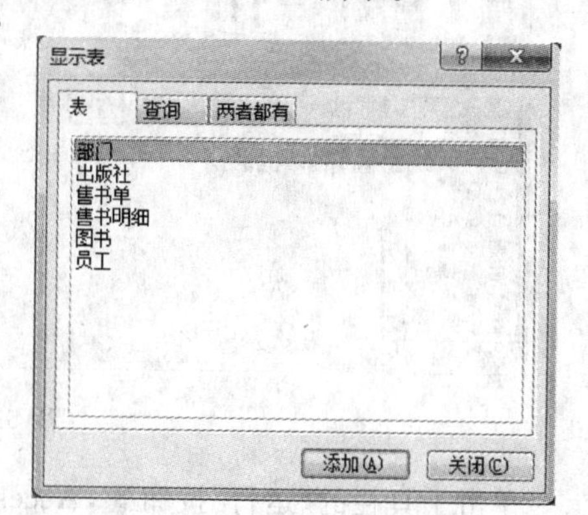

图 5.2 “显示表”对话框

图 5.3 所示为未添加表的设计视图界面，即以可视交互方式定义查询界面。

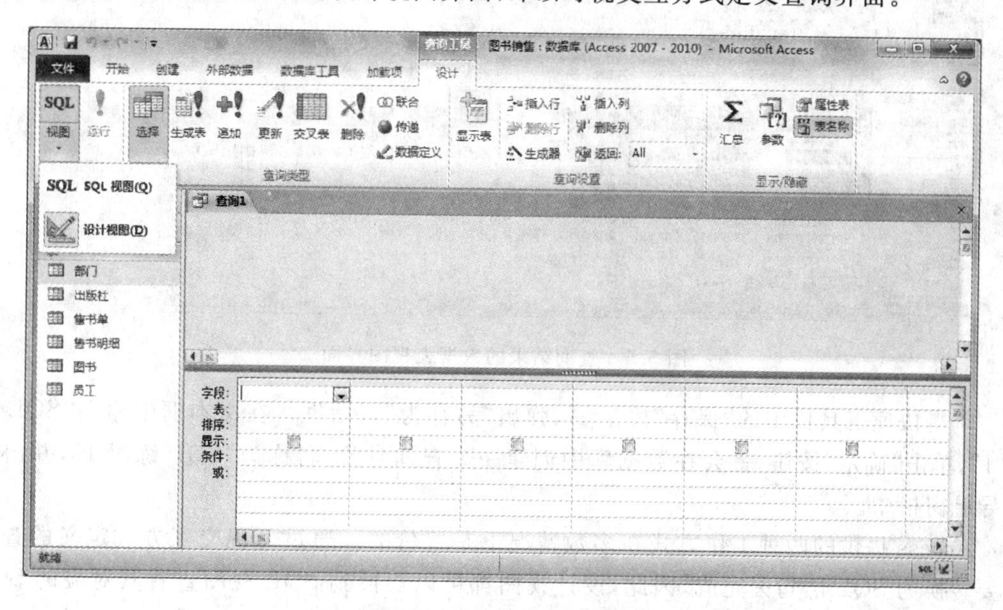

图 5.3 查询设计视图界面

选择下拉菜单中的“SQL 视图”命令，或者直接单击“SQL 视图”按钮，切换到 SQL 视图界面。

SQL 视图是一个类似“记事本”的文本编辑器，采用命令行方式，用户在其中输入和编辑 SQL 语句。SQL 语句以“;”作为结束标志。该界面工具一次只能编辑处理一条 SQL 语句，并且除错误定位和提示外，没有提供其他任何辅助性的功能。

【例 5-1】 使用 SQL 语句查询显示所有"计算机"类的图书。

在"SQL 视图"窗口中输入以下语句,如图 5.4 所示。

```
SELECT * FROM 图书
    WHERE 图书类别 = "计算机" ;
```

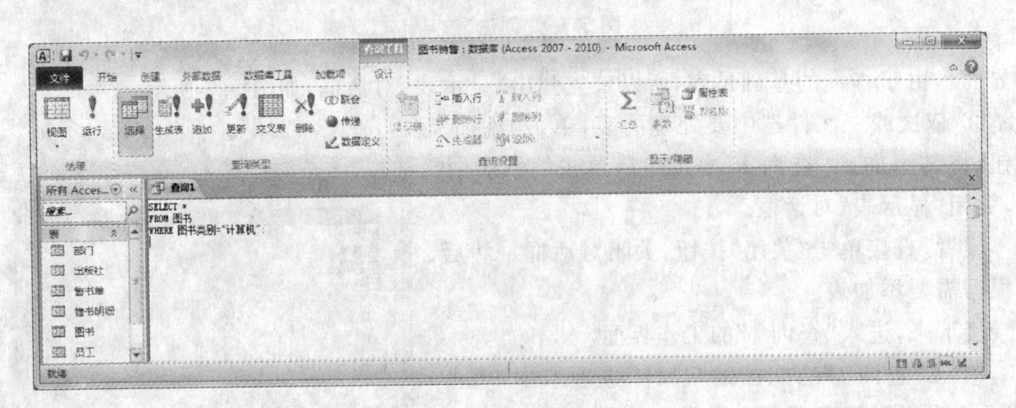

图 5.4 SQL 视图界面

单击工具栏的"运行"按钮 ,Access 执行查询,SQL 视图界面变成查询结果的显示界面,如图 5.5 所示。由于是以表格形式显示结果,所以该视图也称为"数据表视图"。

图书编号	ISBN	书名	作者	出版社编号	版次	出版时间	图书类别	定价	折扣	数量	备注
7101145324	ISBN7-1011-4532-4	数据挖掘	W.Hoset	1010	1	2006.11	计算机	¥80.00	.85	34	
7201115329	ISBN7-2011-1532-7	计算机基础	杨小红	2705	3	2012.02	计算机	¥33.00	.6	550	
7302135632	ISBN7-302-13563-2	数据库及其应用	肖勇	1010	2	2013.01	计算机	¥36.00	.7	800	
7302136612	ISBN7-302-13661-2	数据库原理	施丁乐	2120	2	2010.06	计算机	¥39.50	.8	150	
9787811231311	ISBN978-7-81123-131-1	数据库设计	朱阳	2120	1	2007.01	计算机	¥33.00	.8	20	
9787302307914	ISBN978-7-30230-791-4	数据库开发与管理	夏才达	1010	1	2013.02	计算机	¥39.50	1	15	
*					0					0	

图 5.5 查询结果的数据表视图界面

单击快速工具栏中的"保存"按钮 ,弹出"另存为"对话框。在文本框中输入"SQL 练习 1",单击"确定"按钮,就会在数据库中创建一个查询对象,名称为"SQL 练习 1",并出现在导航窗格中。

Access 提供的两种工作方式在多数情况下是等价的。通过可视交互方式定义的查询还要转换为 SQL 语句去完成,因此,设计视图都可以切换到 SQL 视图查看其对应的 SQL 语句。但有一些功能只能通过 SQL 语句完成,没有对应的可视方式。

5.1.4 查询的分类与查询对象

1. Access 中查询的分类

从图 5.3 所示的功能区可以看到,Access 将查询类型分为 6 种:

① 选择查询。该查询用于从数据源中查询所需的数据。

② 生成表查询。该查询用于将查询的结果保存为新的表。

③ 追加查询。该查询用于向表中插入追加数据。

④ 更新查询。该查询用于修改更新表中的数据。

⑤ 交叉表查询。该查询用于将查询到的符合特定格式的数据转换为交叉表格式。

⑥ 删除查询。该查询用于删除表中的数据。

这 6 种查询都有可视交互方式定义,实现了对数据库的操作功能。

此外,还有一类特定查询,即联合、传递、数据定义。这些功能的实现,只能通过 SQL 语句完成,没有等价的可视方式。

Access 将这些查询又分为两大类,即"选择查询"和"动作查询"。

选择查询和交叉表查询,是从现有数据中查询所需数据,不会影响数据库或表的变化,属于"选择查询";另外 4 种查询为"动作查询",用于对指定表进行记录的更新、追加或删除操作,或者将查询的结果生成新表,涉及表的变化或数据库对象的变化。

例 5-1 是一个选择查询的实例,用于实现从图书数据中获得特定类别图书的信息,对应关系代数中的选择运算。

2. 查询对象

当将查询存储时,就创建了查询对象。查询对象是将查询的 SQL 语句命名存储,即"SQL 练习 1"代表的是"SELECT * FROM 图书 WHERE 图书类别="计算机""这条语句。当打开"SQL 练习 1"时,Access 就去执行该语句,并获得相应的查询结果。

"选择查询"有两种基本用法,一是实现从数据库中查找满足条件数据的功能;二是对数据库中的数据进行再组织,以支持用户的不同应用。

当查询被命名存储后,查询对象一方面代表保存的 SQL 语句,另一方面代表执行该语句查询的结果,所以在用户眼中,查询对象等同于一张表,因此可以对查询对象像表一样去处理。与表不同的是,查询对象的数据都来源于表,自身并没有数据,所以是一张"虚表"。

当打开查询对象时,Access 就去立即执行对象代表的 SQL 语句以获得查询数据集,然后向用户呈现结果。如果查询依赖的表的数据经常更新,则查询结果可能每次都不相同。查询对象可以反复执行,因此查询结果总是反映表中最新的数据。

由于查询对象可以任意定义,这样用户通过查询看到的数据集合就会多种多样,同一个数据库就以多样的形式呈现在用户面前。

5.2 SQL 查询

在 Access 中应用查询,基本步骤如下:

① 进入查询设计界面定义查询。

② 运行查询,获得查询结果集。

③ 如果需要重复或在其他地方使用查询的结果,将查询命名保存为一个查询对象,以后打开查询对象,就会立即执行查询并获得新的结果。

Access 提供了交互方式的设计视图和命令行方式的 SQL 视图两种设计界面,但事实上最后都是使用 SQL 语句,所以只有深刻地理解和熟练地掌握 SQL,才能自如地进行数据库查询。并且,再进一步掌握可视化设计方法就轻而易举了。专业人员一般习惯于直接使用 SQL。

很多 DBMS 都提供了完善的工具供用户编辑操作 SQL 语句。Access 的"SQL 视图"相当于 SQL 工具,但是由于 Access 的可视化特点,重点放在交互的操作界面上,因此这个 SQL 工具很简单,是一个文本编辑器,每次只能使用一条 SQL 语句。

为了使读者更好地掌握查询,本章首先比较完整地介绍 SQL 语言和 SQL 查询。

SQL 语言由多条命令组成,每条命令的语法较为复杂,为此在介绍命令的语法中使用了一些辅助性的符号和约定,这些符号不是语句本身的一部分。在本书后面介绍有关语句的语法时,会经常用到这些约定,它们的含义如下:

① 大写字母组成的词汇表示 SQL 命令或保留字。

② 小写字母组成的词汇或中文表示由用户定义的部分。

③ [ ]表示被括起来的部分可选。

④ < > 表示被括起来的部分需要进一步展开或定义。

⑤ | 表示两项选其一。

⑥ *n*…表示…前面的项目可重复多次。

5.2.1 Access 数据运算与表达式

在数据库的查询和数据处理中,经常要对各种类型的数据进行运算,不同类型的数据运算方式和表达各不相同。因此,用户需要掌握数据运算的方法。

在 Access 中,通过表达式实施运算。所谓表达式,是由运算符和运算对象组成的完成运算求值的运算式(在第 4 章介绍过表达式的概念)。

运算对象包括常量、输入参数、表中的字段等,运算包括一般运算和函数运算。

用户可以通过以下语句来查看表达式运算的结果:

```
SELECT <表达式> [AS 名称] [,<表达式> …]
```

在"SQL 视图"窗口中输入语句和运算表达式,然后运行,将在同一个窗口中以表格的形式显示运算结果。

其中,表达式根据运算结果的类型分为文本、数字、日期、逻辑等表达式。"名称"用于命名显示结果的列名,省略名称,将由 Access 自动命名列名。

【例 5-2】 使用 SQL 的 SELECT 语句显示"Hello,SQL!",并运行。

进入查询设计界面,在"SQL 视图"窗口中输入以下语句:

```
SELECT "Hello,SQL!" AS 显示 ;
```

如图 5.6 所示,单击"运行"按钮,SQL 视图就变成显示查询结果的数据表视图界面,如图 5.7 所示。其中,列名为"显示"。如果想存储该命令,可单击快速工具栏中的"保存"按钮,弹出"另存为"对话框。在文本框中输入查询对象名,单击"确定"按钮,就会在数据库中创建一个查询对象,并出现在导航窗格中。以后只要打开查询对象,就会去执行相应的命令。

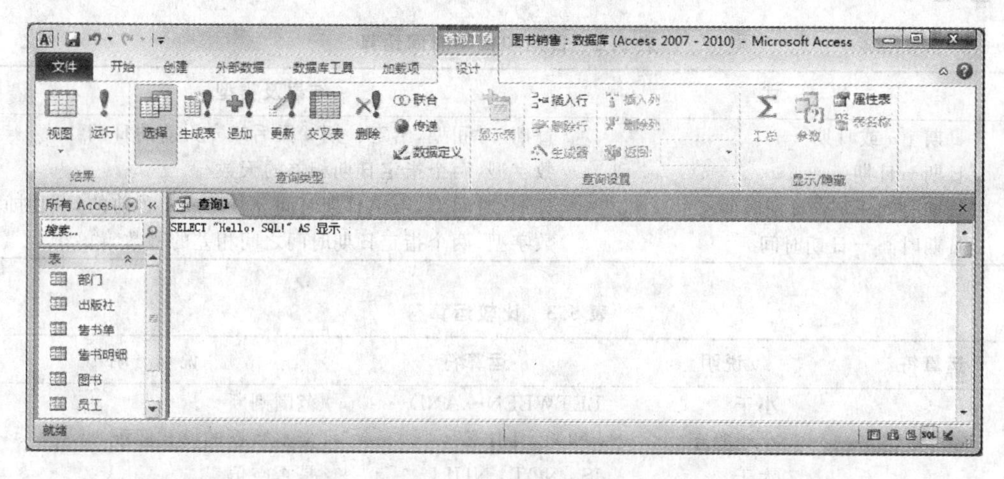

图 5.6 SQL 视图界面

图 5.7 查询结果的数据表视图界面

1. 运算符

Access 事先规定了各种类型数据运算的运算符。

① 数字运算符。数字运算符用来对数字型或货币型数据进行运算，运算的结果也是数字型数据或货币型数据。表 5.1 中列出了各类数字运算符以及优先级。

表 5.1 数字运算符及其优先级

优先级	运算符	说明	优先级	运算符	说明
1	( )	内部子表达式	4	*、/	乘、除运算
2	+、−	正、负号	5	mod	求余数运算
3	^	乘方运算	6	+、−	加、减运算

② 文本运算符。文本运算符又称为字符串运算符。普通的文本运算符是“&”和“+”，两者完全等价，其运算功能是将两个字符串连接成一个字符串。其他文本运算使用函数。

③ 日期和时间运算符。普通的日期和时间运算符只有“+”和“−”，它们的运算功能如表 5.2 所示。

④ 比较运算符。同类型数据可以进行比较测试运算，可以进行比较运算的数据类型有文本型、数字型、货币型、日期/时间型、是/否型等。比较运算符如表 5.3 所示，比较运算的结果为是/否型，即 True 或 False。由于 Access 中用 0 表示 False、−1 表示 True，所以运算结果为 0 或−1。

表 5.2　日期和日期时间运算

格　　式	结果及类型
日期$+n$或日期$-n$	日期/时间型,给定日期n天后或n天前的日期
日期－日期	数字型,两个指定日期相差的天数
日期时间$+n$或日期时间$-n$	日期/时间型,给定日期时间n秒后或n秒前的日期时间
日期时间－日期时间	数字型,两个指定日期时间之间相差的秒数

表 5.3　比较运算符

运算符	说明	运算符	说　　明
<	小于	BETWEEN…AND…	范围判断
<=	小于等于	[NOT] LIKE	文本数据的模式匹配
>	大于	IS [NOT] NULL	是否空值
>=	大于等于	[NOT] IN	元素属于集合运算
=	等于	EXISTS	是否存在测试(只用在表查询中)
<>	不等于		

当文本型数据比较大小时,两个字符串逐位按照字符的机内编码比较,只要有一个字符分出大小,即整个串就分出了大小。

日期型按照年、月、日的大小区分,数值越大日期越大。

是/否型只有两个值,即 True 和 False,True 小于 False。

“BETWEEN x1 AND x2”,x1 为范围起点,x2 为终点。范围运算包含起点和终点。

LIKE 运算用来对数据进行通配比较,通配符为“*”、“#”和“?”,还可以使用“[]”。

对于空值判断,不能用等于或不等于 NULL,只能用 IS NULL 或 IS NOT NULL。

IN 运算相当于集合的属于运算,用括号将全部集合元素列出,看要比较的数据是否属于该集合中的元素。EXISTS 用于判断查询的结果集中是否有值。

⑤ 逻辑运算符。逻辑运算是指针对是/否型值 True 或 False 的运算,运算结果仍为是/否型。由于逻辑运算最早由布尔(Boolean)系统提出,所以逻辑运算又称为布尔运算。逻辑运算符主要包括求反运算 NOT、与运算 AND、或运算 OR、异或运算 XOR 等。

其中,NOT 是一元运算,有一个运算对象,其他都是二元运算。逻辑运算的优先级是 NOT → AND → OR → XOR,可以使用括号改变运算顺序。

逻辑运算的规则及结果见表 5.4。在该表中,a、b 是代表两个具有逻辑值数据的符号。

表 5.4　逻辑运算

a	b	NOT a	a AND b	a OR b	a XOR b
True	True	False	True	True	False
True	False	False	False	True	True
False	True	True	False	True	True
False	False	True	False	False	False

上述不同的运算可以组合在一起进行混合运算。当多种运算混合时,一般是先进行文本、数字、日期/时间的运算,再进行比较测试运算,最后进行逻辑运算。

2. 函数

除普通运算符表达的运算外，大量的运算通过函数的形式实现。Access 设计了大量各种类型的函数，使运算功能非常强大。

函数包括函数名、自变量和函数值 3 个要素。其基本格式是“函数名([＜自变量＞])”。

函数名用于标识函数的功能；自变量是需要传递给函数的参数，写在括号内，一般是表达式。有的函数无须自变量，称为哑参，一般和系统环境有关，具有特指的不会混淆的内涵。当省略自变量时，括号仍要保留。有的函数可以有多个自变量，之间用逗号分隔。

表 5.5 列出了 Access 中常用的一些函数。

表 5.5 Access 中的常用函数

类别	函 数	返 回 值
数字函数	ABS(数值)	求绝对值
	INT(数值)	对数值进行取整
	SIN(数值)	求正弦函数值，自变量以弧度为单位
	EXP(数值)	求以 e 为底的指数
文本函数	ASC(文本表达式)	返回文本表达式最左端字符的 ASCII 码
	CHAR(整数表达式)	返回整数表示的 ASCII 码对应的字符
	LTRIM(文本表达式)	把文本字符串头部的空格去掉
	TRIM(文本表达式)	把文本字符串尾部的空格去掉
	LEFT(文本表达式，数值)	从文本的左边取出指定位数的子字符串
	RIGHT(文本表达式，数值)	从文本的左边取出指定位数的子字符串
	MID(文本表达式，[数值 1[，数值 2]])	从文本中指定的起点取出指定位数的子字符串。数值 1 指定起点，数值 2 指定位数
	LEN(文本表达式)	求出文本字符串的字符个数
日期时间函数	DATE()	返回系统当天的日期
	TIME()	返回系统当时的时间
	DAY(日期表达式)	返回 1 到 31 之间的整数，代表月中的日期
	HOUR(时间表达式)	返回 0 到 23 之间的整数，表示一天中的某个小时
	NOW()	返回系统当时的日期和时间值
转换函数	STR(数值，[长度，[小数位]])	把数值型数据转换为字符型数据
	VAL(文本表达式)	返回文本对应的数字，直到转换完毕或不能转换为止
财务函数	FV(rate，nper，pmt[，pv[，type]])	返回指定基于定期定额付款和固定利率的未来年金值
	PV(rate，nper，pmt[，fv[，type]])	返回基于定期的、未来支付的固定付款和固定利率来指定年金的现值
	NPER(rate，pmt，pv[，fv[，type]])	返回根据定期的、固定的付款额和固定利率来指定年金的期数
	SYD(cost，salvage，life，period)	返回指定某项资产在指定时期用年数总计法计算的折旧
	PPMT(rate，per，nper，pv[，fv[，type]])	返回根据定期的、固定的付款额和固定利率来指定给定周期的年金资金付款额

续表

类别	函　数	返　回　值
测试函数	TYPENAME(表达式)	以文本型数据返回表达式的数据类型。主要类型如下： Byte 字节值　Integer 整数 Long 长整型数据　Single 单精度浮点数 Double 双精度浮点数　Currency 货币值 Decimal 十进制值　Date 日期值 String 文本字符串　Null 无效数据 Object 对象　Unknown 类型未知的对象

关于函数的进一步说明和其他函数，请参阅 Access 帮助或相关资料。

3. 参数

在定义命令时，有时一些量不能确定，只有在执行命令时才能确定，则可以在命令中加入输入参数。

参数是一个标识符，相当于一个占位符。参数的值在执行命令时由用户输入确定。例如，定义命令：

```
SELECT x - 1;
```

其中，标识符 x 是一个参数。执行该命令时，首先会弹出对话框，如图 5.8 所示，要求输入参数 x 的值，然后再进行运算。

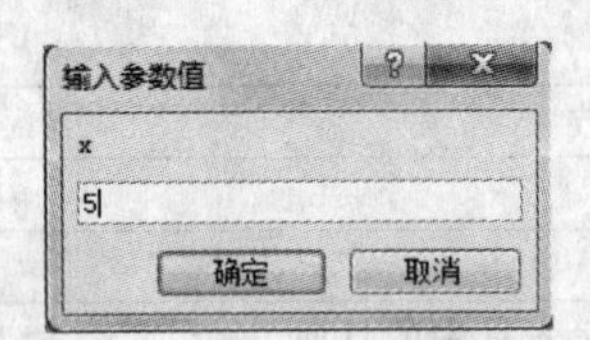

图 5.8 "输入参数值"对话框

简单的数值或文本参数可以直接在命令语句中给出。但是对于其他类型的参数，为了在输入时有确定的含义，应该在使用一个参数前明确定义。参数定义语句的语法如下：

```
PARAMETERS 参数名 数据类型
```

为了避免发生表达式语法错误的情况，对于参数最好遵守以下规定：

① 参数名以字母或汉字开头，由字母、汉字、数字和必要的其他字符组成。

② 参数都用方括号([])括起来(当参数用方括号括起来后，Access 对于参数的命名规定可不完全遵守上一条的规定)。

4. 表达式运算实例

以下实例都直接在"SQL 视图"中输入并直接执行，每次输入执行一条语句。

【例 5-3】 在"SQL 视图"中分别输入并执行以下命令。

命令：`SELECT -3 + 5 * 20/4, 125 ^ (1/3) MOD 2;`

结果：22 1

命令：`SELECT INT( - 3 + 5 ^ - 2), EXP(5),SIN(45 * 2 * 3.1416/360);`

结果：-3 148.413159102577 .707108079859474

【例 5-4】 在“SQL 视图”中执行以下文本运算命令。

命令：SELECT "Beijing "&"2008",LEFT("奥林匹克运动会",1)
& MID("奥林匹克运动会",5,1),LEN("奥林匹克运动会");

结果：Beijing 2008,奥运,7

在 Access 中,中文机内码是双字节编码,一个汉字在计算位数时算一位,单字节的 ASCII 码一个字符也算一位,在计算字符长度时要注意区分。

【例 5-5】 在“SQL 视图”中输入参数并执行日期时间运算命令。

命令：PARAMETERS [你的生日] DATETIME;
SELECT NOW() AS 现在的时间, DATE() - [你的生日] AS 你生活的天数;

若今天是 2013 年 8 月 25 日,执行命令,输入值和结果如图 5.9 和图 5.10 所示。

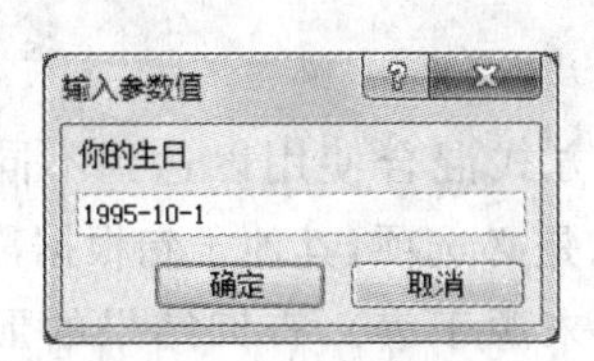

图 5.9 生日作为参数输入到对话框中

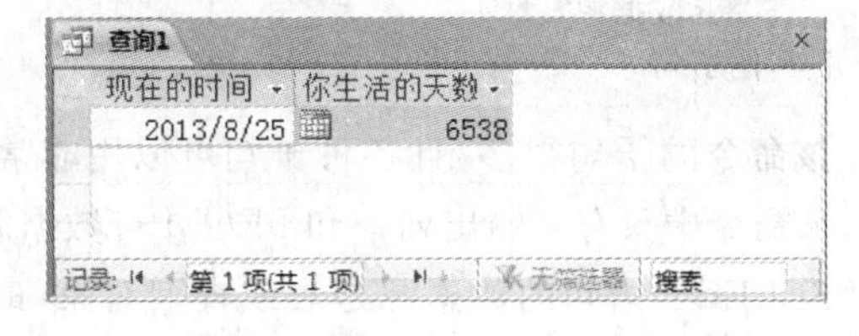

现在的时间	你生活的天数
2013/8/25	6538

记录: 第 1 项(共 1 项) 无筛选器 搜索

图 5.10 例 5-5 运行结果示意图

在输入文本框中,注意直接输入日期本身,要符合日期的写法,但不要加上日期常量标识“#”,该标识只有在命令中直接写日期常量时才用。

【例 5-6】 在“SQL 视图”中输入并执行比较运算以及输出逻辑常量的命令。

命令：SELECT "ABC" = "abc", "ABC"<"abc", "张三">"章三",True,True<False;

执行结果如图 5.11 所示。在写表达式时可以使用 True 和 False 等逻辑常量,但以数字的方式存储和显示,－1 表示 True,0 表示 False。字母在比较时不区分大小写。

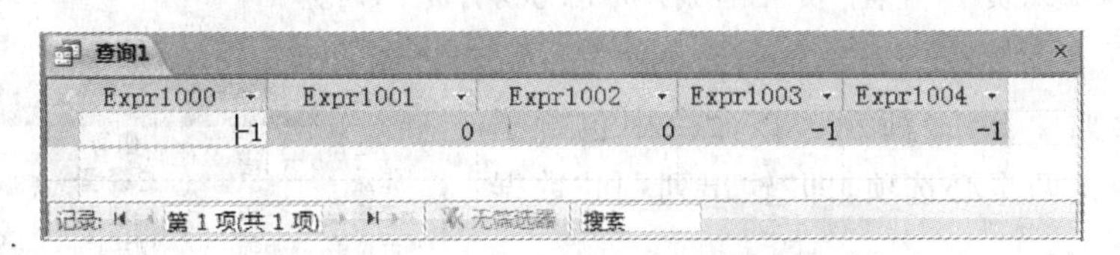

Expr1000	Expr1001	Expr1002	Expr1003	Expr1004
-1	0	0	-1	-1

记录: 第 1 项(共 1 项) 无筛选器 搜索

图 5.11 例 5-6 运行结果示意图

【例 5-7】 在“SQL 视图”中输入并执行以下逻辑运算命令。

命令：SELECT -3 + 5 * 20/4 > 10 AND "ABC"<"123" OR #2013-08-08# < DATE();

若当天的日期是 2013 年 8 月 25 日,执行结果为－1,也就是为“真”。

【例 5-8】 在“SQL 视图”中输入并执行以下命令。

命令：SELECT VAL("123.456"),STR(123.456),TYPENAME("123"),TYPENAME(VAL("123.45"));

结果如图 5.12 所示。

Expr1000	Expr1001	Expr1002	Expr1003
123.456	123.456	String	Double

记录: 第 1 项(共 1 项) 无筛选器 搜索

图 5.12 例 5-8 运行结果示意图

5.2.2 几种常用的 SQL 查询

SQL 的查询命令只有一条 SELECT 语句，由于用户对数据库查询的要求多种多样，因此 SELECT 的功能非常强大，并且命令的语法很复杂，以满足各种需求。

本节通过众多实例来介绍 SQL 查询的用法，例子中使用前面建立的"图书销售"数据库。

SELECT 命令的语法很复杂，这里仅列出基本结构，其详细的组成子句通过例子进行分析。

```
SELECT <输出列>[, … ]
  FROM <数据源> [ … ]
[ 其他子句 ]
```

该命令的子句很多，且各种子句可以用非常灵活的方式混合使用以达到不同的查询效果。该命令中只有＜输出列＞和 FROM ＜数据源＞子句是必选项，其他子句根据需要选择。

SELECT 语句的数据源是表或查询对象(最终还是来源于表)，查询结果的形式仍然是行列二维表。

1. 基于单数据源的简单查询

数据源只有一个的查询相对简单。由于关系模型的设计是将不同实体数据分别放在不同表中，因此，单数据源的检索在很多时候满足不了要求。

以下例子都在"SQL 视图"中完成。

【例 5-9】 查询"员工"表中所有员工的姓名、性别、职务和薪金，输出所有字段。

命令 1：
```
SELECT 员工.姓名, 员工.性别, 员工.职务, 员工.薪金
  FROM 员工;
```

执行结果如图 5.13 所示。该命令中包含了 SELECT 命令的两个必选项，即"输出列"和"数据源"。

查询1

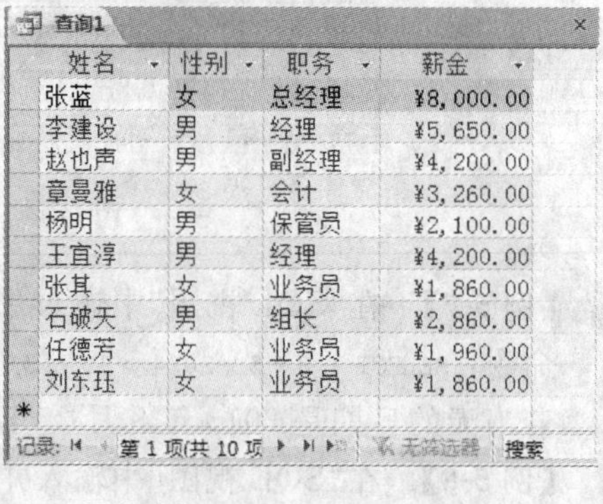

姓名	性别	职务	薪金
张蓝	女	总经理	¥8,000.00
李建设	男	经理	¥5,650.00
赵也声	男	副经理	¥4,200.00
章曼雅	女	会计	¥3,260.00
杨明	男	保管员	¥2,100.00
王宜淳	男	经理	¥4,200.00
张其	女	业务员	¥1,860.00
石破天	男	组长	¥2,860.00
任德芳	女	业务员	¥1,960.00
刘东珏	女	业务员	¥1,860.00
*			

记录: 第 1 项(共 10 项) 无筛选器 搜索

图 5.13 查询员工表

当指定多个字段作为输出列时，字段用逗号隔开。若查询所有字段，可用"*"代表表中所有的字段。

命令 2：
```
SELECT 员工.*
  FROM 员工;
```

在命令中凡是涉及表中的字段，都可在字段名前加上表名前缀。例如本例的两条命令，字段名或"*"前都有表名前缀。在 SQL 命令中，若字段所属的表不会弄混，则可以省略表名前缀。

【例 5-10】 查询"员工"表，输出"职务"和"薪金"。

命令：
```
SELECT 职务, 薪金
  FROM 员工;
```

本例实现关系代数中的投影运算。分析查询结果，是对源数据表指定两列值的直接保留，所以结果中有重复行。

为了去掉重复行，在输出列前增加子句 DISTINCT。

命令：
```
SELECT DISTINCT 职务,薪金
    FROM 员工;
```

DISTINCT 子句的作用是去掉查询结果表中的重复行。该命令的语义可理解为查询“员工”表中的所有职务及各职务的不同薪金。

【例 5-11】 查询“员工”表，输出“薪金”最高的 3 名员工的姓名、职务及薪金。

如果要实现该功能，需要在命令中增加按“薪金”排顺序并取前几名的功能。

命令：
```
SELECT TOP 3 姓名,职务,薪金
FROM 员工
ORDER BY 薪金 DESC;
```

查询1

姓名	职务	薪金
张蓝	总经理	¥8,000.00
李建设	经理	¥5,650.00
王宜淳	经理	¥4,200.00
赵也声	副经理	¥4,200.00
*		

记录: 第 1 项(共 4 项) 无筛选器

图 5.14 排序与保留前几名

执行结果如图 5.14 所示。

对查询结果排序的子句的语法如下：

```
ORDER BY <输出列> ASC|DESC [,<输出列> …]
```

对查询结果的所有行按指定字段排序并输出，ASC 表示升序输出，可以省略；DESC 表示降序。当有多列参与排序时，可依次列出。

输出列前的 TOP *n* 表示保留查询结果的前 *n* 行。当没有排序子句时，就保留原始查询顺序的前 *n* 行；如果有排序子句，则先排序。可以看出，排序最后一个值相同的都保留输出。

TOP 还有一种用法，即保留结果的前 *n*%行，语法是“TOP *n* PERCENT”。

【例 5-12】 查询“员工”表，统计输出职工人数、最高薪金、最低薪金、平均薪金。

统计人数，需要对“员工”表的行数进行统计，其他几项都要对薪金字段进行计算统计，在 SQL 中提供了相应的集函数来完成这些功能。

命令：
```
SELECT COUNT( * ),MAX(薪金),MIN(薪金),AVG(薪金)
FROM 员工 ;
```

查询结果如图 5.15 所示。

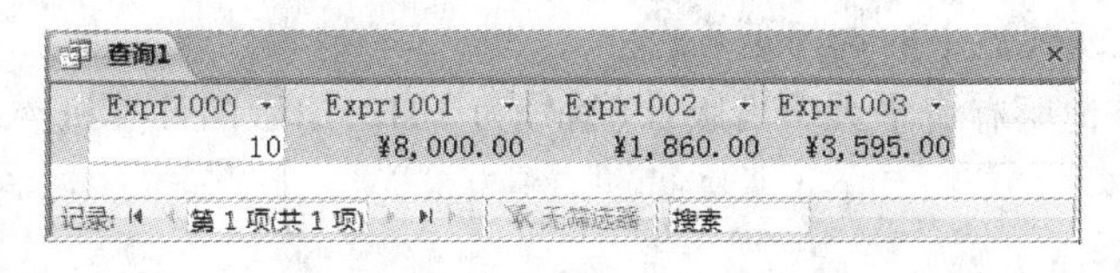

查询1

Expr1000	Expr1001	Expr1002	Expr1003
10	¥8,000.00	¥1,860.00	¥3,595.00

记录: 第 1 项(共 1 项) 无筛选器 搜索

图 5.15 汇总计算查询结果示意图

SQL 提供的集函数和功能见表 5.6。

在前面的查询命令中，输出列都是字段名。但本例是对表记录和字段汇总计算的结果，不能输出字段名，因此 Access 自动为每个值命名，依照顺序依次为 Expr1000、Expr1001、……。自动取的名称一般不明确，因此允许用户改名。改名方法是在输出列的后面加上命名子句，语法如下：

```
AS 新名
```

本例命令可改为：

```
SELECT COUNT( * ) AS 人数,MAX(薪金) AS 最高薪金,
       MIN(薪金) AS 最低薪金,AVG(薪金) AS 平均薪金
FROM 员工;
```

表 5.6 SQL 命令中使用的集函数

函数格式	功　能
COUNT(*)或 COUNT(＜列＞)	统计查询结果的行数或指定列中值的个数
SUM(＜列表达式＞)	求数值列、日期时间列的总和
AVG(＜列表达式＞)	求数值列、日期时间列的平均值
MAX(＜列表达式＞)	求出本列中的最大值
MIN(＜列表达式＞)	求出本列中的最小值
FIRST(＜列表达式＞)	求出首条记录中本列的值
LAST(＜列表达式＞)	求出末条记录中本列的值
STDEV(＜列表达式＞)	求出本列所有值的标准差
VAR(＜列表达式＞)	求出本列所有值的方差

查询的结果如图 5.16 所示,显然意思明确多了。

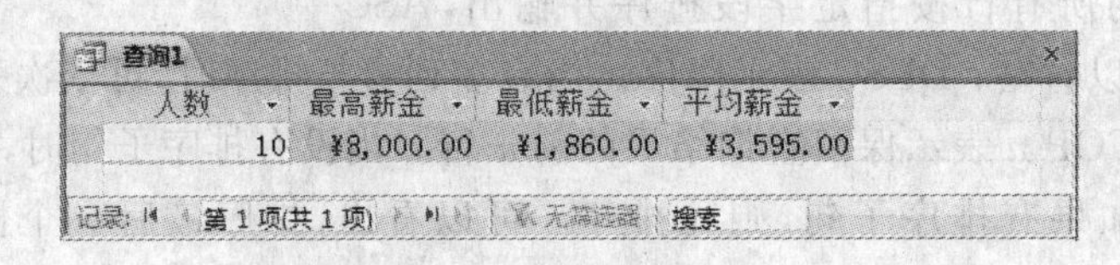

图 5.16　汇总计算查询结果中用户命名列名示意图

2. 条件查询

前面的几个查询都是无条件查询,查询完成后再对结果做进一步处理,例如排序、投影输出、汇总运算等,而很多查询需要对数据按条件筛选。

在 SELECT 命令中增加条件子句,其基本语法如下：

```
WHERE <逻辑表达式>
```

该功能对应关系代数中的选择运算。

【例 5-13】 查询所有清华大学出版社(编号为 1010)出版的计算机类的图书信息。

命令：

```
SELECT *
FROM 图书
WHERE 出版社编号 = "1010" AND 图书类别 = "计算机"
```

该命令在执行时将“图书”表的记录逐行带入逻辑表达式中运算,结果为真的记录输出。

在表示条件的逻辑表达式中,可以使用如表 5.3 所示的比较运算符。

单个的比较运算一般是字段名与同类常量比较,例如本例的命令。除使用＝、＞、＞＝、＜、＜＝、＜＞等运算符外,另外几种运算的基本用法如下：

① “字段 BETWEEN ＜起点值＞ AND ＜终点值＞”。该运算是包含起点和终点的范围运算,相当于“≥起点值”并且“≤终点值”。

② “字段 LIKE <匹配值>”。其中,<匹配值>要用引号括起来,值中可包含通配符。

Access 的通配符为“*”和“?”,这与标准 SQL 不同。标准 SQL 通配符为“%”和“_”。Access 对数字、文本、日期/时间数据都可以进行匹配运算。此外,“#”表示该位置可匹配一个数字,方括号描述一个范围,用于确定可匹配的字符范围。

如果<匹配值>中出现的“*”或“?”只作为普通符号,要用方括号括起来。

③ “<字段> IS [NOT] NULL”。该运算对可能取 NULL 值的字段进行判断。当字段值为 NULL 时,无 NOT 运算的结果为 True,当字段有任何值时,有 NOT 的运算为 True。

④ “<字段> IN (<值 1>,<值 2>,…,<值 *n*>)”。相当于集合的属于运算,括号内列出集合的各元素,字段值等于某个元素的运算结果为 True。

括号中的值集合也可以是查询的结果,这样就构成了嵌套子查询。

⑤ “EXISTS (子查询)”。子查询结果是否为空集的判断运算。

当有多个比较式需要同时处理时,它们通过逻辑运算符 NOT、AND、OR 等连接起来构成完整的逻辑表达式。

【例 5-14】 在 WHERE 子句中使用不同条件的查询实例。

命令 1:
```
SELECT 姓名,性别,生日,职务
FROM 员工
WHERE 姓名 LIKE "张?" AND 生日 LIKE "198*";
```

其含义是查询 20 世纪 80 年代出生的张姓单名的员工的有关数据。日期也可以进行匹配运算。

命令 2:
```
SELECT *
FROM 员工
WHERE 职务 IN ("总经理","经理","副经理") AND 薪金 LIKE "4*"
ORDER BY 生日;
```

其含义是查询“经理”级、薪金以 4 开头的员工数据并按生日升序输出。货币或数字型字段也可以进行匹配运算。

3. 基于多数据源的联接查询

Access 数据库中有多个表,经常要将多个表的数据连在一起使用信息才完整。因此,SQL 提供了多表联接查询功能,该功能实现了关系代数中的笛卡儿积和联接运算。

多数据表查询与单数据表查询原则上一样,但由于查询的结果在一张表上,而数据的来源是多张表,因此多表查询和单表查询相比,有以下不同:

① 在 FROM 子句中,必须写上查询所涉及的所有表名,有时可为表取别名。

② 必须增加表之间的联接条件(笛卡儿积除外)。联接条件一般是两个表中相同或相关的字段进行比较的表达式。

③ 由于多表同时使用,对于多个表中的重名字段,在使用时必须加表名前缀区分,而不重名字段无须加表名前缀。Access 自动生成的 SQL 命令,所有字段都有表名前缀。

多数据源查询的主要语法在 FROM 子句中,基本语法如下:

```
FROM <左数据源> {INNER|LEFT [OUTER]|RIGHT [OUTER]} JOIN <右数据源> ON <联接条件>
```

数据源的联接分为内联接、左外联接和右外联接，可以在此基础上进行更多数据源的联接。

【例 5-15】 查询所有清华大学出版社出版的计算机类的图书信息。

例 5-13 是在单表上查询，若要通过“清华大学出版社”的名称查询其出版的图书，必须将“出版社”表和“图书”表联接起来。联接条件是两表的“出版社编号”相等。

命令：
```
SELECT 出版社名,图书.*
    FROM 出版社 INNER JOIN 图书 ON 出版社.出版社编号 = 图书.出版社编号
    WHERE 出版社名 = "清华大学出版社" AND 图书类别 = "计算机";
```

由于“出版社编号”分别是主键和外键，它们成为联接的条件。由于两个表中都有，所以使用时加上表名前缀。由于这是内联接运算，结果是两个联接表中满足联接条件的记录。

在数据库中，例如“部门”和“员工”可以通过“部门号”联接在一起；“售书单”和“售书明细”可以通过“售书单号”联接在一起。

【例 5-16】 查询清华大学出版社出版的图书的销售情况，输出出版社名、图书编号、图书名、作者名、版次、销售的数量等。

图书销售数据保存在“售书明细”中，所以要将“图书”与“售书明细”联接起来。

命令：
```
SELECT 图书.图书编号,书名,作者,出版社名,版次, 售书明细.数量 AS 销售量
    FROM (出版社 INNER JOIN 图书 ON 出版社.出版社编号 = 图书.出版社编号)
        INNER JOIN 售书明细 ON 图书.图书编号 = 售书明细.图书编号
    WHERE 出版社名 = "清华大学出版社";
```

这是三表联接，所以在 FROM 子句中有 3 个表和两个联接子句。需要注意的是，第一个联接子句要用括号，即第 1 个表和第 2 个表连成一个表后再与第 3 个表联接。

【例 5-17】 查询库存计算机类图书数据及其销售数据，输出图书编号、ISBN、书名、作者、出版社编号、定价、库存折扣、库存数量、售出数量、售出折扣。

库存计算机类图书数据在“图书”表中，将“图书”与“售书明细”联接起来，可以看出图书的库存和销售对比。

但是，普通联接运算只能将主键、外键相等的记录值连起来，如果某个计算机图书没有销售数据，则看不到相应的图书信息。为此，SQL 提供了左、右外联接运算功能。

命令：
```
SELECT 图书.图书编号,ISBN,书名,作者,出版社编号,定价,图书.折扣 AS 进书折扣,
    图书.数量 AS 库存数量,售书明细.数量 AS 销售数量,售价折扣
FROM 图书 LEFT JOIN 售书明细 ON 图书.图书编号 = 售书明细.图书编号
WHERE 图书类别 = '计算机';
```

查询结果如图 5.17 所示，包括两个表中满足联接条件的所有记录，及左边表中剩余的记录。可以看出，“数据库设计”、“数据库开发与管理”等图书还没有销售记录。

查询1

图书编号	ISBN	书名	作者	出版社编号	定价	进书	库存	销售数量	售价折扣
7101145324	ISBN7-1011-4532-4	数据挖掘	W.Hoset	1010	¥80.00	.85	34	3	.95
7201115329	ISBN7-2011-1532-7	计算机基础	杨小红	2705	¥33.00	.6	550	1	.95
7201115329	ISBN7-2011-1532-7	计算机基础	杨小红	2705	¥33.00	.6	550	2	.95
7302135632	ISBN7-302-13563-2	数据库及其应用	肖勇	1010	¥36.00	.7	800	60	.75
7302136612	ISBN7-302-13661-2	数据库原理	施丁乐	2120	¥39.50	.8	150	40	.8
7302136612	ISBN7-302-13661-2	数据库原理	施丁乐	2120	¥39.50	.8	150	30	.8
9787811231311	ISBN978-7-81123-131-1	数据库设计	朱阳	2120	¥33.00	.8	20		
9787302307914	ISBN978-7-30230-791-4	数据库开发与管理	夏才达	1010	¥39.50	1	15		

记录: 第 1 项(共 8 项) 无筛选器 搜索

图 5.17 左外联接查询结果示意图

在查询结果中，左外联接保留的不满足联接条件的左表记录对应的右表输出字段处填上空值；右外联接保留的不满足联接条件的右表记录对应的左表输出字段处填上空值。

所以，用户可根据需要采用内联接或左、右外联接。

Access 的 SQL 将联接查询分为以下几类：

① 内联接(INNER JOIN)。该类联接只联接左、右表中满足联接条件的记录。

② 左外联接(LEFT OUTER JOIN)。除联接左、右表中满足联接条件的记录外，还保留左边表中不满足联接条件的所有剩余记录。

③ 右外联接(RIGHT OUTER JOIN)。与左外联接的区别是保留右边表中不满足联接条件的所有剩余记录。

【例 5-18】 分析以下查询实例。

命令：
```
SELECT * FROM 部门,员工;
```

该 SELECT 命令中没有联接条件，执行查询，从结果中可以看出是将两个表的所有记录两两联接并输出所有字段。这种功能完成的就是关系代数中的笛卡儿积。

另外，表可以与自身联接。

【例 5-19】 自身联接实例：查询员工的姓名、职务、部门及所在部门的经理姓名。

命令：
```
SELECT A.姓名,A.职务,部门名 B.姓名 AS 经理姓名,B.职务
FROM (员工 AS A INNER JOIN 部门 ON A.部门编号 = 部门.部门编号)
        INNER JOIN 员工 AS B ON 部门.部门编号 = B.部门编号
WHERE B.职务 = "经理";
```

在该查询命令中，“员工”表要使用两次，因此可以将“员工”表看作两张完全一样的表。由于字段名完全相同，所以必须加以区分。

为此，SELECT 语句中的 FROM 子句允许为表取别名。其语法格式如下：

```
AS 表的别名
```

表的自身联接的情况比较多。例如，在“教学管理”数据库中，如果在“学生”表中增加一个“班长学号”字段，则该字段中存放的是每个班班长的学号。

如果要查询学生的学号、姓名、班长学号、班长姓名信息，则“学生”表必须自身联接。类似的例子很多。

4. 分组统计查询

表 5.6 列出了可以使用的统计集函数，除了可以将这些函数用于整个表之外，SQL 还具有分组统计以及对统计结果进行筛选的查询功能。基本语法格式如下：

```
GROUP BY <分组字段> [,…] [ HAVING <逻辑表达式> ]
```

SQL 的分组统计以及 HAVING 子句的使用按以下方式进行：

① 设定分组依据字段，按分组字段值相等的原则进行分组，具有相同值的记录将作为组。分组字段由 GROUP 子句指定，可以是一个，也可以是多个。

② 在输出列中指定统计集函数，分别对每一组记录按照集函数的规定进行计算，得到各组的统计数据。注意，分组统计查询的输出列只由分组字段和集函数组成。

③ 如果要对统计结果进行筛选，将筛选条件放在 HAVING 子句中。

HAVING 子句必须与 GROUP 子句联合使用，只对统计的结果进行筛选。在 HAVING 子句的＜逻辑表达式＞中可以使用集函数。

【例 5-20】 查询“员工”表，求各部门人数和平均薪金，并分析另外的查询命令。

在“员工”表中，部门编号相同的员工记录分组在一起统计人数和平均薪金。

命令：
```
SELECT 部门编号,COUNT( * ) AS 人数,AVG(薪金) AS 平均薪金
    FROM 员工
   GROUP BY 部门编号;
```

查询结果如图 5.18 所示。

如果要在该查询中显示“部门名”，就必须将“部门”表与“员工”表联接起来。

命令：
```
SELECT 员工.部门编号,部门名,COUNT( * ) AS 人数,AVG(薪金) AS 平均薪金
    FROM 员工 INNER JOIN 部门 ON 员工.部门编号 = 部门.部门编号
   GROUP BY 员工.部门编号,部门名;
```

查询结果如图 5.19 所示。由于增加了一个表，所以同名字段前要加前缀，输出列中除了集函数的统计值外，剩下的字段都必须出现在分组子句中。

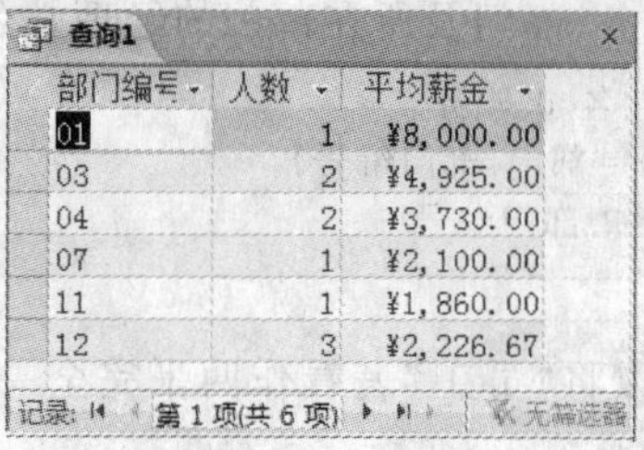

查询1

部门编号	人数	平均薪金
01	1	¥8,000.00
03	2	¥4,925.00
04	2	¥3,730.00
07	1	¥2,100.00
11	1	¥1,860.00
12	3	¥2,226.67

记录：第 1 项(共 6 项)　无筛选器

图 5.18　分组查询结果示意图

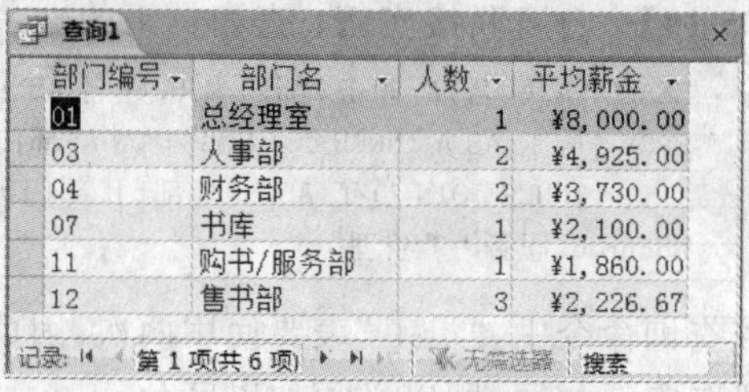

查询1

部门编号	部门名	人数	平均薪金
01	总经理室	1	¥8,000.00
03	人事部	2	¥4,925.00
04	财务部	2	¥3,730.00
07	书库	1	¥2,100.00
11	购书/服务部	1	¥1,860.00
12	售书部	3	¥2,226.67

记录：第 1 项(共 6 项)　无筛选器　搜索

图 5.19　多字段分组查询结果示意图

如果用户特别关心平均薪金在 2000 元以下的部门有哪些，就要对统计完毕的数据再进行筛选。这个查询功能只能用 HAVING 子句完成。

命令：
```
SELECT 员工.部门编号,部门名,COUNT( * ) AS 人数,AVG(薪金) AS 平均薪金
    FROM 员工 INNER JOIN 部门 ON 员工.部门编号 = 部门.部门编号
   GROUP BY 员工.部门编号,部门名
   HAVING AVG(薪金)< 2000;
```

这样只有“11”部门符合查询要求。

读者试着分析，下面的命令有何不同？

命令：
```
SELECT 员工.部门编号,部门名,COUNT( * ) AS 人数,AVG(薪金) AS 平均薪金
    FROM 员工 INNER JOIN 部门 ON 员工.部门编号 = 部门.部门编号
   WHERE 薪金< 2000
   GROUP BY 员工.部门编号,部门名;
```

【例 5-21】 分析下面命令的不同含义。

```
SELECT COUNT( * )
   FROM 员工;
```

```
SELECT COUNT(职务)
   FROM 员工;
```

左边的命令表示查询“员工”表中所有的记录数，所以表示员工人数。

右边的命令统计“职务”字段的个数，注意，空值不参与统计，所有集函数在统计时都忽略空值，所以表示员工中有“职务”的人数。

其实，这是 COUNT()函数的两种用法。

【例 5-22】 统计各出版社各类图书的数量，并按数量降序排列。

命令：
```
SELECT 出版社.出版社编号,出版社名,图书类别,COUNT( * ) AS 数量
    FROM 出版社 INNER JOIN 图书 ON 出版社.出版社编号 = 图书.出版社编号
  GROUP BY 出版社.出版社编号,出版社名,图书类别
  ORDER BY COUNT( * ) DESC;
```

在该命令中，对 COUNT(*)进行降序排序。集函数可以用在 HAVING 子句和 ORDER 子句中。

5. 嵌套子查询

在 WHERE 子句中设置查询条件时，可以对集合数据进行比较运算。如果集合是通过查询得到的，就形成了查询嵌套，相应的作为条件一部分的查询就称为子查询。

在 SQL 中，提供了以下几种与子查询有关的运算，可以在 WIIERE 子句中应用：

1) 字段 ＜比较运算符＞ [ALL | ANY | SOME] (＜子查询＞)

带有 ALL、ANY 或 SOME 等谓词选项的查询在进行时，首先完成子查询，子查询的结果可以是一个值，也可以是一列值。然后，参与比较的字段与子查询的全体进行比较。

若谓词是 ALL，则字段必须与每一个值比较，所有的比较都为 True，结果才为 True，只要有一个不成立，结果就为 False。

若谓词是 ANY 或 SOME，字段与子查询结果比较，只要有一个比较为 True，结果就为 True，只有每一个都不成立，结果才为 False。

注意：参与比较的字段的类型必须与子查询的结果值类型是可比的。

2) 字段 [NOT] IN (＜子查询＞)

运算符 IN 的作用相当于数学上的集合运算符∈(属于)。首先由子查询求出一个结果集合(一个值或一列值)，参与比较的字段值如果等于其中的一个值，比较结果就为 True，只有不等于其中任何一个值，结果才为 False。NOT IN 和 IN 相反，意思是不属于。

通过分析可以发现，IN 与＝SOME 的功能相同；NOT IN 与＜＞ALL 的功能相同。但应该注意，IN 运算可以针对常量集合，而 ALL、ANY 等谓词运算只能针对子查询。

3) [NOT] EXISTS (＜子查询＞)

前面两种方式多采用非相关子查询，而带 EXISTS 的子查询多采用相关子查询方式。

非相关子查询的方式是，首先进行子查询，获得一个结果集合，然后进行外部查询中的记录字段值与子查询结果的比较。这是先内后外的方式。

相关子查询的方式是，对于外部查询中与 EXISTS 子查询有关的表的记录，逐条带入子查询中进行运算，如果结果不为空，这条记录就符合查询要求；如果子查询结果为空，则该条记录不符合查询要求。由于查询过程是针对外部查询的记录值去进行子查询，子查询的结果与外部查询的表有关，因此称为相关子查询，这是从外到内的过程。

由于 EXISTS 的运算是检验子查询结果是否为空，因此运算符前面不需要字段名，子查询的输出列也无须指明具体的字段。带 NOT 的运算与不带 NOT 的运算相反。

【例 5-23】 查询暂时还没有卖出的图书的信息。

出现在“售书明细”表中的图书编号是有卖出记录的。首先通过子查询求出有卖出记录的图书编号集合，然后判断没有出现在该集合中的图书编号就是还没有卖出的图书。

```
命令：SELECT *
        FROM 图书
      WHERE 图书.图书编号 <> ALL ( SELECT 图书编号 FROM 售书明细 );
```

命令中的“<> ALL”运算改为“NOT IN”也是可以的。

【例 5-24】 查询单次销售最多的图书，输出书名、出版社编号、售书数量。

```
命令：SELECT 书名,出版社编号,售书明细.数量 AS 售书数量
        FROM 图书 INNER JOIN 售书明细 ON 图书.图书编号 = 售书明细.图书编号
      WHERE 售书明细.数量 = ( SELECT MAX(数量) FROM 售书明细 );
```

子查询在“售书明细”中求出单次最大的售书数量，然后在“售书明细”表中逐个将每次的售书数量与最大值比较，相等者的图书编号与“图书”表联接，再输出指定字段。

注意：由于子查询中使用了 MAX()，所以子查询的结果实际上只有一个值，因此本命令中只需使用“=”即可。在嵌套子查询中，如果确实知道子查询的结果只有一个值，可以省去 ANY、SOME 或 ALL。

【例 5-25】 查询“售书部(12)”中薪金比“任德芳(1203)”高的员工。

这个查询要求有几种实现方法。

```
命令 1：SELECT 姓名,薪金
          FROM 员工
        WHERE LEFT(工号,2) = "12" AND
      薪金>( SELECT 薪金 FROM 员工 WHERE 工号 = "1203");

命令 2：SELECT A.姓名,A.薪金
          FROM 员工 AS A INNER JOIN 员工 AS B ON A.薪金> B.薪金
        WHERE A.部门编号 = "12" AND B.工号 = "1203";

命令 3：SELECT A.姓名,A.薪金
          FROM 员工 AS A
        WHERE A.部门编号 = "12" AND EXISTS ( SELECT *
                                              FROM 员工 AS B
                                            WHERE B.工号 = "1203" AND A.薪金> B.薪金 );
```

命令 2 和命令 3 都在同一时刻将同一个“员工”表当作两个表使用，所以需要取别名加以区分。而命令 1 是非相关子查询，由于是先后使用同一个表，所以无须取别名。

命令 1 通过子查询先求出“任德芳”的薪金，然后将“售书部”的其他员工与该薪金依次比较，查出满足条件的其他员工；例中给出的部门编号是“12”，LEFT(工号,2)用于限定部门。

命令 2 的思想是，将“员工”表看成两个表，B 表中通过条件(B.工号="1203")来限定只有“任德芳”一个人，同时，将 A 表中“12”部门的员工与 B 表联接，按“薪金”大于 B 表“薪金”的方式联接，满足条件的 A 表员工输出。

命令 3 是相关子查询，方法是“从外到内”。首先在外查询中确定 A 表中“12”部门的一名员工，然后带入子查询中与 B 表中“1203”员工的薪金比较。如果满足条件，子查询有一

条记录,不为空。EXISTS 运算是判断是否为空,若不为空,则为真,这时外查询条件为真,输出 A 表中的该员工,然后再查下一人。依次重复该过程,直到 A 表查完。

【例 5-26】 在查询时输入员工姓名,查询与该员工职务相同的员工的基本信息。

在这个例子中,由于编写命令时不能确定员工姓名,所以可通过定义参数来实现。

命令:
```
SELECT * FROM 员工
    WHERE 职务 = ( SELECT 职务 FROM 员工
                        WHERE 姓名 = [XM] );
```

命令中的"XM"是参数。输入员工姓名到 XM,然后子查询查出其职务,所有员工再与该职务比较,结果中将包括输入者本身。

【例 5-27】 查询有哪些部门的平均工资超过全体人员的平均工资水平。

命令:
```
SELECT 员工.部门编号,部门名,AVG(薪金)
    FROM 员工 INNER JOIN 部门 ON 员工.部门编号 = 部门.部门编号
    GROUP BY 员工.部门编号,部门名
    HAVING AVG(薪金)>(SELECT AVG(薪金)
                        FROM 员工);
```

子查询求出所有员工的平均工资,然后主查询按部门分组求各部门的平均工资并与子查询结果比较。

6. 派生表查询

子查询除可以用于 WHERE 子句和 HAVING 子句的条件表达式外,还可以用于 FROM 子句中。由于查询的结果是表的形式,因此可以将查询结果作为数据源。例如,例 5-27 还有其他格式。

【例 5-28】 查询有哪些部门的平均工资超过全体人员的平均工资水平。

命令:
```
SELECT *
    FROM (SELECT 员工.部门编号,部门名,AVG(薪金) AS 平均薪金
            FROM 员工 INNER JOIN 部门 ON 员工.部门编号 = 部门.部门编号
            GROUP BY 员工.部门编号,部门名 ) AS A
  WHERE 平均薪金>(SELECT AVG(薪金) FROM 员工);
```

子查询求出各部门的平均工资,临时命名为 A,然后以 A 表的名义进行查询。

该查询的实质是将查询的结果作为数据源表进行下一步查询,该表称为派生表。派生表使得查询可以分步进行,大大增强了查询的功能。一些复杂查询可以采取分几次查询的形式进行。

7. 子查询合并

在关系代数中,并运算可以将两个关系中的数据合并在一个关系中。SQL 中提供了联合(UNION)运算实现相同的功能。联合运算将两个子查询的结果合并在一起。

```
<子查询 1> UNION [ALL] <子查询 2>
```

在进行联合运算时,前、后子查询的输出列要对应(两者列数相同,对应字段类型相容)。省略 ALL,查询结果将去掉重复行;保留 ALL,结果将保留所有行。

【例 5-29】 查询"售书部"和"购书和服务部"员工的信息。

该查询可以通过设置相关条件完成，也可以使用以下命令完成。

命令：
```
SELECT 员工.*,部门名
    FROM 员工 INNER JOIN 部门 ON 员工.部门编号 = 部门.部门编号
  WHERE 部门名 = "售书部"
UNION
  SELECT 员工.*,部门名
    FROM 员工 INNER JOIN 部门 ON 员工.部门编号 = 部门.部门编号
  WHERE 部门名 = "购书和服务部";
```

8. 查询结果保存到表

本节所举例子，可以在查询设计界面中运行并查看查询结果，但是并没有将结果保存。当关闭查询窗口时，这些结果也将消失。

如果需要将查询结果像表一样保存，可以在 SELECT 语句中加入以下子句：

```
INTO 表名
```

注意，在语法上该子句必须位于 SELECT 语句的输出列之后、FROM 子句之前。

该子句将当前查询结果以命名的表保存为表对象，产生的表是独立的，与原来的表已经没有关系。

【例 5-30】 查询各部门的平均薪金并保存到"部门平均薪金"表中。

命令：
```
SELECT 员工.部门编号,部门名,AVG(薪金) AS 平均薪金
    INTO 部门平均薪金
    FROM 员工 INNER JOIN 部门 ON 员工.部门编号 = 部门.部门编号
    GROUP BY 员工.部门编号,部门名;
```

在 SQL 视图中输入该命令并执行，将弹出如图 5.20 的对话框。单击"是"按钮，将增加表对象"部门平均薪金"，表的字段由查询输出列生成。

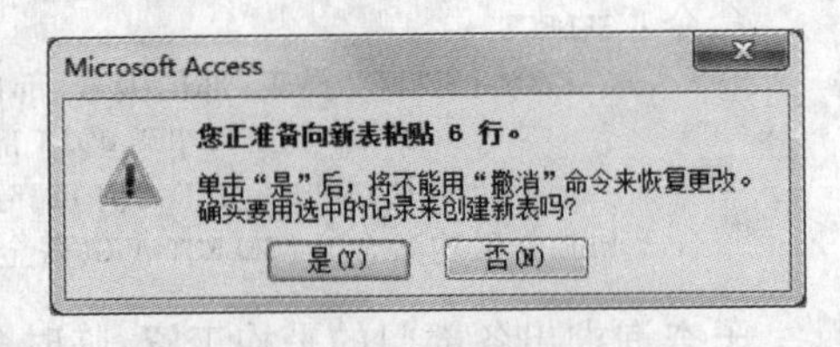

图 5.20 保存查询结果到表

不过，由于保存结果到表实际上是重复信息，占用了存储空间，并且保存的结果不能随着源数据的变化而自动更新，所以这种方法实际应用得并不多。

9. SELECT 语句总结

通过本节众多实例，比较完整地分析了 SELECT 语句的各种基本功能及相关的子句，这些子句可以根据需要进行任意组合，以完成用户想要完成的查询需求。

SELECT 语句的完整的语法结构可以表述如下：

```
SELECT [ALL | DISTINCT] [TOP <数值> [PERCENT] ]
       * | [别名.]<输出列> [AS 列名] [,[别名.]<输出列> [AS 列名]…]
[INTO 保存表名 ]
FROM <数据源> [[AS] 别名] [ INNER|LEFT|RIGHT JOIN <数据源> [[AS] 别名]
                                 [ON <联接条件> …] ]
```

```
[WHERE <条件表达式> [AND | OR <条件表达式>…] ]
[GROUP BY <分组项> [,<分组项> …] [HAVING <统计结果过滤条件> ] ]
[UNION [ALL] SELECT 语句 ]
[ORDER BY <排序列> [ASC | DESC] [,<排序列> [ASC | DESC] …]]
```

SQL 语言通过这一条语句,实现了非常多的查询功能。Access 查询对象中的众多类型的交互查询设置实际上都是基于 SELECT 语句,甚至许多查询需求完全用交互方式很难设置。因此,要掌握数据库的查询,最根本的方法就是全面掌握 SQL。

对 SELECT 子句的归纳如下:

① <输出列>是语句的必选项,直接位于 SELECT 命令的后面,包括字段名列表,"*"代表所有字段;DISTINCT 子句用来排除重复行,使用 ALL 或者省略保留所有行;TOP 子句指定保留前面若干行。

用户可以使用 COUNT()、MAX()、MIN()、SUM()、AVG()等集函数进行汇总统计;如果使用表达式,可以使用 AS 子句对输出列重命名。

② INTO 子句位于 SELECT 命令的后面,用于将查询结果保存到表。

③ FROM 子句指明查询的<数据源>。

"数据源"可以是表对象和派生表,还可以是查询对象。将查询保存得到查询对象,而查询的结果是表的形式,所以查询对象可以作为数据源。

数据源有"单数据源"和"多数据源"两种类型。多数据源要进行联接,实现联接查询。联接包括内联接、左外联接、右外联接 3 种联接方式,以及笛卡儿积。

数据源也可以与自身联接。在进行联接查询时,要注意多数据源如果列名同名,必须加上表名前缀加以区别。

④ WHERE 子句定义对数据源的筛选条件,只有满足条件的数据才输出。"条件"是由多种比较运算和逻辑运算组成的逻辑表达式。

⑤ GROUP 子句用于分组统计,即按照 GROUP 指定的字段值相等为原则进行分组,然后与集函数配合使用。分组统计查询的输出列只能由分组字段和集函数统计值组成。

HAVING 子句只能配合 GROUP 子句使用。与 WHERE 子句的区别在于,WHERE 条件是检验参与查询的数据,HAVING 是对统计查询完毕后的数据进行输出检验。

⑥ 子查询是在 WHERE 子句或 HAVING 子句中将查询的结果集合参与比较运算。这种用法功能很强,非相关子查询使查询表述比较清晰,很常用。相关子查询设置比较复杂,但可以实现很复杂的查询要求。

⑦ UNION 用于实现并运算,将两个查询的数据合并为一个查询结果。

⑧ ORDER 子句用于查询结果的有序显示,只能位于 SELECT 语句的最后。"排序列"指定输出时用来排序的依据列,ASC 或省略表示升序,DESC 表示降序。

10. Access 查询对象的意义

查询对象实现定义、执行查询的功能,并可以将定义的查询保存为查询对象。查询对象保存的是查询的定义,不是查询的结果。查询对象的用途主要有以下两种:

① 当需要反复执行某个查询操作时,将其保存为查询对象,这样每次选中该查询对象双击,或者右击,在快捷菜单中选择"打开"命令,就可以运行查询,查看结果。这种方式,避

免了每次都要定义查询的操作。另外,由于不保存结果数据,所以没有对存储空间浪费。同时,由于查询对象是在打开的时候执行,所以总是获取数据源中最新的数据。这样,查询就能自动与数据源保持同步了。

② 查询对象成为其他操作的数据源。由于查询对象可以实现对数据库中数据的"重新组合",所以可以针对不同用户的需求"定制"数据。

因此,在数据库中使用查询对象,具有以下意义:

① 查询对象可以隐藏数据库的复杂性。数据库按照关系理论设计,并且是针对应用系统内的所有用户。而大多数用户只关心与自己的业务有关的部分。查询对象可以按照用户的要求对数据进行重新组织,用户眼中的数据库就是他所使用的查询对象,因此,查询对象也称为"用户视图"。通过查询对象,数据库系统实现了三级模式结构(见第2章),查询对象实现了"外模式"的功能。

② 查询对象灵活、高效。基于SELECT语句查询可以实现种类繁多的查询表达,又像表一样使用,大大增加了应用的灵活程度,原则上无论用户有什么查询需求,通过定义查询对象都可以实现。同时,保存为查询对象,可以反复查询。

③ 提高数据库的安全性。用户通过查询对象而不是表操作数据,查询对象是"虚表",如果对查询对象设置必要的安全管理,就可以大大增加数据库的安全性。

【例5-31】 建立根据输入日期查询销售数据的查询对象。

命令:
```
SELECT 售书日期,书名,定价,售书明细.数量,售价折扣,
        售书明细.数量 * 售价折扣 * 定价 AS 金额,姓名 AS 营业员
FROM 图书 INNER JOIN
    ((员工 INNER JOIN 售书单 ON 员工.工号 = 售书单.工号)
     INNER JOIN 售书明细 ON 售书单.售书单号 = 售书明细.售书单号)
     ON 图书.图书编号 = 售书明细.图书编号
  WHERE 售书日期 = [RQ] ;
```

本例根据输入日期查询当天售出图书的书名、定价、数量、折扣、金额、营业员信息,这些数据分别保存在"员工"、"图书"、"售书单"、"售书明细"表中,通过查询将这4个表连接在一起。

其中,查询日期作为输入参数。

保存该查询,以后打开该查询对象,输入日期,就可以获得售书的信息。

5.2.3 SQL的追加功能

SQL除实现查询功能外,还具有对数据库的维护、更新功能。数据维护是为了使数据库中存储的数据能及时地反映现实中的状态。数据维护更新操作包括3种,即对数据记录的追加(也称为插入)、删除、更新。SQL提供了完备的操作语句。

追加,是指将一条或多条记录加入到表中的操作。它有两种用法,语法如下。

语法1:
```
INSERT INTO 表 [(字段 1 [,字段 2, …])]
        VALUES (<表达式 1>[, <表达式 2>, …])
```

语法2:
```
INSERT INTO 表 [(字段 1 [,字段 2, …])]
        <查询语句>
```

语法 1 是计算出各表达式的值，然后追加到表中作为一条新记录。如果命令省略字段名表，则表达式的个数必须与字段数相同，按字段顺序将各表达式的值依次赋给各字段，字段名与对应表达式的数据类型必须相容。若列出了字段名表，则将表达式的值依次赋给列出的各字段，没有列出的字段取各字段的默认值或空值。

语法 2 是将一条 SELECT 语句查询的结果追加到表中成为新记录。SELECT 语句的输出列与要赋值的表中对应的字段名称可以不同，但数据类型必须相容。

【例 5-32】 现新招一名业务员，其工号为 1204，姓名为张三，出生日期为 1990 年 6 月 20 日，性别为男，薪金为 2600，追加数据记录。

命令：
```
INSERT INTO 员工
       VALUES ("1204","张三","男",#1990-6-20#,"12","业务员",2600);
```

由于每个字段都有数据，所以表名后的字段列表可以省略，该记录加入“员工”表后，在员工的数据表视图中将会按照主键的顺序排列。

注意： 追加的新记录要遵守表创建时的完整性规则的约束，例如主键字段值不能重复；外键字段值必须有对应的参照值等，否则追加将失败。

在实际应用系统中，用户一般通过交互界面按照某种格式输入数据，而不会直接使用 INSERT 命令，因此与用户“打交道”的是窗体或者数据表视图。在窗体中接收用户输入的数据后再在内部使用 INSERT 语句加入表中。

5.2.4 SQL的更新功能

更新操作不增加、减少表中的记录，而是更改记录的字段值。更新命令的语法如下：

```
UPDATE 表
    SET 字段 1 = <表达式 1> [,字段 2 = <表达式 2> …]
  [ WHERE <条件> [AND | OR <条件>…] ]
```

当省略 WHERE 子句时，对表中所有记录的指定字段进行修改；当有 WHERE 子句时，修改只在满足条件的记录的指定字段中进行。WHERE 子句的用法与 SELECT 类似。

【例 5-33】 将“员工”表中“经理”级员工的薪金增加 5%。

命令：
```
UPDATE 员工 SET 薪金 = 薪金 + 薪金 * 0.05
            WHERE 职务 IN ("总经理","经理","副经理");
```

这里假定职务中包含“经理”两字的为经理级员工，执行该命令将修改所有经理级员工的“薪金”字段值。

若去掉 WHERE 子句，则是无条件修改，将更新所有记录的“薪金”字段。

【例 5-34】 将“售书部(12)”中有售书记录的员工的薪金增加 8%。

命令：
```
UPDATE 员工
       SET 薪金 = 薪金 + 薪金 * 0.08
       WHERE 部门号 = "12" AND 工号 IN (SELECT DISTINCT 工号 FROM 售书单);
```

执行该命令，首先在子查询中通过“售书单”表将有售书记录的员工的工号找出来，然后参与条件比较。

在进行更新操作时要注意的是，如果更新的字段涉及主键、无重复索引、外键，以及“有效性规则”中有定义等字段的值,注意必须符合完整性规则的要求。

5.2.5 SQL 的删除功能

删除操作将数据记录从表中删除,且不可以恢复。SQL 删除命令的语法如下:

```
DELETE [<列名表>] FROM 表
    [WHERE <条件> [AND | OR <条件>… ]]
```

其功能是删除表中满足条件的记录。当省略 WHERE 子句时,将删除表中的所有记录,但保留表的结构。这时表成为没有记录的空表。<列名表>用于列出条件中使用的列,可省略。

WHERE 子句关于条件的使用与 SELECT 命令中的类似,例如也可以使用子查询等。

【例 5-35】 删除员工“张三”。

命令:
```
DELETE FROM 员工
        WHERE 姓名 = "张三" ;
```

执行该命令,Access 将弹出询问对话框,单击“是”按钮,将执行删除操作。

需要注意的是,若“张三”员工在“售书单”中有记录,这时会触发参照完整性的约束规则。如果关系定义为“级联”删除,那么“售书单”及“售书明细”中相应的记录会同步删除;若是“限制”删除,将不允许删除“张三”的记录。

因此,在进行删除操作时应注意数据完整性规则的要求,避免出现违背数据约束的情况。

【例 5-36】 删除“图书”表中没有售出记录的图书。

命令:
```
DELETE FROM 图书
      WHERE 图书编号 NOT IN (SELECT DISTINCT 图书编号 FROM 销售明细)
```

5.2.6 SQL 的定义功能

使用 SQL 的定义功能可以对表对象进行创建、修改和删除操作。

1. 表的定义

根据第 4 章中使用表设计视图创建表的操作可知,定义表包含的项目非常多。SQL 使用命令来完成表的定义,包含了交互操作中的很多选项。

表的定义包含表名、字段名、字段的数据类型、字段的所有属性、主键、外键与参照表、表的约束规则等。

SQL 定义表命令的基本语法如下:

```
CREATE TABLE 表名
  (字段名 1 <字段类型> [(字段大小[,小数位数])] [NULL | NOT NULL]
  [PRIMARY KEY ] [UNIQUE ] [REFERENCES 参照表名(参照字段)] [DEFAULT <默认值>]
   [,字段名 2 <字段类型>[(字段大小 [,小数位数])… ] …
  [,<主键定义>] [,<外键及参照表定义>] [,<索引定义> ] )
```

“字段类型”要用事先规定的代表符来表示,Access 中可以使用的数据类型及代表符见

表 5.7。代表符与替代词的意义相同，命令中不区分大小写。

表 5.7 表定义命令中使用的字段类型代表符说明

数据类型名		代表符	说 明
文本		Text	替代词 String
备注		Memo	
数字	字节	Byte	
	整型	Smallint	
	长整型	Long	替代词 Int
	单精度	Single	替代词 Real
	双精度	Double	替代词 Float
	小数	Decimal	与 ANSI SQL 兼容
日期/时间		Datetime	
货币		Money	替代词 Currency
自动编号		Autoincrement	
是/否		Bit	替代词 Logical、Yes/No
OLE 对象		OLEObject	替代词 LongBinary

① 除文本型外，一般类型不需要用户定义字段大小，有个别 Access 数据类型在 SQL 中没有对应的代表符。

② PRIMARY KEY 将该字段创建为主键，UNIQUE 为该字段定义无重复索引。

③ NULL 选项允许字段取空值，NOT NULL 不允许字段取空值。但定义为 PRIMARY KEY 的字段不允许取 NULL 值。

④ DEFAULT 子句指定字段的默认值，默认值类型必须与字段类型相同。

⑤ REFERENCES 子句定义外键，并指明参照表及其参照字段。

⑥ 当主键、外键、索引等由多字段组成时，必须在所有字段都定义完毕后再定义。所有这些定义的字段或项目用逗号隔开，同一个项目内用空格分隔。

以上各功能均与表设计视图有关内容对应。

【例 5-37】 建立“图书销售”数据库的“客户”表。

假定在“图书销售”数据库中建立“客户”表。客户有不同类型，与不同部门建立联系，其关系模式如下：

客户(客户编号，姓名，性别，生日，客户类别，收入水平，电话，联系部门，备注)

根据这些字段的特点，在 SQL 视图中输入以下命令。

命令：
```
CREATE TABLE 客户
    ( 客户编号 TEXT(6) PRIMARY KEY,
      姓名 TEXT(20) NOT NULL,
      性别 TEXT(2),
      生日 DATE,
      客户类别 TEXT(8),
      收入水平 MONEY,
      电话 TEXT(16),
      联系部门 TEXT(2) REFERENCES 部门(部门编号),
      备注 MEMO )
```

其中,“客户编号”是主键,“联系部门”字段存放所联系的“部门编号”,是外键,参照“部门”表的“部门编号”字段。

执行命令后,可以看到,所定义的表与用设计视图定义的完全相同。

使用 SQL 命令定义表,读者可以与表设计视图的交互方式对照。

2. 定义索引

SQL 可以单独定义表的索引,定义索引的基本语法如下:

```
CREATE [ UNIQUE ] INDEX 索引名
    ON 表名 ( 字段名 [ASC|DESC][, 字段名 [ASC|DESC], … ]) [WITH PRIMARY ]
```

其含义是在指定的表上创建索引,使用 UNIQUE 子句将建立无重复索引。用户可以定义多字段索引,ASC 表示升序,DESC 表示降序。WITH PRIMARY 子句将索引指定为主键。

3. 表结构的修改

一般而言,定义好的表结构比较稳定,在一段时间内较少发生改变,但有时候也可能需要修改表结构或约束。

修改表结构主要修改以下几项内容:

① 增加字段。

② 删除字段。

③ 更改字段的名称、类型、宽度,增加、删除或修改字段的属性。

④ 增加、删除或修改表的主键、索引、外键及参照表等。

SQL 提供了 ALTER 命令用来修改表结构,修改表结构的基本语法如下:

```
ALTER TABLE 表名
    ADD COLUMN 字段名 <类型> [(<大小>)] [NOT NULL] [<索引>] |
    ALTER COLUMN 字段名 <类型>[(<大小>)] |
    DROP COLUMN <字段名>
```

修改表结构的命令与 CREATE TABLE 命令的很多项目相同,这里只列出了主要的几项内容。

注意:当修改或删除的字段被外键引用时,可能会使修改失败。

4. 删除表或索引

对于已建立的表和索引可以删除。删除命令的语法格式如下:

```
DROP {TABLE 表名| INDEX 索引名 ON 表名}
```

注意:如果被删除表被其他表引用,删除命令可能会执行失败。

本书不详细介绍 Access 中 SQL 除查询外的其他功能,感兴趣的读者可以查阅相关资料。

5.3 选择查询

SQL 为数据库提供了功能强大的操作语言。Access 为了方便用户，提供了可视化操作界面，允许用户通过可视化操作而无须写命令的方式来设置查询。用户在查询的“设计视图”窗口中交互操作定义查询，Access 自动在后台生成对应的 SQL 语句。

Access 将查询分为“选择查询”和“动作查询”两大类。对照上节的介绍，SELECT 语句对应于“选择查询”；“交叉表”和“生成表”查询是在 SELECT 查询的基础上做进一步处理；INSERT、UPFATE 和 DELTE 语句分别对应“追加”、“更新”和“删除”查询，属于“动作查询”。

5.3.1 创建选择查询

1. 创建选择查询的基本步骤

创建选择查询的操作步骤如下：

① 在功能区中选择“创建”选项卡。

② 单击“查询设计”按钮，Access 将创建暂时命名的查询，例如“查询 1”、“查询 2”等，并进入查询工作界面，同时弹出“显示表”对话框。

③ 确定数据源。从对话框中可以看出，数据源可以是表或查询对象。

在“显示表”对话框中选择要查询的表或查询对象，单击“添加”按钮。如果只选一个表或查询，就是单数据源查询；如果选多个，就是多数据源联接查询。如图 5.21 所示。

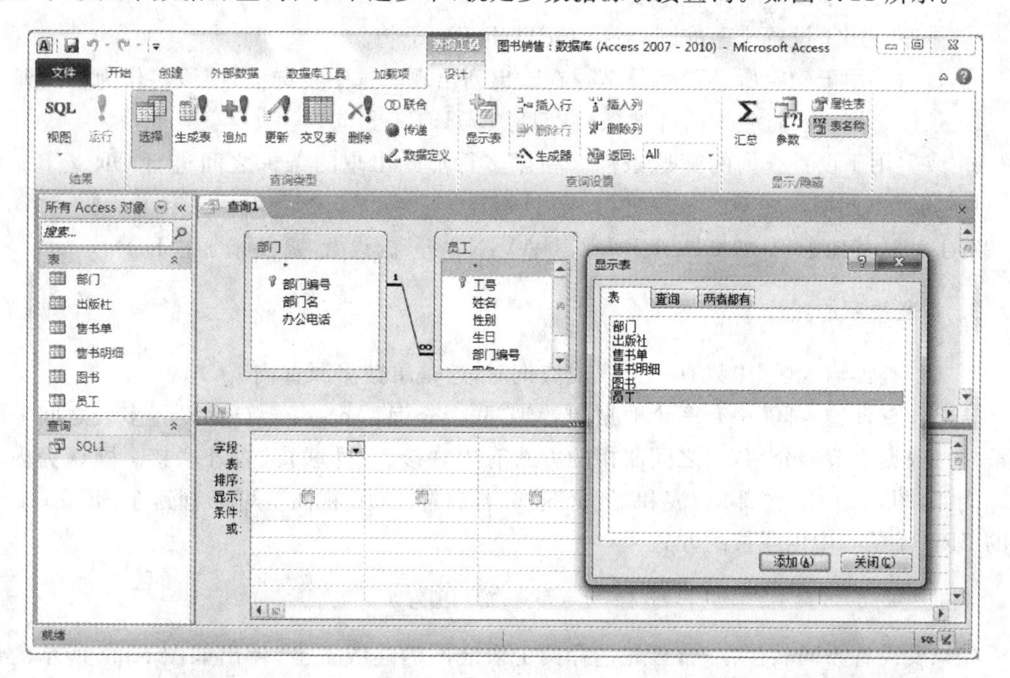

图 5.21 查询设计视图界面

表或查询可以重复选择,Access 会自动命名别名并实现自身联接。

最后单击"关闭"按钮关闭"显示表"对话框,并进入到选择查询的设计视图。

在设置查询的过程中,可以随时单击功能区中的"显示表"按钮,或者右击,选择快捷菜单中的"显示表"命令,弹出"显示表"对话框,用于添加数据源。

④ 定义查询。在"设计视图"中,通过直观的操作构造查询(设置查询所涉及的字段、查询条件以及排序等)。

⑤ 运行查询。随时单击功能区中的"运行"按钮,设计视图界面会变成查询结果显示界面,然后单击"设计视图"返回到设计视图。

⑥ 保存为查询对象。单击"保存"按钮,弹出"另存为"对话框,命名并单击"确定"按钮,从而创建一个查询对象。

在构建查询的过程中可以随时切换到"SQL 视图"查看对应的 SELECT 语句。

2. 设计视图界面

选择查询通过可视化界面实现 SELECT 语句中各子句的定义。

该视图分为上、下两个部分,上半部分是"表/查询输入区",用于显示查询要使用的表或其他查询对象,对应 SELECT 语句的 FROM 子句;下半部分是设计网格,用于确定查询结果要输出的列和查询条件等。

在设计网格中,Access 初始设置了以下几栏:

① 字段。指定字段名或字段表达式。所设置的字段或表达式可用于输出列、排序、分组、查询条件中,即 SELECT 语句中需要字段的地方。

② 表。指定字段来自哪一个表。

③ 排序。用于设置排序准则,对应 ORDER BY 子句。

④ 显示。用于确定所设置字段是否在输出列出现。选中复选框,字段将作为输出列。

⑤ 条件。用于设置查询的筛选条件,对应 WHERE 子句。

⑥ 或。用于设置查询的筛选条件。在以多行形式出现的条件之间进行 OR 运算;反之,对于同行不同字段之间的条件进行 AND 运算。

对于针对其他子句(如 GROUP BY、HAVING 等)的设置,需要增加栏目。

3. 多表关系的操作

当"表/查询输入区"中只有一个表或查询时,这是单数据源查询。

若"表/查询输入区"中有多个数据源,需要联接查询,Access 会自动设置多表之间的联接条件。根据上节的介绍,表之间联接的方式有内联接、左外联接、右外联接。默认为内联接。例如,图 5.21 中有"部门"表和"员工"表。若查看"SQL 视图",可以看到在 SELECT 语句的 FROM 子句中内联接的方式:

```
部门 INNER JOIN 员工 ON 部门.部门编号 = 员工.部门编号
```

如果要设置不同联接方式,首先选择两个表之间的连线右击,弹出如图 5.22 所示的快捷菜单。"删除"命令是删掉表之间的联接,这样两个表之间就进行笛卡儿积查询。选择"联接属性"命令,将弹出如图 5.23 所示的"联接属性"对话框。另外,选中连线后双击,也会弹出该对话框。

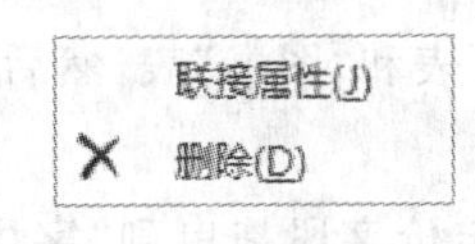

图 5.22 快捷菜单

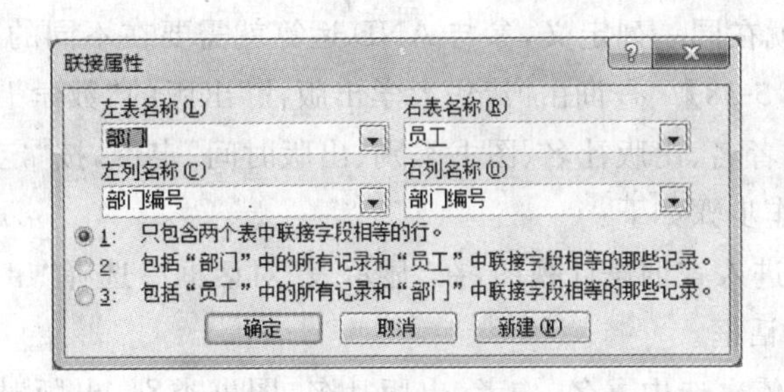

图 5.23 选择不同的联接方式

在该对话框中,可以选择左表及其联接字段、右表及其联接字段,然后是联接方式。下面的 3 个单选按钮用来选择 3 种联接方式,分别对应内联接、左外联接、右外联接。

4. "字段"、"表"、"显示"与"排序"栏的操作

在设计网格中,在"字段"栏中设置查询所涉及的字段或表达式的方法如下:

① 在"字段"栏的下拉列表框中选择一个字段。

② 从"表/查询输入区"的某个表中选择字段双击,将该字段添加到"字段"栏中,或选中字段将其拖曳到"字段"栏中。

③ 从"字段"栏中选择"*",或从表中拖曳"*"到"字段"栏,可设置一个表的所有字段。

④ 如果是表达式或常量作为输出列,直接在"字段"栏中输入即可。若表达式中有字段,则应在"表"栏中设置字段所在的表。例如"字段"栏为"[薪金]*1.1","表"栏为"员工"。

在用上述各种方式设置字段时,有的会同时确定"表"栏的值,表明字段来自于哪个表。查看"SQL 视图"可以看出,所有字段前面都有表名前缀。

设置"字段"栏同时会选中"显示"栏的复选框,默认情况下,Access 显示所有在设计网格中设定的字段。但是,有些字段可能仅用于条件或排序,而不用来显示,这时要去掉"显示"栏复选框中的"√"标记。

用于排序的字段在"排序"栏下拉列表框中选择"升序"或"降序"。

有些字段可以同时设置多种用途,也可以根据需要重复设置同一个字段。

5. "条件"栏的操作

在 SELECT 语句中,表达查询条件是比较复杂的部分。在设计视图中定义查询条件,都在"条件"栏中进行设置。

条件的基本格式是"字段名 ＜运算符＞ ＜表达式＞"。

在设置比较运算时,如果在条件处省略运算符,直接写值,默认的运算符是"=",对应的表达式含义是字段 =＜值＞。

其他的运算符都不能缺少,直接写的值必须符合对应类型的常量的写法。例如,要设置"定价超过 50 元的图书"条件,应该在"定价"字段下输入"＞50"。

多项条件用逻辑运算符 AND 或者 OR 连接起来。在设计网格中,同一行设置的条件

以 AND 连接，不同行的条件以 OR 连接。在一个条件中如果一个字段多次出现，参与 OR 运算的就在同一列定义，参与 AND 运算就需要在不同的列中重复指定该字段。

【例 5-38】 查询由“清华大学出版社”出版的“数学”或“计算机”类别的图书信息，输出书名、作者名、出版社名、图书类别、出版时间、定价，按“定价”升序排序。

操作步骤如下：

① 进入查询设计视图，在“显示表”对话框中选择“出版社”表和“图书”表，然后关闭“显示表”对话框。

② 依次选中书名、作者、出版社名、图书类别、出版时间、定价字段拖曳到“字段”栏，同时“表”和“显示”栏也被选中。

③ 在“出版社名”字段下的“条件”栏中输入“="清华大学出版社"”，在“图书类别”字段下的“条件”栏中输入“="数学"”。

④ 继续在“出版社名”字段下的“条件”的下一行输入“="清华大学出版社"”，在“图书类别”字段下的“条件”的下一行输入“="计算机"”。

⑤ 在“定价”字段的“排序”下选择“升序”，查看“SQL 视图”，SQL 命令如下。

```
SELECT 图书.书名, 图书.作者, 出版社.出版社名, 图书.图书类别, 图书.出版时间, 图书.定价
   FROM 出版社 INNER JOIN 图书 ON 出版社.出版社编号 = 图书.出版社编号
  WHERE (((出版社.出版社名)="清华大学出版社") AND ((图书.图书类别)="数学"))
        OR (((出版社.出版社名)="清华大学出版社") AND ((图书.图书类别)="计算机"))
  ORDER BY 图书.定价;
```

如果将其中的 WHERE 子句改为：

```
WHERE ((出版社.出版社名)="清华大学出版社") AND
      (((图书.图书类别)="数学") OR ((图书.图书类别)="计算机"))
```

功能一样，再去查看设计视图，可以看到，在“图书类别”字段下条件没有分两行，而是“条件”的第 1 栏变成了“"数学" Or "计算机"”。

因此，用户也可以在条件中输入运算符。

6. 查询对象及其编辑

创建好查询，单击功能区中的“运行”按钮，或者在“视图”按钮上单击，选择“数据表视图”命令，即可查看运行查询的结果。

如果需要保存，单击工具栏中的“保存”按钮，保存为查询对象。以后既可反复打开运行同一个查询，也可以作为其他数据库操作与表类似的数据源。

对于已保存的查询对象，可以进行编辑修改。在导航窗格选中查询对象右击，会弹出一个快捷菜单，如图 5.24 所示。

选择“重命名”命令可以改名；选择“删除”命令将删除查询对象。注意，若该对象被其他查询引用则不可删除。

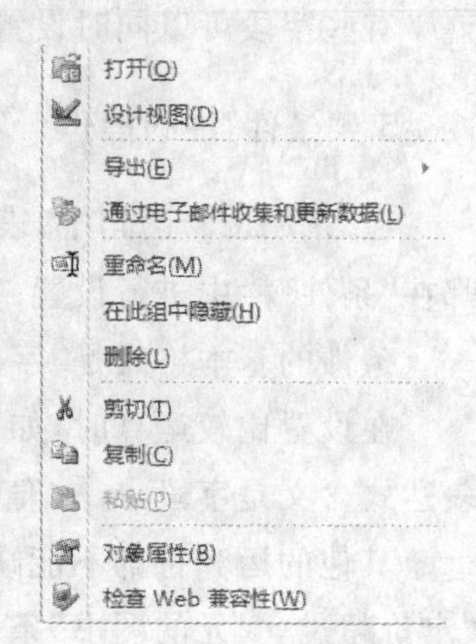

图 5.24 查询对象快捷菜单

选择“设计视图”命令，将进入该查询的设计视图，这时可以

对查询进行编辑修改。

选择"打开"命令,将运行查询并进入数据表视图,然后可通过视图切换列表进入设计视图。在导航窗格中选择查询对象双击,可直接运行查询并进入数据表视图。

在查询设计视图中,可以移动字段列、撤销字段列、插入新字段。

移动字段可以调整其显示次序。在设计网格中,每个字段名上方都有一个长方块,即字段选择器。当将鼠标移动到字段选择器时,指针变成向下的箭头,单击选中整列,然后拖曳到适当的位置放开即可。

撤销字段列是在设计网格中删除已设置的字段。将鼠标移到要删除字段的字段选择器上单击,然后按 Delete 键,该字段便被删除了。

如果要在设计网格中插入字段,在"表/查询输入区"中选中字段,然后拖曳到设计网格的"字段"栏中要插入的位置,即将该字段插入到这一列中,原有字段以及右边字段会依次右移。

若双击"表/查询输入区"中的某一字段,该字段便直接被添加到设计网格的末尾。

对于已经定义的字段,可以直接在设计网格中修改设置。

修改完毕后,单击工具栏中的"保存"按钮保存修改。

5.3.2 选择查询的进一步设置

对于查询的更多选项,可以在设计视图中进一步设置。

1. DISTINCT 和 TOP 的功能

设置 DISTINCT 和 TOP 子句的操作方法如下:

① 单击功能区中的"属性表"按钮,弹出"属性表"对话框,如图 5.25 所示。

② 该对话框用来对查询的整体设计进行设置。如果要在查询中设置 DISTINCT 子句,将"唯一值"栏的值改为"是"。如果要设置 TOP 子句,在"上限值"栏中进行选择,此时会出现一个下拉列表,下拉列表中有数值和百分比两种方式的典型值,可选择其中的某一个值,如果该值不符合要求,就在栏中输入值。

③ 关闭"属性表"对话框,设置生效。

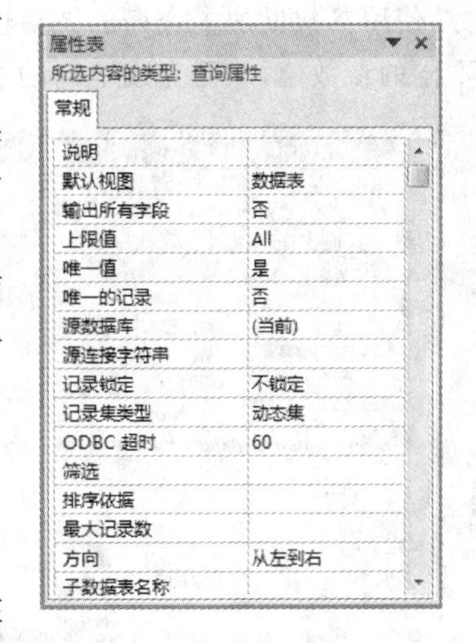

图 5.25 查询属性表

2. 输出列的重命名和为表取别名

在定义查询输出列时,有些列需要重新命名,在 SELECT 语句中是在输出列后面增加"AS 新列名"子句实现的。

在设计视图中,若要重命名字段,可以采用两种方法。

方法 1 是在"字段"栏的字段或表达式前,直接加上"新列名:"前缀。例如,若"字段"栏上输入的是"AVG(薪金)",需要命名为"平均薪金",可以输入:

平均薪金：AVG(薪金)

方法 2 是利用“属性表”对话框，操作方法是，在设计视图中首先将光标定位在要命名的字段列上，然后单击功能区中的“属性表”按钮，弹出“属性表”对话框，如图 5.26 所示。在“标题”栏中输入名称，关闭对话框，这样便完成了为字段重新命名的操作。运行查询时，可以看到新名称代替了原来的字段名。

如果需要对表取别名，在 SELECT 语句中是在表名后加上“AS 新表名”。在设计视图中，是在“表/查询输入区”中选中要改名的表，单击功能区中的“属性表”按钮，弹出如图 5.27 所示的“属性表”对话框。在该对话框的“别名”栏中，默认名就是表名。输入需要的别名，关闭该对话框，这样设计视图中所有用到该表的地方都会使用新取的名称。

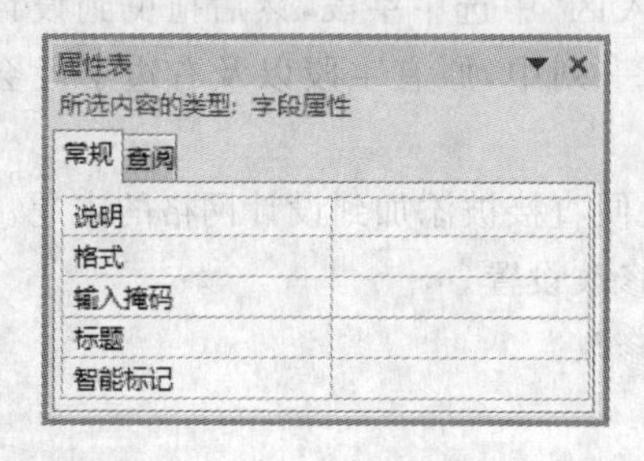

图 5.26　字段属性表

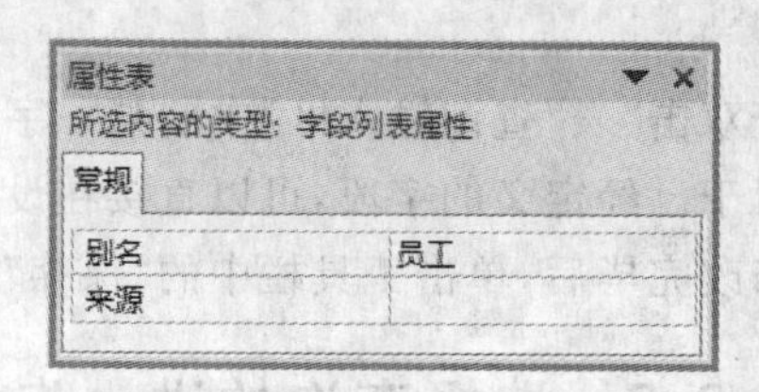

图 5.27　重命名表

3. 参数

在设计查询时，如果条件中用到了很确定的值，直接使用其常量。如果用到了只有执行查询时才能由用户确定的值，则应使用参数。参数可以用在所有查询操作需要输入值的地方，使用参数增加了查询的灵活性和适用性。对于同一个查询，用户可以在查询运行时输入不同的参数值，从而完成不同的查询任务。

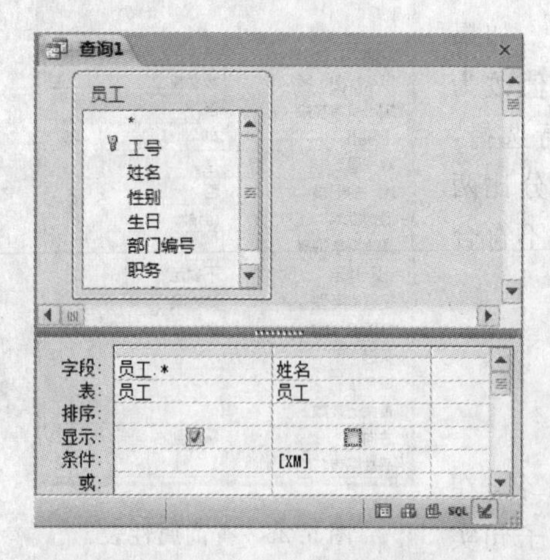

图 5.28　在设计网格使用参数

参数在查询设计时是一个标识符。该标识符不能与字段等其他名称重名，可以用“[ ]”括起来。在执行查询时首先会弹出如图 5.8 所示的“输入参数值”对话框，要求用户先输入值，再参与运算。

如图 5.28 所示，查询“员工”表中指定姓名的员工的信息。员工姓名在执行查询时输入，所以输出列是所有字段，而第 2 列的“姓名”字段只作为条件的比较字段，不显示。在“条件”行采用参数，用“[XM]”表示。

每一个参数，应该都有确切的数据类型。为了使查询中使用的参数名称有明确的规定，可以在使用参数前先予以定义。单击功能区中的“参数”按钮(见图 5.29)，弹出“查询参数”对话框，在其中定义将要用到的参数名称及其类型，如图 5.30 所示。输入参数并选择相应类型后，单击“确定”按钮。

图 5.29 参数按钮

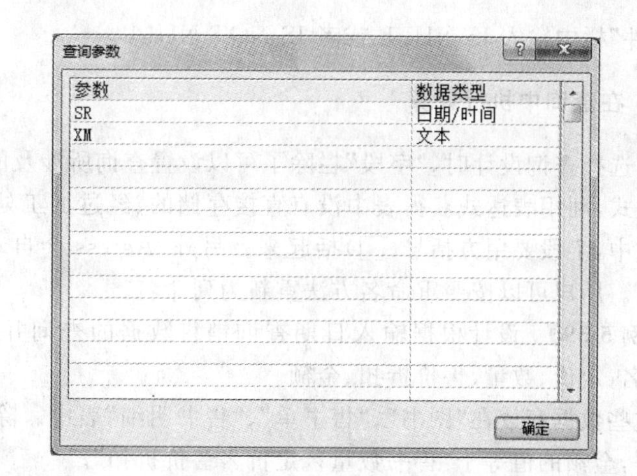

图 5.30 “查询参数”对话框

当定义有参数后，无论用户是否在查询中用到参数，在运行查询时，Access 都会要求用户首先输入定义的所有参数的值，并自动按照定义的类型检验输入数据是否符合要求，然后再去执行查询。

对于每个输入参数值的提示，可以执行下列操作之一：

① 若要输入一个参数值，输入其值。

② 若输入的值就是创建表时定义的该字段的默认值，输入“DEFAULT”。

③ 若要输入一个空值，输入“NULL”。

④ 若要输入一个零长度字符串或空字符串，请将该框留空。

4. BETWEEN、IN、LIKE 和 IS NULL 运算

BETWEEN…AND 运算用于指定一个值的范围。例如，查询条件为员工薪金在 2000 到 2500 元之间，在设置条件时，先设定“薪金”字段，然后直接在“条件”栏中输入：

```
BETWEEN 2000 AND 2500
```

IN 运算用于集合。例如，查找员工的几种特定职务之一，可以将这些职务列出组成一个集合，用括号括起来。在“职务”字段列下面输入：

```
IN ("总经理","经理","副经理","主任")
```

LIKE 用于匹配运算。“?”表示该位置可匹配任何一个字符，“*”表示该位置可匹配任意一个字符，“#”表示该位置可匹配一个数字。方括号描述一个范围，用于确定可匹配的字符范围。

例如，[0－3]可匹配数字 0、1、2、3，[A－C]可匹配字母 A、B、C。惊叹号(!)表示除外。例如，[!3－4]表示可匹配除 3、4 之外的任何字符。

在设计视图的“条件”行中，LIKE 运算后的匹配串应该用方括号括起来。

例如，条件“电话 LIKE "1[0－2]*"”，表示查询第 1 个字符为 1，第 2 个字符为 0(或者 1、2)，从第 3 位开始可以是任意符号。

IS [NOT] NULL 运算用于判断字段值是否为空值。对于判断空值与否的字段，直接

在“条件”栏中输入 IS NULL 或者 IS NOT NULL。

5. 在查询中执行计算

在选择查询设计时,“字段”栏除了可以设置查询所涉及的字段外,还可以设置包含字段的表达式,利用表达式获得表中没有直接存储的、经过加工处理的信息。需要注意的是,在表达式中,字段要用方括号([])括起来。另外,Access 会自动为该表达式命名,格式为“表达式:”。用户可以按照重命名方法重新为列命名。

【例 5-39】 设计根据输入日期查询销售数据的查询并保存为查询对象,输出售书日期、书名、定价、数量、售价折扣、金额。

这些数据存放在“图书”、“售书单”、“售书明细”表中。除金额外,其他字段都可以从表中获得,金额的值等于“售书数量×定价×售价折扣”。

操作步骤如下:

① 进入设计视图,将“售书单”、“售书明细”、“图书”这 3 个表依次加入到设计视图中。

② 依次定义字段,分别将售书日期、书名、定价、数量、售价折扣放入“字段”栏内,同时自动设置“表”栏和“显示”栏。

③ 在最后一列输入“[售书明细].[数量]*[定价]*[售价折扣]”。

④ 这时,Access 自动调整并为该表达式命名。由于查询的售书日期要由用户输入,于是在“售书日期”列的“条件”栏中输入参数“[RQ]”。

⑤ 将最后一列“表达式 1”重命名,替换为“金额”,完成整个设计,如图 5.31 所示。

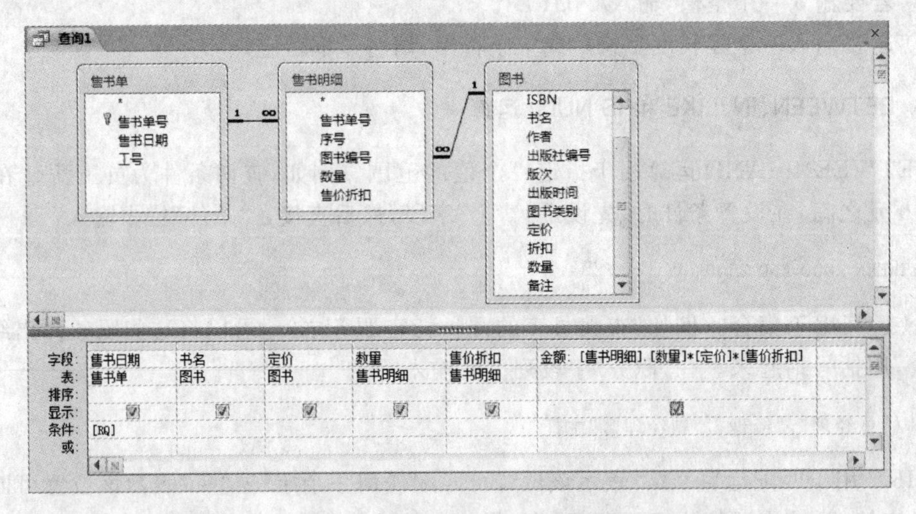

图 5.31 在查询设计视图中定义有表达式的查询

⑥ 单击“保存”按钮,在“另存为”对话框中输入查询名“根据日期查询售书数据”。

⑦ 运行该查询,首先弹出“输入参数值”对话框,输入日期后,就会在数据表视图中显示查询结果。

6. 汇总查询设计

在 SELECT 语句中,可以对整个表进行汇总统计,也可以根据分组字段进行分组统计。

如果要建立汇总查询,必须在设计网格中增加“总计”栏。

在查询设计视图中,单击功能区中的“合计”按钮Σ,设计网格中会增加“总计”栏。“总计”栏用于为参与汇总计算的所有字段设置统计或分组选项。

【例 5-40】 设计查询,统计所有女员工的人数、平均薪金、最高薪金、最低薪金。

首先进入查询设计视图,将“员工”表添加到设计视图中。

然后单击工具栏上的“合计”按钮Σ,增加“总计”栏。将“性别”作为分组字段放置在“字段”栏中,然后针对“工号”计数,在“总计”栏的下拉列表中选择“计数”。依次设置“薪金”字段,分别设置为“平均值”、“最大值”、“最小值”。设置结果如图 5.32 所示。

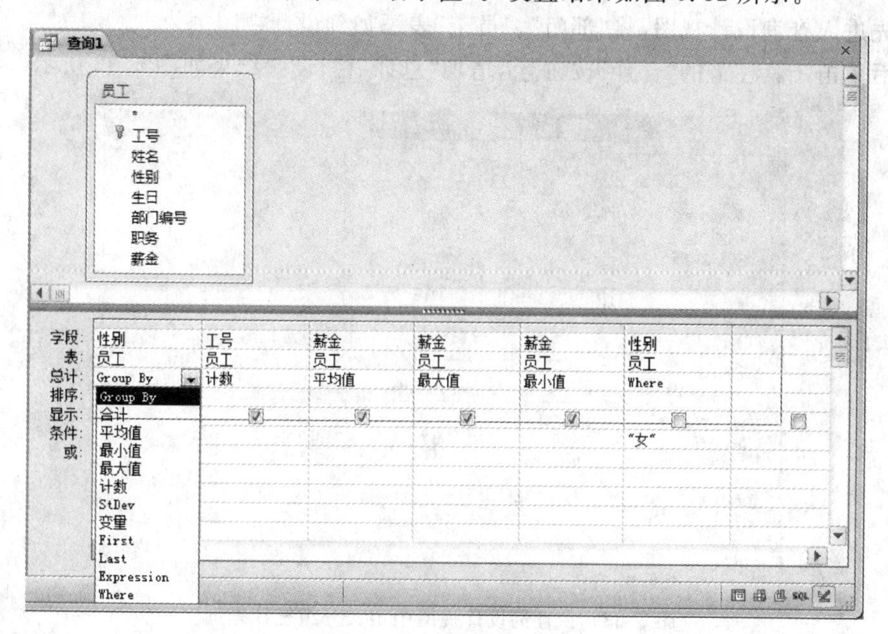

图 5.32 在查询设计视图中定义“汇总统计”查询

在“总计”栏的下拉列表中共有 12 个选项。

① 分组。该选项用于 SELECT 语句的 GROUP BY 子句中,指定字段为分组字段。

② 总计。该选项对应 SUM()函数,为每一组中指定的字段进行求和运算。

③ 平均。该选项对应 AVG()函数,为每一组中指定的字段求平均值。

④ 最小值。该选项对应 MIN()函数,为每一组中指定的字段求最小值。

⑤ 最大值。该选项对应 MAX()函数,为每一组中指定的字段求最大值。

⑥ 计数。该选项对应 COUNT()函数,计算每一组中记录的个数。

⑦ 标准差。该选项对应 STDEV()函数,根据分组字段计算每一组的统计标准差。

⑧ 方差。该选项对应 VAT()函数,根据分组字段计算每一组的统计方差。

⑨ 第一条记录。该选项对应 FIRST()函数,获取每一组中首条记录该字段的值。

⑩ 最后一条记录。该选项对应 LAST()函数,获取每一组中最后一条记录该字段的值。

⑪ 表达式。该选项用于在设计网格的“字段”栏中建立计算表达式。

⑫ 条件。该选项作为 WHERE 子句中的字段,用于限定表中的哪些记录可以参加分

组汇总。

最后的“性别”用于设置“女”员工条件,对应的 SELECT 语句如下:

```
SELECT 员工.性别, COUNT(员工.工号), AVG(员工.薪金), MAX(员工.薪金), MIN(员工.薪金)
    FROM 员工
    WHERE (员工.性别) = "女"
    GROUP BY 员工.性别;
```

运行查看数据表视图,可以看到,统计字段都已经自动命名。

【例 5-41】 统计各部门平均工资并输出平均工资不高于 2600 元的部门。

首先进入查询设计视图,将“部门”、“员工”表添加到设计视图中。

然后单击工具栏上的“合计”按钮Σ,增加“总计”栏,设置结果如图 5.33 所示。

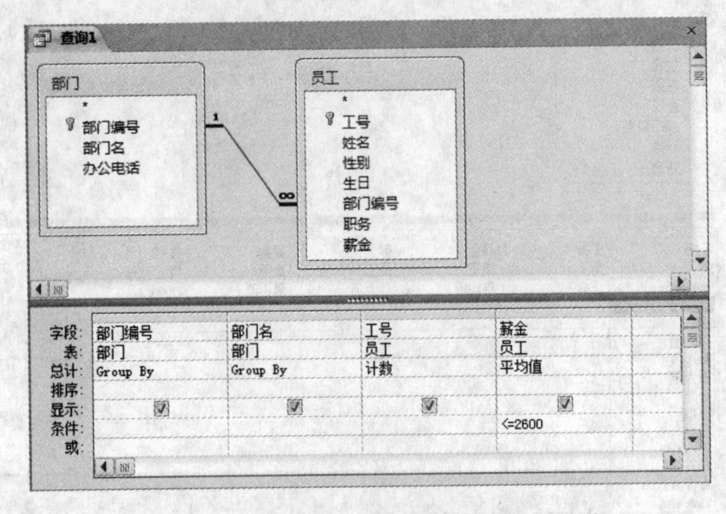

图 5.33 在查询设计视图中定义分组统计查询

注意:在“薪金”字段下的“条件”栏中设置“<=2600”,对应 SELECT 语句中的 HAVING 子句。这是与上例不同的地方,上例的条件出现在 WHERE 子句中。

7. 子查询设计

出现在 SELECT 语句的 WHERE 子句中的子查询,在设计时也放在“条件”栏中。

【例 5-42】 查询在售书记录中出现的员工信息。

进入查询设计视图,将“员工”表添加到设计视图中。由于“售书单”表出现在子查询中,所以无须添加。查询设计的结果如图 5.34 所示,对应的 SELECT 语句如下:

```
SELECT 员工.*
    FROM 员工
  WHERE (((员工.工号) IN (SELECT 工号 FROM 售书单)));
```

8. 查询的字段属性设置

在查询设计中,表的字段属性是可继承的。也就是说,在表设计视图中定义的某字段的字段属性,在查询中同样有效。如果某个字段在查询中输出,而字段属性不符合查询的要

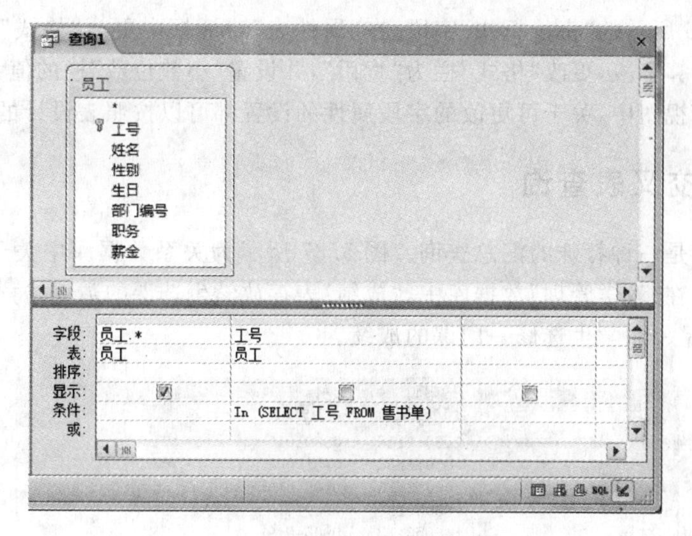

图 5.34 在查询设计视图中定义子查询

求,那么 Access 允许用户在查询设计视图中重新设置字段属性。

例如,在例 5-39 中设计了有计算的查询。运行时,输入日期"2012-1-1",其数据表视图如图 5.35 所示,其"售价折扣"和计算金额的显示格式都是默认格式。

售书日期	书名	数量	定价	售价折扣	金额
2012/1/1	英语句型	1	¥23.00	.85	19.5500005483627
2012/1/1	市场营销	2	¥28.50	.8	45.600000679493
2012/1/1	高等数学	3	¥30.00	.8	72.0000028610229
2012/1/1	数据挖掘	3	¥80.00	.95	227.999992370605
2012/1/1	会计学	3	¥27.50	1	82.5

记录: 第 1 项(共 5 项) 无筛选器 搜索

图 5.35 未定义字段属性的查询结果

进入该查询的设计视图,修改"售价折扣"和"金额"的字段属性,重新运行,其数据表视图如图 5.36 所示,显示格式发生了变化。

售书日期	书名	数量	定价	售价折扣	金额
2012/1/1	英语句型	1	¥23.00	85.000%	¥19.55
2012/1/1	市场营销	2	¥28.50	80.000%	¥45.60
2012/1/1	高等数学	3	¥30.00	80.000%	¥72.00
2012/1/1	数据挖掘	3	¥80.00	95.000%	¥228.00
2012/1/1	会计学	3	¥27.50	100.000%	¥82.50

记录: 第 1 项(共 5 项) 无筛选器 搜索

图 5.36 定义了字段属性的查询结果

设置字段属性的操作步骤如下:

① 在查询设计视图中,将光标定位到要设置字段属性的字段列上。

② 单击功能区中的"属性表"按钮,弹出"属性表"对话框。

③ 在"属性表"对话框中设置字段属性,设置完毕后,关闭对话框即可。

对于图 5.35 所示的“售价折扣”字段，在“属性表”对话框中更改“格式”栏为“百分比”；对于求金额的计算字段，更改“格式”栏为“货币”，并设置“小数位数”栏的值为 2。

在查询设计视图中，关于可更改的字段属性的设置都可以按照表设计的规定进行。

5.3.3 交叉表查询

交叉表查询是一种特殊的汇总查询。图 5.37 所示为关系数据库中关于多对多数据设计最常见的表。在“教学管理”数据库中，“成绩”表存放学生选课的数据，每个学生可以选修多门课程，每行是一名学生选修一门课的成绩。

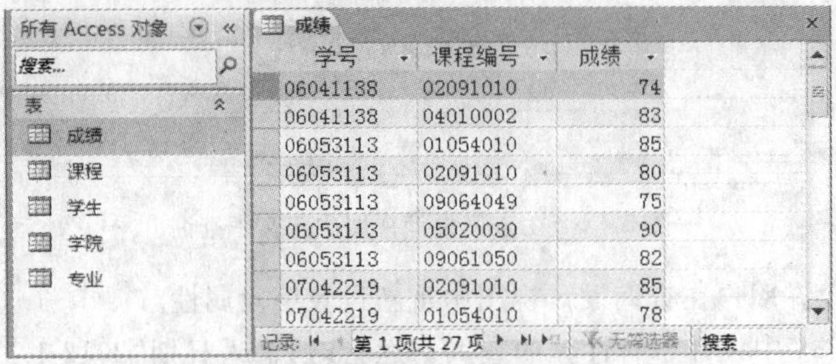

所有 Access 对象
搜索...
表
成绩
课程
学生
学院
专业

成绩

学号	课程编号	成绩
06041138	02091010	74
06041138	04010002	83
06053113	01054010	85
06053113	02091010	80
06053113	09064049	75
06053113	05020030	90
06053113	09061050	82
07042219	02091010	85
07042219	01054010	78

记录: 第 1 项(共 27 项) 无筛选器 搜索

图 5.37 学生选修的课程及成绩表

在输出时人们希望将每名学生的所有成绩数据放在同一行，如图 5.38 所示。这种查询输出功能就是交叉表查询的功能。

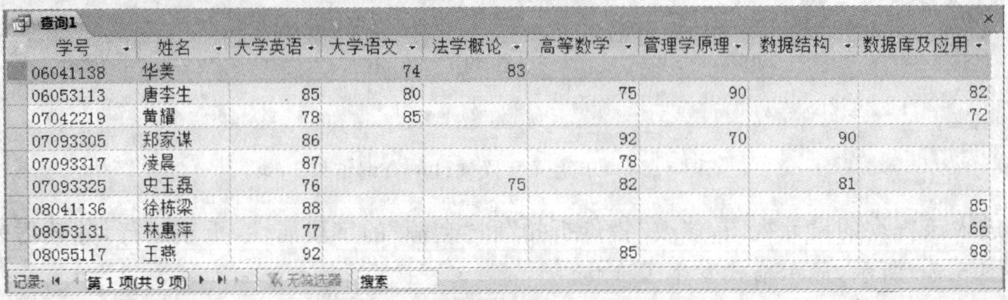

查询1

学号	姓名	大学英语	大学语文	法学概论	高等数学	管理学原理	数据结构	数据库及应用
06041138	华美		74	83				
06053113	唐李生	85	80		75	90		82
07042219	黄耀	78	85					72
07093305	郑家谋	86			92	70	90	
07093317	凌晨	87			78			
07093325	史玉磊	76		75	82		81	
08041136	徐栋梁	88						85
08053131	林惠萍	77						66
08055117	王燕	92			85			88

记录: 第 1 项(共 9 项) 无筛选器 搜索

图 5.38 转换成绩得到的交叉表

那么，怎样将图 5.37 所示的表存储的数据转换为图 5.38 所示的交叉表查询格式呢？

交叉表由 3 个部分组成，即行标题值(图 5.38 中“学号”和“姓名”的值作为每行的开头)、列标题值(图 5.38 中第一行的课程名作为每列的标题)以及交叉值(成绩填入行与列交叉的位置)。

如果表中存储的数据是由两部分联系产生的值(例如学生与课程联系产生的分数、员工与商品产生的销售值等)，就可以将发生联系的两个部分分别作为行标题、列标题，将联系的值作为交叉值，从而生成交叉表查询。

从图中可以看出，交叉表是一种非常实用的查询功能。在定义查询时，指定源表的一个或多个字段作为交叉表的行标题数据来源，指定一个字段作为列标题数据来源，指定一个字段作为交叉值的来源。

(思考：图 5.37 中只有“学号”和“课程编号”字段，而交叉表中增加了“姓名”字段，并将

“课程编号”更换为“课程名称”，是怎样做到的？)

【例 5-43】 查询每天各售书员工的销售金额，并生成交叉表。

根据题意，售书日期为行标题，员工姓名为列标题，销售金额为交叉值。金额要通过“售书明细”和“图书”表进行计算。

操作步骤如下：

① 进入查询设计视图，由于本查询涉及“员工”、“售书单”、“售书明细”、“图书”表，在“显示表”对话框中依次将这 4 个表加入设计视图。

② 单击功能区的“查询类型”栏中的“交叉表”按钮，在设计网格中增加“交叉表”栏和“总计”栏，设计结果如图 5.39 所示。

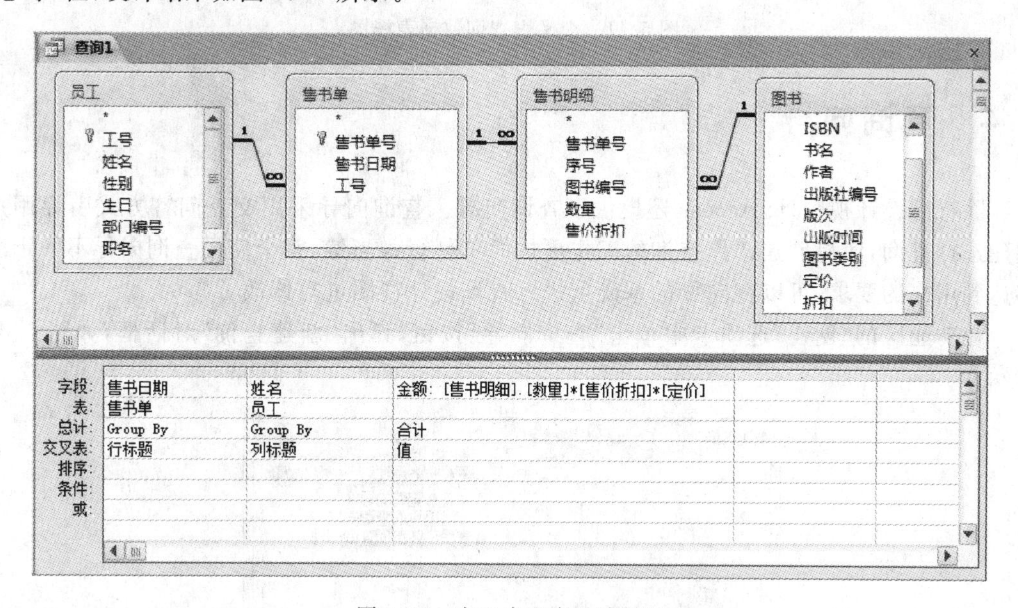

图 5.39 交叉表查询设计视图

③ 在设计网格中，第 1 列为“售书日期”字段，在该列的“总计”栏中选择 Group By 选项，在“交叉表”栏中选择“行标题”选项。

第 2 列为“姓名”字段，在该列的“总计”栏中选择 Group By 选项，在“交叉表”栏中选择“列标题”选项。

第 3 列是求金额的计算表达式：

金额：[售书明细].[数量] * [售价折扣] * [定价]

如果要将同一个人同一天的销售额汇总，在该列的“总计”栏中选择“合计”选项，然后在“交叉表”行中选择“值”选项。由于金额是货币型，因此单击功能区中的“属性表”按钮启动“属性表”对话框，设置“格式”为“货币”，如图 5.40 所示。

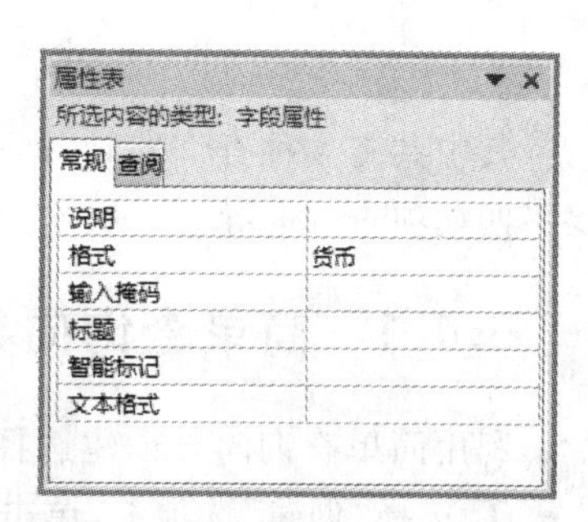

图 5.40 “金额”列字段属性

运行查询，交叉表如图 5.41 所示，每天每人的销售情况一目了然。

查询1

售书日期	刘东珏	任德芳	石破天
2012/1/1			¥447.65
2012/3/10		¥6,397.50	
2012/4/4		¥58.85	
2012/4/5	¥1,264.00		
2012/4/25	¥156.20		
2012/5/7	¥1,611.00	¥43.55	
2012/6/16		¥97.70	
2012/7/14		¥18,480.00	
2012/8/20	¥27.50		

记录: 第 1 项(共 9 项) 无筛选器 搜索

图 5.41 交叉表查询数据表视图

5.4 查询向导

除查询设计视图外,Access 还提供了查询向导。查询向导采用交互问答方式引导用户创建选择查询,使得创建选择查询的工作更加简单易行。当然,完全使用查询向导不一定能够达到用户的要求,可以在向导的基础上进入查询设计视图进行修改。

在功能区的“创建”选项卡中单击“查询向导”按钮,弹出“新建查询”对话框,如图 5.42 所示。

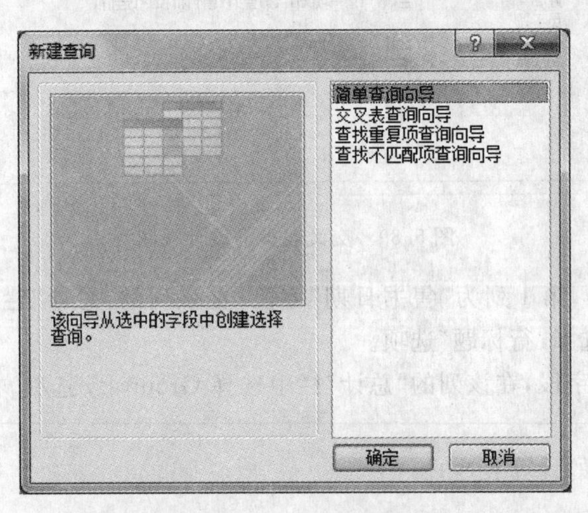

图 5.42 查询向导的“新建查询”对话框

其中共有 4 种查询向导,即简单查询向导、交叉表查询向导、查找重复项查询向导和查找不匹配项查询向导。

5.4.1 简单查询向导

利用简单查询向导创建选择查询的操作步骤如下:

① 选择“创建”选项卡,单击“查询向导”按钮,弹出“新建查询”对话框。

② 选择“简单查询向导”选项,单击“确定”按钮,弹出“简单查询向导”的第 1 个对话框,

如图 5.43 所示。

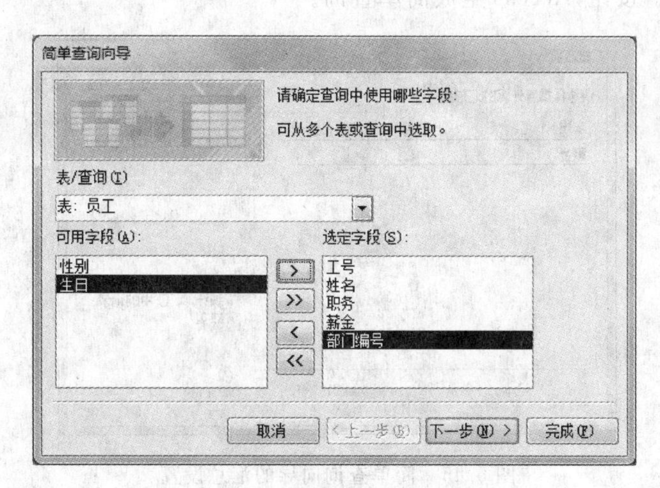

图 5.43 “简单查询向导”对话框 1

③ 在该对话框中选择查询所涉及的表和字段。首先在“表/查询”下拉列表框中选择查询所涉及的表,然后在“可用字段”列表框中选择字段并单击“＞”按钮,将所选字段添加到“选定字段”列表框中。重复操作,选择所需的各表,直到添加完所需的全部字段。

④ 单击“下一步”按钮,弹出“简单查询向导”的第 2 个对话框,如图 5.44 所示。

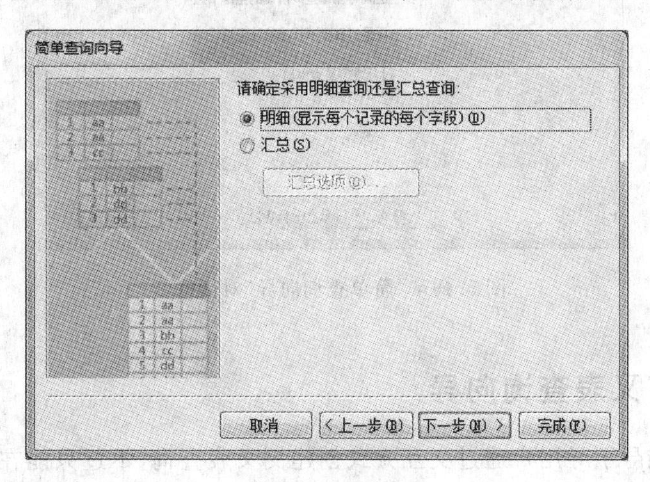

图 5.44 “简单查询向导”对话框 2

⑤ 如果要创建选择查询,应选中“明细”单选按钮。如果要创建汇总查询,应选中“汇总”单选按钮,然后单击“汇总选项”按钮,弹出“汇总选项”对话框,如图 5.45 所示。

⑥ 在“汇总选项”对话框中为汇总字段指定汇总方式,然后单击“确定”按钮,返回第 2 个“简单查询向导”对话框。

⑦ 单击“下一步”按钮,弹出第 3 个“简单查询向导”对话框,如图 5.46 所示。

在该对话框中,可以在“请为查询指定标题”文本框中为查询命名。如果要运行查询,则应选中“打开查询查看信息”单选按钮;如果要进一步修改查询,则应选中“修改查询设计”单选按钮。

⑧ 单击“完成”按钮，Access 生成简单查询。

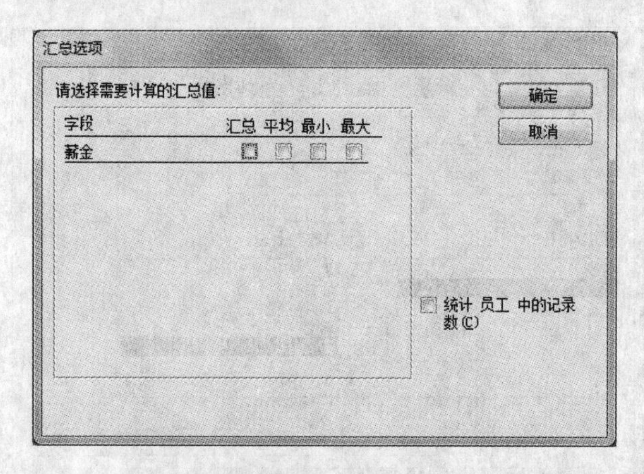

图 5.45　简单查询向导的汇总设置

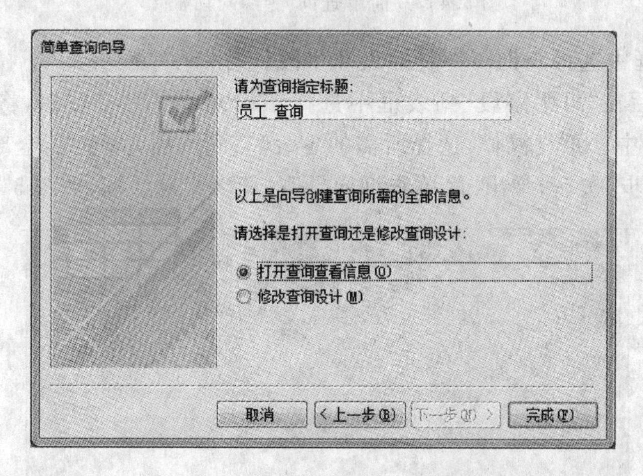

图 5.46　“简单查询向导”对话框 3

5.4.2　交叉表查询向导

交叉表查询向导引导用户通过交互方式创建交叉表查询，不过只能在单个表或查询中创建交叉表查询。如果用户需要做复杂的处理，应在交叉表查询设计视图中创建。

例如，利用向导创建如图 5.38 所示的学生成绩交叉表查询的操作步骤如下：

① 打开“教学管理”数据库。由于该交叉表查询涉及 3 个表，因此，应先创建一个包含学号、姓名、课程编号、课程名称、成绩的三表连接的选择查询。将该查询命名为“学生成绩信息 1”(若通过交叉表设计视图，则无须创建此查询)。

② 在“创建”选项卡的“查询”组中单击“查询向导”按钮，弹出如图 5.42 所示的“新建查询”对话框。选择“交叉表查询向导”选项，单击“确定”按钮，弹出“交叉表查询向导”对话框 1，如图 5.47 所示。

③ 在对话框 1 中选择作为数据源的表或查询，这里选择“查询”。单击“下一步”按钮，弹出“交叉表查询向导”对话框 2，如图 5.48 所示。

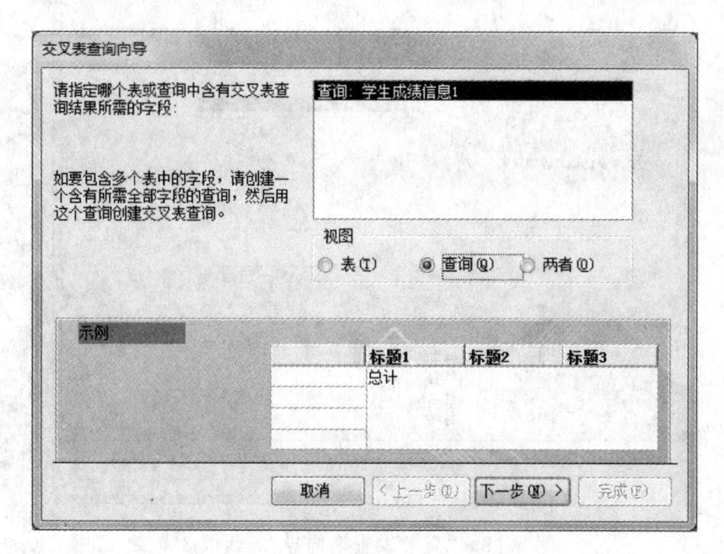

图 5.47 “交叉表查询向导”对话框 1

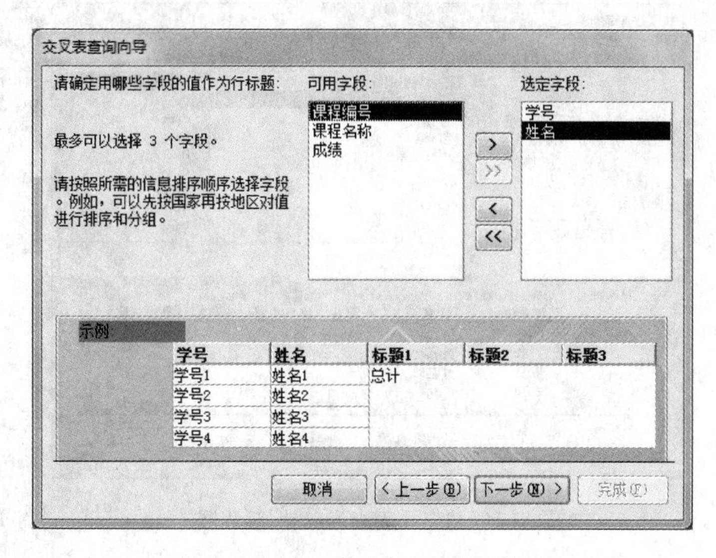

图 5.48 “交叉表查询向导”对话框 2

④ 在对话框 2 中，选择交叉表查询的行标题。单击“下一步”按钮，弹出“交叉表查询向导”对话框 3，如图 5.49 所示。

⑤ 在对话框 3 中，选择交叉表查询的列标题，这里选择“课程名称”。单击“下一步”按钮，弹出“交叉表查询向导”对话框 4，如图 5.50 所示。

⑥ 在对话框 4 中，选择作为交叉值的汇总字段以及汇总方式，这里选择“成绩”，因为每个学生每门课只有一个成绩，所有选择 Avg 或 Sum 等都是一样的。单击“下一步”按钮，弹出“交叉表查询向导”对话框 5。

⑦ 在对话框 5 中，在“请指定查询的名称”文本框中为查询命名。然后选中“查看查询”单选按钮，单击“完成”按钮，生成交叉表查询。

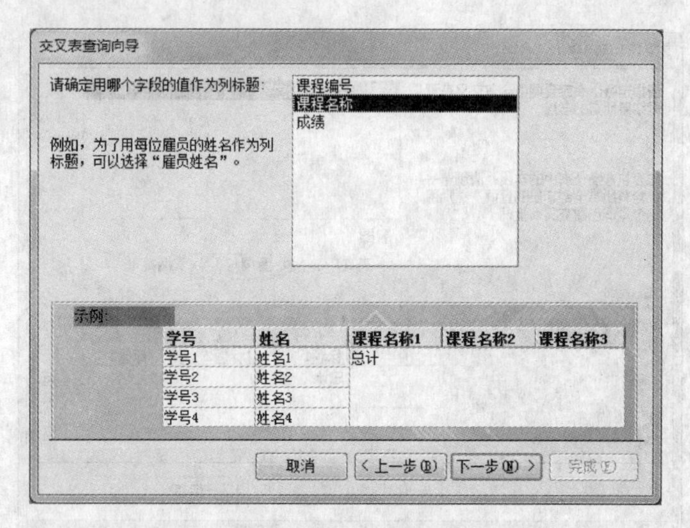

图 5.49 “交叉表查询向导”对话框 3

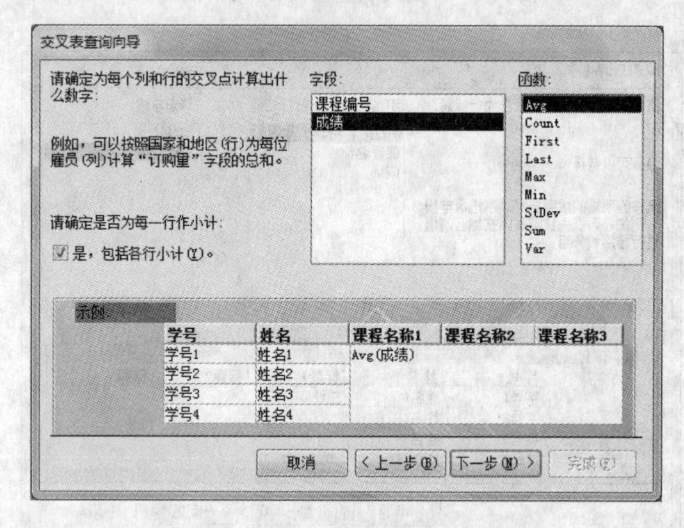

图 5.50 “交叉表查询向导”对话框 4

5.4.3 查找重复项查询向导

通过查找重复项查询向导可以创建一个特殊的选择查询,用于在同一个表或查询中查找指定字段具有相同值的记录。

【例 5-44】 查询是否有图书在不同的“售书明细”中都有记录。

该查询表示同一个编号的图书在不同的售书单中都有,操作步骤如下:

① 启动“新建查询”对话框。

② 在“新建查询”对话框中选择“查找重复项查询向导”选项,单击“确定”按钮,弹出“查找重复项查询向导”对话框 1,如图 5.51 所示。

③ 在对话框 1 中,选择“售书明细”表。然后单击“下一步”按钮,弹出“查找重复项查询向导”对话框 2,如图 5.52 所示。

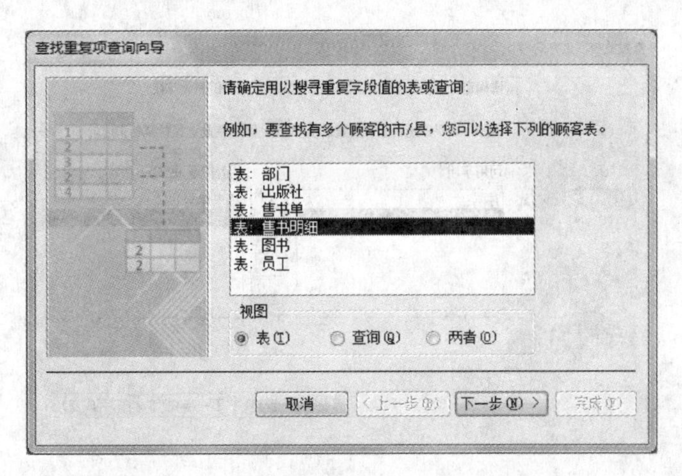

图 5.51 “查找重复项查询向导”对话框 1

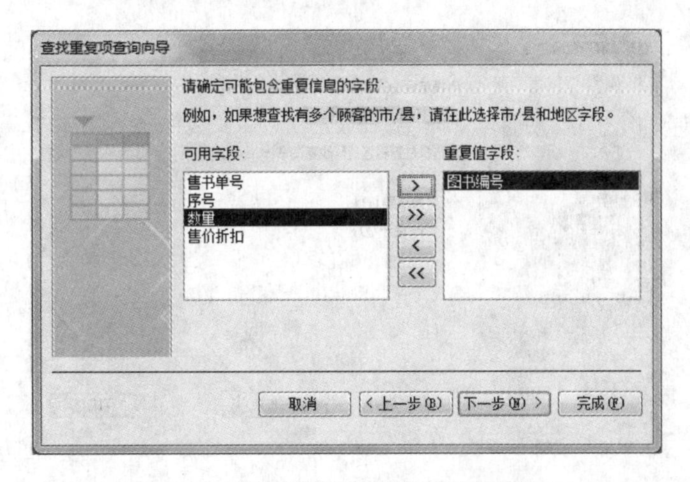

图 5.52 “查找重复项查询向导”对话框 2

④ 在对话框 2 中,选择“图书编号”字段。然后单击“下一步”按钮,弹出“查找重复项查询向导”对话框 3,如图 5.53 所示。

⑤ 在对话框 3 中,选择需要显示的其他字段。本查询需要显示不同的“售书单号”和“数量”,所以选择“售书单号”和“数量”字段。然后单击“下一步”按钮,弹出“查找重复项查询向导”对话框 4,如图 5.54 所示。

⑥ 在对话框 4 中,对要生成的查询命名,然后选中“查看结果”单选按钮,最后单击“完成”按钮,生成查找重复项查询并显示查询的结果。

从结果中可以很清楚地看到出现在一次以上售书单中的同一个编号图书的信息。

5.4.4 查找不匹配项查询向导

通过查找不匹配项查询向导可以创建一个特殊的选择查询,用于在两个表中查找不匹配的记录。所谓不匹配记录,是指在两个表中根据共同拥有的指定字段筛选出来的一个表有而另一个表没有相同字段值的记录。两个表共同拥有的字段一般是主键和外键。没有匹

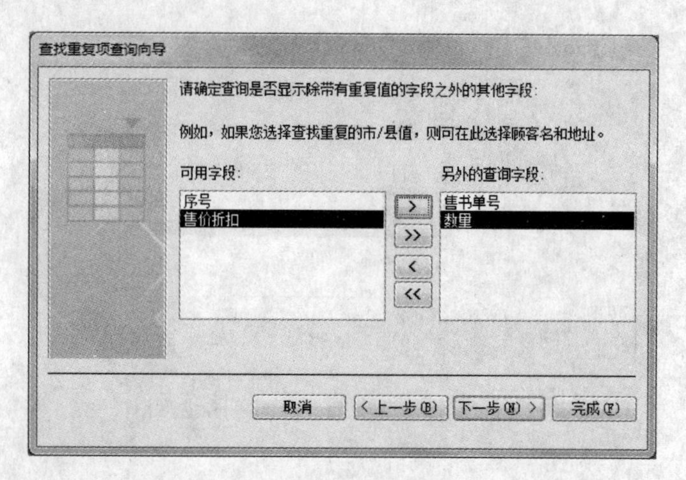

图 5.53 “查找重复项查询向导”对话框 3

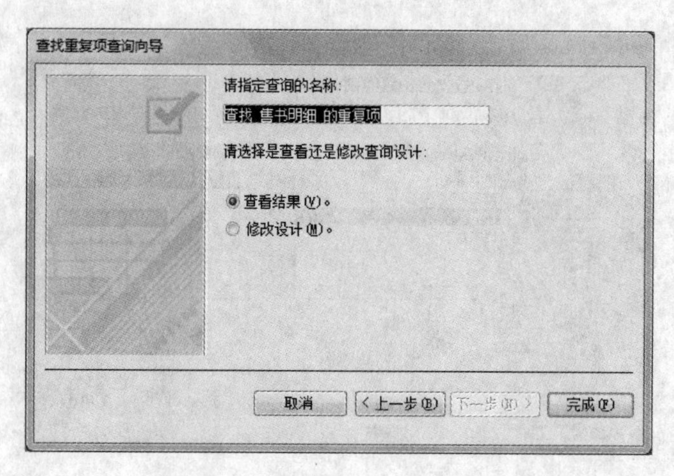

图 5.54 “查找重复项查询向导”对话框 4

配的记录，通常意味着一个主键值没有被引用。

【例 5-45】 查询“图书”表中没有销售记录的图书。

没有销售的图书，意味着在“售书明细”表中没有对应数据的记录。操作步骤如下：

① 启动“新建查询”对话框。

② 在“新建查询”对话框中选择“查找不匹配项查询向导”选项，单击“确定”按钮，弹出“查找不匹配项查询向导”对话框 1，如图 5.55 所示。

③ 在对话框 1 中选择“图书”表，单击“下一步”按钮，弹出“查找不匹配项查询向导”对话框 2，如图 5.56 所示。

④ 在对话框 2 中，选择与“图书”表相关的“售书明细”表，单击“下一步”按钮，弹出“查找不匹配项查询向导”对话框 3，如图 5.57 所示。

⑤ 在“查找不匹配项查询向导”对话框 3 中，选择用于匹配的字段，这里选择“图书编号”字段。若是其他字段，选中后单击“＜＝＞”按钮。然后单击“下一步”按钮，弹出“查找不匹配项查询向导”对话框 4，如图 5.58 所示。

⑥ 在“查找不匹配项查询向导”对话框 4 中，选择要显示的其他字段。例如，书名、作

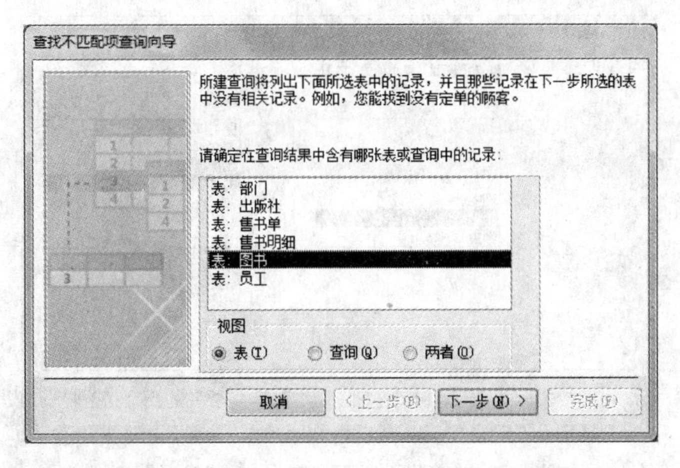

图 5.55 “查找不匹配项查询向导”对话框 1

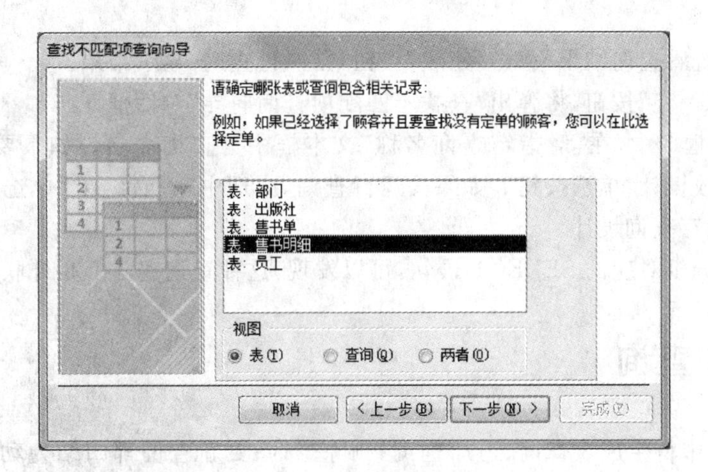

图 5.56 “查找不匹配项查询向导”对话框 2

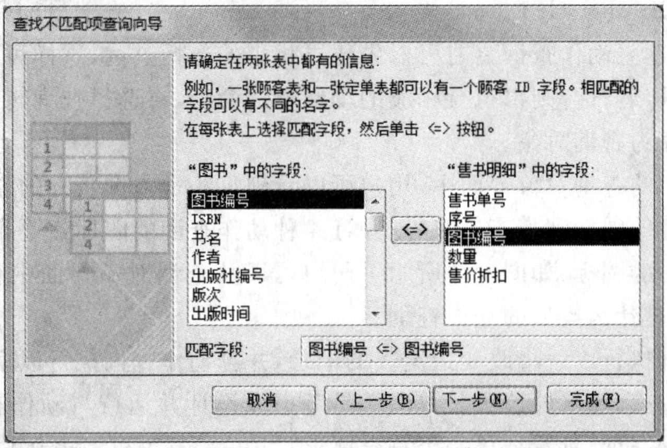

图 5.57 “查找不匹配项查询向导”对话框 3

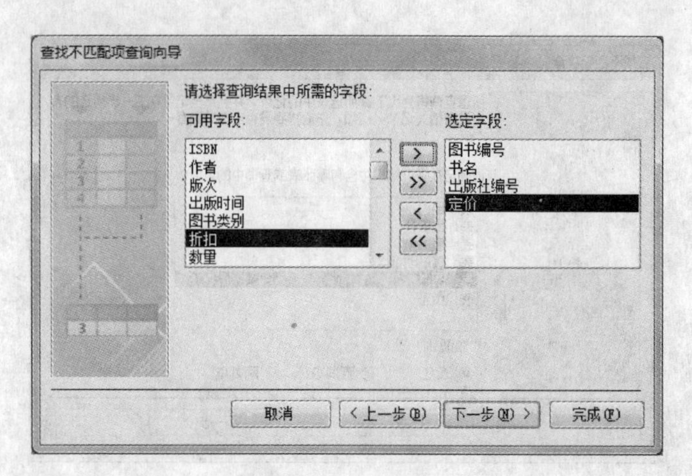

图 5.58 “查找不匹配项查询向导”对话框 4

者、出版社编号等。

如果只想查看查询结果,单击“完成”按钮,则执行查询,显示结果。

若单击“下一步”按钮,将弹出“查找不匹配项查询向导”对话框 5。

⑦ 在对话框 5 中,在“请指定查询名称”文本框中为查询命名。如果要进一步修改查询,应选中“修改设计”单选按钮。如果要运行查询,应选中“查看结果”单选按钮,运行查询显示结果,并保存查询设计。

如果仔细分析对应的 SELECT 语句,可以发现,这种查询实际上是外联接查询。

5.5 动作查询

在 Access 中将生成表查询、追加查询、删除查询、更新查询都归结为动作查询(Action Query),因为这几种查询都会对数据库有所改动。其中,生成表查询是将选择查询的结果保存到新的表中,对应 SELECT 语句的 INTO 子句。其他 3 种查询则分别对应 SQL 语言中的 INSERT、DELETE、UPDATE 语句。

一般来说,在建立动作查询之前可以先建立相应的选择查询,这样可以查看查询结果集是否符合用户要求,若符合则再执行相应的动作查询命令,将选择查询转换为动作查询。动作查询也可以保存为查询对象。

在数据库窗口的查询对象界面中,用户可以看到每一个查询名称的左边都有一个图标。动作查询名称左边的图标都带有惊叹号,并且 4 种动作查询的图标各不相同,类似于它们各自对应的菜单项中的图标,如图 5.3 所示。用户可以从查询对象界面中很快地辨认出哪些是动作查询,以及是什么类型的动作查询。

由于动作查询执行以后将改变指定表的记录,并且动作查询执行以后是不可逆转的,因此,对于使用动作查询要格外慎重。方法一是考虑先设计并运行与动作查询所要设置的筛选条件相同的选择查询,看看结果是否符合要求;方法二是可以考虑在执行动作查询前,为要操作更改的表做一个备份。

5.5.1 生成表查询

生成表查询是把从指定的表或查询对象中查询出来的数据集生成一个新表。由于查询能够集中多个表的数据，因此这种功能在需要从多个表中获取数据并将数据永久保留时是比较有用的。与 SELECT 语句对比，该功能实现 SELECT 语句中 INTO 子句的功能。

创建生成表查询的基本操作步骤如下：

① 按照选择查询的方式启动查询设计视图。

② 根据需要设计选择查询。

③ 在功能区中单击“生成表”按钮，弹出“生成表”对话框，如图 5.59 所示。

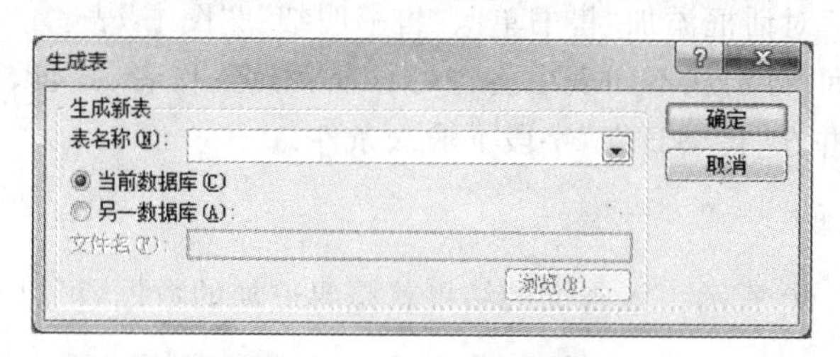

图 5.59 “生成表”对话框

④ 在“生成表”对话框的“表名称”下拉列表框中输入新表的名称。如果要将新表保存到当前数据库中，应选中“当前数据库”单选按钮。如果要将新表保存到其他数据库中，应选中“另一数据库”单选按钮，并在“文件名”文本框中输入数据库的名称。

如果表的名称是已经存在的表，可以通过下拉列表选择。在运行查询时，产生的新的数据将覆盖原表中的数据。

然后单击“确定”按钮，完成设计。

⑤ 单击工具栏中的“保存”按钮，将该查询保存为查询对象。

若单击“运行”按钮，则执行查询，从而生成新的表。在导航窗格中选择该查询对象双击，也可以执行该查询。重复执行该查询，则新的数据生成的表将替换旧的生成表。

如果要进一步查看新表的记录，可以到表对象中打开新表的数据表视图。

需要注意的是，利用生成表查询建立新表时，新表中的字段从生成表查询的源表中继承字段名称、数据类型以及字段大小属性，但是不继承其他的字段属性以及表的主键，如果要定义主键或其他的字段属性，应到表的设计视图中进行。

5.5.2 追加查询

SQL 语言的 INSERT 语句用于实现对表记录的添加功能。INSERT 语句有两种语法，一种是追加一条记录，另外一种是追加一个查询的结果。

在可视化操作时，第 1 种语法通过数据表视图完成，第 2 种语法通过追加查询完成。

追加查询将查询结果添加到一个表中，目标表必须是已经存在的表。这个表可以是当前数据库中的，也可以是另外数据库中的。在使用追加查询时，必须遵循以下规则：

① 如果目标表有主键，追加的记录在主键字段上不能取空值或与原主键值重复。

② 如果目标表属于另一个数据库，必须指明数据库的路径和名称。

③ 如果在查询的设计网格的“字段”栏中使用了针对某个表的星号(*),就不能在另外的“字段”栏中再次使用该表的单个字段。否则,Access 不能添加记录,认为是在试图两次增加同一字段内容到同一记录。

④ 如果目标表中有“自动编号”字段,追加查询中不要包含“自动编号”字段。

【例 5-46】 追加查询实例。

假定在“图书销售”数据库中创建了一个表,名称和字段如下:

图书销售情况(售书日期,书名,作者,定价,数量,售价折扣)

将数据库中的 2012 年 7 月 1 日以后销售的数据追加到该表中的操作步骤如下:

① 启动查询设计视图。

② 通过“显示表”对话框添加“售书单”、“售书明细”、“图书”表。

③ 设计选择查询,分别从不同表中将售书日期、书名、作者、定价、数量、售价折扣字段加入到设计网格中,并在“售书日期”字段下输入条件:

```
">= #2012-7-1#"
```

查询设计如图 5.60 所示。该查询的结果就是要追加的数据,可以运行查看结果。

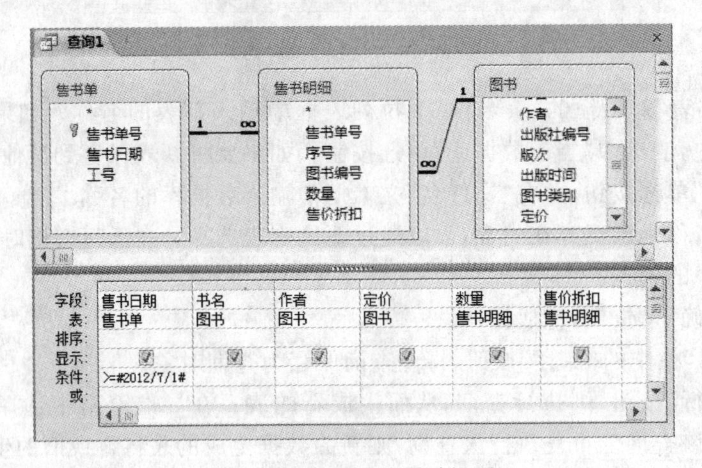

图 5.60 选择查询设计视图

④ 在功能区中单击“追加”按钮,弹出“追加”对话框,如图 5.61 所示。

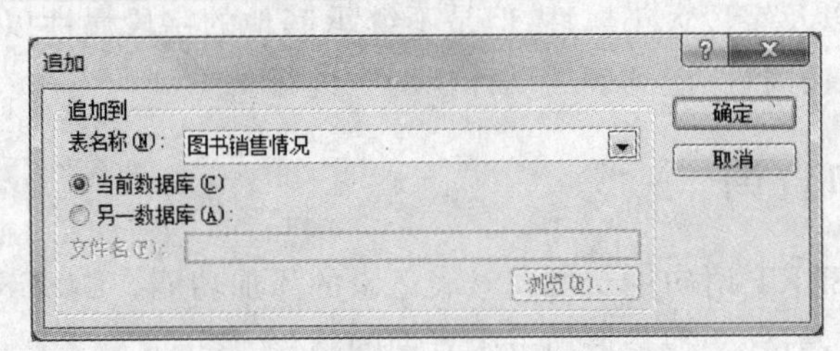

图 5.61 “追加”对话框

⑤ 在“追加”对话框的“表名称”下拉列表框中输入目标表名“图书销售情况”,也可以在下拉列表中选择目标表的名称。

如果目标表在其他数据库中,应选中“另一数据库”单选按钮,并在“文件名”文本框中输入数据库的名称。

⑥ 单击“确定”按钮，在设计网格中增加“追加到”栏，“追加到”栏用于设置查询结果中的字段与目标表字段的对应关系。本例由于字段名相同，Access 会自动加入对应的字段名，用户也可以重新设定。目标表和查询的对应字段可以同名，也可以不同名。

⑦ 若单击工具栏中的“保存”按钮，可命名保存该追加查询为查询对象。

⑧ 若单击“运行”按钮，则执行该追加查询。这时会弹出追加提示框，单击“是”按钮，完成追加。用户可以在导航窗格中选择“图书销售情况”表查看追加的数据。

5.5.3　更新查询

更新查询是在指定表中对满足条件的记录进行更新操作。在数据表视图中也可逐条修改记录，但是这种方法效率较低，且容易出错。在修改大批量数据时，应使用更新查询。

【例 5-47】 使用更新查询对“业务员”员工的薪金增加 5%。

操作步骤如下：

① 启动查询设计视图，将“员工”表添加到查询设计视图中。

② 在查询设计视图中，将“职务”字段加入到设计网格中，并在“条件”栏中输入条件“业务员”，可以运行查看结果。

③ 在“查询类型”组中单击“更新”按钮，在设计网格中增加“更新到”栏。

④ 将“薪金”字段加入到设计网格中，并在对应的“更新到”栏中输入更新表达式：

```
[薪金] * 1.05
```

如图 5.62 所示。

⑤ 若单击工具栏中的“保存”按钮，可命名保存更新查询为查询对象。

⑥ 若单击“运行”按钮，将弹出更新记录提示框，如图 5.63 所示。单击“是”按钮，将更新表中的记录；若单击“否”按钮，将不执行更新查询。

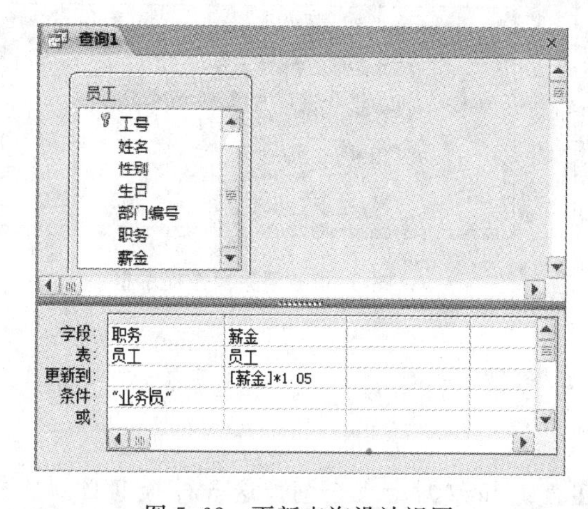

图 5.62　更新查询设计视图

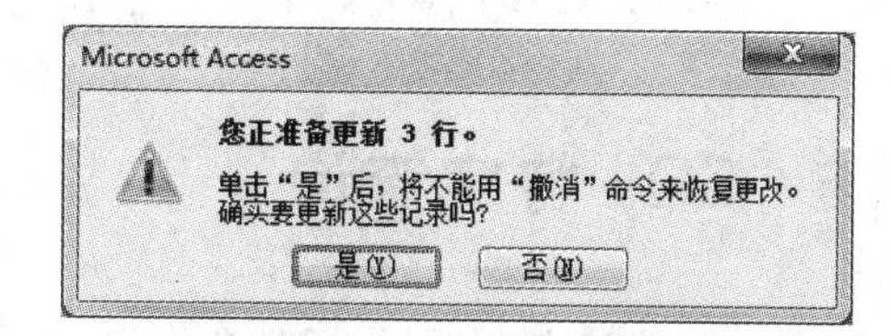

图 5.63　更新操作提示框

用户可以在数据表视图中浏览被更新的表。另外，还有一种更快捷、有效的方法，就是在功能区中单击“查询类型”组中的“选择”按钮，Access 将更新查询变更为选择查询。运行这个选择查询，便能看到更新结果。

需要说明的是,在“更新查询”设计网格的“更新到”行中,可以同时为几个字段输入更新表达式,从而同时为多个字段进行更新修改操作。

5.5.4 删除查询

删除查询是在指定表中删除符合条件的数据记录。由于表之间可能存在关系,因此在删除时要考虑表之间的关联性(相关内容已经在第 4 章中完整介绍)。由于删除查询将永久、不可逆地从表中删除数据,因此对于删除查询操作要特别慎重。

【例 5-48】 设计删除查询,删除“图书”表中“2005 年 1 月”以前出版的图书。

建立删除查询的基本操作步骤如下:

① 进入查询设计视图,添加“图书”表到设计视图中。

② 单击功能区的“查询类型”组中的“删除”按钮,在设计网格中会增加“删除”栏。“删除”栏中包含 Where 和 From 两个选项,通常设置 Where 关键字,以确定记录的删除条件。

③ 在查询设计视图中定义删除条件,如图 5.64 所示。由于删除操作的危害性,可以先设计等价条件的选择查询,运行查看查询结果,若符合要求,然后再设置删除条件。

④ 若单击工具栏中的“保存”按钮,将保存删除查询为查询对象。

⑤ 若执行该删除查询,单击功能区中的“运行”按钮,将弹出删除记录提示框,如图 5.65 所示。单击“是”按钮,将完成在指定“图书”表中删除满足条件记录的操作。不过,若记录被引用,则应遵循参照完整性的删除规则。单击“否”按钮,则不执行删除操作。

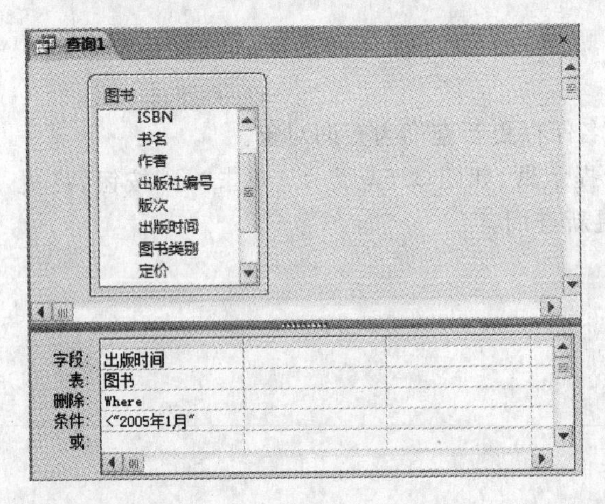

图 5.64 删除查询设计视图

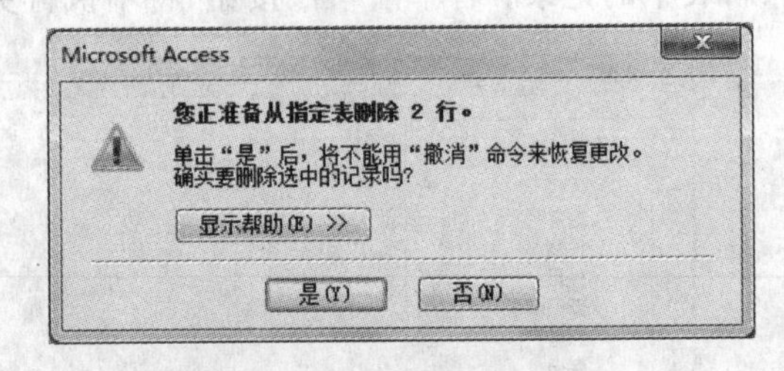

图 5.65 删除操作提示框

5.6 SQL 特定查询

Access 的特定查询,包括联合查询、传递查询和数据定义查询。这 3 种查询必须使用 SQL 语句,没有可视化定义方式。

启动这 3 种查询之一的方法,就是进入查询设计视图,不添加表,单击功能区的“查询类型”组中对应的命令按钮,此时会进入该查询的设计窗口。设计窗口是一个文本编辑器,在其中输入 SQL 语句,然后执行查询语句,也可以作为查询对象保存。

5.6.1 联合查询

联合查询用于实现“查询合并”运算。利用 SELECT 语句中提供的联合(UNION)运算,可以将多个表或查询的数据记录合并到一起。在 Access 中,联合运算的完整语法如下:

```
[TABLE] 表 1 | 查询 1 UNION [ALL] [TABLE] 表 2 | 查询 2 [UNION …]
```

其含义是,通过 UNION 运算,将一个表或查询的数据记录与另一个表或查询的数据记录合在一起。若省略 ALL,运算结果将不含重复记录,若增加 ALL 子句,将保留重复记录。

注意:UNION 前后的“表 1”或“查询 1”的结构与“表 2”或“查询 2”的结构要对应(并非要完全相同,但两者的列数应相同,对应字段的类型要相容),运算结果的字段名和类型、属性按照表 1 或查询 1 的列名来定义。

【例 5-49】 根据例 5-46 的内容,将 2012 年 7 月 1 日前的图书销售记录与“图书销售情况”表合并在一起。

进入查询设计视图,无须添加表,单击功能区的“查询类型”组中的“联合”按钮,进入联合查询设计窗口。在窗口中输入以下联合运算的 SQL 语句:

```
TABLE 图书销售情况
  UNION
    SELECT 售书日期,书名,作者,定价,售书明细.数量,售价折扣
      FROM 图书 INNER JOIN (售书单 INNER JOIN 售书明细
                                  ON 售书单.售书单号 = 售书明细.售书单号)
            ON 图书.图书编号 = 售书明细.图书编号
      WHERE 售书日期<#2012-7-1#
```

用户可以在数据表视图和 SQL 视图中切换,以查看查询结果或命令定义。

5.6.2 传递查询

传递查询并不是新的类型,而是用于将查询语句发送到 ODBC(Open Data Base Connectivity,开放数据库互联)数据库服务器上,即位于网络上的其他数据库中。使用传递查询,不必与服务器上的表进行连接,就可以直接使用相应的数据。

所谓 ODBC 数据库服务器,是微软公司提供的一种数据库访问接口。ODBC 以 SQL 语言为基础,提供了访问不同 DBMS 中数据库的方法,使得不同系统中的数据访问与共享变得容易,并且不用考虑不同系统之间的区别。关于 ODBC 的基本介绍可见本书第 9 章。

在使用传递查询时,要对 ODBC 进行设置,可在设计查询时在“属性表”对话框中进行设置。在进入传递查询窗口后,单击功能区中的“属性表”按钮,将弹出“属性表”对话框,如图 5.66 所示。在该对话框中设置“ODBC 连接字符串”,然后在传递查询设计窗口中定义 SQL 语句。

关于传递查询的详细使用,可参考其他资料。

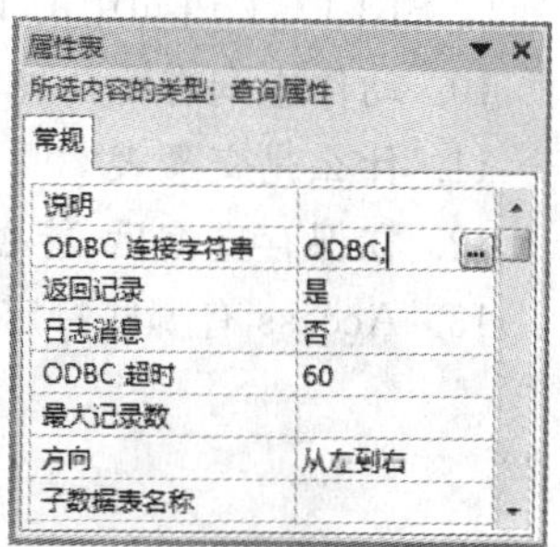

图 5.66 传递查询属性表

5.6.3 数据定义查询

数据定义查询实现的是表定义功能。表设计视图的交互操作很方便,功能也很强大。

数据定义查询使用 SQL 的创建语句创建表,在本章 5.2.6 节中已有完整介绍,由于在“数据定义查询”设计视图中使用 SQL 的方法与之完全相同,这里不再重复。

本章小结

本章完整地介绍了 Access 查询对象的意义、基础和用法。查询对象是数据库中数据重新组织、数据运算处理、数据库维护的最主要的对象,其基础是 SQL 语言。

本章首先介绍了 SQL 语言,并将表达式运算作为 SQL 的组成部分。SQL 语言包括数据定义和数据操作功能。本章通过众多实例,全面介绍了数据定义、数据查询、数据维护的命令及用法,展示了单表、多表联接,以及分组汇总、子查询等多种操作数据的方法,这是本书非常重要的特色。

在此基础上,还介绍了各种类型的可视交互查询设计视图的使用方法,包括选择查询、交叉表查询、生成表查询、追加查询、删除查询、更新查询、SQL 特定查询等。通过本章的深入学习,读者能够对关系数据库和 SQL 语言的应用有深刻的认识,并能熟练地应用 Access 管理数据。

思考题

1. 简述 Access 查询对象的意义和作用。
2. 简述 SQL 的特点和基本功能。
3. 简述启动查询对象 SQL 视图的方法。
4. 什么是参数?在 SQL 命令中怎样定义参数?
5. 什么是表达式?
6. 在 SELECT 语句中,DISTINCT 与 TOP 子句有何作用?
7. LIKE 运算的作用是什么?匹配符号有哪些?
8. 什么是联接查询?如何表达联接查询?
9. SELECT 语句中的 HAVING 子句有何作用?一定要和 GROUP 子句联用吗?
10. 动作查询有哪几种?分别对应 SQL 语言的什么命令?
11. 什么是交叉表?
12. 在保存查询后,能否对查询进行修改操作?
13. Access 有哪些特定查询?数据定义查询的作用是什么?对应哪些 SQL 语句?

第6章 窗体

窗体,也称为表单,它是 Access 数据库的对象。窗体对象用于定义和设置用户使用数据库系统的操作界面。本章介绍各类窗体的特点及创建和使用窗体的基本方法。

6.1 窗体概述

表对象提供了数据表视图用于数据的显示和修改,但对于多数数据库用户而言,这种格式不符合他们的业务要求。从数据库管理的角度,也不应该允许一般用户直接操作表,因此必须对用户使用数据库的方式和格式进行设置。另外,数据库系统是包含多种功能的信息处理系统,必须规定相应的操作方法和系统管理方法。

Access 提供窗体对象,作为用户与数据库系统之间的操作接口。窗体的作用包括显示和编辑数据、接受用户输入以及应用程序的控制管理等。窗体可以为用户使用数据库提供一个友好、直观、简单的操作界面。在 Access 中,可以根据需要设计多种风格的窗体。

6.1.1 窗体的主要用途和类型

Access 窗体在外观上与普通 Windows 窗口差不多,包括标题栏和状态栏,窗体内可包含各种窗体元素,例如文本框、单选按钮、下拉列表框、命令按钮以及图片等。

1. 窗体的主要用途

1) 操作数据

在 Access 中,可以根据需要设计多种符合用户要求的窗体,让用户通过窗体对表或查询的数据进行显示、浏览、输入、修改和打印等操作,这也是窗体的主要功能。

2) 控制应用程序

用户使用数据库的多种需求一般要通过设计完整的应用程序。通过窗体设计,可以将所有的功能及各种数据库对象进行整合控制,使用户通过清晰、简单的界面,按照提示和导航使用所需的功能。

3) 信息显示与交互

用户可以定义多种形式,例如通过不同格式的图表来显示各种信息。

对于应用程序使用过程中产生的提示、警告并要求用户交互的信息,可以设计窗体实现这种交互,使程序顺利执行。

2. 窗体的类型

Access 窗体有多种分类方法。根据数据的显示方式,可以将窗体分为以下几类:

① 单页式窗体。单页式窗体也称纵栏式窗体,在窗体中每页只显示表或查询中的一条记录,记录中的字段纵向排列,左侧显示字段名称,右侧显示相应的字段值。纵栏式窗体常用于浏览和编辑数据。

② 多页式窗体。多页式窗体由多个选项页构成,每页只显示记录的部分数据,通过分页切换查看不同页面的信息。该类窗体适用于每条记录的字段很多,或对记录中的信息进行分类查看的情况。

③ 表格式窗体。表格式窗体以表格的方式显示已经格式化的数据,一次可以显示多条记录数据,字段名称全部出现在窗体的顶端。当记录数或字段宽度超过窗体的显示范围时,可通过拖曳窗体上的垂直或水平滚动条来显示窗体中未显示的记录或字段。

④ 数据表窗体。数据表窗体可以一次显示记录源中的多个字段和记录,与表对象的数据表视图显示的一样,每个记录显示在一行。数据表窗体的主要作用是作为一个窗体的子窗体来显示数据。

⑤ 弹出式窗体。弹出式窗体用来显示信息或提示用户输入数据,会显示在当前打开的窗体之上。弹出式窗体可分为模式和非模式两种窗体。

所谓模式窗体,是当该窗体打开后,用户只能操作该窗体直到其关闭,而不能同时操作其他窗体或对象。非模式窗体在打开后,用户仍然可以访问其他对象。

⑥ 主/子窗体。主/子窗体主要用来显示具有一对多关系的相关表中的数据。主窗体显示"一"方数据表的数据,一般采用纵栏式窗体;子窗体显示"多"方数据表的数据,通常采用表格式窗体。主窗体和子窗体的数据表之间通过公共字段关联,当主窗体中的记录对象发生变化时,子窗体中的记录会随之变化。

⑦ 数据透视表窗体。数据透视表窗体是一种根据字段的排列方式和选用的计算方法汇总数据的交叉式表,能以水平或垂直方式显示字段值,并在水平或垂直方向上进行汇总,方便对数据进行分析。

⑧ 数据透视图窗体。数据透视图窗体利用图表方式直观地显示汇总的信息,方便数据的对比,可直观地显示数据的变化趋势。

⑨ 图表窗体。图表窗体是将数据经过一定的处理,以图表形式显示出来。它可以直观地显示数据的变化状态及发展趋势。图表窗体可以单独使用,也可以作为子窗体嵌入其他窗体中。

6.1.2 窗体的操作界面与视图

为了满足窗体对象创建与运行的各种要求,Access 提供了多种视图和设计工具。

1. 窗体的视图

在 Access 2010 中,窗体有 6 种视图,分别是设计视图、窗体视图、布局视图、数据表视图、数据透视表视图和数据透视图视图,如图 6.1 所示。

① 设计视图。窗体的设计视图用于窗体的创建和修改。通过该视图,可以设计满足用

户需求的任何窗体，也可以修改通过其他方式创建的窗体。设计视图是创建窗体功能最强、最灵活的设计界面，用户可以向窗体中添加各种对象，并设置对象的属性。

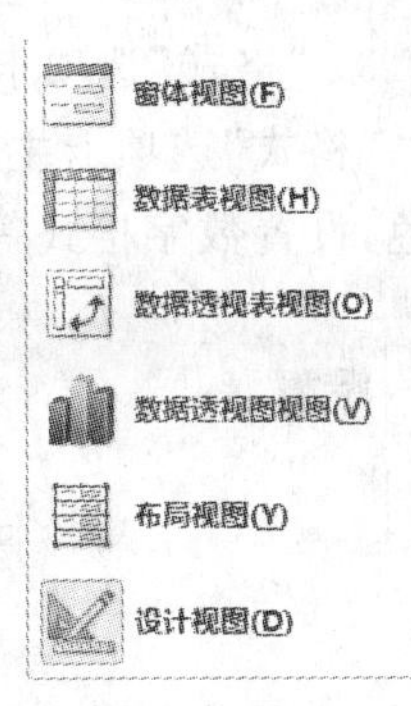

图 6.1 窗体视图

② 窗体视图。窗体视图是窗体运行时的显示方式。用户根据窗体设计实现的功能来操作窗体，可以浏览表的数据；可以通过窗体对表的数据进行添加、修改、删除和查询等操作；可以与窗体交互；也可以按照窗体的要求对应用程序进行导航控制。

③ 数据表视图。数据表视图以表的形式显示数据，数据表视图与表对象的数据表视图基本相同，可以对表中的数据进行编辑和修改。

④ 数据透视表视图。数据透视表视图用于创建数据透视表窗体，主要用于数据的分析和统计。

⑤ 数据透视图视图。数据透视图视图用于创建数据透视图窗体。

⑥ 布局视图。布局视图是 Access 2010 新增的一种视图，用于以直观的方式修改窗体。在布局视图中，可以调整窗体设计，可以根据实际数据调整对象的宽度和位置，可以向窗体添加新对象，设置对象的属性。布局视图实际上是处于运行状态的窗体，因此用户看到的数据与窗体视图中的显示外观非常相似。

2. 窗体设计工具

在创建窗体时，会自动打开“窗体设计工具”的上下文选项卡，在该选项卡中包含 3 个子选项卡，分别为“设计”、“排列”和“格式”。

1)“设计”选项卡

“设计”选项卡主要用于在设计窗体时，使用其提供的控件或工具向窗体中添加各种对象，设置窗体的主题、页眉和页脚以及切换窗体视图等，如图 6.2 所示。

图 6.2 “窗体设计工具”的“设计”选项卡

2)“排列”选项卡

“排列”选项卡主要用于设置窗体的布局，包括创建表的布局、插入对象、合并和拆分对象、移动对象、设置对象的位置和外观等，如图 6.3 所示。

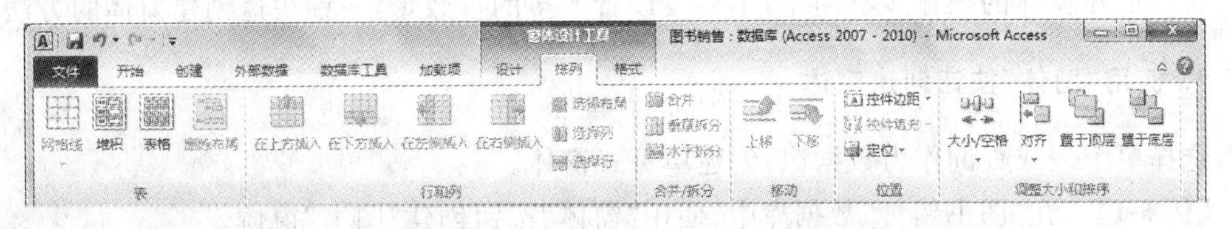

图 6.3 “窗体设计工具”的“排列”选项卡

3)“格式”选项卡

“格式”选项卡主要用于设置窗体中对象的格式,包括选定对象,设置对象的字体、背景、颜色,设置数字格式等,如图 6.4 所示。

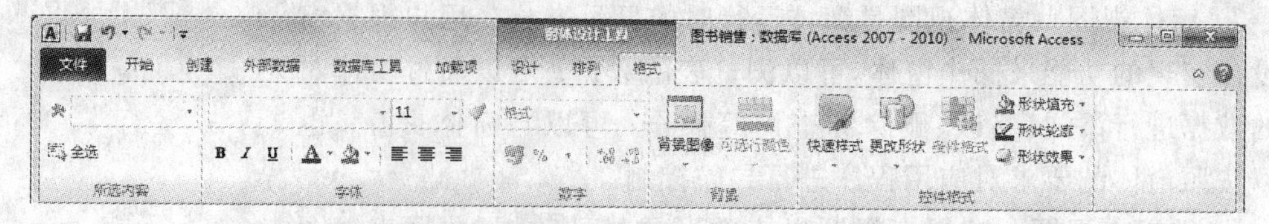

图 6.4 “窗体设计工具”的“格式”选项卡

6.2 自动创建窗体和使用向导创建窗体

进入 Access 数据库窗口,选择功能区中的“创建”选项卡,可以看到创建窗体的功能按钮,如图 6.5 所示。

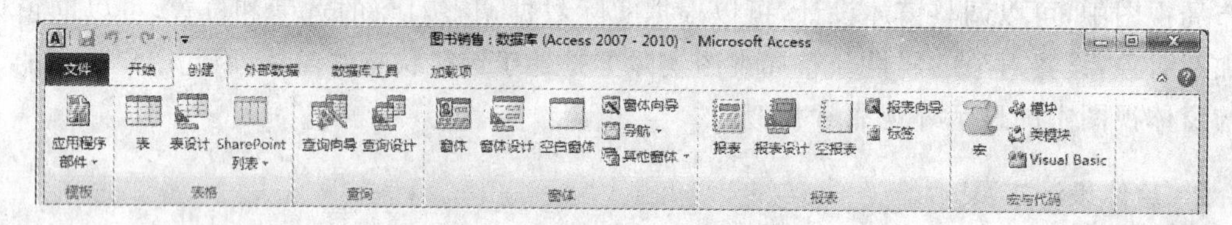

图 6.5 功能区中创建窗体的按钮

Access 主要提供了 3 种创建窗体的方法:

① 自动创建窗体。

② 使用窗体向导创建窗体。

③ 使用设计视图创建窗体。

自动创建窗体和使用窗体向导创建窗体都是根据系统的引导和提示完成创建窗体的过程,使用设计视图创建窗体则根据用户的需要自行设计窗体。本节主要介绍自动创建窗体和使用窗体向导创建窗体的方法,这两种方法操作简便、快速,适合简单窗体的创建。

6.2.1 自动创建窗体

自动创建窗体是基于单个表或查询创建窗体。当选定表或查询作为数据源后,创建的窗体将包含来自该数据源的全部字段和数据记录。

自动创建窗体的操作步骤简单,不需要设置太多的参数,是一种快速创建窗体的方法。

1. 使用“窗体”按钮创建窗体

选择单个表或查询作为数据源,创建单页式窗体。

【例 6-1】 在“图书销售”数据库中,使用“窗体”按钮创建“图书”窗体。

操作步骤如下:

① 打开“图书销售”数据库,在导航窗格中选择“图书”表。

② 在功能区的“创建”选项卡中单击“窗体”组中的“窗体”按钮，Access 会自动创建窗体，并以布局视图显示该窗体，如图 6.6 所示。

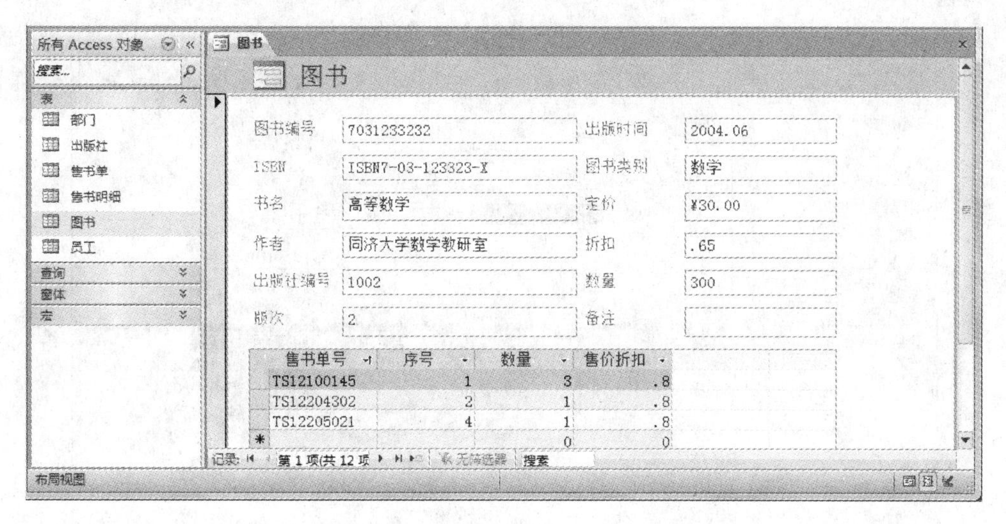

图 6.6 通过“窗体”按钮创建窗体

③ 若需要保存该窗体，单击工具栏中的“保存”按钮，弹出“另存为”对话框。在该对话框中为窗体命名，然后关闭窗体，完成窗体设计。

在布局视图中，可以在窗体显示数据的同时对窗体进行修改。

如果创建窗体的表与其他表或查询具有一对多的关系，Access 将在窗体中添加一个子窗体来显示与之发生关系的数据。例如本例中，“图书”表和“销售明细”表之间存在一对多的关系，因此，在窗体中添加了显示图书销售信息的子窗体。

用户可通过该窗体查看每本图书的信息及其销售的信息。

2. 创建分割窗体

分割窗体指将窗体分割成上、下两部分，分别以两种视图方式显示数据。上半区域以单记录方式显示数据；下半区域以数据表方式显示数据，可以快速地定位和浏览记录。两种视图连接到同一数据源，并且始终保持同步，用户可以在任何一部分中对记录进行切换和编辑。

【例 6-2】 在“图书销售”数据库中，对“员工”表创建分割窗体。

操作步骤如下：

① 在“图书销售”数据库窗口的导航窗格中选择“员工”表。

② 在功能区的“创建”选项卡中单击“窗体”组中“其他窗体”按钮右侧的下三角按钮，打开其他窗体下拉菜单，如图 6.7 所示。

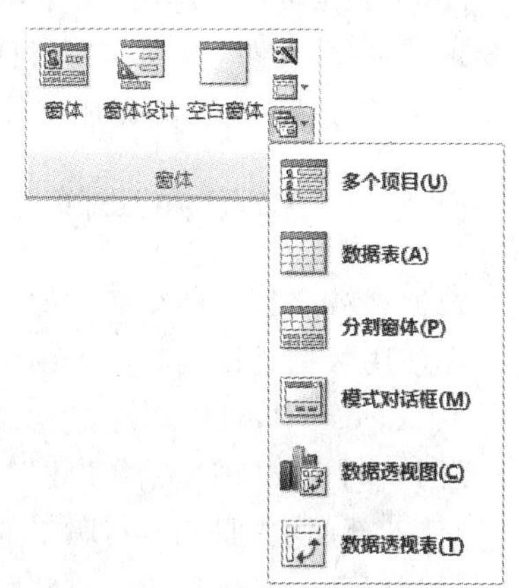

图 6.7 其他窗体下拉菜单

③ 在下拉菜单中选择“分割窗体”命令，Access 会自动创建分割窗体，并以布局视图显示该窗体。因为“性

别”字段定义了“查阅”功能,所以性别的“男”、“女”值都会出现。选中“性别”行后调整行距,结果如图 6.8 所示。

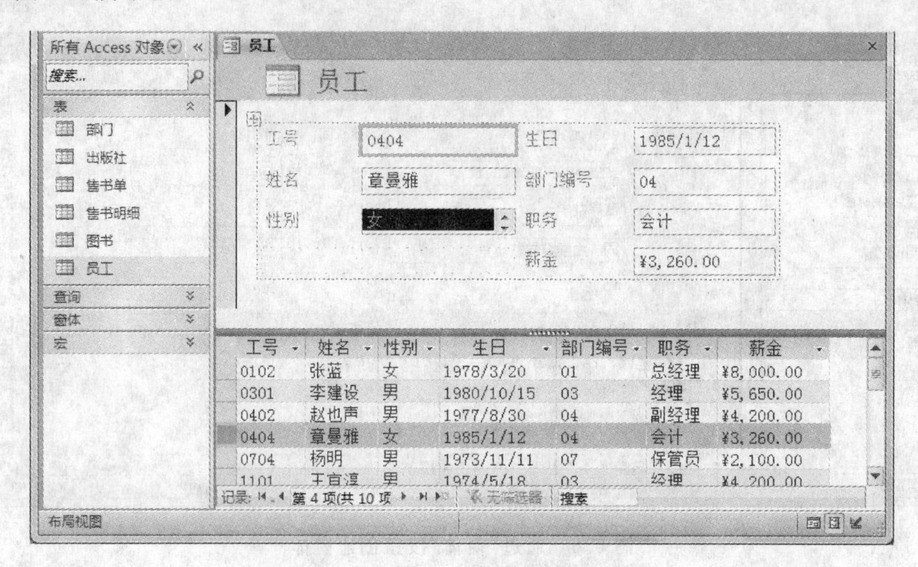

图 6.8 通过“分割窗体”按钮创建窗体

④ 关闭并保存窗体,完成窗体设计。

3. 使用“多个项目”创建窗体

使用“多个项目”方式创建的窗体是一种连续窗体,在该类窗体中显示多条记录,记录以数据表的形式显示。

【例 6-3】 在“图书销售”数据库中,对“员工”表使用“多个项目”创建窗体。

操作步骤如下:

① 在“图书销售”数据库窗口的导航窗格中选择“员工”表。

② 在功能区的“创建”选项卡中单击“窗体”组中“其他窗体”按钮右侧的下三角按钮,打开其他窗体下拉菜单,如图 6.7 所示。

③ 在下拉菜单中选择“多个项目”命令,Access 会自动创建多个项目窗体,并以布局视图显示此窗体,调整“性别”字段行距,如图 6.9 所示。

④ 关闭并保存窗体,完成窗体设计。

6.2.2 使用向导创建数据透视表窗体

数据透视表是一种交叉式的表,它可以按设定的方式进行计算,如求和、计数、求平均值等。在使用数据透视表的过程中,用户可以根据需要改变版面布局。

在 Access 中,可以通过“数据透视表”向导来创建数据透视表窗体。

【例 6-4】 在“图书销售”数据库中,对于员工信息创建数据透视表窗体,按照“部门”分类,统计各部门、各职务男女职工的人数。

因为以部门名分类,首先在“图书销售”数据库中建立一个查询,将“部门”表与“员工”表联接起来,命名为“部门与员工”,组成查询的 SQL 语句如下:

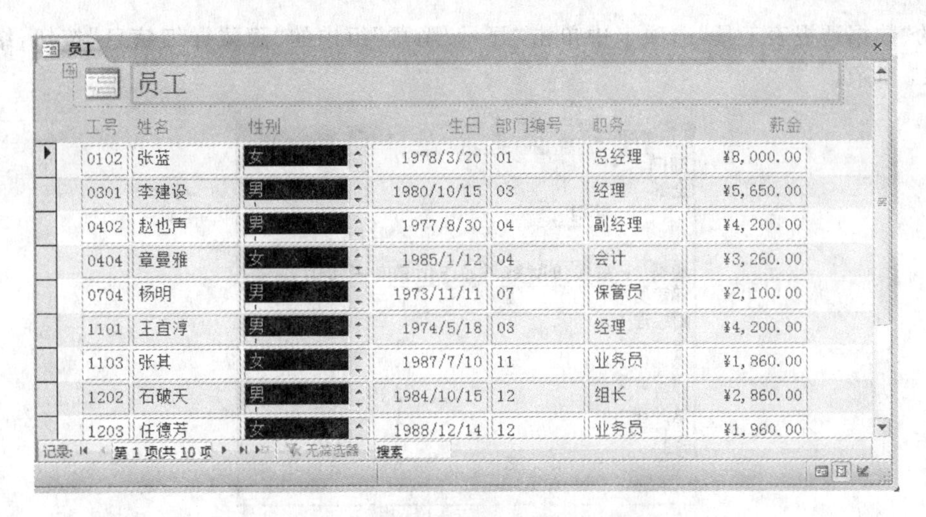

图 6.9 通过"多个项目"创建窗体

```
SELECT 部门.*,工号,姓名,性别,职务
    FROM 部门 INNER JOIN 员工 ON 部门.部门编号 = 员工.部门编号;
```

然后,按照以下步骤操作:

① 在导航窗格的查询对象中选择"部门与员工"。

② 在功能区的"创建"选项卡中单击"窗体"组中"其他窗体"按钮右侧的下三角按钮,打开其他窗体下拉菜单,如图 6.7 所示。

③ 在下拉菜单中选择"数据透视表"命令,打开"数据透视表"设计窗口。在窗口内单击(或者右击,在快捷菜单中选择"字段列表"命令),显示"数据透视表字段列表"对话框,如图 6.10 所示。

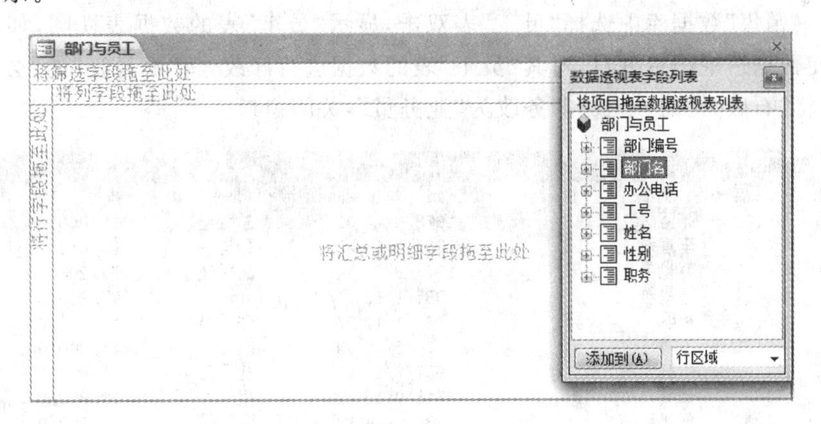

图 6.10 "数据透视表"设计界面

④ 将数据透视表所用的字段拖到指定的区域中。在此将"部门名"字段拖到左上角的"将筛选字段拖至此处"区域,将"职务"字段拖到"将行字段拖至此处"区域,将"性别"字段拖到"将列字段拖至此处"区域,将"姓名"字段拖到汇总区域。

⑤ 关闭"数据透视表字段列表"对话框,选择"姓名"右击,在弹出的快捷菜单中选择"自动计算|计数"命令,数据透视表窗体设计完成。若不希望显示员工姓名的详细信息,可在功

能区的“数据透视表工具”选项卡中单击“显示/隐藏”组中的“隐藏详细信息”按钮，结果如图6.11所示。

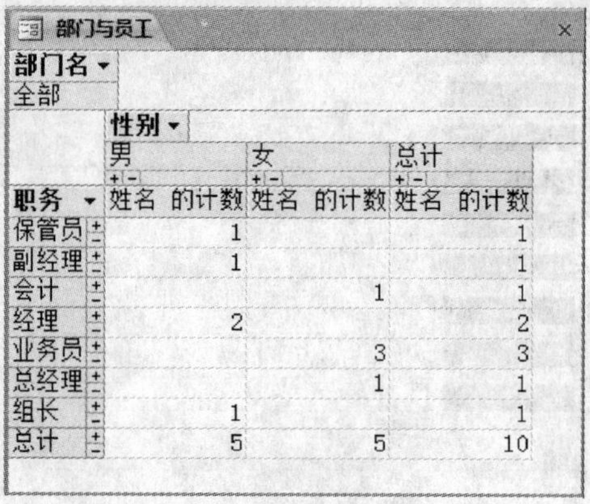

部门与员工

部门名 ▾
全部

	性别 ▾		
	男	女	总计
职务 ▾	姓名 的计数	姓名 的计数	姓名 的计数
保管员	1		1
副经理	1		1
会计		1	1
经理	2		2
业务员		3	3
总经理		1	1
组长	1		1
总计	5	5	10

图6.11 “数据透视表”窗体

数据透视表的内容可以导出到Excel，单击功能区的“数据”组中的“导出到Excel”按钮，Access将启动Excel并自动生成表格，可以将其保存为Excel文件。

6.2.3 使用向导创建数据透视图窗体

数据透视图以图形方式显示数据汇总和统计结果，可以直观地反映数据的汇总信息，形象地表达数据的变化。在Access中使用“数据透视图”向导来创建数据透视图窗体。

【例6-5】 在“图书销售”数据库中创建数据透视图窗体，将各部门员工按职务统计男女职工的人数。

在“图书销售”数据库中选择“员工”表双击，显示“员工”表的数据表视图，如图6.12所示。为了使数据透视图更醒目，对其“员工”表的数据进行修改，将“章曼雅”的“会计”职务改为“经理”，将“石破天”的“组长”职务改为“业务员”，关闭窗口。

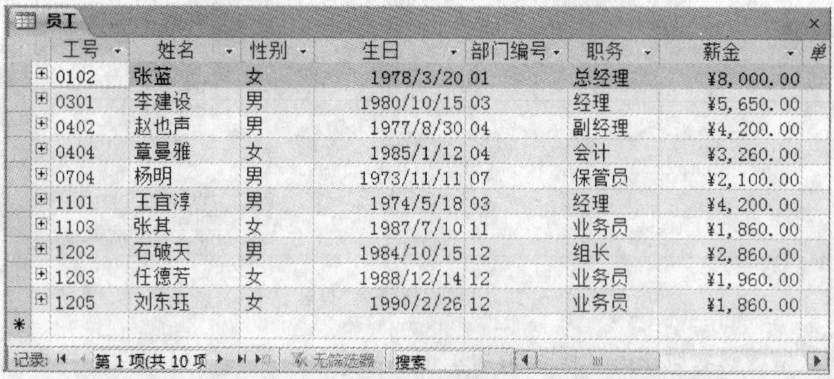

员工

工号	姓名	性别	生日	部门编号	职务	薪金	单
0102	张蓝	女	1978/3/20	01	总经理	¥8,000.00	
0301	李建设	男	1980/10/15	03	经理	¥5,650.00	
0402	赵也声	男	1977/8/30	04	副经理	¥4,200.00	
0404	章曼雅	女	1985/1/12	04	会计	¥3,260.00	
0704	杨明	男	1973/11/11	07	保管员	¥2,100.00	
1101	王宜淳	男	1974/5/18	03	经理	¥4,200.00	
1103	张其	女	1987/7/10	11	业务员	¥1,860.00	
1202	石破天	男	1984/10/15	12	组长	¥2,860.00	
1203	任德芳	女	1988/12/14	12	业务员	¥1,960.00	
1205	刘东珏	女	1990/2/26	12	业务员	¥1,860.00	

记录: 第1项(共10项) 无筛选器 搜索

图6.12 “员工”表的数据表视图

然后，按照以下步骤操作：

① 在“图书销售”数据库的导航窗格中选择“查询”组中的“部门与员工”。

② 在功能区的“创建”选项卡中单击“窗体”组中“其他窗体”按钮右侧的下三角按钮，在下拉菜单中选择“数据透视图”命令，打开“数据透视图”设计窗口，同时显示“图表字段列表”对话框，如图 6.13 所示。

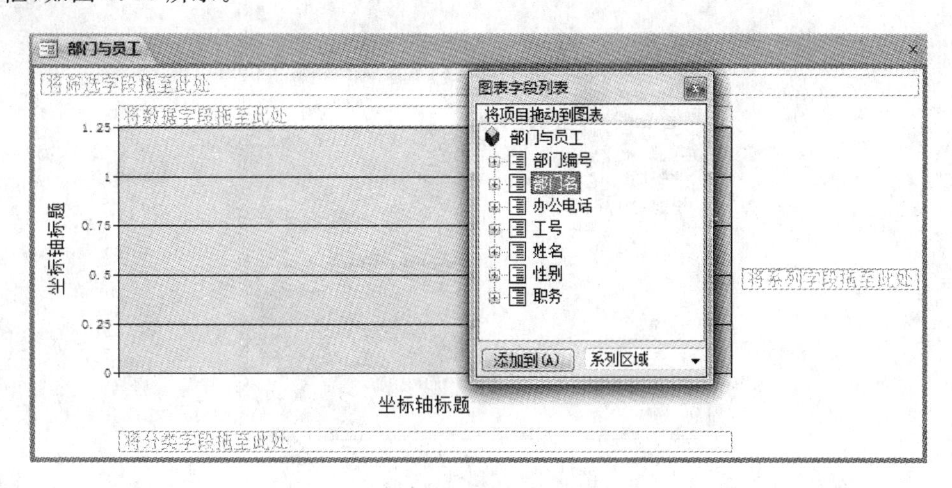

图 6.13 “数据透视图”设计视图

③ 在字段列表中，将数据透视图所用的字段拖到指定区域中。在此将“部门名”字段拖到左上角的筛选字段区域，将“职务”字段拖到下部分类字段区域，将“性别”字段同时拖到右边系列字段区域和上部数据字段区域。

④ 关闭“图表字段列表”对话框，显示数据透视图窗体，如图 6.14 所示。

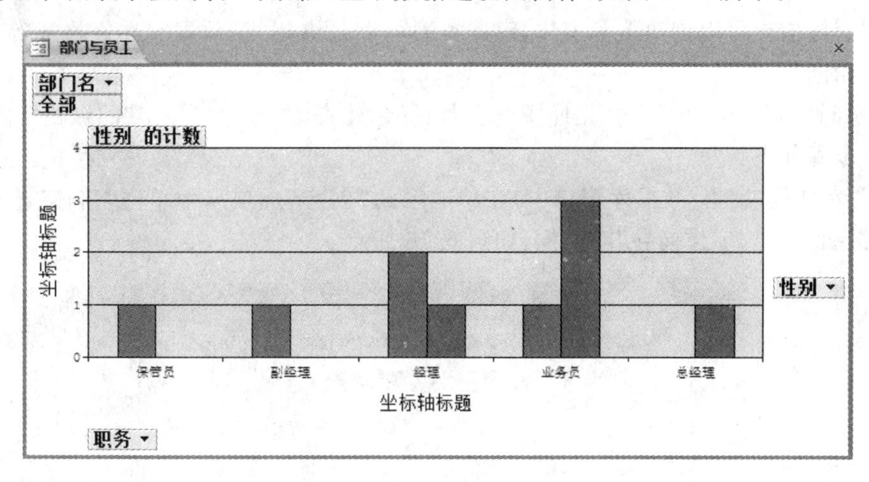

图 6.14 “数据透视图”窗体

⑤ 单击“保存”按钮，将设计命名保存到窗体对象中。

用户可以对图表进行进一步设置，通过“属性”对话框进行。在“数据透视图工具”中单击“工具”组中的“属性表”按钮，弹出“属性”对话框，如图 6.15 所示。

例如，要修改图 6.14 中水平坐标轴的标题，可以在“属性”对话框的“选择”下拉列表框中选择“分类轴 1 标题”，然后选择“格式”选项卡，在“标题”文本框中输入“职务类别”，则更改了数据透视图的水平坐标轴的标题。用类似的方法，可以将垂直坐标轴的标题改为“人数”，用户还可以设置图表的其他属性。

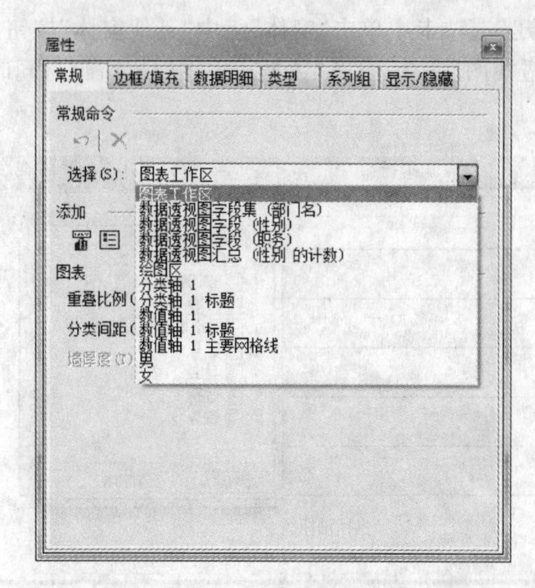

图 6.15 “属性”对话框

在数据透视表和数据透视图窗体中，使用左上角的筛选按钮可以查看指定部门的有关统计数据。

6.2.4 使用向导创建其他窗体

使用窗体向导可以创建多种窗体，窗体类型可以是纵栏式、数据表和表格式等，其创建过程基本相同。

【例 6-6】 在“图书销售”数据库中，使用向导创建查询“部门与员工”的纵栏式窗体。

操作步骤如下：

① 进入“图书销售”数据库窗口中，在功能区的“创建”选项卡中单击“窗体”组中的“窗体向导”按钮，弹出“窗体向导”对话框，如图 6.16 所示。

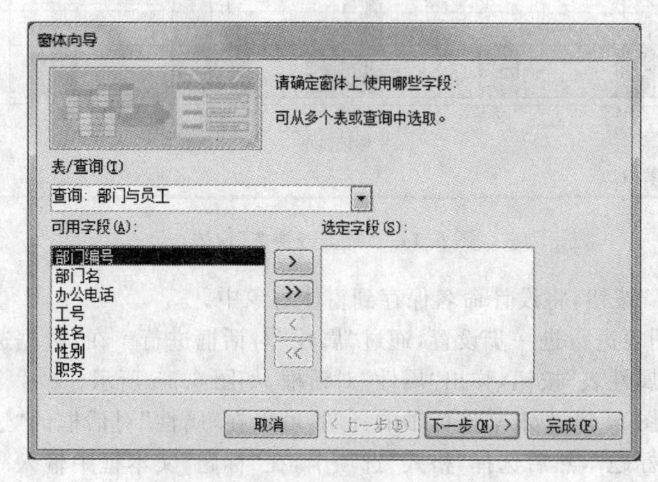

图 6.16 “窗体向导”对话框 1

② 在“窗体向导”对话框的“表/查询”下拉列表框中选择“查询：部门与员工”，然后单击 >> 按钮，将“可用字段”列表框中的所有字段加入到“选定字段”列表框中，如图 6.17 所示。

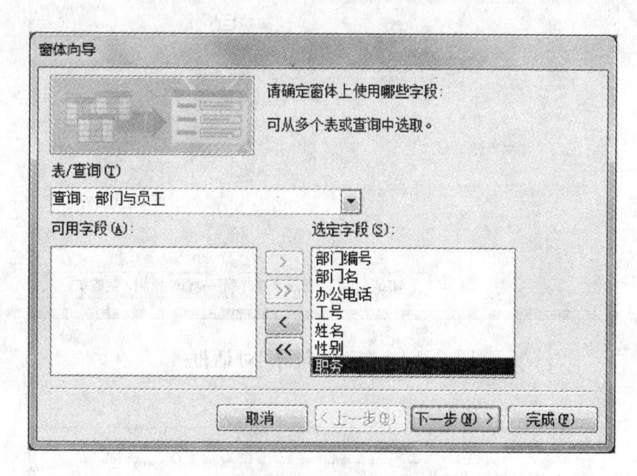

图 6.17　“窗体向导”对话框 2

③ 单击“下一步”按钮，打开“窗体向导”的“请确定查看数据的方式”对话框，如图 6.18 所示。

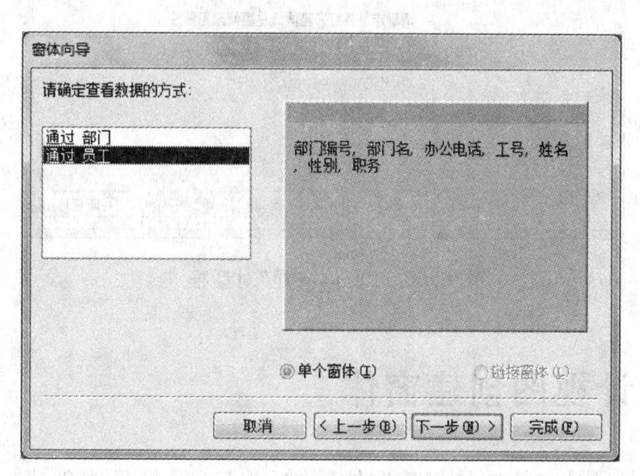

图 6.18　“窗体向导”对话框 3

④ 选择“通过 员工”，单击“下一步”按钮，打开“窗体向导”的“请确定窗体使用的布局”对话框，如图 6.19 所示。

⑤ 选中“纵栏表”单选按钮，单击“下一步”按钮，打开“窗体向导”的“请为窗体指定标题”对话框，如图 6.20 所示。

⑥ 在标题文本框中输入标题或使用默认标题，至此，使用向导创建窗体的过程完毕。然后选中“打开窗体查看或输入信息”或“修改窗体设计”单选按钮，设定窗体创建完成后 Access 要执行的操作。

这里选中“打开窗体查看或输入信息”单选按钮，单击“完成”按钮，Access 会自动打开窗体，以“纵栏表”的格式查看“部门与员工”的数据。

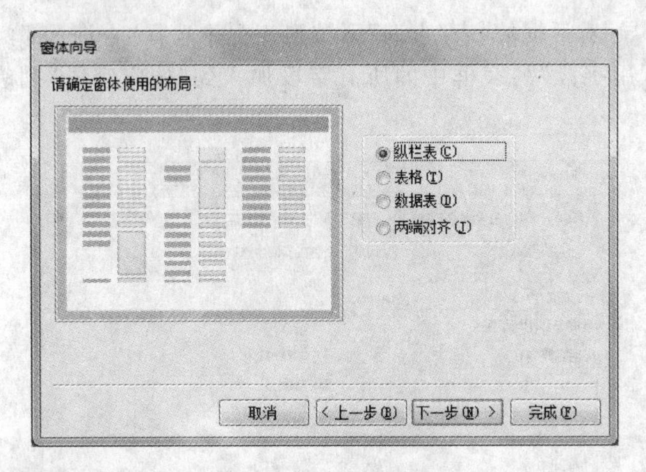

图 6.19 “窗体向导”对话框 4

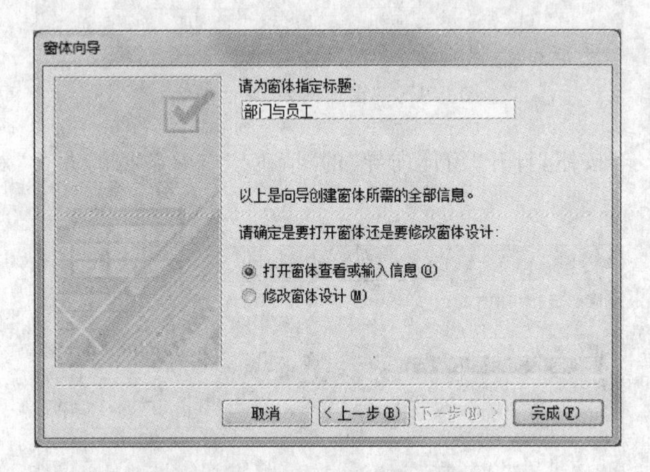

图 6.20 “窗体向导”对话框 5

6.3 使用设计视图创建窗体

自动创建窗体或通过窗体向导创建窗体简单、快速,但是只能创建一些简单的窗体,在实际应用中远远不能满足用户的需求,而且某些类型的窗体无法用向导创建。

通过窗体的设计视图,用户可以创建任何所需的窗体,并且通过对窗体或窗体元素进行编程,可以实现各种数据处理和程序控制的功能。另外,用户也可以对已经创建的窗体进行修改。因此,设计视图是创建窗体最强大的工具。

6.3.1 窗体设计视图概述

窗体设计视图是设计窗体的工作界面。根据窗体的不同用途,窗体内包含了多种窗体元素。为此,在进行窗体设计时,应将窗体划分为不同的功能区。窗体设计视图的每个区域称为“节”。

为了使窗体完成所需的功能，必须向窗体添加实现相应功能的窗体元素，称为“控件”。由于多数窗体都用于数据处理，因此应该为这类窗体指定数据源。

窗体的设计视图如图 6.21 所示。

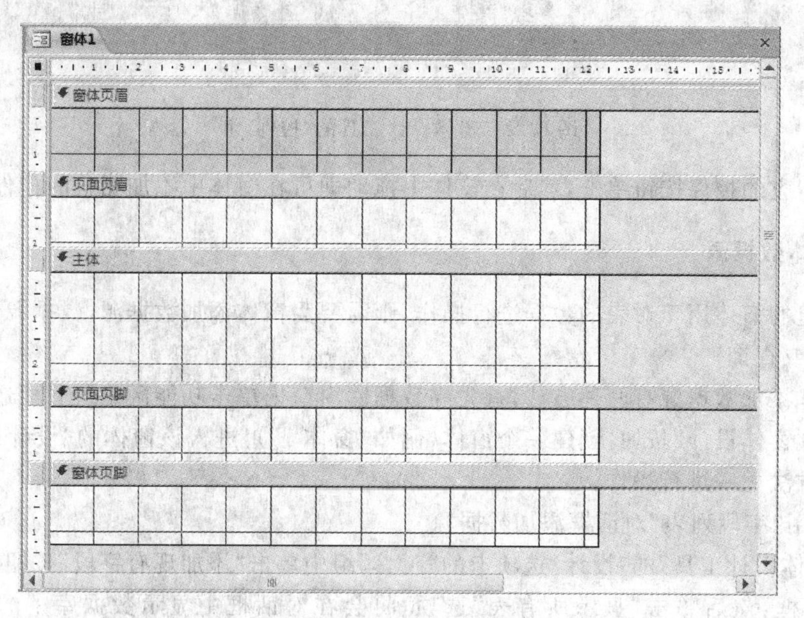

图 6.21 窗体设计视图

在数据库窗口中，单击“创建”选项卡的“窗体”组中的“窗体设计”按钮，即可打开窗体的设计视图。

默认情况下，设计视图只有主体节。右击窗体，在弹出的快捷菜单中分别选择“页面页眉/页脚”和“窗体页眉和页脚”命令，即可展开其他节。

1. 窗体的节

窗体设计要实现窗体的细节，不同节具有不同的用途。通常，一个窗体由主体、窗体页眉/页脚和页面页眉/页脚等节构成。

“主体”节是窗体的主要部分，其构成元素主要是 Access 提供的各种控件，用于显示、修改、查看和输入信息等。每个窗体都必须包含主体节，其他部分可选。

“窗体页眉/页脚”用于设置整个窗体的页眉或页脚的内容与格式。窗体页眉通常用于为窗体添加标题或整体说明等信息。窗体页脚用于放置命令按钮、窗体使用说明等。

“页面页眉/页脚”仅出现在用于打印的窗体中。页面页眉用于设置在每张打印页的顶部需要显示的信息，页面页脚通常用于显示日期、页码、署名等信息。

2. 控件

控件是放置在窗体中的图形对象，是最常见和主要的窗体元素，主要用于实现输入数据、显示数据、执行操作等功能，例如文本框、下拉列表框、命令按钮等。

当打开窗体的设计视图时，系统会自动显示“窗体设计工具”的上下文选项卡，控件组位于其中的“设计”选项卡中，如图 6.22 所示。

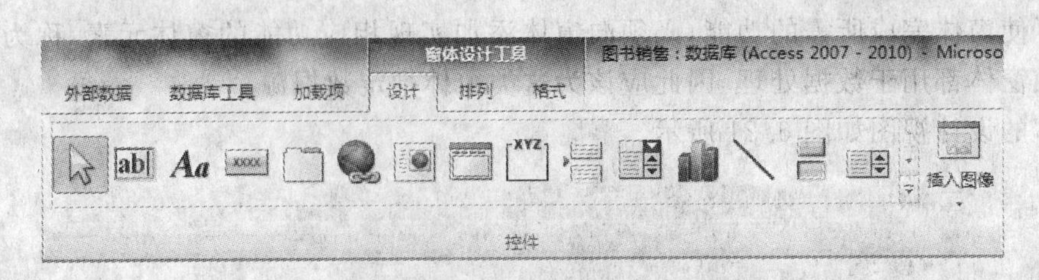

图 6.22 窗体设计工具的"控件"组

选择相应的控件按钮单击，然后在窗体中拖动即可在窗体中添加相应的控件对象。

3. 窗体数据源

若创建的窗体用于对表的数据进行操作，则需要为窗体添加数据源，数据源可以是一个或多个表(或查询)。

为窗体添加数据源有两种方法，首先在数据库窗口内单击功能区中"创建"选项卡的"窗体"组中的"窗体设计"按钮，创建一个窗体(例如"窗体 1")，进入该窗体的"设计视图"，然后按照以下方法之一进行操作。

1) 使用"字段列表"对话框添加数据源

在"窗体设计工具"的"设计"选项卡的"工具"组中单击"添加现有字段"按钮，弹出"字段列表"对话框，然后单击"显示所有表"选项，将会在对话框中显示数据库中的所有表，如图 6.23 所示。单击"+"按钮可以展开所选表的字段。

2) 使用"属性表"对话框添加数据源

在"窗体设计工具"的"设计"选项卡的"工具"组中单击"属性表"按钮，或者在窗体设计视图上右击，在快捷菜单中选择"表单属性"命令，弹出"属性表"对话框，如图 6.24 所示。

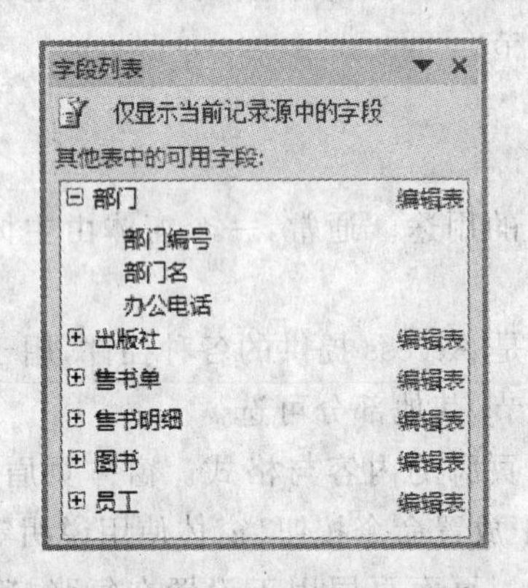

图 6.23 "字段列表"对话框

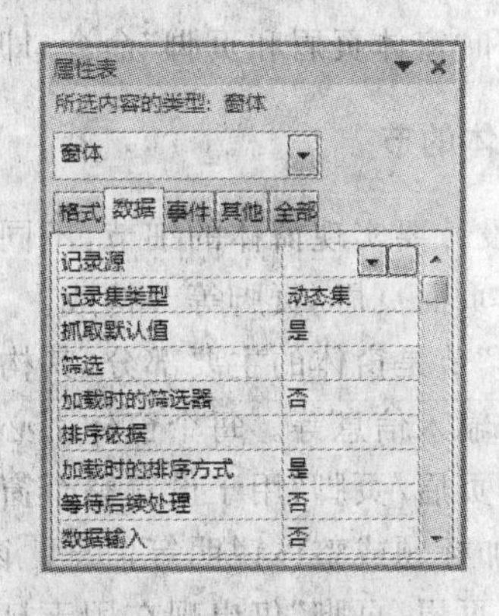

图 6.24 "属性表"对话框

接下来在"属性表"对话框中选择"数据"选项卡，单击"记录源"属性，使用下拉列表框选择需要的表或查询。如果需要使用新的数据源，可以单击"记录源"属性右侧的按钮，打开查询生成器，在其中创建新的查询作为数据源。

需要注意的是，使用"字段列表"对话框添加的数据源只能是表，而使用"属性表"对话框添加的数据源可以是表，也可以是查询。

6.3.2 面向对象程序设计思想

在进行窗体设计时，有时需要对一些控件或窗体的行为进行控制。例如，单击命令按钮或者关闭窗体后要打开对话框等，这时就需要对控件或窗体编程。在 Access 中，采用的是面向对象程序设计(Object Oriented Programming，OOP)方法。

1. 基本概念

面向对象程序设计由类、对象、属性、事件、方法等概念组成。

① 对象。对象是构成程序的基本单元和运行实体。在 Access 的窗体设计中，一个窗体、一个标签、一个文本框、一个命令按钮等都是一个对象。

任何对象都具有静态的外观特征和动态的行为。对象的外观由它的各种属性来描述，例如大小、颜色、位置等；对象的行为则由它的事件和方法程序来表达，例如单击鼠标、退出窗体等。用户通过对象的属性、事件和方法程序来处理对象，因此，对象是将数据(属性描述)和对数据的所有必要操作的代码封装起来的实体。

② 类。类和对象密切相关，类是对象的模板和抽象，对象是类的实例。对象是具体的，类是抽象的。例如 Access 窗体控件工具中的命令按钮是一个类，而放置在窗体中具体的命令按钮就是对象。如图 6.25 所示，在窗体上放置了两个命令按钮对象。

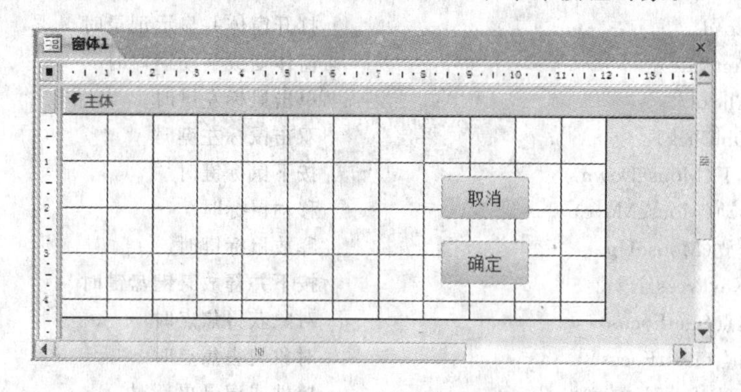

图 6.25 对象和类

③ 属性。每个对象都通过设置属性值来描绘它的外观和特征，例如标题、字体、位置、大小、颜色、是否可用等。

对象的属性值既可以在设计时通过"属性表"对话框设置，也可以在运行时通过程序语句设置。有些属性只能在设计时进行设置，有些属性则在设计和运行时都能进行设置。

窗体和控件的属性有很多，表 6.1 列出了窗体及控件的一些常用属性。

表 6.1 窗体及控件的常用属性

属性名称	事件代码中的引用字	说 明
标题	Caption	指定对象的标题(显示时标识对象的文本)
名称	Name	指定对象的名字(用于在代码中引用对象)
控件来源	ControlSource	指定控件中显示的数据来源
前景色	ForeColor	指定对象中的前景色(文本和图形的颜色)

续表

属性名称	事件代码中的引用字	说　明
背景色	BackColor	指定对象内部的背景色
字体名称	FontName	指定对象上的字体
字号	FontSize	指定对象上字体的大小
宽度	Width	指定对象的宽度
高度	Height	指定对象的高度
记录源	RecordSource	指定窗体的记录源
导航按钮	NavigationButtons	指定在窗体视图中是否显示导航按钮和记录编号框
最大化/最小化按钮	Min/MaxButtons	指定窗体标题栏中的最大化、最小化按钮是否可见
关闭按钮	CloseButtons	指定窗体标题栏中的关闭按钮是否有效

④ 事件。事件是指由用户或系统触发的一个特定操作。根据对象不同和触发原因不同有多种不同的事件,一个对象可以有多个事件,但每个事件都必须由系统预先规定好。表 6.2 列出了 Access 常见的事件。

表 6.2　常用事件表

事　件	触发时刻
打开(Open)	打开窗体但尚未显示记录时
加载(Load)	打开窗体并显示记录时
激活(Activate)	窗体变成活动窗口时
单击(Click)	单击鼠标左键时
双击(DblClick)	双击鼠标左键时
鼠标按下(MouseDown)	按下鼠标键时
鼠标移动(MouseMove)	移动鼠标时
鼠标释放(MouseUp)	释放鼠标键时
击键(KeyPress)	按下并释放某键盘键时
获得焦点(GetFocus)	对象获得焦点时
失去焦点(LostFocus)	对象失去焦点时
更新前(BeforeUpdate)	控件或记录更新时
更新后(AfterUpdate)	控件中的数据被改变或记录更新后
停用(Deactivate)	窗体变成不是活动窗口时
卸载(Unload)	窗体关闭后,但从屏幕上删除前
关闭(Close)	窗体关闭并从屏幕上删除时

事件包括事件的触发和执行两个方面。在 Access 中,一个事件可以对应一个程序模块(事件过程或宏)。宏可以通过交互方式创建,而事件过程则是用 VBA 编写的代码。事件一旦触发,系统马上就去执行与该事件相关的程序模块。

2. 对象的操作

创建对象后,经常要在程序代码中对对象进行引用、操作和处理。

1) 对象的引用

在处理对象的时候,必须首先告诉系统处理哪一个对象,这就涉及对象的引用。

在VBA代码中，对象的引用一般采取以下格式：

```
[<集合名!>] [<对象名>.] <属性名> | <方法名> [<参数名表>]
```

其中，感叹号(!)和句点(.)是两种引用运算符。

① 感叹号(!)可用来引用集合中由用户定义的项。集合通常包含一组相关的对象，例如用户定义的每个窗体均是名称为Forms的窗体集合中的一员。

② 句点(.)可用来引用窗体或控件的属性、方法等。

例如引用窗体集合中的"窗体1"窗体的"标题"属性：

```
Forms! [窗体1]. Caption
```

在引用时，引用窗体必须从集合开始，控件或节的引用可以从集合开始逐级引用，也可以从控件开始引用。

例如引用"窗体1"中"命令按钮"控件(名称为Command0)的"标题"属性：

```
Forms! [窗体1]! [Command0]. Caption
```

或

```
[Command0]. Caption
```

2) 通过对象引用设置属性值

对象的属性既可以在"属性表"对话框中设置和更改，也可以在事件代码中用编程方式来设置，此时使用赋值语句对对象的某个属性赋值。例如：

```
[Command0]. Caption = "取消"
```

3) 对象的方法

方法通常指事先编写好的处理对象的过程，代表对象能够执行的动作。方法一般在事件代码中被调用，调用时需遵循对象引用规则。即：

```
[<对象名>]. 方法名
```

(有关面向对象程序设计的知识可参见本书第8章或其他编程资料。)

6.3.3 控件

控件是构成窗体的基本元素，在窗体中，数据的输入、查看、修改以及对数据库中各种对象的操作都是使用控件实现的，因此，控件是设计窗体的重要对象。

1. 控件及其属性

Access中的控件是窗体或报表中的一个实现特定功能的对象，这些控件与其他Windows应用程序中的控件相同。例如，文本框用来输入或显示数据，命令按钮用来执行某个命令或完成某个操作。

用户可以使用属性来描述控件的外观、特征或状态。例如，文本框的高度、宽度以及文本框中显示的信息都是文本框控件的属性，每个属性用一个属性名来标识，当控件的属性发生改变时会影响到它的状态。

2. 控件的类型

根据控件的用途及其与数据源的关系,可以将控件分为绑定型、非绑定型和计算型3种类型。有些控件具有这3种用途,有些则不能作为绑定型控件使用。

① 绑定型控件。如果控件与数据源的字段结合在一起使用,则该控件为绑定型控件。在使用绑定型控件输入数据时,Access会自动更新当前记录中与绑定型控件相关联的表字段的值。大多数允许输入信息的控件都是绑定型控件,可以和控件绑定的字段类型有文本、数值、日期、是/否、图片和备注型字段。

② 非绑定型控件。非绑定型控件与表中的字段无关联。当使用非绑定型控件输入数据时,可以保留输入的值,但是不会更新表中字段的值。非绑定型控件用于显示文本、图像和线条。

③ 计算型控件。计算型控件与含有数据源字段的表达式相关联,表达式可以使用窗体或报表中数据的字段值,也可以使用窗体或报表中其他控件中的数据。计算型控件也是非绑定型控件,不会更新表中字段的值。

3. 常用控件

在Access的窗体工具箱中共有20多种不同类型的控件,主要控件的名称和功能如表6.3所示。

表6.3 常用控件

按钮	名 称	功 能
	选择	用于选取控件、节或窗体等对象
	控件向导	用于打开或关闭控件向导,可以使用控件向导创建列表框、组合框、选项组、命令按钮、图表、子窗体/子报表等控件。如果要使用向导来创建这些控件,必须按下此按钮
Aa	标签	用于显示说明文本的控件,例如窗体上的标题或指示性文字
abl	文本框	用于显示、输入或修改数据
XYZ	选项组	与复选框、选项按钮或切换按钮配合使用,用于显示一组可选值
	切换按钮	切换按钮、选项按钮、复选框3个控件的功能类似,主要用于和具有"是/否"属性的数据绑定,或者接收用户在自定义对话框中输入的非绑定型控件,或者与选项组配合使用
	选项按钮	
	复选框	
	列表框	用于显示可滚动的数值列表,可以从列表中选取值输入到新记录中,或者更改已有记录的值
	组合框	结合了文本框和列表框的特点,用户既可以在其中输入数据,也可以在其中选择输入项
XXXX	命令按钮	用于在窗体中执行各种操作
	图像	用于在窗体中显示静态图片。由于静态图片并非OLE对象,所以一旦将图片添加到窗体中,便不能在Access中进行编辑
	非绑定对象框	用于在窗体中显示非绑定型OLE对象,例如Excel电子表格等

续表

按钮	名 称	功 能
	绑定对象框	用于在窗体中显示绑定型 OLE 对象,该控件只显示窗体中数据源字段中的 OLE 对象
	分页符	用于在窗体中开始一个新的屏幕,或者在打印窗体时开始一个新页
	选项卡控件	用于创建多页的选项卡窗体,可以在选项卡控件上创建其他控件和窗体
	子窗体/子报表	可以在窗体中创建一个与主窗体相关联的子窗体或子报表,用于显示来自多个表的数据
	直线	可以在窗体中画出各种各样的直线,用于突出相关的或重要的信息
	矩形	可以在窗体中画出矩形图形,用于将窗体中一组相关的控件组织在一起
	超链接	在窗体中放置一个链接地址

6.3.4 控件的基本操作

在设计窗体的过程中,根据需要向窗体添加控件,然后对添加到窗体中的控件的外观进行调整,例如改变位置、尺寸,设置控件的属性以及格式等。

1. 向窗体中添加控件对象

向窗体中添加控件的步骤如下:

① 创建新的窗体或打开已有的窗体,进入窗体设计视图。

② 根据需要,在“窗体设计工具”的“设计”选项卡中单击包含在“控件”组中的控件,则所需要的控件即被选中。

③ 单击窗体的空白处将在窗体中创建一个默认尺寸的控件对象,或者直接拖曳选中的控件,在鼠标画出的矩形区域内创建一个对象。

用户还可以将数据源“字段列表”中的字段直接拖曳到窗体中,用这种方法可以创建绑定型文本框和与之关联的标签。

④ 设置对象的属性。

2. 设置属性

在向窗体添加控件的过程中需要设置控件的某些属性,例如文本框的数据来源、命令按钮显示的文本、选项组的标题等。通过“属性表”对话框可以查看或设置控件的属性。图 6.26 所示为在图 6.25 中选中“取消”按钮,然后右击,在快捷菜单中选择“属性”命令,弹出的“属性表”对话框。

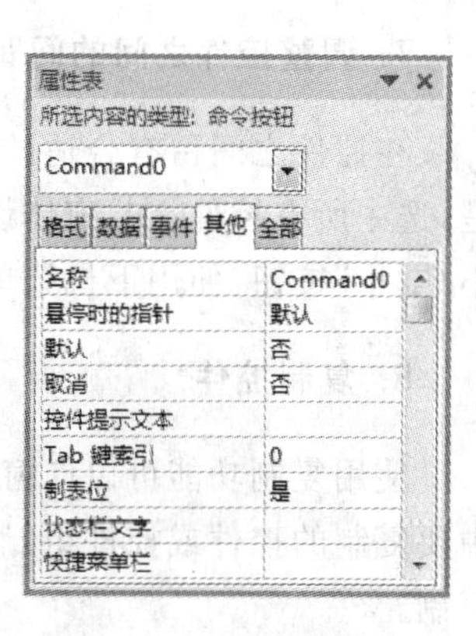

图 6.26 “属性表”对话框

3. 选中控件与取消选中

在窗体设计视图中对控件进行操作时,首先要选中控件。

若选中单个控件,在窗体中直接单击该控件即可。控件被选中后,周围会显示4～8个句柄,即在控件的四周有4～8个棕色的小方块,用鼠标拖动这些小方块可以对控件的大小进行调整。

选中多个控件有两种方法,一是在按住Shift键的同时单击所有控件,二是拖动鼠标经过所有需要选中的控件。

如果要取消选中的控件,单击窗体中的空白区域即可,这时表示控件处于选中状态的句柄消失。

4. 移动控件

移动控件有以下两种方法:

① 选中控件后,等待出现双十字图标,然后用鼠标将控件拖动到所需位置。

② 把鼠标放在控件左上角的移动句柄上,待出现双十字图标时将控件拖动到指定位置(这种方法只能移动单个控件)。

5. 改变控件的尺寸

改变控件的尺寸是指改变其宽度和高度。其操作方法是,首先选中控件,将鼠标指针移动到控件的句柄上,然后拖动鼠标,在调整到所需尺寸后释放鼠标。

① 将鼠标指针放置于控件水平边框的句柄上,可以改变控件的宽度。

② 将鼠标指针放置于控件垂直边框的句柄上,可以改变控件的高度。

③ 将鼠标指针放置于控件角边框的句柄上(除左上角外),可以同时改变控件的高度和宽度。

若要精确地控制控件的尺寸,可以在控件的"属性表"对话框中选择"格式"选项卡,然后在"高度"和"宽度"文本框中输入精确的值。

6. 调整对齐格式

在设计窗体布局时,有时需要使多个控件排列整齐。其操作方法是,选中所有控件,然后右击,在快捷菜单中选择"对齐"命令,通过其级联菜单中的命令将所有选中的控件按靠左、靠右、靠上、靠下等方式对齐。

7. 调整控件之间的间距

在控件之间留有合适的间距可以使窗体的外观协调。调整控件之间间距的操作方法是,选中所有控件,在"窗体设计工具"的"排列"选项卡中单击"调整大小和排序"组中的"大小/空格"按钮,使用下拉菜单中的"间距"的子命令调整控件的水平间距和垂直间距。

8. 复制控件

使用复制功能可以向窗体中快速添加与已有控件格式相同的控件。其操作方法是,选中要复制的控件或控件组,然后右击,选择快捷菜单中的"复制"和"粘贴"命令完成控件的复制。

9. 删除控件

在 Access 中，对于不需要的控件可以删除，删除控件可以使用以下方法之一：

① 选中要删除的控件，按 Delete 键即可删除。

② 选中要删除的控件，然后右击，选择快捷菜单中的“删除”命令删除。

6.3.5 常用控件的使用

1. 标签

标签用于在窗体、报表中显示说明性的文字，例如标题、题注。标签不能显示字段或表达式的值，属于非绑定型控件。

标签有两种，即独立标签和关联标签。其中，独立标签是与其他控件没有关联的标签，用来添加说明性文字；关联标签是链接到其他控件上的标签，这种标签通常与文本框、组合框和列表框成对出现，文本框、组合框和列表框用于显示数据，而标签用来对显示数据进行说明。

向窗体中直接添加“标签”控件的步骤如下：

① 单击“控件”组中的“标签”按钮，光标会变成一个左上角有加号的 A 字图标，即 +A 。

② 将鼠标放在标签位置的左上角，然后拖动鼠标选取适当的尺寸，释放鼠标。

③ 输入标签的内容，即标题。

若要调整标签的大小、字体和字号，可以使用前面介绍的控件调整方法，也可以在标签的“属性表”对话框中进行设置。

在默认情况下，将文本框、组合框和列表框等控件添加到窗体或报表中时，Access 都会在控件左侧加上关联标签。如果不需要关联标签，可以通过“属性表”进行设置。

具体操作方法是，首先在“控件”组中选中控件，例如“文本框”，然后单击“工具”组中的“属性表”按钮打开“属性表”对话框，如图 6.27 所示。接着在“格式”选项卡中将“自动标签”属性改为“否”，关闭对话框完成设置。这样，以后添加文本框控件时就不再自动添加关联标签，直到将该控件的“自动标签”属性改为“是”。

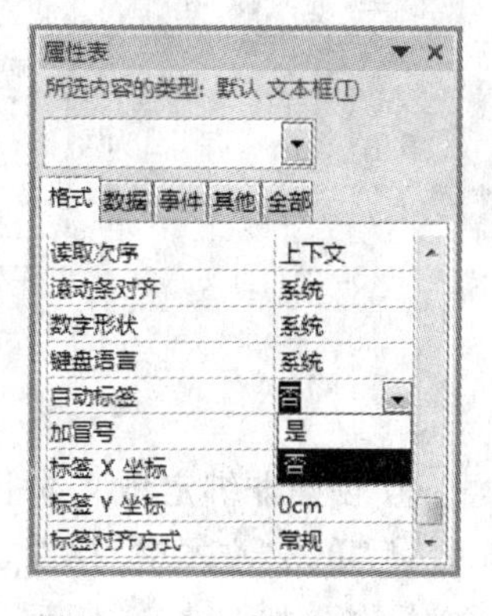

图 6.27 “属性表”对话框

2. 文本框

文本框可用来显示、输入或编辑窗体、报表的数据源中的数据，或显示计算结果。

文本框可以是绑定型也可以是非绑定型。绑定型文本框用来与某个字段相关联，非绑定型文本框用来显示计算结果或接受用户输入的数据。

【例 6-7】 在“图书销售”数据库中设计一个窗体，用绑定型文本框和非绑定型文本框显示员工的工号、姓名、性别和年龄。

操作步骤如下：

① 进入“图书销售”数据库窗口，在“创建”选项卡的“窗体”组中单击“窗体设计”按钮，

打开窗体的设计视图。

② 选择“员工”表作为数据源。单击“工具”组中的“属性表”按钮，打开窗体的“属性表”对话框，选择“数据”选项卡，在“记录源”下拉列表框中选择“员工”表，如图 6.28 所示。

③ 创建绑定型文本框显示“工号”和“姓名”。在“工具”组中单击“添加现有字段”按钮，打开“字段列表”对话框，如图 6.29 所示。然后将“工号”和“姓名”字段拖动到窗体的适当位置，在窗体中将产生两组绑定型文本框和关联标签，分别与“员工”表中的“工号”和“姓名”字段相关联，如图 6.30 所示。

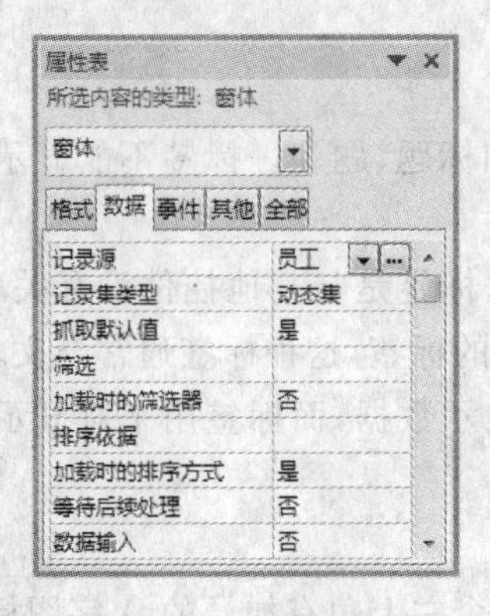

图 6.28 “属性表”对话框

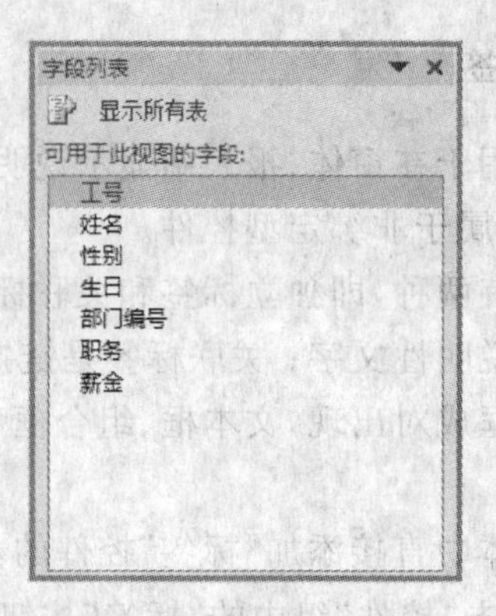

图 6.29 “字段列表”对话框

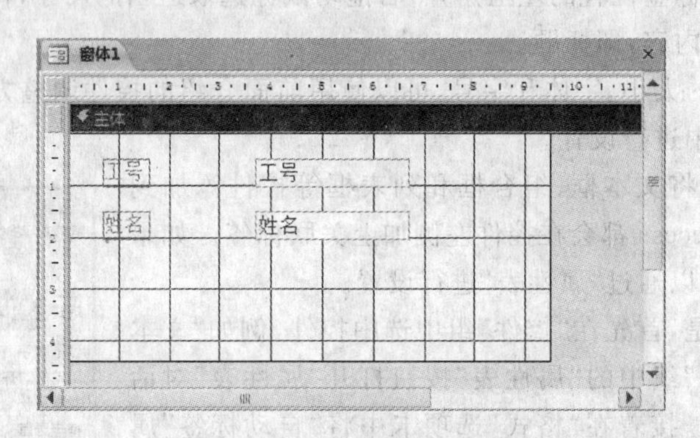

图 6.30 窗体的“设计视图”1

④ 创建非绑定型文本框。单击“控件”组中的“使用控件向导”按钮，使其处于按下状态，然后单击“文本框”控件，在窗体中拖动鼠标添加一个文本框，系统将自动弹出“文本框向导”对话框，如图 6.31 所示。

⑤ 使用该对话框设置文本的字体、字号、字形、对齐方式和行间距等，然后单击“下一步”按钮，弹出如图 6.32 所示的对话框。

⑥ 为获得焦点的文本框指定输入法模式，共有 3 种模式可以选择，分别是随意、输入法开启和输入法关闭，在此选择“随意”，然后单击“下一步”按钮，弹出如图 6.33 所示的对话框。

⑦ 输入文本框的名称为“性别”，然后单击“完成”按钮，返回窗体设计视图，如图 6.34 所示。

⑧ 将没有绑定的文本框绑定到字段。选中刚刚添加的文本框，然后右击，在快捷菜单

文本框向导

该向导自动创建文本框的类型。
创建后，可以在其属性窗口中更改设置。

示例

文本框向导示例文本。

字体: 宋体
字号: 11
字形: B I
特殊效果:

文本对齐:
行间距(毫米): 0
左(毫米): 0 上(毫米): 0 右(毫米): 0 下(毫米): 0

垂直文本框

取消 <上一步(B) 下一步(N)> 完成(F)

图 6.31 “文本框向导”对话框 1

文本框向导

指定焦点移至该文本框时的输入法模式。如果有自动模式的汉字注音控件，请输入其控件名称。

尝试

文本框:

输入法模式设置
输入法模式: 随意

取消 <上一步(B) 下一步(N)> 完成(F)

图 6.32 “文本框向导”对话框 2

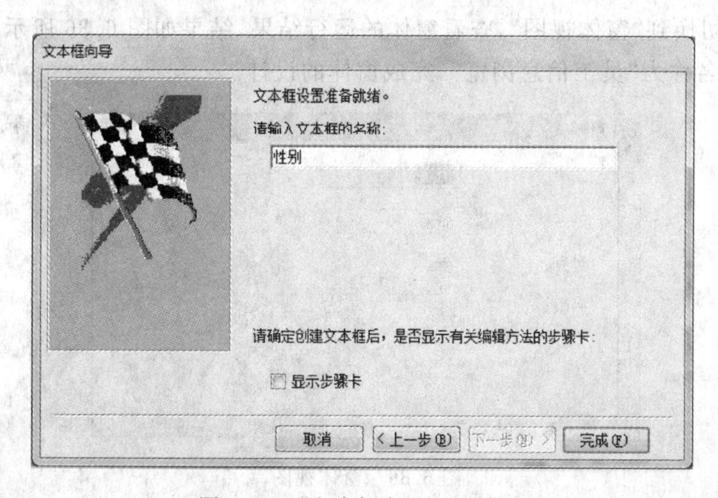

图 6.33 “文本框向导”对话框 3

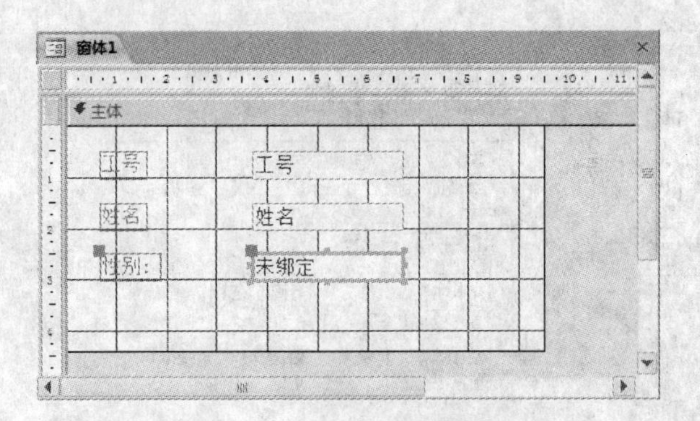

图 6.34 窗体的"设计视图"2

中选择"属性"命令,弹出"属性表"对话框。接着选择"数据"选项卡,在"控件来源"属性下拉列表框中选择"性别",完成文本框与"性别"字段的绑定。

⑨ 创建计算型文本框。创建一个非绑定型文本框,并将文本框的名称设置为"年龄:",然后打开该文本框的"属性表"对话框,将其"控件来源"属性的值设置"=Year(Date())-Year([生日])",如图 6.35 所示。

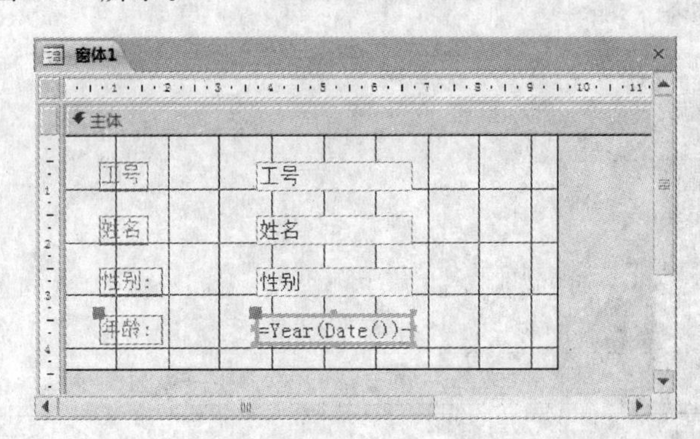

图 6.35 窗体的"设计视图"3

⑩ 将窗体切换到"窗体视图",查看窗体的运行结果,结果如图 6.36 所示。然后保存窗体,设置窗体的名称为"员工信息浏览",完成窗体的设计。

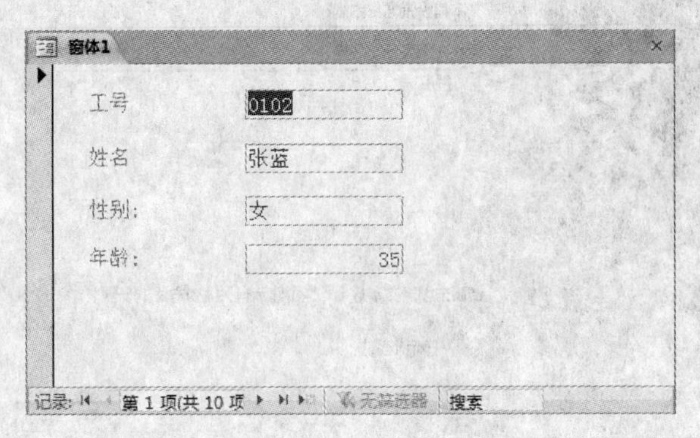

图 6.36 窗体视图

注意:通过窗体视图底部的记录导航按钮可以查看不同记录。

3. 组合框和列表框

组合框和列表框是窗体中常用的控件，使用这两个控件可以让用户从一个列表中选取数据，从而减少键盘输入，尽量避免数据的输入错误。

列表框由列表框和一个附加标签组成，它能够将一些数据以列表的形式给出，供用户选择。组合框实际上是文本框和列表框的组合，既可以输入数据，也可以在下拉列表中进行数据的选择。列表框和组合框的操作基本相同。

列表框和组合框中所列选项的数据来源可以是数据表、查询，也可以是用户提供的一组数据。

【例 6-8】 在例 6-7 创建的窗体中添加组合框，用来显示员工的职务。

操作步骤如下：

① 在导航窗格中选中“员工信息浏览”窗体并双击打开，切换到“设计视图”。

② 在“窗体设计工具”的“控件”组中单击“组合框”控件，然后在窗体中拖动鼠标添加一个组合框，系统会自动弹出“组合框向导”对话框，如图 6.37 所示。

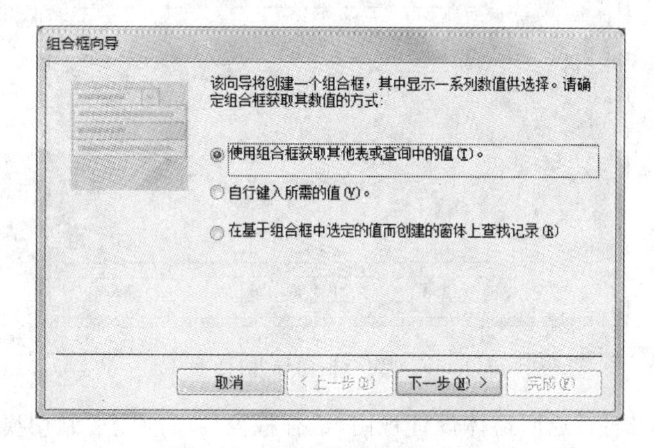

图 6.37 “组合框向导”对话框 1

③ 确定组合框获取数据的方式。在“组合框向导”对话框中共提供了 3 种获取数据的方式，即“使用组合框获取其他表或查询中的值”、“自行输入所需的值”或“在基于组合框中选定的值而创建的窗体上查找记录”，本例中选择“自行输入所需的值”。

注意： 若选择“使用组合框获取其他表或查询中的值”作为组合框获取数据的方式，则组合框中的值将来自于表或查询中指定的字段。

④ 单击“下一步”按钮，弹出如图 6.38 所示的对话框，确定组合框中显示的数据和列表中所需的列数并输入所需的值。本例在列表框中输入“职务”的值分别为总经理、经理、会计、业务员等，同时选择列数为 1。

⑤ 单击“下一步”按钮，弹出如图 6.39 所示的对话框，确定组合框中选择值后的存储方式。Access 可以将从组合框中选定的值存储在数据库中，也可以记忆该值供以后使用。这里选择“将该数值保存在这个字段中”，并且在下拉列表框中选择“职务”字段。

⑥ 单击“下一步”按钮，在弹出的对话框中为组合框指定标签，在文本框中输入“职务”，此时将显示组合框的附加标签标题为“职务”。

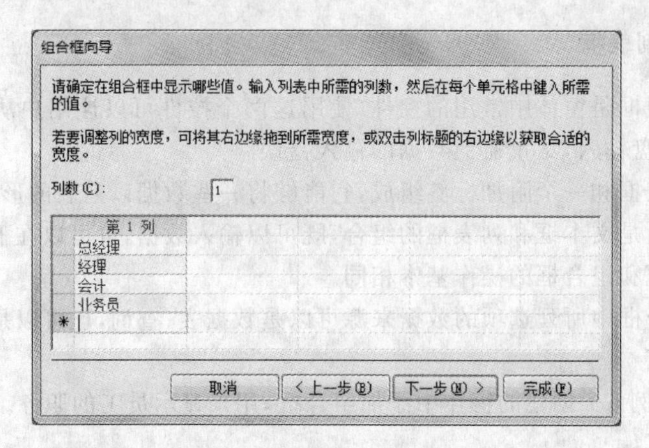

图 6.38 “组合框向导”对话框 2

图 6.39 “组合框向导”对话框 3

⑦ 单击“完成”按钮，返回窗体设计视图，组合框控件添加完成。切换到窗体视图可以看到，在对组合框进行操作时，组合框中显示的是前面设置的值，如图 6.40 所示。

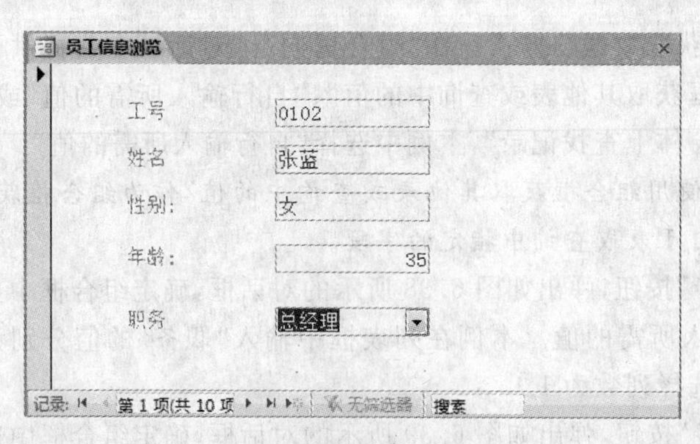

图 6.40 窗体视图

说明：在确定组合框中选择值后数值的存储方式时，若选择“记忆该值供以后使用”，则组合框是非绑定型组合框。如果选择“将该数值保存在这个字段中”，则组合框是绑定型组合框，这时组合框内将显示字段中的值。但单击下拉列表时，列表中显示的将是用户定义的那一组值。选择某个列表值，则该值将存入表中，替换掉原字段值。

4. 命令按钮

命令按钮是与用户交互接受用户操作命令、控制程序流程的主要控件之一。

向窗体中添加命令按钮的方式有两种，即使用命令按钮向导和用户自行创建命令按钮。

1）使用命令按钮向导

创建命令按钮几乎不用编写任何代码，通过系统引导即可创建不同类别的命令按钮。Access 类提供了 6 种类别的命令按钮，分别是记录导航、记录操作、窗体操作、报表操作、应用程序和杂项，功能见表 6.4。

表 6.4 命令按钮向导中的“类别”与“操作”

类别	操作
记录导航	查找下一个，查找记录、转至下一项记录、转至前一项记录、转至最后一项记录、转至第一项记录
记录操作	保存记录、删除记录、复制记录、打印记录、撤销记录、添加新记录
窗体操作	关闭窗体、刷新窗体数据、应用窗体筛选、打印当前窗体、打印窗体、打开窗体
报表操作	将报表发送至文件、打印报表、打开报表、邮递报表、预览报表
应用程序	运行 MS Excel、运行 MS Word、运行应用程序、退出应用程序
杂项	打印表、自动拨号程序、运行宏、运行查询

【例 6-9】 在“员工信息浏览”窗体中添加一组命令按钮，用于移动记录。

操作步骤如下：

① 打开“员工信息浏览”窗体，切换到设计视图。

② 在“控件”组中单击“按钮”控件，然后在窗体下面的空白处拖动鼠标添加一个命令按钮，系统将自动弹出“命令按钮向导”对话框，如图 6.41 所示。

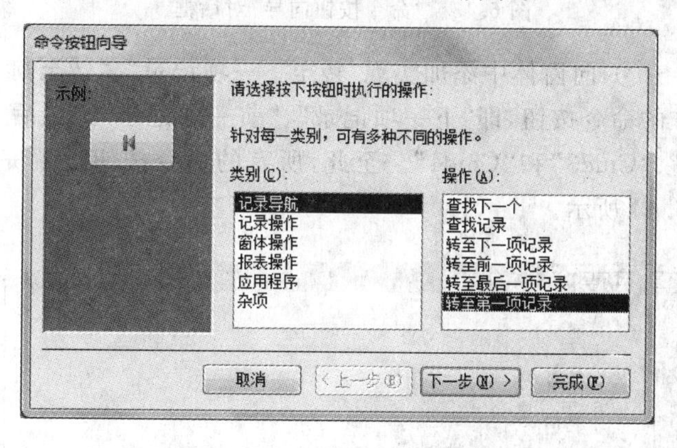

图 6.41 “命令按钮向导”对话框 1

③ 选择按钮的类别以及按下按钮时产生的操作，本例在“类别”列表框中选择“记录导航”，在“操作”列表框中选择“转至第一项记录”。

④ 单击“下一步”按钮，弹出如图 6.42 所示的对话框，确定按钮的显示方式。用户在这里可以将命令按钮设置为文本型按钮或图片型按钮，本例选中“文本”单选按钮，将命令按钮设置为文本型按钮，还可以修改命令按钮上显示的文本。

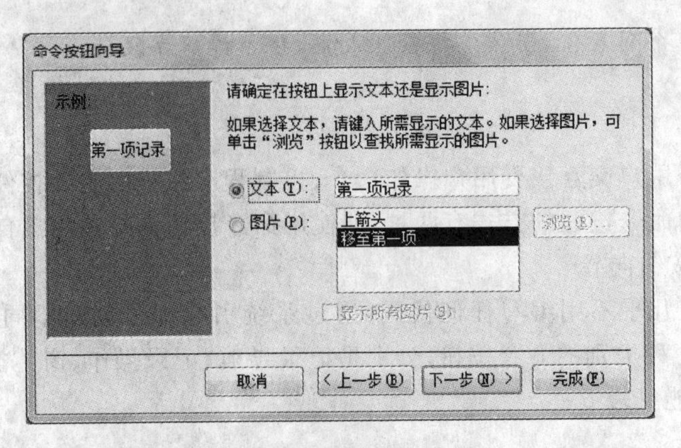

图 6.42 “命令按钮向导”对话框 2

⑤ 单击“下一步”按钮，弹出如图 6.43 所示的对话框，指定按钮的名称(这里输入命令按钮的名称为“Cmd1”)，然后单击“完成”按钮，完成命令按钮的设置。

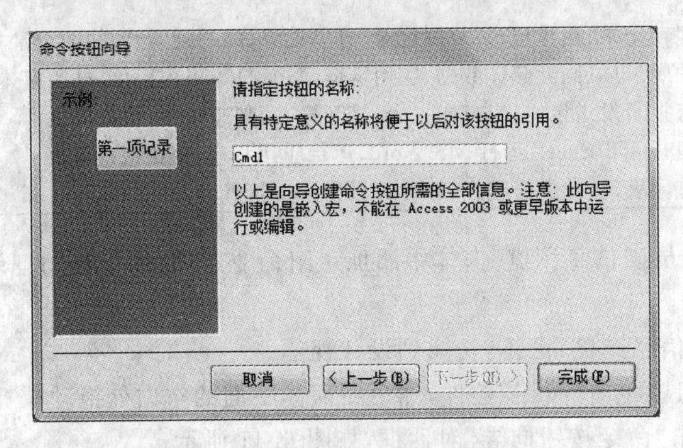

图 6.43 “命令按钮向导”对话框 3

⑥ 重复步骤②～⑤，向窗体中添加实现“转至下一项记录”、“转至前一项记录”和“转至最后一项记录”操作的命令按钮，即“下一项记录”、“前一项记录”、“最后一项记录”，它们的名称分别为“Cmd2”、“Cmd3”和“Cmd4”。至此，所有的命令按钮设置完成，切换到窗体视图，显示结果如图 6.44 所示。

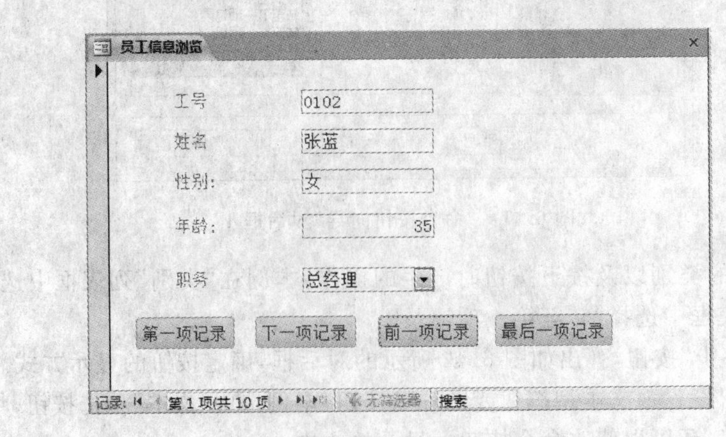

图 6.44 窗体视图

2）用户自行创建命令按钮

通过命令按钮向导虽然可以方便、快捷地创建命令按钮，但只能实现事先定义好的功能，很多操作需要的按钮利用向导不能创建，需要通过设置属性及事件代码来创建。

(1) 通过常用属性设置或更改命令按钮的外观

① 设置命令按钮的显示文本。用户可以使用“标题”属性指定命令按钮的显示文本。

② 在命令按钮上显示图片。“图片”属性用于指定命令按钮上显示的图片，可以选择使用.bmp、.ico、.dib 等图片文件。

③ 设置默认按钮。若窗体中有多个命令按钮，可以将其中的一个设置为默认按钮。在窗体视图中，默认按钮边框上多一个虚线框，不仅可以单击选择，还可以通过按 Enter 键来选择。设置默认按钮的方法是将“默认”属性设置为“是”。注意，一个窗体上只允许有一个默认按钮，若将某个命令按钮的“默认”属性设置为“是”，则窗体上其他命令按钮的“默认”属性都将自动变为“否”。

④ 使命令按钮以灰色显示。将命令按钮的“可用”属性设置为“否”即可。

(2) 通过事件代码设置命令按钮要执行的动作

在事件代码中既可以对属性值进行设置，也可以对事件的过程进行设置。

【例 6-10】 创建一个登录“图书销售”系统的窗体，要求如下：输入用户名和密码，在输入密码时不显示密码信息，而是用占位符表示，并设置 3 个命令按钮。输入密码后，单击“确定”按钮，若密码正确，在对话框中显示“欢迎进入系统!”；若不正确，在对话框中显示“密码错误!”；单击“重新输入”按钮，使输入密码的文本框获得焦点；单击“退出”按钮，关闭窗体。窗体效果如图 6.45 所示。

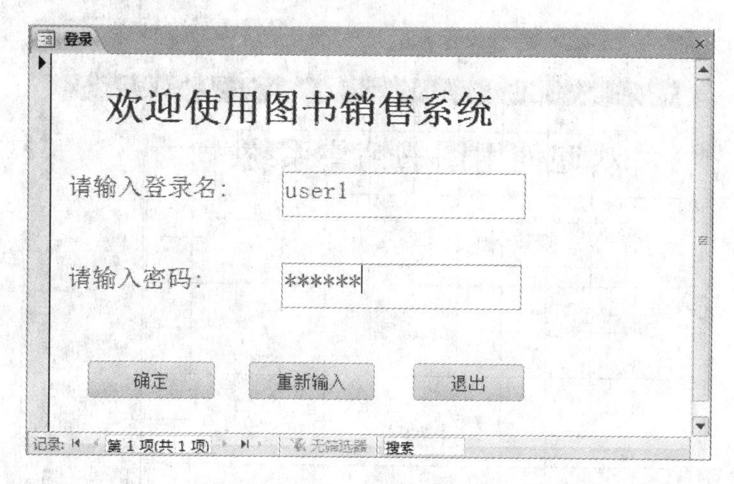

图 6.45 “登录”窗体

操作步骤如下：

① 进入数据库窗口，启动窗体设计视图。

② 创建一个标签控件，输入“欢迎使用图书销售系统”标题，然后在标签“属性表”对话框中将“格式”选项卡中的“字号”设置为 24、“前景色”设置为“黑色文本”。

③ 创建两个文本框控件，关联的标签分别为“请输入登录名:”、“请输入密码:”，字号为 16。

④ 选定输入密码的文本框,在“属性表”的“数据”选项卡中选中“输入掩码”属性,单击该属性框右边的[…]按钮,弹出“输入掩码向导”对话框,如图 6.46 所示。然后选择“输入掩码”列表中的“密码”选项,单击“完成”按钮。

输入掩码向导

请选择所需的输入掩码:

如要查看所选掩码的效果,请使用“尝试”框。

如要更改输入掩码列表,请单击“编辑列表”按钮。

输入掩码:	数据查看:
邮政编码	100080
身份证号码 (15 或 18 位)	110107680603121
密码	*******
长日期	1996/4/24
长日期(中文)	1996年4月24日

尝试:

编辑列表(L) 取消 < 上一步(B) 下一步(N) > 完成(F)

图 6.46 “输入掩码向导”对话框

在“属性表”的“其他”选项卡中设置“名称”栏的值为“PWD”。

同样,设置登录名文本框的名称为“LGNAME”。

⑤ 在窗体中创建 3 个命令按钮。当出现“命令按钮向导”对话框时,单击“取消”按钮取消向导。然后分别将“标题”属性设置为“确定”、“重新输入”和“退出”,并将“确定”按钮的“默认”属性设置为“是”,如图 6.47 所示。

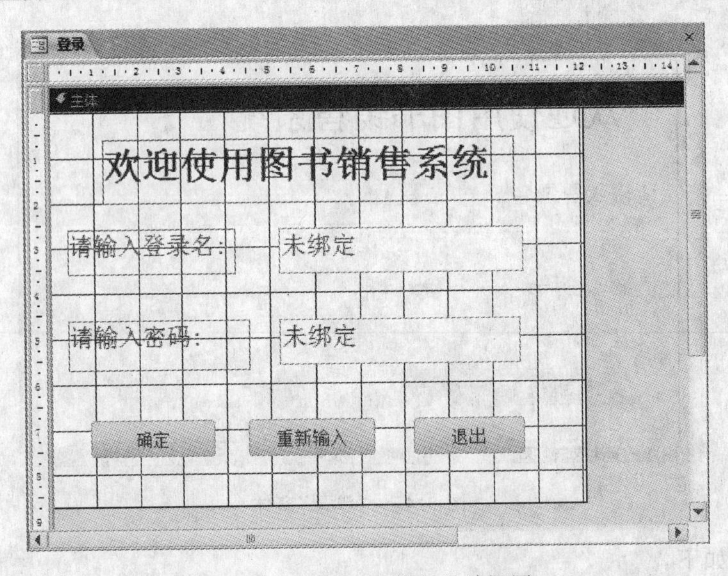

图 6.47 “登录”窗体的设计视图

⑥ 选定“确定”按钮,在其“属性表”对话框中选择“事件”选项卡,在“单击”下拉列表框中选择“事件过程”,然后单击右边的[…]按钮,打开事件代码编辑窗口。或选定“确定”按钮,然后右击,在快捷菜单中选择“事件生成器”命令,在弹出的“选择生成器”对话框中选择“代码生成器”,打开事件代码编辑窗口。

设用户名为“user1”、密码为“123456”，在过程头 Private Sub Command1_Click()下面输入以下代码：

```
If LGNAME.Value = "user1" And PWD.Value = "123456" Then
        MsgBox "欢迎使用本系统!"
Else
        MsgBox "登录名或密码错误!"
End If
```

⑦ 选定“重新输入”按钮，使用与前面相同的方法打开事件代码编辑窗口，然后在过程头 Private Sub Command2_Click()下面输入代码：

```
LGNAME.SetFocus
```

⑧ 选定“退出”按钮，使用与前面相同的方法打开事件代码编辑窗口，然后在过程头 Private Sub Command3_Click()下面输入代码：

```
DoCmd.Close
```

（关于代码设计的知识可参阅第 8 章。）

⑨ 设计完成后，命名为“登录”保存，进入窗体视图，即可得到如图 6.45 所示的窗体。

分别输入登录名和密码，若用户名或密码错，将弹出错误提示对话框。若单击“重新输入”按钮，则输入登录名的文本框获得焦点，可重新输入。若都输入正确，则弹出“欢迎使用本系统!”对话框。若单击“退出”按钮，则关闭窗体。

5. 复选框、选项按钮、切换按钮和选项组

复选框、选项按钮和切换按钮 3 种控件的功能有许多相似之处，都是用来表示两种状态，例如“是/否”、“真/假”。这 3 种控件的工作方式基本相同，已被选中或呈按下状态表示“是”，其值为−1，反之为“否”，其值为 0。

选项组控件是一个包含复选框或选项按钮或切换按钮的控件，由一个组框架及一组复选框或选项按钮或切换按钮组成。选项组中的控件既可以由选项组控制，也可以单独处理。选项组的框架可以和数据源的字段绑定，可以用选项组实现表中字段的输入或修改。

【例 6-11】 在“图书销售”数据库的“图书”表中增加一个“是否精装”的是/否型字段，设计图书的浏览与编辑窗体。

操作步骤如下：

① 进入“图书销售”数据库，选择“图书”表并双击打开，切换到设计视图，然后增加一个“是否精装”字段，类型为是/否型。

② 单击“保存”按钮保存，切换到数据表视图，更改数据，将部分图书设置为是精装，将另一部分设置为不是精装，然后关闭数据表视图。

③ 创建一个窗体，进入设计视图，然后打开“属性表”对话框，在“数据”选项卡中设置记录源为“图书”表。单击“工具”组中的“添加现有字段”按钮，弹出“字段列表”对话框，拖动字段到设计视图中窗体合适的位置（“是否精装”字段除外）。

④ 在“控件”组中单击“选项组”控件，在窗体中拖动鼠标添加一个选项组按钮，Access 会自动弹出“选项组向导”对话框，如图 6.48 所示。

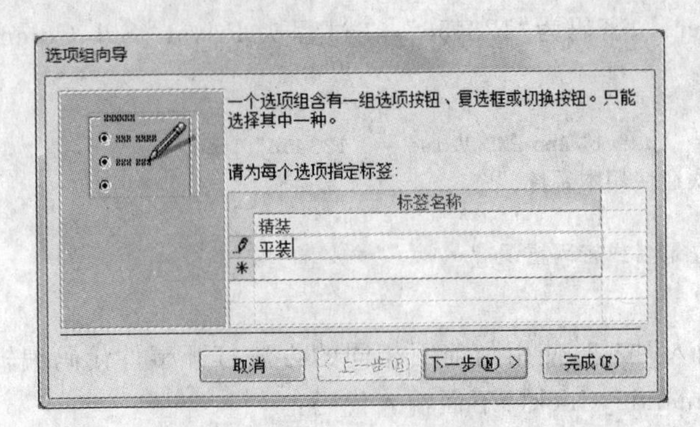

图 6.48 “选项组向导”对话框 1

⑤ 为每个选项指定标签,即按钮上的显示文本。在表格中分别输入“精装”和“平装”,然后单击“下一步”按钮,弹出如图 6.49 所示的对话框。

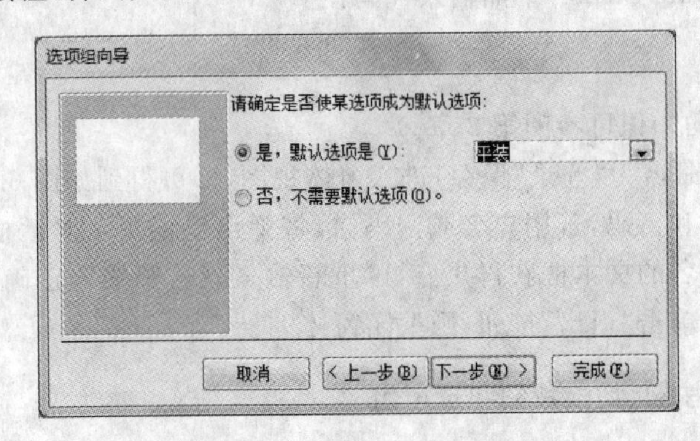

图 6.49 “选项组向导”对话框 2

⑥ 确定是否设置默认选项,如果确定默认选项,则输入数据时将自动显示默认值。在此选择“是”,并在下拉列表框中选择“平装”,然后单击“下一步”按钮,弹出如图 6.50 所示的对话框。

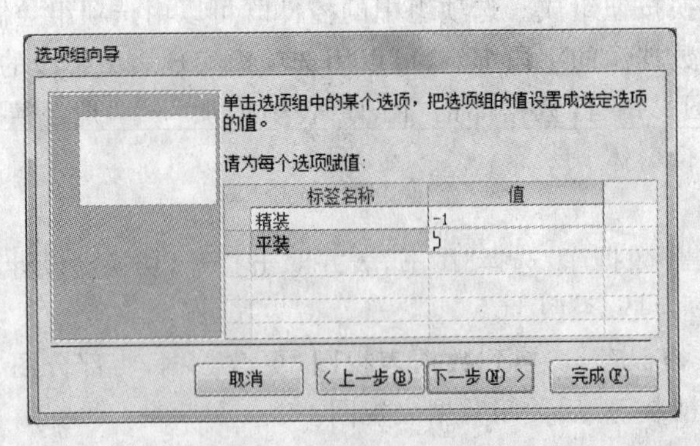

图 6.50 “选项组向导”对话框 3

⑦ 为每个选项指定值。“是/否”型字段的取值为−1 和 0,将“精装”和“平装”的取值分别设置为−1 和 0,单击“下一步”按钮,弹出如图 6.51 所示的对话框。

⑧ 确定每个选项的值的保存方式,可以在关联字段中保存,也可以不保存。在此选择

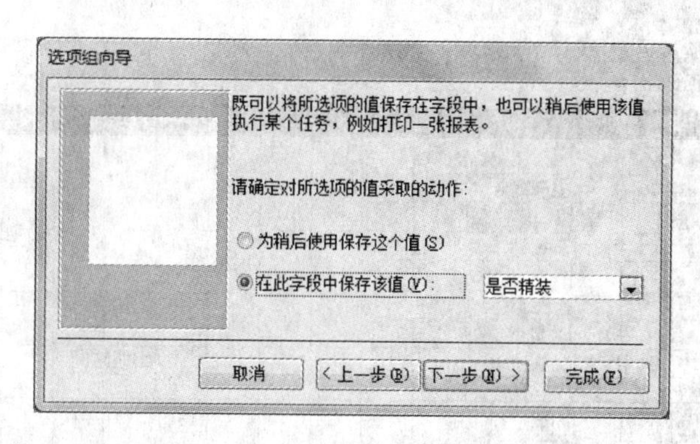

图 6.51 “选项组向导”对话框 4

“在此字段中保存该值”，并选择“是否精装”字段，然后单击“下一步”按钮，弹出如图 6.52 所示的对话框。

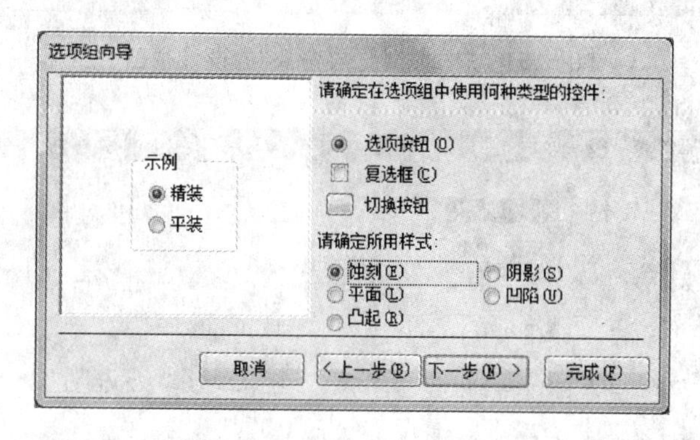

图 6.52 “选项组向导”对话框 5

⑨ 确定选项组中控件的类型和样式，可以是复选框、选项按钮和切换按钮，按钮的样式可以是蚀刻、阴影等 5 种。在此将控件的类型选择为“选项按钮”，样式选择为“蚀刻”，然后单击“下一步”按钮，弹出如图 6.53 所示的对话框。

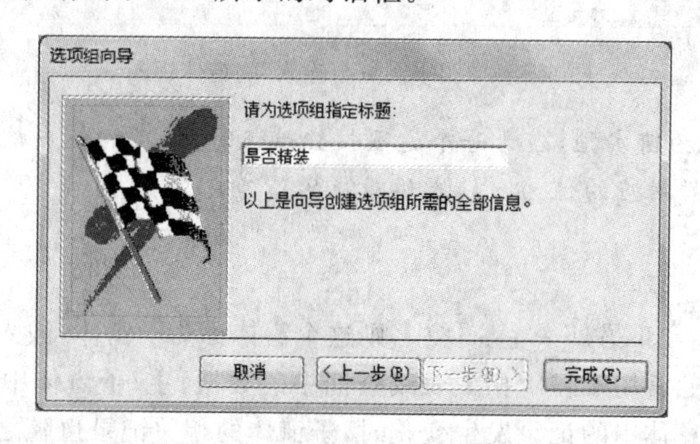

图 6.53 “选项组向导”对话框 6

⑩ 输入“是否精装”，单击“完成”按钮，返回窗体设计视图。

⑪ 为窗体命名“图书浏览与输入”保存，如图 6.54 所示。然后切换到窗体视图，显示结果如图 6.55 所示。

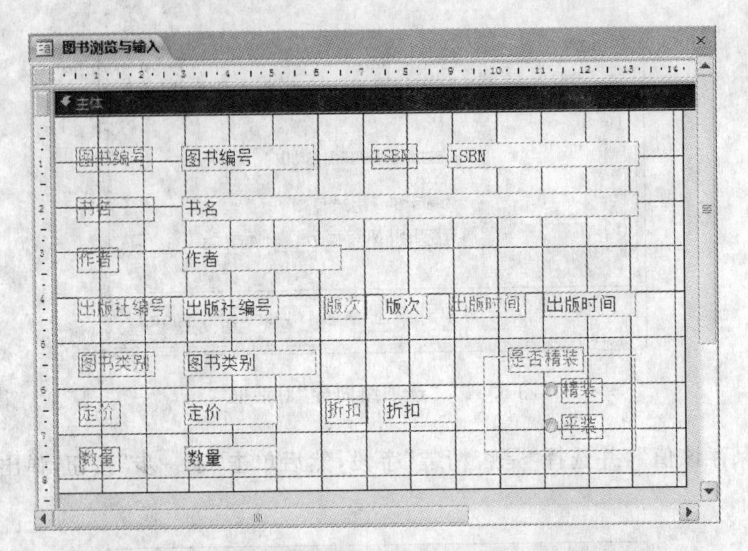

图 6.54 “图书浏览与输入”的设计视图

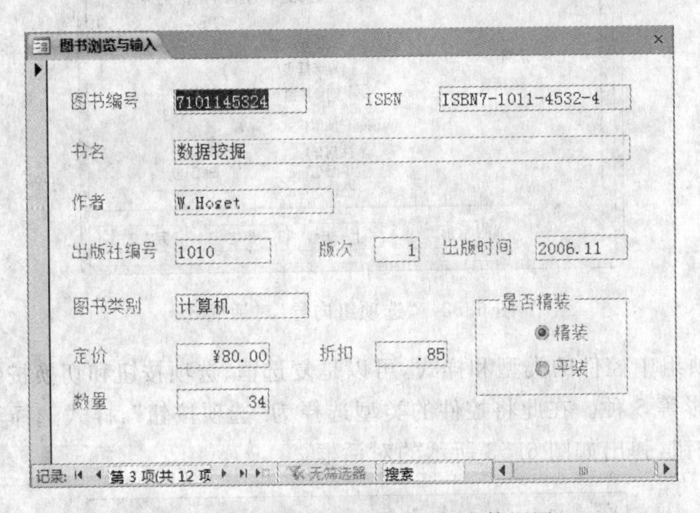

图 6.55 “图书浏览与输入”的窗体视图

说明：若选项组为绑定型，当为每个选项按钮赋值时，所有的值应该与关联字段的值相对应。在本例中，已婚对应的值为−1，未婚对应的值为 0。

6. 主/子窗体

如果一个窗体包含于另外一个窗体中，则这个窗体称为子窗体，嵌入子窗体的窗体称为主窗体。主/子窗体通常用于显示相关表或查询中的数据，主/子窗体中的数据源按照关联字段建立连接，当主窗体中的记录发生变化时，子窗体的相关记录也随之改变。

创建主/子窗体可以使用向导，用户也可以根据需要使用设计视图自行设计。

【例 6-12】 例 6-1 创建的窗体实际上是一个主/子窗体，本例使用控件在设计视图中创建图书及其销售信息的主/子窗体。

操作步骤如下：

① 进入“图书销售”数据库窗口。

② 创建“售书明细”的子窗体。

其方法是，创建新窗体，进入设计视图，然后选择数据源为“售书明细”表，打开“字段列表”对话框，选中字段并双击，将字段售书单号、图书编号、数量、折扣放入窗体。接着在“属性表”对话框中选中“窗体”，将“格式”选项卡中的“默认视图”设置为“数据表”，并命名保存。

③ 创建一个新窗体，选择“图书”表为数据源，将“图书编号”、“书名”、“作者”、“出版时间”、“定价”等字段添加到窗体的主体区域中，然后在窗体页眉中添加标题“图书及其销售信息”。

④ 在“控件”组中选择“子窗体/子报表”控件，在窗体的空白区域中添加该控件，同时弹出“子窗体向导”对话框，如图 6.56 所示。

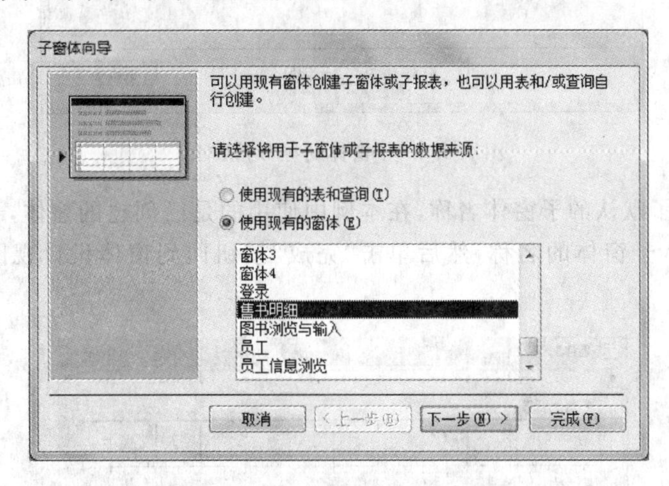

图 6.56 “子窗体向导”对话框 1

⑤ 选择子窗体的数据来源，在此选中“使用现有的窗体”单选按钮，并在列表框中选择窗体“售书明细”。然后单击“下一步”按钮，弹出如图 6.57 所示的对话框。

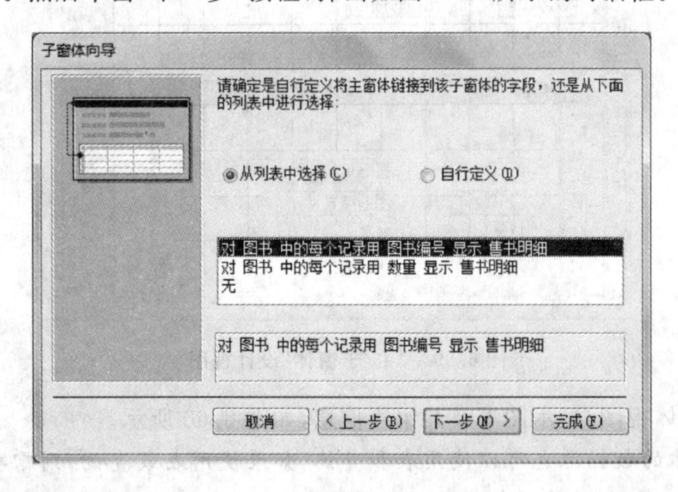

图 6.57 “子窗体向导”对话框 2

⑥ 确定将主窗体链接到子窗体的字段,系统将根据主窗体和子窗体的数据源的字段给出操作提示,在此选择"对图书中的每条记录用图书编号显示售书明细",然后单击"下一步"按钮,弹出如图 6.58 所示的对话框。

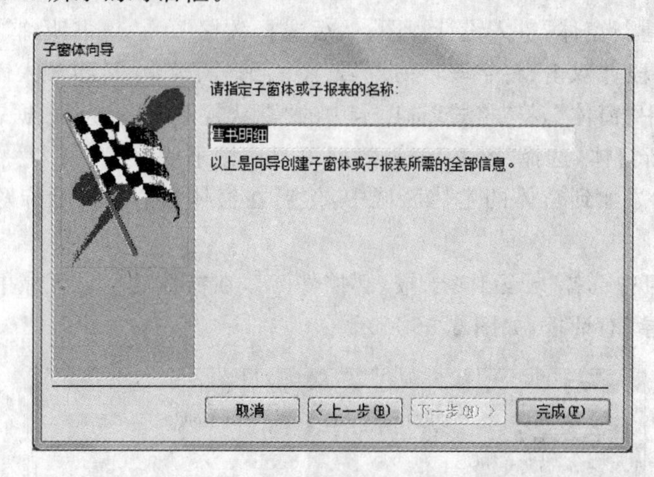

图 6.58 "子窗体向导"对话框 3

⑦ 系统给出了默认的子窗体名称,在本例中使用的是已创建的窗体,子窗体的名称与该窗体相同。输入子窗体的名称,然后单击"完成"按钮回到窗体设计视图,设计完成,如图 6.59 所示。

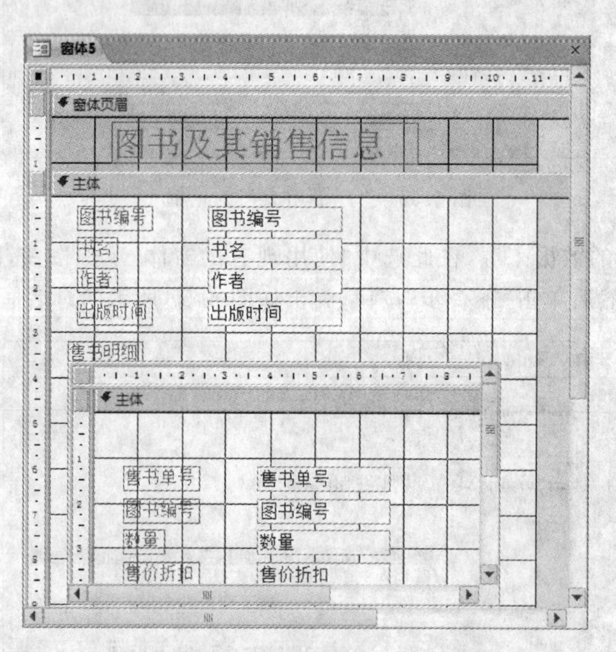

图 6.59 "主/子窗体"设计视图

⑧ 切换到窗体视图,显示图书及其销售信息,如图 6.60 所示。

说明:子窗体的数据源也可以使用表和查询,如果使用表或查询,则需要选择表或查询中的字段,用户可以根据需要选择所要显示的字段。

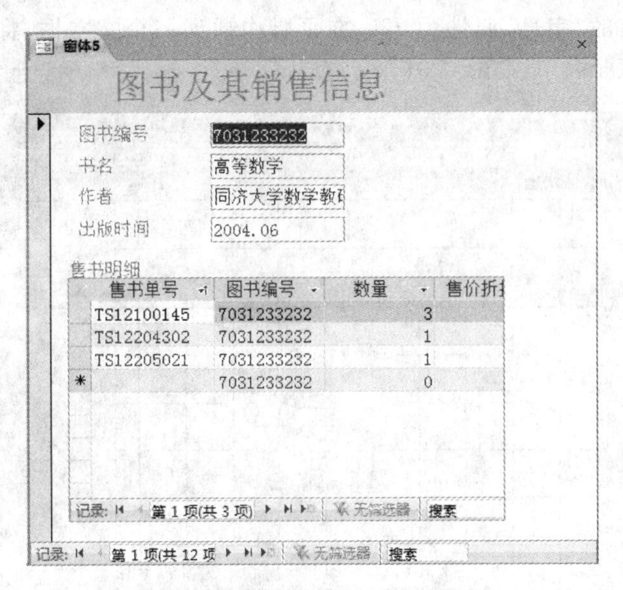

图 6.60 “主/子窗体”窗体视图

6.4 窗体的整体设计与使用

窗体的整体布局直接影响窗体的外观,在窗体设计初步完成后可以对窗体做进一步的修饰,例如为窗体添加背景图片、添加页眉和页脚,为控件添加特殊效果等。

6.4.1 设置窗体的页眉和页脚

在窗体中合理地使用页眉和页脚可以增加窗体的美化效果,还能使窗体的结构和功能清晰,使用起来更加方便。

窗体的页眉只出现在窗体的顶部,主要用来显示窗体的标题以及说明,用户可以在页眉中添加标签和文本框以显示信息。在多记录窗体中,窗体页眉的内容一直在屏幕上显示,打印时,窗体页眉显示在第一页的顶部。

窗体页脚的内容出现在窗体的底部,主要用来显示每页的公共内容提示或运行其他任务的命令按钮等。在打印时,窗体页脚显示在最后一页的底部。

页面页眉和页脚只在打印窗体时才显示。页面页眉用于在窗体的顶部显示标题、列标题、日期和页码等;页面页脚用于在窗体每页的底部显示页汇总、日期和页码。

【例 6-13】 为图 6.40 所示的窗体增加页眉和页脚,其中,页眉显示窗体标题“员工基本信息”,页脚显示系统的日期。

操作步骤如下:

① 打开实例 6-8 创建的窗体“员工信息浏览”,切换到设计视图。

② 右击窗体主体的空白处,在快捷菜单中选择“窗体页眉/页脚”命令,在窗体中显示窗体的页眉和页脚。

③ 在页眉内添加一个标签,并输入文本“员工基本信息”,然后选中该标签,使用“属性

表”对话框设置标签的“字号”属性为 22。在页脚中插入一个文本框，将文本框的“控件来源”属性设置为“＝Date()”，如图 6.61 所示。

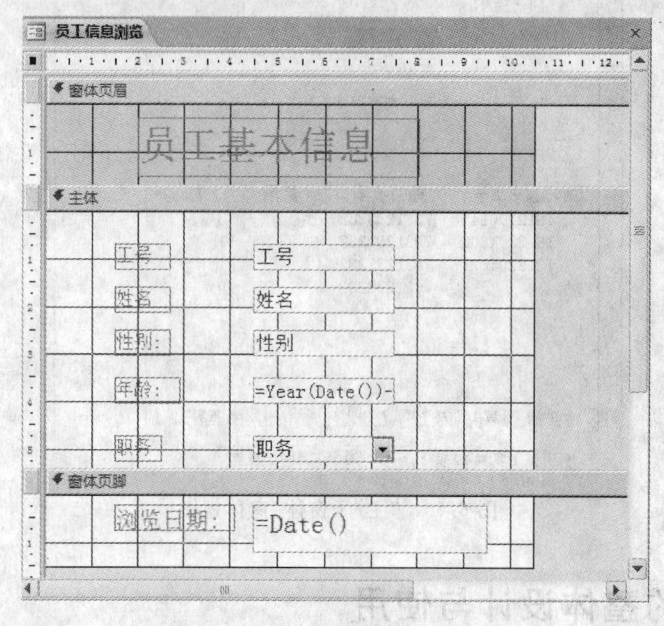

图 6.61 “员工信息浏览”设计视图

④ 切换到窗体视图，如图 6.62 所示。

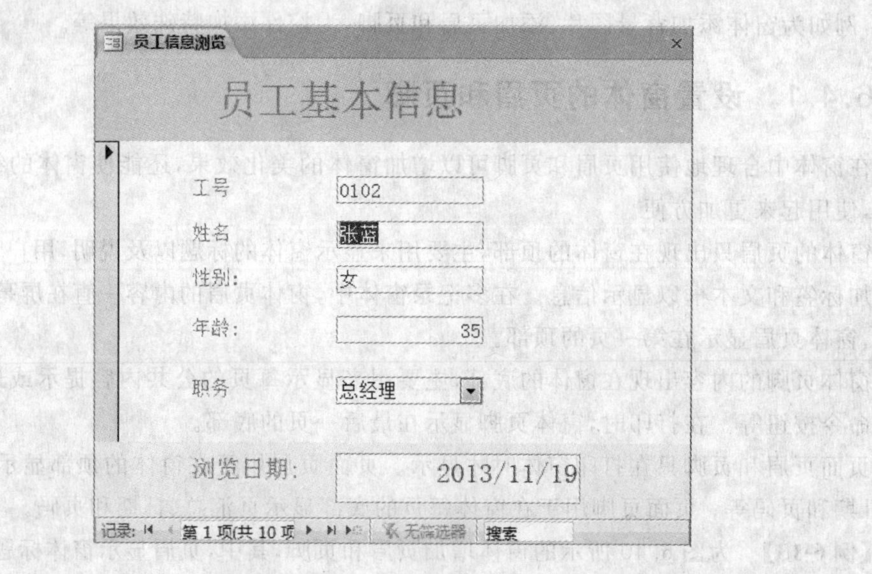

图 6.62 “员工信息浏览”窗体视图

6.4.2 窗体的外观设计

窗体作为数据库与用户交互式访问的界面，其外观设计除了要为用户提供信息外，还应该色彩搭配合理、界面美观大方，符合用户的使用习惯，提高工作效率。

1. 设置窗体背景

窗体的背景作为窗体的属性之一，可以用来设置窗体运行时显示的窗体图案及图案显示方式。背景图案可以是 Windows 环境下的各种图形格式的文件。

设置窗体背景的步骤如下：

① 在数据库中选择所需要的窗体，进入其设计视图。

② 打开“属性表”对话框，选择“窗体”对象。

③ 在“属性表”对话框中选择“格式”选项卡，如果将窗体背景设置为图片，则设置其“图片”属性，可以直接输入图形文件的路径与文件名，也可以使用浏览按钮查找图片文件并添加到该属性中，同时设置“图片类型”、“图片缩放方式”和“图片对齐方式”等属性。

④ 如果只设置窗体的背景色，则在“属性表”对话框中选择“主体”节对象，将其“背景色”属性设置为所需要的颜色。

2. 为控件设置特殊效果

选择“窗体设计工具”中的“格式”选项卡，可以设置控件的特殊效果，例如设置字体、填充背景色、字体颜色、边框颜色等。

另外，用户还可以通过设置控件的不同“格式”属性来定制控件的外观。

6.4.3 窗体的使用

设计窗体，可以为数据处理定制界面，当设计完成后，将窗体保存在数据库中，可供以后随时使用。对于用于表处理的窗体，当打开窗体时，窗口底部都会出现导航按钮，导航按钮用来切换记录、添加记录和筛选记录等。

图 6.55 所示为“图书浏览与输入” 的窗体视图，在其中可以完成以下操作：

① 浏览记录。该窗体每页只显示一条记录，类似一个变形的纵栏式窗体，使用导航按钮可以进行记录的切换。其中，单击 ⏮ 按钮将指针指向第一条记录，单击 ◀ 按钮将指针指向前一条记录，单击 ▶ 按钮将指针指向下一条记录，单击 ⏭ 按钮将指针指向最后一条记录。

当窗体为表格式或数据表窗体时，使用左侧的记录选择器按钮可以直接进行记录的切换。

② 添加记录。当窗体处于打开状态时，使用记录导航按钮 ▶✱ 可以进行记录的添加。当单击该按钮时，窗体中会出现一个空白记录，在各个字段中输入新的数据就可以完成新记录的添加。

③ 排序和搜索记录。在窗体的布局视图、数据表视图和窗体视图中可以对记录进行排序，其操作方法是选中需要排序的字段，然后右击，在快捷菜单中选择“升序”命令或“降序”命令。

导航条内的搜索框可用于搜索记录，在其中输入关键字即可自动定位相应的记录。

④ 删除记录。对于数据表窗体，可以在记录选择器上选择一条或多条记录，然后按 Delete 键删除。或者右击，在快捷菜单中选择“删除记录”命令，弹出删除确认对话框，单击“是”按钮删除选中的记录。

注意：当窗体的数据源为查询时,不能在窗体中进行记录的添加和删除。

6.5 自动启动窗体

为了让用户在打开 Access 数据库时自动进入程序操作界面,可以设置自动启动窗体。自动启动窗体是在打开数据库文件时直接运行的窗体,该窗体一般是数据库应用系统的主控窗体,用于控制整个数据库应用系统的运行和使用。

【例 6-14】 将"登录"窗体设置为自动启动窗体。

操作步骤如下:

① 打开数据库。

② 选择"文件"选项卡进入 Backstage 视图,然后选择"选项"命令,弹出"Access 选项"对话框。

③ 选择"当前数据库"选项,在"应用程序选项"下的"显示窗体"下拉列表框中输入要启动的窗体,在"应用程序标题"文本框中输入启动窗口的标题,如图 6.63 所示。

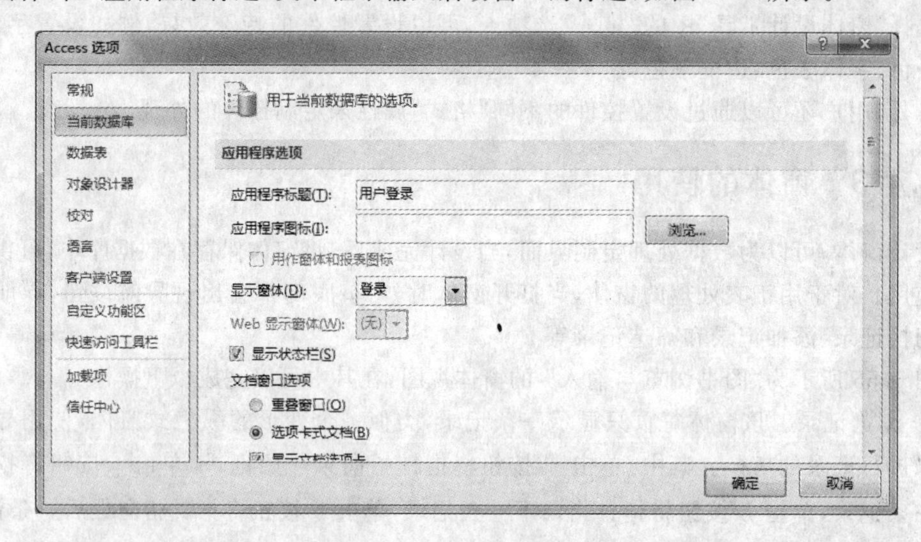

图 6.63 "Access 选项"对话框

④ 将显示主窗体时其他的窗体选项关掉。其方法为,在"当前数据库"页面内选择"导航"栏,取消选中"显示导航窗格"复选框,然后在"功能区和工具栏选项"栏中取消选中"允许全部菜单"、"允许默认快捷菜单"复选框,单击"确定"按钮,完成设置。

这样,当重新打开数据库文件时,系统将自动启动"登录"窗体。

本章小结

本章介绍了 Access 窗体的基本概念和基本操作。窗体是 Access 数据库的对象,是用户与数据库交互的接口。通过窗体,用户可以根据需要设定操作界面,以方便输入、编辑、显示和查询数据,控制程序流程。窗体一般建立在表或查询的基础上,本身并不存储数据。

Access 提供了多种类型的窗体，例如纵栏式窗体、表格式窗体、数据表窗体、数据透视表窗体、数据透视图窗体、图表窗体和主/子窗体等。

通过窗体的视图可以确定窗体的创建、修改和显示方式。Access 中提供了 6 种不同的窗体视图，分别是设计视图、窗体视图、数据表视图、数据透视表视图、数据透视图视图和布局视图，用户可以在这些视图中进行切换。

创建窗体有 3 种方法，即自动创建窗体、使用向导创建窗体、使用设计视图创建窗体。

创建窗体包括定义窗体和设置控件，其中，控件的定义是主要内容。本章介绍了标签、文本框、列表框、组合框、命令按钮、复选框等常用控件的应用。

思考题

1. 窗体的主要作用是什么？

2. 窗体由哪几个部分组成？创建窗体时默认结构中只包括哪个部分？怎样添加其他部分？

3. Access 提供了哪几种类型的窗体？

4. Access 中提供了几种不同的窗体视图？各种窗体视图的作用是什么？

5. 使用自动创建窗体的方法可以创建哪几种类型的窗体？

6. 在面向对象程序设计中，什么是对象？什么是类？什么是对象的属性和事件？

7. 什么是绑定型控件？如果要将窗体中的某个文本框控件和“图书”表中的“书名”字段绑定，应如何设置？

8. 什么是计算型控件？哪个控件常用来作为计算型控件？在计算型控件中输入计算公式时应先输入什么符号？

9. 标签控件通常用来在窗体上显示说明文本，例如标题、题注或简短的说明，通过设置标签的哪个属性来显示这些文本？

10. “输入掩码”的作用是什么？如果要在文本框中输入密码又不显示出密码的数据，应如何设置？

11. 列表框与组合框有什么区别？

12. 在创建控件时，如果想使用控件向导来创建，应先按下控件工具箱中的哪个按钮？

13. 复选框、选项按钮和切换按钮控件各有什么特点？

第7章 报表

报表是 Access 数据库中的对象，报表将数据库中的数据以一定的输出格式显示出来。利用报表可以比较、汇总数据，可以分组、排序数据，可以设置输出信息的格式及外观，并将它们显示和打印出来。本章介绍报表的基本应用操作。

7.1 报表的基本概念

7.1.1 报表的基础

报表是 Access 数据库中用于数据输出的对象。Access 提供了功能强大的设计工具，能够很方便地进行报表的设计、修改和输出。

1. 报表概述

报表可用于对数据库中的数据进行分组、计算、汇总以及打印输出。有了报表，用户就可以控制数据摘要，获取数据汇总，并以所需的顺序排列数据。

使用报表有以下特点：

① 可以成组地组织数据，以便对各组中的数据进行汇总，显示组之间的比较等。

② 可以在报表中包含子窗体、子报表和图表。

③ 可以采用报表打印出符合要求的标签、发票、订单和信封等。

④ 可以在报表上增加数据的汇总信息，例如计数、求平均值或者其他的统计运算。

⑤ 可以嵌入图像或图片来显示数据。

2. 报表与窗体

报表是用来呈现数据的一个定制的查阅对象，它可以输出到屏幕上，也可以传送到打印设备上，是表现用户数据的一种有效的方式。因为用户可以控制报表上每个对象的大小和外观，所以能够按照所需要的方式输出数据信息。

窗体主要用于对数据记录的交互式编辑或显示，报表主要用于显示数据信息，以及对数据进行加工并以多种表现形式呈现，包括对数据的汇总、统计以及各种图形等。

报表中的数据来自表或查询，报表的其他设置存储在报表的设计中。在报表中也可以使用控件。

在第 6 章中介绍的创建窗体时所用的大多数方法也适用于报表，报表和窗体之间的主要区别和联系如下：

① 报表仅为了显示或打印而设计，窗体是为了在窗口中进行交互式操作或显示而设计。在报表中不能通过设计工具中的控件来改变表中的数据，Access 不理会用户通过报表输入的内容。

② 创建报表时不能使用数据表视图，报表的打印边界的上、下、左、右的最小值可由“页面设置”对话框或“打印”对话框决定。但如果设计的报表本身的宽度小于打印页的宽度，则报表的右边界由设计决定。在设计报表时也可以通过打印项实际位置的右移来增加报表的实际左边界，而不必一定使用系统的设置。

③ 在一个多列报表中，列数、列宽和列高等参数可由“页面设置”对话框或“打印”对话框中的设置来控制，它并不由设计方式添加的控件或设置的属性控制。

7.1.2 报表的分类

报表主要分为纵栏式报表、表格式报表、图表报表和标签报表 4 种类型。

1. 纵栏式报表

纵栏式报表(也称为窗体报表)一般在一页主体节内以垂直方式显示一条或多条记录。这种报表可以是显示一条记录的区域，也可以是同时显示多条记录的区域，甚至包括合计，每个字段占一行，左边是标签控件，用于显示字段名称，右边是字段中的值，如图 7.1 所示。

2. 表格式报表

表格式报表以行和列的形式显示记录数据，通常一行显示一条记录、一页显示多行记录。表格式报表与纵栏式报表不同，字段标题信息不是在每页的主体节内显示，而是在页面页眉节显示。图 7.2 所示为“员工”表的表格式报表。

图书编号	7031233232
ISBN	ISBN7-03-12332
书名	高等数学
作者	同济大学数学教研
出版社编号	1002
图书编号	7043452021
ISBN	ISBN7-04-34520
书名	英语句型
作者	荷比
出版社编号	1002

图 7.1 纵栏式报表

员工　2013年10月2日 1:05:38

工号	姓名	性别	生日	部门编号	职务	薪金
0102	张蓝	女	1978-3-20	01	总经理	¥8,000.00
0301	李建设	男	1980-10-15	03	经理	¥5,650.00
0402	赵也声	男	1977-8-30	04	副经理	¥4,200.00
0404	章曼雅	女	1985-1-12	04	会计	¥3,260.00
0704	杨明	男	1973-11-11	07	保管员	¥2,100.00
1101	王宜淳	男	1974-5-18	03	经理	¥4,200.00

图 7.2 表格式报表

用户可以在表格式报表中设置分组字段，显示分组统计数据。例如在一个文本框中列出每个记录、每个字段的值，标签显示字段的名称，标签右侧提供字段的值。

3. 图表报表

图表报表以图表形式显示数据,可以直观地表示数据的分析和统计信息。

4. 标签报表

标签报表是一种特殊类型的报表,如图 7.3 所示。在实际应用中经常会用到标签,例如物品标签、客户标签、图书信息标签等。

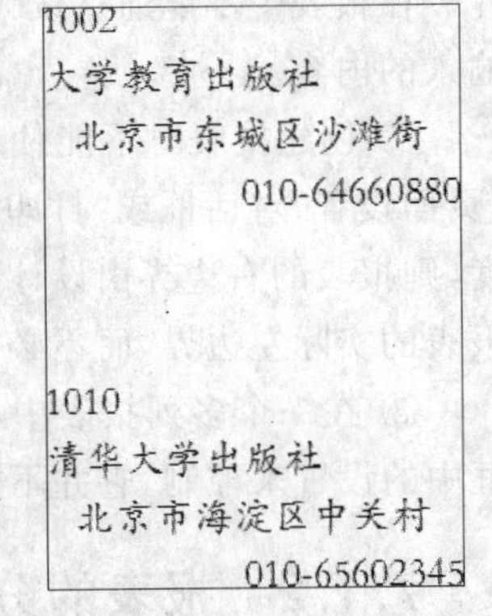

图 7.3 标签报表

7.1.3 报表的视图

报表的视图包括打印预览视图、报表视图、布局视图和设计视图。

其中,设计视图用于创建和编辑报表的结构;打印预览视图用于查看报表的页面数据输出形态;布局视图用于设置报表的布局;报表视图用于查看报表的内容。

1. 设计视图

在报表的设计视图中可以创建报表或更改已有报表的结构,如图 7.4 所示。用户可以在报表的设计视图中添加对象、设置对象的属性,还可以保存报表的设计。

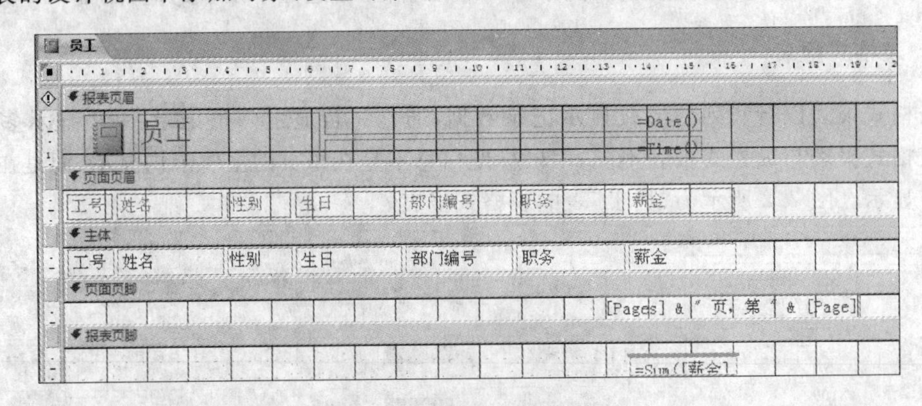

图 7.4 报表的设计视图

2. 打印预览视图

在报表的打印预览视图中可以显示报表打印时的样式,同时运行所定义的查询,并在报表中显示出所有数据。

在“报表设计工具”的“设计”选项卡中,单击“视图”组中的“视图”下三角按钮,在弹出的下拉菜单中选择“打印预览”命令,可以在打印预览视图中查看报表,如图 7.5 所示。

3. 布局视图

布局视图是 Access 2010 新增的一种视图,实际上是处在运行状态的报表。在布局视

员工

工号	姓名	性别	生日	部门编号	职务	薪金
0102	张蓝	女	1978/3/20	01	总经理	¥8,000.00
0301	李建设	男	1980/10/15	03	经理	¥5,650.00
0402	赵也声	男	1977/8/30	04	经理	¥4,200.00
0404	章曼雅	女	1985/1/12	04	经理	¥3,260.00
0704	杨明	男	1973/11/11	07	保管员	¥2,100.00
1101	王宜淳	男	1974/5/18	03	经理	¥4,200.00
1103	张其	女	1987/7/10	11	业务员	¥1,860.00
1202	石破天	男	1984/10/15	12	业务员	¥2,860.00
1203	任德芳	女	1988/12/14	12	业务员	¥1,960.00
1205	刘东珏	女	1990/2/26	12	业务员	¥1,860.00

图 7.5　报表的打印预览视图

图中，在显示数据的同时可以调整报表的设计，可以根据实际数据调整列宽和位置，可以向报表中添加分组级别和汇总选项。报表布局视图与窗体布局视图的功能和操作方法十分相似。

4. 报表视图

报表视图是报表的显示视图，用于在显示器中显示报表内容。在报表视图下，用户可以对报表中的记录进行筛选、查找等操作。

7.1.4　报表的组成

在设计报表时，可以将文字和表示各种类型字段的控件放在报表设计视图中的各个区域内。在报表设计视图中，报表中的内容根据不同作用分成不同区段，称为“节”。节呈带状形式，每个节在页面上和报表中具有特定的目的并按照预期顺序输出打印。

报表有 7 个节，分别是报表页眉节、报表页脚节、页面页眉节、页面页脚节、主体节，以及组页眉节和组页脚节。

1. 报表页眉节

报表页眉节中的任何内容只能在报表的首页中输出一次。报表页眉节主要用于打印报表的封面、制作时间、制作单位等只需输出一次的内容。通常，可以在报表中设置控件格式属性突出显示标题文字，还可以设置颜色、阴影或图片等特殊效果。

2. 页面页眉节

页面页眉节中的文字或控件一般输出显示在每页的顶端。通常，它是用来显示数据的列标题。在报表输出的首页,这些列标题显示在报表页眉的下方。

用户可以给每个控件的文本标题加上特殊效果,例如颜色、字体种类和字体大小等。

一般来说,把报表的标题放置在报表页眉节中,该标题打印时仅在第一页的开始位置出现。如果将标题移动到页面页眉节中,则该标题在每一页上都显示。

3. 组页眉节

根据需要,在报表设计的5个基本节的基础上,还可以使用“分组和排序”按钮来设置组页眉/组页脚节,以实现报表的分组输出和分组统计。组页眉节中主要放置文本框或其他类型控件,用于显示分组字段等数据信息。

在打印输出时,组页眉/组页脚节中的数据仅在每组的开始位置显示一次。

用户可以建立多层次的组页眉及组页脚,但不可以分出太多的层(一般不超过6层)。

4. 主体节

主体节用来处理每条记录,其字段数据都通过文本框或其他控件(主要是复选框和绑定型对象框)绑定显示,可以包含计算的字段数据。

主体节是不可缺少的,根据主体节内字段数据的显示位置,报表又分为多种类型。

5. 组页脚节

组页脚节中主要放置文本框或其他类型控件,用于显示分组统计数据。在打印输出时,其数据显示在每组的结束位置。

在实际操作中,组页眉节和组页脚节可以根据需要单独设置。

6. 页面页脚节

页面页脚节中一般包含页码或控制项的合计内容,数据放置在文本框和一些其他类型的控件中,打印时在报表每页的底部打印页码信息。

7. 报表页脚节

报表页脚节中的内容一般在所有的主体节和组页脚节内容输出完成后打印在报表的最后面。通过在报表页脚节中放置文本框或一些其他类型的控件,可以显示整个报表的计算汇总或者其他的统计数字信息。

7.2 创建报表

在 Access 中提供了5种创建报表的方式,即“自动报表”、“空报表”、“报表向导”、“标签”和“设计视图”。

由于报表向导可以为用户完成大部分基本操作,因此加快了创建报表的过程。在使用报表向导时,它将提示有关信息并根据用户的回答来创建报表。在实际应用过程中,一般首先使用“自动报表”或“报表向导”功能快速创建初始报表,然后在“设计视图”环境中对其外观、功能加以完善,这样可以大大提高报表的设计效率。

7.2.1 报表设计工具

为了掌握报表的设计，用户必须了解和掌握报表设计工具的功能和使用。

在"创建"选项卡的"报表"组中单击"报表设计"按钮，可以看到"报表设计工具"，其中包含设计、排列、格式和页面设置 4 个选项卡，如图 7.6 所示。

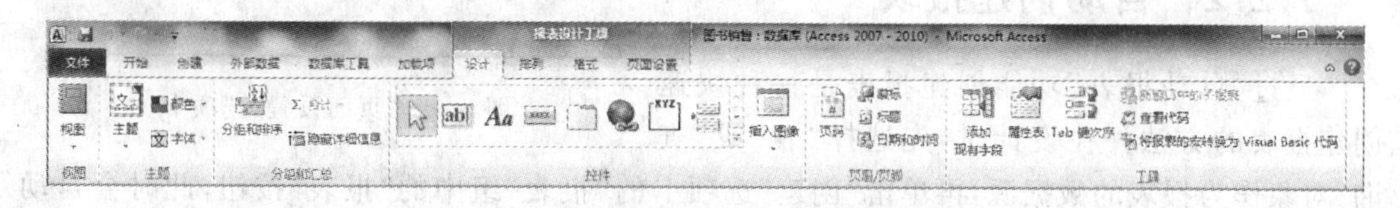

图 7.6 "报表设计工具"包含 4 个选项卡

1. "设计"选项卡

在"设计"选项卡中，包含视图、主题、分组和汇总、控件、页眉/页脚、工具 6 个组。"视图"下拉菜单中列出了"设计视图"、"打印预览"、"布局视图"和"报表视图"供用户选择与切换视图；"主题"组主要用来对颜色和字体进行设置；"分组和汇总"组可以启动"分组、排序和汇总"对话框来设计分组和排序；"控件"组供用户选择各种控件进行设计；"页眉/页脚"组供用户设置页码、标题和时间等；"工具"组供用户添加字段，对表属性等进行设置。

2. "排列"选项卡

通过"排列"选项卡可以管理控件组、设置文本边距和控件边距、切换对齐网络布局功能、设置 Tab 键顺序、对齐和定位控件、显示属性等，如图 7.7 所示。

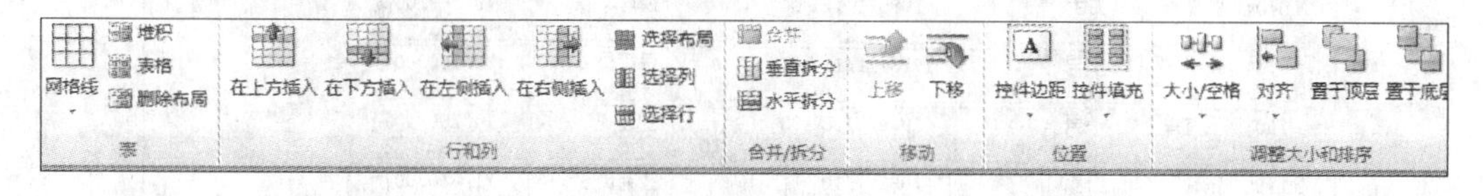

图 7.7 "排列"选项卡

3. "格式"选项卡

"格式"选项卡中包含所选内容、字体、数字、背景、控件格式 5 个组。其中，"所选内容"组显示当前选择的对象；"字体"组对文本数据格式进行设置；"数字"组对数字数据的格式进行设置；"背景"组设置背景色或背景图；"控件格式"组对控件的形状和颜色进行设置，如图 7.8 所示。

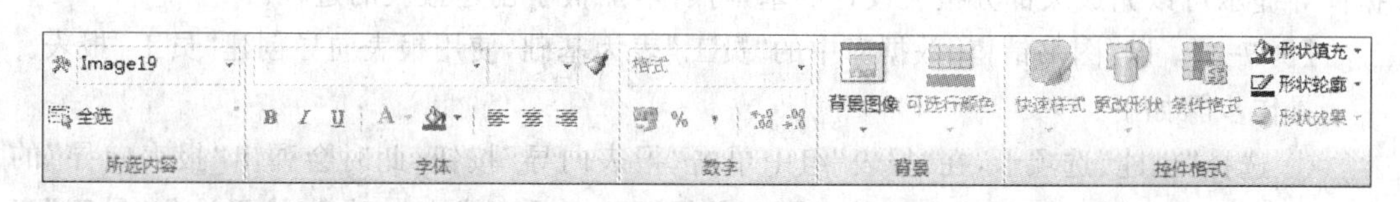

图 7.8 "格式"选项卡

4. “页面设置”选项卡

“页面设置”选项卡中包含页面大小、页面布局两个组，用来对纸张大小、边距和方向进行设置，如图 7.9 所示。

图 7.9 “页面设置”选项卡

7.2.2 自动创建报表

通过“自动报表”功能创建报表是一种快速创建报表的方法。在设计时，先选择“表”或“查询”对象作为报表的数据源，再单击“创建”选项卡的“报表”组中的“报表”按钮，此时会自动生成报表，并显示数据源中的所有字段和记录。

【例 7-1】 在“图书销售”数据库中使用自动报表功能创建“员工”报表。

操作步骤如下：

① 在“图书销售”数据库窗口中选择“员工”表。

② 在“创建”选项卡的“报表”组中单击“报表”按钮，会自动生成报表，并进入“布局视图”，如图 7.10 所示。

员工

员工　2013年11月21日 22:11:49

工号	姓名	性别	生日	部门编号	职务	薪金
0102	张蓝	女	1978/3/20	01	总经理	¥8,000.00
0301	李建设	男	1980/10/15	03	经理	¥5,650.00
0402	赵也声	男	1977/8/30	04	经理	¥4,200.00
0404	章曼雅	女	1985/1/12	04	经理	¥3,260.00
0704	杨明	男	1973/11/11	07	保管员	¥2,100.00
1101	王宜淳	男	1974/5/18	03	经理	¥4,200.00
1103	张其	女	1987/7/10	11	业务员	¥1,860.00
1202	石破天	男	1984/10/15	12	业务员	¥2,860.00

图 7.10 “员工”报表

7.2.3 使用报表向导创建报表

使用自动报表功能创建报表虽然简单，但用户几乎无法做出任何选择。如果使用“报表向导”来创建报表，报表向导会提示用户输入相关的数据源、字段和报表版面格式等信息，根据向导提示可以完成大部分报表设计的基本操作，加快了创建报表的过程。

【例 7-2】 以“图书销售”数据库中的“员工”表为基础，使用报表向导创建“员工”报表。

操作步骤如下：

① 选择“创建”选项卡，在“报表”组中单击“报表向导”按钮，此时会弹出“报表向导”的第 1 个对话框，在该对话框中确定数据源。数据源可以是表或查询对象，这里选择“员工”表作为数据源，如图 7.11 所示。

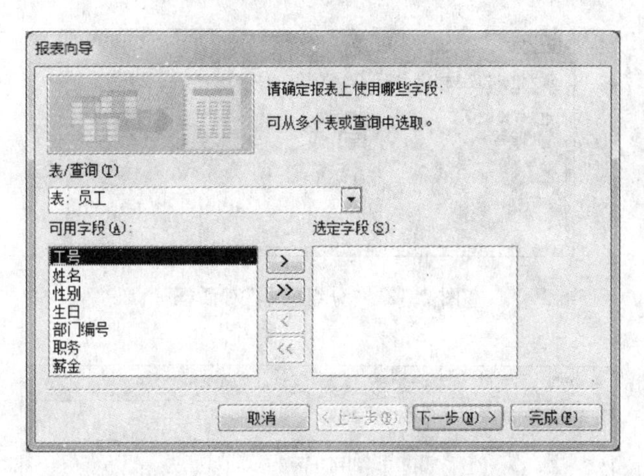

图 7.11 “报表向导”对话框 1

“可用字段”列表框中列出了数据源的所有字段，在“可用字段”列表框中选择需要的报表字段，然后单击 > 按钮，它就会被添加到“选定字段”列表框中。

② 选择所需的字段后，单击“下一步”按钮，此时会弹出“报表向导”的第 2 个对话框，如图 7.12 所示。

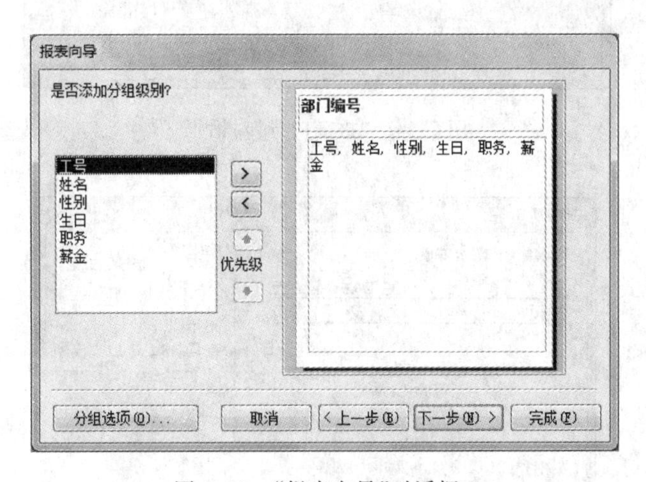

图 7.12 “报表向导”对话框 2

③ 在列表框中选择“部门编号”字段，然后单击“分组选项”按钮，弹出“分组间隔”对话框，如图 7.13 所示。通过更改分组间隔可以改变报表中对数据的分组，由于本报表不要求任何特殊的分组间隔，所以选择“分组间隔”下拉列表框中的“普通”选项，然后单击“确定”按钮返回报表向导。

④ 单击“下一步”按钮，会弹出“报表向导”的第 3 个对话框，如图 7.14 所示。在定义好分组后，用户可以指定主体记录的排序次序。单击“汇总选项”按钮，弹出“汇总选项”对话框，指定计算汇总值的方式如图 7.15 所示，然后单击“确定”按钮。

⑤ 单击“下一步”按钮，弹出“报表向导”的第 4 个对话框，如图 7.16 所示。用户可以选择报表的布局方式，默认情况下，“报表向导”会选中“调整字段宽度使所有字段都能显示在一页中”复选框，在“方向”选项组中选中“纵向”单选按钮。

分组间隔
请为组级字段选定分组间隔:
确定
组级字段:
分组间隔:
取消
部门编号
普通

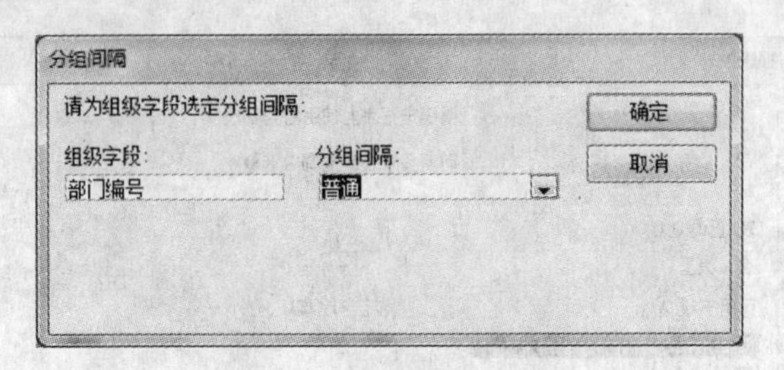

图 7.13 “分组间隔”对话框

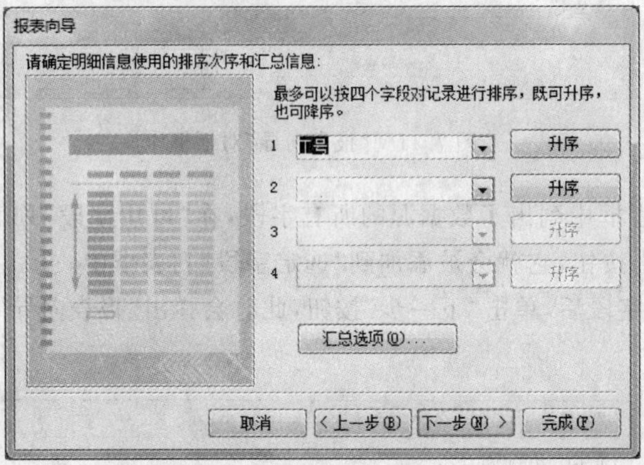

报表向导
请确定明细信息使用的排序次序和汇总信息:
最多可以按四个字段对记录进行排序，既可升序，也可降序。
1 工号 升序
2 升序
3 升序
4 升序
汇总选项(O)...
取消
< 上一步(B)
下一步(N) >
完成(F)

图 7.14 “报表向导”对话框 3

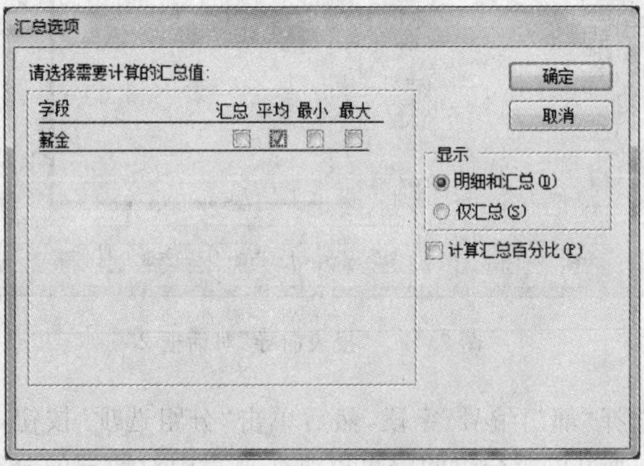

汇总选项
请选择需要计算的汇总值:
确定
字段
汇总 平均 最小 最大
取消
薪金
显示
明细和汇总(D)
仅汇总(S)
计算汇总百分比(P)

图 7.15 “汇总选项”对话框

⑥ 单击“下一步”按钮，弹出“报表向导”的第 5 个对话框，如图 7.17 所示。

在文本框中输入“员工”，并选中“预览报表”单选按钮，然后单击“完成”按钮，报表向导会创建报表，并在打印预览视图中显示该报表。单击“关闭打印预览”按钮可显示报表视图，如图 7.18 所示。

在报表向导设计出的报表的基础上，用户可以做进一步修改，从而得到一个内容完善的报表。

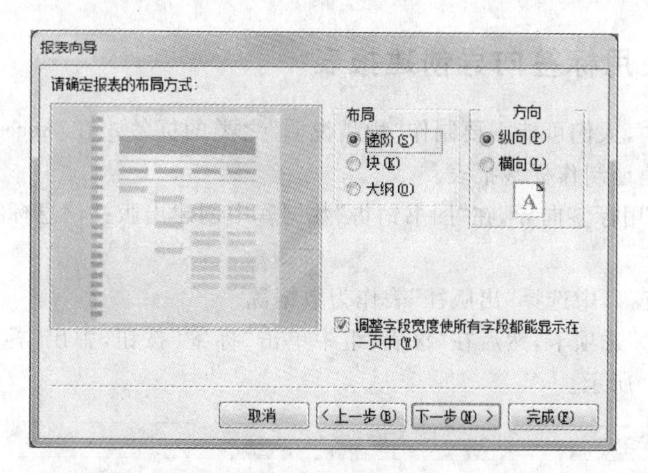

图 7.16 “报表向导”对话框 4

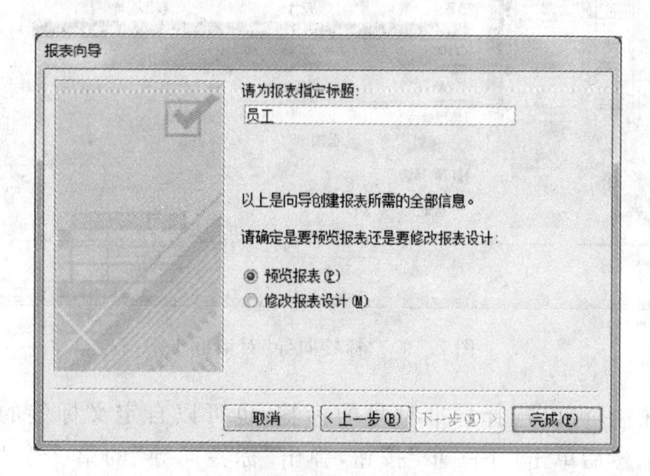

图 7.17 “报表向导”对话框 5

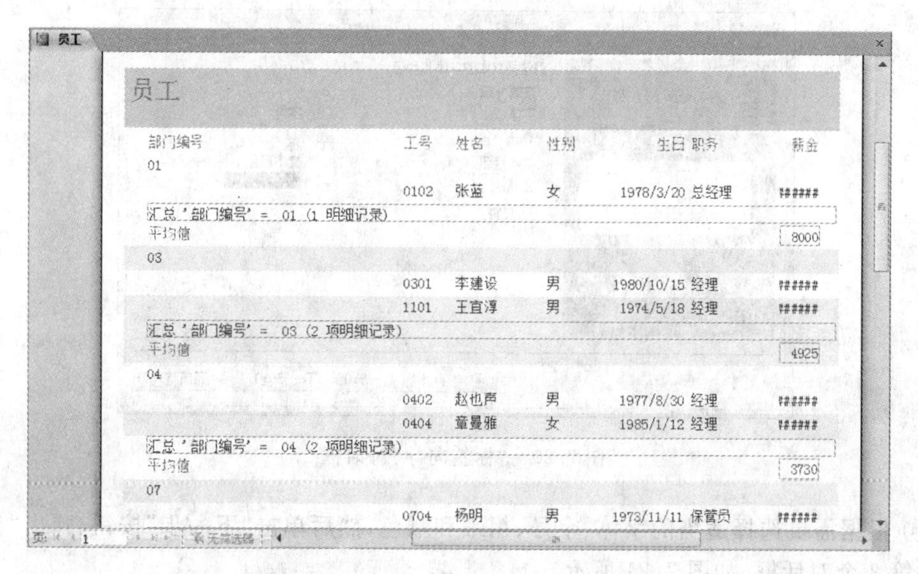

图 7.18 使用“报表向导”建立的基本报表

7.2.4 使用标签向导创建报表

在日常生活中,人们可能需要制作“物品说明”之类的标签。在 Access 中,用户可以使用“标签向导”快速地制作标签报表。

【例 7-3】 利用标签向导,在“图书销售”数据库中创建出版社信息标签报表。

操作步骤如下:

① 在数据库窗口中选择“出版社”表作为数据源。

② 选择“创建”选项卡,然后在“报表”组中单击“标签”按钮,弹出“标签向导”的第 1 个对话框,如图 7.19 所示。

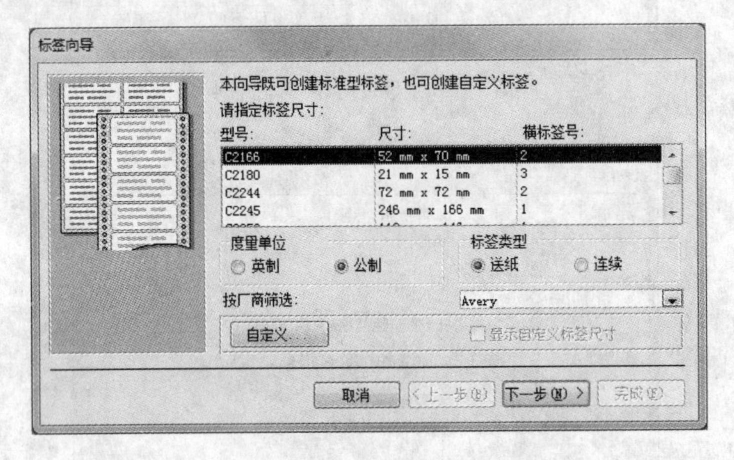

图 7.19 “标签向导”对话框 1

③ 在该对话框中可以选择标准型号的标签,也可以自定义标签的大小。这里选择“C2166”标签样式,然后单击“下一步”按钮,弹出“标签向导”的第 2 个对话框,如图 7.20 所示。

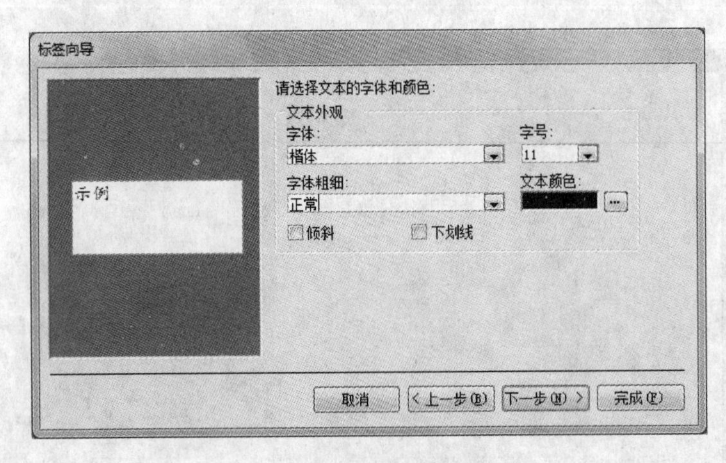

图 7.20 “标签向导”对话框 2

④ 根据需要选择适当的字体、字号、粗细和颜色,然后单击“下一步”按钮,弹出“标签向导”的第 3 个对话框,如图 7.21 所示。

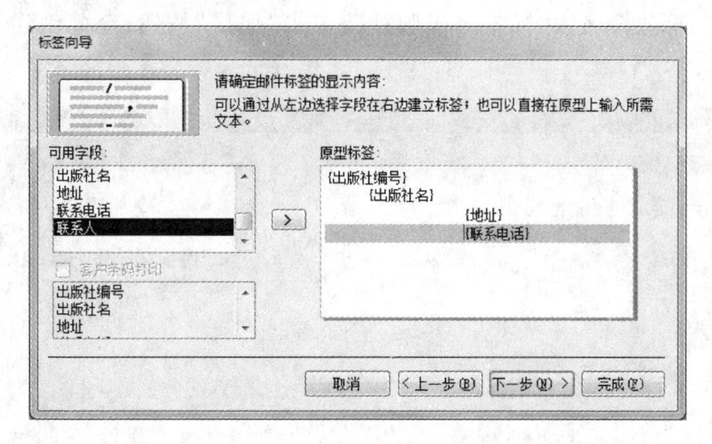

图 7.21 “标签向导”对话框 3

⑤ 根据需要选择创建标签所要使用的字段,然后单击“下一步”按钮,弹出如图 7.22 所示的“标签向导”的第 4 个对话框。

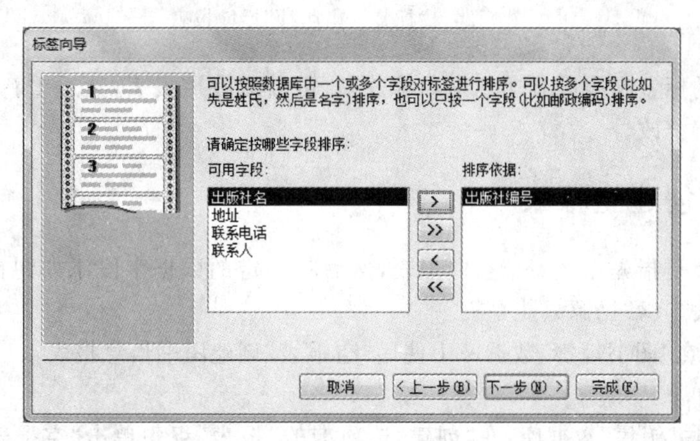

图 7.22 “标签向导”对话框 4

⑥ 选择排序依据为“出版社编号”,然后单击“下一步”按钮,弹出“标签向导”的第 5 个对话框,如图 7.23 所示。

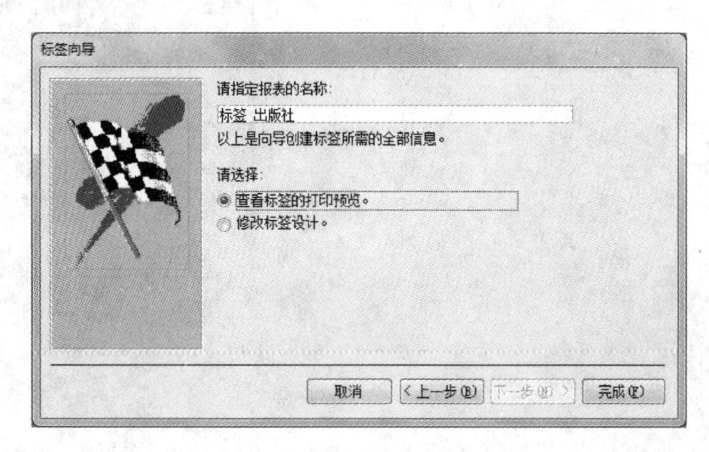

图 7.23 “标签向导”对话框 5

⑦ 将新建的标签命名为“标签　出版社”，单击“完成”按钮，至此创建了“标签　出版社”标签，如图 7.24 所示。

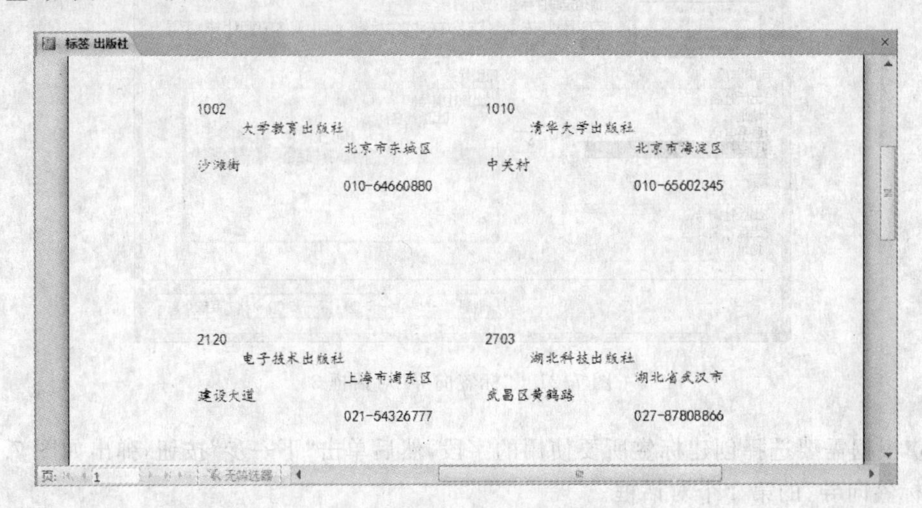

图 7.24　“标签　出版社”标签报表

如果最终的标签报表没有达到预期的效果，可以删除该报表，然后重新设计，也可以进入设计视图进行修改。

7.2.5　创建空报表

创建空报表是指先创建一个空白报表，然后将选定的数据字段添加到报表中。使用这种方法创建报表，其数据源只能是表。

【例 7-4】 在“图书销售”数据库中使用“空报表”创建图书信息报表。

操作步骤如下：

① 进入“图书销售”数据库，在“创建”选项卡的“报表”组中单击“空报表”按钮，系统将创建一个空报表并以布局视图显示，同时弹出“字段列表”对话框，如图 7.25 所示。

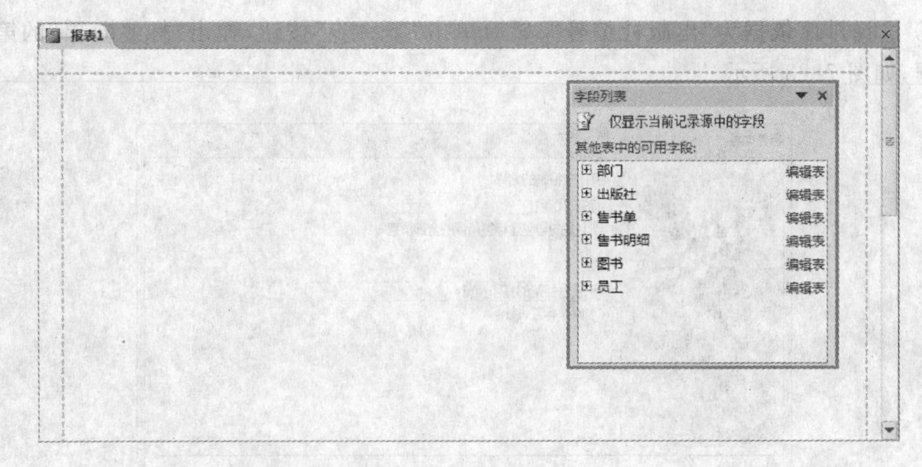

图 7.25　空报表

② 选择"图书"表并单击"+"按钮将其展开,然后选择字段并双击,Access 会自动将所选字段添加到报表中。

③ 设置完毕后可以查看报表,然后保存报表,完成设计。

7.2.6 使用设计视图创建报表

对于格式复杂、数据处理复杂的报表,可以通过报表的设计视图进行设计。其基本操作过程如下:

① 创建空报表并选择数据源。

② 添加页眉和页脚。

③ 使用控件显示数据、文本和各种统计信息。

④ 设置报表的排序和分组属性,以及设置报表和控件的外观格式、大小位置和对齐方式等。

在数据库窗口中选择"创建"选项卡,并在"报表"组中单击"报表设计"按钮,会打开报表的设计视图窗口。然后右击,可以通过快捷菜单中的命令添加"报表页眉/页脚"等,如图 7.26 所示。

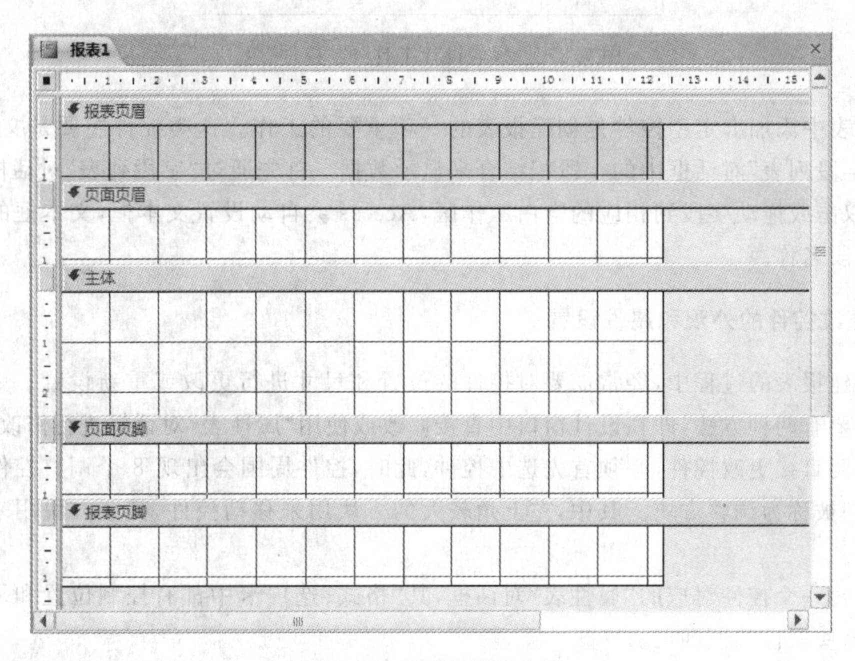

图 7.26 报表设计工作区

1. 向报表工作区中添加控件

与窗体类似,报表中的每一个对象都使用控件,例如显示字段名的标签、显示字段值的文本框等。报表控件通常分为绑定型控件、非绑定型控件和计算控件 3 种类型。

绑定型控件与表字段绑定在一起,用于在报表中显示表中的字段值。计算控件是建立在表达式(例如函数和计算)基础之上的,计算控件也是非绑定控件。

用户可以在设计视图中对控件进行各种操作,例如创建新控件、选择控件、删除控件、移动控件、拖动控件的边界调整框调整控件的大小、利用“属性表”对话框改变控件的属性,以及通过格式化改变控件的外观,对控件增加边框和阴影效果等。

如果要在报表中添加非绑定型控件,可以在“控件”组中选择相应的控件。用户可以使用向导来创建控件,但首先要保证“控件”组中的“使用控件向导”被选中,如图 7.27 所示。用户可以使用向导创建“命令按钮”、“列表框”、“组合框”、“子窗体/子报表”以及“选项组”控件,还可以创建图表或数据透视表控件。

图 7.27 “报表设计工具”的“控件”组

向报表中添加绑定型控件是创建报表的一项重要的工作。这类控件主要是文本框,它通过与“字段列表”对话框中的字段相结合来显示数据。首先通过“字段列表”对话框显示字段,然后双击或拖动字段到相应的空白工作区,Access 会自动设置文本框,文本框的关联标签即为字段名称。

2. 更改控件的外观和属性设置

在创建报表的过程中,经常需要对控件的位置和尺寸进行更改或重新设置。更改控件的外观主要有两种方法,即在设计窗口中直接修改或使用“属性表”对话框进行修改。

如果要直接更改控件,必须首先选中控件,此时,控件周围会出现 8 个调整控件大小的方块,它们被称为调整方块。其中,左上角较大的方块用来移动控件,其余方块用来调整控件的大小。

对于每一个控件对应的“属性表”对话框,其“格式”选项卡中都有控制位置和尺寸的属性,更改这些属性的值即可。

此外,根据需要,通常需要为控件设置多种属性。首先选中控件,然后右击,在快捷菜单中选择“属性”命令,弹出该控件的“属性表”对话框,在其中设置属性即可。

【例 7-5】 在“图书销售”数据库中使用报表设计视图创建纵栏式的图书信息报表。

操作步骤如下:

① 通过“创建”选项卡中的“报表设计”按钮启动报表设计视图,然后添加报表页眉节和报表页脚节,如图 7.26 所示。

② 在报表页眉节中添加一个标签控件,输入标题为“图书信息表”,然后设置标签控件的格式,即字体为“幼圆”,字号为 18。

③ 单击“设计”选项卡的“工具”组中的“添加现有字段”按钮，弹出“字段列表”对话框。展开“图书”表，依次双击各字段将它们放置到主体节中，系统会自动创建相应的文本框控件及标签控件，并调整控件的位置，如图 7.28 所示。

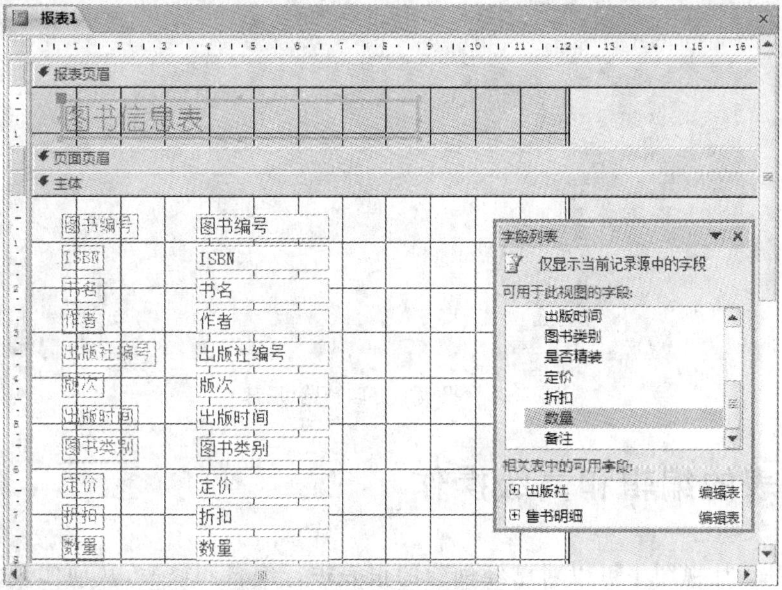

图 7.28　报表的字段设计

④ 单击“设计”选项卡的“页眉/页脚”组中的“页码”按钮，弹出“页码”对话框，选择格式为“第 N 页”，位置为“页面底端”，然后单击“确定”按钮，即可在页面页脚节中插入页码，如图 7.29 所示。

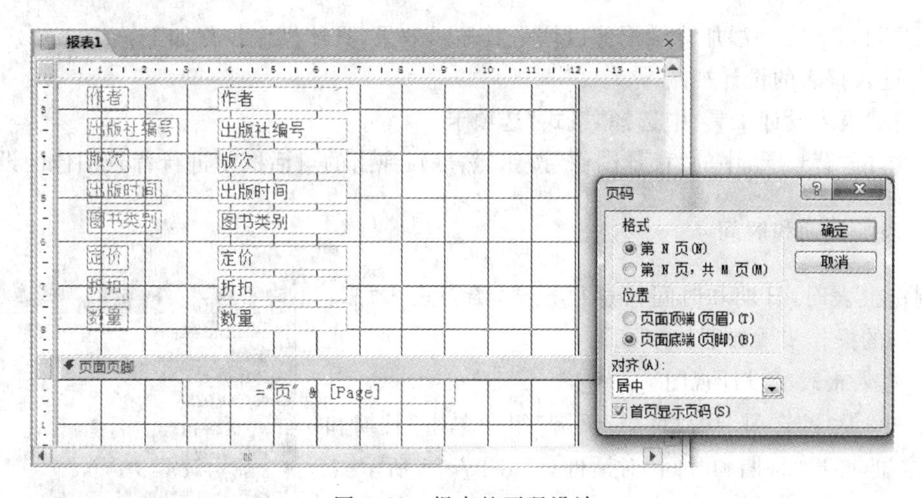

图 7.29　报表的页码设计

⑤ 通过“设计”选项卡的“视图”组中的“打印预览”查看报表的显示，如图 7.30 所示，然后单击“关闭打印预览”按钮，并以“图书信息表”为名保存报表。这样，以后就可以随时打开“图书信息表”显示并打印有关图书信息的报表了。

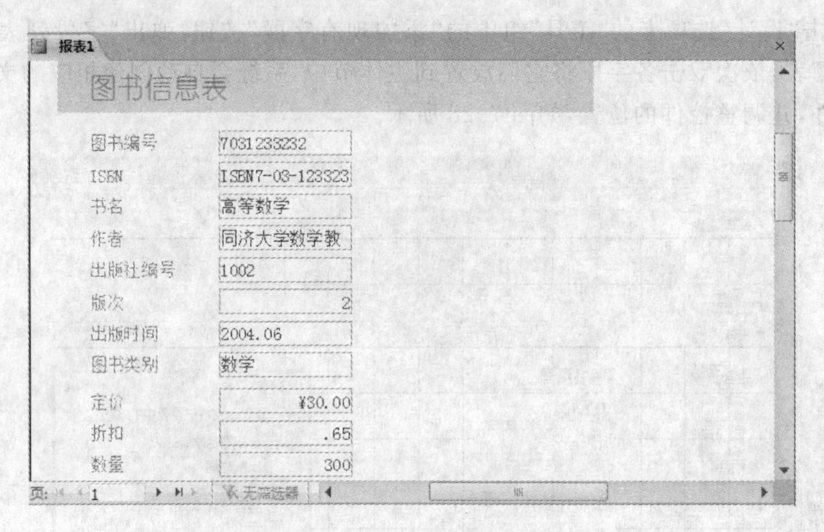

图 7.30 报表的打印预览(局部)

7.3 报表的编辑和高级操作

在报表的设计视图中可以对已经创建的报表进行编辑和修改,从而实现复杂的处理功能。

7.3.1 报表的编辑处理

1. 添加背景图像

用户可以为报表添加背景图像以增强其显示效果,具体操作步骤如下:

① 进入报表的设计视图。

② 在"报表设计工具"中选择"格式"选项卡。

③ 单击"背景"组中的"背景图像"按钮,然后在弹出的对话框中进行背景图像的设置。

2. 添加日期和时间

制作报表时,日期和时间信息很重要,给报表添加日期和时间的操作步骤如下:

① 进入报表的设计视图。

② 在"设计"选项卡的"页眉/页脚"组中单击"日期和时间"按钮,弹出"日期和时间"对话框。如图 7.31 所示。

③ 在该对话框中选择是否显示日期、是否显示时间,并选择显示格式,然后单击"确定"按钮,则系统会自动添加控件将所选日期和时间放置到报表中(控件可以放置在报表的任何节)。

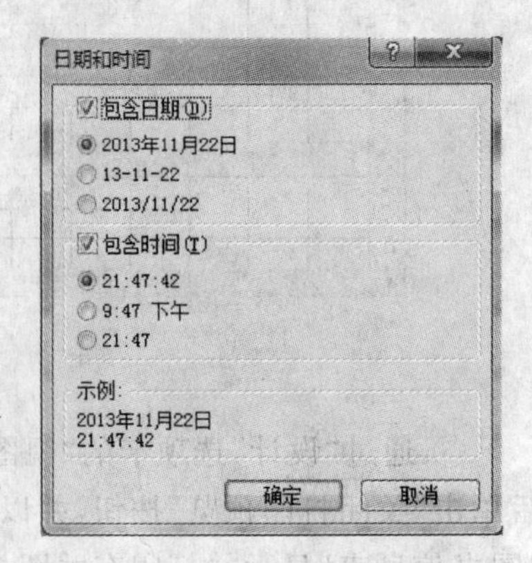

图 7.31 "日期和时间"对话框

此外,用户也可以在报表上添加一个文本框,通过设置其“控件来源”属性为日期或时间的计算表达式(例如,=Date()或=Time()等)来显示日期和时间。

3. 添加页码

在报表中添加页码的操作步骤如下:

① 进入报表的设计视图。

② 在“设计”选项卡的“页眉/页脚”组中单击“页码”按钮,弹出“页码”对话框。

③ 在该对话框中根据需要选择相应的页码格式、位置和对齐方式。对齐方式有以下选项可以选择:

- 左。选择该选项,将在左页边距添加文本框。
- 中。选择该选项,将在左、右页边距的正中添加文本框。
- 右。选择该选项,将在右页边距添加文本框。
- 内。选择该选项,将在左、右页边距之间添加文本框,奇数页打印在左侧,偶数页打印在右侧。
- 外。选择该选项,将在左、右页边距之间添加文本框,偶数页打印在左侧,奇数页打印在右侧。

④ 如果要在第一页显示页码,选中“在第一页显示页码”复选框。

注意: Access 使用表达式来创建页码。

4. 节的操作

报表中的内容是以节划分的,每一个节都有其特定的用途,而且按照一定的顺序打印在页面及报表上。

在设计视图中,节代表各个不同的带区,每一个节只能被指定一次。在打印报表中,某些节可以被指定很多次,可以通过放置控件来确定在节中显示内容的位置。

通过对属性值相等的记录进行分组,可以进行一些计算或简化报表的操作,使其更易于阅读。

1) 添加或删除节

在设计视图中右击,然后在弹出的快捷菜单中选择“报表页眉/页脚”命令或“页面页眉/页脚”命令,即可添加或删除相关节。

“页眉”和“页脚”只能作为一对同时添加。如果不需要页眉或页脚,可以将不要的节的“可见性”属性设置为“否”,或者删除该节中的所有控件,然后将其大小或高度属性设置为0。

如果删除页眉和页脚,Access将同时删除页眉、页脚中的控件。

2) 改变报表的页眉、页脚或其他节的大小

用户可以单独改变报表上各个节的大小,但是报表只有一个唯一的宽度,改变一个节的宽度将改变整个报表的宽度。

用户可以将鼠标放在节的底边(改变高度)或右边(改变宽度)上,上下拖动鼠标改变节的高度,或左右拖动鼠标改变节的宽度;也可以将鼠标放在节的右下角,然后沿着对角线的

方向拖动鼠标,同时改变高度和宽度。

3) 为报表中的节或控件创建自定义颜色

如果调色板中没有需要的颜色,用户可以使用节或控件的"前景色"、"背景色"或"边框色"等属性配合"颜色"对话框进行相应颜色的设置。

5. 绘制线条和矩形

在设计报表时,可以通过添加线条或矩形来修饰版面,以达到更好的显示效果。

1) 在报表上绘制线条

操作步骤如下:

① 进入报表的设计视图。

② 单击"设计"选项卡的"控件"组中的"直线"控件。

③ 单击报表的任意处可以创建默认大小的线条,通过单击并拖动的方式可以创建自定义大小的线条。

如果要细微调整线条的长度或角度,可以选中线条,然后同时按下 Shift 键和所需的方向键。如果要细微调整线条的位置,则同时按下 Ctrl 键和所需的方向键。

使用"属性表"对话框中的"格式"选项卡,可以更改或设置线条的外观和样式。

2) 在报表上绘制矩形

操作步骤如下:

① 进入报表的设计视图。

② 单击"设计"选项卡的"控件"组中的"矩形"控件。

③ 单击报表的任意处可以创建默认大小的矩形,通过单击并拖动的方式可以创建自定义大小的矩形。

7.3.2 报表的排序和分组

黯认情况下,报表中的记录是按照自然顺序,即数据在表中的先后顺序来排列和显示的。在实际应用过程中,经常需要按照某个指定的顺序来排列记录。例如按照年龄从小到大排列等,这些操作称为报表的"排序"操作。此外,设计报表时还经常需要根据某个字段按照其值相等与否划分成组来进行一些统计操作并输出统计信息,这就是报表的"分组"操作。

1. 记录的排序

在"报表向导"中设置字段排序,限制最多一次设置 4 个字段,并且限制排序只能是字段,不能是表达式。实际上,一个报表最多可以设置 10 个字段或表达式进行排序。

【例 7-6】 在"图书信息表"报表设计中按照"图书编号"由小到大进行排序输出。

操作步骤如下:

① 在导航窗格的报表对象列表中选择"图书信息表"报表,打开其设计视图。

② 在"设计"选项卡的"分组和汇总"组中单击"分组和排序"按钮,弹出"分组、排序和汇总"对话框,如图 7.32 所示。

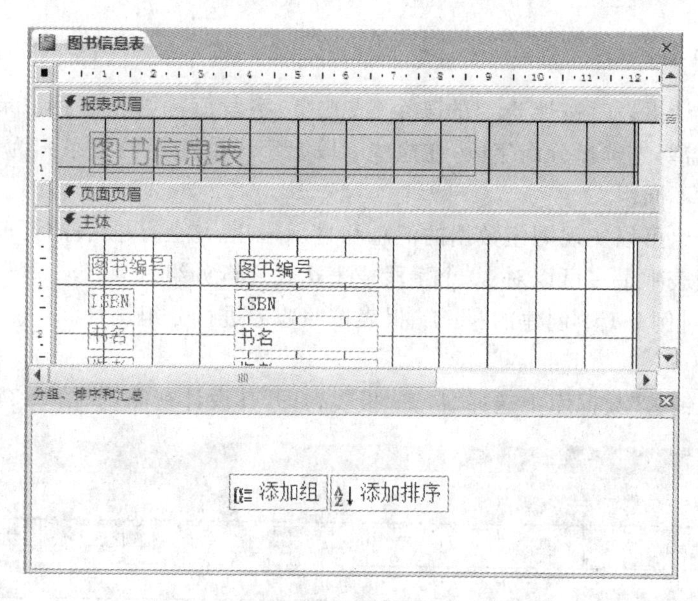

图 7.32　显示"分组、排序和汇总"对话框

③ 单击"添加排序"按钮，在弹出的"排序依据"中选择排序字段为"图书编号"，选择排序次序为"升序"，如图 7.33 所示。

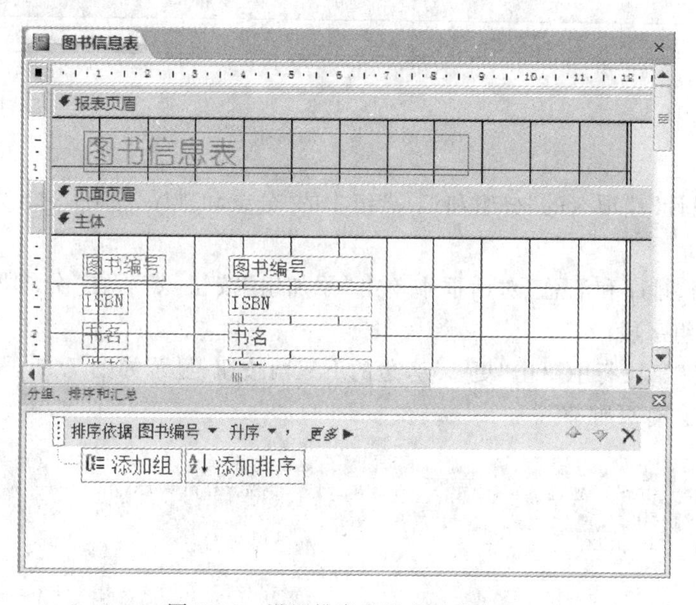

图 7.33　设置排序字段和排序次序

如果有需要，可以添加排序标签设置第二排序字段，以此类推设置多个排序字段。当设置了多个排序字段时，先按第一排序字段值排列，字段值相同的情况下再按第二排序字段值排列，……。

④ 单击工具栏上的"打印预览"按钮，可以对排序数据进行预览。

⑤ 将设计的报表保存。

2. 记录的分组

分组是指设计报表时按照选定的某个(或几个)字段值是否相等将记录划分为组的过程。在操作时,需要先选择分组字段,在这些字段上字段值相等的记录归为同一组,字段值不等的记录归为不同组。

报表通过分组可以实现同组数据的汇总和显示输出,增强了报表的可读性和对信息的利用。在一个报表中最多可以对 10 个字段或表达式进行分组。

【例 7-7】 对例 7-1 中创建的“员工”报表按照职务进行分组统计。

操作步骤如下:

① 在“图书销售”数据库中选择“员工”报表,打开其设计视图,如图 7.34 所示。

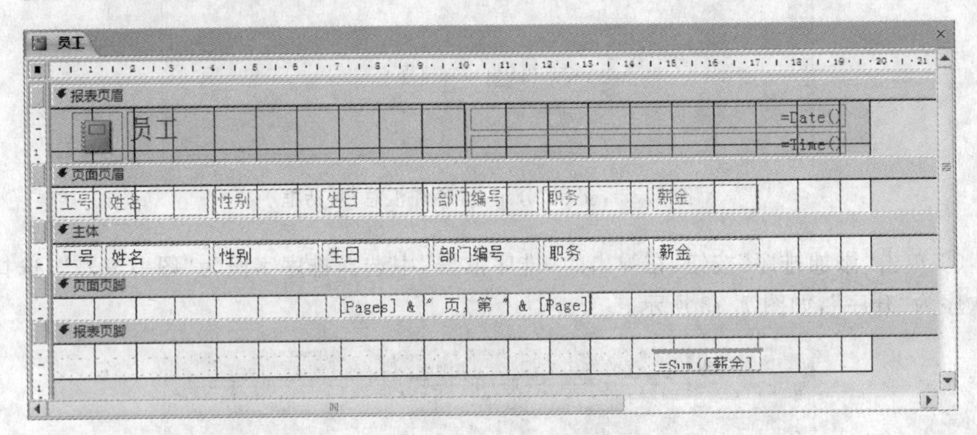

图 7.34 员工信息报表

② 单击“设计”选项卡的“分组和汇总”组中的“分组和排序”按钮,弹出“分组、排序和汇总”对话框。

③ 在“分组、排序和汇总”对话框中单击“添加组”按钮,然后在“分组形式”中选择“职务”字段作为分组字段。

④ 在“职务”字段行中单击“更多”旁边的下三角按钮,显示如图 7.35 所示的对话框,将“无页脚节”改为“有页脚节”。

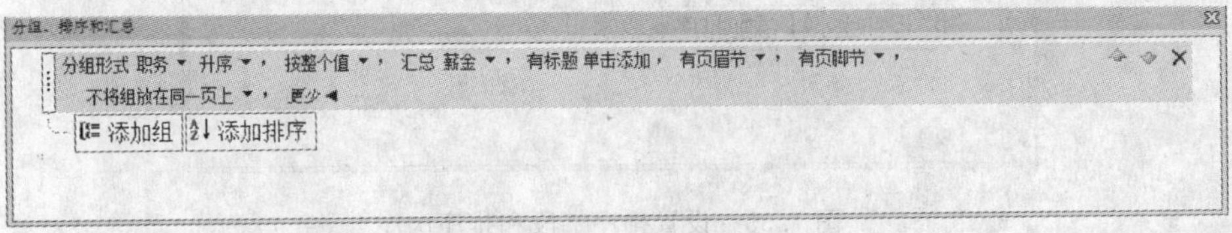

分组、排序和汇总
分组形式 职务 ▾ 升序 ▾ , 按整个值 ▾ , 汇总 薪金 ▾ , 有标题 单击添加 , 有页眉节 ▾ , 有页脚节 ▾ ,
不将组放在同一页上 ▾ , 更少 ◂
添加组 添加排序

图 7.35 报表的分组属性设置

如果选择“不将组放在同一页上”,则打印时,组页眉、主体、组页脚不在同一页上;如果选择“将组放在同一页”上,则组页眉、主体、组页脚会打印在同一页上。

⑤ 设置完分组属性之后,会在报表中添加“组页眉”和“组页脚”两个节,在此分别用“职务页眉”和“职务页脚”来标识。

将主体节的"职务"文本框通过"剪切"、"复制"移至"职务页眉"节，并设置其格式，即字体为"宋体"、字号为12磅。

⑥ 在"职务页脚"节中添加一个"控件来源"为计算该职务人数表达式的绑定文本框，并附加标签标题"人数"，如图7.36所示。

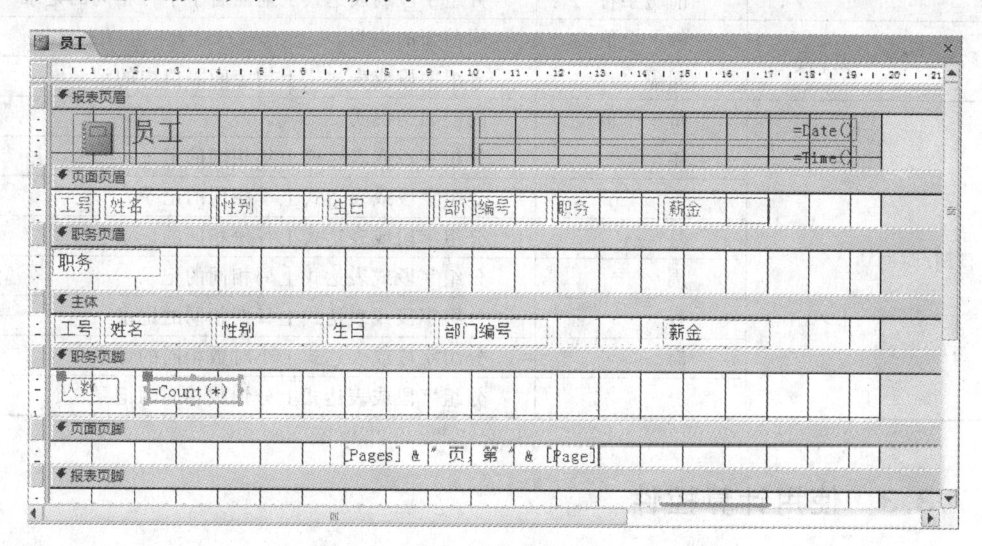

图7.36 设置"组页眉"和"组页脚"节内容

⑦ 单击工具栏上的"打印预览"按钮，预览上述分组数据，如图7.37所示，从中可以看到分组显示和统计的效果。

员工

2013年11月23日
11:39:34

工号	姓名	性别	生日	部门编号	职务	薪金
保管员						
0704	杨明	男	1973/11/11	07		¥2,100.00
人数	1					
经理						
1101	王宜淳	男	1974/5/18	03		¥4,200.00
0404	章曼雅	女	1985/1/12	04		¥3,260.00
0402	赵也声	男	1977/8/30	04		¥4,200.00
0301	李建设	男	1980/10/15	03		¥5,650.00
人数	4					

页: 1 无筛选器

图7.37 用职务字段分组报表(局部)

在设置字段的"分组形式"属性时，属性值的选择是由分组字段的数据类型决定的，具体如表7.1所示。

表 7.1 分组字段的数据类型与记录的分组形式

分组字段的数据类型	选　　项	记录的分组形式
文本	每一个值	分组字段或表达式上值相同的记录
	前缀字符	分组字段或表达式上前面若干字符相同的记录
数字、货币和是/否	每一个值	同前面的说明
	间隔	分组字段或表达式上指定间隔值内的记录
日期/时间	每一个值	同前面的说明
	年	分组字段或表达式上年相同的记录
	季	分组字段或表达式上季相同的记录
	月	分组字段或表达式上月份相同的记录
	周	分组字段或表达式上周相同的记录
	日	分组字段或表达式上日期相同的记录
	时	分组字段或表达式上小时数相同的记录
	分	分组字段或表达式上分钟数相同的记录

7.3.3 使用计算控件

在报表的设计过程中，除了在版面上放置绑定控件直接显示字段数据外，还经常需要进行各种运算并将结果显示出来。例如，报表设计中页码的输出、分组统计数据的输出等均是通过设置绑定控件的控件来源为计算表达式形式实现的，这些控件就称为“计算控件”。

1. 为报表添加计算控件

计算控件的控件源是计算表达式，当表达式的值发生变化时会重新计算结果并输出显示。文本框是最常用的计算控件。

为报表添加计算控件的操作步骤如下：

① 进入报表设计视图中设计报表。

② 在主体节内选择已放置的文本框控件，或者使用“控件”组中的“文本框”添加一个文本框控件，然后打开其“属性表”对话框，选择“数据”选项卡，设置其“控件来源”属性为所需要的计算表达式。

③ 通过“打印预览”查看结果，然后保存设计。

2. 报表的统计计算

在报表设计中，可以根据需要进行各种统计计算并输出结果，操作方法就是使用计算控件设置其“控件来源”为合适的统计计算表达式。

在 Access 中利用计算控件进行统计计算并输出结果的操作主要有两种形式：

1) 在主体节中添加计算控件

在主体节中添加计算控件对每条记录的若干字段值进行求和或求平均计算时，只要设置计算控件的控件来源为不同字段的计算表达式即可。例如，当在一个报表中列出所有员工的平均薪金时，只要设置新添加的计算控件的控件来源为“=Avg(薪金)”即可。

这种形式的计算还可以用到查询设计中，以改善报表的操作性能。若报表的数据源为表对象，可以创建一个选择查询，添加计算字段完成计算；若报表的数据源为查询对象，则可以直接添加计算字段完成计算。

2）在“组页眉/页脚”或“报表页眉/页脚”节中添加计算字段

在“组页眉/页脚”或“报表页眉/页脚”节中添加计算字段对某些字段的一组记录或所有记录进行统计计算时，一般是对报表字段列的纵向记录数据进行统计，而且要使用 Access 提供的内置统计函数来完成相应的计算操作。

如果是进行分组统计并输出，则统计计算控件应该放置在“组页眉/页脚”节中相应的位置，然后使用统计函数设置控件来源。

7.3.4 创建多列报表

前面已经介绍了使用“标签向导”创建标签报表的方法。实际上，Access 也提供了创建多列报表的功能。多列报表最常用的形式是标签报表形式，此外，用户也可以将一个设计好的普通报表设置成多列报表。

设置多列报表的操作步骤如下：

① 创建普通报表。

② 在“报表设计工具”的“页面设置”选项卡中单击“页面设置”按钮，弹出“页面设置”对话框，如图 7.38 所示。

图 7.38 “页面设置”对话框

③ 在“页面设置”对话框中选择“列”选项卡，在“网格设置”下的“列数”框中输入每一页所需的列数，例如设置列数为“3”；在“行间距”框中输入主体节中每个标签记录之间的垂直距离；在“列间距”框中输入各标签列之间的距离。

④ 在“列尺寸”下的“宽度”框中输入单个标签的列宽；在“高度”框中输入单个标签的高度值。用户也可以用鼠标拖动节的标尺直接调整主体节的高度。

在打印时，多列报表的组页眉、组页脚和主体节将占满整个列的宽度，因此设置控件时要注意放在一个合理的宽度范围内。

⑤ 在“列布局”下选中“先列后行”或“先行后列”单选按钮，确定列的输出布局。

⑥ 选择“页”选项卡,在“方向”下选中“纵向”或“横向”单选按钮来设置打印方向。

⑦ 单击“确定”按钮,完成多列报表的设计。

通过预览进行查看,若不符合要求,可以重新调整,最后命名保存设计报表。

7.3.5 设计复杂的报表

在设计报表时,正确、灵活地使用“报表属性”、“控件属性”和“节属性”可以设计出更精美、更丰富的各种形式的报表。

1. 报表属性

在报表设计视图中打开“属性表”对话框,如图 7.39 所示,该对话框中常用的报表属性的功能如下:

① 记录源。该属性用于将报表与某一数据表或查询绑定起来。

② 打开。在其中添加宏,打印或打印预览报表时就会执行该宏。

③ 关闭。在其中添加宏,打印或打印预览完毕后自动执行该宏。

④ 网格线 X 坐标(GridX)。该属性用于指定每英寸在水平方向上所包含点的数量。

⑤ 网格线 Y 坐标(GridY)。该属性用于指定每英寸在垂直方向上所包含点的数量。

⑥ 打印布局。当设置为“是”时,可以从 TrueType 和打印机字体中进行选择;如果设置为“否”,可以使用 TrueType 和屏幕字体。

⑦ 页面页眉。该属性用于控制页标题是否出现在所有页上。

⑧ 页面页脚。该属性用于控制页脚注是否出现在所有页上。

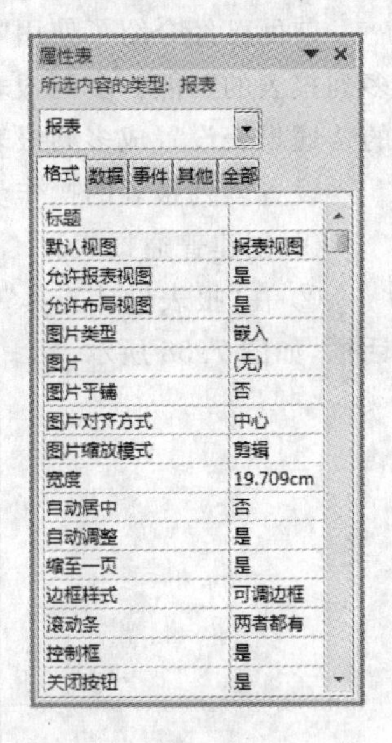

图 7.39 报表属性对话框

⑨ 记录锁定。在生成报表的所有页之前,禁止其他用户修改报表所需要的数据。

⑩ 宽度。该属性用于设置报表的宽度。

⑪帮助文件。报表的帮助文件。

⑫ 帮助上下文 ID。该属性用于创建用户的帮助文本。

2. 节属性

主体节等常用的属性如下:

(1) 强制分页。如果把这个属性的值设置成“是”,可以强制换页。

(2) 新行或新列。设置这个属性可以强制在多列报表的每一列的顶部显示标题信息。

(3) 保持同页。如果设置成“是”,一节区域内的所有行将保存在同一页中;如果设置成“否”,将跨页边界编排。

(4) 可见。如果把这个属性设置为“是”,则可以看见区域。

(5) 可以扩大。如果设置为“是”,表示可以让节区域扩展,以容纳长的文本。

(6) 可以缩小。如果设置为“是”,表示可以让节区域缩小,以容纳较少的文本。

(7) 格式化。当打开格式化区域时,先执行该属性所设置的宏。

(8) 打印。添加宏,在打印或打印预览这个节区域时执行所设置的宏。

3. 给报表添加页分割

一般情况下,报表的页面输出是根据打印纸张的型号及打印页面的设置参数来决定输出页面内容的多少,内容满一页后才会输出至下一页。但在实际使用中,经常要求按照用户的需要在规定位置选择下一页输出,这时就可以通过在报表中添加分页符来实现。

操作时,在报表的设计视图中单击“报表设计工具”的“控件”组中的分页符按钮,然后拖动鼠标到需要分页的位置即可。

由于分页采用水平方式进行,要求报表控件放置在分页符的上下,以避免控件数据被分割显示。最后,可以选择“打印预览”查看输出结果。

7.4 预览和打印报表

预览报表可以显示打印页面的版面,这样可以快速地查看报表打印结果的页面布局,并通过查看预览报表的每页内容,在打印之前确认报表数据的正确性。

打印报表则是将设计报表直接送往选定的打印设备进行打印输出。

按照需要设定好报表的布局和格式,然后保存报表,则以后即可直接选择报表打印。

7.4.1 预览报表

在打印报表前最好先进行预览,以查看报表是否符合用户的要求,如果不符合需要进行调整。用户可以通过布局视图和打印预览视图查看报表的输出格式。

1. 预览布局视图

通过布局视图可以快速地检查报表的页面布局,并对报表布局进行调整。报表的布局视图与报表视图外观一致,区别是在布局视图内可以调整格式。

通过视图切换,可以进入布局视图,查看效果。若需要调整控件,可以选定控件或窗体,然后右击,在快捷菜单中选择“属性”命令,然后在弹出的“属性表”对话框中设置对象的属性。

2. 预览打印预览视图

通过打印预览视图可以查看打印效果。在设计视图中通过“视图”可以切换到打印预览视图进行查看,同时显示“打印预览”选项卡,如图 7.40 所示。

通过该选项卡可以进行打印设置,实施打印预览。

如果要切换到其他视图,应单击“关闭打印预览”按钮关闭“打印预览”界面。

图 7.40 “打印预览”选项卡

7.4.2 打印报表

对于设计好的报表,在第一次打印前应检查页边距、页方向和其他页面设置选项,可通过“页面设置”对话框或打印预览视图完成。当确定一切布局都符合要求后,打印报表的操作步骤如下:

① 在数据库窗口中选中需要打印的报表,在设计视图或打印预览视图中打开报表,然后选择“文件”选项卡进入 Backstage 视图,选择“打印”命令弹出“打印”对话框,如图 7.41 所示。

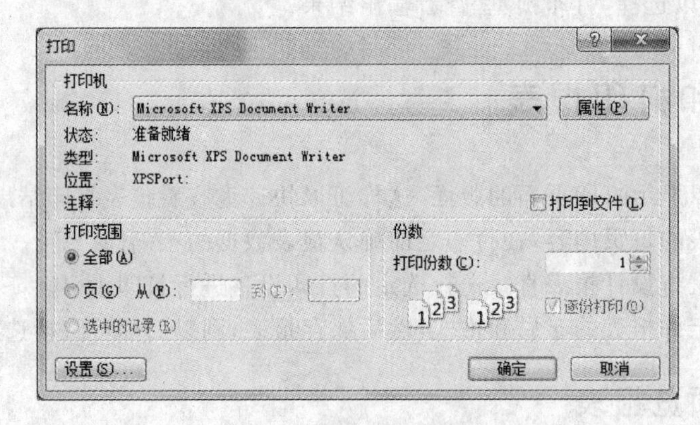

图 7.41 “打印”对话框

② 在“打印”对话框中进行设置,包括在“打印机”栏中指定打印机的型号;在“打印范围”栏中指定打印所有页或者确定打印页的范围;在“份数”栏中指定打印的份数或是否需要对其进行分页。

③ 单击“确定”按钮。

如果要在不激活“打印”对话框的情况下直接打印报表,可按以下方法进行操作:

在数据库窗口中选中要打印的表,然后右击,在快捷菜单中选择“打印”命令;或者在快速访问工具栏中添加“快速打印”按钮 ,然后选中报表,直接单击工具栏上的该按钮。

本章小结

本章简要介绍了报表的基础知识、报表的功能以及各种报表的创建过程。对于自动报表、报表向导以及报表设计视图,本章介绍了其操作方法,并分析了报表的主要作用。本章还通过相关实例,为用户创建报表、设计报表、美化报表以及处理报表提供了指导。

思考题

1. 什么是报表？利用报表可以对数据库中的数据进行什么处理？
2. 报表的使用有哪些特点？
3. 试分析一下报表与窗体的异同。
4. 报表的类型有哪些？
5. 报表的视图类型有哪些？
6. 报表由哪些节组成？它们的作用分别是什么？
7. 创建报表的方式有哪些？
8. 如何向报表中添加日期和时间？如何向报表中添加页码？
9. 如何对报表中的数据进行排序和分组？
10. 什么是计算控件？如何向报表中添加计算控件？

第8章 宏和模块

宏和模块是 Access 数据库中的两种对象，使用宏可以将数据库中的对象组合起来，实现一些重复操作的自动化处理；通过模块可以编写程序，从而实现复杂的处理功能。

8.1 宏

8.1.1 宏对象概述

1. 宏的概念

宏是能被自动执行的一个或一些操作的集合。Access 2010 提供了大概 70 种的基本宏操作，也称为宏命令。每一个宏操作都实现某种特定的功能，例如打开窗体、最大化窗口等。

在数据库的使用过程中很少单独地执行某一个操作，可以通过创建宏将某几个操作组合起来按照顺序执行，从而完成某个特定的任务。

【例 8-1】 宏操作实例。

操作步骤如下：

① 在“创建”选项卡的“宏与代码”组中单击“宏”按钮，打开宏生成器，如图 8.1 所示。

图 8.1　宏生成器

② 添加两个宏操作，即 MsgBox 和 OpenForm。其中，MsgBox 宏操作用于显示消息框，OpenForm 宏操作用于打开指定的窗体(假设已经设计好窗体“封面”)。

③ 单击“运行”按钮 ，系统会弹出提示，要求先保存宏。在此命名为“欢迎”，保存后执行，首先会弹出一个显示欢迎消息的对话框，如图 8.2 所示。

④ 单击“确定”按钮，打开“封面”窗体，如图 8.3 所示。

图 8.2 欢迎消息对话框

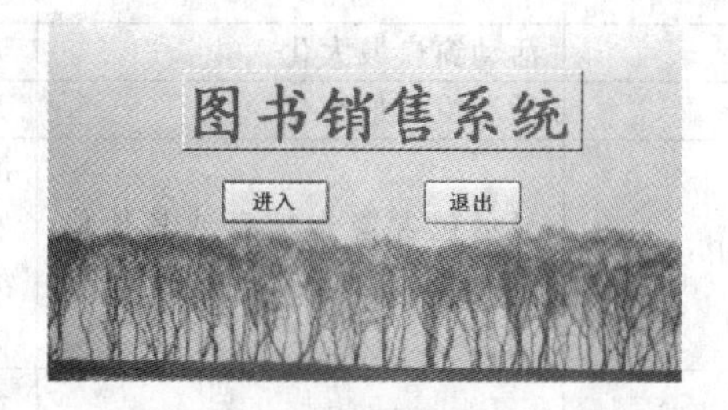

图 8.3 “封面”窗体

可见，所谓“宏”，就是若干宏操作的集合。运行宏，就会自动执行宏中的操作。

2. 常用的宏操作

宏操作是组成宏的基本单元，每个宏操作都实现了某个独立的功能。Access 提供了丰富的宏操作，常用的宏操作及其功能描述以及参数说明如表 8.1 所示。

表 8.1 常用的宏操作

宏 操 作	功 能 描 述	参 数 说 明
AddMenu	为窗体、窗体控件或报表添加自定义快捷菜单，或者为所有 Access 窗口添加全局菜单栏或全局快捷菜单	菜单名称：输入将出现在菜单栏中的菜单名称； 菜单宏名称：输入或选择宏组名称(该宏组定义了此菜单的命令)； 状态栏文字：选择此菜单时显示在状态栏中的文字
ApplyFilter	在表、窗体或报表中应用筛选、查询或 SQL WHERE 子句，以限制或排序来自表、窗体以及报表中的记录	筛选名称：筛选或查询的名称； WHERE 条件：限制表、窗体或报表记录的 SQLWHERE 子句或表达式
Beep	使计算机发出嘟嘟声	无参数
Close	关闭指定窗口。如果无指定窗口，则关闭激活的窗口	对象类型：要关闭的对象类型； 对象名称：要关闭的对象名称； 保存：关闭时是否保存对对象的修改
FindRecord	查找符合指定条件的第一条或下一条记录	查找内容：记录中要查找的数据； 匹配：选择在字段的什么地方查找数据； 查找第一个：是从第一条记录开始搜索，还是从当前记录开始搜索
FindNext	查找符合最近的 FindRecord 操作或查找对话框中指定条件的下一条记录	无参数
GoToControl	将焦点移到激活数据表或窗体上指定的字段或控件上	控件名称：获得焦点的字段或控件名称

续表

宏 操 作	功 能 描 述	参 数 说 明
GoToRecord	将表、窗体或查询结果集中的指定记录成为当前记录	对象类型：当前记录的对象类型； 对象名称：当前记录的对象名称； Record：当前记录； Offset：整型或整型表达式
Maxmize	活动窗口最大化	无参数
Minimize	活动窗口最小化	无参数
MessageBox	显示包含警告信息或其他信息的消息框	消息：在消息框中显示的文本； 发嘟嘟声：显示信息时是否发出嘟嘟声； 类型：消息框的类型； 标题：消息框标题栏中显示的文本
OpenQuery	打开选择查询或交叉查询，或者执行操作查询	查询名称：要打开的查询名称； 视图：打开查询的视图； 数据模式：查询的数据输入方式
OpenForm	打开一个窗体，并通过窗体的数据输入和窗体方式限制窗体所显示的记录	窗体名称：要打开的窗体名称； 视图：选择要在窗体中打开窗体的视图； 筛选名称：限制窗体中记录的筛选； WHERE 条件：有效的 SQLWHERE 子句或表达式，以从窗体的数据基本表或查询中选择记录； 数据模式：窗体数据的数据方式； 窗口模式：窗体的窗口模式
OpenReport	打开报表或立即打印该报表	报表名称：要打开的报表名称； 视图：打开报表的视图； 筛选名称：查询的名称或另存为查询的筛选名称； WHERE 条件：SQLWHERE 子句或表达式，用于从报表的基本表或查询中选定记录
OpenTable	打开一个表	表名称：要打开的表名称； 视图：打开表的视图； 数据模式：表的数据输入方式
Restore	窗口的复原	无参数
RunMacro	运行宏	宏名：要运行的宏名称； 重复次数：运行宏的次数上限； 重复表达式：重复运行宏的条件
SetValue	对控件、字段或属性设置值	项目：要设置的字段、控件或属性名称； 表达式：对项的值进行设置的表达式
ShowAllRecords	从激活的表、查询或窗体中移去所有已应用的筛选	无参数
StopAllMacros	停止所有宏的运行	无参数
StopMacro	停止正在运行的宏	无参数

有些宏操作需要设置参数，从而将该操作施加于特定对象，或者规定操作的方式或效果、完成一定的运算，等等。

创建宏,可以将多个操作组合起来并保存,使操作自动运行,从而极大地提高数据库的工作效率。另外,通过宏的组合,可以将多个数据库对象组织为一个相关联的整体,从而实现需要多个对象协调工作才能完成的任务。例如,某个窗体上面有一张数据表,现在向这个窗体添加一个文本框控件用来接受用户输入的查询内容,然后单击"查询"命令按钮执行查询并显示查询后的数据,最后将查询结果打印在报表上。该功能需要多种数据库对象。

因此,宏是一些操作的集合,也是组织数据库对象的工具。

3. 宏组

宏组是存储在一个宏名下的相关宏的集合。

在一个 Access 数据库中会有很多宏,可以将其中一些功能类似的宏,或者在同一个窗体中使用的宏组织起来成为一个宏组,这样便于宏的管理。为了在宏组中区分不同的宏,需要为每个宏指定一个宏名。

需要注意的是,对于宏来说,执行它的过程实际上是顺序地执行它的每一个操作。对于宏组来说,并不是顺序地执行每一个宏,宏组中的每一个宏都是相互独立的,而且单独执行。宏组只是对宏的一种组织方式。为了执行宏组中的宏,可以使用"宏组名.宏名"格式调用宏。

宏组的创建与宏的创建方法基本相同,都是在"宏生成器"中进行设置。

8.1.2 宏的创建

创建宏非常方便,只要在"宏生成器"中设置需要执行的操作,定义好相关参数以及执行该操作的条件即可。用户不需要记住各种复杂的语法,也不需要编程即可实现一系列的操作,其中间过程完全是自动的。

1. 宏的类别

在 Access 中,宏可以分为两类,即独立宏和嵌入式宏。

独立宏包含在宏对象中,嵌入式宏可以嵌入到窗体、报表或控件的任何事件属性中。

2. 宏生成器与宏的创建

无论哪种类型的宏以及"宏组",都通过"宏生成器"创建和修改。"宏生成器"就是宏对象的设计视图。

与独立宏和嵌入式宏对应,打开宏生成器的方法有两种:

① 在 Access 窗口中选择"创建"选项卡,然后在"宏与代码"组中单击"宏"按钮,即可打开宏生成器,如图 8.1 所示。

② 选择要使用宏的窗体或报表控件,打开其"属性表"对话框,然后在"事件"选项卡中单击触发宏的事件(例如单击)右边的生成器按钮 ... ,选择"宏生成器"。

在"宏生成器"中,当要增加新的宏操作时,在"添加新操作"下拉列表中单击下三角按钮,显示如图 8.4 所示的宏操作列表,其中即为常用的宏操作。

不同的宏操作,需要设置的操作参数有所区别。例如 MessageBox 宏操作共有 4 个参

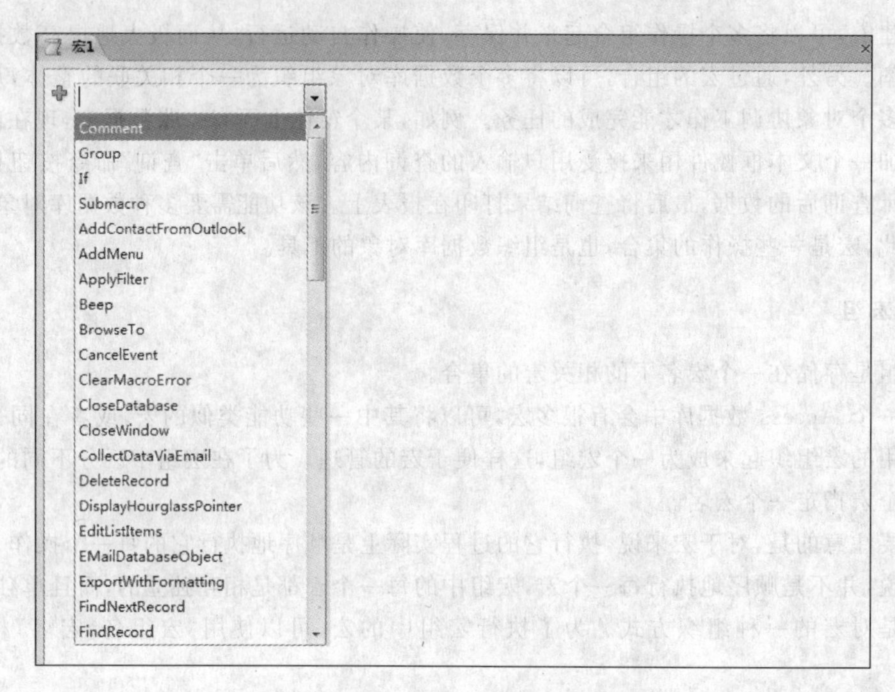

图 8.4 显示宏操作列表

数,分别是消息、发嘟嘟声、类型和标题; OpenQuery 宏操作共有 3 个参数,分别是查询名称、视图和数据模式。

在宏生成器中的核心任务就是在“添加新操作”栏中添加一个或多个操作,并为各个操作设置所涉及的参数。应该注意的是,在设置操作参数时应该按照参数的顺序进行,前面参数的设置将决定后面参数的选择。当将鼠标指针指向所设操作,或指向操作下面的参数栏时,Access 将自动弹出解释框给出相关说明,用户可以根据提示完成相应的设置。在设置宏操作及相关参数后关闭宏窗口,并为新创建的宏命名。

例 8-1 是创建一个简单的宏的实例,对其创建过程中的相关操作说明如下:

① 当前打开的数据库是“图书销售”,通过“创建”选项卡启动宏生成器窗口。

② 单击“添加新操作”栏右边的下三角按钮,然后在宏操作列表中选择 MessageBox 选项,添加该宏操作到当前宏中,此时会弹出一个含有警告或提示消息的对话框。

③ 设置 MessageBox 参数。在设计视图中会显示关于 MessageBox 操作的参数,根据需要进行设置。

- 消息:欢迎使用图书销售系统!
- 发嘟嘟声:是
- 类型:无
- 标题:欢迎

④ 在下一个“添加新操作”下拉列表中重复类似动作添加 OpenForm,并设置参数,如图 8.1 所示。

⑤ 完成以上设置后单击“保存”按钮,或单击“运行”按钮,或直接关闭宏生成器,此时会弹出“另存为”对话框,为该宏命名,保存为宏对象。本例命名为“欢迎”,此时,在数据库的导

航窗格的宏对象组中新增了一个名称为“欢迎”的宏对象图标，以后在导航窗格双击该图标即可运行“欢迎”宏。

3. 条件宏

宏的执行过程一般是按照宏操作的创建顺序进行的，但是在有些情况下，可能希望对宏操作的执行设定一个条件。即只有当条件满足的时候，该操作才能够被执行，否则将跳过此操作继续执行下一条操作。在这种情况下，可以在宏中使用条件来控制宏的执行过程。

其中，条件是一个逻辑表达式，根据表达式返回值的真假来决定是否执行宏操作。其设置方法如下：

首先在“添加新操作”下拉列表中选择 If 操作，然后在 If 后的文本框中输入表达式，或者单击旁边的 按钮，在表达式生成器中书写表达式。默认情况下，在宏生成器窗口中不显示“条件”列，可以单击工具栏中的“条件”按钮 增加“条件”列。然后，在“条件”列中输入宏操作执行的条件，如果这个条件的结果为真，则 Access 将执行此行中的操作。当同一个条件需要应用于多个操作时，可以在接下来的行中输入所需要的操作，并在对应的条件列中输入省略号“…”，表示与上一行的执行条件相同。

【例 8-2】 创建一个“求圆面积”窗体，包含两个文本框和一个命令按钮。在第一个文本框中输入一个半径值，单击命令按钮，运行宏对所输入的值进行判断。如果输入的值小于等于 0，则弹出一个显示“半径必须大于 0”的警告框；如果半径大于 0，则计算出圆面积并在第二个文本框中显示出来。

1）创建“计算面积”宏

首先打开宏生成器，创建一个“计算面积”宏，其中包含两个宏操作。

① 添加 If，输入逻辑表达式“[Forms]![求圆面积]![半径].[Value]<=0”。

② 添加 MessageBox 操作，并设置其参数。

- 消息：半径必须大于 0!
- 发嘟嘟声：是
- 类型：警告!
- 标题：错误

③ 添加 SetValue 操作，并设置其参数。

- 项目：[Forms]![求圆面积]![面积]
- 表达式：3.14 * ([Forms]![求圆面积]![半径].[Value])^2

④ 单击“关闭”按钮，保存宏名为“计算面积”，创建的“计算面积”宏如图 8.5 所示。

2）创建“求圆面积”窗体

然后创建一个“求圆面积”窗体，在窗体上添加两个带标签的文本框控件（控件名称分别为“半径”和“面积”），以及一个“计算面积”命令按钮。添加命令按钮的操作步骤如下：

① 打开“命令按钮向导”对话框，在“类别”列表框中选择“杂项”，在“操作”列表框中选择“运行宏”，如图 8.6 所示。

② 单击“下一步”按钮，在宏列表中选择“计算面积”宏，如图 8.7 所示。

③ 单击“下一步”按钮，选中“文本”单选按钮，并输入“计算面积”作为命令按钮上显示的文本，如图 8.8 所示。

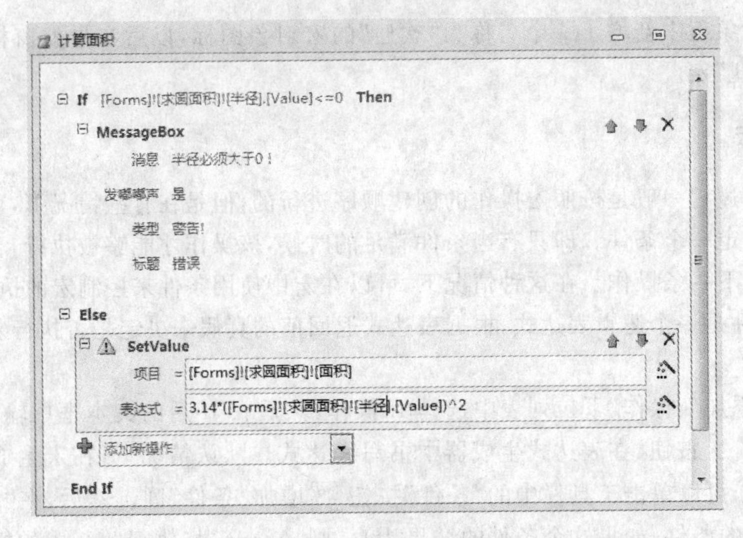

图 8.5 “计算面积”宏

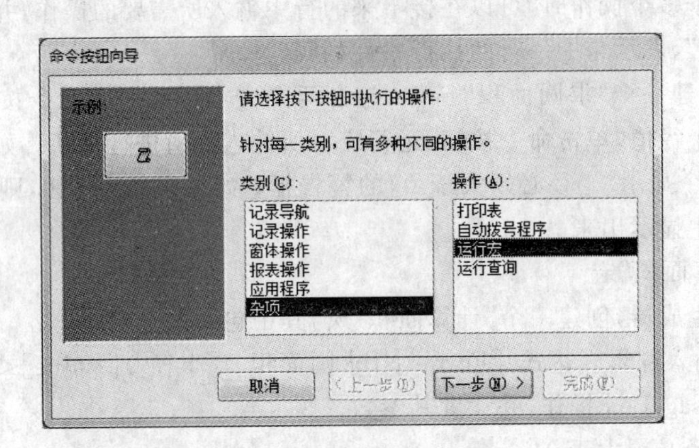

图 8.6 “命令按钮向导”对话框 1

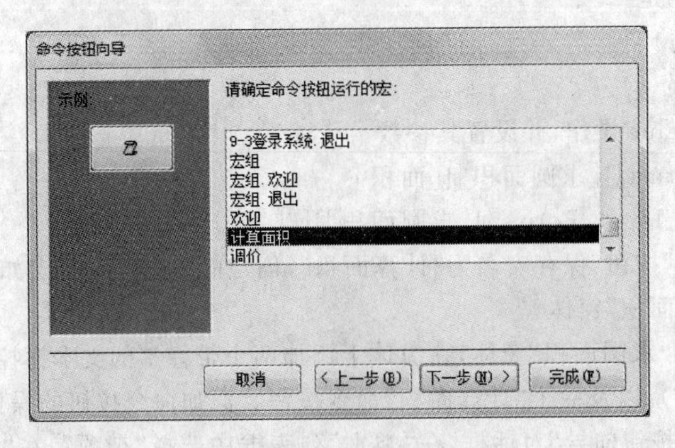

图 8.7 “命令按钮向导”对话框 2

④ 单击“下一步”按钮，在文本框中为定义的按钮命名，如图 8.9 所示。

⑤ 单击“完成”按钮，完成设计。

完成控件的添加后保存窗体，名称为“求圆面积”，如图 8.10 所示。

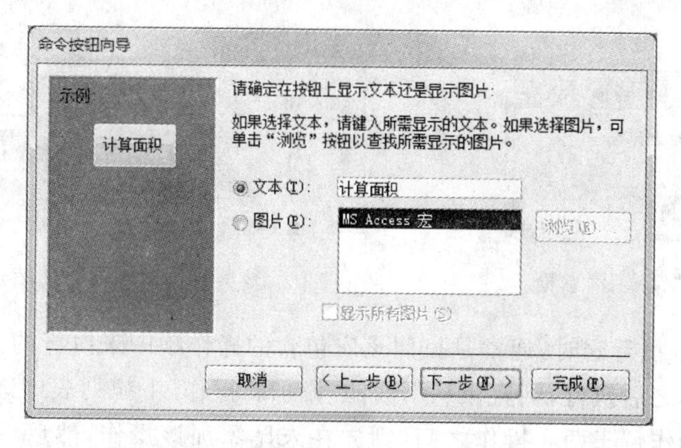

图 8.8　“命令按钮向导”对话框 3

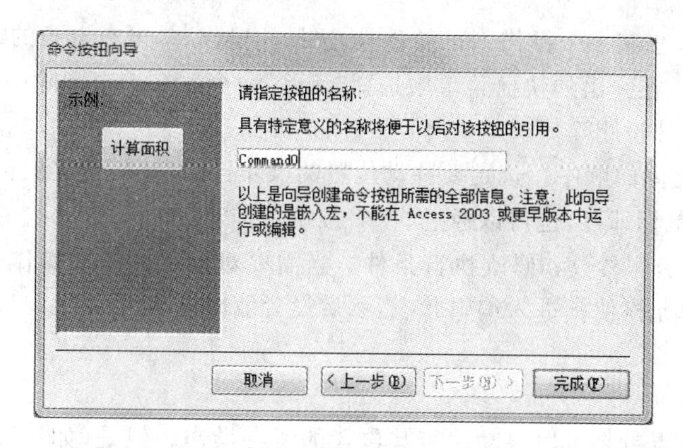

图 8.9　“命令按钮向导”对话框 4

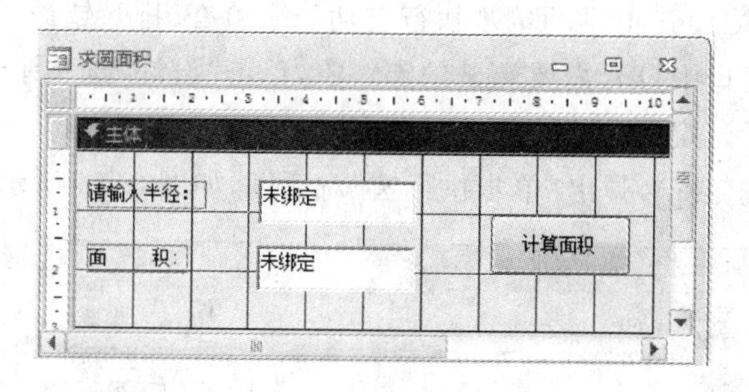

图 8.10　“求圆面积”窗体

运行“求圆面积”窗体，在“请输入半径”文本框中输入－3，然后单击“计算面积”按钮，将弹出“错误”消息框，如图 8.11 所示；如果在“请输入半径”文本框中输入 7，单击“计算面积”按钮，则在“面积”文本框中显示计算结果，如图 8.12 所示。

4. 宏对象的编辑与修改

通常，一个宏包含多个操作。但有时需要对操作进行编辑或修改，例如添加操作、删除操作、调整操作之间的顺序、更改操作及其相关的参数等。

图 8.11 “错误”消息框

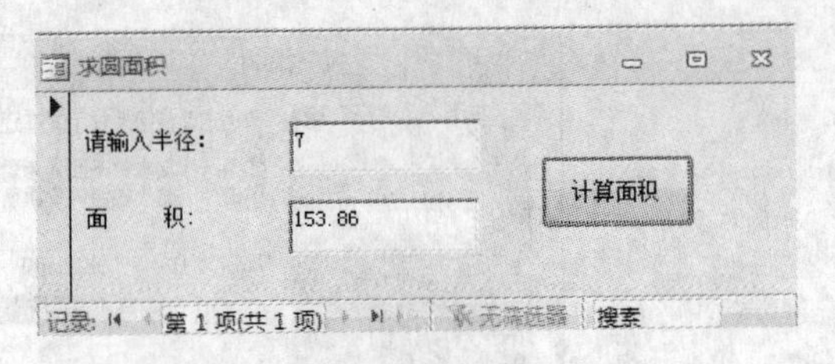

图 8.12 求圆面积的结果

① 添加操作。执行宏时,通常是按照该宏包含的操作顺序来执行的。如果需要添加的操作在已有的操作之后执行,则直接从下面的“添加新操作”下拉列表中选择所需要的操作。如果需要添加的操作位于两个操作之间,则先在末尾添加该操作,然后单击右侧的 ⇧ 按钮将其向上移动一位。

② 删除操作。当某一个操作不再需要时,选择此操作,单击右上角的“删除”按钮 ✖ 将其删除。或者右击,在弹出的快捷菜单中选择“删除”命令。在宏中删除一个操作,则这个操作的所有参数将全部被删除。

③ 调整操作之间的顺序。选定要移动位置的操作行的左端,通过鼠标拖曳该行到合适的位置,然后松开鼠标即可,也可以通过 ⇧⇩ 按钮重排宏。

④ 更改操作、操作参数和修改执行条件。当需要对设定好的宏操作进行修改时,直接单击需要修改的单元格使其进入编辑状态,然后设置值即可。

5. 调试宏

宏的最大的特点就是可以自动执行其包含的所有操作。但是,如果在运行宏的过程中发生了错误,或者无法打开相关的宏对象,可能很难判断出具体是哪一个宏操作出现了问题。这时,可以根据 Access 提供的单步执行宏功能来检查、排除错误。操作步骤如下:

① 在宏生成器窗口中打开需要调试的宏对象,单击“设计”选项卡的“工具”组中的“单步”按钮 ,使其处于选定状态。

② 单击“运行”按钮 ,弹出“单步执行宏”对话框,如图 8.13 所示。

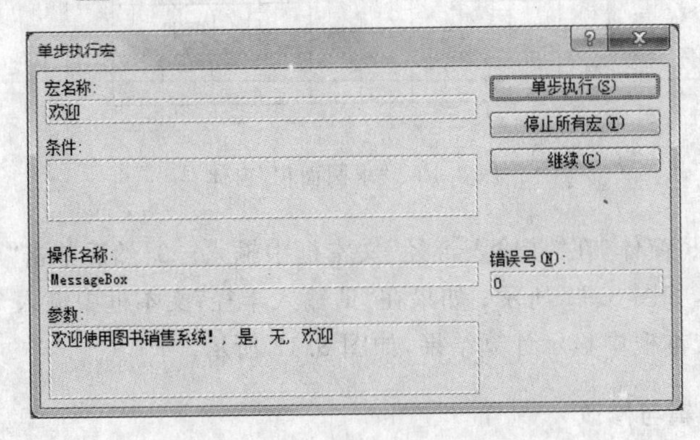

图 8.13 “单步执行宏”对话框

③ 在“单步执行宏”对话框中包含 3 个按钮,即“单步执行”、“停止所有宏”和“继续”,根据需要单击某一按钮。其中,“单步执行”按钮用来执行显示在对话框中的操作,如果没有错

误，下一个操作将会出现在对话框中；“停止所有宏”按钮用来停止宏的执行并关闭对话框；“继续”按钮用来关闭单步执行并执行宏的未完成的部分。

如果宏中存在错误，在按照上述过程单步执行宏时将会在窗口中显示操作失败对话框，这个对话框将显示出错误操作的操作名称、参数以及相应的条件。利用该对话框可以了解在宏中出错的操作，然后单击“停止所有宏”按钮，进入宏设计视图对出错的宏进行相应的修改。

图 8.14 所示为一个发生错误的宏操作。从系统弹出的对话框中，我们可以了解到发生错误的原因是没有为设定的 OpenForm 宏操作设置需要打开的窗体名称。

图 8.14　宏操作执行失败时的对话框

8.1.3　运行宏

运行宏有多种方法，可以直接运行宏，也可以通过窗体、报表和控件中的事件触发宏。

1. 直接运行宏

这种方法通常用在对宏的运行测试中，可以通过下列方法直接运行宏：

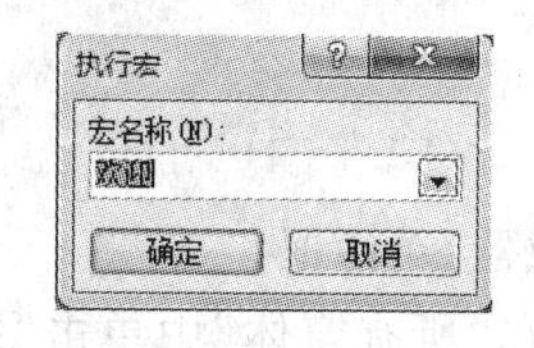

图 8.15　“执行宏”对话框

① 在 Access 导航窗格的“宏”对象中选择需要运行的宏并双击，或者选中宏，然后右击，在弹出的快捷菜单中选择“运行”命令。

② 在宏的生成器视图中单击“运行”按钮 ！。

③ 在“数据库工具”选项卡中单击“运行宏”按钮，然后在弹出的“执行宏”对话框中选择需要运行的宏，如图 8.15 所示，单击“确定”按钮。

2. 在窗体等对象中加入宏

在实际应用中，一般是通过事件触发宏。例如将窗体或报表上的控件与某个宏建立联系，当该控件的相关事件发生时执行宏。

【例 8-3】 创建一个“图书查询”窗体，该窗体中包含一个组合框和一个文本框。在组合框中，用户可以选择图书的查询项，例如按照书名、作者或出版社进行查询。选择特定的查询项后，在文本框中输入该项的具体值，单击“查询”按钮，能够显示出相应的记录，如图 8.16 所示。

操作步骤如下：

1）创建“图书查询”窗体

① 在“创建”选项卡中单击“窗体向导”按钮，以“图书”表作为数据源，选择所有可用字段，将窗体布局设定为“表格”，然后指定窗体标题为“图书查询”，并选中“修改窗体设计”单选按钮，打开窗体设计视图。

② 在设计视图的窗体页眉节中对“图书查询”的属性进行修改，使其美观、醒目。

③ 在主体节中添加一个组合框控件，然后打开组合框的“属性表”对话框，将其“名称”

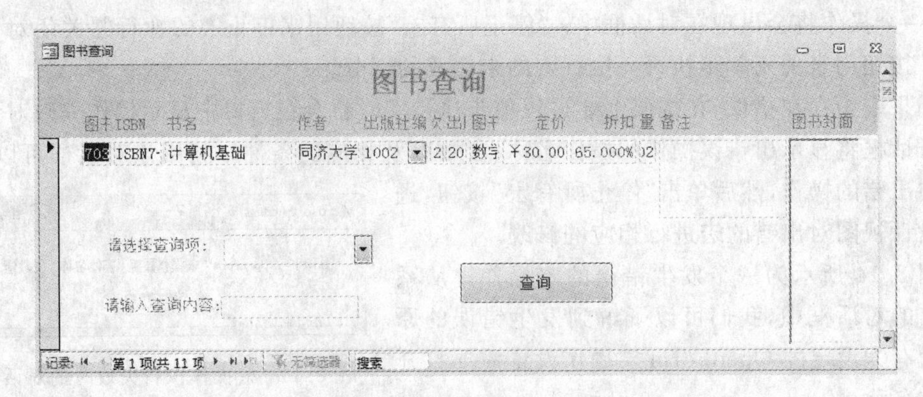

图 8.16 “图书查询”窗体

设置为 ComboType、“行来源类型”设置为“值列表”，并在“行来源”中输入“"书名";"作者";"出版社编号"”，相关标签的标题属性为“请选择查询项”。

④ 添加一个非绑定文本框，修改“名称”属性为 TextContent，相关标签的“标题”属性为“请输入查询内容”。

⑤ 添加一个命令按钮，按钮上显示的文字为“查询”，“名称”属性为“cmd 查询”。

2) 创建“查询图书”宏

① 在“创建”选项卡中单击“宏”按钮，打开宏生成器窗口。

② 在“添加新操作”下拉列表中选择“If”。

③ 在“If”行右侧单击调用生成器按钮 ，弹出“表达式生成器”对话框。

④ 在“表达式元素”列表框中展开“Forms”树形结构，然后在“所有窗体”中单击“图书查询”窗体。这时，在相邻的“表达式类别”列表框中将显示被选中窗体包含的控件，双击 ComboType，则在“表达式生成器”对话框上部的文本框中会出现“Forms![图书查询]![ComboType]”，在其后输入“="书名"”，完成表达式的建立，如图 8.17 所示，单击“确定”按钮后，该表达式将出现在第一行的“条件”列中。接下来在 Then 下面的“添加新操作”栏中选择 ApplyFilter，其参数“当条件=”后面的表达式为“[图书]![书名]=[Forms]![图书

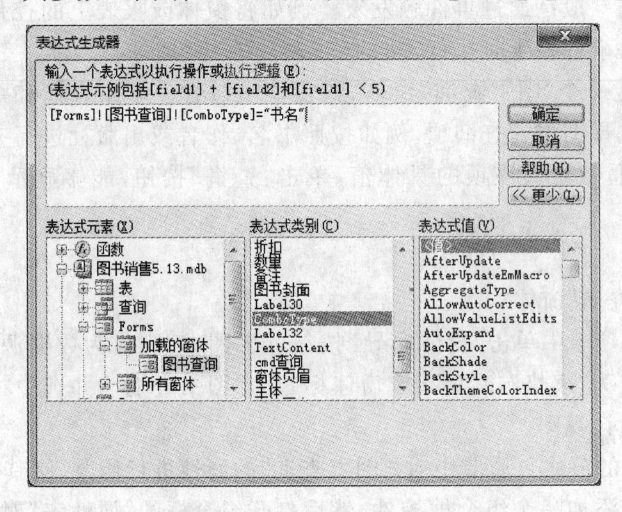

图 8.17 生成条件表达式

查询]![TextContent]。”

⑤ 使用相同的方法，设置宏的第二个 If 操作的条件为“[Forms]![图书查询]![ComboType]= "作者"”，Then 后面的宏操作为 ApplyFilter，其参数“当条件=”为“[图书]![作者]=[Forms]![图书查询]![TextContent]”。

⑥ 使用相同的方法，设置宏的第三个 If 操作的条件为“[Forms]![图书查询]![ComboType]="出版社"”，Then 后面的宏操作为 ApplyFilter，其参数“当条件=”为“[图书]![出版社]=[Forms]![图书查询]![TextContent]，”具体设置如图 8.18 所示。

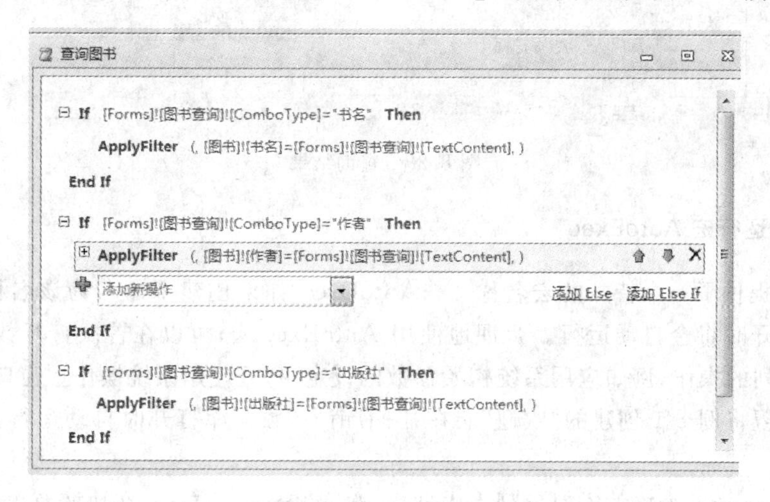

图 8.18 “查询图书”宏

⑦ 保存宏，将其命名为“查询图书”。

3）将“查询图书”宏与窗体中的按钮连接

① 打开“图书查询”窗体的设计视图。

② 选择命令按钮“查询”，单击“工具”组中的“属性表”按钮，打开其“属性表”对话框，设置按钮的“单击”事件为运行“查询图书”宏，如图 8.19 所示。

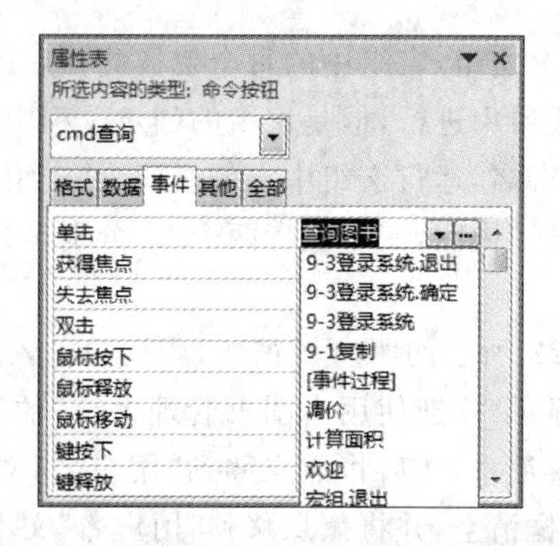

图 8.19 设置宏与按钮的单击事件的联系

此时，运行“图书查询”窗体，可以根据指定的查询类型和查询内容筛选出符合条件的图书记录。例如选择查询项为“书名”，查询内容为“数据挖掘”，查询结果如图 8.20 所示。

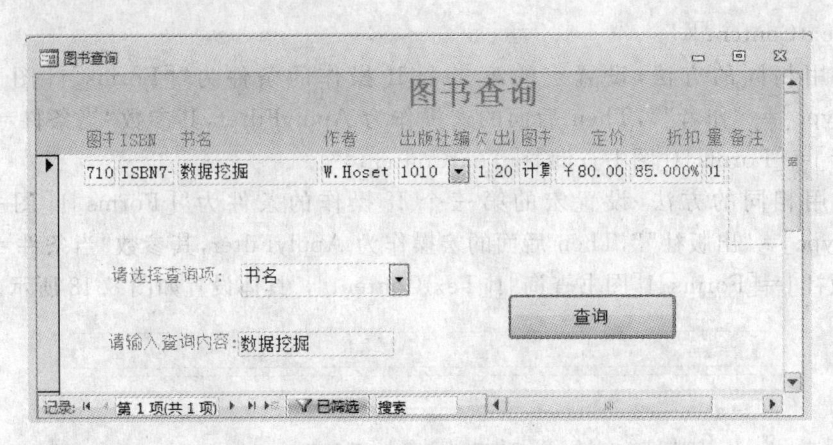

图 8.20　查询结果

3. 自动运行宏 AutoExec

Access 提供了一个特殊的宏名称——AutoExec,如果创建了命名为该名称的宏,那么在数据库打开时将会自动运行。合理地使用 AutoExec 宏,可以在首次打开数据库时执行一个或一系列的操作,例如应用系统初始参数的设定、打开应用系统操作主窗口等。

如果希望将例 8-1 创建的"欢迎"宏在"图书销售"数据库打开时自动运行,可以进行以下操作:

在 Access 导航窗格的宏对象列表中选择"欢迎"宏,然后右击,在快捷菜单中选择"重命名"命令,将宏命名为"AutoExec"。关闭 Access 窗口,然后重新打开"图书销售"数据库,则首先会弹出显示有"欢迎"信息的消息框,单击"确定"按钮以后,将打开"封面"窗体。

如果创建了 AutoExec 宏,但不希望在打开数据库时直接运行,可以在双击数据库图标启动 Access 时按住 Shift 键不放。

8.1.4　宏组的创建和运行

若干个宏可以定义成一个宏组,宏组中的每个宏彼此独立运行,互不相干。宏组的创建方法和宏类似,都是在宏生成器中进行,但是宏组的创建过程中需要增加"宏名"列。宏组中的每个宏都必须定义唯一的宏名,运行宏组中宏的格式为"宏组.宏名"。

图 8.21 所示为宏组的设计视图,其中包含两个宏,分别是"欢迎"和"退出",在这两个宏中分别含有不同的操作。

【例 8-4】 创建如图 8.22 所示的"登录"窗体,当用户输入正确的用户名和密码并单击"确定"按钮后,关闭窗体并显示"欢迎使用本图书管理系统"的消息框。如果用户名和密码不正确或者为空,将弹出错误消息,然后将焦点移到"用户名"文本框。单击"重置"按钮,可以将用户名和密码两个文本框清空,并将焦点移到"用户名"文本框。单击"退出"按钮,则关闭此窗体(假设用户名和密码分别为 znufe 和 1234)。

本窗体中包含 3 个按钮,分别用来执行不同的操作,可以将它们组织在一个宏组"登录"中,然后将每一个按钮的"单击"事件与宏组中的一个子宏建立联系,从而实现上述功能。其操作步骤如下:

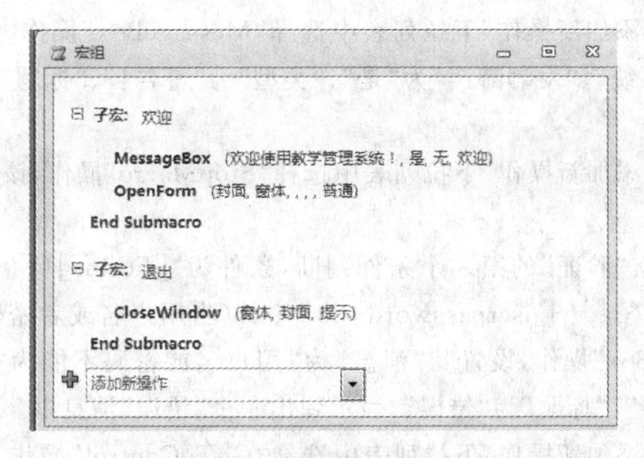

图 8.21　宏组的设计视图

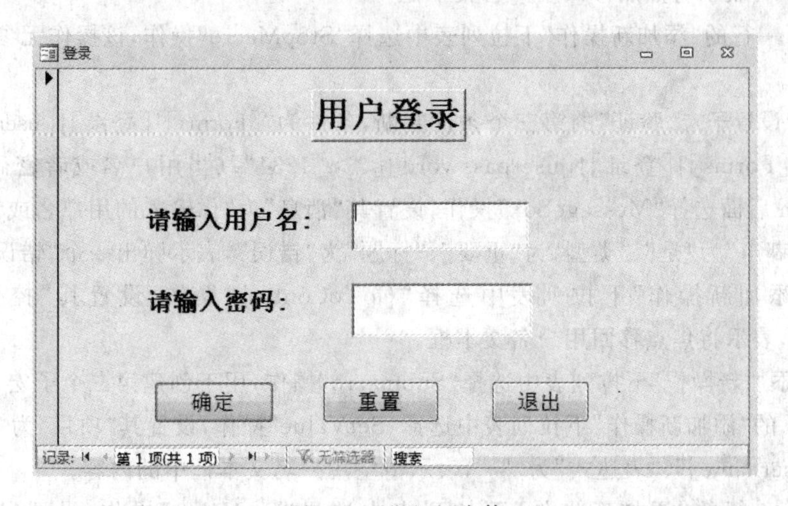

图 8.22　“登录”窗体

1）创建“登录”窗体

① 在窗体的设计视图中创建窗体，并设置窗体的“标题”属性为“登录”。

② 在窗体中添加两个非绑定文本框，将其“名称”属性分别设置为“username”和“userpassword”，用来接收用户名和密码的输入。在实际应用时，通常显示“*”来隐藏用户的输入。这里将 userpassword 文本框中的“输入掩码”属性设置为“密码”。

③ 在窗体中添加 3 个命令按钮，将其“标题”属性分别设置为“确定”、“重置”和“退出”。

2）创建“登录”宏组

① 打开宏生成器窗口，在“添加新操作”下拉列表中选择“Submacro”操作，用于创建子宏。

② 设置第一个子宏的宏名为“验证”，在其下的“添加新操作”下拉列表中选择“If”操作，设置第一个条件判断，条件为“[Forms]![登录]![username]="znufe" And [Forms]![登录]![userpassword]="1234"”（当用户名和密码正确时），在 Then 后面选择“CloseWindow”操作，设置“对象类型”为“窗体”、“对象名称”为“登录”，表示关闭“登录”窗体。

③ 在下一行的“添加新操作”下拉列表中选择“MessageBox”操作，设置其“消息”为“欢迎使用本图书管理系统”、“发嘟嘟声”为“是”、“类型”为“警告!”、“标题”为“欢迎”，表示弹出一个“欢迎”消息框。

④ 在下一行的“添加新操作”下拉列表中选择“StopMacro”操作，该操作无参数，表示停止宏的运行。

⑤ 然后设置子宏“验证”的第二个条件判断，条件为“[Forms]![登录]![username] Is Null Or [Forms]![登录]! [userpassword] Is Null”(当用户名或者密码为空时)，在 Then 后面选择 “MessageBox”操作，设置其“消息”为“用户名或密码不能为空!”、“发嘟嘟声”为“是”、“类型”为“重要”、“标题”为“错误”，表示弹出一个“错误”消息框。

⑥ 在下一行的“添加新操作”下拉列表中选择“GoToControl”操作，设置其“控件名称”为“username”，表示将焦点移回用户名文本框。

⑦ 在下一行的“添加新操作”下拉列表中选择“StopMacro”操作，该操作无参数，表示停止宏的运行。

⑧ 接着设置子宏“验证”的第三个条件判断，条件为“[Forms]![登录]![username]<> "znufe" Or [Forms]![登录]![userpassword]<>"1234"”(当用户名或者密码输入错误时)，在 Then 后面选择“MessageBox”操作，设置其“消息”为“你输入的用户名或者密码不正确!”、“发嘟嘟声”为“是”、“类型”为“重要”、“标题”为“错误”，表示弹出一个“错误”消息框。

⑨ 在“添加新操作”下拉列表中选择“GoToControl”操作，设置其“控件名称”为“username”，表示将焦点移回用户名文本框。

⑩ 在“添加新操作”下拉列表中选择“Submacro”操作，用于创建第二个子宏，宏名为“重置”。在其下的“添加新操作”下拉列表中选择“SetValue”操作，设置其“项目”为“[Forms]![登录]![username]”、“表达式”为“""”，表示清空用户名文本框中的内容。

⑪ 在下一行的“添加新操作”下拉列表中选择“SetValue”操作，设置其“项目”为“[Forms]![登录]![userpassword]”、“表达式”为“""”，表示清空密码文本框中的内容。

⑫ 在下一行的“添加新操作”下拉列表中选择“GoToControl”操作，设置其“控件名称”为“username”，表示将焦点移回用户名文本框。

⑬ 在“添加新操作”下拉列表中选择“Submacro”操作，用于创建第三个子宏，宏名为“退出”。在其下的“添加新操作”下拉列表中选择“CloseWindow”操作，设置其“对象类型”为“窗体”、“对象名称”为“登录“，表示关闭“登录”窗体。

⑭ 将宏保存为“登录”，设置结果如图 8.23 所示。

3) 将宏与窗体中的按钮控件连接起来

① 在窗体的设计视图中重新打开“登录”窗体。

② 选择命令按钮“确定”，单击“工具”组中的“属性表”按钮，打开其“属性表”对话框，设置按钮的“单击”事件为运行宏“登录.验证”，如图 8.24 所示。

③ 按照同样的方法将“重置”按钮的“单击”事件设置为运行宏“登录.重置”。

④ 按照同样的方法将“退出”按钮的“单击”事件设置为运行宏“登录.退出”。

运行“登录”窗体，并且在文本框中输入错误的信息，单击“确定”按钮，执行的结果如图 8.25 所示。从这个例子中可以看出，通过建立宏组可以更方便地管理相关的宏，通过为

```
登录
⊟ 子宏: 验证

  ⊟ If [Forms]![登录]![username]="znufe" And [Forms]![登录]![userpassword]="1234" Then
      CloseWindow (窗体, 登录, 提示)
      MessageBox (欢迎使用本图书管理系统, 是, 警告!, 欢迎)
      StopMacro
    End If
  ⊟ If [Forms]![登录]![username] Is Null Or [Forms]![登录]![ userpassword] Is Null Then
      MessageBox (用户名或密码不能为空！, 是, 重要, 错误)
      GoToControl (username)
      StopMacro
    End If
  ⊟ If [Forms]![登录]![username]<>"znufe" Or [Forms]![登录]![userpassword]<>"1234" Then
      MessageBox (你输入的用户名或者密码不正确!, 是, 重要, 错误)
      GoToControl (username)
      GoToControl (username)
    End If
End Submacro
```

(a) "验证"子宏

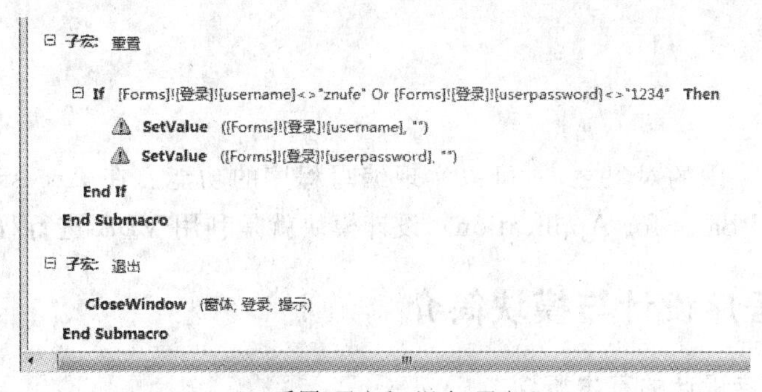

(b) "重置"子宏和"退出"子宏

图 8.23　"登录"宏组

图 8.24　将按钮的单击事件与宏连接

宏设置执行条件可以根据不同的输入情况对宏的执行进行控制，从而创建功能更加强大的宏，实现更加复杂的自动控制。

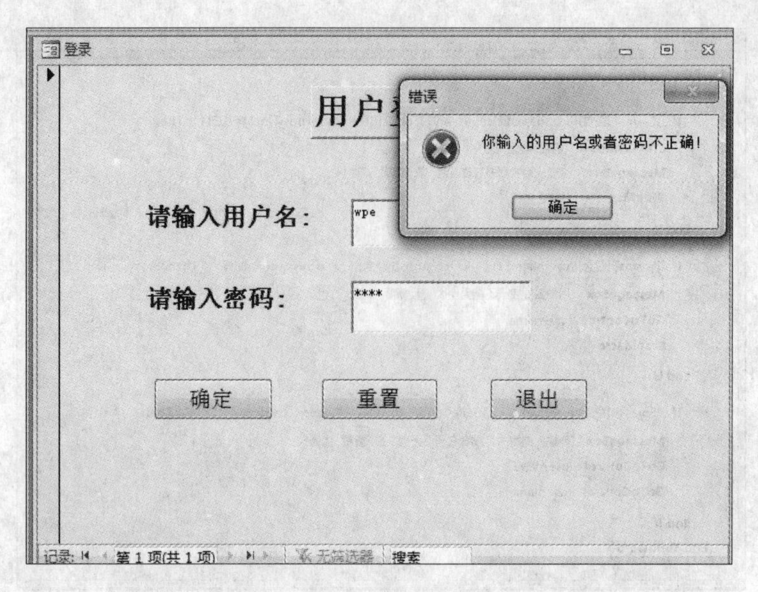

图 8.25 运行"登录"窗体

8.2 模块

模块是 Access 中的对象之一,可以实现编写程序的功能。在 Access 中采用的程序语言是 VBA(Visual Basic for Application),设计模块就是利用 VBA 进行程序设计。

8.2.1 程序设计与模块简介

1. 程序与程序设计的基本概念

程序是命令的集合。人们使用计算机语言,用一系列命令将一个问题的计算和处理过程表达出来,这就是程序。编写程序的过程就是程序设计。计算机能够识别并执行人们设计好的程序来进行各种数据的运算和处理。

程序设计必须遵循一定的设计方法,目前主要的程序设计方法有面向过程的结构化程序设计和面向对象的程序设计。其中,结构化程序设计也是面向对象程序设计的基础。

结构化程序设计遵循自顶向下和逐步求精的思想,采用模块化方法组织程序。结构化程序设计将一个程序划分为功能相对独立的、较小的程序模块。一个模块由一个或多个过程构成,在过程内部只包含顺序、分支和循环 3 种程序控制结构。结构化程序设计方法使得程序设计过程和程序的书写规范化,极大地提高了程序的正确性和可维护性。

面向对象程序设计方法是在结构化程序设计方法的基础上发展起来的。面向对象的程序设计以对象为核心围绕对象展开编程,对象是属性和行为的集合体。

在 Access 中使用的程序设计语言 VBA 支持上述两种设计方法。

2. 模块对象的定义和应用步骤

Access 模块是用来完成特定任务、使用 VBA 编写的命令代码集合。如果要使用模块,首先应该定义模块对象，然后在需要使用的地方执行模块。

1）定义模块对象

在 Access 数据库窗口中进入“模块”对象界面，然后使用模块编写工具编写模块的程序代码，并保存为模块对象。编写模块的工具称为“Visual Basic 编辑器”（Visual Basic Editor，VBE）。

VBA 编写的模块由声明和一段段被称为过程的程序块组成，在 Access 中共有两种类型的程序块，即 Sub 过程和 Function 函数过程。过程由语句和方法组成。

2）引用模块，运行模块代码

根据需要，执行模块的操作有以下几种：

① 在编写模块 VBE 的代码窗口中，如果过程没有参数，可以选择“运行”菜单中的“运行子过程/用户窗体”命令运行该过程，这便于程序编码的随时检查。

② 保存的模块可以在 VBE 中通过立即窗口运行，这便于检查模块设计的效果。

③ 用来求值的 Function 函数可以在表达式中使用，例如可以在窗体、报表或查询中的表达式内使用函数，也可以在查询和筛选、宏和操作、Visual Basic 语句和方法或 SQL 语句中将表达式用作属性设置。

④ 创建的模块是一个事件过程，当用户执行引发事件的操作时可运行该事件过程。例如，可以向命令按钮的“单击”事件过程中添加代码，当用户单击按钮时执行这些代码。

⑤ 在宏中执行 RunCode 操作来调用模块，RunCode 操作可以运行 Visual Basic 的内置函数或自定义函数。若要运行 Sub 过程或事件过程，可创建一个调用 Sub 过程或事件过程的函数，然后再使用 RunCode 操作运行函数。

3. 模块的种类

模块有两种基本类型，即类模块和标准模块。

① 类模块。类模块指含有类定义的模块，包含类的属性和方法的定义。窗体模块和报表模块都是类模块，而且它们各自与某一窗体或报表相关联。窗体模块和报表模块通常都含有事件过程，该过程用于响应窗体或报表中的事件。用户可以使用事件过程来控制窗体或报表的行为，以及它们对用户操作的响应，例如用鼠标单击某个命令按钮。

② 标准模块。标准模块包含的是通用过程和常用过程，这些通用过程不与任何对象相关联，常用过程可以在数据库中的任何位置运行。

8.2.2 VBA 与 VBE 界面

Visual Basic（简称 VB）是由微软公司开发的包含协助开发环境的事件驱动的编程语言，它源自 BASIC（Beginners' All-Purpose Symbolic Instruction Code）编程语言。VB 是可视化的、面向对象的、采用事件驱动方式的高级程序设计语言，提供了开发 Windows 应用程序最迅速、最简洁的方法。

VBA（VB for Application）是 MS Office 内置的编程语言，是基于 VB 的、简化的宏语言，可以认为 VBA 是 VB 的子集。它与 VB 在主要的语法结构、函数命令上十分相似，但是两者又存在着本质的差别。VB 用于创建标准的应用程序，而 VBA 是使已有的应用程序（Word、Excel 等）自动化。另外，VB 具有自己的开发环境，而 VBA 必须寄生于已有的应用程序。

VBE(VB Editor)是 MS Office 中用来开发 VBA 的环境,通过在 VBE 中输入代码创建 VBA 程序,也可以在 VBE 中调试和编译已经存在的程序。

1. 进入 VBE 环境

从 Access 数据库窗口进入 VBE 环境有多种方法:

① 在“创建”选项卡的“宏与代码”组中单击“模块”或“类模块”按钮,将进入模块或类模块的创建编辑窗口。如果单击 Visual Basic 按钮,将进入 VBE 界面,但没有同时打开模块对象窗口,这时,在工具栏中单击“插入模块”按钮 ,可添加模块编辑窗口,其右边的下三角按钮用于选择模块类型。

② 在“数据库工具”选项卡的“宏”组中单击 Visual Basic 按钮,同样可以进入 VBE 界面。

③ 在窗体、报表或控件的设计过程中,选择要添加 VBA 代码的对象右击,在快捷菜单中选择“事件生成器”命令,然后在弹出的“选择生成器”对话框中选择“代码生成器”选项,单击“确定”按钮,进入 VBE 界面。

④ 若已有模块显示在数据库导航窗格中,选中某个对象直接双击,则在 VBE 界面中会显示该模块的内容。

2. VBE 界面的组成

VBE 界面如图 8.26 所示,VBE 界面中除了常规的菜单栏、工具栏以外,还提供了属性窗口、工程资源管理器窗口和代码窗口。通过“视图”菜单或工具栏还可以调出其他子窗口,例如立即窗口、属性窗口、对象浏览器窗口、本地窗口和监视窗口,这些窗口用来帮助用户建立和管理应用程序。

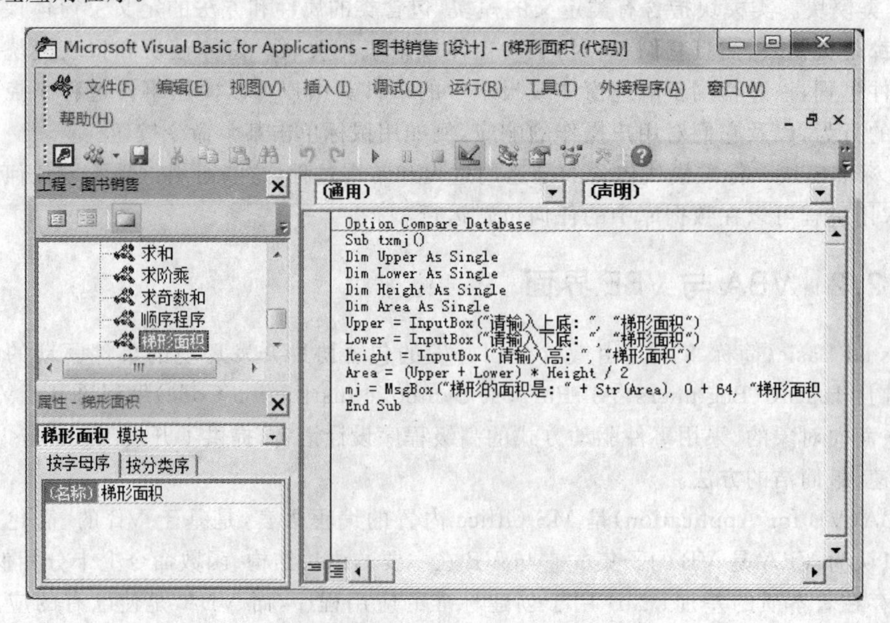

图 8.26 VBE 界面

1）菜单栏

VBE 的菜单栏中包含文件、编辑、视图、插入、调试、运行、工具、外接程序、窗口和帮助共 10 个菜单。对于常用命令，在工具栏中有对应的按钮，另外，还可以通过快捷键进行操作。例如调出对象浏览器窗口，可以通过“视图”菜单中的“对象浏览器”命令，工具栏中的“对象浏览器”按钮，或者使用快捷键 F2。

2）工具栏

在默认情况下，VBE 中显示的是“标准”工具栏，“标准”工具栏中包含创建 VBA 模块时常用的命令按钮。用户可以通过“视图”菜单中的“工具栏”命令调出“编辑”、“调试”和“用户窗体”工具栏，还可以通过“自定义”命令将一些命令按钮添加到“标准”工具栏中。“标准”工具栏中常用的命令按钮及其功能如表 8.2 所示。

表 8.2　“标准”工具栏中常用的按钮及其功能

按　钮	按钮名称	功　能
	视图 Microsoft Access	返回 Microsoft Access 界面
	插入模块、类模块或过程	在当前工程中添加新的标准模块、类模块，或者在当前模块中插入新的过程
	运行子过程/用户窗体	执行当前光标所在的过程或执行当前的窗体，如果在中断模式下将显示为“继续”
	中断	停止一个正在运行的程序，并切换到中断模式
	重新设置	结束正在运行的程序
	设计模式	在设计模式和非设计模式中切换
	工程资源管理器	显示工程资源管理器窗口
	属性窗口	显示属性窗口
	对象浏览器	显示对象浏览器窗口

3）窗口

在 VBE 中提供了多种窗口用来实现不同的任务，包括工程资源管理器窗口、属性窗口、代码窗口、立即窗口、监视窗口、本地窗口、对象浏览器窗口等，通过“视图”菜单可以显示或隐藏这些窗口。下面对几种常用的窗口做简单的介绍。

① 工程资源管理器窗口。工程资源管理器窗口用来显示工程的一个分层结构列表以及所有包含在此工程内的或者被引用的工程，如图 8.27 所示。单击其左上角的“查看代码”按钮，可以显示代码窗口，用于编写或编辑所选工程的代码；单击“查看对象”按钮，将打开相应的文档或用户窗体的对象窗口；单击“切换文件夹”按钮，可以隐藏或显示对象的分类文件夹。

② 属性窗口。属性窗口列出了所选对象的所有属性，可以用“按字母序”或“按分类序”方式查看属性，如图 8.28 所示。如果需要设置对象的某个属性的值，可以在属性窗口中选择该属性名称，然后编辑其值。应该注意的是，只有当选定的类对象在设计视图中打开时，对象才在属性窗口中显示出来。

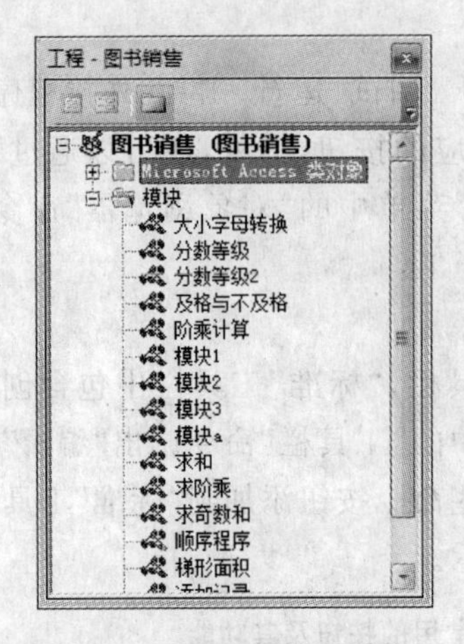

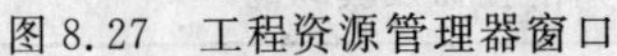

图 8.27 工程资源管理器窗口　　　　图 8.28 属性窗口

③ 代码窗口。代码窗口是 VBE 界面中最重要的组成部分,所有 VBA 的程序模块代码的编写和显示都是在该界面中进行的。VBA 的程序模块是由一组声明和若干个过程(可以是 Sub 过程、Function 函数过程或者 Property 属性过程)组成的。代码窗口中的主要部件有"对象"列表框和"过程/事件"列表框。

"对象"列表框中显示了所选窗体中的所有对象,"过程/事件"列表框中列出了与所选对象相关的事件。在选定了一个对象及其相应的事件以后,与该事件名称相关的过程就会显示在代码窗口中。例如,图 8.29 所示为与"退出"按钮的单击(Click)事件相关的过程代码。通过这种方法,可以在各个过程之间进行快速的定位。

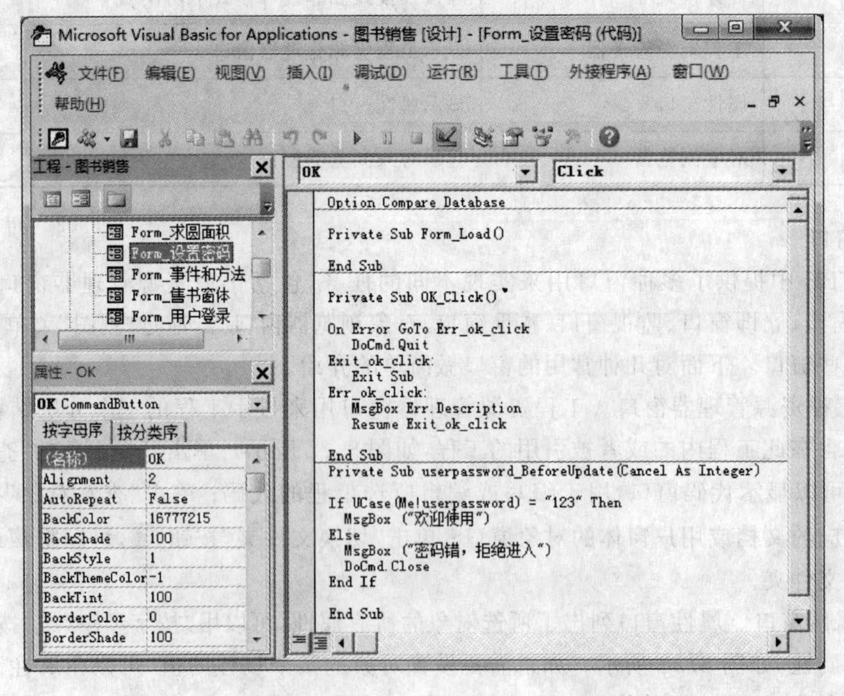

图 8.29 代码窗口

通过代码窗口左下角的“过程视图”按钮 和“全模块视图”按钮 可以选择是只显示一个过程还是显示模块中的所有过程。

在 VBE 中可以同时打开多个代码窗口来显示不同模块的代码,并且可以通过复制和粘贴实现在不同的代码窗口之间,或者同一个代码窗口的不同位置进行代码的复制或移动。代码窗口用不同颜色标识代码中的关键字、注释语句和普通代码,方便用户在编写的过程中检查拼写错误,使之一目了然。

④ 立即窗口。在立即窗口中可以输入或者粘贴命令语句,在按下 Enter 键后就会执行该语句。如果命令中有输出语句,就可以查看输出语句执行的结果,如图 8.30 所示。立即窗口可用于一些临时计算,也可以调用保存的模块对象运行。

需要注意的是,直接在立即窗口中输入的命令语句是不能保存的。

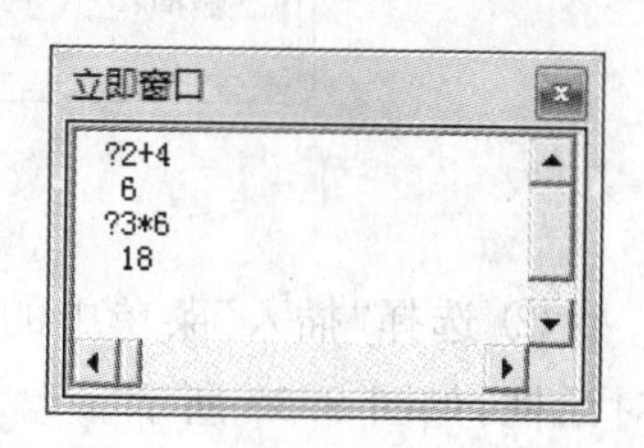

图 8.30 立即窗口

⑤ 监视窗口。当工程中含有监视表达式时,监视窗口就会自动出现,也可以在“视图”菜单中选择“监视窗口”命令显示。监视窗口的作用是,在中断模式下显示监视表达式的值、类型和内容。向监视窗口中添加监视表达式的方法是,在代码中选择要监视的变量,然后拖动到监视窗口中。

⑥ 本地窗口。本地窗口用来显示当前过程中的所有声明了的变量名称、值和类型。

⑦ 对象浏览器窗口。对象浏览器窗口用来显示对象库以及工程的过程中的可用类、属性、方法、事件以及常数变量,可以用它来搜索和使用既有的对象,或者来源于其他应用程序的对象。

3. 代码窗口与模块的创建与保存

Access 模块在 VBE 界面的代码窗口中编写。模块由若干个过程组成,过程又分为两种类型,即 Sub 过程和 Function 函数过程(详见 8.2.4 节)。

1) 模块的结构

模块的结构示意图如图 8.31 所示。

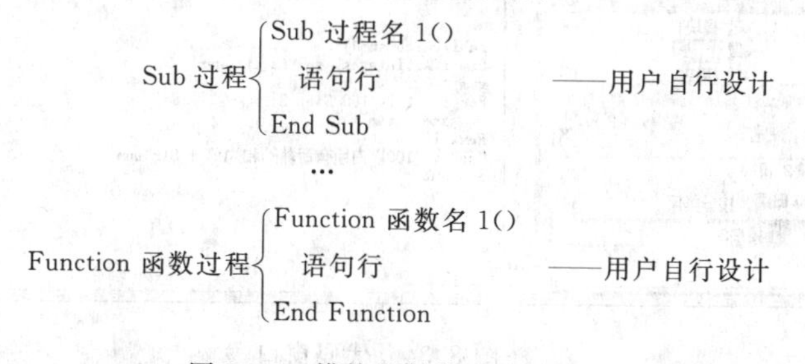

图 8.31 模块的结构示意图

2) 创建模块与创建新过程

创建模块的操作步骤如下:

① 在 Access 窗口的所有 Access 对象列表中选择“模块”对象,然后单击“创建”选项卡中的“模块”按钮,即可打开 VBE 界面,进入模块编辑状态,并自动添加“声明”语句,如图 8.32 所示。

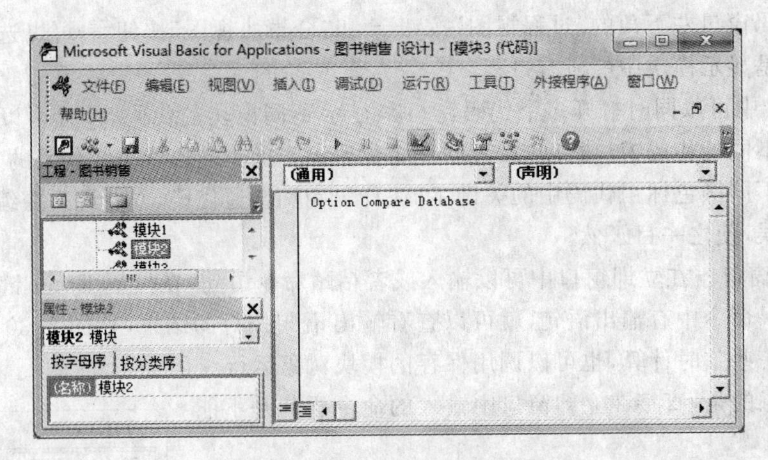

图 8.32　新建模块的 VBE 界面

② 选择“插入”菜单中的“过程”命令，弹出“添加过程”对话框，如图 8.33 所示。

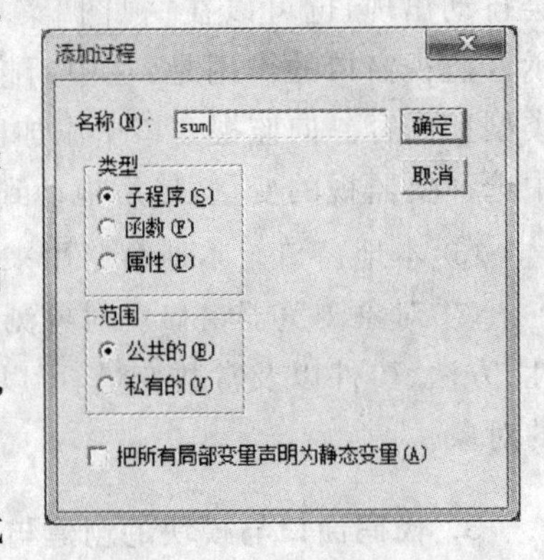

图 8.33　“添加过程”对话框

③ 在“添加过程”对话框的“名称”文本框中输入过程名，单击“确定”按钮，进入新建过程的状态，并在代码窗口中的声明语句后添加以过程名为名的过程说明语句，如图 8.34 所示。

若创建一个函数过程，在“添加过程”对话框的“类型”选项组中选中“函数”单选按钮即可。

接下来，就可以在代码窗口中编写模块的程序代码了。

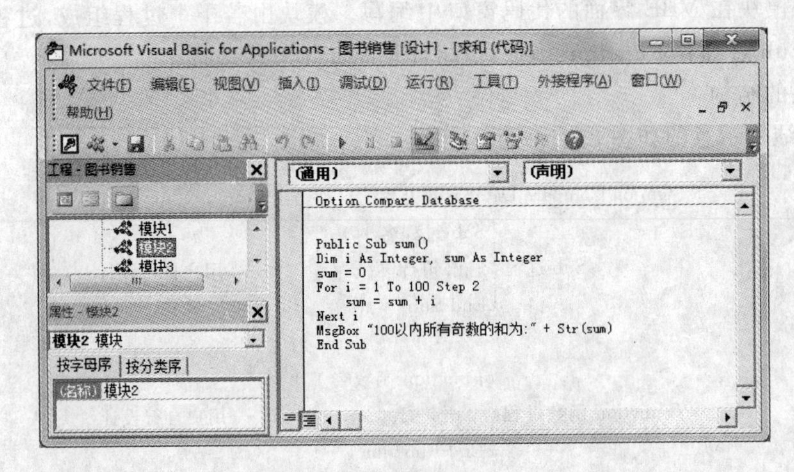

图 8.34　代码窗口

4. 代码窗口中的 VBA 代码的书写

代码窗口是模块代码设计的主要操作界面，它提供了完整的模块代码开发和调试环境，因此，用户应该充分了解代码窗口提供功能并且熟练地使用它们。

在代码窗口顶部有两个下拉列表框。在输入、编辑模块内的各对象时，先在左边的"对象"下拉列表框中选择要处理的对象，然后在右边的"过程/事件"下拉列表框中选择需要设计代码的事件，此时，系统将自动生成该事件过程的模板，并且光标会移到该过程的第一行，用户就可以进行代码的编写了。

代码窗口提供了自动显示提示信息的功能。当用户输入命令代码时，系统会自动显示命令列表、关键字列表、属性列表和过程参数列表等提示信息。例如，当用户需要定义一个数据类型或对象时，在代码窗口中会自动弹出一个有数据类型和对象的列表框，用户可以直接从列表框中进行选择，这样可以提高程序的编写效率，降低编写过程中出错的可能性。

5. 保存模块

单击工具栏中的"保存"按钮，或选择"文件"菜单中的"另存为"命令，弹出"另存为"对话框。在该对话框中命名模块名称，如图 8.35 所示，然后单击"确定"按钮保存。

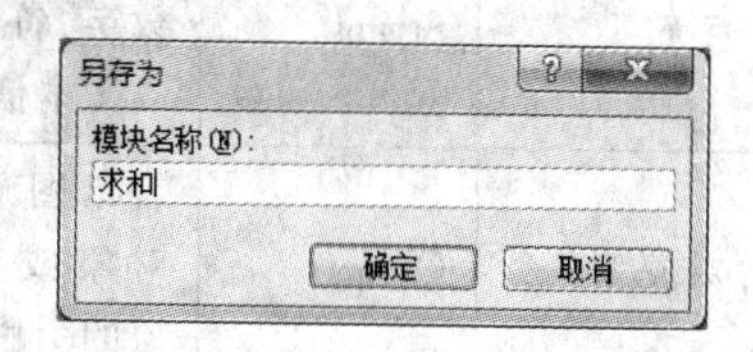

图 8.35　"另存为"对话框

这样就定义了一个 Access 的模块对象，注意，在模块编写过程中要随时保存以防丢失。

8.2.3 VBA 编程基础

使用程序设计语言，必须掌握一些基本概念，并掌握一定的程序设计方法。VBA 的基本概念包括数据类型、变量与常量、表达式、函数和 VBA 程序的基本控制结构等。

1. 数据类型

编写程序是为了对数据进行处理。程序设计语言事先将要处理的数据进行了分类，这就是数据类型。数据类型规定了数据的取值范围、存储方式和运算方式，每个数据都要事先明确所属类型。

在 VBA 中，对于不同的数据类型采用不同的处理方式，并根据数据类型进行存储空间的分配和有效操作，VBA 的主要数据类型、所占存储空间以及取值范围如表 8.3 所示。

表 8.3　VBA 的主要数据类型

数据类型	关键字	说　明	存储空间	取 值 范 围
字节型	Byte	无符号数	1 字节	0～255
布尔型	Boolean	逻辑值	2 字节	True 或 False
整型	Integer	整数值	2 字节	－32 768～32 767
长整型	Long	占 32 位的整数值	4 字节	－2 147 483 648～2 147 483 647
单精度型	Single	占 32 位的浮点数值	4 字节	负数：－3.402 823 E38～－1.401 298 E－45 正数：1.401 298 E－45～3.402 823 E38
双精度型	Double	占 64 位的浮点数值，更精确	8 字节	负 数 ：－1.797 693 134 862 32E 308～－4.940 656 485 412 47E－324 正 数 ：4.940 656 485 412 47E－324～1.797 693 134 862 32E 308

续表

数据类型	关键字	说　明	存储空间	取 值 范 围
货币型	Currency	表示货币金额数值,保留4位小数	8字节	-922 337 203 685 477.580 8～922 337 203 685 477.580 7
小数型	Decimal	只能在Variant中使用	12字节	与小数位的位数有关
日期型	Date	表示日期信息	8字节	100年1月1日～9999年12月31日
字符型	String	由字母、汉字、数字、符号等组成文本信息	与字符串长度有关	定长：0～20亿 变长：1～65 400
对象型	Object	表示图形、OLE对象或其他对象的引用	4字节	任何对象引用
变体型	Variant	一种可变的数据类型,可以表示任何值	与相应数据类型有关	与具体的数据类型有关
自定义型	Type	用户自定义的数据类型,可以包含一个或多个基本数据类型	所有元素字节之和	所包含每个元素的数据类型的范围

2. 常量

常量指在程序运行过程中固定不变的量,用来表示一个具体的、不变的值。常量可以分为直接常量、符号常量和固有常量3种类型。

1) 直接常量

直接以数值或者字符串等形式表示的量称为直接常量。数值型、货币型、布尔型、字符型或日期型等类型有相应的直接常量,不同类型的常量其表达方法有不同的规定。

① 数值型常量。数值型常量以普通的十进制形式或者指数形式来表示。一般情况下,较小范围内的数值用普通形式来表示,例如123、-123、1.23等。如果要表示的数据很精确或者范围很大,则可以用指数形式来表示,例如用0.123E4表示0.123×10^4。

② 货币型常量。货币型常量与数值型常量的表示方法类似,但是前面要添加货币符号以表示货币值,例如$123.45。

③ 布尔型常量。布尔型常量用来表示逻辑值,只有True和False两个值。当逻辑值转换为整型时,True转换为-1,False转换为0；当将其他类型的数据转换为逻辑数据时,非0转换为True,0转换为False。

④ 字符型常量。字符型常量是用双引号作为定界符括起来的字符串,例如"中南财经

政法大学"、"COMPUTER SCIENCE"等。当字符串的长度为 0 时(""),用来表示空字符串。

⑤ 日期型常量。日期型常量表示日期和时间,表示日期的范围从 100 年 1 月 1 日～9999 年 12 月 31 日,表示时间的范围从 0:00:00～23:59:59,日期和时间两边用"#"括起来。日期部分中的"年月日"之间可以用分隔符"/"或"-"隔开,也可以用英文简写的方式表示月份,例如#2008/8/8#、#2008-8-8#、#Aug 8,2008#。时间部分中的"时分秒"用":"隔开,可以用 AM、PM 分别表示上午和下午,例如#15:44:23#、#3:44:23PM#。用户也可以将日期和时间连接起来表示一个日期时间值,日期和时间部分用空格隔开,例如#2008/8/8 15:44:23#。

2) 符号常量

对于代码中重复使用的常量或者有意义的常量可以定义符号常量来表示,例如用 PI 代表 3.1415926,表示圆周率。定义符号常量一般要指明该常量的数据类型。

【语法】 Const 常量名 [As 数据类型] = 常量

使用常量可以提高程序的可读性,使用常量也便于程序的维护。例如定义常量:

```
Const Exchange_Rate As Single = 6.852349
```

表示汇率。符号常量含义明确,程序代码中凡是用到汇率的地方都可以用该符号。另外,当汇率的值发生变化时,如果没有使用 Exchange_Rate,就必须在程序中一处一处地修改,这样很容易出错。而定义了 Exchange_Rate 符号变量,只需要在程序的开始处修改 Exchange_Rate 的定义就可以了。

3) 固有常量

固有常量指的是已经预先在类库中定义好的常量,编程者可以在宏或者 VBA 代码中直接使用。图 8.36 所示为在 VBE 界面中使用对象浏览器窗口查看固有常量来自的类库,以及其实际表示的值。

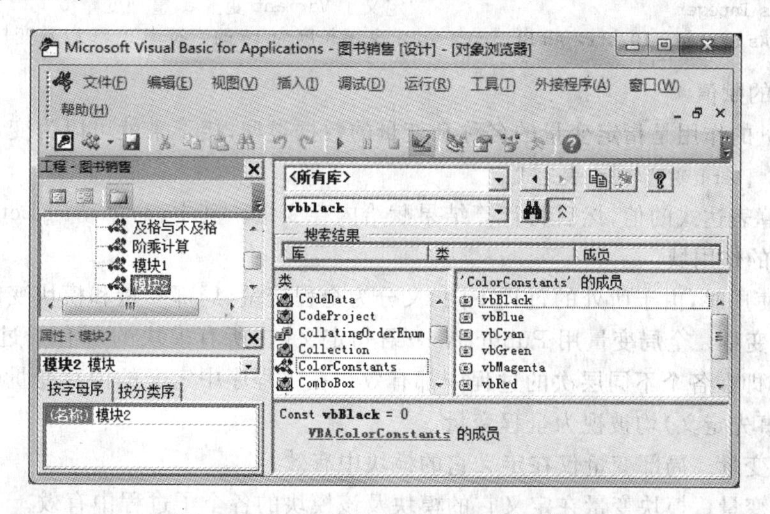

图 8.36 在对象浏览器窗口中查看固有常量

固有常量以前面的两个字母表示该常量所来自的对象库:来自 Access 库的常量以"ac"开头,例如 acForm、acCommandButton;来自 VBA 库的常量以"vb"开头,例如

vbBlack、vbYesNo；来自 ActiveX Data Object(ADO)库的常量以“ad”开头，例如 adOpenKeyset、adAddNew。

在 VBE 中，选择“视图”菜单中的“对象浏览器”命令，打开对象浏览器窗口. 然后在“搜索文字”文本框中输入要查询的固有常量的名称，单击“搜索”按钮。

3. 变量

在程序运行的过程中允许其值变化的量称为变量。声明变量的过程实际上是在内存区域开辟一个临时的存储空间用来存放数据，变量值就是存放在这个存储空间中的数据。

1) 变量的命名规则

变量的命名应该遵循以下规则：

① 变量名必须以字母或汉字开头，由字母、下划线、数字和汉字组成。变量名中不能包含空格，或者除了下划线“_”以外的特殊字符。

② 变量名不区分大小写。例如，变量 *a* 和变量 *A* 表示的是同一个变量。

③ 长度不能超过 255 个字符。

④ 不能与 VBA 中的关键字重名。例如，不能用 Const 作为变量的名称。

2) 变量的声明

一般情况下，在使用变量之前应该先声明该变量的变量名和数据类型，这种方式称为变量的显式声明。VBA 允许不声明该变量而在程序中直接使用，这个时候该变量被默认为 Variant 数据类型，这种方式称为变量的隐式声明。

声明变量的一般方法是用 Dim 语句声明，其命令格式如下：

【语法】 Dim 变量名 [As 数据类型] [,变量名 [As 数据类型]…]

如果省略数据类型，则所定义的变量为 Variant 类型。在定义多个变量的时候，可以用逗号隔开，也可以使用多个 Dim 语句来声明。例如使用以下定义命令：

```
Dim a,b As Integer                    '定义了 Variant 变量 a、整型变量 b
Dim str1 As String * 10,str2 As String    '定义了长度为 10 的字符串 str1 以及变长字符串 str2
```

3) 变量的赋值

声明变量的作用是指定变量的名称和变量的数据类型，接下来就可以为变量赋值了。

【语法】 [Let] 变量名 = 表达式

首先计算表达式的值，然后将计算结果赋给内存变量。其中，命令动词 Let 可以省略。

4) 变量的作用域

变量在使用时，由于所处的过程不同，又分为全程变量、局部变量和模块变量。

① 全程变量。全局变量用 Public As…语句定义，在所有模块的所有子过程与函数过程中均有效，即在各个不同层次的过程中都有效。在主程序中定义的内存变量(即使未使用 Public 命令事先定义)均被视为全程变量。

② 局部变量。局部变量仅在定义它的模块中有效。

③ 模块变量。模块变量在定义它的模块及该模块的各个子过程中有效。

4. 数组

内存变量根据使用形式分为简单变量和数组两种类型。简单变量即不带下标的变量。

数组是内存中连续一片的存储区域，是按一定顺序排列的一组内存变量，它们共用一个数组名。数组中的任何一个变量都称为一个数组元素，数组元素由数组名和该元素在数组中的位置序号组成。数组元素也称为带下标的内存变量。在处理批量数据时，定义数组特别方便。

1）数组的声明

数组变量分为一维数组和二维数组等。数组的声明方式和变量的声明方式相同，使用 Dim 关键字。在 VBA 中不允许对数组隐式声明，即数组在使用之前必须先对其进行声明。

【语法】 Dim 数组名([下标下界 To] 下标上界)[As 数据类型]

其含义是定义一维数组，指定数组名、下标的下界和上界以及数组的数据类型。

说明：数组名的命名规则与变量名的命名规则相同。下标下界规定了数组的起始值，可以省略，下标下界的默认值为 0。例如：

```
Dim A (10) As Integer
```

其定义了数组名为 A 的整型数组，其中包括的数组元素为 A(0)、A(1)、…，A(10)，共 11 个数组元素，每个数组元素都是一个内存变量。

如果不希望下标从 0 开始，则需要在声明语句中指定下标下界的值。例如：

```
Dim A (3 To 10) As Integer
```

其定义了一个有 8 个整型数组元素的数组，数组元素的下标从 3 开始到 10 结束。

和声明变量一样，如果声明数组时省略了数据类型，则数组的类型默认为 Variant。

VBA 允许定义二维数组，其语法格式与声明一维数组类似。

【语法】 Dim 数组名([下标下界 1 To]下标上界 1,[下标下界 2 To]下标上界 2) As [数据类型]

例如：

```
Dim B(1 To 4,1 To 5) As Single
```

其定义了一个数组名为 B 的单精度型二维数组，可以将第 1 个下标理解为行下标，将第 2 个下标理解为列下标。B 中的每一个元素都由行下标和列下标标识，例如 B(3,4)表示 B 中第 3 行的第 4 个元素。

2）数组的引用与赋值

对于数组的处理以数组元素为单位，每个元素都是一个变量。一维数组元素的引用是数组名(下标)，二维数组元素的引用是数组名(行下标，列下标)。

数组的赋值和变量的赋值方法一样。其命令格式如下：

【语法】 [Let] 数组名(下标) = 表达式

由于下标可以用常量或者变量，也可以是表达式的计算结果，使得数组的处理非常灵活。例如，A 是一个数组，可执行下列命令：

```
Let x = 3
Let A(x + 1) = 8
```

这两条命令执行的结果是将数值 8 赋给 A 中的第 4 个元素。

5. 运算符与表达式

1) 表达式的概念

数据通过常量或变量进行表示,通过表达式进行运算。表达式是由常量、变量、函数及运算符组成的式子。表达式按照运算规则经过运算求得结果,称为表达式的值。

运算符规定了对数据进行的某种操作,也称为操作符。不同类型的数据其运算符的种类不同,VBA 中的运算符可分为 5 类,即算术运算符、字符串运算符、关系运算符、逻辑运算符和日期运算符。按照运算符的不同,表达式也可以分为相应的 5 种类型。

表达式是用来计算值的,如果用户想查看一个表达式的求值结果,可以在 VBE 的立即窗口中使用输出语句查看。输出语句的语法如下:

【语法】 Print | ? 表达式 [,表达式,…]

在立即窗口中输入 Print 或者?,然后在后面输入表达式,按 Enter 键,就可以在语句下面立即看到计算结果。

2) 算术运算与算术表达式

算术运算的对象一般是数值型或货币型数据(如果不是,则系统将其转换为数值型再运算),运算结果仍然是数值型或货币型数据。表 8.4 中列出了各种算术运算符。

表 8.4 算术运算符

优先级	运算符	描 述	示 例
1	()	形成表达式内的子表达式	
2	^	乘方运算	2^5
3	*、/、\、Mod	乘、除、整除、求余	5*2、5/2、5\2、5Mod2
4	+、-	加减运算	5+2、5-2

【例 8-5】 计算并显示算术表达式的值。

在立即窗口中的输出语句后输入以下表达式,后面的注释说明了立即窗口中显示的结果。

```
(12 * 5 - 11 * 6)/3          '结果为 - 2
10 Mod - 4                   '结果为 2
10 + True                    '结果为 9,True 转换为整数 - 1
"123" * 2 + 123              '结果为 369,字符串"123"转换为整数 123
```

3) 日期运算与日期表达式

日期可以进行加减运算,运算符是"+"和"-"。两个日期相减,将得到两个日期之间相差的天数。日期可以加或减一个数值,得到指定日期若干天后或若干天前的新日期。

【例 8-6】 计算日期表达式的值。

```
#2008/8/8# - #2008/7/8#          '结果为 31
#2007/12/31# + 1                 '结果为 #2008 - 1 - 1#
```

4) 字符运算与字符串表达式

字符运算,即将两个字符串强制连接到一起生成一个新的字符串。字符运算符有"+"和"&"两种,其功能和使用方法一样。参与字符运算的数据一般是字符串型,也可以是数值型。如果是数值型,系统将其转换为字符串,然后再做连接运算。

【例 8-7】 计算字符表达式的值。

```
"中国" & "湖北" + "武汉"              结果为"中国 湖北 武汉"
"1234 + 5678" & " = " & (1234 + 5678)  '结果为 "1234 + 5678 = 6912"
```

5) 关系运算与关系表达式

关系表达式是用来比较关系运算符两边操作数的大小的,结果返回逻辑值 True 或 False。表 8.5 列出了各种关系运算符,它们的优先级是相同的。

表 8.5　关系运算符

运算符	描　述	运算符	描　述	运算符	描　述
＜	小于	＞＝	大于等于	Like	字符串匹配
＜＝	小于等于	＝	等于	Is	对象引用比较
＞	大于	＜＞	不等于		

执行关系运算时应注意以下规则:

① 数值型和货币型数据按数值大小进行比较;日期型数据按日期的先后进行比较,越早的日期越小,越晚的日期越大;逻辑型数据的大小规定为 True＜False。

② 当比较两个字符串时,系统对两个字符串的字符从左到右逐个比较,一旦发现两个对应的字符不同,就对这两个字符的 ASCII 码值进行比较,ASCII 码值大的字符串大。注意,汉字字符比西文字符大。

③ Like 用于实现匹配比较,可以与通配符"＊"或"?"结合使用。"＊"代表任意长度的任意字符,"?"代表一个任意字符。

④ Is 用于两个对象变量引用的比较,当 Is 两边引用相同的对象时结果返回 True。

【例 8-8】 计算关系表达式。

```
True>False                          '结果为 False
#2008/8/1# >= #2007/12/31#          '结果为 True
"abcd" = "abc"                      '结果为 False
"China" like "*i*"                  '结果为 True
```

6) 逻辑运算与逻辑表达式

逻辑表达式也称为布尔表达式。参与逻辑运算的操作数是逻辑型数据或能得出逻辑值的表达式,其返回的结果也是逻辑值。表 8.6 列出了常用的逻辑运算符。

表 8.6　逻辑运算符

优先级	运算符	描　述
1	Not	逻辑非,由真变假或由假变真
2	And	逻辑并,两边的表达式都为真的时候结果为真,否则为假
3	Or	逻辑或,两边的表达式有一个为真则结果为真,否则为假

【例 8-9】 计算逻辑表达式的值。

```
2 ^ 3 <∧ 3 ^ 2 Or "abc" = "abcd" And 3 <∧ = 4     '结果为 True
```

6. 函数

函数是预先编好的具有某种操作功能的程序,每一个函数都有特定的数据运算或转换功能。函数包含函数名、参数和函数值 3 个要素。函数名是函数的标识,说明函数的功能。参数是自变量或函数运算的相关信息,一般写在函数名后的括号中,也可以没有参数。例如函数 Date,用于返回系统当前的日期。在调用函数时,应注意所给参数的个数、顺序和类型要与函数的定义一致。在代码窗口中输入函数时,系统会自动提供相关函数的定义。函数值是函数返回的值,函数的功能决定了函数的返回值。其格式如下:

【语法】 函数名[(参数 1,[参数 2],[参数 3]…)]

VBA 提供了大量的内置函数,按照函数的功能,可以分为数值函数、字符串函数、日期和时间函数、数据类型转换函数等,下面介绍一些常用函数及其使用方法。

1) 数值函数

数值函数的自变量和返回值通常都是数值型数据,数值函数有绝对值函数、取整数函数、随机函数、最大和最小值函数、平方根函数、三角函数、指数函数、对数函数等。

(1) 绝对值函数

【语法】 Abs(数值表达式)

其返回指定数值表达式的绝对值。如果数值表达式包含 Null,则返回 Null。如果数值表达式是未初始化的变量,则返回 0。

(2) 取整数函数

【语法】 Int(数值表达式)

Int()表示返回数值表达式的整数部分,如果为负数,则 Int()返回小于或等于数值表达式的最大整数。

【例 8-10】 求以下函数的值。

```
Int(12.3),Int(-12.3)                    '结果为 12 -13
```

2) 字符串函数

字符串函数用来处理字符串表达式,包括对字符串进行比较、搜索、替换等。

(1) 求字符串首字母的 ASCII 值函数

【语法】 Asc(字符表达式)

其返回字符表达式首字符的 ASCII 值。例如,Asc("aBc")返回 97。

(2) 求字符串长度函数

【语法】 Len(字符表达式)

Len()返回字符表达式中字符的个数。

注意:在 VBA 中,字符串长度以字为单位,也就是每个西文字符和中文汉字都作为一个字,占两个字节。对于字符型变量,则返回的长度是定义时的长度,与实际值无关。

(3) 求子字符串函数

【语法】 Left(字符串表达式,数值表达式) | Right(字符串表达式,数值表达式) |Mid(字符串表达式,数值表达式 1[,数值表达式 2])

一个字符串的一部分称为该字符串的子字符串。Left()从字符串表达式左边开始,截取数值表达式所指定长度的字符个数；Right()从字符串表达式右边开始，截取数值表达式所指定长度的字符个数；Mid()从数值表达式 1 指定的位置开始，截取数值表达式 2 所指定的字符个数，返回子字符串。数值表达式 2 为可选项，如果省略，则返回从数值表达式 1 开始的所有字符；如果数值表达式 1 大于字符串表达式的长度，则返回零长度字符串。

(4) 转换字符串函数

【语法】 LCase(字符串表达式) | UCase(字符串表达式)

LCase()将字符串表达式中的字母转换成小写，UCase()将字母转换成大写。

【例 8-11】 求函数值。

```
LEN("Access")                                    '结果为 6
Left("中南财经政法大学",2)                         '结果为中南
Right("中南财经政法大学",2)                        '结果为大学
Mid("中南经政法大学",3,4)                          '结果为财经政法
```

【例 8-12】 执行以下命令。

在 VBE 的代码窗口中，在过程“js”中输入以下命令，如图 8.37 所示。单击运行按钮 ，结果如图 8.38 所示。

```
Dim a As String * 10
Let a = "Access"
MsgBox Len(a)
```

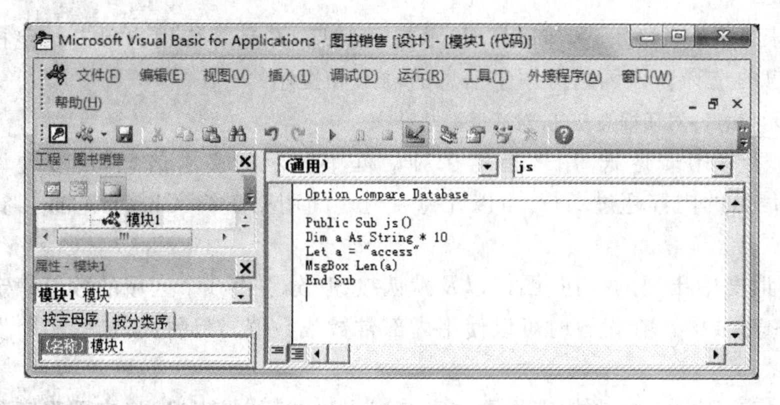

图 8.37　在代码窗口中输入程序代码

图 8.38　运行结果

3) 日期和时间函数

日期和时间函数用来处理日期和时间型数据。

(1) 系统日期和时间函数

【语法】 Date()/Date

Date 返回系统当前的日期。

(2) 求年、月、日函数

【语法】 Day(日期/日期时间表达式)|Month(日期/日期时间表达式)|Year(日期/日期时间表达式)

Day()返回指定的日期或日期时间表达式是一个月中的第几天，Month()返回日期或日期时间表达式中的月份，Year()返回日期或日期时间表达式中的年份。

【例 8-13】 在立即窗口中输入以下命令，查看结果。

```
d = #2008/8/8
? Year(d),Month(d),Day(d)
```

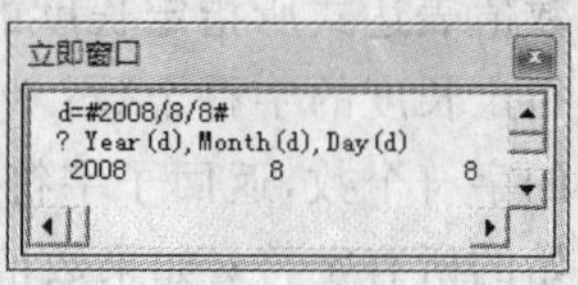

结果如图 8.39 所示。

图 8.39　例 8-13 的运行结果

4) 数据类型转换函数

数据类型转换函数用于将某种类型的数据转换为另一种类型的数据。

(1) 数值转换为字符串函数

【语法】 Str(数值串表达式)

将数值表达式转换为字符串。当数值表达式转换为字符串时,会在前面保留一个空位来表示正/负。如果数值表达式为正,返回的字符串将包含一个前导空格表示它是正号。

(2) 字符串转换为数值函数

【语法】 Val(字符串表达式)

将由数字组成的字符串表达式转换为数值。

【例 8-14】 求函数值。

```
Str(12.48), Str(-45.67)                    '结果为 12.48 -45.67
Val("123.45abc"),Val("abc123.45")          '结果为 123.45 0
```

5) 其他函数

(1) MsgBox()函数

MsgBox()函数用来打开一个对话框,向用户显示提示信息,并且等待用户单击给定按钮,然后向系统返回用户的选择。该函数可用于信息的输出和提示。

【语法】 MsgBox(显示信息[,对话框类型][,对话框标题])

其显示信息是一个字符串表达式,用来指定在对话框中显示的文本信息,最多允许 1024 个字符,如果显示信息的内容超过一行,可以在每一行之间用回车符(Chr(13))或换行符(Chr(10))将各行分隔开。

对话框类型指定对话框中出现的按钮、图标以及默认按钮,分别由 3 个区域的数值确定(取值和含义见表 8.7～表 8.9)。在设置时可以使用内部常数或数值,对话框类型的多个设定值用"+"连接起来。

对话框标题用于指定在对话框标题栏中显示的字符串表达式,如果省略,将应用程序名 Microsoft Access 放在标题栏中。

表 8.7　按钮类型的设定值

内部常数	数值	按钮类型
VbOkOnly	0	"确定"按钮
VbOkCancel	1	"确定"和"取消"按钮
VbAbortRetryIgnore	2	"终止"、"重试"和"忽略"按钮
VbYesNoCancel	3	"是"、"否"和"取消"按钮
VbYesNo	4	"是"和"否"按钮
VbRetryCancel	5	"重试"和"取消"按钮

表 8.8　图标类型的设定值

内部常数	数值	图标类型	内部常数	数值	图标类型
VbCritical	16	显示红"X"图标	VbExclamation	48	显示警告信息"!"图标
VbQuestion	32	显示询问信息"?"图标	VbInformation	64	显示信息"i"图标

表 8.9　默认按钮的设定值

内部常数	数值	默认按钮
VbDefaultButton1	0	将第一个按钮设定为默认按钮
VbDefaultButton2	256	将第二个按钮设定为默认按钮
VbDefaultButton3	512	将第三个按钮设定为默认按钮

MsgBox()函数根据用户的选择向系统返回一个数值,由程序根据返回值决定下一步的操作。MsgBox()函数的返回值及其含义见表 8.10。

表 8.10　MsgBox()函数的返回值及其含义

内部常数	数值	选定按钮	内部常数	数值	选定按钮
VbOk	1	确定	VbIgnore	5	忽略
VbCancel	2	取消	VbYes	6	是
VbAbort	3	终止	VbNo	7	否
VbRetry	4	重试			

如果用户不需要对话框返回值,可以在程序语句中直接调用 MsgBox 过程。例如:

```
MsgBox "你输入的用户名或密码不正确!",VbRetryCancel + VbExclamation + 0,"警告"
```

与调用 MsgBox()函数不同的是,调用过程不需要使用括号()和返回值。

【例 8-15】　MsgBox 函数实例。

在代码窗口中输入命令然后执行,会弹出如图 8.40 所示的对话框。

```
Dim Ans As Integer
Ans = MsgBox("欢迎使用本数据库系统",1 + 64 + 0, "欢迎信息")
```

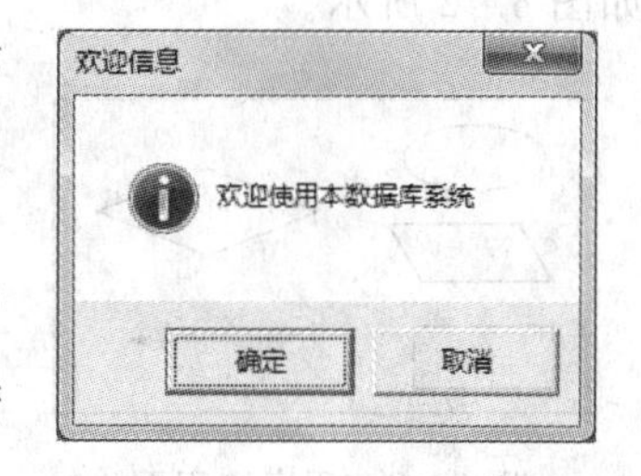

图 8.40　例 8-15 的运行结果

用户单击"确定"按钮,Ans 将返回值 1;单击"取消"按钮,Ans 将返回值 2。

(2) InputBox()函数

InputBox()函数用于打开一个对话框,在对话框中显示提示信息和一个文本框,并等待用户输入,然后将用户在文本框中的输入返回给系统,返回值的类型为字符串。

【语法】　InputBox(显示信息[,对话框标题][,默认值])

显示信息是一个字符串表达式,用来指定在对话框中显示的文本信息;对话框标题用来指定对话框标题栏中显示的文字;默认值用来指定当用户无输入时显示在文本框中的内容。

【例 8-16】 InputBox 函数实例。

```
Dim User As String
User = InputBox("请输入你的用户名:","登录", "Administrator")
MsgBox "欢迎你:" + User, VbOkOnly + VbInformation,"欢迎"
```

其运行结果如图 8.41 所示,系统首先弹出一个带文本框的对话框,并接受用户输入的用户名信息。当用户单击"确定"按钮以后,用户输入的值将赋给变量 User,系统会弹出一个信息提示框,在其中显示 User 的值。

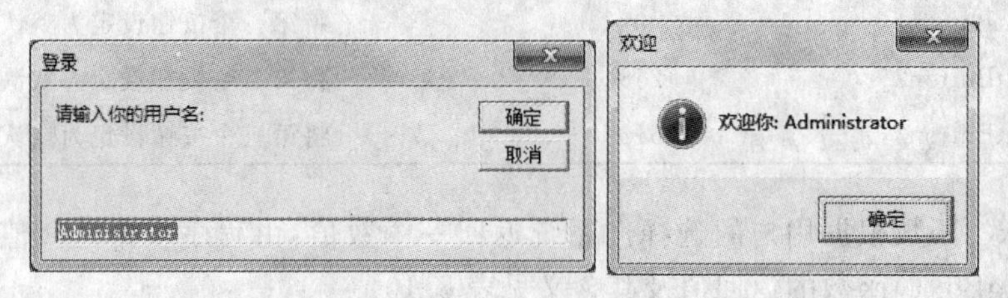

图 8.41 输入文本并运行的结果示意图

8.2.4 Access 编程入门

1. 程序设计基本方法概述

程序设计是使用计算机语言结合一个具体的应用问题编写出一套计算机能够执行的程序,以达到解决问题的目的。在程序设计过程中,一般要经过以下几个步骤:

① 提出问题,并分析问题,提出解法(或是计算方法),分析所需要的原始数据中间需要经过怎样的处理才能达到最后的结果。

② 根据思路绘制程序流程图。把解决一个问题的思路通过预先规定好的各种几何图形、连接线以及文字说明来描述的计算过程的图示称为程序流程图或框图。对于程序量稍大一些的任务应先设计程序框图,再编写程序,这样有利于理清思路。流程图上的常用符号如图 8.42 所示。

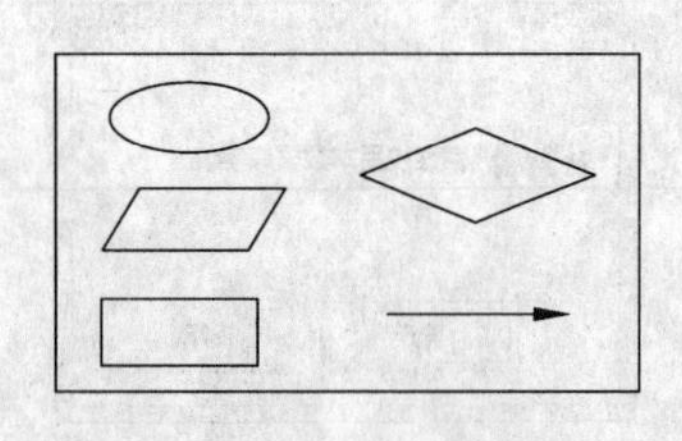

图 8.42 程序流程图常用的符号

③ 确定一种编程工具(例如某一计算机语言),根据程序框图编写出源程序。

④ 调试该程序直至通过,然后投入使用。

⑤ 编写任务说明书,将以上内容进行总结,以方便今后查看修改和扩充功能。

以上程序设计方法是传统的面向过程、自顶向下的结构化程序设计方法。该方法将解决问题的过程用一定的算法和语言逐步细化。VBA 还可以提供面向对象的程序设计功能和可视化编程环境,将系统划分为相互关联的多个对象,并建立这些对象之间的联系,利用系统提供的各种工具软件来解决问题。

2. 程序的基本结构形式

结构化程序设计在一个过程内使用 3 种基本结构,即顺序结构、分支结构、循环结构。

1）书写规则

在程序的编写中，VBA 的书写规则如下：

① VBA 对大小写字母不敏感，即 VBA 不区分标识符的大小写。

② 在程序代码中，一般一条语句占用一行，以 Enter 键作为结束标识。如果一条语句太长需要占用多行，可以用接续符"_"将其分行书写。

③ 多条语句可共用一行，这时需要用分号"；"将各语句隔开。

在编写命令时，若发现内容为红色字体，则表示系统提示有错，要注意修改。

2）常用程序语句

(1）注释语句

程序用计算机语言编写，很多内容并非一目了然，时间一长，即使是编程者本人也可能看不懂了。所以，在程序中为代码添加注释是一个好的习惯。在 VBA 程序中可以使用以下两种方法添加注释。

【语法 1】 Rem <注释文字>

【语法 2】 ' <注释文字>

语法 1 的注释可以单独占用一个程序行，也可以写在程序语句之后，如果写在程序语句之后要用冒号隔开。注释不影响程序的运行，下面是使用注释的实例。

```
Rem 定义两个数值变量
Dim x1,x2
'w=1 - - - 此为注释语句,不被执行
x1 = 1 : x2 = 2
```

(2）声明语句

声明语句位于程序的开始处，用来命名和定义常量、变量和数组。例如：

```
Dim A1 As Integer
```

(3）赋值语句

赋值语句用来为变量指定一个值或者表达式。例如：

```
A1 = 15 + 42
```

(4）执行语句

执行语句是程序的主体，用来执行一个方法或者函数，可以控制命令语句执行的顺序，也可以用来调用过程。例如：

```
MsgBox("欢迎使用本数据库系统",1 + 64 + 0,"欢迎")
InputBox("请输入学生姓名")
```

执行 MsgBox 和 InputBox 函数，显示提示信息，实现人机对话功能。

3. 顺序、分支、循环结构程序设计

在 Access 的模块中实现编程有其操作规则，即程序是以过程形成在模块中，编写时要掌握它的操作特点。

1）顺序结构

顺序结构是程序中最基本的结构，程序执行时，按照命令语句的书写顺序依次执行。在这种结构的程序中，一般是先接受数据输入，然后对输入的数据进行处理，最后输出结果。

【例 8-17】 编写一个求梯形面积的程序。

梯形面积等于(上底＋下底)＊高/2，首先输入梯形的上底、下底和高，然后求梯形面积。在 VBE 的代码窗口中首先选择“插入”菜单中的“过程”命令，定义一个过程，然后在过程中输入以下代码：

```
Dim Upper As Single, Lower As Single, Height As Single
Dim Area As Single
Upper = InputBox("请输入上底：", "梯形面积")
Lower = InputBox("请输入下底：", "梯形面积")
Height = InputBox("请输入高：", "梯形面积")
Area = (Upper + Lower) * Height / 2
MsgBox "梯形的面积是：" + Str(Area), 0 + 64, "梯形面积"
```

单击运行按钮运行程序，若输入的数据如下，则结果如图 8.43 所示。

上底:5
下底:12
高:7

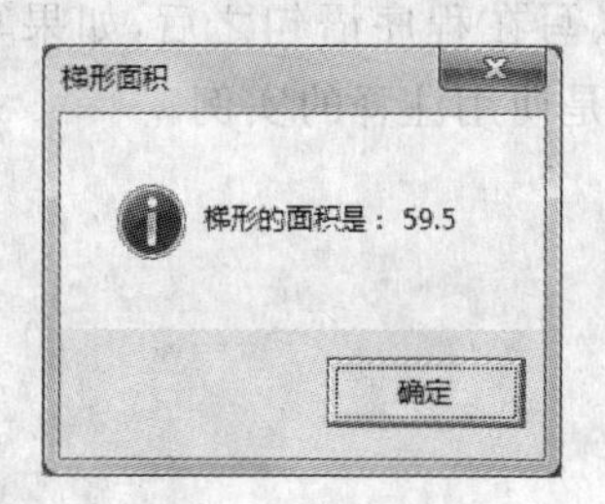

图 8.43 例 8-17 的运行结果

2）分支语句与分支结构

在实际应用中，人们经常需要对事务做一定的判断，并根据判断的结果采取不同的行为。例如根据读者购买图书数量的多少来决定是否给予折扣、给予多少折扣等。这样，在程序中就出现了有不同流程的分支结构。

在 VBA 中，实现分支结构控制的语句有 If 语句和 Select Case 语句，有些情况下还可以使用 IIf()函数来简化程序。

(1) If 语句

If 语句有 3 种格式，当程序只需要对一种条件做出处理时使用 If…Then 语句。

【语法 1】
```
If 条件 Then
   语句序列
End If
```

这里，条件是逻辑表达式，当条件值为 True 时执行 Then 后面的语句序列，当条件值为 False 时跳过 If 和 End If 之间的语句，直接执行 End If 之后的语句。

如果语句序列较短，也可以采用单行形式将整个语句序列(用分号隔开)写在一行上，即：

```
If 条件 Then 语句序列
```

当程序必须从两个条件中选择一种时，需要使用 If…Then…Else 语句。

【语法 2】
```
If 条件 Then
   语句序列
Else
   语句序列
End If
```

其含义是根据条件的真假执行两个语句序列中的一个。当条件为 True 时执行 Then 后面的语句序列，然后跳过 Else 和 End If 之间的语句序列执行 End If 之后的语句；当条件为 False 时直接执行 Else 之后的语句序列，然后再执行 End If 后面的语句。

当程序需要从 3 种或者 3 种以上的条件中选择一种时，需要使用 If 语句的嵌套。

【语法 3】

```
If 条件 1 Then
    语句序列 1
ElseIf 条件 2 Then
    语句序列 2
[ …
ElseIf 条件 N Then
    语句序列 N]
Else
    语句序列 N + 1
End If
```

其中，当条件 1 为 True 时执行语句序列 1；当条件 2 为 True 时执行语句序列 2，依此类推。当所有条件都不满足时，执行 Else 后面的语句序列。

【例 8-18】 编写一个根据输入的成绩给出"及格"与"不及格"提示的程序，模块名为"及格与不及格"。

首先输入成绩，然后根据成绩确定是否及格，最后输出提示结果。其代码如下：

```
Dim Mark As Integer
Mark = Val(InputBox("请输入成绩:"))
If Mark >= 60 Then
   MsgBox("及格")
Else
   MsgBox("不及格")
End If
```

在书写程序时，对于被 If…Else…End If 限制的语句采用缩进格式，即退几格书写，这样可以增加程序的可读性。

【例 8-19】 输入一个成绩后输出该成绩的等级。假设 90 分以上为优秀，80 分～89 分为良好，70 分～79 分为中，60 分～69 分为及格，60 分以下为不及格，模块名为"分数等级"。

根据输入分数的不同利用多条件判断来确定其分数等级。其代码如下：

```
Dim Mark As Integer
Dim Class As String
Mark = Val(InputBox("请输入成绩:"))
If Mark >= 90 Then
      Class = "优秀"
ElseIf Mark >= 80 Then
      Class = "良好"
ElseIf Mark >= 70 Then
      Class = "中"
ElseIf Mark >= 60 Then
      Class = "及格"
Else
    Class = "不及格"
```

```
End If
MsgBox("你的成绩等级是:" + Class, VbOkOnly + VbInformation, "结果")
```

(2) IIf()函数

IIf()函数是 If…Then…Else 的简化形式,在某些情况下可以用 IIf()函数代替 If…Then…Else 语句,从而简化条件描述,提高程序的执行速度。

【语法】 IIf(条件,表达式 1,表达式 2)

当条件值为 True 时返回表达式 1 为函数值,当条件值为 False 时返回表达式 2。

例如,例 8-18 中的 If 条件分支语句也可以写成以下形式:

```
Total = IIf(Mark >= 60,"及格","不及格")
```

(3) Select Case 语句

如果实现 3 种或 3 种以上的条件分支结构,可以使用 If 语句的嵌套形式,但是这种形式会使程序结构很复杂,不利于阅读和调试程序。

为此,VBA 提供了 Select Case 语句改进多分支结构的表达与可读性。

【语法】
```
Select Case 变量或表达式
  Case 表达式 1
      语句序列 1
  Case 表达式 2
      语句序列 2
  …
  Case 表达式 N
      语句序列 N
  [ Case Else
      语句序列 N + 1]
End Select
```

首先根据变量或表达式的值依次与后面 Case 子句中的表达式进行比较,如果变量或表达式的值满足某个 Case 的值,则执行该 Case 之后的语句序列,否则判断下一个 Case。如果所有 Case 项中的表达式都不被满足,则执行 Case Else 之后的语句序列。如果同时有多个 Case 条件成立,程序只执行最前面的 Case 项下面的语句序列。如果所有 Case 项中的表达式都不满足,又没有 Case Else 部分,则一个语句都不执行。

3) 循环语句与循环结构

在实际应用中,人们经常要面对一些具有循环或重复特征的事务,计算机要解决实际问题,就必须能够处理这类循环。反映在程序中就是,有一部分程序代码被反复执行。具有这种特征的程序结构称为循环结构,被反复执行的这部分程序代码称为循环体。

在 VBA 中,控制循环语句有 For 语句和 Do…Loop 语句。

(1) For 语句

如果事先已经知道循环的次数,往往使用 For 语句。其语句格式如下:

【语法】
```
For 循环变量 = 初值 To 终值 [Step 步长值]
    语句序列
    [Exit For]
    语句序列
Next 循环变量
```

循环变量用来控制循环执行的次数，初值和终值均为数值型。循环变量首先被赋初值，当循环变量的值在初值和终值表示的数值区间内时执行 For 语句后的语句序列。步长值为可选参数，若省略，则默认为 1。步长值可以为正数，也可以为负数。执行 Exit For 语句可以提前退出循环体。

【例 8-20】 编写程序计算 10 以内所有奇数的和。

10 以内所有奇数的和即 1+3+5+…+9，采用累加的方法求和。其代码如下：

```
Dim i As Integer, Sum As Integer
Sum = 0                         '初值为 0
For i = 1 To 9 Step 2
    Sum = Sum + i
Next i
MsgBox("10 以内所有奇数的和为:" + Str(Sum))
```

在上面的程序中，判断 i 是否超过终值 9，如果没有，执行语句 Sum=Sum+i 实现累加。然后 i+步长值，再次判断是否超过终值 9，如果没有继续执行 Sum=Sum+i，直到 i>9，跳出循环体，执行 Next 之后的语句。

(2) Do…Loop 语句

For 语句一般用于循环次数已知时，如果对于一个循环不知道其循环次数，则可以使用 Do…Loop 语句。Do…Loop 循环语句有以下两种形式：

【语法 1】

```
Do While | Until 条件
    语句序列
[Exit Do]
    语句序列
Loop
```

While 和 Until 两者可以任选其一。对于 Do While 语句，当条件的值为 True 或非 0 的数值时，执行 Do While 之后的循环体，否则跳出循环体执行 Loop 之后的语句。每执行一次循环，程序都自动返回到 Do While 语句，然后判断条件是否成立，根据结果决定是否执行循环体。对于 Do Until 语句，则正好相反，当条件的值为 False 或者数值 0 时执行循环体。Exit Do 语句用于退出循环体。

如果循环体反复执行，最终无法结束，则被称为死循环，这是设计循环结构时一定要避免出现的问题。因此，循环体内应该有改变循环条件并最终使条件为假的语句。

【语法 2】

```
Do
        语句序列
        [Exit Do]
        语句序列
While | Until 条件
```

语法 1 和语法 2 的区别是，前者是先判断条件，再根据判断的结果决定是否执行循环体，因此，循环体有可能一次也不被执行。而后者先执行循环体，然后再判断 While 或 Until 之后的条件，决定是否再次执行循环，循环体至少被执行一次。

【例 8-21】 编写一个程序，由用户输入一串英文字母，将字符串中的大写字母转换为小写，将小写字母转换为大写。如果字符串中出现非英文字符，则弹出出错消息，然后退出。

将用户输入的英文字符串放在变量中，然后依次取出一个字符进行判断，如果是大写字母则转换为小写,如果是小写字母则转换为大写,并将转换后的字符放在另外的变量中,直到将原字符串取完为止。该例的实现代码如下:

```
Dim S1 As String,S2 As String,S3 As String
Dim Flag As Boolean
Flag = True                          'Flag 作为取出的字符是否为英文字母的标识
S1 = InputBox("请输入一串英文字符:")    'S1 中放用户的输入
S2 = ""                              'S2 中放结果,先置空
S3 = ""                              'S3 中放取出的字符,先置空
Do While Len(S1) > 0
    S3 = Left(S1, 1)                 'S3 中放 S1 中的第一个字符
    Select Case Asc(S3)
    Case 65 To 90                    '如果 S3 是大写字母
        S3 = LCase(S3)
    Case 97 To 122                   '如果 S3 是小写字母
        S3 = UCase(S3)
    Case Else                        '如果 S3 是非英文字符
    MsgBox "输入错误!", VbCritical, "错误"
    Flag = False                     'Flag 为 False,表示不是英文字符
        Exit Do
    End Select
    S2 = S2 + S3                     '将转换后的字母进行累加
    S1 = Mid(S1, 2)                  '保留 S1 中剩余的字符
Loop
    If Flag Then
    MsgBox "转换后的字符串是:" + S2
    End If
```

4. 过程设计、过程调用与参数传递

将反复执行的或具有独立功能的程序编成一个子过程,使主过程与这些子过程通过并列调用或嵌套调用有机地联系起来,使程序结构清晰,便于阅读、修改及交流,体现了程序的模块化思想。

1) Sub 过程的创建和调用

Sub 过程用于将程序按功能分解,一个 Sub 过程一般是一个功能相对单一的程序序列,用关键字 Sub 来标识其开始,用 End Sub 来标识其结束。

(1) 定义一个 Sub 过程

【语法】

```
[Public| Private][Static]Sub 子过程名([形式参数 As 数据类型])
    语句序列
    [Exit Sub]
    语句序列
  End Sub
```

功能:建立一个子过程,并接受参数。

说明:关键字 Public 用来表示该过程可以被所有模块的过程调用,Private 表示该过程只能被其所属的模块中的其他过程调用,Static 表示该过程中的所有变量值都将被保留。过程名用来指定要创建的过程的名称。如果调用程序与过程之间需要传递数据,可以通过设置形式参数(简称形参)来实现。

语句序列是过程的过程体,当该过程被调用时执行其过程体。在执行的过程中,如果遇

到 Exit Sub 语句,则跳出该过程。

(2) 调用一个 Sub 过程

【语法 1】 [Call] 过程名([实参])

【语法 2】 过程名[实参]

实参是实际参数的简称,其作用是将实际参数中的内容传递给指定 Sub 过程相对应的形式参数,然后执行该过程。注意,实际参数中各参数的个数、类型、次序必须与形式参数表中的参数保持一致。此处的实参为可选项,如果省略则为无参数调用。

2) 函数的创建和调用

(1) 函数的定义

用户自定义函数和 Sub 过程的不同之处在于函数有返回值,在代码中可以通过一次或多次为函数名赋值来作为函数的返回值。

【语法】
```
[Public| Private][Static] Function 函数名([<接受参数>]) [As 数据类型]
    语句序列
End Function
```

由于函数是求值的,所以在函数名后面要定义类型作为返回值的类型。

(2) 函数的调用

函数调用不能使用 Call 语句,可以在表达式中调用函数,还可以将函数值赋给变量。

【语法】 函数名([实参])

【例 8-22】 编写计算 n 的阶乘的程序。

阶乘的数学定义是 $n!=1\times2\times\cdots\times n$,可以采取分步相乘的方法实现。

编写函数 Factorial()求 n 的阶乘。设变量 s 中存放计算结果,设 s 的初值为 1,然后每次与一项相乘,一直从 1 乘到 n 为止。最后,将 s 的值赋给函数名 Factorial 作为函数的返回值。另外创建一个过程 number(),用来接受用户输入的自然数 n,然后需要计算阶乘时调用函数 Factorial()。

过程 number 和函数 Factorial 的定义如下:

```
Public Sub number()
    Dim n As Integer
    n = InputBox("请输入一个正整数: ")
    MsgBox Str(n) + "的阶乘是: " + Str(Factorial(n))
End Sub
Public Function Factorial(n As Integer) As Long
    Dim i As Integer, s As Long
    s = 1
    For i = 1 To n
        s = s * i
    Next i
    Factorial = s
End Function
```

在 VBE 的代码窗口中输入过程 number()和函数 Factorial()的代码,并将这两段程序存放在一个模块中,如图 8.44 所示。

运行程序,会弹出一个输入对话框,如图 8.45 所示。如果输入 10,单击"确定"按钮,会

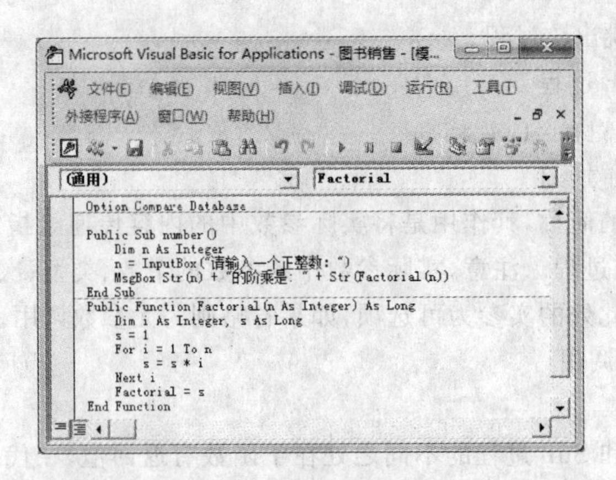

图 8.44 "阶乘计算"过程的程序代码

弹出显示结果的对话框,如图 8.46 所示。

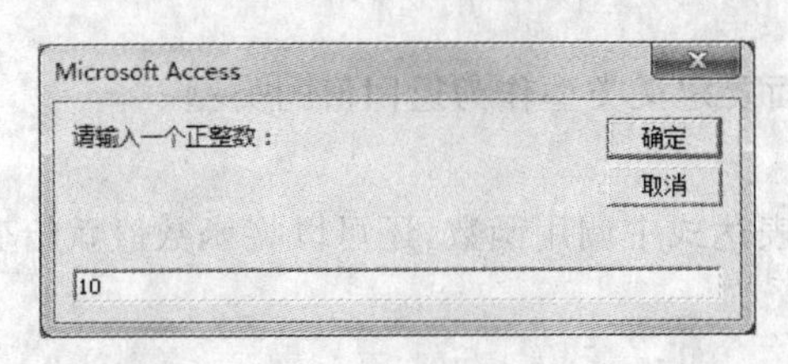

图 8.45 输入对话框

图 8.46 结果显示对话框

3) 过程调用中的参数传递

过程或函数经常需要接收调用者传递的数据,这样,在定义该过程或函数时要定义准备接收数据的形式参数。与之相对应,调用者传递到形式参数的数据称为实际参数。在调用过程时,实际参数首先将其内容传递给调用过程的形式参数,实际参数的个数、类型、次序必须与形式参数中的各个参数保持一致。

参数传递的方式有两种,即传址方式和传值方式。

① 传址方式。传址方式是指在传递参数时,调用者将实际参数在内存中的地址传递给被调用过程或函数,即实际参数和形式参数在内存中共享同一个地址。事实上,传址方式让形式参数被实际参数替换掉。

② 传值方式。传值方式是指调用者在传递参数时将实际参数的值传递给形式参数,传递完毕后,实际参数和形式参数不再有任何关系。

在默认情况下,过程和函数的调用都是采用传址方式。如果在定义过程或函数时,在形式参数前面加上 ByVal 前缀,则表示采用传值方式传递参数。

4) 过程与变量的作用域

VBA 应用程序由若干个模块组成,每一个模块包含若干个过程,过程中必不可少地需要使用变量。根据过程或变量定义的位置或方式的不同,它们发挥作用的范围也不同。过程或变量的可被访问的范围被称为过程或变量的作用域。

(1) 过程的作用域

根据过程的作用域不同,过程分为模块级过程和全局级过程。

① 模块级过程。模块级过程被定义在某个窗体模块或标准模块内部，在声明该过程时使用 Private 关键字。模块级过程只能在定义的模块中有效，只能被本模块中的其他过程调用。

② 全局级过程。全局级过程被定义在某个标准模块中，在声明该过程时使用关键字 Public。全局级过程可以被该应用程序中的所有窗体模块或标准模块调用。

（2）变量的作用域

和过程一样，变量的作用范围也不同。根据变量的作用范围，变量可以分为局部变量、模块变量和全局变量。

① 局部变量。局部变量被定义在某个子过程中，使用 Dim 关键字声明该变量。在子过程中未声明而直接使用的变量，即隐式声明的变量，也是局部变量。另外，被调用函数中的形式参数也是局部变量。局部变量只在本过程内有效，一旦该过程执行完毕，局部变量将自动释放。

② 模块变量。模块变量被定义在窗体模块或标准模块的声明区域，即在模块的开始位置。模块变量的声明使用关键字 Dim 或者 Private。模块变量可以被其所在的模块中的所有过程或函数访问，其他模块不能访问。当模块运行结束时，释放该变量。

③ 全局变量。全局变量被定义在标准模块的声明区域，使用关键字 Public 声明该变量。全局变量可以被应用程序中所有模块的过程或函数访问。全局变量在应用程序的整个运行过程中都存在，只有当程序运行完毕后才被释放。

【例 8-23】　在标准模块 1 中声明并引用不同作用域的变量。

```
Option Compare Database
Public a As Integer                '声明全局变量 a
Private c As Integer               '声明模块变量 c

Private Sub prc1()
Dim b As Integer                   '声明局部变量 b
a = 1
b = 3
c = 5
Debug.Print a, b, c
End Sub

Private Sub prc2()
Call prc1                          '调用过程 Prc1()
Debug.Print a, b, c
End Sub
```

① 运行 prc1。prc1 中声明了一个局部变量 b，并且给全局变量 a、局部变量 b 以及模块变量 c 赋值，显示结果如下：

```
1    3    5
```

② 运行 prc2。首先调用 prc1，输出变量 a、b、c 的值，然后返回调用点继续向下执行 Debug 语句，再次输出 3 个变量的值。由于变量 b 为 prc1 中声明的局部变量，因此在 prc2 中不能被引用。显示结果如下：

```
1   3   5
1       5
```

8.2.5 面向对象程序设计的概念

在窗体中介绍了面向对象程序设计(Object Oriented Programming)的思想,VBA 也采用了面向对象程序设计的方法。面向对象程序设计将对象作为程序的基本单元,将程序和数据封装在其中,以提高软件的灵活性和扩展性。

1. 对象和对象集合

在面向对象程序设计中,对象是构成程序的基本单元和运行实体,任何对象都具有它自己的静态的外观和动态的行为。对象的外观由它的各种属性值来描述,对象的行为则由它的事件和方法程序来表达。Access 数据库是由各种对象组成的,数据库本身就是一个对象,而表、窗体、报表、宏、模块和各种控件也是对象。

表 8.11 列出了 Access 中常用的 VBA 对象,除了 Debug 对象以外,其他都是 Access 对象。其中,Application 对象是 Access 对象模型中的顶层对象,它是通向所有其他 Access 对象的通道,而 Forms 和 Reports 是对象的集合。

表 8.11 Access 中的常用对象

对象名称	描述
Application	应用程序,即 Access 环境
Debug	Debug 窗口对象,可在程序调试阶段使用 Print 方法输出执行结果
Forms	Access 当前打开的所有窗体的集合
Reports	Access 当前打开的所有报表的集合
Screen	屏幕对象,指向当前焦点所在的特定窗体、报表或控件
Docmd	使用该对象可以从 VBA 中运行 Access 操作,例如打开窗体

对象集合是由一组对象组成的集合。这些对象可以是相同的类型,例如 Forms 包含了 Access 数据库当前打开的所有窗体;也可以是不同的类型,例如每一个窗体 Form 都包含了一个控件的对象集合 Controls,而这些控件的类型可能不同。对象集合也是对象,它为跟踪对象提供了非常有效的方法,可以对整个对象集合进行操作,例如 Forms.Count,表示返回当前打开的所有窗体的个数;也可以对对象集合中的一个对象进行操作,例如 Forms(0).Repaint,表示可以重画当前已经打开的窗体中的第一个窗体。

2. 对象的属性

对象的属性用来描述对象的静态特征,例如对象的名称(Name)、是否可见(Visible)等。对象的属性值可以通过"属性表"对话框设置,也可以在程序中通过代码实现。注意,如果在代码窗口中设置属性值,则属性的名称必须用英文书写。例如:

```
Forms(0)!TextBox1.Text = "信息学院"
```

对象的引用要逐层进行,通常使用感叹号"!"作为父子对象的分隔符,使用对象引用符"."来连接对象的属性或方法。对于窗体的引用有以下两种方法:

- Forms! 窗体名称
- Forms(索引值)

Forms 集合的索引从零开始。使用索引引用窗体,则第一个打开的窗体是 Forms(0),第二个打开的窗体是 Forms(1),依此类推。

如果是在本窗体模块中引用,也可以使用 Me 代替从 Forms 集合中指定窗体的方法。例如:

```
Me!TextBox1.Text = "信息学院"
```

【例 8-24】 动态设置控件属性。

操作步骤如下:

① 在窗体中创建一个文本框,名称为"t1"。

② 在窗体中创建一个标签,名称为"b1"、标题为"新年好!"。

③ 在窗体中创建 3 个命令按钮,名称分别为"c1"、"c2"、"c3",标题分别为"红色"、"绿色"、"蓝色",如图 8.47 所示。

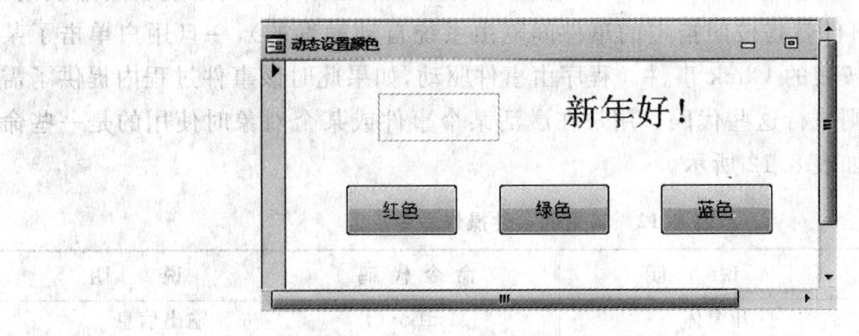

图 8.47 "新年好"窗体

④ 设置各按钮的前景色,在"属性表"对话框中可以查看颜色值。

⑤ 右击 c1 按钮,在快捷菜单中选择"事件代码"命令,然后在代码窗口中编写 Click 事件的代码:

```
t1.BackColor = 255
b1.ForeColor = 255
```

⑥ 同上,c2 按钮的 Click 事件的代码如下:

```
t1.BackColor = 33792
b1.ForeColor = 33792
```

⑦ 同上,c3 按钮的 Click 事件的代码如下:

```
t1.BackColor = 16711680
b1.ForeColor = 16711680
```

编辑完成后的代码窗口如图 8.48 所示,单击"绿色"按钮,运行结果如图 8.49 所示:

3. 对象的事件

事件是对象能够识别的动作,例如按钮可以识别单击事件、双击事件等。在类模块的每一个过程的开始行都显示对象名和事件名,例如 Private Sub c1_Click()。

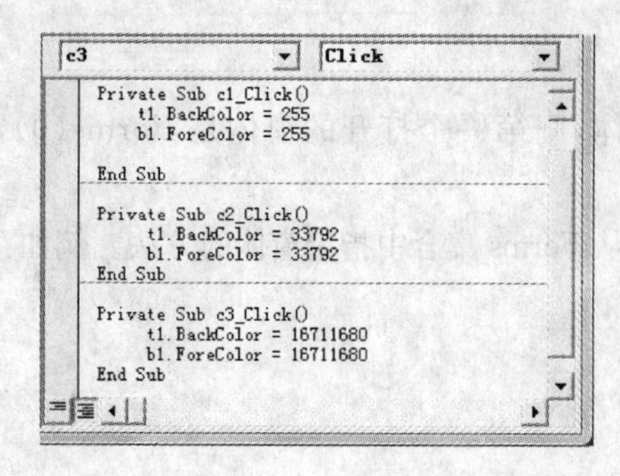

```
Private Sub c1_Click()
    t1.BackColor = 255
    b1.ForeColor = 255
End Sub

Private Sub c2_Click()
    t1.BackColor = 33792
    b1.ForeColor = 33792
End Sub

Private Sub c3_Click()
    t1.BackColor = 16711680
    b1.ForeColor = 16711680
End Sub
```

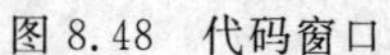

图 8.48 代码窗口

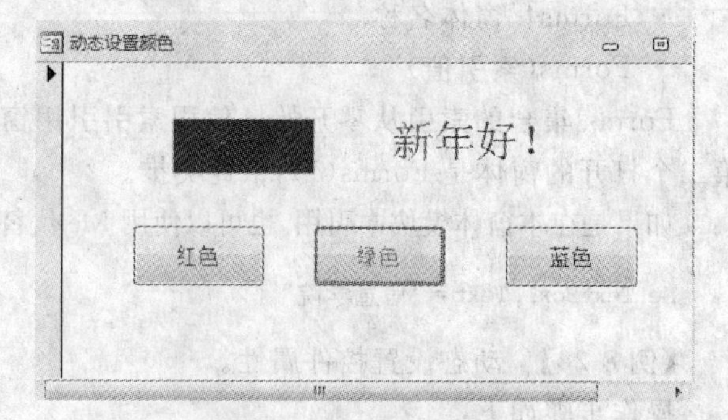

图 8.49 例 8-24 的运行结果

事件是一种特定的操作，Access 可以响应多种类型的事件，例如鼠标单击、数据的更改、窗体的打开或关闭以及许多其他类型的事件。每个对象都设计并能够识别系统预先定义好的特定事件。事件的发生通常是用户操作的结果(当然，也可以是由系统自动触发的，例如窗体的 Timer 事件就是按照指定的事件间隔由系统自动触发的)，一旦用户单击了某个按钮，则触发了该按钮的 Click 事件。程序由事件驱动，如果此时该事件过程内提供了需要进行的操作代码，则执行这些代码。用户在激活某个事件或某个对象时使用的是一些命令，常用的操作命令如表 8.12 所示。

表 8.12 常用的事件操作命令

命令代码	说明	命令代码	说明
DoCmd.OpenForm	打开窗体	MsgBox()	输出信息
DoCmd.OpenReport	打开报表	InputBox()	接受输入信息
DoCmd.Close	关闭窗体或报表		

Docmd 是 Access 的一个特殊对象，用来调用内置方法在程序中实现对 Access 的操作，例如打开窗口、关闭窗体、打开报表、关闭报表等。

4. 为对象的事件编写代码

例如，设计的窗体中有一个命令按钮，名称为 Command0、文字提示为“关闭”，为该按钮编写 Click 事件的代码。

首先将命令按钮放置到窗体中，然后打开代码窗口(有多种方法打开代码窗口)。在此选中命令按钮并右击，在快捷菜单中选择“属性”命令，弹出“属性表”对话框，如图 8.50 所示。然后选择“事件”选项卡，单击“单击”右侧的按钮，在弹出的“选择生成器”对话框中选择“代码生成器”选项启动代码窗口，并针对“Command0”对象的“Click”事件编写代码。

此时，与该对象事件名称相关的事件过程就会出现在代码窗口中，在 Sub 和 End Sub 之间添加关闭窗体的操作代码，如图 8.51 所示。

然后保存窗体、运行窗体，最后单击“关闭”按钮关闭窗体。

5. 对象的方法

方法是对象能够执行的动作，决定了对象能完成什么事情。方法是系统已经编制好的

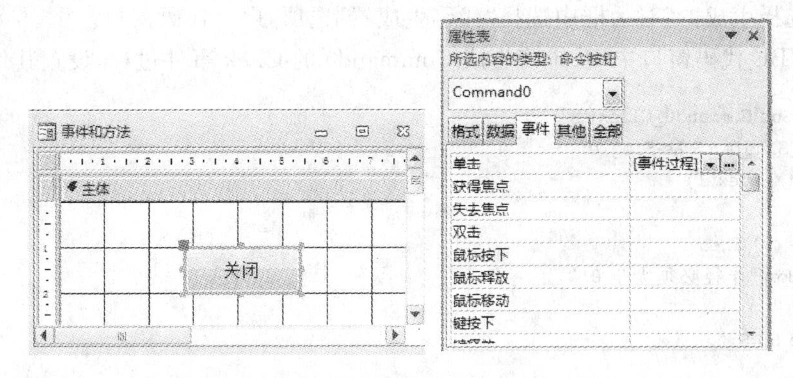

图 8.50　窗体的对象设置

通用过程，用户能通过方法名引用方法，但其内部过程不可见。方法类似于事件过程，不同对象有不同的方法。

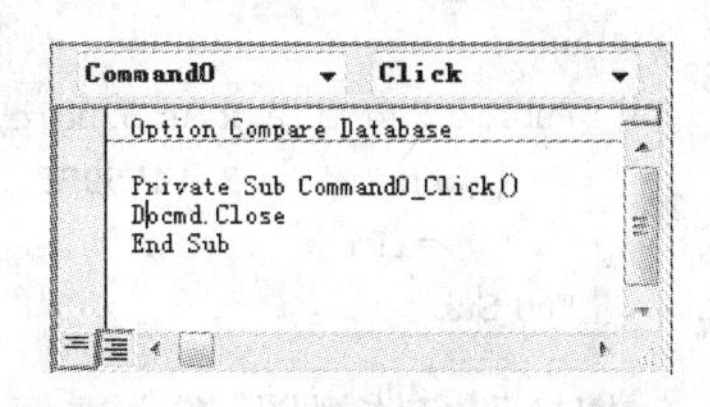

图 8.51　添加对象的事件过程

对象方法的引用和属性的引用是一样的，都是在对象名称之后用对象引用符"."来连接具体的属性或方法。下面的代码使用了 DoCmd 的 OpenForm 方法来打开一个指定的窗体：

```
Private Sub Command1_Click()
    DoCmd.OpenForm "窗体 2"
End Sub
```

如果希望查看某个对象具有的属性、方法和系统预先为该对象定义的事件，可以利用对象浏览器窗口，其操作步骤如下：

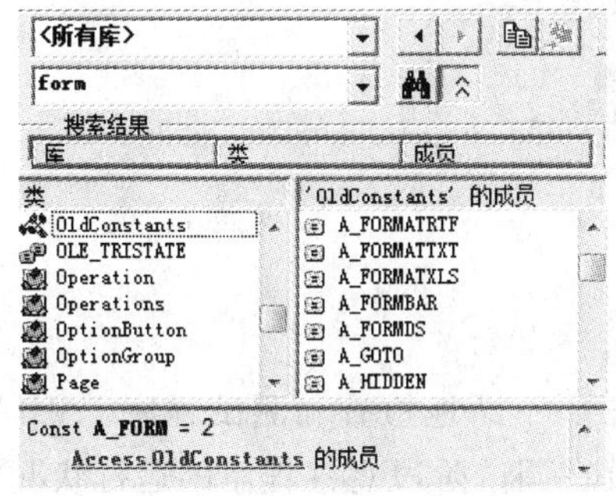

图 8.52　在对象浏览器窗口中搜索对象

① 在 VBE 的"视图"菜单中选择"对象浏览器"命令。

② 在对象浏览器窗口的"搜索"文本框中输入要搜索的对象名，例如 form，然后单击"搜索"按钮 。在"搜索结果"列表框中显示了搜索字符串所包含工程的对应库、类和成员，在该列表框中选择希望查询的结果项，此时在对象浏览器窗口右下角的"成员"列表框中列出了要搜索对象所包含的属性、方法和事件，如图 8.52 所示。

【例 8-25】 创建一个窗体，用来计算圆的面积。用户在"半径"文本框(Text1)中输入圆的半径后，单击"确定"按钮(Command0)，在"面积"文本框(Text1)中将返回计算结果。

其操作步骤如下：

① 创建一个窗体，该窗体包含两个文本框（Text1 和 Text2）和一个命令按钮(Command0)。

② 通过"属性表"对话框分别将文本标签的标题改为"请输入半径"、"面积"，将 Command0 命令按钮的标题改为"确定"。

③ 选中命令按钮 Command0，然后右击，在快捷菜单中选择"事件生成器"命令。然后

在弹出的“选择生成器”对话框中选择“代码生成器”选项,启动代码窗口。

④ 在 VBE 代码窗口中,系统将生成 Command0 的 Click 事件过程,设置其代码如下:

```
Private Sub Command0_Click()
Dim R As Single, S As Single
R = Val(Me!Text1)
S = 0
If (R <= 0) Then
    MsgBox "半径必须大于 0!"
Else
    Area R, S
End If
Me!Text2 = S
  End Sub

  Public Sub Area(x As Single, y As Single)
      Const Pi = 3.1415926
      y = Pi * x * x
  End Sub
```

切换到窗体视图,在文本框中输入半径值,若小于或等于零,系统将弹出消息框显示错误消息;若大于零,则调用过程 Area 进行运算,返回并显示结果,如图 8.53 所示。

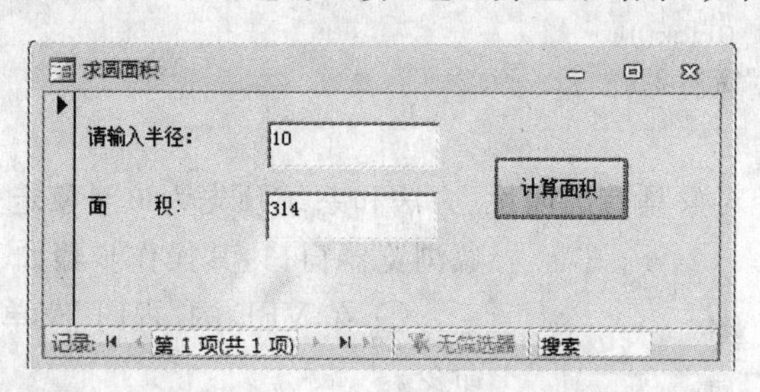

图 8.53　例 8-25 的运行结果

8.2.6　VBA 程序的调试

为了避免程序运行错误的发生,在编程过程中往往需要不断地检查和测试程序。VBA 提供了一套完整的调试程序的工具和方法,帮助编程人员在调试阶段观察程序的运行状况,准确地定位问题,从而及时地修改和完善程序。

1. 设置断点

设置断点的作用是使正在运行的程序进入到中断模式。在中断模式下,程序暂停运行,编程人员可以查看此时的变量或表达式的取值是否与预期的值相符合。断点的位置必须设置在可执行的语句上,不能在注释语句、声明语句或空白行上设置断点。一个程序段中可以包含多个断点,设置断点主要有以下两种方法:

① 在代码窗口中,单击要设置断点的语句左侧的灰色边界标识条。

② 单击要设置断点的语句中的任意位置,然后选择“调试”菜单中的“切换断点”命令或直接按 F9 键。

这时，设置好断点的语句行将以“梅红色”标识，图 8.54 所示为在“求阶乘”模块中设置的断点。

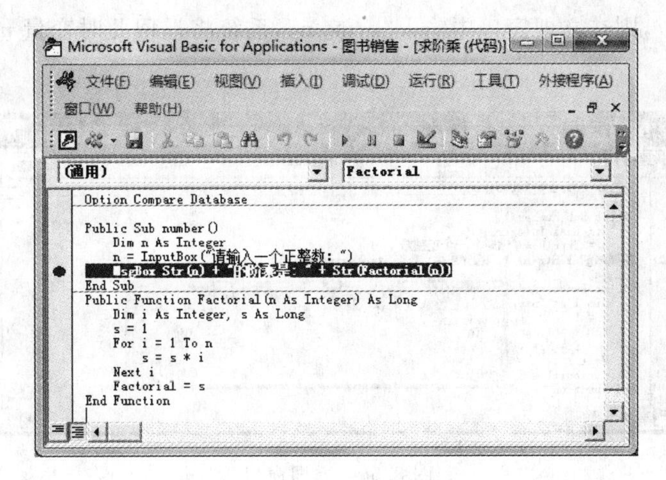

图 8.54　设置断点

如果要取消断点，直接在断点行左侧的灰色边界标识条上单击或者按 F9 键。选择“调试”菜单中的“清除所有断点”命令，可以清除程序中所有的断点。

2.“调试”工具栏及其功能

在 VBE 中提供了“调试”菜单和“调试”工具栏来实现程序的调试。在“视图”菜单中选择“工具栏”下的“调试”命令，即可调出“调试”工具栏，如图 8.55 所示。

“调试”工具栏上的命令按钮从左到右依次如下：

图 8.55　“调试”工具栏

①“设计模式”按钮。该按钮用于打开或关闭设计模式。

②“运行”按钮。该按钮用于运行当前程序。当程序处于中断模式时，单击该按钮，将运行程序至下一个“断点”或者程序结束处。

③“中断”按钮。在程序运行过程中，单击“中断”按钮，程序将进入中断模式。

④“重新设置”按钮。该按钮用于终止程序的运行，使程序回到编辑状态。

⑤“切换断点”按钮。该按钮用于设置或删除当前行上的断点。

⑥“逐语句”按钮。该按钮用于使程序进入单步执行状态，即一次执行一个语句（系统将用黄色标识当前正在执行的语句）。当遇到调用过程的语句时，将跳到被调过程中的第一条语句去执行。

⑦“逐过程”按钮。该按钮与“逐语句”按钮类似，以单个过程为一个单位，每单击一下，依次执行该过程内的一条语句。与“逐语句”按钮不同的是，如果遇到调用过程的语句，“逐过程”按钮不会跳到被调过程的内部去执行，而是在本过程中继续单步执行。

⑧“跳出”按钮。该按钮用于跳出被调过程，返回到主调过程，并执行调用语句的下一行。

⑨“本地窗口”按钮。该按钮用于打开本地窗口，本地窗口内显示在中断模式下当前过程中的所有变量的名称和值。

⑩“立即窗口”按钮。该按钮用于打开立即窗口。在中断模式下，可以在立即窗口中输入命令语句来查看当前变量或表达式的值。例如，当程序处于中断模式时运行该过程，输入正整数 n 的值为 7，则在立即窗口中输入“print n”，系统将返回此时变量 n 的值，如图 8.56 所示。

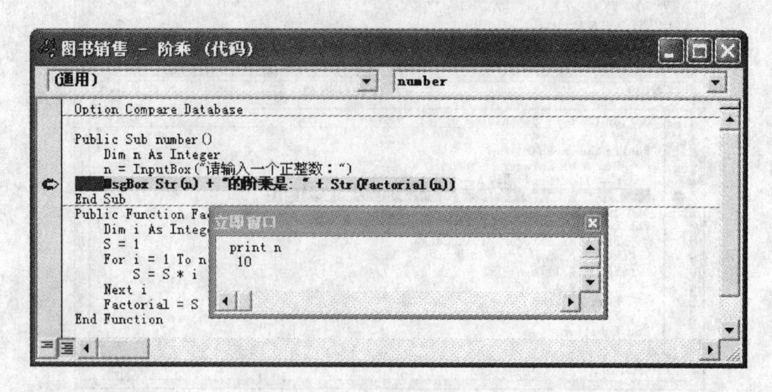

图 8.56　立即窗口

⑪“监视窗口”按钮。该按钮用于打开监视窗口，可以查看被监视的变量或表达式的值。在监视窗口中右击，选择快捷菜单中的“添加监视”命令，系统将弹出“添加监视”对话框，在该对话框中可以输入一个监视表达式。

⑫“快速监视”按钮。在中断模式下选择某个表达式或变量，然后单击“快速监视”按钮，系统将打开快速监视窗口，在该窗口内部显示了所选表达式或变量的值。

⑬“调用堆栈”按钮。当程序处于中断模式时，单击该按钮将弹出一个对话框，列出所有已经被调用但是仍未完成运行的过程。

本章小结

本章介绍了 Access 中宏和模块的基本概念和功能。

宏是能被自动执行的一个或一些操作的集合。Access 2010 中提供了多种基本宏操作，每种宏操作都能实现某种特定的功能。通过创建宏将几个操作组合起来，按照顺序来执行，可以完成某个特定的任务。宏组是共同存储在一个宏名下的相关宏的集合，宏组用来管理功能类似或者在同一个窗体中使用的一组宏，可以创建条件宏。

模块是数据库对象，用来实现数据库处理中比较复杂的处理功能，模块采用 VBA 语言编写。VBA 中包含多种类型的数据，通过表达式进行运算。

程序是处理某个问题的命令的集合，VBA 程序由模块组成。每个模块包含声明部分和若干个过程，过程又分为 Sub 过程和 Function 函数过程。其中，Sub 过程主要用于实现某个功能；Function 函数过程主要用于求值，要求返回函数计算的结果。

按照结构化程序设计方法，每个过程只需要使用顺序结构、分支结构和循环结构 3 种流程结构，在一个过程中可以调用其他过程。在调用过程或函数时可以传递参数，参数的传递方式有传值方式和传址方式两种。

过程或变量的可以被访问的范围称为过程或变量的作用域。过程按作用域可分为模块级过程和全局级过程，变量按作用范围可分为局部变量、模块变量和全局变量。

开发 VBA 的环境是 VBE，在 VBE 中输入的代码将保存在 Access 的模块中，通过事件来启动模块并执行模块中的代码。

VBE 包含多个窗口，其中最重要的是代码窗口，在代码窗口中可以输入代码。

VBA 采用了面向对象程序设计的方法，将对象作为程序的基本单元，将程序和数据封装在其中。程序是由事件来驱动的，每个对象都能够识别系统预先定义好的特定事件。当事件被激活时，执行预先定义在该事件中的代码。

思考题

1. 什么是宏？什么是宏组？
2. 常用的运行宏的方法有哪些？
3. 条件宏中的条件是如何控制宏的运行的？
4. VBA 程序设计语言有什么特点？它与 VB 程序设计语言的区别是什么？
5. 在 VBA 中如何定义变量？
6. 什么是过程？它与函数的区别是什么？
7. 模块的类型有哪些？它们之间有什么区别？
8. 什么是对象？什么是对象的属性、方法和事件？

网络数据库应用概述

基于网络环境的应用是目前最主要的数据库应用模式。本章简要介绍数据库系统的网络应用模式,重点介绍 B/S 模式和 Web 数据库的知识。

9.1 数据库系统的应用模式

数据库系统的应用模式随着计算机技术、网络技术等核心技术的发展不断变化。早期数据库是集中管理、集中应用。网络出现后,网络上的数据管理与数据应用开始分离,即数据集中管理、分散使用,数据库作为数据库服务器为网络应用提供数据服务支持。

网络数据库的发展经历了早期的文件服务器阶段。目前的应用模式主要有"客户机/服务器(Client/Server,C/S)"模式和"浏览器/服务器(Browser/Server,B/S)"模式。

9.1.1 C/S 模式结构

20 世纪 80 年代兴起的 C/S 结构模式将应用系统分为两个部分:客户机部分和服务器部分。客户应用程序是系统中用户与数据进行交互的部件。服务器程序负责有效地管理系统资源,例如管理数据库。其主要工作是当多个客户并发地请求服务器上的相同资源时,对这些资源进行最优化管理。C/S 模式体系结构如图 9.1 所示。

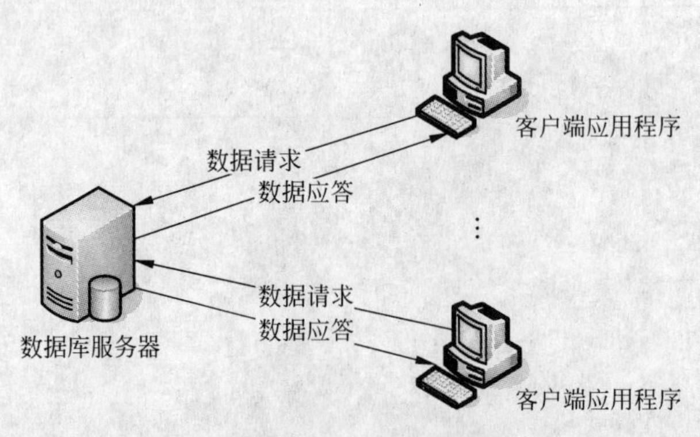

图 9.1　C/S 模式的数据库系统结构

客户端应用程序为用户提供友好的操作界面,根据相关规则检查输入数据的合法性,并提交数据请求和显示查询结果等,后台数据库服务程序则负责存储、管理和检索数据库数据。客户程序并不直接处理后台数据库上的数据,所有请求必须通过网络协议和数据库接口发送给数据库服务器进行处理，数据库服务器程序首先验证客户访问数据库的权限，然后根据客户请求处理其所需的数据，最后将处理结果反馈给客户端。这种服务器为多个客户程序管理数据，而客户程序发送请求和分析处理从服务器接收的数据，这种方式实际上是一种“胖客户端”、“瘦服务器”的网络计算模型。

C/S 模式将应用部分分散到客户端，大大提高了人机交互效率，提高了对数据的快速访问，减少了网络数据传输量，使服务器的处理负荷得到了控制。同时，各个客户应用部分独立开发，每一部分的修改和替换不会影响其他部分。这样的优点对客户端数目较小、管理事务相对稳定的管理信息系统的开发和应用有很大的便利。

但是当客户机数量增加或信息系统延伸至整个企业时，C/S 结构的局限性就会变得非常突出，主要体现在以下几个方面：

① 程序开发量大。由于很多客户端都需要访问数据库，而在 C/S 模式中通常将用户接口和应用集中于一体，这无疑会增加编程量。

② 系统难以维护。客户端需要安装专用的客户端软件，任何一台计算机都需要进行安装或维护。系统软件升级时，每一台客户都需要重新安装，其维护和升级成本非常高。

③ 客户端应用程序移植性差。客户端应用程序通常针对某种操作系统开发，当操作系统发生变化时（包括版本的变化），客户端应用程序的操作也将受到限制。

9.1.2　B/S 模式结构

由于网络的普及和网络应用的不断深入，数据库和 Web 的结合已成为数据库发展的趋势，B/S 应用模式逐渐成为主流。当前，互联网上有无数个网站，很多网站的后台都有数据库系统的支持。数据库系统可以把网站的各种数据很好地组织起来，并可以根据访问者的不同需求自动生成不同的 Web 页面。

1. B/S 模式的工作原理

基于 B/S 模式的网络数据库系统是一种以 Web 技术为基础的网络信息系统平台，组成元素有后台数据库、Web 服务器、客户端浏览器以及连接客户端和服务器的网络。B/S 模式是从 C/S 模式发展起来的新的网络结构模式，其本质是三层 C/S 模式结构，是对 C/S 模式应用的扩展。

第一层客户机是用户与整个系统的接口。客户端应用程序精简到一个通用的浏览器软件，例如 IE 等，浏览器将 HTML 代码转化成图文并茂的网页。网页具有一定的交互功能，允许用户在网页上输入信息提交给后台，并提出处理请求。

后台是第二层的 Web 服务器。对于客户端浏览器发来的网页浏览请求，Web 服务器会启动相应的响应进程，并动态地生成一串 HTML 代码，其中嵌入处理的结果，返回给客户机的浏览器。如果客户机提交的请求包括数据的存取，则 Web 服务器接受客户端请求后还要进一步将这个请求转化为 SQL 语句，提交给数据库服务器。数据库服务器得到请求后，验证其合法性，并进行数据处理，然后将处理的结果返回给 Web 服务器，Web 服务器将得到的所有结果进行转化变成 HTML 文档，以 Web 页面的形式转发给客户端浏览器并显示出来。B/S 模式结构如图 9.2 所示。

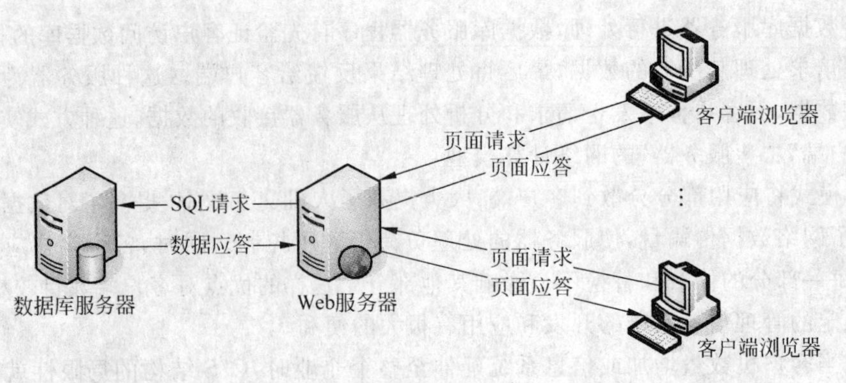

图 9.2　B/S 模式的数据库系统结构

2. B/S 模式的特点

B/S 模式的特点如下：

① 简化了客户端。B/S 模式无须像 C/S 模式那样在不同的客户机上安装不同的客户程序，而只需要浏览器软件，相当于客户端“零要求”。

② 简化了系统的开发和维护。系统开发者无须开发不同的客户应用程序，只需在 Web 服务器上实现所有的功能，并依据不同的功能为不同组别的用户设置权限，用户通过 HTTP 请求在权限范围内访问 Web 服务器。

③ 用户的操作变得更简单。对于 C/S 模式，客户应用程序有特定的要求，使用者需要接受专门的培训。而采用 B/S 模式时，客户端统一使用浏览器，用户无须进行培训。

④ 适用于网上信息的发布。B/S 模式特别适用于网上信息的发布，使得传统的 MIS 的功能有所扩展，这也是 C/S 模式无法实现的，这种新增的网上信息的发布功能恰好是现代企业所需要的。

9.2 Internet 技术

目前，B/S 应用的主要网络环境是 Internet。Internet 是一个采用 TCP/IP 协议把各个国家、各个地区、各种机构的内部网络连接起来的数据通信网。接入 Internet 的网络不论其规模大小、主机数量多少、地理位置远近均使用相同的通信协议和标准，彼此之间可以通信和交换数据。这些网络的互连最终构成一个统一的“互连大网络”，通过这种互连，Internet 实现了网络资源的整合和共享。

9.2.1 WWW 服务

WWW(World Wide Web)即万维网，简称 Web 或 3W，它是以超文本标识语言(HTML)和超文本传输协议(HTTP)为基础，提供面向 Internet 服务、用户界面一致的信息浏览系统，是互联网的一部分。WWW 以超文本方式组织网络上的多媒体信息，提供信息的基本单位是网页。WWW 通过 WWW 服务器(即 Web 站点)来提供服务，网页存放在 WWW 站点上，客户端使用浏览器访问 WWW 服务器上的网页。

1. HTML 标记语言

超文本标记语言(Hyper Text Markup Language, HTML)是网页制作的标准语言,它通过各种标记指令将视频、声音、图片和文字等连接起来。HTML 可以用文本编辑工具编写,用 HTML 编写的文件的扩展名为.html 或者.htm。

HTML 网页文件文档主要由头部(head)和主体(body)两部分构成,其中,头部对文件进行一些必要的定义,主体是 HTML 网页的主要部分,包括网页中所有实际存在的内容。HTML 文档的基本结构如下:

```
<html>                          HTML 文档开始
    <head>                      头部开始
        头部内容
    </head>                     头部结束
    <body>                      主体开始
        主体内容
    </body>                     主体结束
</html>                         HTML 文档结束
```

2. 超文本与超媒体

超文本(Hypertext)和超媒体(Hypermedia)构成了网页的内容。其中,超文本是指在普通文本中加入若干"超链接"(Hyperlink),用鼠标单击超链接就可以轻松转入超链接所指向的网页;超媒体是指超链接的各种媒体信息,例如声音、图像、动画和视频等。网页是由文字、图片、动画、声音和超链接等构成的文件。

网站是存放在网络服务器上针对某个应用或服务所需的完整信息的集合,包含一个或多个网页,这些网页以超链接方式连接在一起,形成一个整体,描述一组完整的信息。因此,构成 WWW 应用的基本元素是网页,许多网页连接在一起就组成了网站,每个网站的首页也称为主页,即通过浏览器呈现的第一个页面(有些被命名为 index.htm)。主页是一个网站的标志,主页的制作效果对整个网站的影响非常关键。

衡量一个网站的性能通常从网站的空间大小、网站的位置、网站的连接速度、网站的软件配置和网站提供的服务等多个方面考虑。

在网站设计中,纯粹 HTML 格式的网页通常被称为"静态网页",静态网页相对于动态网页,是指没有后台数据库、不含程序和不可交互的网页。静态网页更新起来比较麻烦,一般适用于更新较少的展示型网站。

3. HTTP 协议

超文本传输协议(Hypertext Transport Protocol, HTTP)是 WWW 的通信协议,WWW 客户机通过 HTTP 协议将客户端请求发送到 WWW 服务器,服务器根据请求回应相关信息给客户端并在浏览器显示。URL(Uniform Resource Locator)称统一资源定位器,它是 Web 页的地址,用来表示互联网上的各种文档,使得每个文档在整个网络范围内具有唯一的标识符,一般格式为"访问协议://主机名[:端口号]/路径/文件名"。

其中,协议是指获取网页文档使用的协议,常用的协议有 HTTP 和 FTP。主机是指网

页文档所在主机在互联网上的域名。例如:

```
http://www.whu.edu.cn/index.html
```

该 URL 指向武汉大学的首页,其中,"http"是传输协议,www.whu.edu.cn 是武汉大学的 Web 服务器的域名,"index.html"是文件名,该 URL 中省略了默认端口号。又如:

```
http://www.znufe.edu.cn/about/schools.htm
```

该 URL 指向"中南财经政法大学院系设置"这一网页。其中,www.znufe.edu.cn 是中南财经政法大学的 Web 服务器的域名,"/about/"是路径,"schools.htm"是文件名。

9.2.2 Web 工作原理

理解 Web 工作原理,首先需要了解 Web 服务器。Web 服务器是管理 Web 页和各种 Web 文件的软件,并为提出 HTTP 请求的浏览器提供 HTTP 响应。不过,人们也将 Web 服务器软件所在的计算机看成 Web 服务器。多数情况下,Web 服务器和浏览器处于不同的计算机,但是它们也可以并存在同一个计算机上。图 9.3 所示为浏览器访问 Web 页的基本示意图。HTTP 客户端向远程 Web 服务器发送一个访问网页的请求,服务器将网页传输给客户端作为响应,并在客户端的屏幕上显示网页内容。用户还可以通过在客户端从这个新网页转向某一链接来调用另一个网页,另一个远程 Web 服务器以相同的方式响应,并将所请求的网页反馈给客户端浏览器。

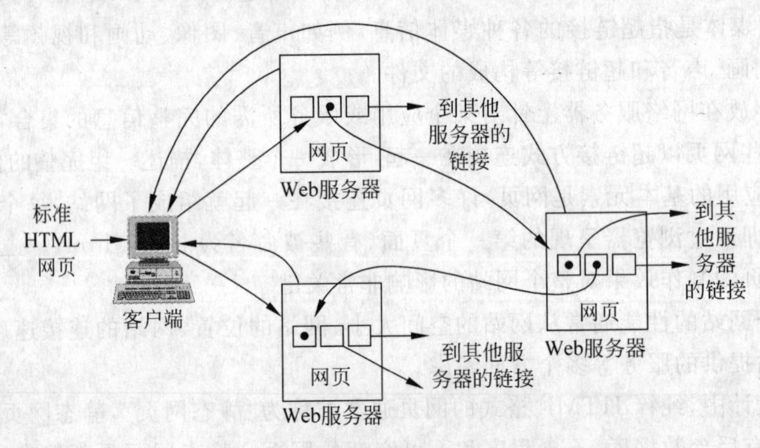

图 9.3 Web 服务器的工作原理

从上述 Web 服务器处理过程来看,形成最终网页的脚本是在 Web 服务器上运行,而不是在客户端运行,传送到客户端浏览器上的 Web 页是在服务器上生成的,所以不必担心客户端浏览器是否能够处理脚本。因为 Web 服务器已经完成了所有的脚本处理,并将标准 HTML 传输到客户端浏览器上。由于只有脚本运行的结果返回到浏览器,脚本文件本身不会传给客户端,因此在一定程度上提高了信息服务的安全性。

在实际应用时,Web 服务器上存储的 Web 页分为静态网页和动态网页,动态网页又分为客户端动态网页和服务器端动态网页。

静态网页的内容由一些 HTML 代码组成,其内容明确、固定,并保存为扩展名为.htm

或.html的文件。静态网页文件是纯文本文件，如果不修改它，其内容将一直保持不变。

通过浏览器访问存放在Web服务器上的静态网页的基本步骤如下：

① 网站开发者编写完全由HTML组成的网页，并将其以.htm为扩展名保存到Web服务器站点上。

② 用户在其浏览器中输入网页请求，用户的请求中包含站点的URL以及其上的网页，该请求从浏览器通过网络传送到Web服务器。

③ Web服务器确定网页的位置，并将它转换为HTML流。

④ Web服务器将HTML流通过网络传回到浏览器。

⑤ 浏览器处理HTML并显示该页。

上述过程如图9.4所示。

静态网页容易识别，网页内容（文本、图像、超链接等）和外观总是保持不变。静态网页的HTML代码可以直接通过文本编辑器输入和编辑。例如，通过记事本编写下面简单的HTML代码：

```
<html>
<head><title>You are welcome</title></head>
<body>
    <h1>Welcome</h1>
    Welcome to course homepage. Please feel free to view our
    <a HREF = "contents.htm">list of contents</a>
    <br><br>
    If you have any difficulties, you can
    <a href = "mailto:webmaster@abc.com">send email to the webmaster</a>
</body>
</html>
```

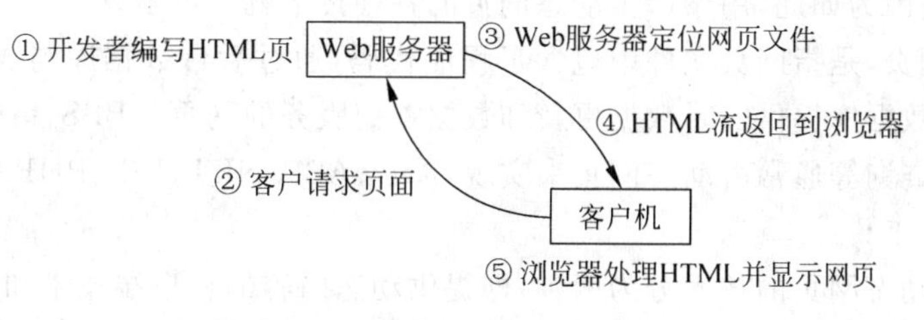

图9.4 静态网页的工作原理

然后将这一段代码保存到E盘根目录下的BOOKSALE文件夹中，命名为Welcome.htm，这样就编写了一个静态网页。

接下来启动IE，在地址栏中输入“http://127.0.0.1/welcome.htm”。这里的127.0.0.1是本机上Web站点的URL，用户也可以使用localhost作为该站点的域名。

这时，就可以看到如图9.5所示的浏览页面。总之，在本机上的站点中设计好所有的网页文件，然后为该站点申请一个Internet域名并与Internet连接，那么，所有的Internet用户就可以访问本站点了。

在该网页文档中，用“<>”括起来的符号就是HTML标记。像Welcome.htm这样的静态的纯HTML文件也能够制作出完全可用的网页，在静态网页中还可以通过添加图片、

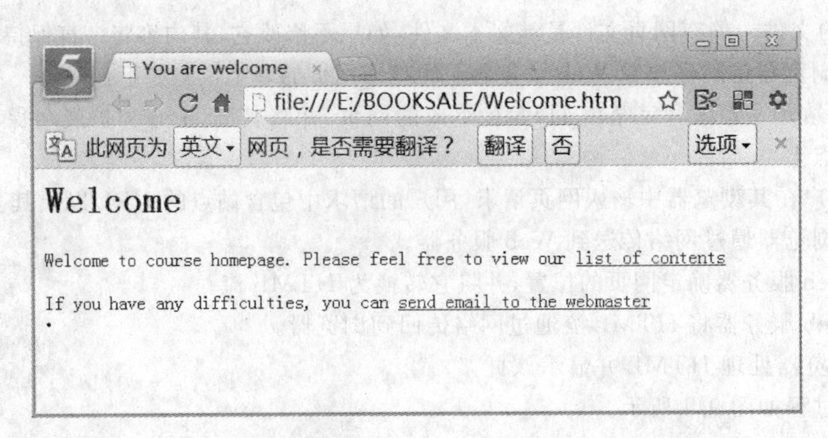

图 9.5 Welcome. htm 页面

视频和表格等来装饰网页的显示和使用性。静态网页由于没有需要执行的程序,其传送速度非常快。目前,很多网站都是由静态网页组成的。如果读者想要设计网站,必须先学习 HTML 语言。

然而,静态网页具有局限性,因为静态网页的内容是在用户请求访问页之前已经完全确定的。例如,如果设计者希望改进 Welcome 页的性能,想在网页中增加显示用户访问的日期信息,静态网页是无法做到的。因为设计者如果编写了一个日期,那么除非天天修改网页,否则网页中就会一直是设计时的那个固定日期。

HTML 并不具备个性化网页的功能,所编写的每一个网页对于每个用户而言都是一样的。HTML 也没有安全性,任何人都可以浏览 HTML 代码,而且没有办法阻止他人复制自己的 HTML 代码,并在他们的网页中使用这些代码。静态网页不具备动态特征,因此有很大的局限性。正因为如此,用于产生动态网页的各种技术就产生了。

所谓动态网页,是指网页文件中包含了程序代码,通过后台数据库与 Web 服务器的信息交互,由后台数据库提供实时数据更新和数据查询服务的网页。BBS、留言板、购物系统、用户注册、搜索查询等通常由动态网页来实现,ASP、ASP. NET、JSP、PHP 等是动态网页制作中常用的开发工具。

目前,编写动态网页的技术分为两种,即提供动态内容的客户端技术和服务器端技术。

9.2.3 动态网页开发技术

1. 客户端动态网页技术

用于客户端动态网页脚本编写的语言主要有 JavaScript 和 VBScript。

1) JavaScript

JavaScript 是一种基于对象和事件驱动并具有相对安全性的客户端脚本语言,常用来给 HTML 网页添加动态功能,例如响应用户的各种操作。

JavaScript 和 Java 是两种不同的技术。Java 的全称为 Java Applet,它是嵌入在网页中、具有自己独立的运行窗口的小程序。Java Applet 是预先编译好的一个 Applet 文件,扩展名为. class。Java Applet 的功能强大,可以访问 HTTP、FTP 等协议,甚至可以在计算机上植入病毒。相比之下,JavaScript 的能力就小多了。JavaScript 是一种“脚本”,由其编写的代码直接包含在 HTML 文档中,浏览器在读取它们的时候才进行编译、执行,所以能查看 HTML 源文件就能查看 JavaScript 源代码。JavaScript 没有独立的运行窗口,浏览器的当前窗口就是它的运行窗口。JavaScript 和 Java 的相同之处就是都以 Java 为编程语言基础,语法上有相似之处。

HTML 是基于标记的语言,同样,JavaScript 代码也要放置在特定标记里才会起作用。这个特定的标记就是<script>,只有写在这个标记里的 JavaScript 代码才会被识别。

JavaScript 脚本可以出现在 HTML 文件中的任何位置。浏览器一般按照由上而下的顺序加载文件。通常,JavaScript 代码在 HTML 文件中的位置如下:

① 放在 head 中。这样能保证在页面加载前 JavaScript 脚本已经被编译,代码页整洁、便于管理,这是 JavaScript 脚本最常放置的位置。

② 放在 body 部分。与 head 刚好相反,有时候,JavaScript 要引用 HTML 页面元素,必须等到元素加载之后才能引用。

③ 将 JavaScript 存放在一个单独的扩展名为.js 的文件中,然后在需要的 HTML 页面引用。其引用格式为“<script type="text/javascript" src="demo.js" > </script>”, src 用于指定引用文件的位置。当多个页面有相同的处理代码时,这样可以达到代码的复用。

目前,几乎所有的浏览器都支持 JavaScript。下面是一个通过 JavaScript 代码弹出 Hello World 对话框的例子,通过该例子读者可以大致了解 JavaScript 在 HTML 中的用法。

```
<html>                                  <!-------- HTML 文档开始 --------->
    <head>                              <!-------- 文档头开始 ----------->
        <title>                         <!-------- 标题开始 ------------->
        </title>                        <!-------- 标题结束 ------------->
    </head>                             <!-------- 文档头结束 ----------->
    <body>                              <!-------- 文档体开始 ----------->
        <script language="JavaScript">  <!-------- 脚本程序 ------------->
            alert("Hello World!");      // JavaScript 程序语句
        </script>                       <!-------- 脚本结束 ------------->
    </body>                             <!-------- 文档体结束 ----------->
</html>                                 <!-------- HTML 文档结束 --------->
```

2) VBScript

VBScript 是 Visual Basic Script 的简称,即 VB 脚本语言,有时也被缩写为 VBS。VBScript 是微软公司开发的一种解析型脚本语言,可以看作是 VB 语言的简化版,与 VBA 的关系也非常密切。目前,这种语言广泛应用于网页和 ASP 程序制作中,还可以直接作为一个可执行程序调试简单的 VB 语句。

由于 VBScript 可以通过 Windows 脚本宿主调用 COM,因此可以使用 Windows 操作系统中的程序库,例如可以使用 Microsoft Office 的库,尤其是使用 Microsoft Access 和 SQL Server 的程序库。当然,VBScript 也可以使用其他程序和操作系统本身的库。

VBS 与 JavaScript 存在竞争关系,它主要获得微软 Internet Explorer 的支持。

2. 服务器端动态网页技术

提供动态内容的服务器端技术有 ASP(目前主要是 ASP. NET)、JSP 和 PHP 等。使用 ASP、PHP 和 JSP 技术开发动态网页,客户端浏览器不需要任何附加的软件支持。

1) ASP 和 ASP. NET

ASP(Active Server Page,动态服务器页面)是微软公司在 1996 年开发的动态网页技术,它可以与数据库和其他程序进行交互,是一种简单、方便的开发工具。ASP 网页文件的扩展名是. asp,现在常用于各种动态网站开发中。

ASP 采用脚本语言 VBScript 或 JavaScript 作为自己的开发语言,用脚本语言编写的程序代码嵌入在 HTML 网页代码中。在使用 ASP 开发程序和网页时,可以用它的内部组件来实现一些高级功能(例如 Cookie)。ASP 的最大贡献在于它的 ADO(ActiveX Data Object)组件,该组件使得程序对数据库的操作十分简单,使动态网页设计变得简单。

ASP 技术具有以下特点:

① 利用 ASP 可以实现动态网页的开发。

② ASP 文件易于修改和测试。

③ ASP 程序在服务器端执行,执行结果以 HTML 格式传送到客户端浏览器,因此使用各种浏览器都可以正常浏览用 ASP 开发的网页。但是用户看不到 ASP 程序代码,提高了系统的安全性。

④ ASP 提供了一些内置对象,使用这些对象可以使服务器端脚本的功能更加强大。

⑤ ASP 可以使用服务器端的 ActiveX 组件来执行各种各样的任务。

ASP 作为微软公司开发的动态网页工具,只能运行于微软公司的 Web 服务器 IIS 上。

ASP. NET 是继 ASP 之后推出的技术,在 IIS 2.0 上首次推出,成为目前服务器端应用程序的热门开发工具。ASP. NET 主要有两种开发语言,即 VB. NET 和 C#,其中,C# 相对比较常用,它是. NET 独有的语言,VB. NET 则比较适合熟悉 VB 语言的程序开发人员使用。

ASP. NET 的语法在很大程度上与 ASP 兼容,同时它还提供了一种新的编程模型和结构,可生成伸缩性和稳定性更好的应用程序,并提供更好的安全保护。

ASP 与 ASP. NET 的区别在于,ASP 是采用解释方式创建动态网页的服务器端技术,只允许用户使用脚本语言; ASP. NET 则采用编译技术,允许用户使用. NET 支持的任何语言。另外,ASP. NET 全部采用面向对象机制,事先设计了大量的基类,为开发应用程序提供了极大的方便。

2) PHP

PHP(Personal Home Page)是一种跨平台的服务器端的嵌入式脚本语言。PHP 混合了 C、Java、Perl 语言的语法,并且耦合了 PHP 自创的新语法,使 Web 开发者能够快速地开发出动态页面。PHP 完全免费,用户可以从 PHP 的官方网站 http://www. php. net 上自由下载,还可以不受限制地获得 PHP 源代码,然后对源码进行二次开发,加入自己需要的特色。

PHP 支持目前绝大多数数据库,可以编译成与许多数据库相连接的函数,在与数据库的配合方面,PHP 和 MySQL 是当前最佳组合。尽管 PHP 支持多种数据库,但 PHP 提供的数据库接口支持并不统一，例如PHP与Oracle、MySQL和Sybase等的接口都不一样，这也是PHP的一个弱点。

PHP具有很好的移植性，可以在Windows、UNIX和Linux上正常运行，支持IIS、Apache等通用Web服务器，用户在更换平台时无须变换PHP代码，可跨平台使用。

3) JSP

JSP(Java Server Pages)是由Sun Microsystems公司倡导、许多公司参与一起推出的一种动态网页技术标准。JSP本质上是一个简化的Servlet设计，实现了HTML语法中的Java扩张。JSP和Servlet一样在服务器端执行，通常返回给客户端的是一个HTML文本，因此客户端只要有浏览器就可以浏览。

JSP页面通过在HTML代码中嵌入Java代码实现。当客户端发出页面请求后，服务器端对这些Java代码进行处理，然后将生成的HTML页面返回客户端。Java Servlet是JSP的技术基础，大型Web应用程序的开发需要Java Servlet和JSP配合才能完成。

JSP的主要技术特点如下：

① 将内容的生成和显示分离。

② 强调可重用的组件。绝大多数JSP页面依赖于可重用的、跨平台的组件(JavaBeans或者Enterprise JavaBeans组件)来执行应用程序所要求的复杂处理。

③ 采用标识简化页面开发。Web页面开发人员不需要熟练掌握脚本语言就可以开发出实用的动态网页效果。

JSP页面的内置脚本语言基于Java，而且所有JSP页面都被编译成为Java Servlet，因此JSP页面具有Java语言所有的优点，包括健壮的存储管理和安全性能等方面。

JSP几乎可以运行于所有的平台，例如Windows NT、UNIX和Linux等。Windows下的IIS通过一个插件，例如JRun或者ServletExec，也能支持JSP。著名的Web服务器Apache也支持JSP。因此，JSP+JavaBeans几乎可以在所有平台下通行无阻。

9.3 基于ASP的Web应用环境的构建

ASP是工作于服务器端的动态网页开发技术，在使用ASP之前应该设置Web站点，搭建好ASP开发与运行环境，需要数据库支持的还应该安装数据库服务器。

9.3.1 IIS的安装及设置

如果要建立Web站点，必须首先在计算机上安装Web服务器。在Windows上可安装并配置IIS(Internet Information Services)作为Web服务器，IIS是微软公司用于架构基于Windows系统的服务器的附件。

在Windows 7中安装IIS的过程如下：

① 单击“开始”按钮，选择“控制面板”命令，打开“控制面板”窗口。然后单击“程序”选项，进入“程序”窗口，单击“程序和功能”选项，进入“程序和功能”窗口，单击左侧的“打开或关闭Windows功能”选项，弹出“Windows功能”对话框，如图9.6所示。在其中选中“Internet信息服务”复选框，单击“确定”按钮，即可安装IIS。

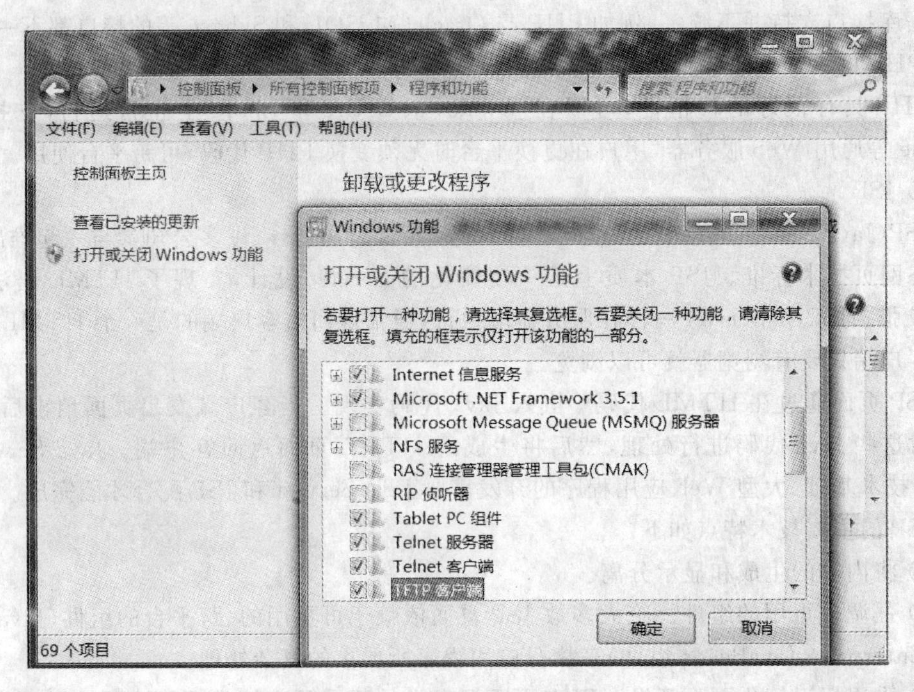

图 9.6　IIS 的安装界面

② IIS 安装好后，再次打开“控制面板”窗口，单击“系统和安全”选项，进入“系统和安全”窗口。然后单击“管理工具”选项，进入“管理工具”窗口，双击“Internet 信息服务(IIS)管理器”，进入“Internet 信息服务(IIS)管理器”窗口，如图 9.7 所示。

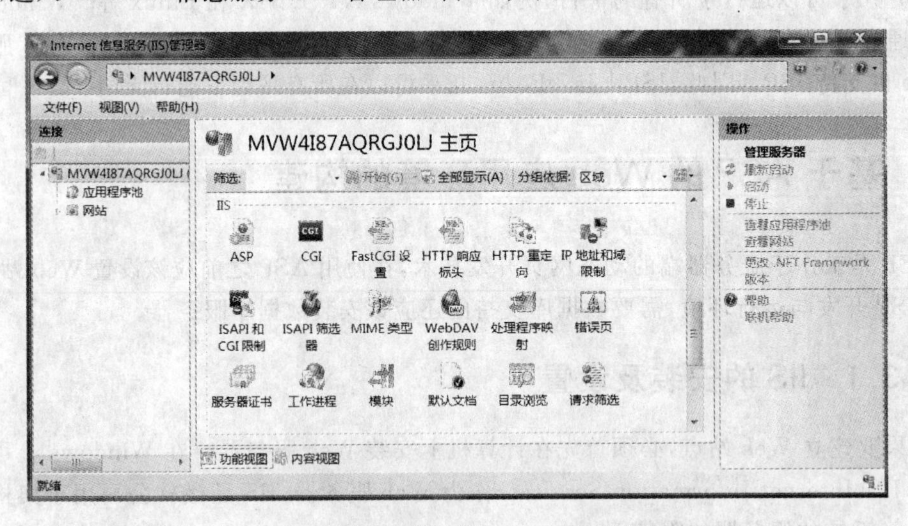

图 9.7　“Internet 信息服务(IIS)管理器”窗口

9.3.2　ASP 的配置

在 IIS 安装好后，系统自动创建了一个默认的 Web 站点，名称为“Default Web Site”。IIS 7 支持 ASP.NET，如果要使用 ASP，需要进行必要的配置。

① 在“Internet 信息服务(IIS)管理器”窗口中选择“Default Web Site”,然后双击“ASP”选项,如图 9.8 所示。

图 9.8　选中默认的 Web 站点

② 此时会进入 ASP 配置窗口。在 IIS 7 中,ASP 的父路径是没有启用的,进入到 ASP 配置窗口后,将“启用父路径”设置为“True”,如图 9.9 所示。

③ 关闭 ASP 配置窗口。

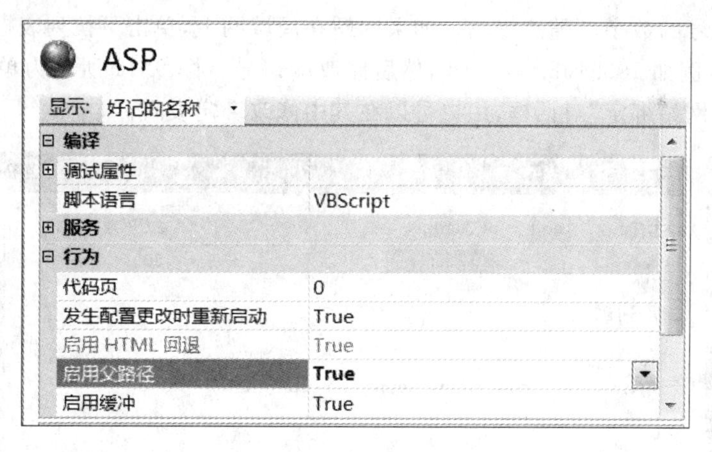

图 9.9　启用父路径设置

9.3.3　Web 站点的配置

如果要创建自己的站点,需要按下面的步骤进行设置:

① 添加网站设置。在“Internet 信息服务(IIS)管理器”窗口中选择“网站”,在窗口右侧的“操作”窗格中单击“添加网站”选项,弹出“添加网站”对话框。在该对话框中设置网站名为“test_site”,物理路径为“E:\BOOKSALE\webpage”,端口号采用默认值“80”,参数设置情况如图 9.10 所示。

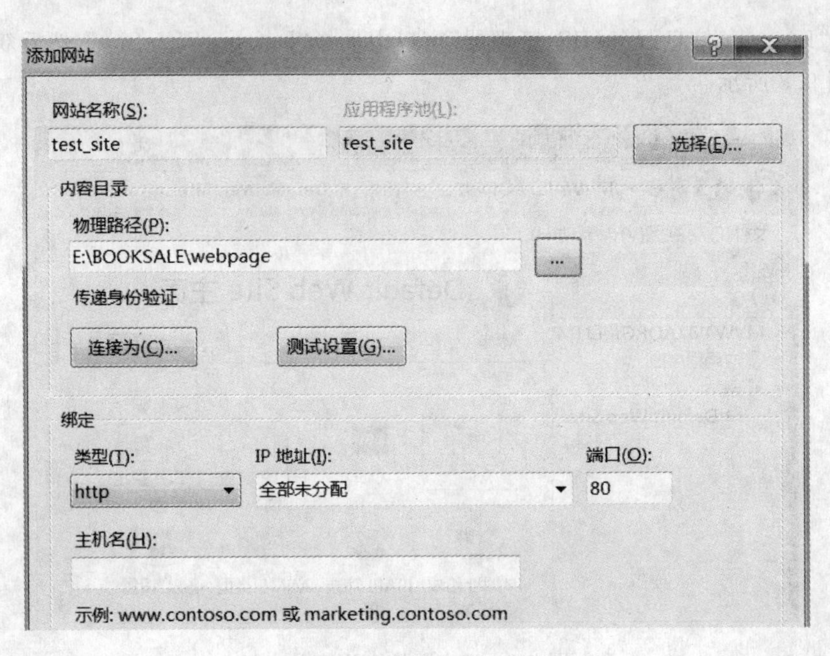

图 9.10 “添加网站”窗口

② 绑定设置。在“Internet 信息服务(IIS)管理器”窗口中选中创建的网站“test_site”,然后在窗口右侧单击“绑定”选项,弹出“网站绑定”对话框,在该对话框中单击“添加”按钮,弹出“添加网站绑定”对话框。如果站点在本机上,IP 可以填也可以不填,只修改后面的端口号即可,端口号的数字可随意修改。如果网站在局域网上,单击下拉列表框选择自己计算机的局域网 IP,例如 192.168. **. **,然后修改端口号。图 9.11 所示为单击“编辑”按钮时弹出的“编辑网站绑定”对话框,用户可以在其中修改绑定设置。

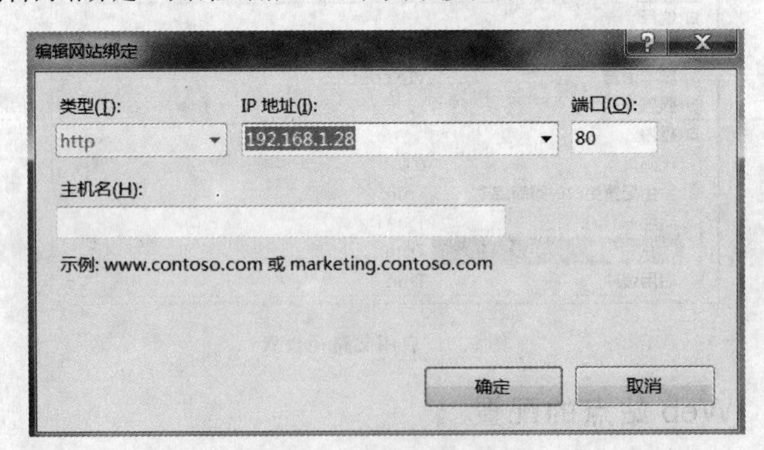

图 9.11 “编辑网站绑定”窗口

③ 设置默认文档。在 IIS 中发布一个网站后,通常都需要手动设置网站启动页面。如果要在客户端浏览器中未指定文档名称时向客户端浏览器返回特定的文件,可以将文件名添加到默认文档列表中。出于性能考虑,应确保该列表中的第一个默认文档位于文件系统中,同时应删除所有不需要用作默认文档的文件名。如果禁用了默认文档和目录浏览,则当

请求中未包含文档名称时，客户端浏览器将收到404（即找不到文件）错误。

选择“test_site”，在“功能视图”中双击“默认文档”选项进入其设置窗口。在“操作”窗格中单击“添加”选项，弹出“添加默认文档”对话框，在“名称”文本框中输入要添加到默认文档列表中的文件名，然后单击“确定”按钮，则此文件名将被添加到默认文档列表的开头。若在列表中选择一个默认文档，然后在“操作”窗格中单击“删除”选项，则可以删除任何不想用作默认文档的文件名。设置默认文档的窗口如图9.12所示。

图9.12 设置默认文档

至此，IIS 7设置基本完成，可以基于ASP和Access进行网络应用开发了。

9.4 ASP和Access在网络开发中的应用

本节以ASP为开发工具、Access为后台数据库，介绍动态网页设计的整体框架。

9.4.1 基于ASP和Access的Web开发模式

开发小型网络应用系统，微软公司的AIA（ASP＋IIS＋Access）开发模式成为典型的网络开发技术组合，其开发模式如图9.13所示。

图9.13 ASP＋IIS＋Access开发模式

在这种开发模式下，需要的开发环境和工具是浏览器（可使用IE）、Web服务器IIS和后台数据库Access，同时对ASP进行相关设置，并且安装支持对于数据库的连接访问的组件，即ADO驱动程序。

9.4.2 ASP概述

ASP是微软公司开发的动态网页设计工具，ASP只能运行于IIS之上。ASP文档可以包含HTML标记、ASP内置对象、Active组件和脚本语言代码。

1. ASP内置对象

ASP的核心就是其提供的内置对象，常用的内置对象有Application对象、Request对象、Response对象、Server对象和Session对象等。

① Application对象。Application对象可以用来存储不同浏览器共享的变量或对象，Application对象特别适合在不同用户之间传递信息。

② Request对象。使用Request对象可以访问任何用HTTP请求传递的信息，包括从HTML表格用POST方法或GET方法传递的参数、Cookie和用户认证等。

③ Response对象。使用Response对象可以控制发送给用户的信息，包括直接发送信息给浏览器、重定向浏览器到另一个URL或设置Cookie的值。

④ Server对象。通过Server对象可以访问服务器上的方法和属性。

⑤ Session对象。使用Session对象可以存储某特定用户会话所需的信息，Session对象能实现同一用户在不同页面之间传递信息。

2. ActiveX组件

程序设计追求代码的模块化与可重用性，ActiveX组件就是将执行某项或一组任务的代码集成为一个独立的可调用的模块，提高程序开发的效率。ASP支持组件技术，IIS自带了许多内置的ActiveX组件。ASP中使用的ActiveX组件是存储在Web服务器上的文件，通常指包含了可执行代码的动态链接库文件（扩展名为.dll）或可执行文件（扩展名为.exe），该文件包含执行某一特定任务的代码，通过指定的接口提供指定的一组服务。

常用的ActiveX组件包括以下几种：

① Ad Rotator组件。该组件用于创建一个Ad Rotator对象，该对象在Web页上自动轮换着显示广告图像。

② Browser Capabilities组件。该组件用于确定访问Web站点的用户浏览器的功能数据，包括类型、性能、版本等。

③ Database Access组件。数据库访问组件，ADO（ActiveX Data Objects）组件就是ASP用来连接访问数据库的组件。

④ File Access组件。文件访问组件，提供对服务器端文件的读/写功能。

⑤ Content Linking组件。内容链接组件，它是一个文本文件，其中包含Web页的列表，这些Web页按所列的顺序显示。

⑥ Counters组件。计数器组件，主要用于统计一个页面被访问的次数等。

此外，还可以安装MyInfo、Content Rotator、Page Count等组件，用户也可以自行编制ActiveX组件，以提高系统的实用性。

3. 脚本语言

脚本语言(Scripts)是指嵌入到 Web 页中的程序代码,所使用的编程语言称为脚本语言。按照执行方式和位置不同,脚本分为客户端脚本和服务器端脚本。客户端脚本在客户端被 Web 浏览器执行,服务器端脚本在服务器端的计算机上被 Web 应用服务器执行。

常见的客户端脚本语言有 VBScript、JavaScript 等。服务器端的脚本语言主要有 ASP(.NET)、PHP 和 JSP 等。

脚本语言是一种解释型的语言,不需要编译,执行时由解释器负责解释。客户端脚本程序代码的解释器位于 Web 浏览器中,服务器端脚本的解释器则位于 Web 服务器中。

在 ASP 文档中,通过脚本语言代码将 HTML 标记、ASP 内置对象、ActiveX 组件有机地组织起来,脚本语言还可以在 ASP 文档中实现对于程序流程的控制。

ASP 直接支持的脚本语言有 VBScript 和 JavaScript,另外,还支持其他能够提供 ActiveX 引擎接口的任何语言。

4. ASP 文档的创建与运行

ASP 文档对应的动态网页实际上是保存在 Web 服务器上的文本文件,与静态网页文件的区别是其文件的扩展名为.asp。当浏览器访问时,若 Web 服务器识别的网页文件其扩展名为.htm 或.html,Web 服务器会直接将该文件传送给浏览器。若扩展名为.asp,则就在服务器端翻译、执行并生成对应的 HTML 代码,然后传回浏览器。所以,在浏览器上可以查看到静态网页的源代码,但看不到 ASP 文档的源代码。

ASP 文档可以使用任何文本编辑器来编写。在 ASP 文档中,HTML 代码和 ASP 脚本代码需要区别开,ASP 的脚本代码被"<%"和"%>"包围起来,脚本中包含有合法的表达式、语句或者运算符。ASP 文件由 3 个部分构成,即 HTML 标记、ASP 语句和普通文本。

① HTML 标记。ASP 文件使用一些固有标记来描述和显示网页的内容,每个标记由"<"和">"包围起来,并且成对出现。

② ASP 语句。ASP 语句是运行在服务器端的脚本代码,必须嵌入到 HTML 标记中使用,每个 ASP 语句段必须由"<%"和"%>"括起来。

③ 普通文本。普通文本指直接显示给用户的信息。

【例 9-1】 使用 ASP 脚本语言和 HTML 编写显示"您好!"和系统当前时间的页面。

打开"记事本",输入以下代码:

```
<html>
    <head>
        <title>显示当前时间</title>
    </head>
    <body>
        您好!<br>
        现在的时间是:
        <% t = time %>
        <% Response.Write t                '显示当前系统时间 %>
    </body>
<html>
```

将上面编写好的网页文件保存到前面所创建网站对应的目录 E:\BOOKSALE\webpage 中，文件名为 systime. asp。当在浏览器的地址栏中输入“http://localhost/systime. asp”访问时，就可以看到当前的系统时间，如图 9.14 所示。

图 9.14 带 ASP 脚本的网页

如果在 IE 中选择“查看”菜单中的“源文件”命令，可以看到，用 ASP 语言编写的脚本已经被转换成了 HTML 代码，在客户端浏览器中看到的程序代码如图 9.15 所示。这就是一个简单的服务器动态网页，在不同的时间访问，其显示的时间不同。

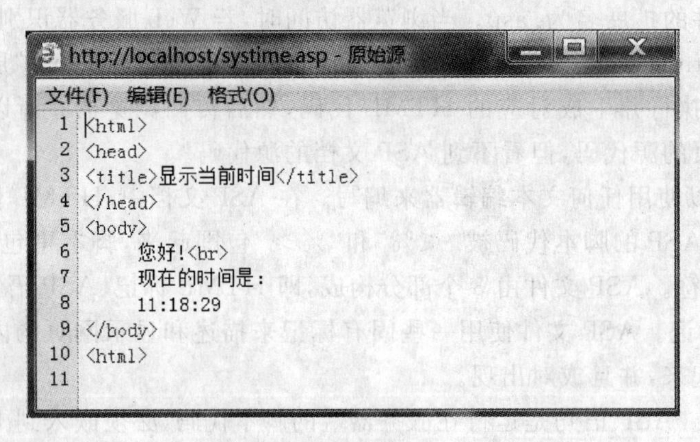


```
1  <html>
2  <head>
3  <title>显示当前时间</title>
4  </head>
5  <body>
6      您好!<br>
7      现在的时间是:
8      11:18:29
9  </body>
10 <html>
11
```

图 9.15 ASP 脚本转换成 HTML 代码后的源文件

在上面的例子中，没有“％”标记的是 HTML 标记，会被直接传送到浏览器，有“％”标记的语句是 ASP 脚本，要在服务器端先执行并转换。

除了可以使用文本编辑器编写 ASP 文档以外，还可以使用 EditPlus 等软件来编写 ASP 文档。

在使用 ASP 编写程序时，需要注意以下几点：

① 所有的 ASP 语句段都用一对标记＜％和％＞来界定，＜％或％＞既可以单独占一行，也可以与 ASP 语句一起占一行。

② ASP 语句可以与 HTML 标记结合使用，但必须用各自的界定符隔开。

③ 在 ASP 中，VBScript 是默认的脚本语言。如果需要改变，可以在代码前加以声明，声明语句为“＜％ @language＝"javascript" ％＞”或者“＜％ @language＝"vbscript"％＞”。

④ VBScript 不区分字母的大小写，JavaScript 则要注意区分大小写。

⑤ ASP语句必须分行写，不能将多条ASP语句写在一行里，一条ASP语句占一行。如果一条ASP语句一行写不下，可以用续行符"_"(下划线)。

⑥ ASP的注释语句为："注释内容"。

关于使用ASP的详细语法规则，读者可以参阅相关资料。

9.4.3 数据库连接访问技术

现在，很多动态网页是基于数据库的，网页内容依靠数据库生成，用户需要查询或提交的信息都由数据库支持。在ASP网站中，所有访问数据库的操作都离不开数据库的连接技术，如果不能掌握其使用方法，ASP程序员将无法编写出功能强大的ASP应用程序。下面将对各种访问数据库的方法进行介绍，重点介绍ADO的连接方法。

1. 几种常用的数据库连接访问技术

早期编写计算机程序的高级语言采用文件系统保存数据。在数据库技术出现后，高级语言并没有直接处理数据库的功能。而数据库的操作语言是SQL，SQL本身并没有程序设计功能，也不能设计用户界面和报表等。因此，早期要编写数据库应用程序，必须通过改造高级语言，在高级语言中嵌入SQL命令。这种应用模式如图9.16所示。

后来，各种类型的数据库不断涌现，只支持特定数据库的嵌入方式在扩展应用方面越来越不适应。为此，微软公司于1992年率先推出了数据库访问的通用公共平台，即开放数据库互连(Open DataBase Connectivity，ODBC)。

随着数据库产品和技术的发展，数据库连接访问技术也得到了很大的发展，出现了很多数据库连接访问技术。下面对几种常用的数据库连接访问技术进行简要介绍。

ODBC使用SQL作为访问数据的标准，是一种使用SQL的应用程序接口(API)。按照ODBC的体系结构将使用ODBC的应用分为四层，即应用程序、驱动程序管理器、驱动程序和数据源，如图9.17所示。

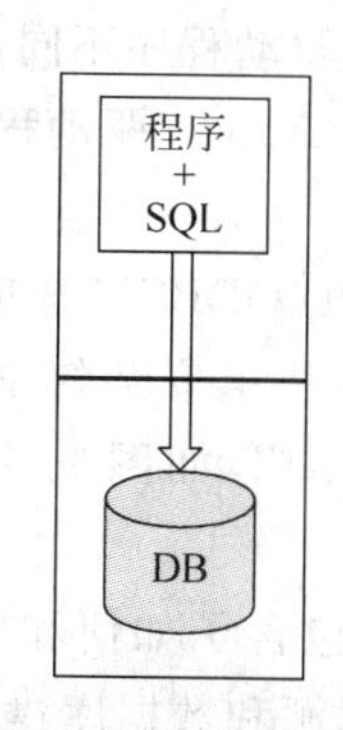

图9.16 在程序中嵌入数据库的应用

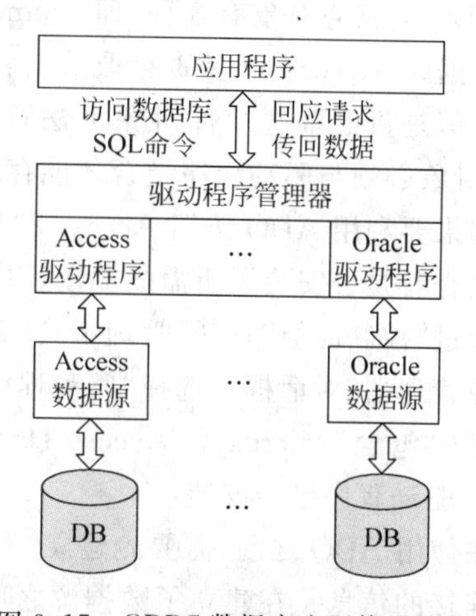

图9.17 ODBC数据库应用体系结构

在ODBC应用框架下，如果某个DBMS支持ODBC，则该DBMS提供本数据库的驱动程序；而Windows操作系统提供管理驱动程序的程序以及支持应用程序访问的接口。为某个 DBMS 安装了驱动程序后,通过 ODBC 定义代表数据库的数据源,这样,应用程序就通过 ODBC 发送访问该数据库的 SQL 命令,ODBC 将 SQL 命令请求发送到相应的数据源,数据源执行 SQL 命令之后传回执行的结果。

由于 ODBC 规定了统一的格式,在 ODBC 的支持下,应用程序只需要按照格式编写 SQL 命令就可以访问任何一种数据库。

ODBC 的出现和使用,使数据库的应用得到全面扩展。ODBC 的一个最显著的优点是,用它生成的程序与数据库或数据库引擎是无关的。ODBC 可使程序员方便地编写访问各 DBMS 厂商的数据库的应用程序,Web 服务器通过数据库驱动程序 ODBC 向数据库服务器发出 SQL 请求,数据库服务器接到的是标准的 SQL 查询语句,数据管理系统执行 SQL 查询并将查询结果再通过 ODBC 传回 Web 服务器。

之后,微软公司发展了第二代数据访问技术——OLE DB(Object Linking and Embedding DataBase)。

ActiveX 数据对象(Active Data Object,ADO)是应用层的编程接口,ADO 封装并实现了 OLE DB 的所有功能,它通过 OLE DB 提供的 COM 接口访问数据,可访问各种类型的数据源,既适用于 SQL Server、Oracle、Access 等数据库应用程序,也适用于 Excel 电子表格、文本文件和邮件服务器。特别在一些脚本语言中,访问数据库操作是 ADO 的主要优势。

在.NET 技术出现后,ADO 发展为 ADO.NET,成为主要的数据库访问接口。

下面对 ADO 及使用 ADO 连接数据库的步骤进行介绍。

2. ADO 概述及应用步骤

ADO 是微软公司为 OLE DB 设计的一种接口,它通过 ODBC 或 OLE DB 的驱动程序访问数据库,将连接访问数据库的大部分操作功能封装在 7 种不同的对象中。在 ASP 中,利用 ADO 可以轻松地完成对各种数据库的访问的读/写操作。

ADO 的核心对象有 3 种,即 Connection、Recordset、Command。其中,Connection 负责连接数据库,Recordset 负责存取数据表,Command 负责对数据库执行查询(Action Query)命令。但是只依靠这 3 种对象无法存取数据库,还必须具有数据库存取的驱动程序,即 ADO 对象必须与驱动程序结合才能存取数据库,不同数据库驱动程序不同。

如果要利用 ADO 访问 Access 2010 数据库,首先要安装 Access 驱动程序,可以通过以下方法查看是否安装了所需的驱动程序。

通过“控制面板”打开“管理工具”窗口,然后双击“数据源(ODBC)”选项。弹出“ODBC 数据源管理器”对话框。选择“驱动程序”选项卡,可以查看本机上安装的驱动程序,如果驱动程序中包含“Microsoft Access Driver(*.mdb, *.accdb)”,如图 9.18 所示,则表明 Access 驱动程序已经安装。

在使用 ADO 之前,需要先建立一个数据源。数据源中包含了如何和一个数据提供者进行连接的信息。在建立了数据源之后,ADO 才能使用数据源和数据库建立连接。

设置 Access 数据源的方法如下:

在“ODBC 数据源管理器”对话框中选择“系统 DSN”(DSN 的全称为 Data Source Name)选项卡,单击“添加”按钮,如图 9.19 所示,弹出“创建新数据源”对话框。选择

“Microsoft Access Driver(*.mdb, *.accdb)”选项,然后单击“完成”按钮,如图 9.20 所示。

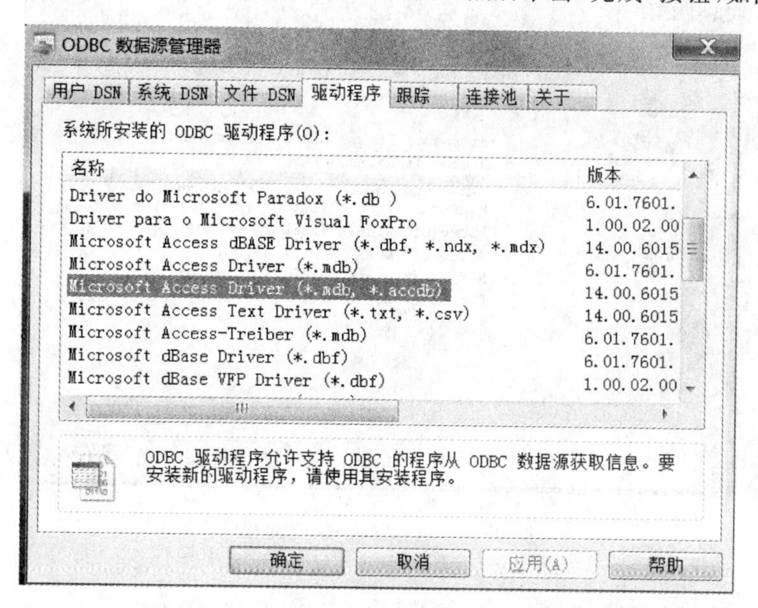

图 9.18 “ODBC 数据源管理器”对话框

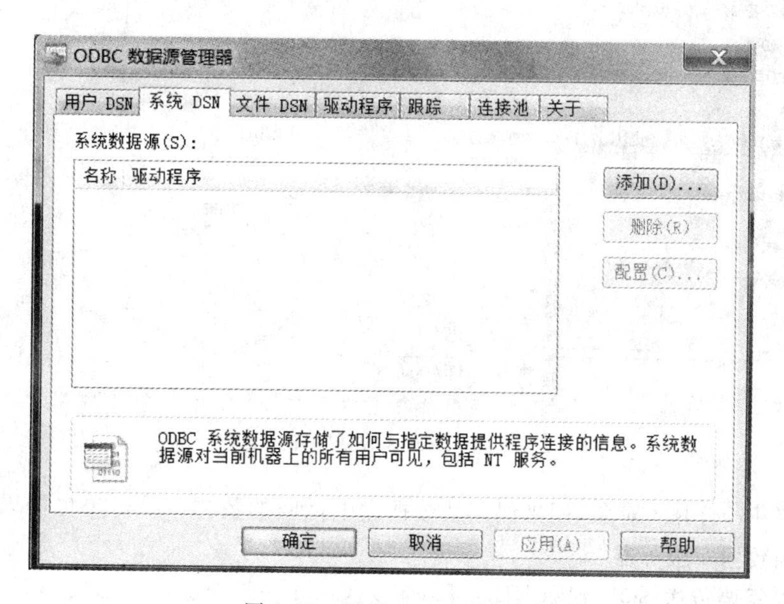

图 9.19 设置 Access 数据源

此时会弹出“ODBC Microsoft Access 安装”对话框,在“数据源名(N)”文本框中输入“tu_shu”,然后单击“选择”按钮,在弹出的“选择数据库”对话框中选择“图书销售”数据库,如图 9.21 所示,最后单击“确定”按钮。以上设置操作正确完成后,下面就可以在 ASP 文档中对 Access 数据库中的数据进行访问了。

数据源设置好后,在 ASP 文档中使用 ADO 访问数据库的基本步骤如下:

① 定义 Connection 对象,然后建立该对象到数据库的连接。

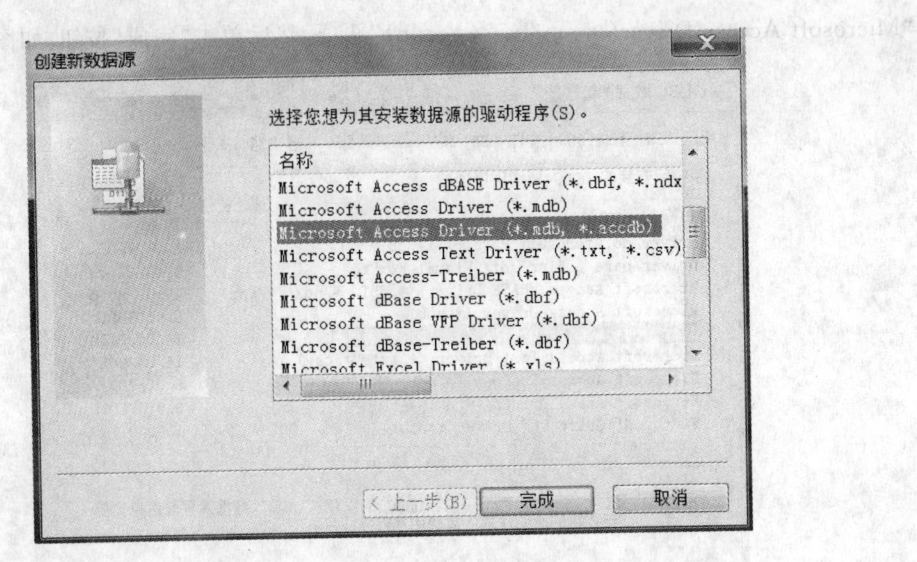

图 9.20 选择 Access 驱动程序

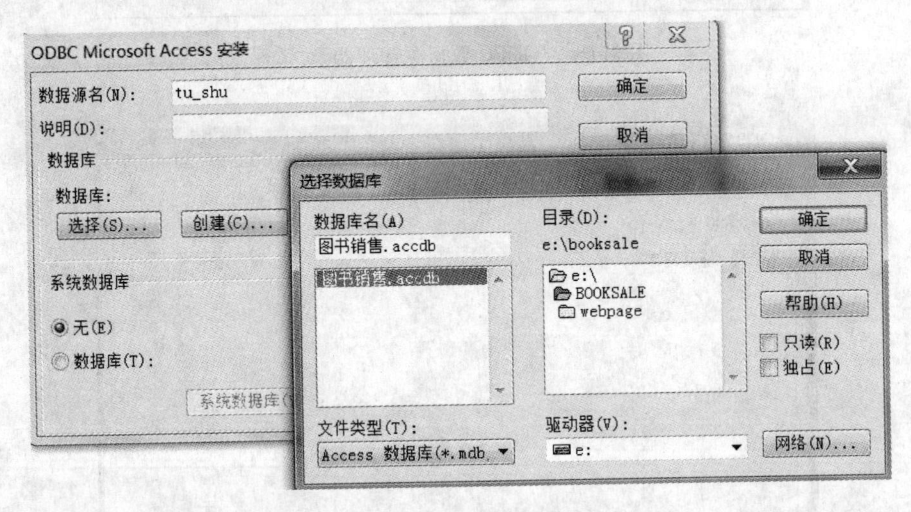

图 9.21 设置 Access 数据库并命名数据源

② 定义 Recordset 对象,用来保存从数据库中传回的数据。该对象也可以隐含地传送 SQL 命令到数据库服务器。

③ 如果需要传送 SQL 到数据库,可以定义 Command 对象。一般的 SQL 操作命令也可以通过 Recordset 对象的 open 方法传递。

④ 访问完毕后,关闭并撤销网页文件到数据库的连接。

3. 建立 Access 数据库连接的常用方法

在 ASP 中应用 ADO 访问 Access 数据库,可以采用以下 3 种连接方法:

- 使用 ODBC 连接。
- 使用 DSN 连接。
- 使用 OLE DB 连接。

1）使用 ODBC 连接

使用 ODBC 连接 Access 数据库的代码如下：

```
<%
    '创建 ADO DB.Connection 对象
    Set Conn = Server.Createobject("Adodb.Connection")
    '依据连接的数据库设置连接字符串
        Conn.ConnectionString = "DRIVER = {Microsoft.Access.Driver( * .accdb)}; dbq = "&_
        server.mapPath("/图书销售.accdb ")
    Conn.Open
%>
```

其代码说明如下：

① DRIVER。该项用于指定 ODBC 所用的驱动程序，例如连接 Access 数据库所用的驱动程序为"Microsoft. Access. Driver(* . accdb)"。

② dbq。该项用于指定 Access 数据库的物理路径。

2）使用 DSN 连接

DSN 是 ODBC 的数据源名，用来标识数据源的字符串，其中包含连接特定数据源的信息，这些信息包括数据源名称及 ODBC 驱动程序。DSN 主要有以下 3 种类型。

① 用户 DSN。只有建立该 DSN 的用户才能访问该数据源，并且只能在本计算机上使用，不能从网络上访问该数据源。

② 系统 DSN。该类型 DSN 可以被该计算机上的所有有权限的用户访问。

③ 文件 DSN。该类型 DSN 与系统 DSN 相似，但是可以从网络上访问该数据源。

DSN 可以由控制面板中的数据源创建、修改和删除。在前面已经建立了 Access 数据库的 DSN，下面是使用 DSN 连接 Access 数据库的源代码框架。

```
<%
    Set Conn = Server.Createobject("Adodb.Connection")   '创建 ADO DB.Connection 对象
    Conn.Open "DSN = tu_shu "                            '依据连接的数据库设置连接字符串
    Set rs = Server.CreatObject("ADODB.Recordset")
    Rs.Open 表名或 SQL 指令,Connection 对象,RecordSet 类型,锁定类型…
%>
```

3）使用 OLE DB 连接

使用 OLE DB 可以连接 SQL Server、Microsoft Access 及 Excel 等数据源，下面是使用 OLE DB 连接 Access 数据库的方法及关于该方法的说明。

```
<%
    Set Conn = Server.Createobject("Adodb.Connection")   '创建 ADO DB.Connection 对象
    path = Server.MapPath("/图书销售.accdb ")             '获取要连接的数据库的物理路径
    '依据连接的数据库设置连接字符串
    Conn.ConnectionString = "Provider = Microsoft.Jet.OLEDB.4.0;"&_ "Data Source = "&path
    Conn.Open '打开与数据库的连接
%>
```

9.4.4 动态网页设计实例

下面以图书销售为例编写两个 ASP 实例，第一个实例采用常用方法编写，第二个实例略有不同,使用SQL指令操作数据库,请读者仔细体会两个实例的异同。

【例9-2】 编写动态网页实例一,保存为list_employee1.asp。

其代码如下:

```
<html>
  <head>
      <title>图书销售系统 -- 显示员工姓名</title>
  </head>
  <body>
      <H2 align = "center">以下是员工姓名</H2>
      <p align = "center">
      <br>
      <%
          DbPath = Server.MapPath("图书销售.accdb")
          set conn = server.createobject("Adodb.connection")
                                    <!-- 建立名为 conn 的 connection 对象 -->
          conn.open "driver = {Microsoft Access Driver ( *.accdb)};dbq = " & DbPath
                                    <!-- 调用 connection 对象的 open 方法打开数据库 -->
          set rs = server.createobject("Adodb.recordset")
          sql = "select * from 员工"
          rs.open sql,conn,1,1
          do while not rs.eof
                                      <!-- 开始记录的循环 -->
      %>
      <% = rs("姓名") %>
      </br>
      <%
          rs.movenext
          Loop
          rs.close
          set rs = nothing
          conn.close
          set conn = nothing
      %>
      <br>
</body>
</html>
```

【例9-3】 编写动态网页实例二,保存为list_employee2.asp。

其代码如下:

```
<html>
<head>
       <title>图书销售系统 -- 显示员工姓名</title>
</head>
<body>
       <H2 align = "center">以下是员工姓名</H2>
       <p align = "center">
       <br>
      <%
```

```
            set conn = server.createobject("Adodb.connection")
            <!-- 建立名为 conn 的 connection 对象 -->
            connstr = "DSN = tu_shu;DATABASE = 图书销售.accdb"
            '<!-- 定义通过系统 DSN 方式访问 Access 数据库的字符串 -->
            conn.open connstr
            set rs = conn.execute("select * from 员工")
            <!-- 从数据表"员工"中提取所有数据,放在 rs 里,并指向第一条记录 -->
            do while not rs.eof
            <!-- 开始记录的循环 -->
        %>
         <% = rs("姓名") %>
         </br>
         <%
            rs.movenext
            loop
            rs.close
            set rs = nothing
            conn.close
            set conn = nothing
        %>
        <br>
</body>
</html>
```

将上面两个文件保存到网站所在的物理路径,然后在 IE 地址栏中输入 URL,可以看到上面两个例子的页面显示效果相同,但它们采用的是两种不同的数据库连接方式。

本节向读者分析了 ASP 开发的服务器端动态网页实例,以及在网页中通过应用 ADO 访问数据库的方式,目的在于使读者理解基于 Web 的数据库 B/S 应用模式的概念和框架,感兴趣的读者可以进一步学习相关知识。

9.5 XML 及其应用

9.5.1 XML 概述

XML 即可扩展标记语言(eXtensible Markup Language)。与 HTML 定义数据的显示格式不同,XML 的目的是描述和表达数据。XML 的出现和应用为计算机网络的发展开辟了一个崭新的、广阔的前景,现在,XML 已经成为当前非常重要的技术热点。

1. XML 的发展历程

XML 的前身为 SGML(The Standard Generalized Markup Language),称为通用标识语言。1978 年,ANSI 发布 SGML,1986 年起为 ISO 所采用,并且被广泛地运用在各种大型的文件计划中。SGML 是标记语言的标准,即所有标记语言都依照 SGML 制定,SGML 已经在美国军方及美国航空业使用多年,而 HTML 是标记语言最典型的代表。

随着网络应用的发展,仅仅靠 HTML 单一文件类型来处理千变万化的文档和数据已经远远不能满足网络的需求,而且HTML本身语法不严密,会严重地影响网络信息的传送和共享。而SGML语法的描述太复杂,导致过于庞大,难以理解和学习,进而影响其推广与应用。于是最终选择了"减肥"的SGML——XML作为下一代Web应用的数据传输和交互工具。XML的概念从1995年开始,在1998年2月发布为W3C(万维网联盟)的标准(XML 1.0)。

XML与HTML都源于SGML,有许多共同点,例如语法相似且均使用标记符等。

2. XML与HTML的区别

XML作为一种标记语言,与HTML非常类似,不过XML标签没有被预定义,设计者需要自行定义标签。XML具有自我描述性。XML与HTML的主要区别如下:

① XML与HTML设计的区别。XML被设计用来传输和表达存储数据,其焦点是数据的内容;而HTML被设计用来显示数据,其焦点是数据的外观。

② XML与HTML语法的区别。HTML的标记不是所有的都需要成对出现,XML则要求所有的标记必须成对出现;HTML标记不区分大小写,而XML对大小写是敏感的。

XML不是对HTML的替代,而是对HTML的补充。在大多数Web应用程序中,XML用于表达和传输数据,而HTML用于格式化并显示数据。

3. XML的特点

XML具有以下特点:

① 具有良好的格式。XML文档属于良好格式的文件,XML中的标记一定是成对出现的,例如"<name>张三</name>"。

② 具有验证机制。XML标记是设计者自定义的,标记的定义和使用是否符合语法需要验证。XML有两种验证方法,一种是DTD,它是一个专门文件,用来定义和检验XML文档中的标记;另一种是XML Schema,用XML语法描述,它比DTD的功能更强,可以详细定义元素的内容及属性值的数据类型。

③ 灵活的Web应用。在XML中数据和显示格式分开设计,XML元数据文件为纯数据文件,可以作为数据源向HTML提供显示的内容,显示样式可以随HTML的变化而变化。

④ 丰富的显示样式。XML数据定义打印和显示排版信息主要有3种方法,即用CSS(Cascading Style Sheet)定义打印和显示排版信息,用XSLT转换到HTML进行显示和打印,用XSLT转换成XSL(eXtensible Stylesheet Language)的FO(Formatter Object)进行显示和打印。

⑤ XML是电子数据交换(EDI)的格式。XML是专为互联网的数据交换设计的。

⑥ 便捷的数据处理。XML文档是以文本形式来描述的一种文件格式,使用标记描述数据,可以具体指出开始元素(开始标记)和结束元素(结束标记),在开始和结束元素之间是要表现的元素数据,这就是用元素表现数据的方法。标记可以嵌套,因而可以表现层状或树状的数据集合。XML作为数据库,既具有关系型数据库(二维表)的特点,也具有层状数据库(分层树状)的特点,能够更好地反映现实中的数据结构。XML以文本形式描述,适合于各种平台环境的数据交换。

⑦ 面向对象的特性。XML 的文件是树状结构的,同时也有属性,这非常符合面向对象的编程,而且也体现出对象方式的存储。

⑧ 开放的标准。XML 基于的标准为 Web 进行过优化。

⑨ 选择性更新。通过 XML,数据可以在选择的局部小范围内更新。每当一部分数据变化后,不需要重发整个结构化的数据。变化的部分从服务器发送给客户,不需要刷新整个使用者界面就能够显示出来。

XML 也存在一些缺陷。第一,它是树状存储,虽然搜索效率极高,但是插入和修改数据比较困难;第二,XML 的文本表现手法、标记的符号化等会导致 XML 数据以二进制表现时数据量增加,尤其当数据量很大时效率成为很大的问题;第三,XML 文档没有数据库系统那样完善的管理功能;第四,由于 XML 是元标识语言,任何个人、公司和组织都可以利用它定义新的标准,这些标准间的通信就成了巨大的问题。

4. XML 的作用

XML 具有以下作用:

① XML 可以将 HTML 与数据分离。如果设计者需要在 HTML 文档中显示动态数据,那么每当数据改变时将花费大量时间来编辑 HTML。通过 XML,数据能够存储在独立的 XML 文件中,这样设计者就可以专注于用 HTML 进行布局和显示,并确保修改底层数据不再需要对 HTML 进行任何改变。通过几行简单的程序代码,就可以读取一个外部 XML 文件,然后更新 HTML 中的数据内容。

② 用于交换数据。通过使用 XML,可以在互不兼容的系统间交换数据。

③ 用于数据共享。XML 纯文本格式提供了独立于软/硬件的数据共享解决方案。

④ 可用于存储数据。通过使用 XML,纯文本文件可用于存储数据,也可将 XML 数据存储于文件或数据库之中。

⑤ XML 使数据更有用。由于 XML 独立于硬件、软件以及应用程序,XML 文档中的数据可应用于更多的应用程序,而不仅仅限于 HTML 浏览器。其他的客户端以及应用程序可以将 XML 文件作为数据源来访问。

9.5.2 XML 的语法简介

XML 的语法规则简单、逻辑性强。XML 文档使用自描述方法,一个 XML 文档最基本的构成包括声明、处理指令(可选)和元素。

【例 9-4】 一个简单的 XML 文档实例。

```
<?xml version = "1.0" encoding = "GB2312" standalone = "yes" ?>
<?xml - stylesheet type = "text/xsl" href = "yxfqust.xsl" ?>
<!-- 以下是一个员工名单 -->
<员工名单>
    <员工>
        <工号> 0102 </工号>
        <姓名>张蓝</姓名>
        <职务>总经理</职务>
    </员工>
```

```
    <员工>
        <工号>1101</工号>
        <姓名>王宜淳</姓名>
        <职务>经理</职务>
    </员工>
  <员工>
        <工号>1202</工号>
        <姓名>石破天</姓名>
        <职务>组长</职务>
    </员工>
  </员工名单>
```

在以上代码中,第1行是XML声明,第2行是处理指令,第3行是注释,第4行到第15行是文档的各个元素(XML标记对大小写敏感)。

1. 文档的声明

```
<?XML version="1.0" encoding="GB2312" standalone="yes"?>
```

XML标记说明它是一个XML文档,后面两个属性值表明了它的版本号和编码标准,standalone取yes表明该文件未引用其他外部XML文件。

2. 处理指令

```
<?处理指令名 处理指令信息 ?>
```

例如:

```
<?xml-stylesheet type="text/xsl" href="yxfqust.xsl" ?>
```

3. 注释

```
<!-- 注释内容 -->
```

4. 元素与标记

```
<标记 属性名1="值1"…>数据内容</标记>
```

所有XML元素必须合理包含,且所有XML文档都必须有一个根元素。XML元素可以拥有属性,XML元素的属性以"名字/值"成对出现。XML具体的语法规范要求如下:

① 所有XML元素必须有关闭标签。在HTML中大家经常会看到没有关闭标签的元素,例如:

```
<p>This is a paragraph
```

在XML中,省略关闭标签是非法的,所有元素都必须有关闭标签,例如:

```
<p>This is a paragraph</p>
```

但是要注意"XML声明"不属于XML本身的组成部分,它不是XML元素,因此不需要关闭标签。

② XML 标签对大小写敏感。在 XML 中，标签<Letter>与标签<letter>是不同的，必须使用相同的大小写来编写打开（开始）标签和关闭（结束）标签，例如：

```
<Message>这是错误的.</message>
<message>这是正确的.</message>
```

③ XML 必须正确嵌套。在 HTML 中，大家经常会看到没有正确嵌套的元素，例如下面的例子中展示了根元素“root”内部嵌套子元素“child”和“subchild”的用法。

```
<root>
        <child>
          <subchild>…</subchild>
        </child>
</root>
```

④ 元素的命名规则。在 XML 文档中，元素的命名规则包括元素名称可以包含字母、数字和其他字符；不能以数字或者标点符号开头；不能以 XML（或者 xml、Xml、xMl…）开头；不能包含空格。

5. XML 的属性值

与 HTML 类似，XML 也可拥有属性，在 HTML 和 XML 中，属性用于提供有关元素的额外信息。通常，在 HTML 中属性用起来很方便，但是在 XML 中应该尽量避免使用属性。原因如下：

① 属性不能包含多个值（子元素可以）。

② 属性不容易扩展。

③ 属性不能够描述结构（子元素可以）。

④ 属性很难被程序代码处理。

⑤ 属性值很难通过 DTD 进行测试。

如果信息感觉起来很像数据，那么最好还是使用元素。下面的 3 个 XML 文档展示了数据存储在属性中和元素中的对比情况，读者可以体会几种方式的不同之处。

第一个例子中使用了 date 属性：

```
<note date = "08/08/2008">
<to> Tove </to>
<from> Jani </from>
<heading> Reminder </heading>
<body> Don't forget the meeting!</body>
</note>
```

第二个例子中使用了 date 元素：

```
<note>
<date> 08/08/2008 </date>
<to> Tove </to>
<from> Jani </from>
<heading> Reminder </heading>
```

```
<body>Don't forget the meeting!</body>
</note>
```

第三个例子中使用了扩展的 date 元素(建议使用这种用法):

```
<note>
<date>
    <day>08</day>
    <month>08</month>
    <year>2008</year>
</date>
<to> Tove </to>
<from> Jani </from>
<heading>Reminder</heading>
<body>Don't forget the meeting!</body>
</note>
```

另外,在 XML 中属性值必须加引号。

6. 实体引用

在 XML 中,一些字符有特殊的含义。如果把字符“＜”放在 XML 元素中会发生错误,这是因为解析器会把它当作新元素的开始。例如下面的 XML 语句就因为其中包含了“＜”会产生 XML 错误:

```
<message>if salary < 1000 then</message>
```

为了避免这样的错误,必须使用实体引用来代替＜字符,修改之后的语句如下:

```
<message>if salary &lt; 1000 then</message>
```

在 XML 中有 5 个预定义的实体引用,如表 9.1 所示。

表 9.1 特殊字符与实体引用符的对比关系表

实体引用符	特殊字符	含义	实体引用符	特殊字符	含义
<	＜	小于	'	'	单引号
>	＞	大于	"	"	引号
&	&	和号			

9.5.3 XML 与 Access 的数据交换

XML 目前已经是数据交换的标准,用 XML 标记标识的数据与具体软件无关,因此,XML 可以作为数据交换的平台。例如,Access 中保存的数据可以转换为 XML 格式,也可以将 XML 格式的数据导入到 Access 中。

【例 9-5】 将“图书销售”数据库中的“出版社”表导出为 XML 文档。

其操作步骤如下:

① 进入“图书销售”数据库窗口的表对象界面,选择“出版社”表,然后右击,在快捷菜单中选择“导出|XML 文件”命令,如图 9.22 所示,弹出“导出-XML 文件”对话框。

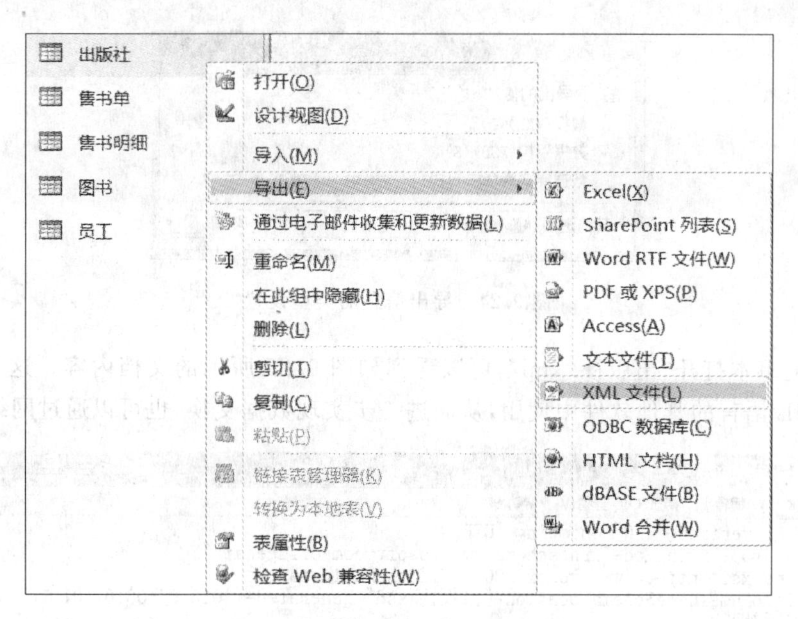

图 9.22 导出为 XML 文件的菜单

② 单击“浏览”按钮可以选择保存 XML 文件的位置，本例的保存路径为“E:\BOOKSALE”，保存文件名为“出版社.xml”，如图 9.23 所示。

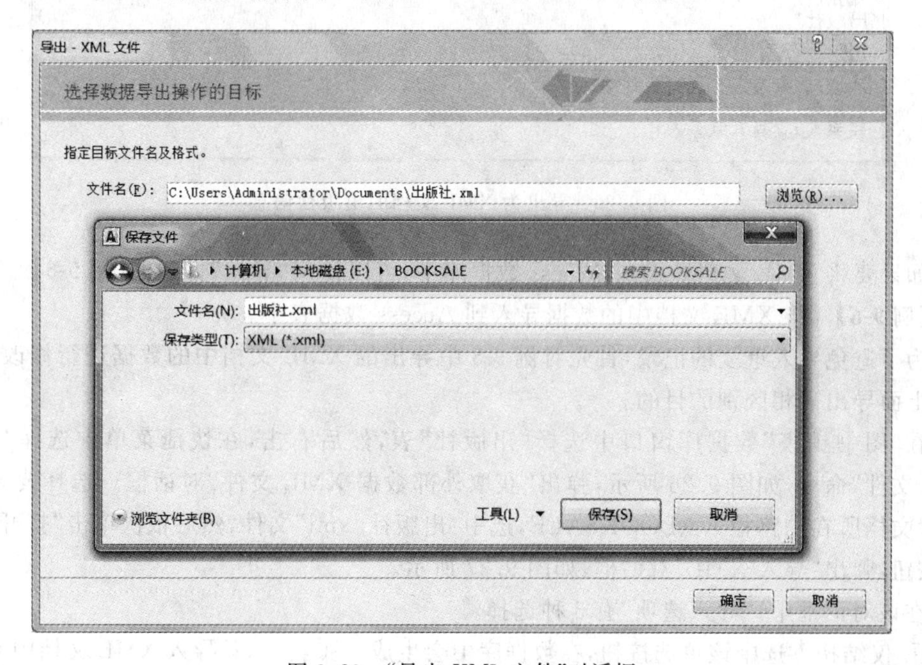

图 9.23 “导出-XML 文件”对话框

③ 设置完路径和文件名后依次单击“保存”、“确定”按钮，弹出如图 9.24 所示的“导出 XML”对话框，其中的 XML 为保存数据的类型，XSD 为保存数据的结构描述，XSL 则为保存导出显示数据的格式化信息。在此选中“数据(XML)”和“数据架构(XSD)”复选框，单击“确定”按钮，保存 XML 文档。

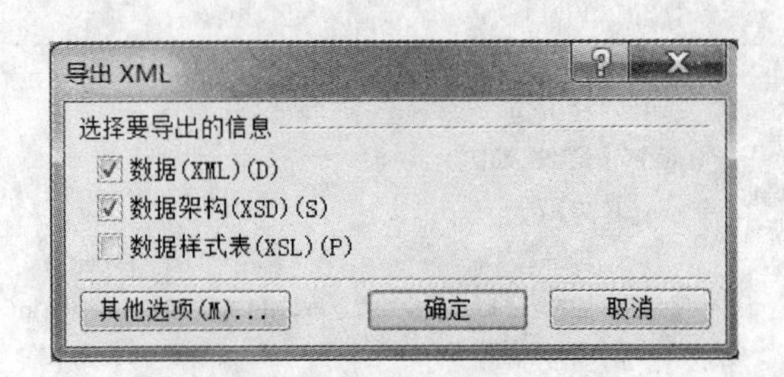

图 9.24 导出信息的类型设置

④ 用记事本打开“出版社.xml”，可以看到如图 9.25 所示的文档内容。这个文档可以在支持 XML 语言的其他软件中使用，从而进一步实现数据交换，也可以通过网络传输。

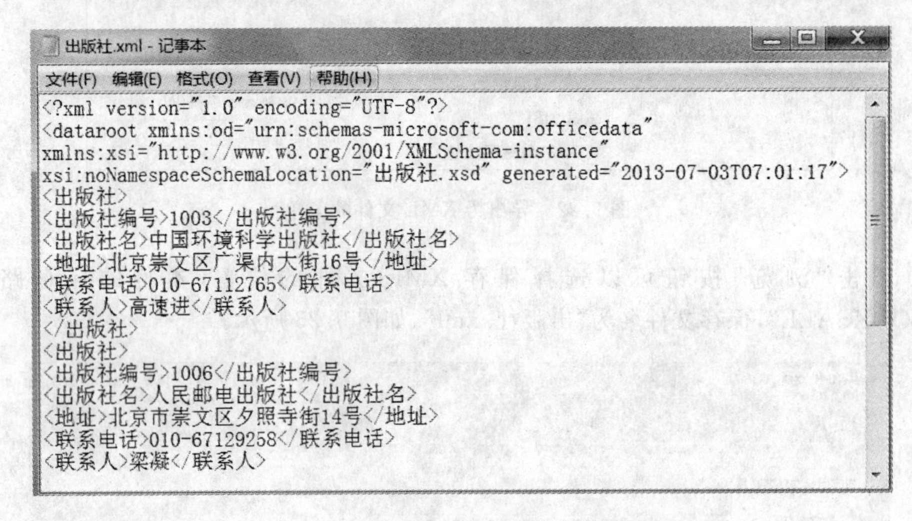


```
<?xml version="1.0" encoding="UTF-8"?>
<dataroot xmlns:od="urn:schemas-microsoft-com:officedata"
xmlns:xsi="http://www.w3.org/2001/XMLSchema-instance"
xsi:noNamespaceSchemaLocation="出版社.xsd" generated="2013-07-03T07:01:17">
<出版社>
<出版社编号>1003</出版社编号>
<出版社名>中国环境科学出版社</出版社名>
<地址>北京崇文区广渠内大街16号</地址>
<联系电话>010-67112765</联系电话>
<联系人>高速进</联系人>
</出版社>
<出版社>
<出版社编号>1006</出版社编号>
<出版社名>人民邮电出版社</出版社名>
<地址>北京市崇文区夕照寺街14号</地址>
<联系电话>010-67129258</联系电话>
<联系人>梁凝</联系人>
```

图 9.25 导出为 XML 文档的出版社信息

如果要将 XML 文档导入到 Access 数据库中，可以使用“导入”方法，见例 9-6。

【例 9-6】 将 XML 文档中的数据导入到 Access 数据表中。

为了避免导入重复的记录，首先对例 9-5 中导出的 XML 文档中的数据进行修改，以达到与上面导出表相区别的目的。

在“图书销售”数据库窗口中选择“出版社”表，然后右击，在快捷菜单中选择“导入|XML 文件”命令，如图 9.26 所示，弹出“获取外部数据-XML 文件”对话框。选择要导入的 XML 文档所在的路径 E:\BOOKSALE，选中“出版社.xml”文件，然后依次单击“打开”、“确定”按钮，弹出“导入 XML”对话框，如图 9.27 所示。

在该对话框中，“导入选项”有 3 种选择。

① 仅结构。选中该单选按钮，在数据库中会生成一张新表，只导入 XML 文档中元素的结构，而不导入数据。

② 结构和数据。选中该单选按钮，在数据库中会添加一个新表，XML 文档结构和数据一起导入到该表中。

③ 将数据追加到现有的表中。选中该单选按钮，将把 XML 文档中的数据追加到数据库的已有表中。

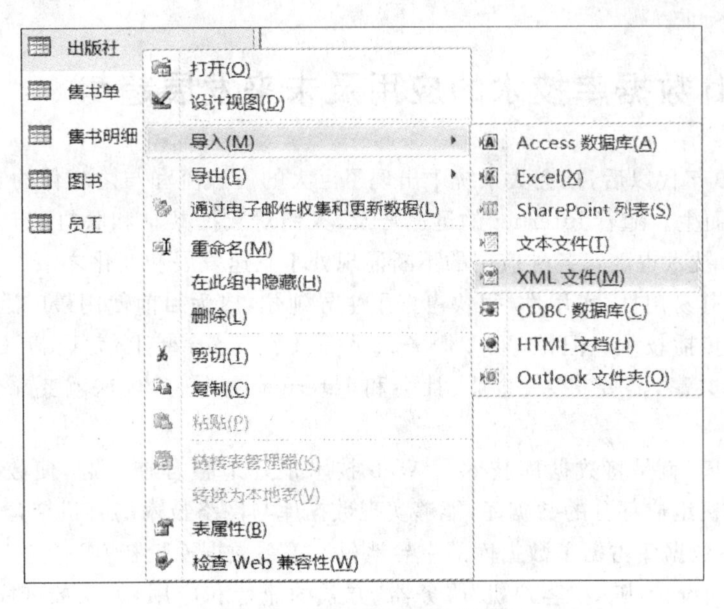

图 9.26　导入 XML 文件的菜单

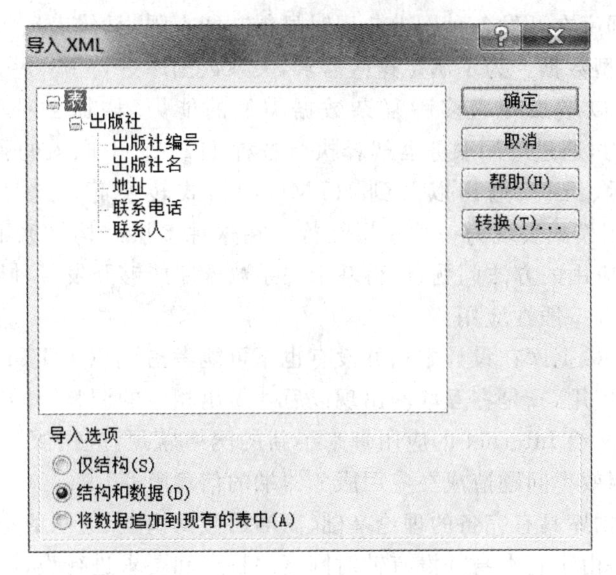

图 9.27　“导入 XML”对话框

在本例中导入选项为“结构和数据”，单击“确定”按钮，在数据库中多了一张新表“出版社 1”，“出版社 1”表的结构和表中的数据如图 9.28 所示。

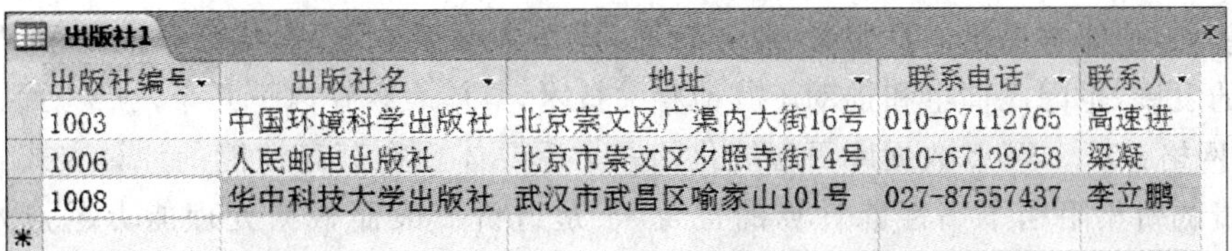

出版社1

出版社编号	出版社名	地址	联系电话	联系人
1003	中国环境科学出版社	北京崇文区广渠内大街16号	010-67112765	高速进
1006	人民邮电出版社	北京市崇文区夕照寺街14号	010-67129258	梁凝
1008	华中科技大学出版社	武汉市武昌区喻家山101号	027-87557437	李立鹏
*				

图 9.28　导入后生成的新表和数据

9.6 Web数据库技术的应用及未来发展趋势

20世纪70年代以后,社会大系统中出现了巨大的信息流和与之相伴的宏大数据流,数据库技术应运而生。随着Internet的迅速普及,人们对数据共享和联机实时处理的要求越来越高,数据库技术也随着各种应用的不断涌现处于飞速发展和变化之中。

Web由于其易用性、实用性,很快占据了主导地位,成为目前使用最广泛、最有前途、最有魅力的信息传播技术。但是,Web服务只是提供了Internet上信息交互的平台,要想实现真正的互联共享,需要将人、企业、社会和Internet融为一体,这就要靠信息化应用的实现。

Web数据库,就是将数据库技术与Web技术很好地融合在一起,使数据库系统成为Web的重要有机组成部分的数据库,能够实现数据库与网络技术的有机结合。

目前,关系数据库占据了数据库的主导地位。关系数据库最初基于"主机/终端"方式的大型机的应用而设计,随着"客户机/服务器"方式的流行和应用,关系数据库又经历了"C/S"时代,并获得了极大的发展。随着Internet的普及,由于Internet上信息资源的复杂性和不规范性,关系数据库在开发各种网上应用时显得功能有限,具体表现为无法管理网上复杂的文档型和多媒体型数据。为了满足这些需求,关系数据库进行了一些适应性调整,例如增加了面向对象成分以增加处理多种复杂数据类型的能力,增加各种中间件以扩展基于Internet的应用能力,通过应用服务器解释执行各种HTML中嵌入的脚本来解决Internet应用中数据的显示、维护、输出以及到HTML的格式转换等。此时,关系数据库基于Internet的典型应用模式表现为一种多层结构。在这种多层结构体系下,关系数据库解决了数据库Internet应用的方法问题,使得基于关系数据库能够开发各种网上数据的发布、检索、维护、数据管理等一般性应用。

但是,由于关系数据库在设计之初并没有也不可能考虑到以HTTP为基础、以HTML为文件格式的网络应用,只是在互联网出现以后才做出相应的调整。同时,关系数据库基于中间件的解决方案又给Internet的应用带来了新的网络瓶颈,应用服务器由于要和数据库服务器频繁交互,因效率问题造成在应用服务器端的信息阻塞。

虽然关系型数据库具有完备的理论基础、简洁的数据模型、透明的查询语言和方便的操作方法等优点,但是由于它本身并没有针对网络的特点和要求进行设计,因此并不是非常适用于网络环境。鉴于此,应该研究开发新的数据库技术,从一开始就考虑Web的信息和结构特点,使数据库真正能和Web融为一体。

当今,数据库要管理的数据的复杂度和数量呈爆炸式增长,数据库的应用也在不断往深度和广度方向发展,企业对信息化处理提出了更高的要求,要求数据库除了具有传统的数据处理功能外,还能够提供信息服务、业务管理,甚至是知识决策,这些因素推动了Web数据库技术的发展,也因此催生和推动了其他相关技术,具体表现在以下几个发展方面:

① 网格计算。Web数据库更智能化的一个重要体现在其高性能的计算方式。超级计算机昂贵的价格阻挡了高性能计算的普及,于是造价低廉而数据处理能力超强的计算方式——网格计算应运而生。

网格是一个集成的计算机与资源环境,它能利用互联网把地理上广泛分布的各种网络资源连成一个逻辑整体，就像一台超级计算机一样，并将它们转化为一种随处可得的、可靠的、标准的、经济的计算能力，为用户提供一体化信息和应用服务。网格计算通过利用大量异构计算机的未用资源，将其作为嵌入到分布式电信基础设施中的一个虚拟的计算机集群，为解决大规模的计算问题提供了一个模型。

网格计算将是Web数据库技术发展的大趋势之一，目前受到众多厂商青睐，例如IBM、Oracle、惠普科技、Sun等。

② 云数据库。随着云计算的兴起，非关系型的数据库成为新的研究领域，其产品近年来的发展非常迅速。由于传统的关系型数据库无法应对这些复杂的数据形式，且关系型数据库的各项约束规则束缚了数据库系统的发展，所以，此时的云端需要一个更强大的、能够让多台计算机一起运行的数据库系统保存用户所有的数据，这样的数据库称为"云数据库"。云数据库的主要特点是非关系、分布式、水平可扩展，非常适合用于云计算中海量数据的处理。目前，云数据库市场主要有Google的Britablc、Amazon的Simpledb、AppJet的AppJet数据库以及Oracle的Berkely DB等新型产品。"云"是目前非常热门的研究方向之一，工业和信息化部正在制定云计算的相关标准，相信在不久的将来云计算势必会掀起一片产业浪潮，作为云计算发展的"基础配套设施"，云数据库也会获得快速发展。

③ 数据挖掘。数据库在事务处理领域极为成功，但是随着网络的发展，数据呈爆炸式增长，人们进一步希望计算机能用来分析数据和理解数据，帮助用户基于丰富的数据做出决策，这就引起了数据挖掘技术的蓬勃发展。数据挖掘是从大量的数据中自动搜索隐藏于其中的有意义的信息的过程。目前，数据挖掘在多个方面得到了广泛应用，例如对网络用户的访问行为进行跟踪，了解用户的喜好，改进为用户服务的支持，提高访问效率和网络资源的安全性等。

④ 大数据理论。随着计算机和网络技术全面融入社会生活，信息爆炸已经积累到了开始引发变革的程度，"大数据"概念应运而生。根据IDC监测，人类产生的数据量呈指数级增长，大约每两年翻一番，这个速度在2020年之前会继续保持下去，这意味着人类在最近两年产生的数据量相当于之前产生的所有数据量。

大量新数据源的出现引发了非结构化、半结构化数据呈爆发式增长。大数据具备4V特征，即大量化（Volume）、多样化（Variety）、快速化（Velocity）、价值低密度化（Value），这是"大数据"的显著特征。

"大数据"对现有数据库技术提出了严峻的挑战。传统的数据库部署不能处理TB级别的数据，也不能很好地支持高级别的数据分析，急速膨胀的数据体量即将超越传统数据库的管理能力。经典数据库技术并没有考虑数据的多样化（Variety），SQL在设计之初也没有考虑非结构化数据。传统数据对实时处理的要求并不高，对实时处理的要求是区别大数据应用和传统数据仓库技术的关键因素之一。

2012年3月，美国政府在白宫网站上发布了《大数据研究和发展倡议》，同时宣布投资两亿美元拉动大数据相关产业的发展，将"大数据战略"上升为国家意识。

随着互联网的快速发展，我国电子商务企业纷纷组建了数据分析部门，大数据理论和应用问题也受到了我国政府和学者的普遍重视。

另外，结合Web应用的特点，Web数据库技术的发展要解决处理大量非结构化数据和整合多种异构数据库系统的问题。

在信息社会,信息可以划分为两大类,一类信息能够用统一的数据结构加以表示,称之为结构化数据,例如数字、字符;而另一类信息无法用数字或统一的结构表示,称之为非结构化数据,例如文档、图像、声音、网页等。结构化数据属于非结构化数据的特例。

网络技术的发展使得非结构化数据的数量日益增加。主要用于管理结构化数据的关系数据库的局限性暴露得越来越明显,因而数据库技术相应地进入了"后关系数据库时代",数据库的发展进入基于网络应用的非结构化数据库时代。目前,我国和其他国家都展开了对非结构化数据库的研究开发,完全基于 Internet 应用的非结构化数据库将成为继层次数据库、网状数据库和关系数据库之后的又一个重要的数据库技术。

本章小结

本章和本书的目标并不是向读者完整地介绍网页设计和网站开发,对于学习计算机数据库信息管理和处理的读者来说,有必要对目前在网络环境下的数据库应用的方式有初步的认识和了解,而基于 Web 的 B/S 模式是当前数据库应用的主要模式之一。因此,本章结合 Access 介绍了网络的 Web 应用以及数据库作为服务器的应用体系框架。读者若对 Web 应用和网站开发感兴趣,可以学习 HTML、脚本语言、ASP、JSP 等其他知识。

本章介绍了 Web 数据库及其应用的基础知识。首先分析了数据库应用的基本模式,目前主要是基于网络的 C/S、B/S 模式等。

针对 B/S 应用模式,介绍了 Web 应用的概念、HTML 标记语言的作用、超文本和超媒体、HTTP 协议、Web 的工作原理、客户端动态网页技术、服务器端动态网页技术,还介绍了 IIS 的安装和设置、ASP 的配置和 Web 站点的设置等,并基于 Web 的典型开发模式(ASP+IIS+Access),通过实例分析 IIS 环境下 ASP 访问 Access 的方法,介绍了数据库访问技术的一些基本知识。

由于 XML 技术已经成为信息表示和传输的重要技术,本章简要介绍了 XML 的概念和应用特点,并通过实例展示了 XML 文档和 Access 数据库间数据的交换过程。最后,对数据库的最新应用领域及未来发展趋势进行了总结归纳。

思考题

1. 简述 C/S、B/S 模式的差别。
2. 简述客户端动态网页的执行机理。
3. 简述 ASP、PHP 和 JSP 这 3 种编程工具的主要差别。
4. 简述 ODBC 和 ADO 两种数据库连接技术的特点。
5. 什么是脚本语言? 什么是程序设计语言? 二者有何差别?
6. 为什么说 XML 文档可以作为数据源文件使用?
7. 什么是结构化数据? 什么是半结构化数据? 什么是非结构化数据? 各有何特点?
8. 如何利用"大数据"为互联网用户提供服务,试举例说明。

第10章 数据库的安全管理

数据库系统作为信息的聚集体，是计算机信息系统的核心部件，其安全性至关重要，必须有效地保证数据库系统的安全，实现数据的保密性、完整性和有效性。本章介绍 Access 2010 提供的安全功能，并说明如何使用 Access 提供的工具来实现数据库的安全。

10.1 Access 安全管理概述

10.1.1 Access 2010 新增的安全功能

Access 2010 提供了经过改进的安全模型，该模型有助于简化将安全性应用于数据库以及打开已启用安全性的数据库的过程。相对于早期版本，Access 2010 的安全功能有了显著的提高，并且在一定程度上简化了安全操作。Access 2010 主要新增了以下安全功能：

1. 在不启用数据库内容时也能查看数据

在 Access 2003 中，如果将安全级别设置为"高"，则必须先对数据库进行代码签名并信任数据库，然后才能查看数据。在 Access 2010 中则可以查看数据，而无须决定是否信任数据库。

2. 更高的易用性

如果将数据库文件（新的 Access 文件格式或早期文件格式）放在受信任位置（例如指定为安全位置的文件夹或网络共享），那么这些文件将被直接打开并运行，而不会显示警告消息或要求用户启用任何禁用的内容。此外，如果在 Access 2010 中打开由早期版本的 Access 创建的数据库（例如.mdb 或 .mde 文件），并且这些数据库已进行了数字签名，而且用户已选择信任发布者，那么系统将运行这些文件而不需要决定是否信任它们。但是，签名数据库中的 VBA 代码只有在用户选择信任发布者后才能运行。另外，如果数字签名无效，代码也不会运行。如果签名者以外的其他人篡改了数据库内容，签名将变得无效。

3. 信任中心

信任中心是一个安全设置窗口，用于对 Access 的安全功能进行集中设置。使用信任中心可以为 Access 创建或更改受信任位置并设置安全选项，在 Access 实例中打开新的或现有的数据库时，这些设置将影响它们的行为。信任中心包含的功能还可以评估数据库中的组件，确定打开数据库是否安全。

4. 更少的警告消息

早期版本的 Access 在遇到安全问题时(例如宏安全性和沙盒模式)会强制用户处理各种警报消息。如果在 Access 2010 中打开一个非信任的.accdb 文件，并且该数据库中包含一个或多个禁用的数据库内容(例如添加、删除或更改数据等动作查询、宏、ActiveX 控件、计算结果为单个值的函数以及 VBA 代码等)时，用户将只看到一个安全警告的“消息栏”。若要信任该数据库，可以使用消息栏来启用任何被禁用的数据库内容。

5. 用于签名和分发数据库文件的新方法

在 Access 2007 之前的 Access 版本中，使用 Visual Basic 编辑器将安全证书应用于各个数据库组件。现在，用户可以直接将数据库打包，然后签名并分发该包。如果将数据库从签名的包中解压缩到受信任位置，则数据库将打开而不会显示消息栏。如果将数据库从签名的包中解压缩到不受信任位置，但用户信任包证书并且签名有效，则数据库将打开而不会显示消息栏。但是当用户打包并签名不受信任或包含无效数字签名的数据库时，如果没有将它放在受信任的位置，则必须在每次打开它时使用消息栏来表示信任该数据库。

6. 使用更强的算法来增强数据库密码功能

Access 2010 使用更强的算法来加密使用数据库密码功能的.accdb 文件数据库。加密数据库将打乱表中的数据，有助于防止不请自来的用户读取数据。

7. 新增了一个在禁用数据库时运行的宏操作子类

该版本新增了一个在禁用数据库时运行的宏操作子类，这些更安全的宏还包含错误处理功能，用户可以直接将宏(即使宏中包含 Access 禁止的操作)嵌入任何窗体、报表或控件属性。

另外，对于以新文件格式(.accdb 和.accde 文件)创建的数据库，Access 不提供用户级安全。但是，如果在 Access 2010 中打开由早期版本的 Access 创建的数据库，并且该数据库应用了用户级安全，那么这些设置仍然有效。如果将具有用户级安全的早期版本的 Access 数据库转换为新的文件格式，则 Access 将自动去除所有安全设置，并应用保护.accdb 或.accde 文件的规则。使用用户级安全功能创建的权限不会阻止具有恶意的用户访问数据库，因此不应用作安全屏障。此功能适用于提高受信任用户对数据库的使用。

10.1.2 Access 安全体系结构

Access 数据库是由一组对象(表、窗体、查询、宏、报表等)构成的，这些对象必须相互配合才能发挥作用。例如，当创建数据输入窗体时，如果不将窗体中的控件绑定(链接)到表，就无法用该窗体输入或存储数据。

在 Access 中，有几个组件会造成安全风险，因此对于不受信任的数据库要禁用这些组件。这些组件包括动作查询(用于插入、删除或更改数据的查询)、宏、一些表达式(返回单个值的函数)、VBA 代码。

为了确保数据更加安全,每当用户打开数据库时,Access 和信任中心都会执行一系列安全检查。此过程如下:

在打开.accdb 或.accde 文件时,Access 会将数据库的位置提交到信任中心。如果信任中心确定该位置受信任,则数据库将以完整的功能运行。如果打开早期版本的文件格式的数据库,则 Access 将文件位置和有关文件的数字签名(如果有)的详细信息提交到信任中心。信任中心将审核"证据",评估该数据库是否值得信任,然后通知 Access 如何打开数据库。Access 或者禁用数据库,或者打开具有完整功能的数据库。用户在信任中心选择的设置将控制 Access 在打开数据库时做出的信任决定。

如果信任中心禁用数据库内容,则在打开数据库时将出现消息栏,如图 10.1 所示。

图 10.1　"安全警告"消息栏

若要启用数据库内容,可以在"文件"菜单中选择"选项"命令,然后在弹出的"Access 选项"对话框中选择相应的选项。Access 将启用已禁用的内容,并重新打开具有完整功能的数据库,否则禁用的组件将不工作。如果打开的数据库是以早期版本的文件格式(.mdb 或.mde 文件)创建的,并且该数据库未签名且未受信任,在默认情况下,Access 将禁用任何可执行内容。

如果不启用被禁用的内容,Access 会在禁用模式(即关闭所有可执行内容)下打开该数据库,而不管数据库文件格式如何。在禁用模式下,Access 会禁用下列组件:

① VBA 代码和 VBA 代码中的任何引用,以及任何不安全的表达式。

② 所有宏中的不安全操作。"不安全"操作是指可能允许用户修改数据库或对数据库以外的资源获得访问权限的任何操作。但是,Access 禁用的操作有时可以被视为是"安全"的。例如,如果信任数据库的创建者,则可以信任任何不安全的宏操作。

③ 几种查询类型:

- 动作查询。动作查询用于添加、更新和删除数据。
- 数据定义语言(DDL)查询。数据定义语言查询用于创建或更改数据库中的对象,例如表和过程。
- SQL 传递查询。该种查询用于直接向支持开放式数据库连接(ODBC)标准的数据库服务器发送命令,SQL 传递查询在不涉及 Access 数据库引擎的情况下处理服务器上的表。
- ActiveX 控件。

数据库打开时,Access 可能会尝试载入加载项(用于扩展 Access 或打开的数据库的功能的程序)。用户可能还要运行向导,以便在打开的数据库中创建对象。在载入加载项或启动向导时,Access 会将证据传递到信任中心,信任中心将做出其他信任决定,并启用或禁用对象或操作。如果信任中心禁用数据库,而用户不同意该决定,那么可以使用消息栏来启用相应的内容。加载项是该规则的一个例外,如果在信任中心的"加载项"窗格中选中"要求受信任发行者签署应用程序扩展"复选框,则 Access 将提示用户启用加载项,但该过程不涉及消息栏。

10.2 信任中心

在 Access 2010 提供的信任中心可以设置数据库的安全和隐私保护功能。

10.2.1 使用受信任位置中的数据库

将 Access 数据库放在受信任位置时，所有 VBA 代码、宏和安全表达式都会在数据库打开时运行，用户不必在数据库打开时做出信任决定。

使用受信任位置中的 Access 数据库的过程大致分为下面几个步骤：

① 使用信任中心查找或创建受信任位置。

② 将 Access 数据库保存、移动或复制到受信任位置。

③ 打开并使用数据库。

以下内容介绍了如何查找或创建受信任位置，然后将数据库添加到该位置。

① 启动 Access 2010，在“文件”菜单中选择“选项”命令，弹出“Access 选项”对话框，然后在左侧选择“信任中心”选项，如图 10.2 所示。

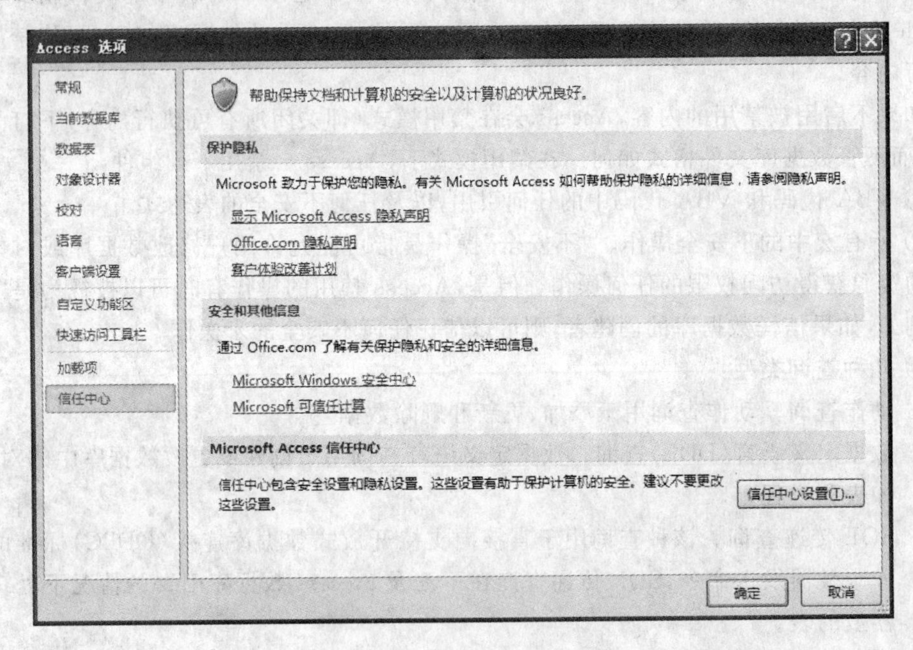

图 10.2 “Access 选项”对话框

② 单击“信任中心设置”按钮，弹出“信任中心”对话框，如图 10.3 所示。

③ 选择左侧的“受信任位置”选项，然后在右侧对当前的受信任位置进行修改，也可以添加新的受信任位置，或者删除现有的受信任位置，如图 10.4 所示。

④ 在信任位置设置完毕后，用户可以将数据库文件移动或复制到受信任位置，之后打开这些受信任位置的文件时就不必再做出信任决定了。

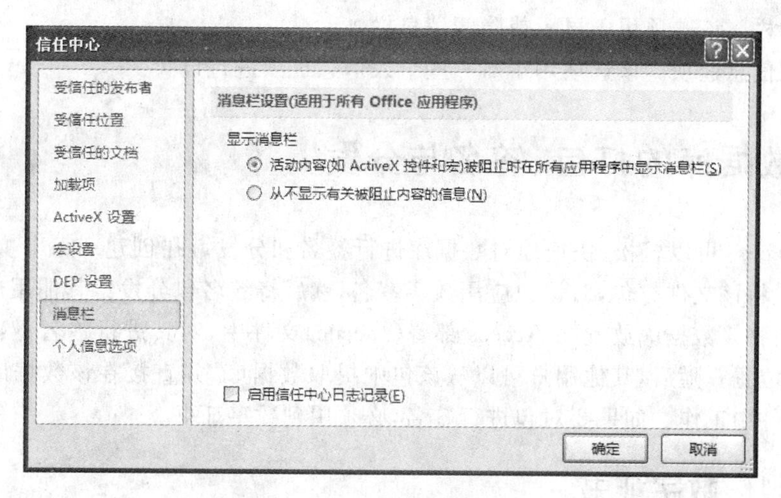

图 10.3　“信任中心”对话框

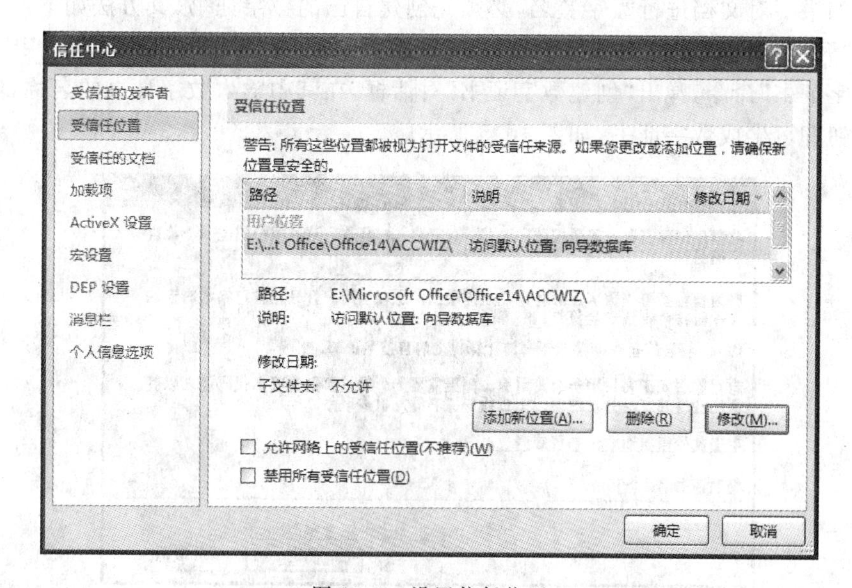

图 10.4　设置信任位置

10.2.2　信任中心的其他功能

在信任中心除了可以设置受信任位置以外，还可以通过“信任中心”对话框左侧的其他选项设置其他相应的安全功能。这些功能如下：

① 受信任的发布者。该选项用于生成使用者信任的代码项目发布人的列表。

② 受信任的文档。该选项用于管理 Office 程序与活动内容的交互方式。

③ 加载项。选择加载项是否需要数字签名，或者是否禁用加载项。

④ ActiveX 设置。该选项用于管理 Office 程序中的 ActiveX 控件的安全提示。

⑤ 宏设置。该选项用于启用或禁止 Office 程序中的宏。

⑥ DEP 设置。该选项用于启用或禁止数据执行保护模式(DEP)，它是一套软/硬件技术，能够在内存上执行额外检查以防止在系统上运行恶意代码。

⑦ 消息栏。该选项用于显示或隐藏消息栏。

⑧ 个人信息选项。该选项用于对一些个人信息选项进行设置。

10.3 数据库的打包、签名与分发

使用 Access 可以轻松、快速地对数据库进行签名和分发。在创建. accdb 文件或. accde 文件后,可以将该文件打包,对该包应用数字签名,然后将签名包分发给其他用户。“打包并签署”工具会将该数据库放置在 Access 部署(. accdc)文件中,对其进行签名,然后将签名包放在指定的位置。随后,其他用户可以从该包中提取数据库,并直接在该数据库中工作,而不是在包文件中工作。如果要对包进行签名,必须用到数字证书。

10.3.1 数字证书

用户如果要对文档进行数字签名,必须先创建自己的数字证书,其方法如下:

单击“开始”按钮,选择“所有程序|Microsoft Office|Microsoft Office 2010 工具|VBA 工程的数字证书”命令,弹出“创建数字证书”对话框,在其中输入数字证书的名称,然后单击“确定”按钮即可生成数字证书,如图 10.5 所示。

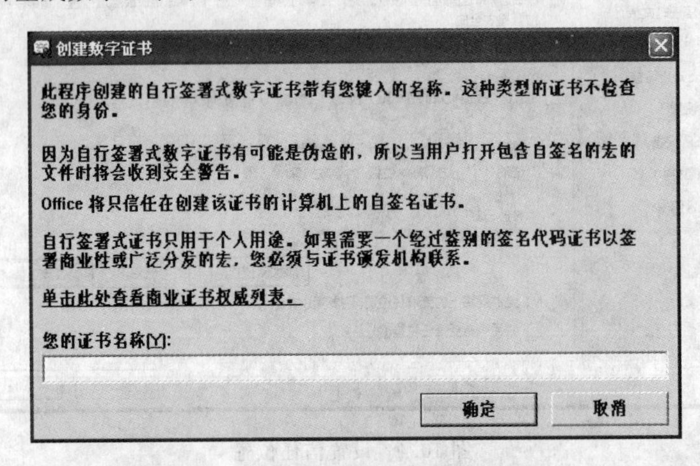

图 10.5 创建数字证书

10.3.2 创建签名包

创建签名包的意义在于保证数据库的完整性,即打开被签名的数据库时能够确定该数据库与其被签名时是完全相同的,没有被篡改过。

【例 10-1】 对“图书销售”数据库进行签名打包。

首先根据 10.3.1 节中的方法创建一个用于对“图书销售”数据库进行签名的数字证书,保存为“图书销售证书”。

然后打开“图书销售”数据库,在“文件”菜单中选择“保存并发布”命令,然后在“高级”下单击“打包并签署”选项,将弹出“选择证书”对话框,如图 10.6 所示。

选择数字证书,然后单击“确定”铵扭,将弹出“创建 Microsoft Office Access 签名包”对

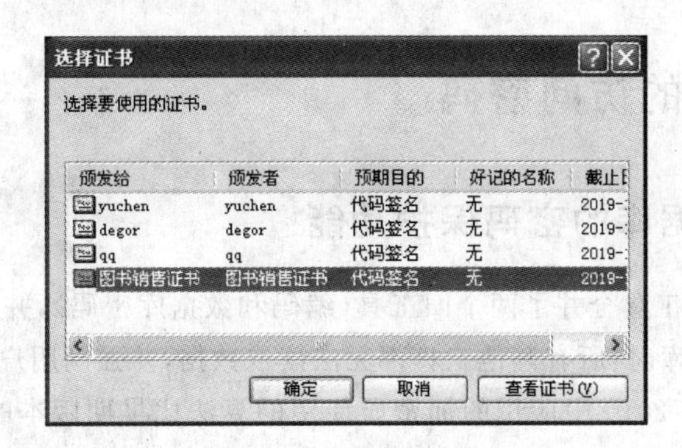

图 10.6 “选择证书”对话框

话框。在“保存位置”下拉列表框中为签名的数据库包选择一个位置，在“文件名”文本框中为签名包输入名称，然后单击“创建”按钮，Access 将创建.accdc 文件并将其放置在设定的位置。

10.3.3 提取并使用签名包

在提取签名包时，如果该包没有被破坏或篡改，则可以正常打开。

【例 10-2】 从“图书销售.accdc”中提取“图书销售”数据库。

双击“图书销售.accdc”，如果选择了信任用于签名的安全证书（可在信任中心的“受信任的发布者”列表中查看），则会弹出“将数据库提取到”对话框，否则会弹出“Microsoft Access 安全声明”对话框，如图 10.7 所示。

如果信任该数据库，单击“打开”按钮。如果信任来自提供者的任何证书，可单击“信任来自发布者的所有内容”，此时将弹出“将数据库提取到”对话框。另外，还可以在“保存位置”下拉列表框中为提取的数据库选择一个位置，然后在“文件名”文本框中为提取的数据库输入其他名称，最后单击“确定”按钮。

注意：如果在遇到安全声明时单击了“信任来自发布者的所有内容”按钮，则“图书销售证书”将被添加到信任中心的“受信任的发布者”列表中。

另外，如果“图书销售.accdc”在打开之前被修改过（例如用写字板将该文件打开，并对其进行修改后保存），则打开时会弹出一个安全声明对话框，表明该文件已经被破坏，无法打开，如图 10.8 所示。

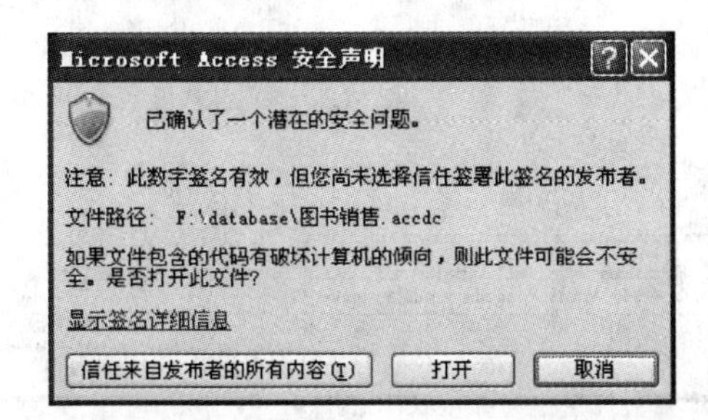

图 10.7 “Microsoft Access 安全声明”对话框

图 10.8 签名验证失败声明

10.4 数据库的访问密码

10.4.1 数据库的密码保护功能

Access 中的加密工具合并了两个旧工具(编码和数据库密码),并加以改进。在使用数据库密码来加密数据库时,所有其他工具都无法读取数据,并强制用户必须输入密码才能使用数据库。在 Access 2010 中应用的加密所使用的算法比早期版本的 Access 使用的算法更强。

【例 10-3】 为“图书销售”数据库添加密码保护。

如果要为数据库设置密码,必须保证数据库以独占方式打开,否则 Access 会弹出对话框加以提示,如图 10.9 所示。

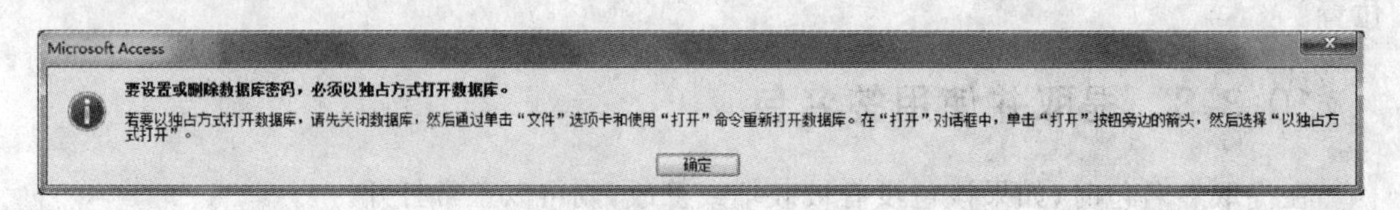

图 10.9 以独占方式打开数据库提示对话框

首先运行 Access 2010,进入 Backstage 视图中,选择“打开”命令,在弹出的“打开”对话框中通过浏览找到“图书销售”数据库,然后选择文件,并单击“打开”按钮旁边的下三角按扭,选择“以独占方式打开”命令,如图 10.10 所示。

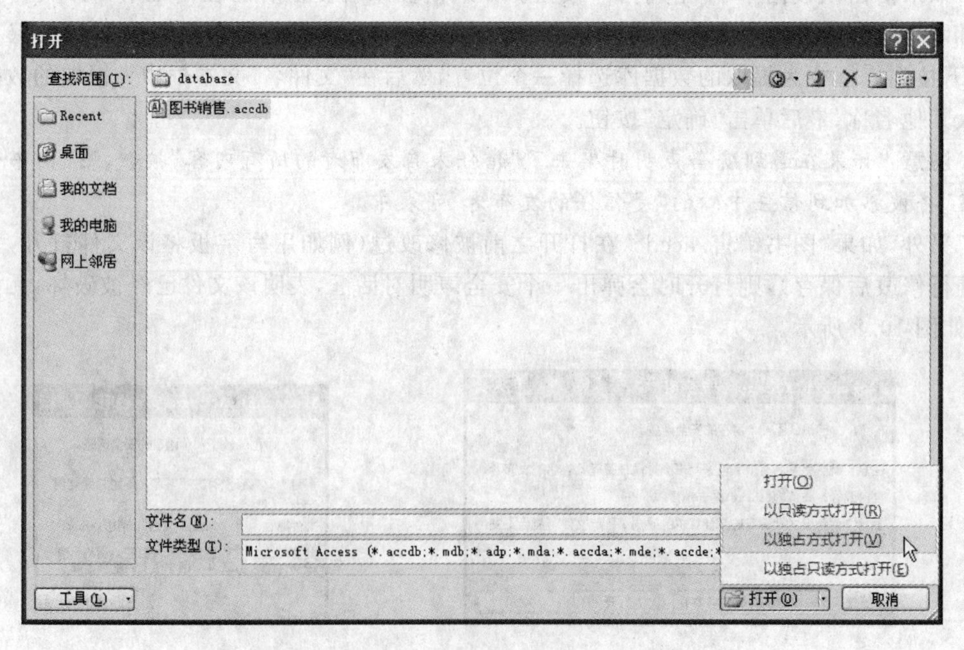

图 10.10 以独占方式打开数据库文件

然后选择“文件”选项卡，进入当前数据库的 Backstage 视图。选择“信息”命令，并单击“用密码进行加密”按钮，弹出“设置数据库密码”对话框，如图 10.11 所示。在“密码”文本框中输入密码，然后在“验证”文本框中再次输入该密码，最后单击“确定”按钮，这样就为当前数据库设置了密码。

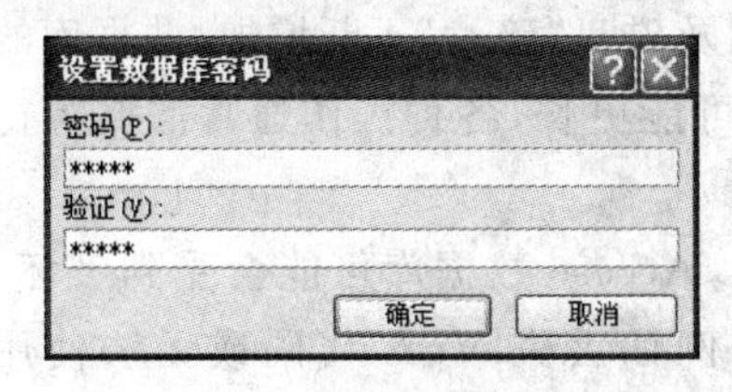

图 10.11 设置数据库密码

需要注意，密码可以包含字母、数字、空格和特别符号的任意组合，最长为 20 个字符。密码区分大小写，如果定义密码时混合使用了大小写字母，用户输入密码时的大小写形式必须与定义时完全一致。如果忘记了密码，将无法打开访问受密码保护的文件。

密码有“强密码”、“弱密码”之分，同时使用包含大小写字母、数字和符号的密码为强密码，弱密码不混合使用这些元素。例如，Y6dh! et5 是强密码，House27 是弱密码。

一般情况下，可以定义便于记忆的强密码，密码长度应大于或等于 8 个字符，最好使用包括 14 个或更多个字符的密码。

记住密码很重要，如果忘记了密码，Microsoft 将无法找回。最好将密码记录下来，保存在一个安全的地方，这个地方应该尽量远离密码所要保护的信息。

当要打开一个被加密的数据库时，会弹出“要求输入密码”对话框，这时在“输入数据库密码”文本框中输入正确的密码，然后单击“确定”按钮，即可打开该数据库文件。

10.4.2 撤销密码和修改密码

如果用户想撤销已经定义了密码的数据库中的密码，必须以独占方式打开该数据库，然后选择“文件”选项卡进入当前数据库的 Backstage 视图，接着选择“信息”命令进入其页面，并单击“解密数据库”按钮，此时会弹出如图 10.12 所示的“撤销数据库密码”对话框。在其中输入正确的密码，然后单击“确定”按钮，则撤销生效。

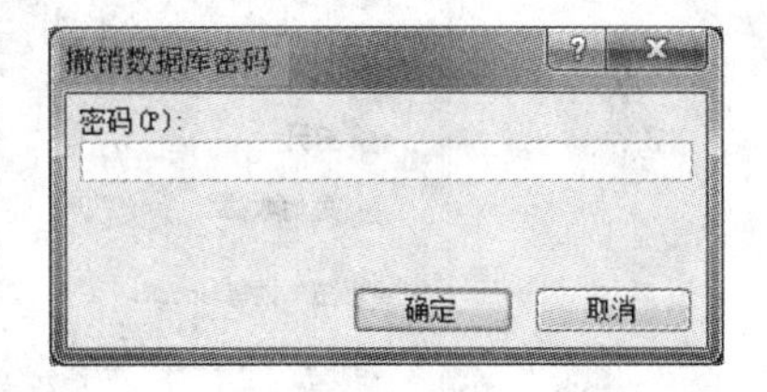

图 10.12 “撤销数据库密码”对话框

Access 没有直接修改密码的界面，因此，如果要修改密码，用户必须用上面的方法先撤销密码，然后重新设置新的密码。

10.5 数据库的压缩和修复

为了确保实现 Microsoft Access 文件的最佳性能，我们应该定期对 Microsoft Access 文件进行压缩和修复。而且当 Microsoft Access 文件在使用过程中发生了严重的错误时，同样能使用“压缩和修复数据库”功能恢复 Microsoft Access 文件。

10.5.1 压缩和修复数据库的原因

数据库文件在使用过程中会不断变大，其原因是多方面的。数据库中的记录数量增加是其中一个原因,但还有许多其他方面的原因。例如,Access会创建临时的隐藏对象来完成各种任务,当不再需要这些临时对象时仍将它们保留在数据库中。另外,在删除数据库对象时,系统不会自动回收该对象所占用的磁盘空间,因此尽管数据对象被删除了,但数据库文件仍然占用着这些磁盘空间,形成磁盘"碎片"。

基于这些原因,随着数据库文件中遗留的临时对象以及磁盘"碎片"不断增加,数据库的性能会逐渐降低,打开对象的速度更慢,查询的执行时间可能更长,各种操作通常需要等待更长的时间。

另外,如果在数据库使用期间发生掉电、死机等故障,Access数据库可能会受到破坏。同时,VBA模块的不完善也可能导致数据库设计受损,例如丢失VBA代码或无法使用窗体。

因此,为了确保数据库的最佳性能,应该定期进行压缩和修复数据库的操作。

10.5.2 压缩和修复数据库的操作

由于在数据库的修复过程中,Access有可能会截断已损坏表中的某些数据,因此应尽可能先对数据库进行备份,然后再执行压缩与修复操作。

打开数据库文件,选择"文件"选项卡进入Backstage视图,然后选择"信息"命令,再单击"压缩和修复数据库"按钮,即可完成对当前文件的压缩和修复操作,如图10.13所示。

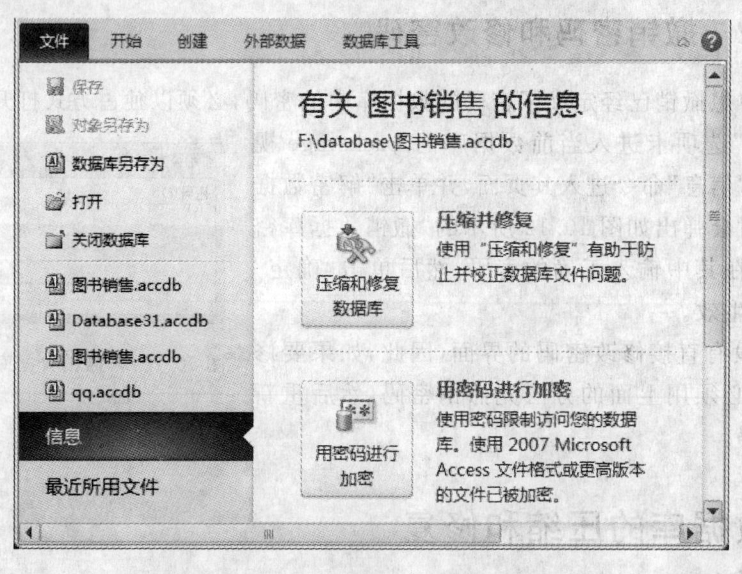

图 10.13 压缩和修复已打开的数据库

用户也可以通过相应的设置使得Access在关闭数据库时自动进行压缩和修复操作。在"文件"下选择"选项"命令,弹出"Access选项"对话框,然后在左侧选择"当前数据库"选项,在右侧的"应用程序选项"下选中"关闭时压缩"复选框,如图10.14所示,单击"确定"按钮即可。

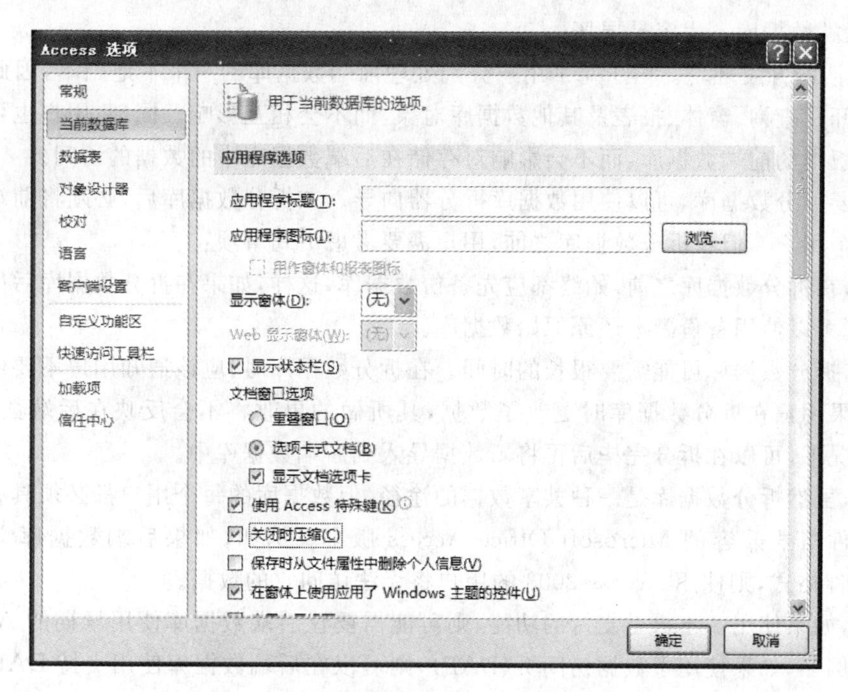

图 10.14 设置关闭数据库时自动执行压缩和修复

10.6 拆分数据库

如果数据库由多位用户通过网络共享,则应考虑对其进行拆分。拆分共享数据库不仅有助于提高数据库的性能,还能降低数据库文件损坏的风险。

10.6.1 拆分数据库概述

在拆分数据库时,数据库将被重新组织成两个文件,即后端数据库和前端数据库。其中,后端数据库包含各个数据表,前端数据库包含查询、窗体和报表等所有其他数据库对象。每个用户都使用前端数据库的本地副本进行数据交互。

拆分数据库具有以下优点:

① 提高性能。拆分数据库通常可以极大地提高数据库的性能,因为拆分后在网络上传输的将仅仅是数据。而在未拆分的共享数据库中,在网络上传输的不仅仅是数据,还有表、查询、窗体、报表、宏和模块等数据库对象。

② 提高可用性。由于只有数据在网络上传输,因此可以迅速地完成记录的编辑等数据库事务,从而提高了数据的可编辑性。

③ 增强安全性。如果将后端数据库存储在使用 NTFS 文件系统的计算机上,则可以使用 NTFS 安全功能来保护数据。由于用户使用链接表访问后端数据库,因此入侵者不太可能通过盗取前端数据库或冒充授权用户对数据进行未经授权的访问。

④ 提高可靠性。如果用户遇到问题且数据库意外关闭,则数据库文件的损坏通常仅限于该用户打开的前端数据库副本。由于用户只通过使用链接表来访问后端数据库中的数

据,因此后端数据库不太容易损坏。

⑤ 灵活的开发环境。由于每个用户分别处理前端数据库的一个本地副本,因此他们可以独立地开发查询、窗体、报表及其他数据库对象,而不会相互影响。同理,用户也可以开发并分发新版本的前端数据库,而不会影响对存储在后端数据库中的数据的访问。

如果要拆分数据库,可以使用数据库拆分器向导。在拆分数据库后,必须将前端数据库分发给各个用户。但在拆分数据库之前,用户需要考虑下列事项:

其一,在拆分数据库之前,始终都应先备份数据库,这样,如果在拆分数据库后决定撤消该操作,则可以使用备份副本还原原始数据库。

其二,拆分数据库可能需要很长的时间。在拆分数据库时,应该通知用户不要使用该数据库。如果用户在拆分数据库时更改了数据,其所做的更改将不会反映在后端数据库中。在这种情况下,可以在拆分完毕后再将新数据导入到后端数据库中。

其三,虽然拆分数据库是一种共享数据的途径,但数据库的每个用户都必须具有与后端数据库文件格式兼容的 Microsoft Office Access 版本。例如,如果后端数据库文件使用 .accdb 文件格式,则使用 Access 2003 的用户将无法访问它的数据。

其四,如果使用了不再受支持的功能,则可能需要让后端数据库使用早期的 Access 文件格式。例如,如果使用了数据访问页(DAP),则可以在后端数据库使用支持 DAP 的早期文件格式时继续使用数据访问页。随后,用户可以让前端数据库采用新的文件格式,以便用户可以体验到新格式的优点。

10.6.2 拆分数据库的操作

拆分数据库操作必须在本地硬盘驱动器上而不是在网络共享上进行,如果数据库文件的当前共享位置是本地硬盘驱动器,则可以将其保留在原来的位置。

【例 10-4】 对“图书销售”数据库进行拆分。

其操作步骤如下:

① 对“图书销售”数据库进行备份。

② 打开本地硬盘驱动器上的“图书销售”数据库,在“数据库工具”选项卡的“移动数据”组中单击“Access 数据库”按钮,弹出“数据库拆分器”对话框,如图 10.15 所示。

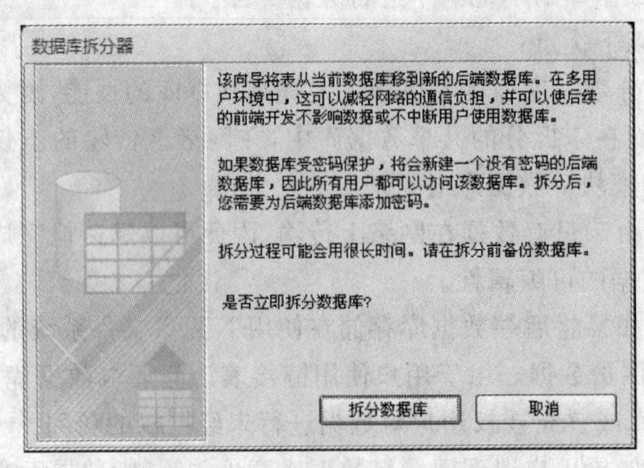

图 10.15 “数据库拆分器”对话框

③ 单击“拆分数据库”按钮，弹出“创建后端数据库”对话框，在其中指定后端数据库文件的名称、类型和位置。Access 建议的名称保留了原始文件名，并在文件扩展名之前插入了_be，即“图书销售_be. accdb”，用于指示该数据库为后端数据库。

当然，如果要共享后端数据库，则应在“文件名”文本框中输入网络位置的路径（应放在文件名之前）。例如，如果后端数据库的网络位置为\\server1\share1\，且文件名为图书销售_be. accdb，则可以在“文件名”文本框中输入“\\server1\share1\图书销售_be. accdb”。

并且，选择的位置必须能让数据库的每个用户访问到。由于驱动器映射可能不同，因此应指定位置的 UNC（即通用命名约定）路径，而不要使用映射的驱动器号。

④ 对话框操作完成后将显示确认消息，现在数据库已经拆分完毕。前端数据库是用户开始时处理的文件（原始共享数据库），后端数据库则位于指定的网络共享位置。

在拆分数据库后，应将前端数据库（通过电子邮件或可移动介质）分发给各个用户，以使他们可以开始使用该数据库。

本章小结

本章从安全管理的角度介绍了 Access 常用的安全管理技术，包括信任中心的应用，数据库的打包、签名与分发技术，数据库的密码访问技术，数据库的压缩与修复技术，以及拆分数据库的方法等。

数据库安全是信息安全的重要组成部分，也是整个信息安全体系结构中最底层的构件。它是指数据库的任何部分都不允许受到恶意侵害或未经授权的存取或修改，其主要内涵包括 3 个方面，即保密性（不允许未经授权的用户存取信息）、完整性（只允许被授权的用户修改数据）和可用性（不应拒绝已授权的用户对数据进行存取）。本章介绍的 Access 安全管理技术在一定程度上对这些性质提供保护。

思考题

1. 简述 Access 安全体系结构。
2. 信任中心有什么安全特性？
3. 数据库打包、签名与分发分别能够提供什么安全功能？
4. 设置 Access 数据库密码的用途是什么？在设置数据库密码时，为什么要以独占方式打开数据库？
5. 为什么要对数据库进行压缩和修复？简述其基本操作方法。
6. 在什么情况下需要进行数据库拆分？

第11章 Access与其他产品的协同应用

数据库系统是信息的存储地，是许多其他应用的数据源，因此，Access 提供了许多与其他应用进行协同工作的功能。另外，Access 还提供了与其他数据存储工具进行数据交换的功能。

11.1 Access 与 SharePoint 的协同应用

与 Access 的早期版本不同，Access 2010 停止了对数据访问页的支持，转而增强了网络协同开发与共享功能。通过将 Access 2010 与 SharePoint 站点的结合，可以继续使用 Access 的数据输入和分析功能，并为网页应用提供支持。

11.1.1 SharePoint 简介

1. SharePoint 产品

Microsoft SharePoint 2010 提供了企业级功能来满足关键业务需求，例如管理内容和业务流程、简化人员跨部门查找和共享信息的方式，以及做出合理的决策。通过使用 SharePoint 2010（包括 Microsoft SharePoint Foundation 2010 和 Microsoft SharePoint Server 2010）的组合协作功能，再加上 Microsoft SharePoint Designer 2010 的设计和自定义功能，组织能够支持自己的用户创建、管理和轻松地生成可在整个组织内检测到的 SharePoint 网站。

SharePoint Foundation 是所有 SharePoint 网站的基础技术，它可以免费获得，早期版本称为 Windows SharePoint Services。使用 SharePoint Foundation 可以快速创建许多类型的网站，并在这些网站中的网页、文档、列表、日历和数据上进行协作，帮助企业用户共享观点、组织信息和完成更多工作，可以提高生产力。

SharePoint Server 2010 则是一个服务器产品，它依靠 SharePoint Foundation 技术为列表和库、网站管理及网站自定义提供熟悉的一致框架。除了包含 SharePoint Foundation 中所提供的全部功能以外，SharePoint Server 2010 还通过提供附加特性和功能对 SharePoint Foundation 进行了扩展。例如，SharePoint Server 和 SharePoint Foundation 都包含可供与同事协作创建工作组网站、博客和会议工作区的网站模板。但 SharePoint Server 包括增强的社会化计算功能，例如可以帮助组织中的人员发现、组织、导航并与同事共享信息的标记和新闻源。同样，SharePoint Server 也增强了 SharePoint Foundation 的搜索技术，包括对大型组织中的员工十分有用的功能，例如在 SAP、Siebel 及其他业务应用程序中搜索业务数据的功能。

2. SharePoint 网站

SharePoint 网站由一组相关网页构成，工作组可以在网站中处理项目、召开会议及共享信息。例如，工作组可能拥有专门的网站，用于存储日程表、文件和过程信息。所有SharePoint 网站都有一些共同要素，包括列表、库、Web 部件和视图等。用户可以通过SharePoint Foundation 2010 和 Microsoft SharePoint Server 结合自身的需求对这些要素进行设计，实现自己的 SharePoint 网站，如图 11.1 所示。

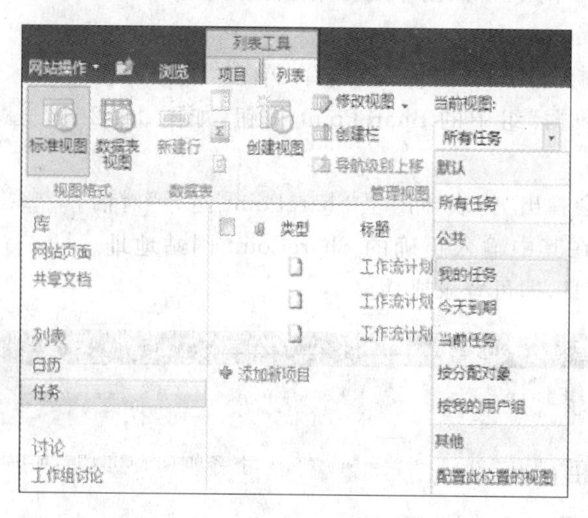

图 11.1　设计 SharePoint 网站

① 列表。列表是一个网站组件，可以在其中存储、共享和管理信息。例如，用户可以创建任务列表跟踪工作分配或跟踪日历上的工作组活动，还可以在讨论板上开展调查或主持讨论。

② 库。库是特殊类型的列表，用于存储文件和与文件相关的信息。用户可以控制在库中查看、跟踪、管理和创建文档的方式。库是网站上的一个位置，在该位置，工作组成员可以一起创建、收集、更新和管理文件。每个库都会显示一个文件列表以及有关文件的关键信息，这有助于用户使用文件协同工作。通过从 Web 浏览器上载文件，可以将文件添加到库中。将文件添加到库中之后，具有权限的其他人也可以查看此文件。如果添加文件时用户正在查看此库，则需要刷新浏览器才能看到新文件。

③ 视图。用户可以使用视图查看列表或库中最重要的项目或最适合某种用途的项目。例如，可以为列表中适用于特定部门的所有项目创建视图，或为库中突出显示的特定文档创建视图。用户可以创建列表或库的多个视图供人们选择，还可以使用 Web 部件在网站的不同网页上显示列表或库视图。

④ Web 部件。Web 部件是模块化的信息单元，它构成了网站上大多数网页的基本构建基块。如果用户有权编辑网站上的网页，就可以使用 Web 部件自定义网站，以便显示图片和图表、其他网页的部分内容、文档列表、业务数据的自定义视图等。

11.1.2 Access 与 SharePoint 的数据关联

使用 Access 2010 可以通过多种不同的方式从 SharePoint 网站共享、管理和更新数据。

1. 数据库的迁移

在将数据库从 Access 迁移到 SharePoint 网站时,用户将在 SharePoint 网站上创建列表,它们保持与数据库中的表的链接关系。在迁移数据库时,Access 将创建一个新的前端应用程序,其中包含所有旧的窗体和报表,以及刚导出的新的链接表。使用“将表导出至 SharePoint 向导”对话框,用户可以同时迁移所有表中的数据。

【例 11-1】 将“图书销售”数据库迁移到指定的 SharePoint 网站。

其操作步骤如下:

① 在 Access 中打开“图书销售”数据库,单击“数据库工具”选项卡的“移动数据”组中的 SharePoint 按钮,如图 11.2 所示。

图 11.2 SharePoint 按钮

② Access 这时会弹出“将表导出至 SharePoint 向导”对话框,如图 11.3 所示,在其中输入正确的 SharePoint 网站地址、用户名以及密码等信息,即可登录成功。

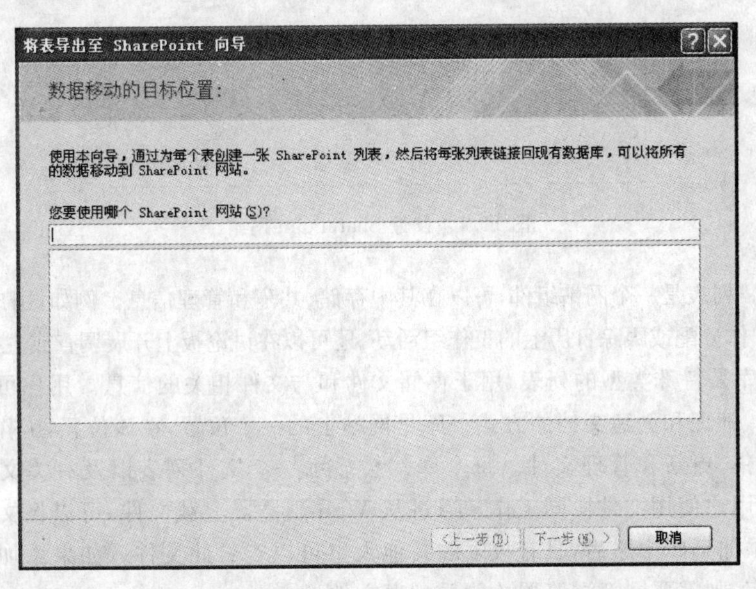

图 11.3 “将表导出至 SharePoint 向导”对话框

③ 根据提示,用户可以创建连接到 SharePoint 网站的链接,将数据迁移到 SharePoint 网站。在对话框的最后一页选中“显示详细信息”复选框,可以查看有关数据库迁移的更多详细信息。

在创建了 SharePoint 列表之后,用户可以在使用 SharePoint 网站的功能管理数据并保持更新的同时,在 SharePoint 网站上或 Access 中的链接表中使用这些列表。管理员可以管理对数据的权限以及数据的版本,这样就可以了解谁更改了数据或恢复了以前的数据。

在将 Access 数据迁移到 SharePoint 网站之后,可以管理允许谁查看数据、跟踪版本,以及恢复意外删除的任何数据,还可以为 SharePoint 网站上的列表和 Access 数据库分配各种级别的权限,为组分配有限的读取权限或完全编辑权限,并且有选择地允许或拒绝某些用户的访问。如果需要限制对数据库中少数敏感项的访问,则可以对 SharePoint 网站上的特定列表项设置权限。另外,用户也可以在 SharePoint 网站上跟踪列表项的版本并查看版本历史记录。如果有需要,可恢复某项以前的版本。如果需要了解谁更改了行,或者何时进行的更改,则可以查看版本历史记录。用户通过 SharePoint 网站上的新回收站可以方便地查看已删除的记录,并恢复意外删除的信息。对于链接到 SharePoint 列表的表,其内部处理已得到优化,从而实现了比以前版本更快、更顺畅的体验。

2. 数据库的发布

如果用户正在与他人协作开发应用系统,则可以在 SharePoint 服务器上的库中存储数据库的副本,并使用 Access 中的窗体和报表继续在该数据库中进行工作。用户可以像链接数据库中的表那样链接列表(如果想跟踪 SharePoint 网站上的数据,这样做很有用),然后可以创建窗体、查询和报表以使用数据。例如,可以创建一个 Access 应用程序,它为 SharePoint 列表提供跟踪问题和管理雇员信息的查询和报表。当用户在 SharePoint 网站上使用这些列表时,他们可以从 SharePoint 列表的"视图"菜单中打开这些 Access 查询和报表。例如,如果要查看和打印用于月度会议的 Access 问题报表,则可以从 SharePoint 列表直接进行。

在首次将数据库发布到服务器时,Access 将提供一个 Web 服务器列表,该列表使得导航到要发布到的位置(例如文档库)更加容易。在发布数据库之后,Access 将记住该位置,这样当用户要发布更改时就无须再次查找该服务器。在将数据库发布到 SharePoint 网站之后,有权使用该 SharePoint 网站的用户都可以使用该数据库。

【例 11-2】 以"图书销售"数据库中的"图书"表为数据源,将其发布到指定的 SharePoint 网站中。

其操作步骤如下:

① 在 Access 中打开"图书销售"数据库中的"图书"表,然后选择"文件"中的"保存并发布"命令,并单击"发布到 Access Services"选项,如图 11.4 所示。

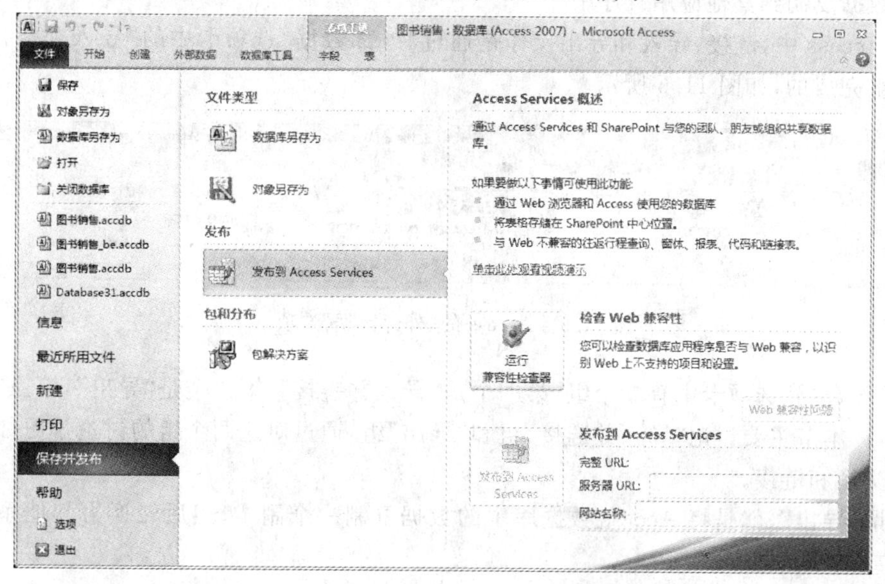

图 11.4 发布到 Access Services

② 在“服务器 URL”中输入 SharePoint 网站的地址，并输入网站名称，然后单击“发布到 Access Services”按钮，在弹出的提示框中单击“是”按钮。

11.2 Access 与外部数据

Access 与其他应用程序或数据库交换信息是它的一项基本功能，在不同程序或数据库系统中信息以不同的数据格式来存储。在实际应用中，为了充分利用不同程序的优势功能，需要在不同软件系统之间移动数据。例如将 Access 中的数据移动到 Excel 中，再由 Excel 对数据进行加工等。Access 最有用的功能之一是能够连接许多其他程序中的数据，既可以灵活地应用外部数据，又可以方便地将数据从 Access 中导出并以指定的格式存储。这就是 Access 与外部数据的数据交换。

在此定义，凡是不在当前 Access 数据库中存储，而是在其他数据库或程序中的数据就称为外部数据。在第 9 章中已经简要介绍了 XML 格式数据与 Access 数据的交换。

11.2.1 外部数据的类型和使用外部数据的方法

Access 可以和许多不同的应用程序软件交换数据，例如其他 Windows 应用程序、其他数据库系统、电子表格、基于服务器的数据库系统(ODBC)文本等。

Access 可以和十几种不同的文件类型交换数据，主要有不同版本的 Access 数据库、SQL Server 数据库、dBASE 数据库文件，以及文本文件、XML 文件、Excel 文件、Outlook 文件等。

Access 能够通过链接、导入和导出的方式使用这些外部数据资源。链接是指当前数据库中的对象与另一个 Access 数据库表或不同格式数据库中的数据建立链接；导入是指将其他应用程序中的数据复制到当前 Access 数据库对象中；导出是指将当前 Access 数据库表中的数据复制到其他应用程序中。

在 Access 中，链接、导入和导出操作是通过“外部数据”选项卡中的“导入并链接”组和“导出”组完成的，如图 11.5 所示。

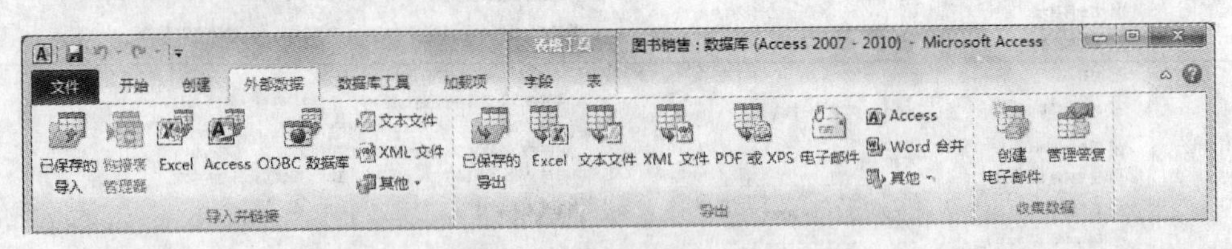

图 11.5　Access 的“外部数据”选项卡

“外部数据”选项卡中有 3 个组，第一个是“导入并链接”，第二个是“导出”，第三个是“收集数据”。本节主要讨论“导入并链接”组和“导出”组，通过对这两个组的讨论学习如何进行数据的交换和链接。

所谓“导出”，就是将 Access 数据库中的数据复制一个副本，然后转换为其他系统的数据对象或文件。

在 Access 数据库中，用户使用其他外部数据源的方法有链接和导入两种。这两种方法都可以使用外部数据，但有很明显的区别：

① 链接。链接以数据的原文件格式使用它，即保持原文件格式不变，在 Access 中使用外部数据。在 Access 中建立一个链接，链接到外部数据，外部数据通过链接关联 Access 数据库中的数据，如果外部数据发生改变，可以在 Access 数据库中刷新链接，从而使 Access 数据库实现数据的同步修改。注意，链接不影响原来的应用程序对链接数据的使用。

链接的数据可以是另一个 Access 数据表、文本数据文件、Excel 表格数据文件等。Access 可以链接 HTML 表，但只能对其执行只读访问，即只能浏览 HTML，不能对其更新，也不能添加记录。

使用链接方法的最大缺点是不能运用 Access 进行表之间的参照完整性(除非链接的就是 Access 数据库)这一强大的数据库功能。用户只能设置非常有限的字段属性，不能对导入表添加基于表的规则，也不能指定主键等操作。

② 导入。导入是对外部数据制作一个副本，并将副本移动到 Access 表中在 Access 系统中使用。导入后外部数据与导入到 Access 数据库中的关联就没有了，外部数据的修改不会影响 Access 数据库中的数据。

11.2.2 数据的导出

除 XML 外，Access 还提供了丰富的导出格式。从 Access 导出数据的一般过程如下：

① 首先打开要从中导出数据的数据库，然后在导航窗格中选择要从中导出数据的对象。用户可以从表、查询、窗体或报表对象中导出数据，但并非所有的导出选项都适用于所有的对象类型。

② 在“外部数据”选项卡的“导出”组中单击要导出到的目标数据类型。例如，若要将数据导出为可用 Microsoft Excel 打开的格式，单击 Excel 按钮。

单击“外部数据”选项卡的“导出”组中的“其他”按钮，可以查看允许导出的其他格式，如图 11.6 所示。

图 11.6 其他导出格式

③ 在大多数情况下，Access 都会启动“导出”向导。该向导会要求用户提供一些信息，例如目标文件名和格式、是否包括格式和布局、要导出哪些记录等，根据情况进行填写。

④ 在该向导的最后一页，Access 通常会询问用户是否要保存导出操作的详细信息。如果需要定期执行相同操作，可选中“保存导出步骤”复选框，并填写相应信息，然后单击“关闭”。此后，用户可以单击“外部数据”选项卡上的“已保存的导出”按钮重新运行此操作。

【例 11-3】 将“图书销售”数据库中的“图书”表导出到一个 Excel 文件中。

其操作步骤如下：

① 在 Access 中打开“图书销售”数据库，然后在导航窗格中选择“图书”表，单击“外部数据”选项卡的“导出”组中的 Excel 按钮，弹出“导出-Execl 电子表格”对话框，如图 11.7 所示。

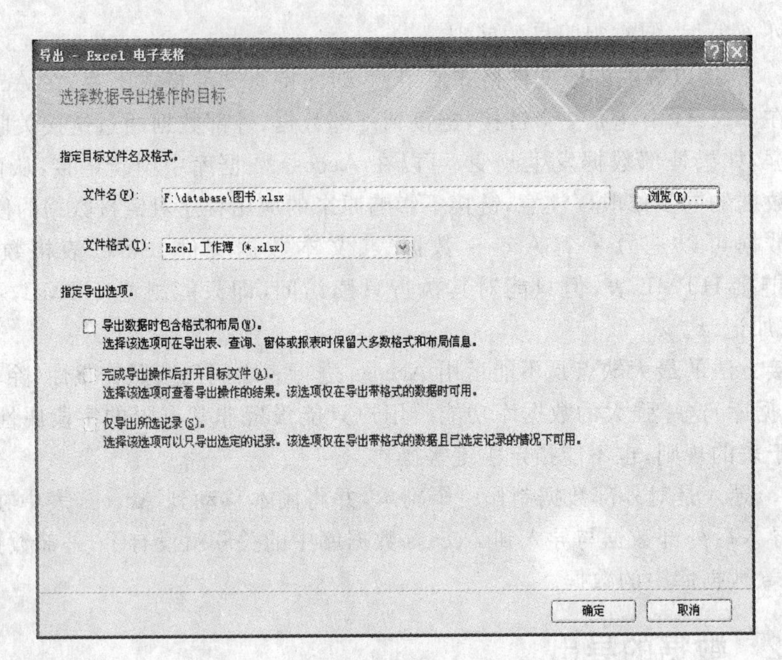

图 11.7 “导出-Excel 电子表格”对话框

② 单击该对话框中的“浏览”按钮，在弹出的“另存为”对话框中选择存储地址，并选中“导出数据时包含格式和布局”复选框和“完成导出操作后打开目标文件”复选框，然后单击“确定”按钮，即可完成导出，并自动打开 Excel 显示导出的数据，如图 11.8 所示。

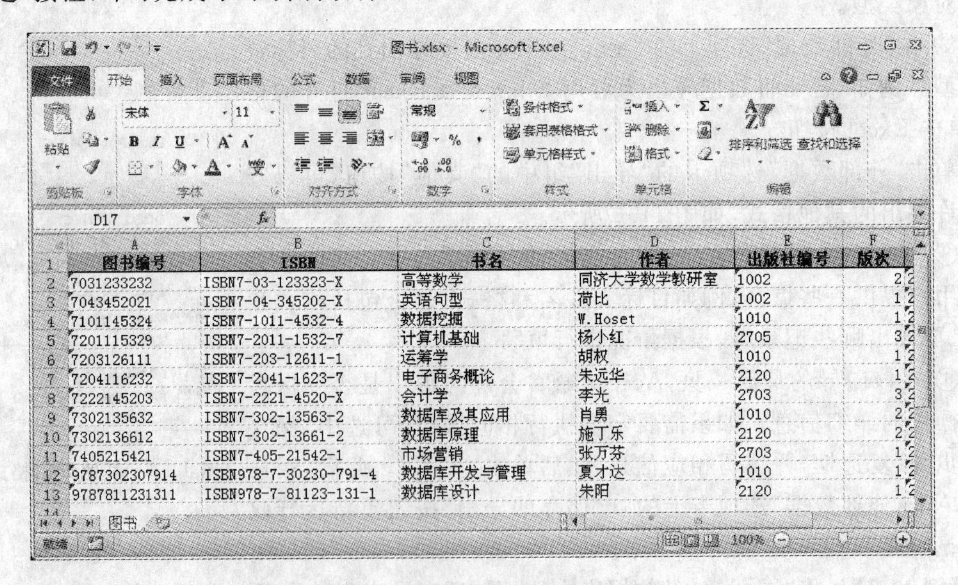

图书编号	ISBN	书名	作者	出版社编号	版次
7031233232	ISBN7-03-123323-X	高等数学	同济大学数学教研室	1002	2
7043452021	ISBN7-04-345202-X	英语句型	荷比	1002	1
7101145324	ISBN7-1011-4532-4	数据挖掘	W.Hoset	1010	1
7201115329	ISBN7-2011-1532-7	计算机基础	杨小红	2705	3
7203126111	ISBN7-203-12611-1	运筹学	胡权	1010	1
7204116232	ISBN7-2041-1623-7	电子商务概论	朱远华	2120	1
7222145203	ISBN7-2221-4520-X	会计学	李光	2703	3
7302135632	ISBN7-302-13563-2	数据库及其应用	肖勇	1010	2
7302136612	ISBN7-302-13661-2	数据库原理	施丁乐	2120	2
7405215421	ISBN7-405-21542-1	市场营销	张万芬	2703	1
9787302307914	ISBN978-7-30230-791-4	数据库开发与管理	夏才达	1010	1
9787811231311	ISBN978-7-81123-131-1	数据库设计	朱阳	2120	1

图 11.8 打开目标文件

③ 此时，Access 会弹出一个对话框，如果用户在以后需要重复这一导出步骤，可以选中“保存导出步骤”复选框，然后在“另存为”文本框中为这一存储过程命名，并输入必要的说明，如图 11.9 所示。最后单击“保存导出”按钮，完成将 Access 数据表导出到 Excel 电子表格的操作。

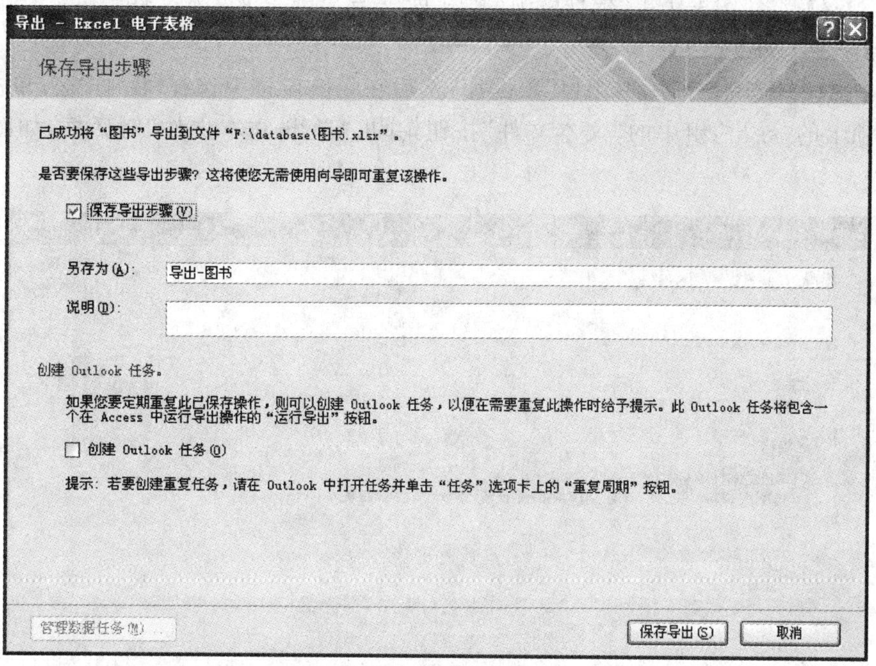

图 11.9 保存导出步骤

以后，如果用户想重复这一操作，可以单击“外部数据”选项卡的“导出”组中的“已保存的导出”按钮，弹出“管理数据任务”对话框(在“已保存的导出”选项卡中可以看到之前保存的导出)如图 11.10 所示。然后选择想要运行的导出，单击“运行”按钮。

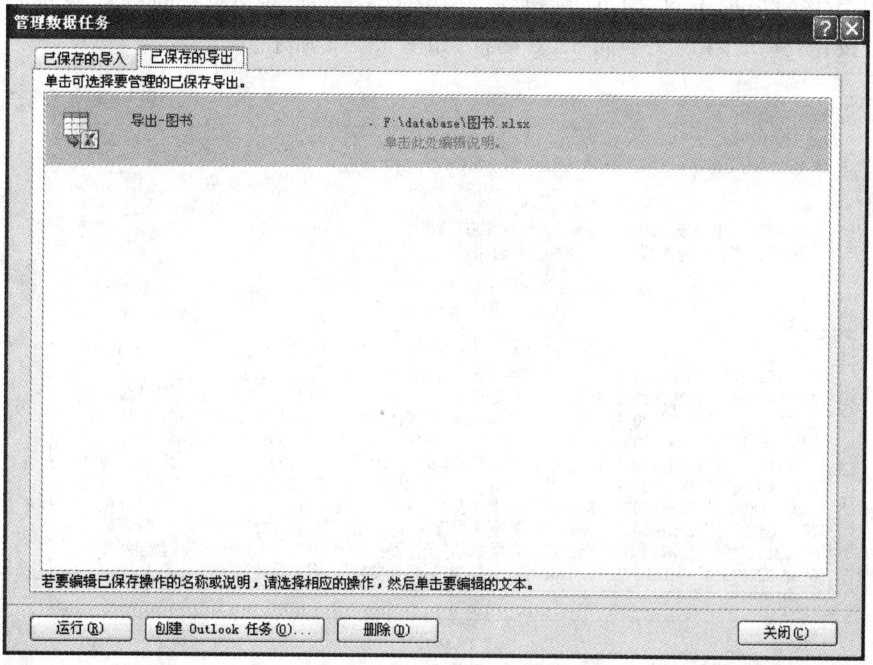

图 11.10 “管理数据任务”对话框

【例 11-4】 将“图书销售”数据库中的“图书”表导出到一个文本文件中。

其操作步骤如下：

① 在 Access 中打开“图书销售”数据库，然后在导航窗格中选择“图书”表，单击“外部数据”选项卡的“导出”组中的“文本文件”按钮，弹出“导出-文本文件”对话框，如图 11.11 所示。

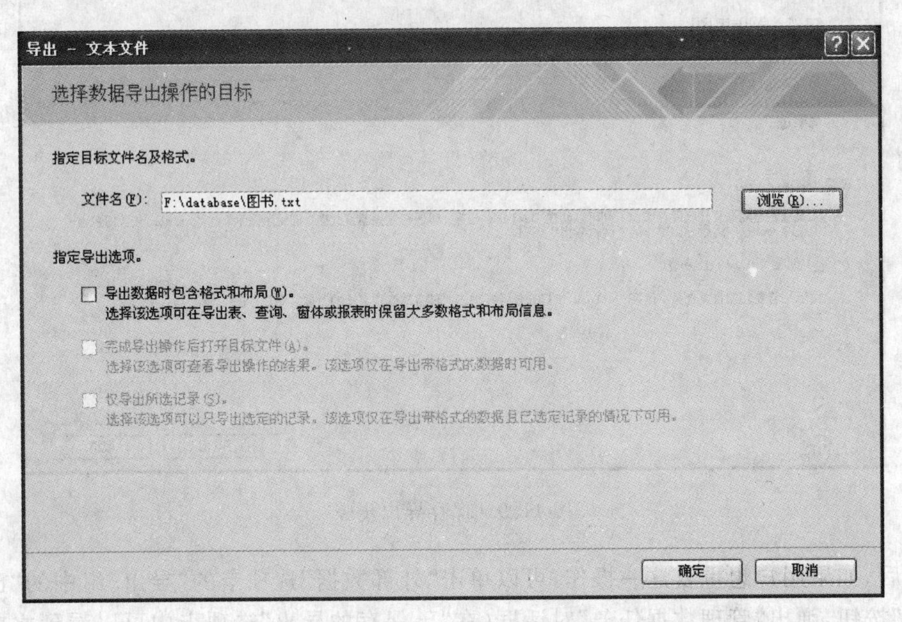

图 11.11　“导出-文本文件”对话框

② 单击该对话框中的“浏览”按钮，在弹出的“另存为”对话框中选择存储地址，然后单击“确定”按钮，弹出“导出文本向导”对话框，如图 11.12 所示。

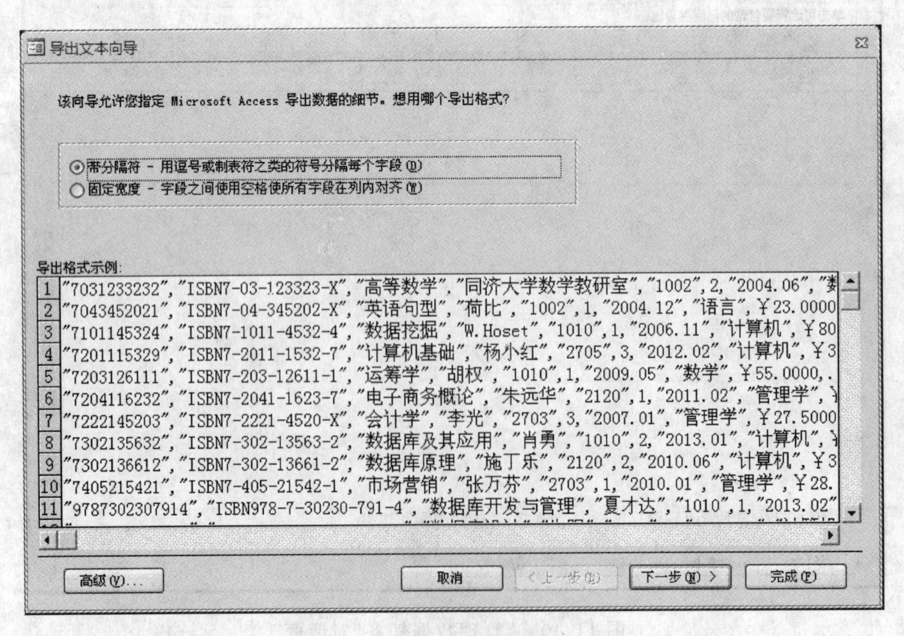

图 11.12　“导出文本向导”对话框

③ 选中“带分隔符-用逗号或制表符之类的符号分隔每个字段”单选按钮，然后单击“下一步”按钮，在下一个对话框中选择字段分隔符为“逗号”，并选中“第一行包含字段名称”单选按钮，如图 11.13 所示，最后单击“完成”按钮，在弹出的对话框中根据自己的需要决定是否保存导出步骤。

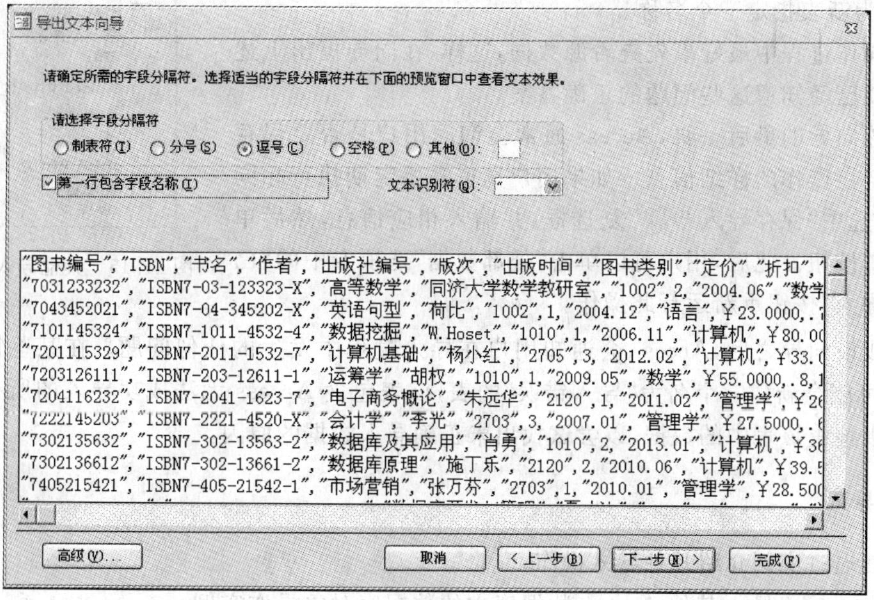

图 11.13 设置分隔符

11.2.3 数据的导入与链接

Access 通过导入表或链接表方式获得外部数据。其中，导入表方式可以将源数据导入到当前数据库中并生成新表，也可以向已存在的表中添加记录，之后对源数据的修改不会影响该数据库中的表。在链接表方式下，Access 会创建一个表，它维护一个到源文件的链接，对源文件的修改虽然会反映到链接表中，但无法从 Access 中更改源数据。

导入或链接数据的一般过程如下：

打开要导入或链接数据的数据库，在“外部数据”选项卡中，单击要导入或链接的数据类型，如图 11.14 所示。例如，如果源数据位于 Microsoft Excel 工作簿中，单击 Excel 按钮。如果单击“其他”按钮，可以查看允许导入的其他格式，如图 11.15 所示。

图 11.14 “外部数据”选项卡的“导入并链接”组

在大多数情况下，Access 都会启动“获取外部数据”向导，该向导可能会要求用户提供以下部分或所有信息：

- 指定数据源(它在磁盘上的位置)；
- 选择是导入还是链接数据；
- 如果要导入数据，选择是将数据追加到现有表中，还是创建一个新表；
- 明确指定要导入或链接的文档数据；
- 指定第一行是否包含列标题或是否应将其视为数据；

- 指定每一列的数据类型；
- 选择是仅导入结构，还是同时导入结构和数据；
- 如果要导入数据，指定是希望 Access 为新表添加新主键，还是使用现有键；
- 为新表指定一个名称。

在操作过程中最好事先查看源数据，这样，在向导提出上述问题时就已经知道这些问题的正确答案。

在该向导的最后一页，Access 通常会询问用户是否要保存导入或链接操作的详细信息。如果用户觉得需要定期执行相同操作，可选中"保存导入步骤"复选框，并输入相应信息，然后单击"关闭"按钮。此后，用户可以单击"外部数据"选项卡中的"已保存的导入"按钮重新运行此操作。

图 11.15 其他导入格式

完成该向导之后，Access 会通知用户在导入过程中发生的任何问题。在某些情况下，Access 可能会新建一个名为"导入错误"的表，该表包含 Access 无法成功导入的所有数据。用户可以检查该表中的数据，以尝试找出未正确导入数据的原因。

1. 导入

下面通过实例介绍几种导入操作。

【例 11-5】 导入其他 Access 数据库中的数据库对象操作实例。

在 Access 中可以导入其他 Access 数据库中的表或者查询、窗体、报表等对象，向"图书销售"数据库导入其他数据库表的操作过程如下：

① 打开"图书销售"数据库，在导航窗格中选择"表"，然后单击"外部数据"选项卡的"导入并链接"组中的 Access 按钮，弹出"获取外部数据-Access 数据库"对话框，如图 11.16 所示。

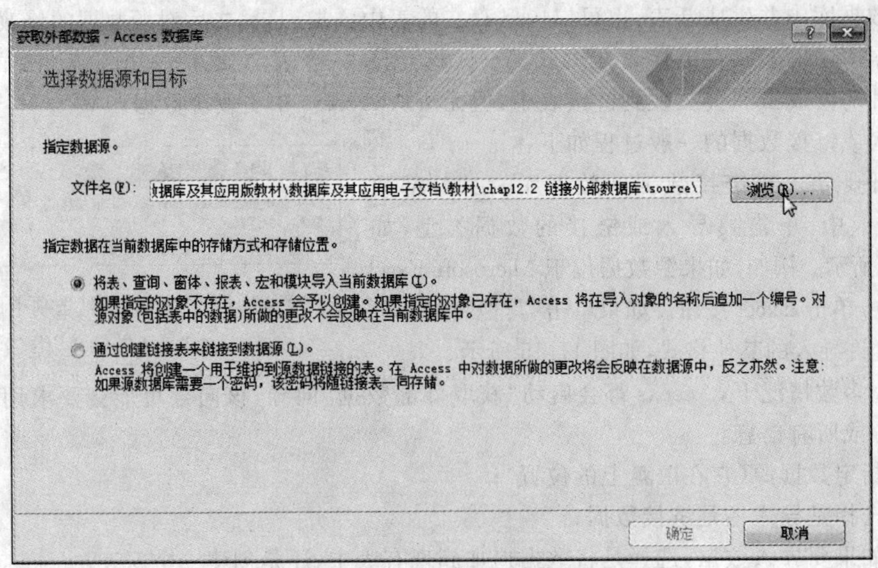

图 11.16 "获取外部数据-Access 数据库"对话框

② 单击“浏览”按钮，弹出“打开”对话框，如图 12.30 所示，选择要导入的 Access 数据库文件，例如选择“客户管理”，如图 11.17 所示，然后单击“打开”按钮。

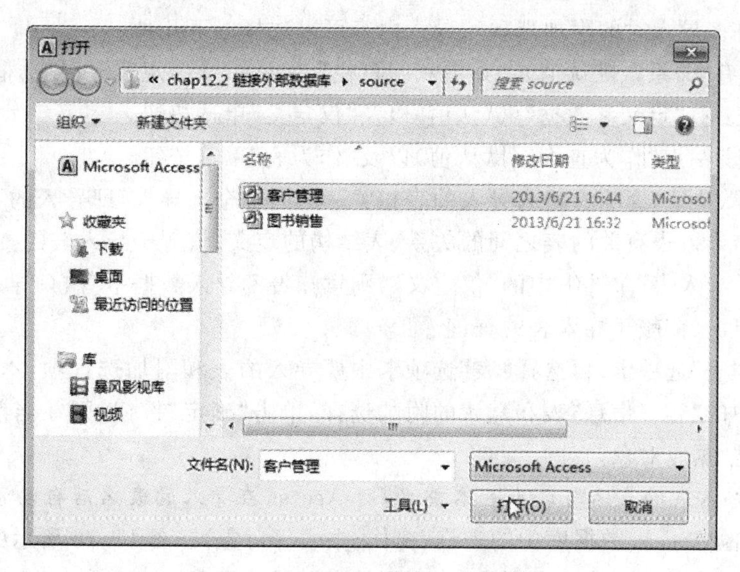

图 11.17　“打开”对话框

③ 回到“获取外部数据-Access 数据库”对话框中，选择“指定数据在当前数据库中的存储方式和存储位置。”下面的“将表、查询、窗体、报表、宏和模块导入当前数据库。”单选按钮，然后单击“确定”按钮，弹出“导入对象”对话框，如图 11.18 所示。

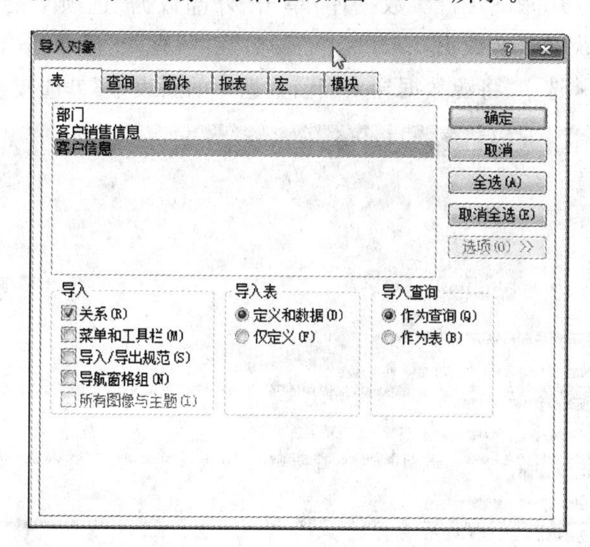

图 11.18　“导入对象”对话框

④ 根据该对话框中的提示选择要导入的表、查询、窗体等，然后单击“确定”按钮，完成 Access 对象的导入过程。

本例中使用了“客户管理”数据库，在“导入对象”对话框的“表”选项卡中列出了该数据库中的 3 个表，即部门、客户销售信息、客户信息。在导入时，可以从列出的表中选择一个或多个表导入(如果选择多个表,可按住 Ctrl 键,然后单击要选择的表)。

单击"导入对象"对话框中的"选项"按钮可以展开选项部分,其中有一些单选按钮和复选框,提供了许多导入时的附加选项。导入内容可以选择以下几种。

① 导入：有"关系"(默认值)、"菜单和工具栏"、"导入/导出规范"等复选框。

② 导入表：有"定义和数据"(默认值)以及"仅定义"单选按钮。

③ 导入查询：有"作为查询"(默认值)以及"作为表"单选按钮。

如果选择默认值,意味着将与导入的表相关联的内容全部导入,即导入的不仅仅是数据本身,还包括与导入表有关的表之间的关系、表结构的定义、依赖于导入表的查询。

如果选择"导入表"单选组中的"仅定义",则意味着不导入数据本身,只导入表之间的关系、表结构的定义、依赖于导入表的查询。

首先选择"表"选项卡,再选择"表"选项卡中要导入的表和附加选择项,本例选择"客户管理"数据库中的"客户信息"表和默认的附加选择,单击"确定"按钮,则在当前数据库中就导入了选择的数据库对象。

注意：*若导入表的表名与已有表名重名,则 Access 在导入的表名后自动添加序号。*

若导入其他 Access 数据库中的查询、窗体、报表等对象,在图 11.18 所示的"导入对象"对话框中选择相应对象的选项卡,然后选择要导入的对象即可。

【例 11-6】 将例 11-3 中导出的 Excel 文件"图书. xlsx"导入到"图书销售"数据库中,生成新表"图书 2"。

其操作步骤如下：

① 在 Access 中打开"图书销售"数据库,单击"外部数据"选项卡的"导入并链接"组中的 Excel 按钮,弹出"获取外部数据-Excel 电子表格"对话框,然后单击"浏览"按钮,指定"图书. xlsx"的存放路径,并选中"将源数据导入当前数据库的新表中"单选按钮,如图 11.19 所示。

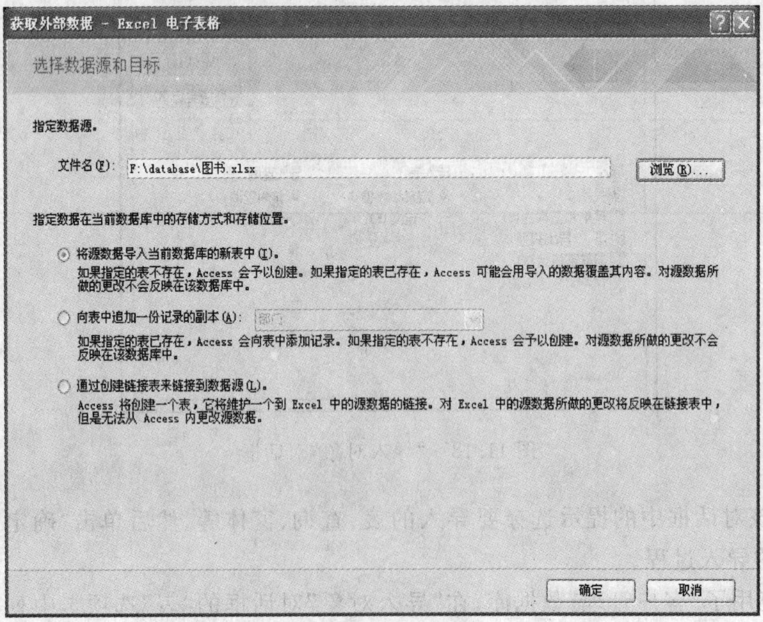

获取外部数据 - Excel 电子表格

选择数据源和目标

指定数据源。

文件名(F): F:\database\图书.xlsx　浏览(R)...

指定数据在当前数据库中的存储方式和存储位置。

◉ 将源数据导入当前数据库的新表中(I)。
如果指定的表不存在，Access 会予以创建。如果指定的表已存在，Access 可能会用导入的数据覆盖其内容。对源数据所做的更改不会反映在该数据库中。

○ 向表中追加一份记录的副本(A): 部门
如果指定的表已存在，Access 会向表中添加记录。如果指定的表不存在，Access 会予以创建。对源数据所做的更改不会反映在该数据库中。

○ 通过创建链接表来链接到数据源(L)。
Access 将创建一个表，它将维护一个到 Excel 中的源数据的链接。对 Excel 中的源数据所做的更改将反映在链接表中，但是无法从 Access 内更改源数据。

确定　取消

图 11.19 选择数据源和目标

② 单击“确定”按钮，弹出“导入数据表向导”对话框，选中“第一行包含列标题”复选框，如图 11.20 所示。

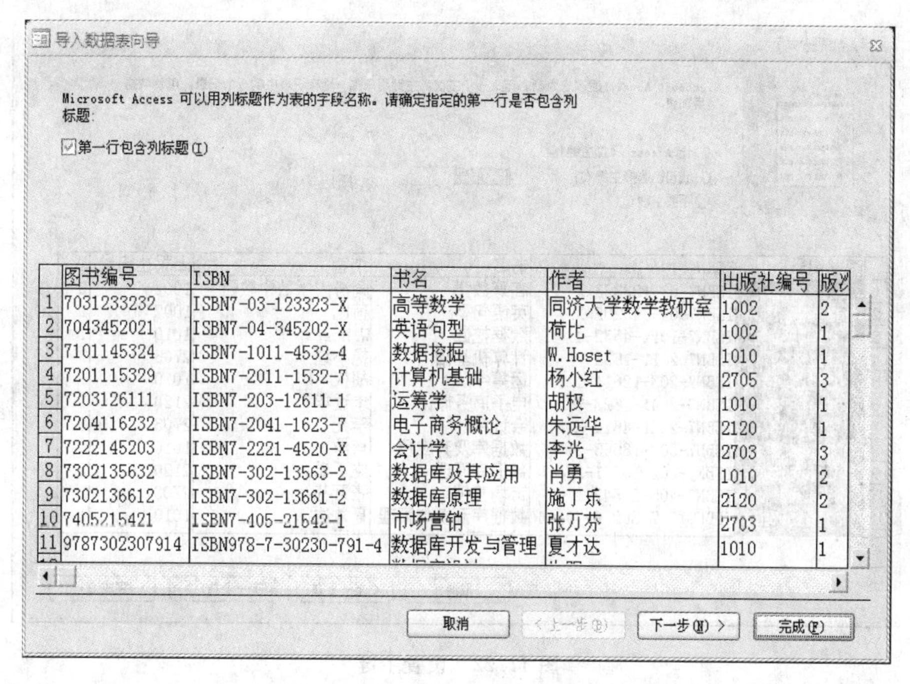

图 11.20　指定第一行是否包含列标题

③ 单击“下一步”按钮，对每个字段的数据类型以及索引根据需要进行设置，如图 11.21 所示。

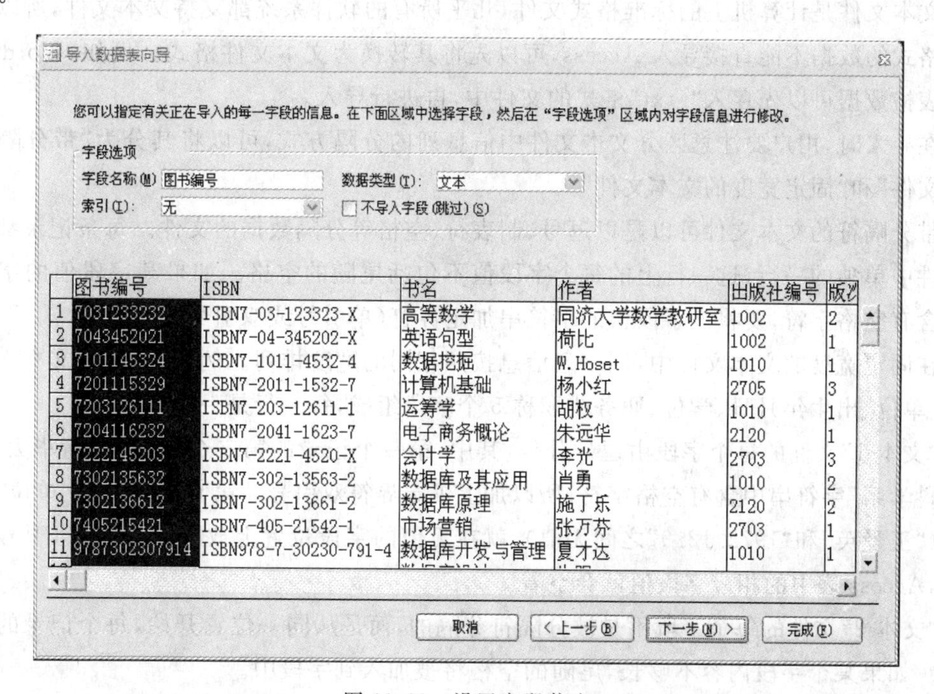

图 11.21　设置字段信息

④ 单击“下一步”按钮，对表的主键进行设置。这里选中“我自己选择主键”单选按钮，并设置为“图书编号”，如图 11.22 所示。

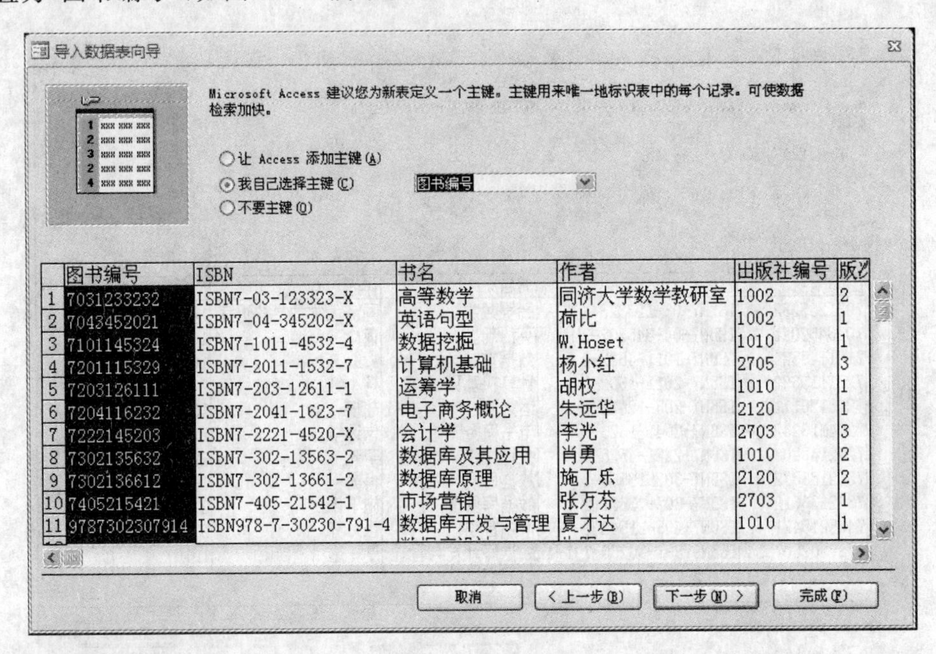

图 11.22 设置主键

⑤ 单击“下一步”按钮，在“导入到表”文本框中输入“图书 2”，然后单击“完成”按钮。

【例 11-7】 导入文本文件实例。

文本文件是计算机上的标准格式文件，几乎所有的软件系统都支持文本文件，所以如果有些格式的数据不能直接导入 Access，可以先将其转换为文本文件格式。例如，Word 文档中的表格数据可以先存入“.txt”格式的文件中，再进行导入。

在导入时，用户要注意区分文本文件中信息列的分隔方式，可以将其分为“带分隔符的文本文件”和“固定宽度的文本文件”。

带分隔符的文本文件可以是以逗号、制表符、空格等分隔数据的文件。每条记录都是文本文件中单独的一行，这一行上的每个字段值不包括尾随的空格。如果某字段值的字符串中包含有空格字符，要将该字段值的字符串加定界符(单引号或双引号)。

在固定宽度的文本文件中，同一列信息按照相同的宽度排列。例如，下面的文本文件由姓名、单位、出生年月日、学位、职务或职称 5 个字段组成，每一行是一个记录。

“文本 1”文件的每个字段由逗号分隔，其中，第一个记录的第二个字段值“清华大学 计算机科学系”字符串中含有空格字符，所以加上了定界符双引号。第 6 个记录的“单位”字段无值(“王爱英”和“1972.12.9”之间无值)，就在无值的字段位置上放一个分隔符(逗号)，导入后，Access 表中的相应字段值就会空着。

“文本 2”文件的每个字段不是被分隔符分隔的，而是从同一位置开始，每个记录的长度相等。如果某个字段内容不够长，尾随的空格将被加入到字段中。

“文本 1”文件和“文本 2”文件的内容如图 11.23 所示。

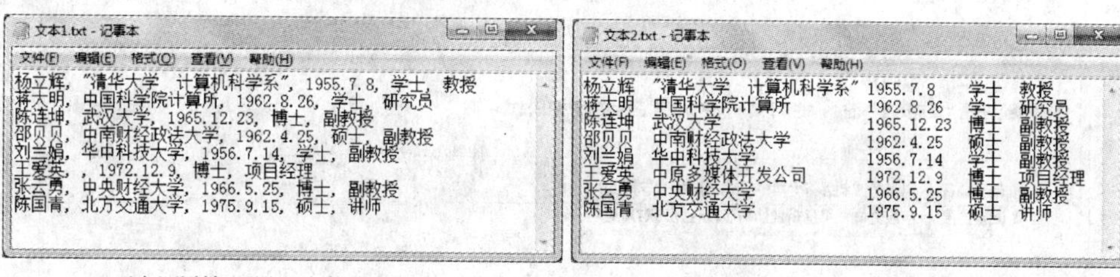

(a) 以分隔符分隔文本信息的文本文件　　(b) 每列文本信息宽度固定的文本文件

图 11.23　文本文件内容

在导入时，可以将文本文件数据导入到一个 Access 新表中。如果决定将导入的文件附加到一个已存在的表中，文本文件的结构必须与导入数据的 Access 表字段的结构完全一致。

导入带固定长度的文本文件(即"文本 2.txt")到"图书销售"数据库中的过程如下：

① 打开"图书销售"数据库，在"外部数据"选项卡的"导入并链接"组中单击"文本文件"按钮，弹出"获取外部数据-文本文件"对话框，如图 11.24 所示。

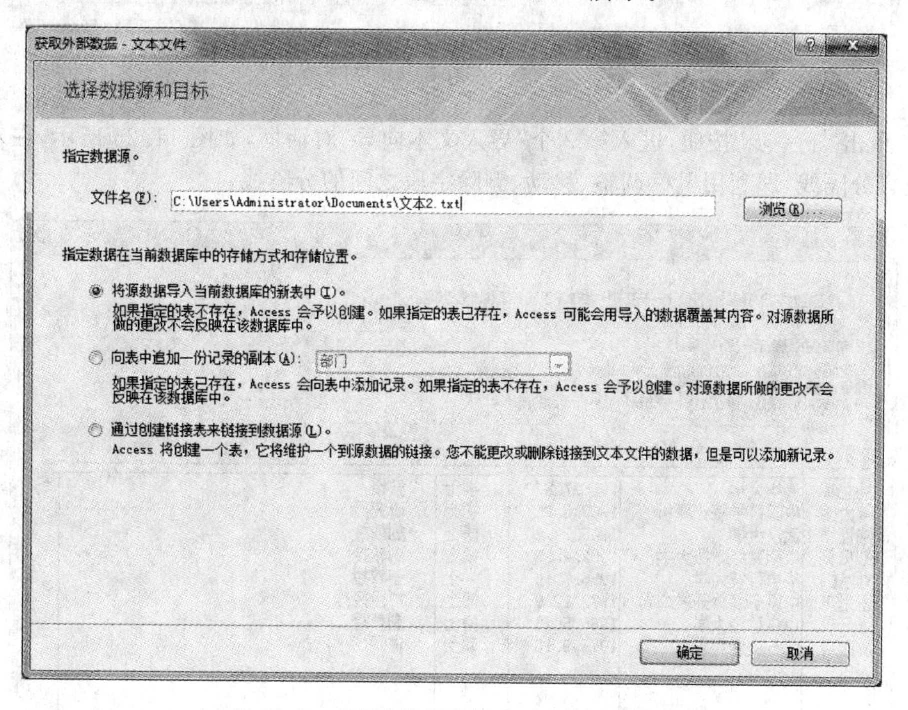

图 11.24　"获取外部数据-文本文件"对话框

② 在该对话框中单击"浏览"按钮，弹出"打开"对话框，找到并选择要导入的文本文件"文本 2.txt"，然后单击"打开"按钮。

③ 回到"获取外部数据-文本文件"对话框中，选择"指定数据在当前数据库中的存储方式和存储位置"下面的"将源数据导入当前数据库的新表中"单选按钮。

④ 单击"确定"按钮，弹出"导入文本向导"对话框，如图 11.25 所示，在该对话框中选中"固定宽度-字段之间使用空格使所有字段在列内对齐"单选按钮。

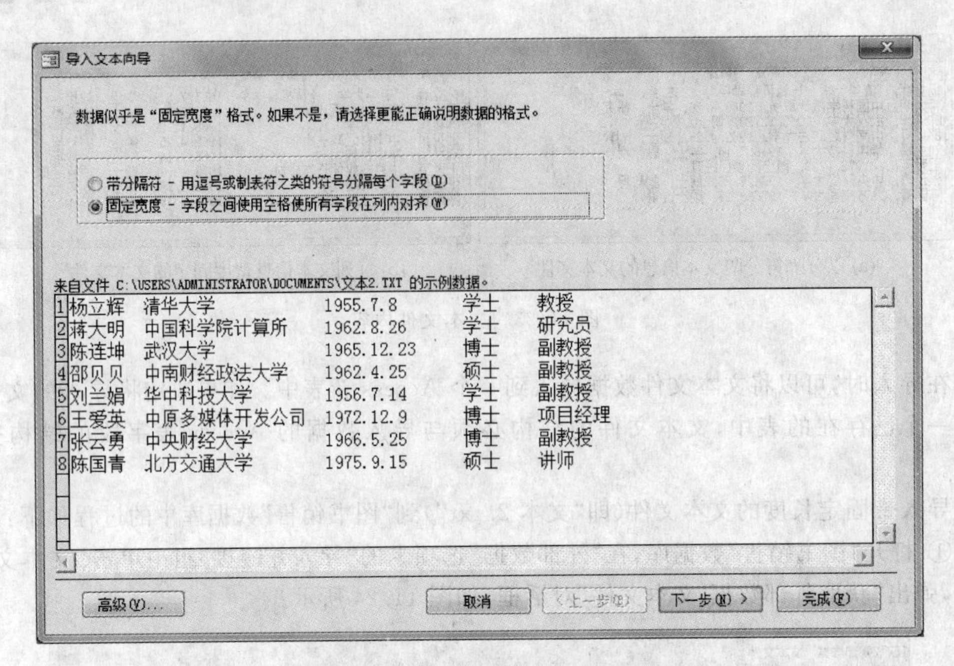

图 11.25 “导入文本向导”对话框 1

⑤ 单击“下一步”按钮，进入第 2 个“导入文本向导”对话框，如图 11.26 所示，在对该话框中设置分隔线，即利用鼠标调整、移动、删除字段之间的分隔线。

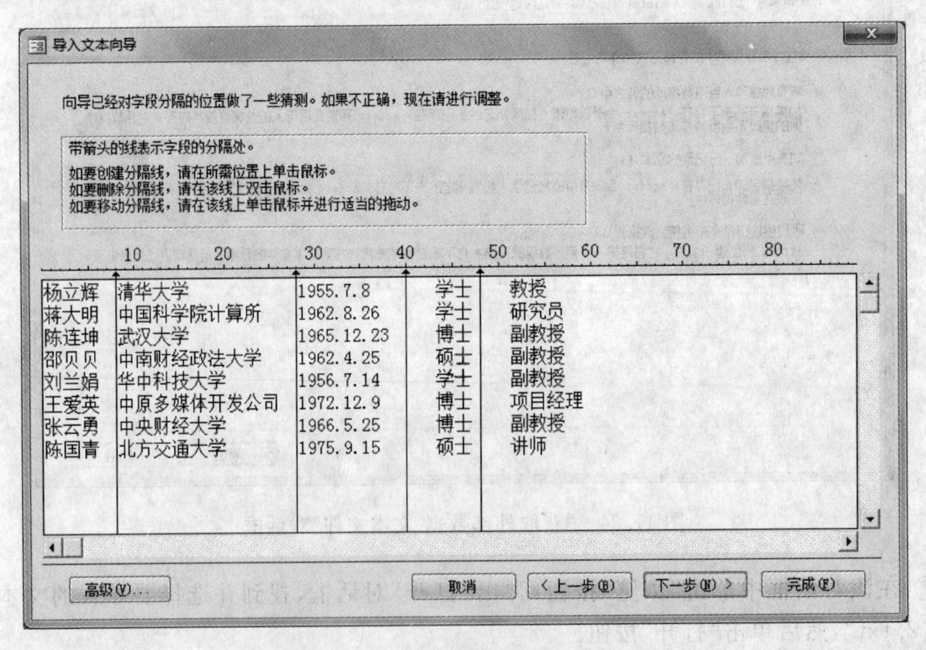

图 11.26 “导入文本向导”对话框 2

⑥ 单击“下一步”按钮，进入第 3 个“导入文本向导”对话框，如图 11.27 所示，在该对话框中对每个字段设置字段名称、数据类型、有无索引，以及哪些字段不导入。

⑦ 单击“下一步”按钮，进入第 4 个“导入文本向导”对话框，在该对话框中选择主键。

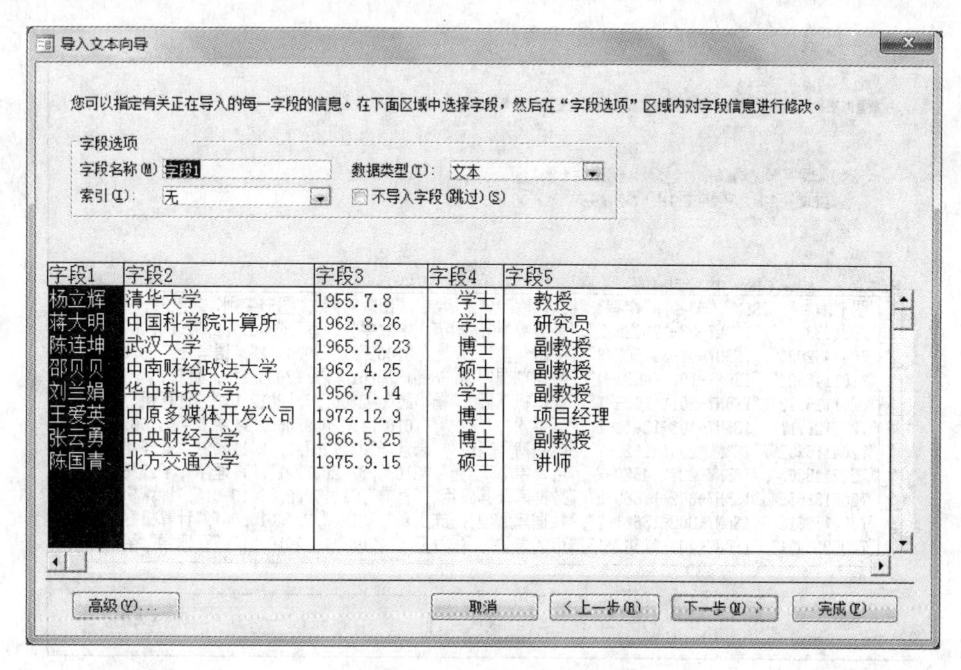

图 11.27 “导入文本向导”对话框 3

然后单击“下一步”按钮，进入第 5 个“导入文本向导”对话框，在该对话框中设置导入后的表名。

⑧ 单击“完成”按钮，这时 Access 数据库中就产生了一个导入的表。

如果导入带分隔符的文本文件，其操作基本一致。区别是，在图 11.25 所示的“导入文本向导”对话框 1 中选中“带分隔符-用逗号或制表符之类的符号分隔每个字段”单选按钮，然后单击“下一步”按钮，进入第 2 个“导入文本向导”对话框，在该对话框中设置分隔符的类型、第一行是否包含字段名称等内容，接下来单击“下一步”按钮，进入如图 11.27 所示的对话框，由于以下操作相同，在此不再赘述。

2. 链接

下面通过两个实例介绍链接操作。

【例 11-8】 将例 11-4 中导出的“图书.txt”以链接表的形式导入“图书销售”数据库中，生成链接表“图书 3”。

其操作步骤如下：

① 在 Access 中打开“图书销售”数据库，单击“外部数据”选项卡的“导入并链接”组中的“文本文件”按钮，弹出“获取外部数据-文本文件”对话框，如图 11.24 所示。

② 单击“浏览”按钮，选择“图书.txt”，然后选中“通过创建链接表来链接到数据源”单选按钮。

③ 单击“确定”按钮，弹出“链接文本向导”对话框，选中“带分隔符-用逗号或制表符之类的符号分隔每个字段”单选按钮，如图 11.28 所示。

④ 单击“下一步”按钮，在弹出的对话框中设置分隔符为“逗号”，并选中“第一行包含字

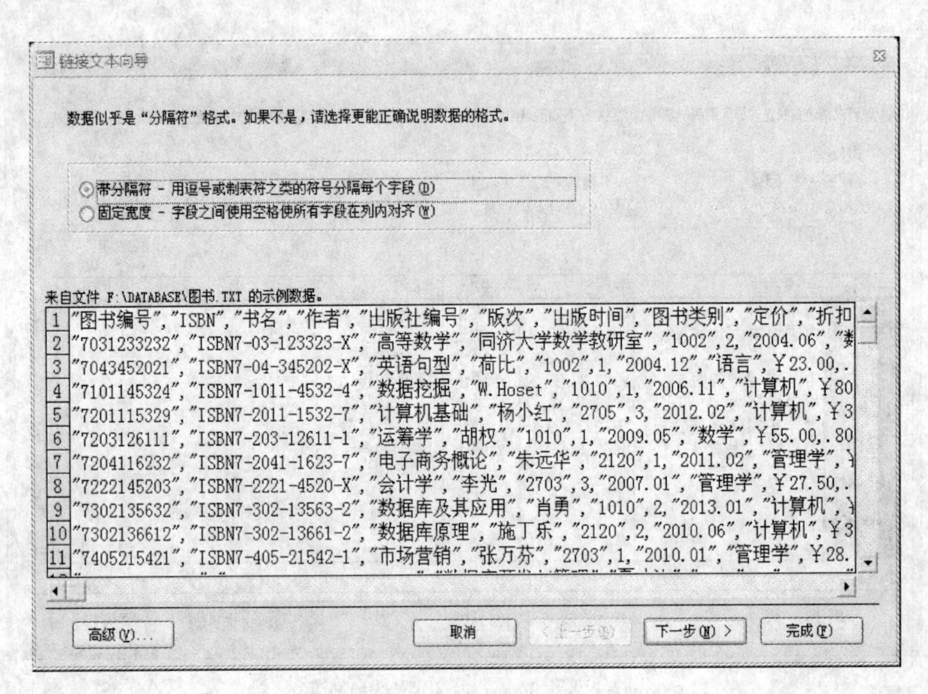

图 11.28 设置分隔符

段名称”复选框，如图 11.29 所示。

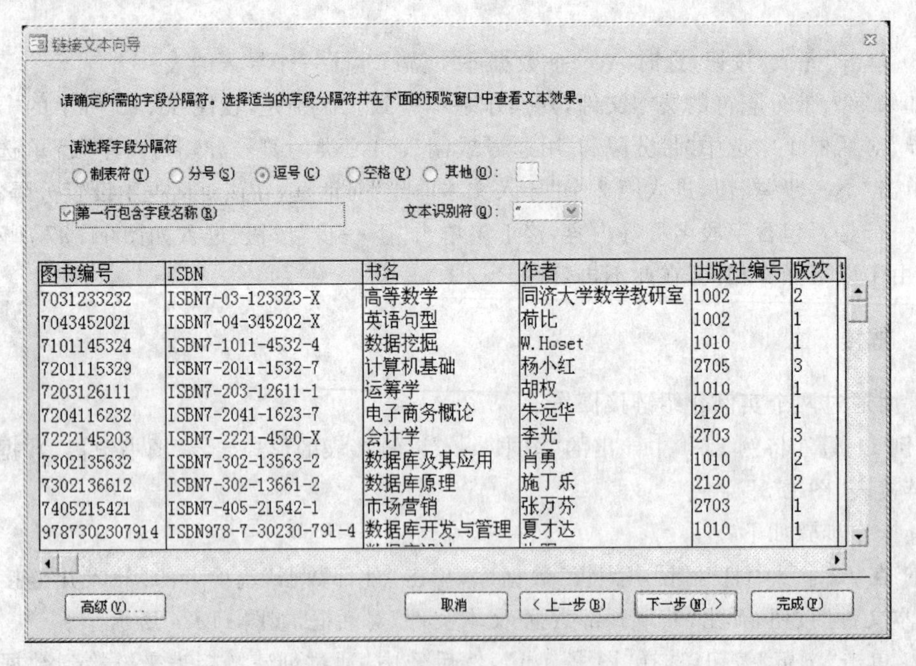

图 11.29 设置分隔符与行标题

⑤ 单击“下一步”按钮，在弹出的对话框中对每个字段的数据类型进行相应的设置。

⑥ 单击“下一步”按钮，在弹出的对话框中设置链接表的名称为“图书 3”，如图 11.30 所示。

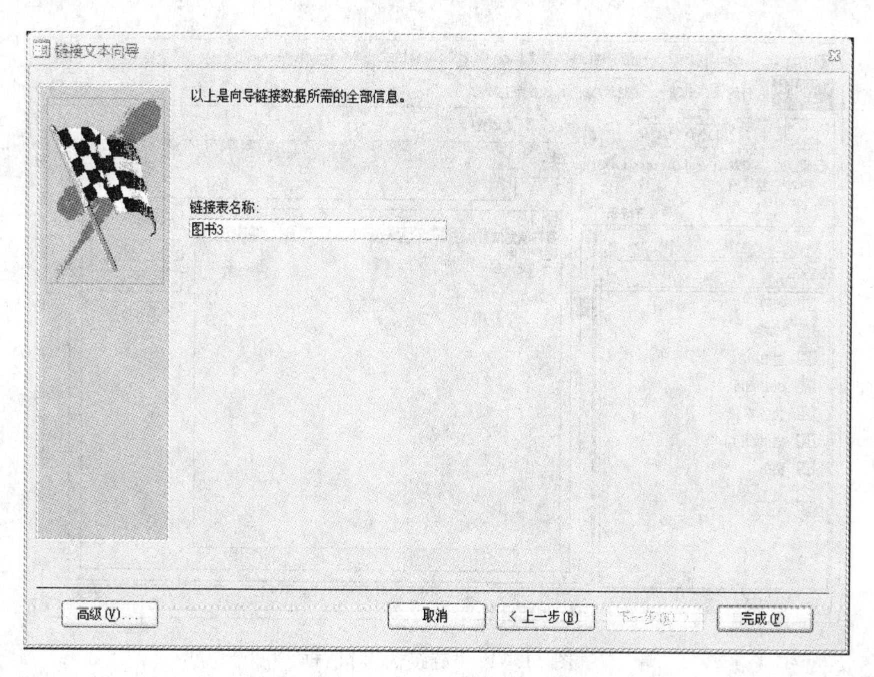

图 11.30　设置链接表的名称

⑦ 单击"完成"按钮，这时在导航窗格中出现了链接表"图书 3"，并且前面有 图标。

【例 11-9】 链接其他 Access 数据库表实例。

如果用户要使用其他 Access 数据库中的表，可以链接该表，而不必重复设计表结构和输入数据，这样不仅可以节省成本，还可以与另一个数据库共享一个表。建立链接后，就可以像使用所打开数据库中的表一样使用链接表。

链接 Access 数据库表的操作如下：

① 打开数据库，例如"图书销售"数据库，然后单击功能区中"外部数据"选项卡的"导入并链接"组中的 Access 按钮，弹出"获取外部数据-Access 数据库"对话框，见图 11.16。

② 单击"浏览"按钮，弹出"打开"对话框，选择要链接的数据库文件，例如"客户管理"，然后单击"打开"按钮。

③ 回到"获取外部数据-Access 数据库"对话框中，选择"指定数据在当前数据库中的存储方式和存储位置"下面的"通过创建链接表来链接到数据源"单选按钮。

④ 单击"确定"按钮，弹出"链接表"对话框，如图 11.31 所示。在该对话框中选择要链接的某个或全部数据库表，例如选择"客户销售信息"表。

⑤ 单击"确定"按钮返回到数据库窗口，在导航窗格中可以看到选中的表已经链接到当前数据库中。

3. 链接表的使用和设置

对于链接的外部表，可以像使用当前表一样使用它。链接表可以用于窗体、报表和查询的构建，还可以改变它们的许多属性，例如设置浏览属性、表之间的关系以及重命名表等。

需要注意的是，链接表真正的数据并不在当前数据库中，因此有许多表的属性不能改

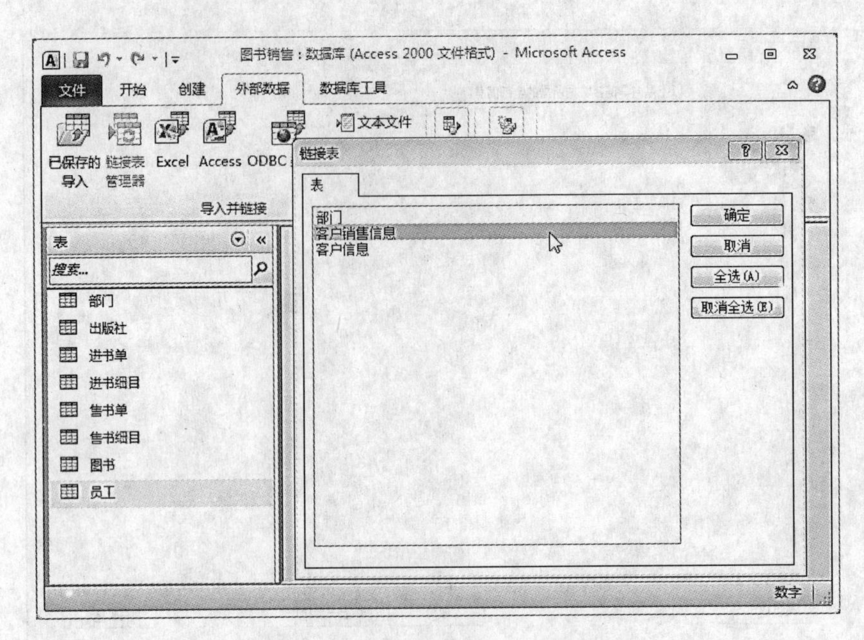

图 11.31 “链接表”对话框

变，例如表结构的重定义、删除字段、添加字段等。

如果链接的外部表不存在或移动了位置，则在当前数据库中就不能使用链接表了。

1）设置浏览属性

在 Access 中可以对外部表的格式、小数位数、标题、输入掩码、显示控件等属性进行设置，改变或设置属性的操作如下：

① 在数据库的导航窗格中选择链接表，然后右击，在快捷菜单中选择“设计视图”命令。

② 打开链接表的设计视图，选择要改变属性的字段进行相应设置，例如给链接表的字段设置“标题”、“格式”、“智能标记”等，然后保存。

③ 打开数据表视图，可以发现已经按照新的设置显示数据。

需要说明的是，设置属性是浏览表时的属性，浏览属性和表本身的属性不一定一致。

2）设置关系链接

Access 可以通过关系生成器对链接的外部表和 Access 表构建关系，但不能进行参照完整性设置。

如果被链接的其他多个 Access 数据库表之间已经存在关系，它们将自动继承在其他数据库中设定的关系，原来表之间的链接不能被删除和改变。

在当前数据库中，可以基于建立的关系来创建窗体和报表。

创建关系的操作如下：

① 在当前数据库中单击“数据库工具”选项卡的“关系”组中的“关系”命令，打开关系窗口。

② 在关系窗口中，通过“显示表”对话框添加链接表。

③ 在关系窗口中，通过拖动的方法建立链接表与其他表之间的关系，此时会弹出“编辑关系”对话框，但不能设置完整性。最后，单击“创建”按钮完成关系的设置。

3）查看或改变链接表的信息

如果链接的外部数据源进行了移动等操作，在对链接表进行操作时，Access 会提示找不到外部链接表，这是因为 Access 不能对外部链接表实现自动同步。

如果遇到此类情况，需要通过 Access 系统提供的"链接表管理器"来修正。当然，通过"链接表管理器"也可以查看到外部链接表的链接信息。

使用"链接表管理器"的操作如下：

① 进入数据库窗口，单击功能区中"外部数据"选项卡的"导入并链接"组中的"链接表管理器"命令，弹出"链接表管理器"对话框，如图 11.32 所示。

图 11.32　"链接表管理器"对话框

② 选择需要改变信息的链接表，单击"确定"按钮，然后在弹出的对话框中选择改变后的外部链接表的位置及外部链接表文件。如果选择正确，Access 在退出时会弹出信息对话框，提示"所有选择的链接表都已成功地刷新了"。

"链接表管理器"的刷新过程是由用户手动完成的，系统不会自动对移动过的外部链接表更新引用。

4）删除外部表

在数据库窗口的导航窗格中选择要删除的外部表，按 Delete 键，或者右击要删除的外部表，在弹出的快捷菜单中选择"删除"命令即可删除外部表。

11.3　Access 与 Word 的协同应用

11.3.1　数据库的文档管理

通常，在设计数据库的过程中需要将数据库中的表结构整理成文档，作为设计人员了解和分析数据库的材料。Access 可以帮助用户自动生成并打印数据库设计文档，并保存为 Word 文档，也可以在脱机参考和规划时使用这些文档。

【例 11-10】　生成"图书销售"数据库中所有表对象的信息管理文档。

其操作步骤如下：

① 在 Access 中打开"图书销售"数据库，单击"数据库工具"选项卡的"分析"组中的"数据库文档管理器"按钮，弹出"文档管理器"对话框，选择"表"选项卡，如图 11.33 所示。

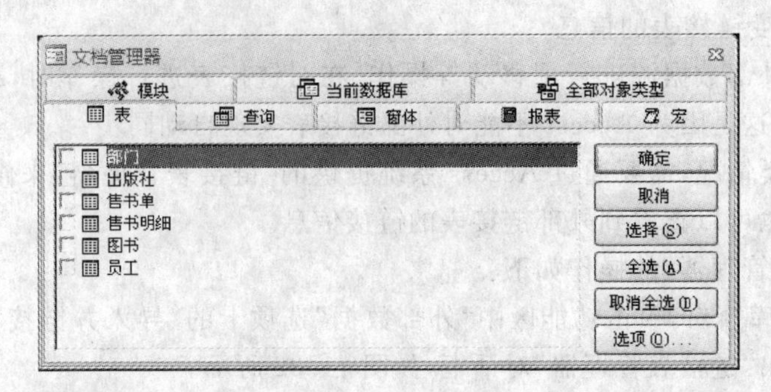

图 11.33 “文档管理器”对话框

② 单击“全选”按钮选择所有表对象，然后单击“确定”按钮即可自动生成所有表的结构信息，可将其打印，也可保存为 Word 文档。单击“打印预览”选项卡的“数据”组中的“其他”按钮，在下拉菜单中选择“Word 将所选对象导出为 RTF”命令，弹出“导出-RTF 文件”对话框，然后单击“浏览”按钮，为文件设置保存路径和文件名，如图 11.34 所示。

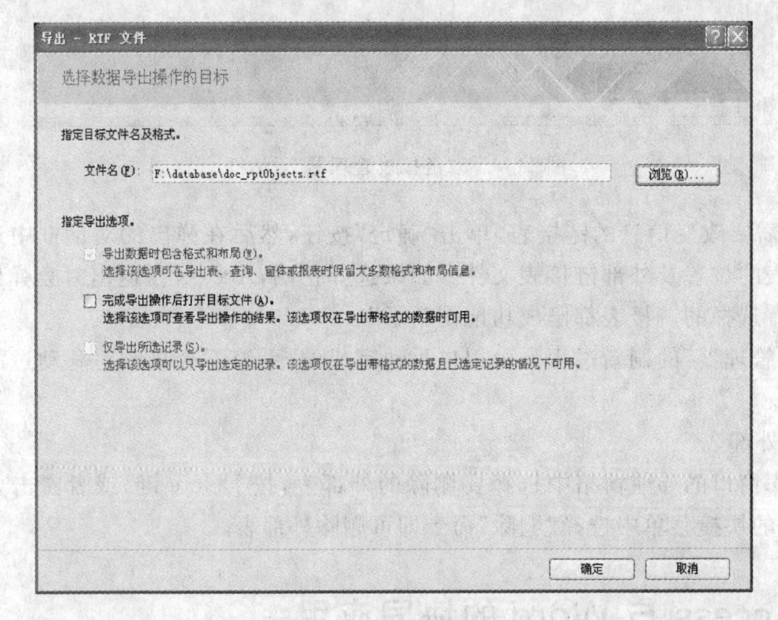

图 11.34 导出为 RTF 文件

③ 单击“确定”按钮，即可在指定目录下生成“图书销售”数据库中所有表对象的信息管理文档。

11.3.2 Word 合并

在日常办公过程中，我们可能需要根据数据表的信息来制作大量信函、信封或者准考证、成绩通知单、毕业证、工资条等。借助 Word 提供的一项功能强大的数据管理功能——“邮件合并”，可以轻松、准确、快速地完成这些任务。

“邮件合并”这个名称最初是在批量处理“邮件文档”时提出的，具体来说就是在邮件文档(主文档)的固定内容中，合并与发送信息相关的一组通信资料(数据源，例如 Excel 表、

Access 数据表等),从而批量生成需要的邮件文档,因此大大提高了工作的效率,“邮件合并”因此而得名。

使用“邮件合并”功能的文档通常具备两个前提条件:

① 需要制作的数量比较大。

② 文档内容分为固定不变的内容和变化的内容,例如信封上的寄信人地址和邮政编码、信函中的落款等,这些都是固定不变的内容,而收信人的地址、邮编等属于变化的内容。其中,变化的部分由数据表中含有标题行的数据记录表表示。

【例 11-11】 为“图书销售”数据库的“员工”表中的所有员工撰写信函,告知其个人基本信息。

其操作步骤如下:

① 在 Access 中打开“图书销售”数据库,选中“员工”表,然后单击“外部数据”选项卡的“导出”组中的“Word 合并”按钮,如图 11.35 所示。

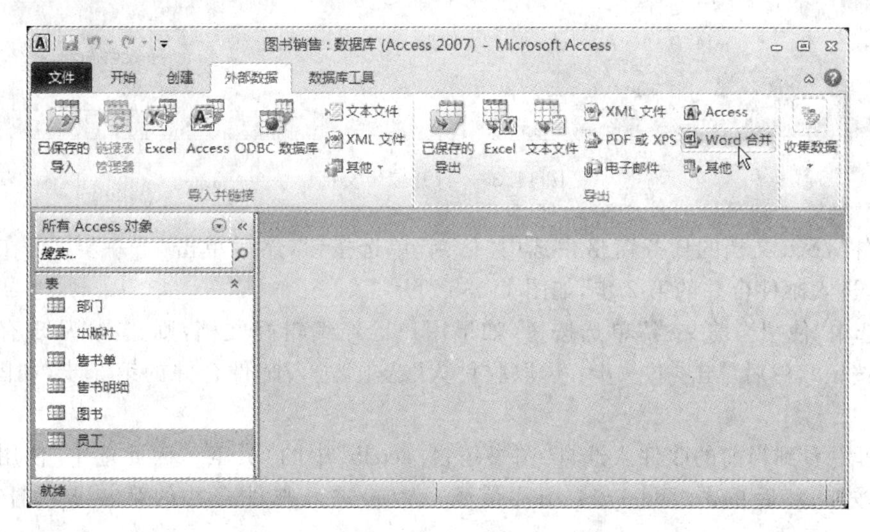

图 11.35 “外部数据”选项卡下的“Word 合并”按钮

② 此时会弹出“Microsoft Word 邮件合并向导”对话框,如图 11.36 所示,选中“创建新文档并将数据与其链接”单选按钮,然后单击“确定”按钮,即可打开一个 Word 文档,用于编辑信函,如图 11.37 所示。

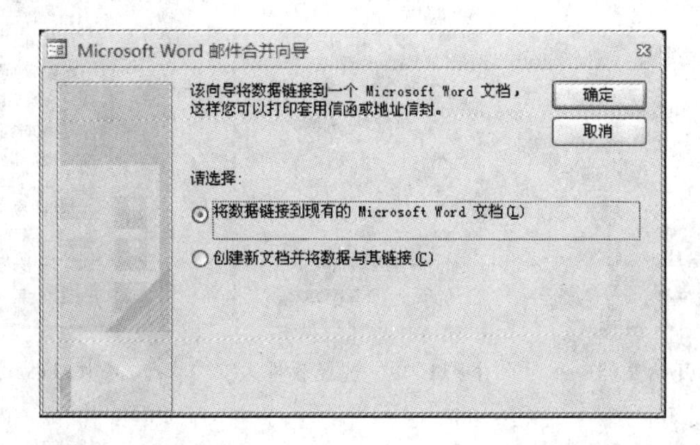

图 11.36 “Microsoft Word 邮件合并向导”对话框

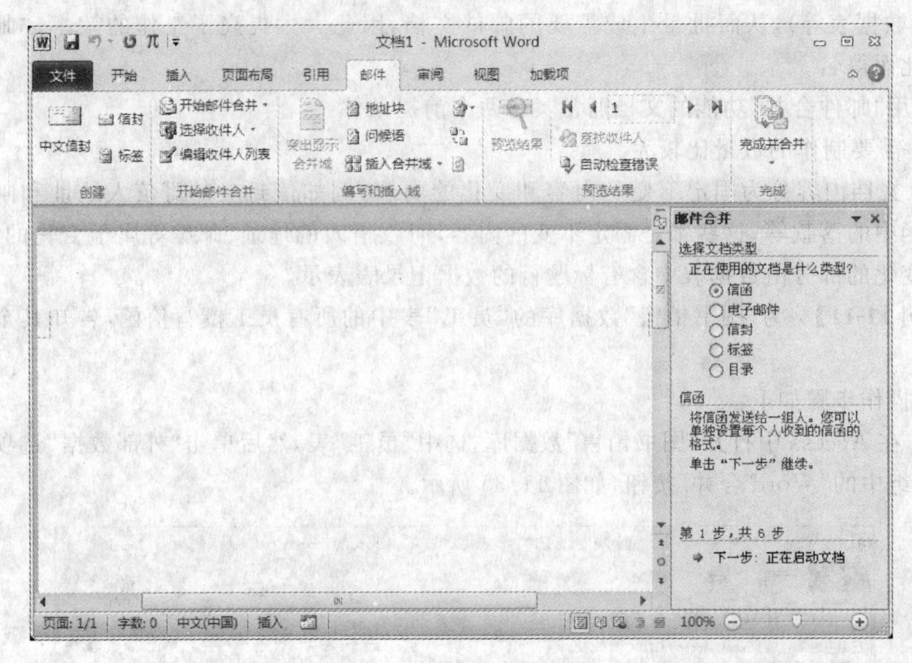

图 11.37 打开编辑文档

③ 在 Word 文档的任务窗格中选中“信函”单选按钮，然后单击“下一步：正在启动文档”选项，进入邮件合并的第 2 步，如图 11.38 所示。

④ 选中“使用当前文档”单选按钮(如果用户已经编辑好文档，则选中“从现有文档开始”单选按钮)，然后单击“下一步：选取收件人”选项，进入邮件合并的第 3 步，如图 11.39 所示。

⑤ 可以看到当前的收件人选自“图书销售.accdb”中的[员工]，因此选中“使用现有列表”单选按钮，然后单击“下一步：撰写信函”选项，进入邮件合并的第 4 步，如图 11.40 所示。

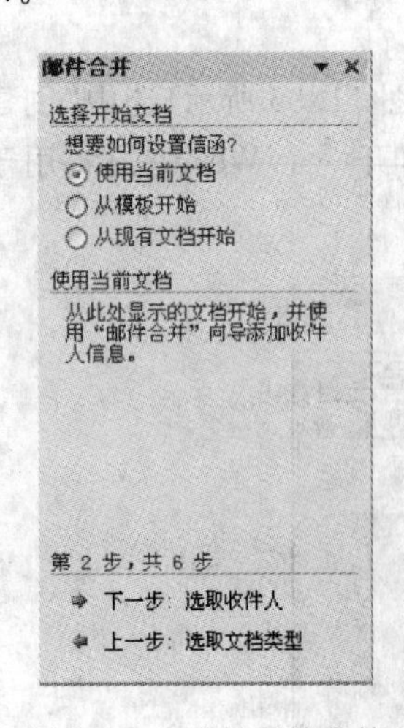

图 11.38 选择开始文档

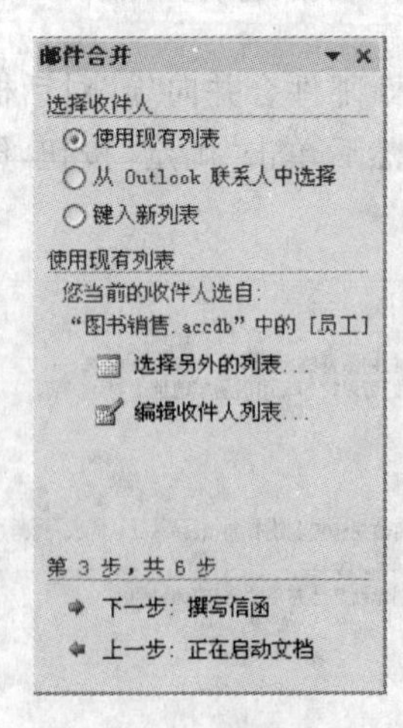

图 11.39 选择收件人

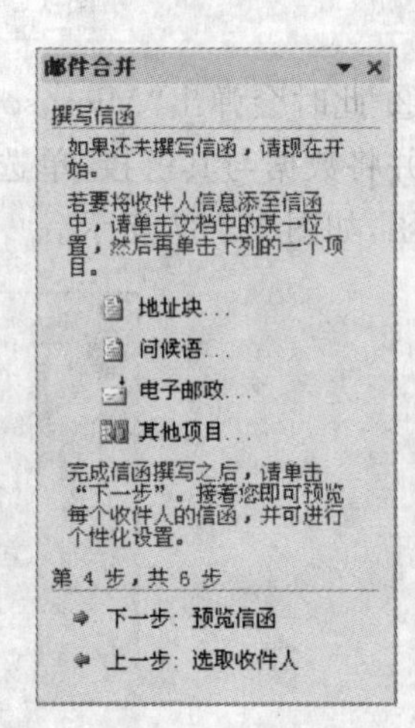

图 11.40 撰写信函

⑥ 单击“地址块”选项，弹出“插入地址块”对话框，如图 11.41 所示。

⑦ 选择合适的收件人名称的表示方式，然后单击“确定”按钮。

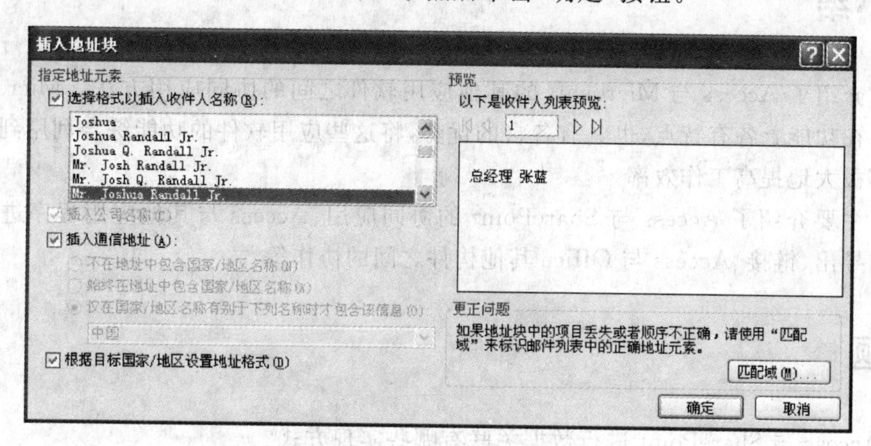

图 11.41 “插入地址块”对话框

⑧ 这时在 Word 文档中会显示“<<地址块>>”，在其后输入“您的基本信息如下：”，然后按 Enter 键开始下一段落。

⑨ 在任务窗格中单击“其他项目”选项，弹出“插入合并域”对话框，如图 11.42 所示。

⑩ 依次选择“工号”、“姓名”、“部门编号”、“职务”、“薪金”插入到文档中，然后单击“关闭”按钮。

⑪ 在任务窗格中单击“下一步：预览信函”选项，然后单击“下一步：完成合并”选项，这时可以打印或编辑单个信函。

⑫ 单击“编辑单个信函”按钮，弹出“合并到新文档”对话框，选中“全部”单选按钮，如图 11.43 所示，然后单击“确定”按钮。

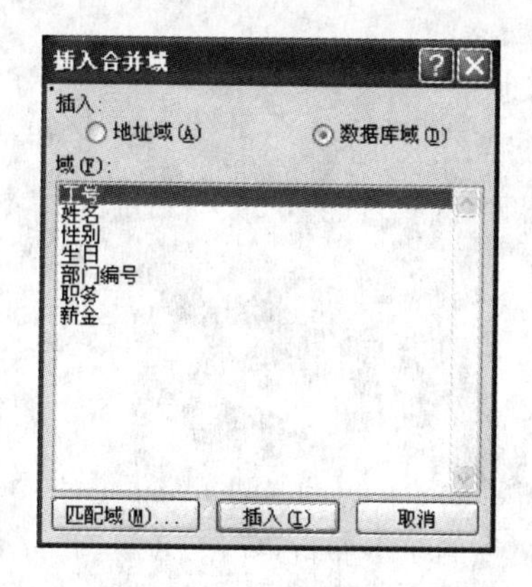

图 11.42 “插入合并域”对话框

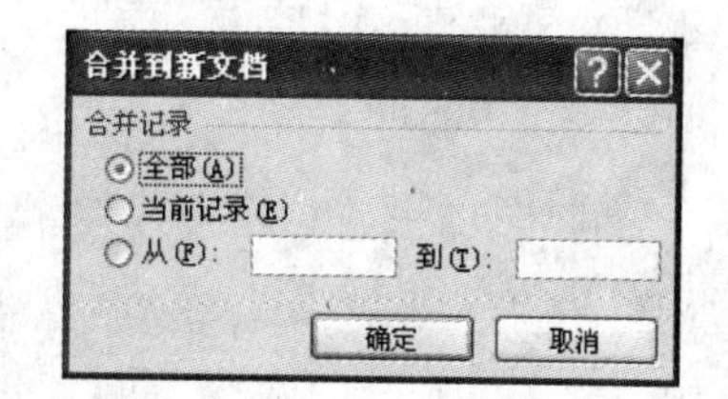

图 11.43 “合并到新文档”对话框

⑬ 这时会生成一个新的 Word 文档，包含了给所有员工的信函，用户可以对单个信函进行修改，然后将文档打印。

本章小结

本章介绍了 Access 与 Microsoft 的其他应用软件之间的协同应用方法。Microsoft 各应用软件在功能上各有特点,也具有各自的优势,将这些应用软件的功能综合利用到办公过程中能够极大地提高工作效率。

本章主要介绍了 Access 与 SharePoint 的协同应用、Access 与其他应用程序进行的数据导入与导出、链接、Access 与 Office 其他构件之间的协作等。

思考题

1. Access 与 SharePoint 进行数据关联有哪些实现方式?
2. 什么是外部数据? 使用外部数据的方法有哪些?
3. 什么是文本文件? 它有何特点和作用?
4. 链接和导入有何异同?
5. Access 可以以哪些格式导出数据?
6. Access 可以以哪些格式导入数据?
7. 链接表有何特点? 链接表管理器的作用是什么?
8. 简述利用 Access 生成数据库信息管理文档的过程。
9. 通常在什么情况下可以利用 Word 合并功能?
10. 如果将文本文件附加到一个已存在的 Access 表中,文本文件的结构与 Access 表的字段结构要求完全一致吗?

第12章 Excel的数据处理

Excel 作为微软 Office 套件的组件之一，具有强大的数据处理和分析能力，许多功能是作为关系型数据库系统的 Access 所不具备的。本章介绍 Excel 的相关数据处理功能及其应用，由于编写本书是出于数据处理的目的，因此本章不介绍 Excel 的基础知识，以下介绍要求读者具备基本的 Excel 操作能力。

12.1 Access 数据库表与 Excel 表的特点

Access 和 Excel 是同属于 Microsoft Office 的两个组件。Excel 是 Office 套件中用于电子表格处理的组件之一，具有强大的数据处理和分析复杂报表的功能，但它不是数据库，缺乏 Access 的关系处理功能。Access 数据库对数据的管理和存储结构化程度高，更多的是以数据管理为中心任务。而 Excel 相对于 Access 的数据管理而言，对结构化存储方面的要求没有那么严格，更多的是利用数学模型和数据方法对数据进行复杂的计算分析。

因此，利用 Access 存储数据并利用其 SQL 的处理功能，然后通过数据交换，将 Access 的数据导出到 Excel 中做进一步处理，是使用 Access 和 Excel 的重要方式之一。

由于在第 11 章中已经完整地介绍了 Access 和 Excel 之间的数据交换，在此不再赘述。

12.1.1 结构化的 Access 数据库表

Access 数据库以表的形式组织数据，一个数据库就是多个表的集合，表之间存着在引用和被引用的关系。此外，为了数据处理的需要，在数据库中还可以创建查询、窗体、报表、模块等多种对象，所有这些对象都存储在数据库文件(. accdb)中。因此，Access 数据库是相关联数据及相关对象的集合，其中，表对象是最核心的数据库对象。

Access 数据库表是一种结构化的二维表，所谓结构化是指表的同一列数据有相同的数据类型(相同的字段名、相同的数值类型、相同的数据存储宽度等)。每一列称为一个字段，字段的结构化是由字段属性来描述的。

用户要创建一个 Access 表，首先要创建表结构，也就是通过 Access 的表设计器来设计表中的每一个字段及相关属性，如图 12.1 所示。然后，再向表中添加数据，即数据是在结构化的框架下输入表中的。由于这一过程已在前面的章节中讨论过，在此不再赘述。

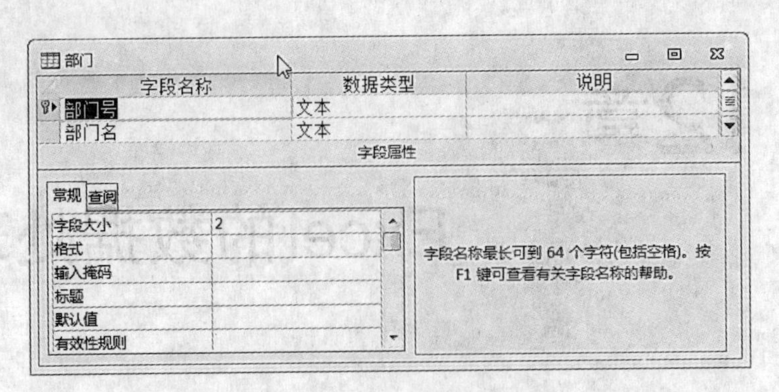

图 12.1 Access 表设计器

12.1.2 Excel 表及 Excel 表的结构化

Excel 表存储于 Excel 工作簿中,一个 Excel 工作簿可以创建多个 Excel 工作表。Excel 工作表类似于 Access 数据库表,但两者又有许多差异。Excel 表在存储数据时可以不进行结构化处理而直接输入数据,Excel 会根据输入的数据类型自动处理,而没有表结构设计的要求。

在 Excel 表中,每一列的数据可以是相同类型的数据,也可以是不同类型的数据。如图 12.2 所示,工作表中 C 列的 3 个数据就有两种不同的数据类型,这在 Access 数据库表中是不可能的。

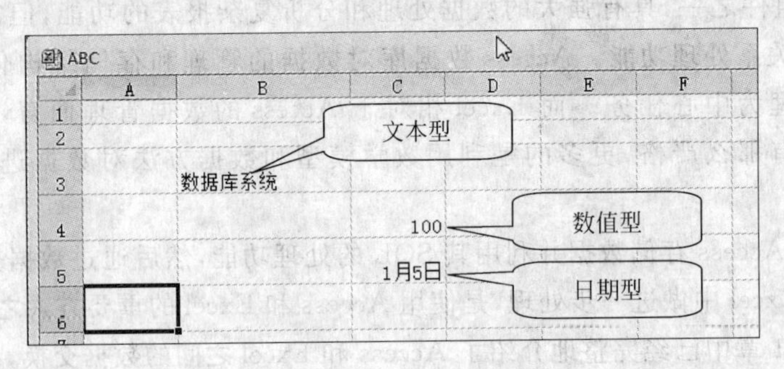

图 12.2 Excel 工作表中的数据类型

当然,在实际应用中,大量 Excel 表的同一列中的数据是同一类型的,这就相当于进行了部分结构化或格式化,也就从一定程度上认为与 Access 数据库表有相同点。所以,这一类 Excel 表可以导入到 Access 数据库中,以 Access 数据库表的形式存储。

因此,Excel 表可以满足数据库系统对表的结构要求,并转换成数据库表。但是,在创建 Excel 表时,对所创建的 Excel 表应有一定的要求,即创建 Excel 表为“数据列表”或“数据清单”。

“数据列表”或“数据清单”,指 Excel 工作表中包含相关数据的一个二维表区域,“数据列表”中的列称为字段,列标志(列标题)是数据库中的字段名,字段名在“数据列表”的第一行。除“数据列表”的字段名所在的行以外,其他的每一行称为一个记录,记录是“数据列表”的数据集合,如图 12.3 所示。

“数据列表”中不留空行,因为空行中的数据类型无法确定,在输入空行中的数据时,可能会造成列中的数据类型不一致的问题。在 Excel 中,空行预示着“数据列表”的结束。

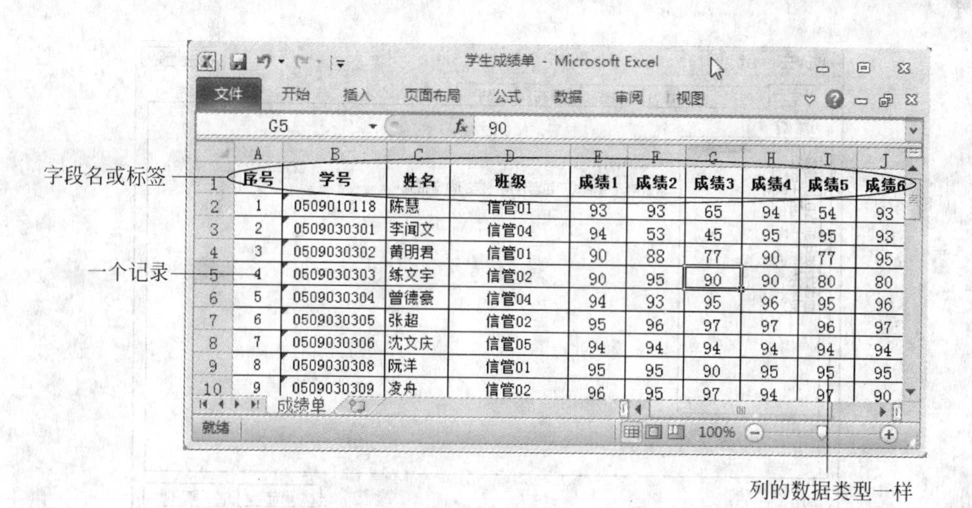

图 12.3 “数据列表”示意图

在 Excel 中,可以将“数据列表”用作数据库。在执行数据库操作时,例如查询、排序或汇总数据时,Excel 会自动将“数据列表”视作数据库。

在创建“数据列表”时,首先创建“数据列表”的第一行(标题行),第一行是描述“数据列表”的描述性标签。

数据列表中的“列”具有同质性,同质性用于确保每一列中包含相同类型的信息,即每一列中数据(除第一行标题外)的数据类型是一致的,不能在同一列中混合输入日期和文本等。

用户可以预先格式化整列,以保证数据拥有相同的数据格式类型。对单元格的数据类型格式化就是对单元格可以存储的数据类型事先进行约定,以后在对约定的单元格输入数据时,如果输入的数据类型与约定的类型不一致,约定的单元格就不接收输入的数据。格式化单元格的数据类型主要有两种方法,一种是使用“设置单元格格式”对话框格式化数据类型,另一种是使用“数据有效性”对话框格式化数据类型。

1. 使用“设置单元格格式”对话框格式化数据类型

对 Excel 数据列表格式化的方法如下:

① 单击要格式化的列标题,选中一列,然后右击,在快捷菜单中选择“设置单元格格式”命令,弹出“设置单元格格式”对话框,如图 12.4 所示。

② 在该对话框中选择与字段要求一致的数据类型。

注意:*应在对每一列单元格输入数据前进行数据类型的格式化,例如将“姓名”字段的数据类型格式化为“文本”类型,将“成绩”字段的数据类型格式化为“数值”类型。*

2. 使用“数据有效性”对话框格式化数据类型

Excel 的数据有效性特性在很多方面类似于条件格式特性。使用数据有效性,用户可以建立一定的规则,它规定了可以向单元格中输入的数据规则。如果用户输入了一个无效的输入项,将显示一个提示消息,提示用户输入规定范围内的有效数据。

使用“数据有效性”应注意一个问题,如果用户复制一个单元格,然后把它粘贴到一个包

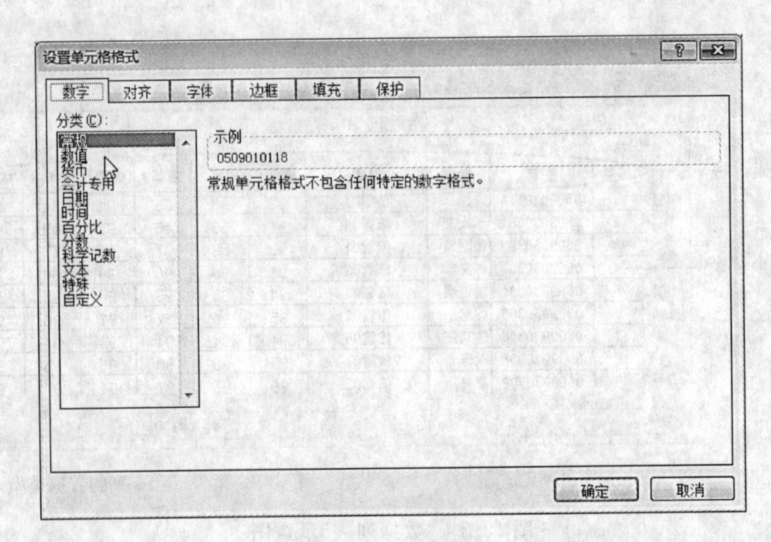

图 12.4 “设置单元格格式化”对话框

含数据有效性的单元格,单元格中原来的数据有效性规则就被删除了。

例如,规定某一列的单元格只能输入介于 0 到 100 之间的整数,另一列的数据来自于某数据“序列”,“序列”的内容是教授、副教授、讲师、助教、工程师、技术员,也就是说,这一列的数据只能从上述“序列”数据中选择。

1) 指定有效性条件及输入信息和出错警告

用户可以指定单元格或区域中允许的数据类型,操作步骤如下:

① 选择单元格或区域。

② 单击“数据”选项卡的“数据工具”组中的“数据有效性”按钮,Excel 将弹出“数据有效性”对话框。

③ 选择“设置”选项卡,如图 12.5 所示。

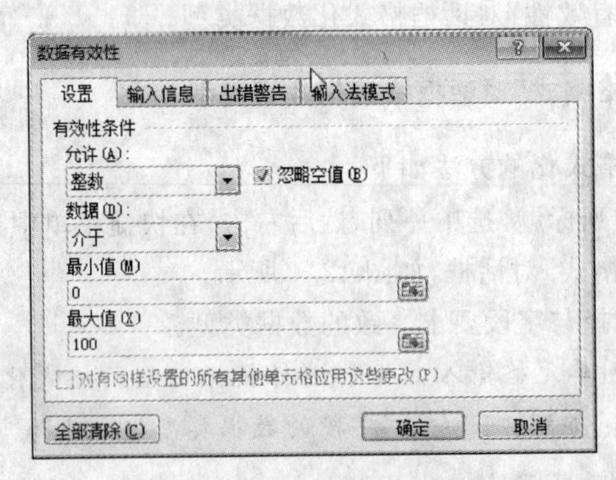

图 12.5 “数据有效性”对话框中的“设置”选项卡

④ 从“允许”下拉列表中选择一个选项,例如任何值、整数、小数、序列、日期、时间、文本长度或自定义。如果要指定一个公式,需要选择“自定义”选项。在该选项卡中,对于“允许”的选择决定了可以访问的其他控件,例如,如果选择了“整数”选项,则“数据”控件的设定将自动激活。

⑤ 从“数据”下拉列表中选择设定条件，例如介于、未介于、等于、不等于、大于、小于、大于或等于、小于或等于。同样，对于“数据”的选择也决定了可以访问的其他控件，例如，如果选择了“介于”选项，则“最小值”和“最大值”的设定控件将自动激活。

⑥ 选择“输入信息”选项卡（可选设置），设定当用户选择单元格时显示的消息（或提示性信息），提示用户输入数据时的范围或可输入的数据类型定义域。如果省略了“输入信息”的设置，当用户选择这个单元格时，不会出现任何提示信息。例如，对单元格 A2 的“输入信息”的设置如图 12.6 所示，则输入数据至 A2 单元格时，将会出现如图 12.7 所示的效果。

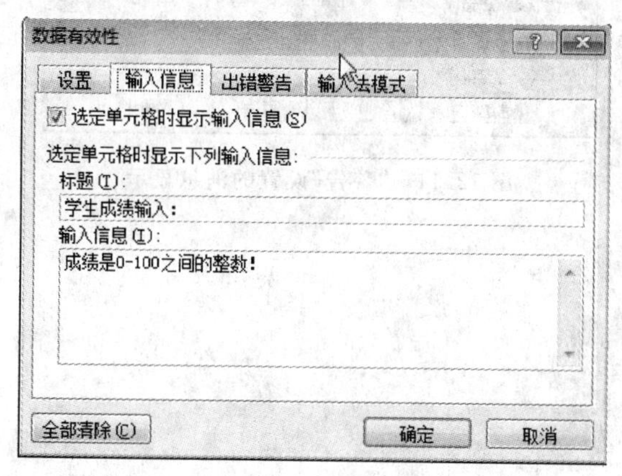

图 12.6 “输入信息”选项卡设置

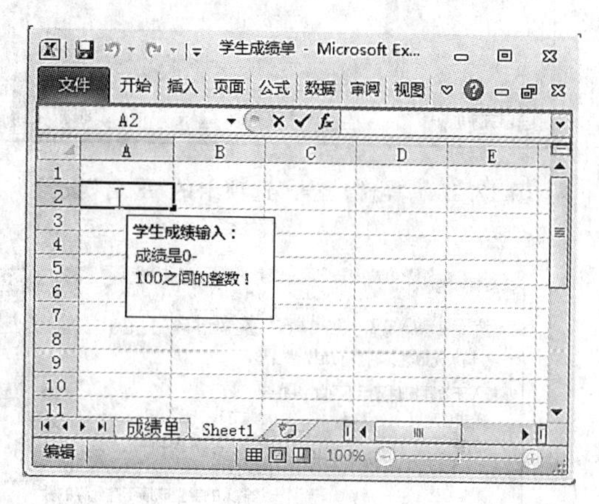

图 12.7 单元格 A2 中的“输入信息”消息显示

⑦ 选择“出错警告”选项卡（可选设置），设定当用户输入一个无效的数据时显示的出错警告。“出错警告”选项卡中的“样式”有 3 种选择，即“停止”、“警告”、“信息”。选择不同的样式，当用户输入的数据有误时弹出的相应对话框不同，可进一步供用户操作的选项也不同。

• 选择“停止”样式时弹出的对话框如图 12.8 所示，供用户选择的操作有“重试”、“取消”和“帮助”，出错时弹出的对话框如图 12.9 所示。

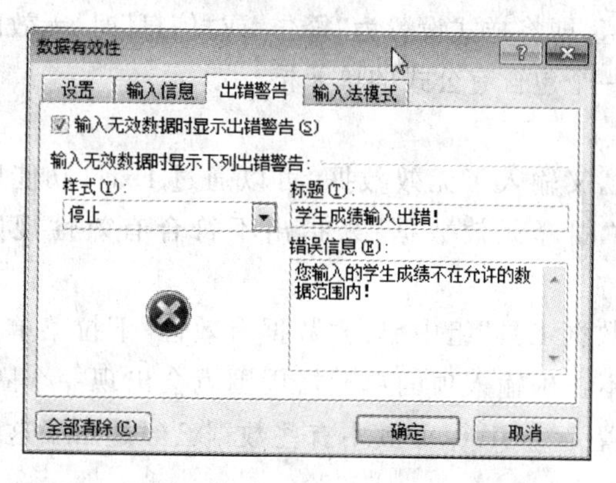

图 12.8 “出错警告”选项卡的“停止”设置

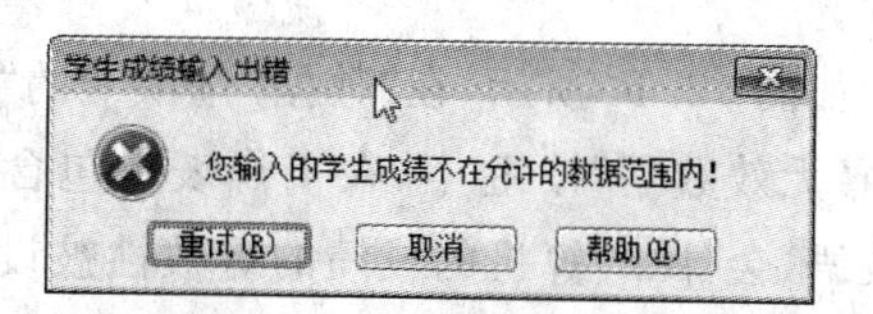

图 12.9 “停止”设置的消息显示

• 选择“警告”样式时弹出的对话框如图 12.10 所示，供用户选择的操作有“是”、“否”、“取消”和“帮助”，出错时弹出的对话框如图 12.11 所示。

• 选择“信息”样式时弹出的对话框如图 12.12 所示，供用户选择的操作有“确定”、“取消”和“帮助”,出错时弹出的对话框如图 12.13 所示。

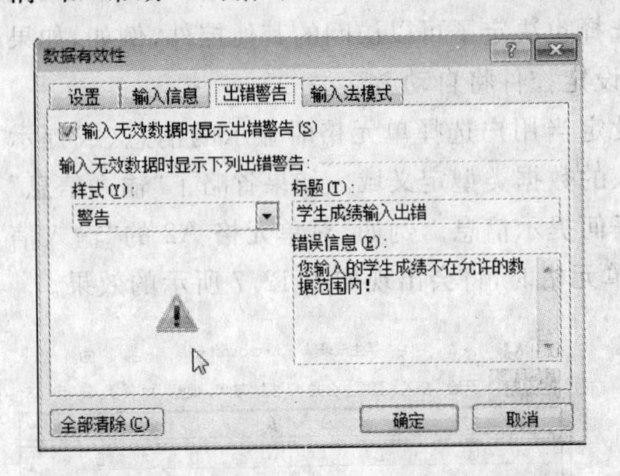

图 12.10 “出错警告”选项卡的“警告”设置

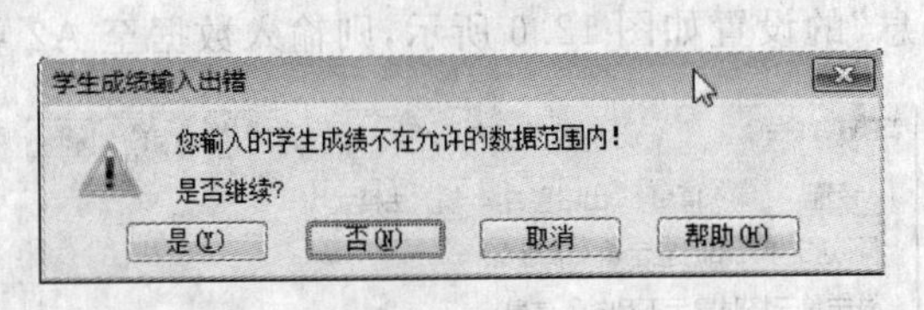

图 12.11 “警告”设置的消息显示

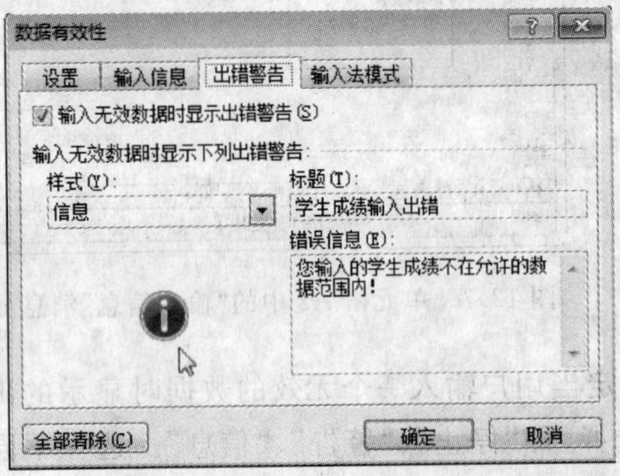

图 12.12 “出错警告”选项卡的“信息”设置

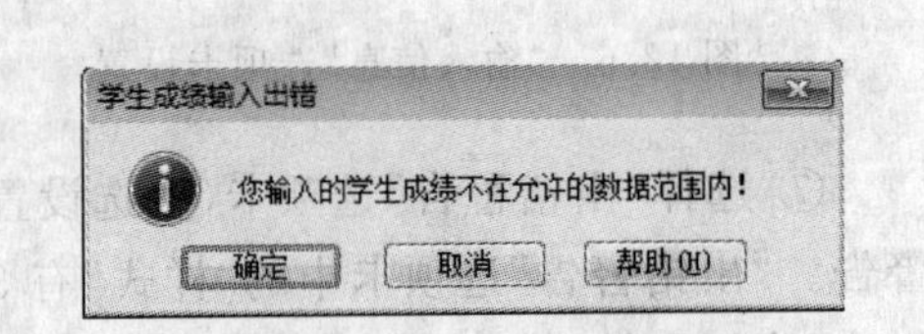

图 12.13 “信息”设置消息显示

对单元格或区域设置了数据有效性并不意味着这些单元格不能输入无效数据,即使数据有效性起作用,用户也可能输入无效数据。如果在“数据有效性”对话框的“出错警告”选项卡中将“样式”设置为“停止”以外的其他值,即将样式设置为“警告”或“信息”时,无效的数据也可以输入,同时,有效性也不能应用于一个包含有公式的单元格。

2) 圈释无效数据

如果用户设置了除“停止”以外的样式,又输入了无效数据,可以通过 Excel 功能区中“数据”选项卡的“数据工具”组中提供的“圈释无效数据”来指出不符合有效性规则的数据。

如图 12.14 所示,在“数据”选项卡的“数据工具”组中单击“数据有效性”下拉菜单中的“圈释无效数据”按钮,在工作表中包含不正确输入项的单元格周围就会出现一个圈,由于英语、会计、计算机的成绩的有效性被设置为 0～100,而其中有些数据已经超出了这个范围,所以不在此范围的数据被画上了椭圆圈。

如果校正了一个无效的输入项,圈就会消失。

如果不再标注这些无效数据,可以单击“清除无效数据标识圈”按钮,这样,标注的椭圆圈就会消失。

3) 使用“数据有效性”创建下拉列表

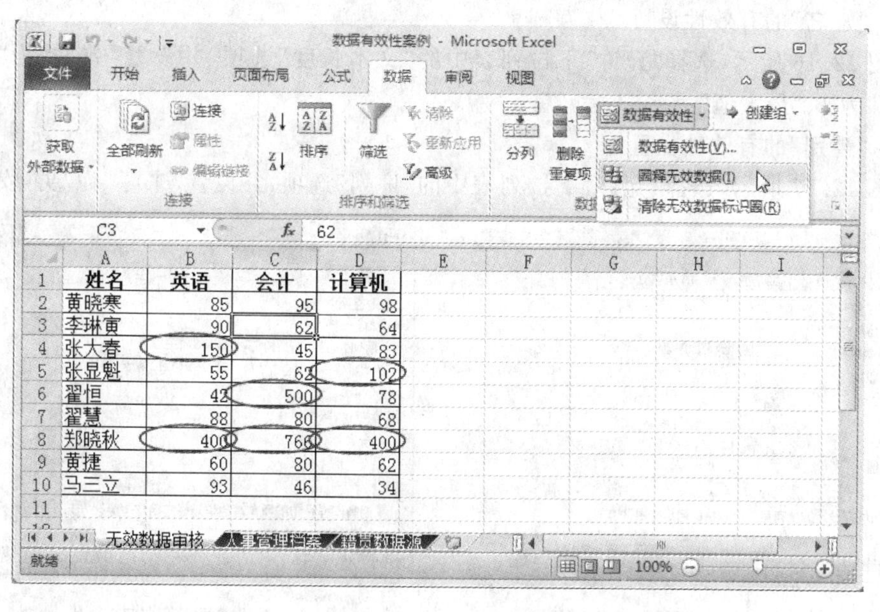

图 12.14 “数据有效性”下的“圈释无效数据”

对数据有效性的重要应用之一就是创建下拉列表，也就是在“数据有效性”对话框的“设置”选项卡中选择“允许”下拉列表中的“序列”选项来创建下拉列表。

例如，有关人事管理中有姓名、性别、职称、籍贯信息要输入，如图 12.15 所示。

- 姓名。姓名是文本型数据，且长度介于 1～4 之间。
- 性别。性别的可选值是“男”和“女”。
- 职称。职称的可选值是“教授”、“副教授”、“讲师”、“助教”、“工程师”、“技术员”。
- 籍贯。籍贯的可选值是北京市、天津市、河北省、山西省、内蒙古自治区、辽宁省、吉林省、黑龙江省、上海市。

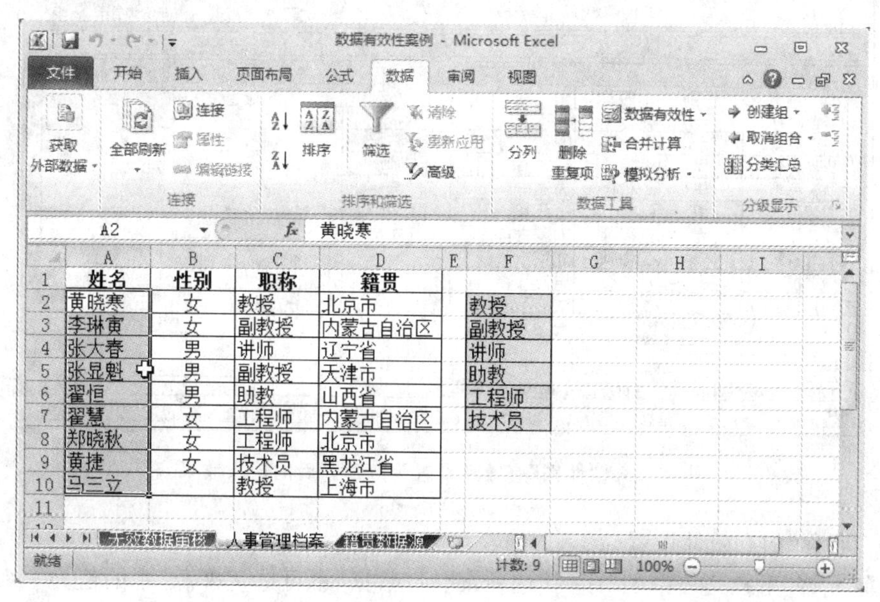

图 12.15 人事档案数据表

(1)“姓名”的有效性设置

如图 12.16 所示,选择“允许”下拉列表中的“文本长度”选项,并设置“数据”为“介于”、“最小值”为 1、“最大值”为 4。

(2)“性别”的有效性设置

如图 12.17 所示,选择“允许”下拉列表中的“序列”选项,并设置“来源”为“男,女”。

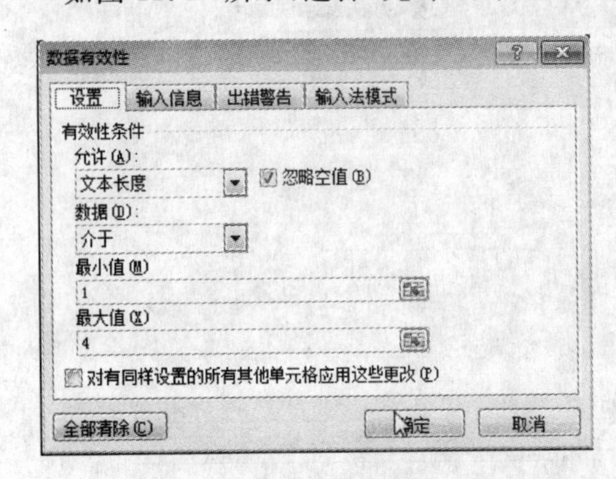

图 12.16 “姓名”的有效性设置

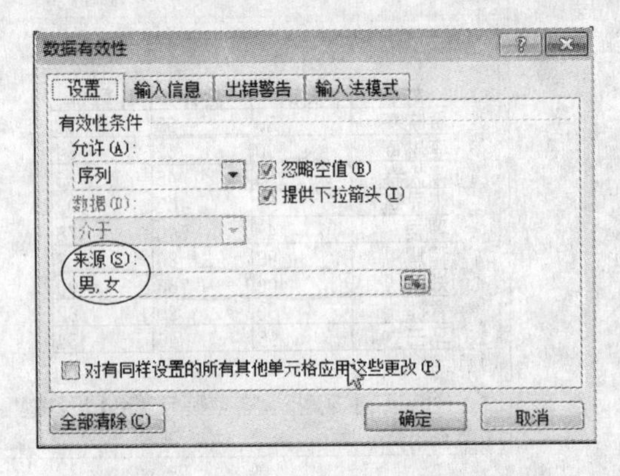

图 12.17 “性别”的有效性设置

“性别”序列值直接在“来源”编辑框中输入,每个列表值之间以逗号分隔。在设置了“性别”有效性后,在设置的相应单元格中输入“性别”时,单元格右边会出现一个下三角按钮▼,单击此按钮,在下拉列表中就会显示可选值“男”和“女”,也只有这两个值可以选择,如图 12.18 所示。

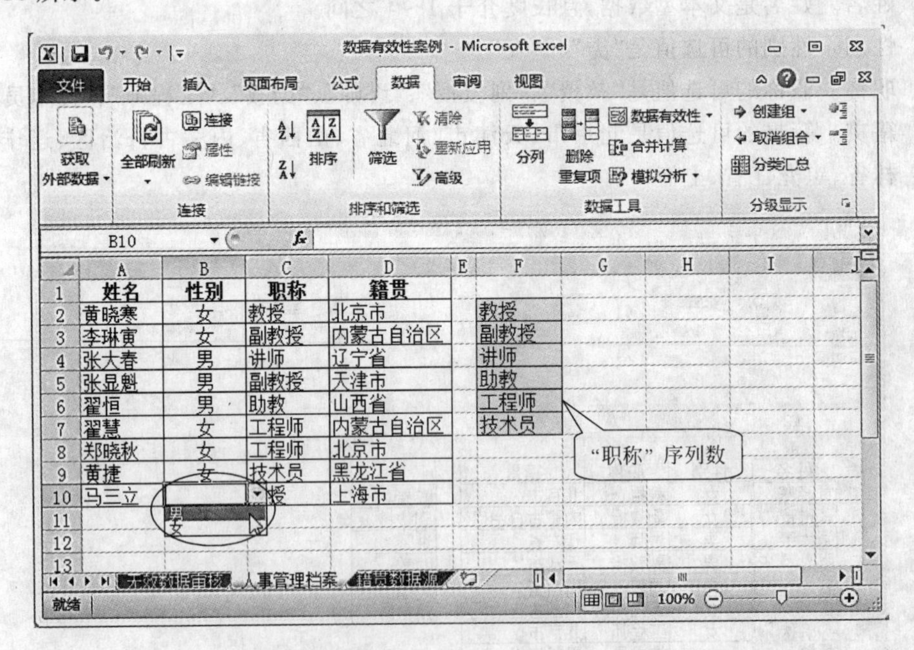

图 12.18 “性别”有效性设置为“序列”后的输入效果

(3)“职称”的有效性设置

选择“允许”下拉列表中的“序列”选项,此时“数据”不可选,“来源”中的值为一个指定区域的值，区域中的可选值与数据输入表为同一工作表（“人事管理档案”工作表）。在图 12.18 中，“职称”的可选值在“人事管理档案”表的右边（加底纹的区域），所以“来源”的内容是“＝$F$2:$F$7”。

注意：“来源”设置区域以“＝”开始，如图 12.19 所示。

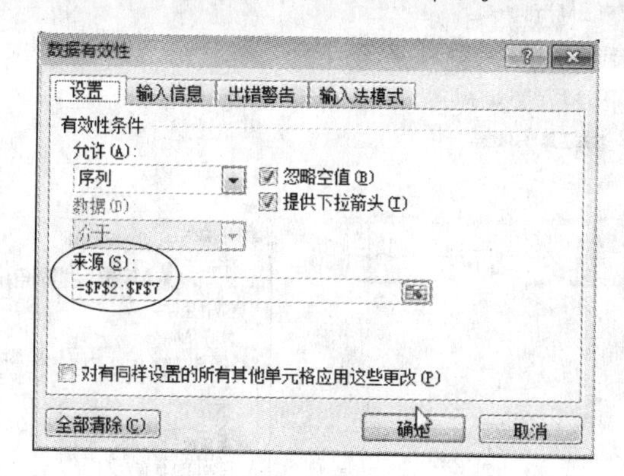

图 12.19 “职称”的有效性设置

在设置了“职称”有效性后，在设置的相应单元格中输入“职称”时，单元格右边会出现一个下三角按钮▼，单击此按钮，在下拉列表中就会显示可选值，如图 12.20 所示。

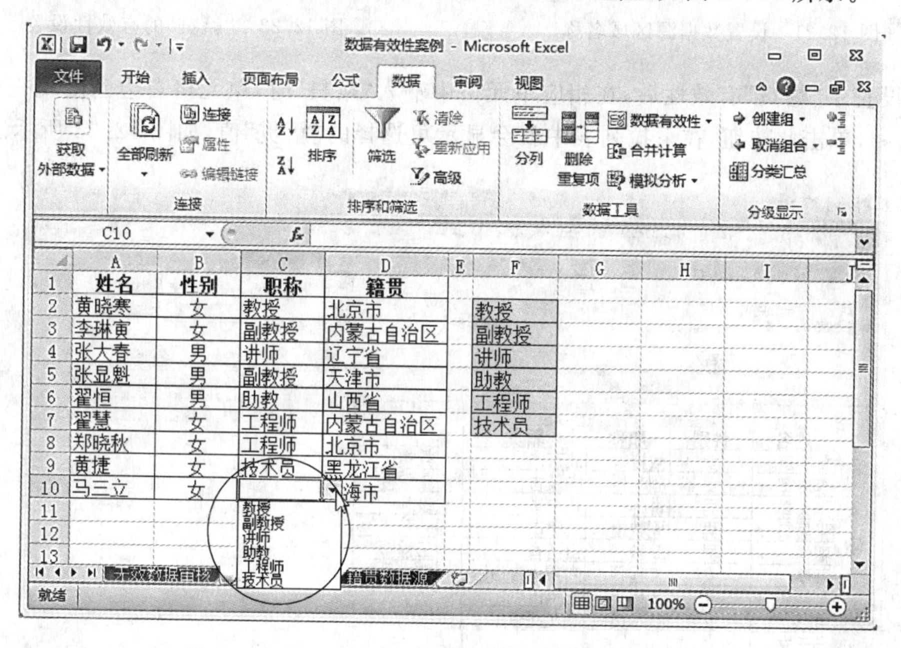

图 12.20 “职称”有效性设置为“序列”后的输入效果

（4）“籍贯”的有效性设置

选择“允许”下拉列表中的“序列”选项，此时“数据”不可选，“来源”中的值是另一个工作表中指定区域的值，在进行这个数据源的设置前，一定要对另一个工作表中数据源所在的区域创建“区域名称”，然后才能使用已创建的区域名称作为数据源。

如图 12.21 所示，“籍贯”列表在同一工作簿的另一个工作表——“籍贯数据源”工作表中。首先对“籍贯数据源”工作表中籍贯所在的单元格区域设置区域名称“省份数据源”,然后选择要设置有效性单元格的工作表“人事管理档案”,设置“籍贯”的“数据有效性”,如图 12.22 所示,“来源”框中的内容是“=省份数据源”。

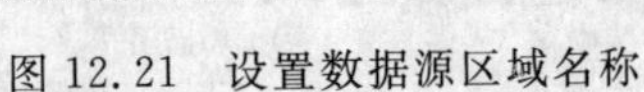
图 12.21　设置数据源区域名称

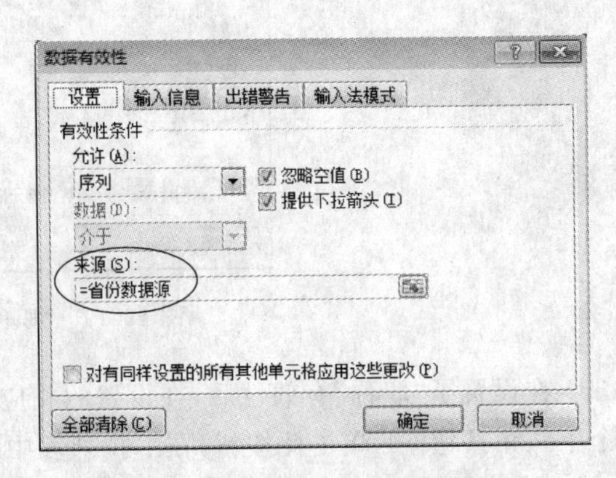

图 12.22　“籍贯”的有效性设置

在设置了“籍贯”有效性后,在相应单元格中输入“籍贯”时,单元格右边会出现一个下三角按钮,单击此按钮,在下拉列表中就会显示可选择的“籍贯”值,如图 12.23 所示。

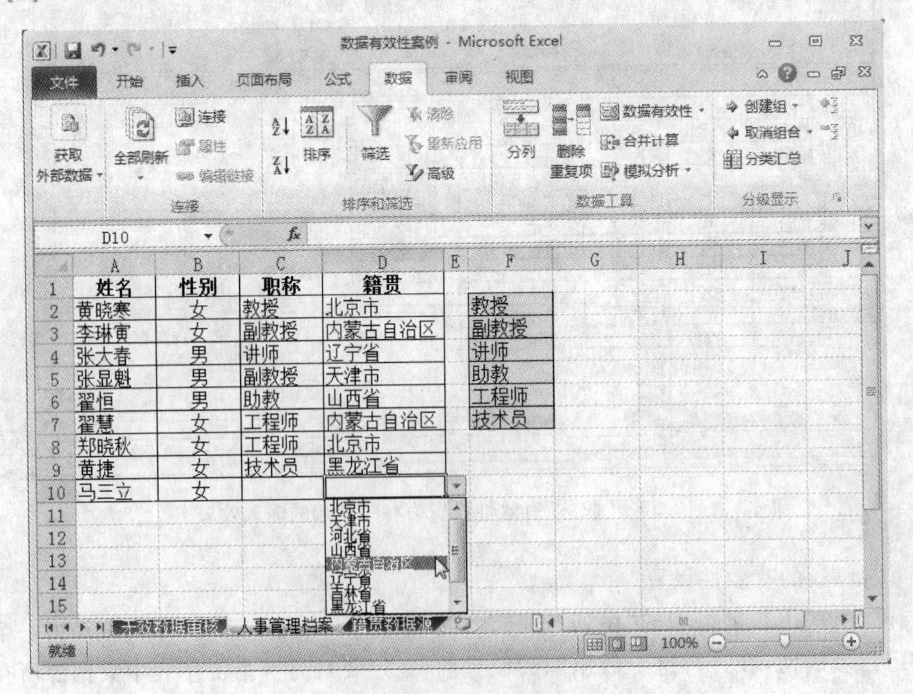

图 12.23　“籍贯”有效性设置为“序列”后的输入效果

4）使用“数据有效性”公式接受特定数据的输入。

选择“允许”下拉列表中的“自定义”选项，此时“数据”不可选，在“公式”编辑框中输入有效性设置的公式。在“公式”编辑框中输入计算结果为逻辑值的公式，即“公式”编辑框中的公式的计算结果为TRUE或FALSE，数据有效时为TRUE，数据无效时为FALSE。

需要注意的是，指定的公式必须是一个能返回TRUE或FALSE值的逻辑运算公式。如果公式的值为TRUE，数据被认为是有效的并且被保存在单元格中。如果公式计算的值为FALSE，会出现提示信息框，显示在“数据有效性”对话框的“出错警告”选项卡中指定的信息。

（1）只接受文本的有效性设置

如果要使指定的单元格或区域中只能输入文本型数据，需要在“公式”编辑框中输入计算公式“=ISTEXT(单元格或区域)”。

例如，要指定A1:A20区域中输入的只能是文本数据，就可以在“公式”编辑框中输入“=ISTEXT(A1:A20)”，如图12.24所示。

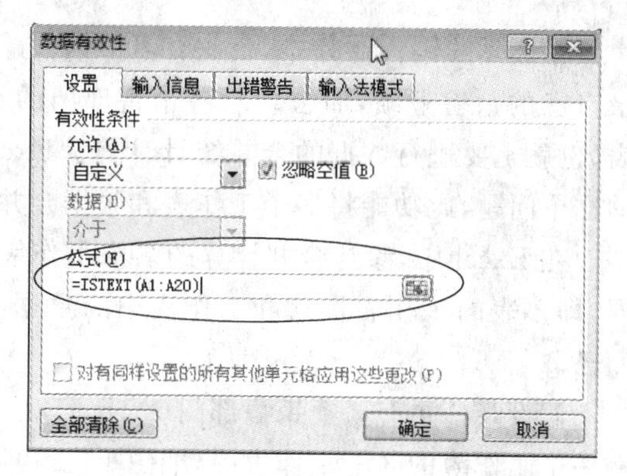

图12.24 只接受文本数据的设置

（2）接受比另一个单元格更大的值的有效性设置

下面的数据有效性公式允许用户输入一个(B3单元格)比另一个单元格(B2单元格)中的值更大的值。在B3单元格中设置有效性公式如下：

=B3>B2

5）“数据有效性”的删除

如果已经设置了数据有效性的单元格或区域中不再需要数据有效性，则可以删除已有数据有效性设置。

方法是打开“数据有效性”对话框，如图12.24所示，单击对话框左下角的 全部清除(C) 按钮，清除设置后，“允许”的选择将变为“任何值”。

12.2 Excel数据处理的应用实例

Excel是一个表格处理软件，它不仅具有数据存储功能，还具有很强的数据计算功能，同时，Excel可以将多表中的数据有机地结合，并通过丰富的数学模型和方法对数据进行分析，例如数据排序、数据筛选、数据分类，以及运用统计方法对数据进行t检验、回归分析、抽样调查、规划分析等。

在Excel中还可以定义控件、窗体，进行VBA编程，并结合Excel处理函数完成复杂的表格数据处理。

当然，Excel与Access系统有着显著的不同，Access注重的是数据存储管理，它可以运用严格的结构定义来存储和管理数据，并运用数据表关联机制进行数据完整性的定义，从而保证数据处理中数据的一致性。Access的DBMS系统虽然具有大量的数据处理命令，但在这些命令中得少有统计或数学处理模型(或方法),如果要对数据进行 t 检验、回归分析、抽样调查、规划分析等处理,用户必须自己进行复杂的编程,而这些统计或数学模型(方法)比较复杂,一般知识结构的人是不可能完成的。相比而言,Excel 在这方面具备了较强的处理能力。

所以,用户可以很好地利用这两个软件的特点进行工作,即利用 Access 进行数据存储和管理、程序设计、菜单定义、窗体制作等工作,利用 Excel 对 Access 数据库中的数据进行复杂的统计或数学模型分析,从而大大减少不必要的编程。

这两个软件相结合进行数据处理的基本流程可以描述为:首先从 Access 数据库系统中将要处理的 Access 数据表导出到 Excel 表文件,然后运用 Excel 进行数据处理和分析。

下面围绕 Excel 处理问题,介绍 Excel 的数据处理功能。

12.2.1　Excel 中数据的合并统计

在实际的销售业务中,企业有多个销售部门,各销售部门都需要编制一个销售数据表记录自己的销售业绩,而公司对各销售部门的销售业绩要进行汇总,汇总为一个销售业绩总表,也就是要进行数据的合并统计计算。Excel 中的"合并计算"功能能够方便地解决用户的这个问题,此功能将多个工作表和数据合并计算存放到一个工作表中。

在 Excel 中,参与合并计算的多个工作表在相同的单元格或单元格区域的数据性质相同,即多表的工作表形式和工作表中的数据类型是相同的,只是每个工作表中的数据不同而已。

假设某公司有 3 个销售部门(A、B、C)已经从数据库表中导出到 Excel 工作表,并存储在一个工作簿的 3 个工作表中,如图 12.25 所示。在此工作簿中,用户制作一个汇总表,将 3 个销售部门的销售业绩汇总为公司的销售业绩表。

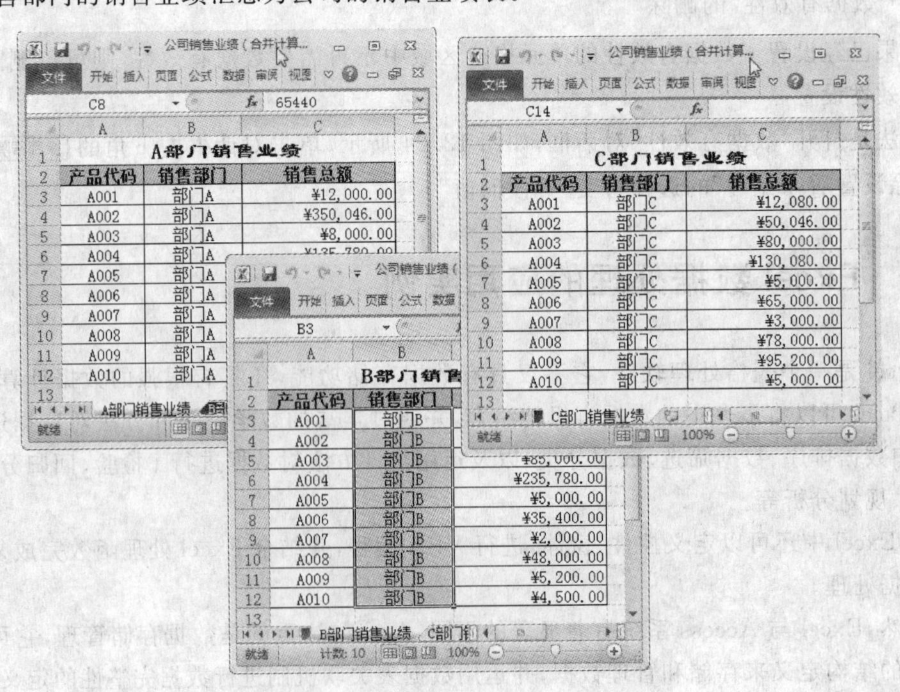

图 12.25　A、B、C 部门的销售业绩数据

实现合并计算的操作步骤如下：

① 打开存放 3 个部门销售业绩的工作簿——“公司销售业绩(合并计算)”，在此工作簿中添加一个工作表，命名为“公司销售业绩汇总表”，然后将某部门的销售工作表复制到“公司销售业绩汇总表”中，并修改标题内容为“A、B、C 部门销售业绩”，同时删除 C3～C12 单元格中的数据，保留单元格格式，将“销售部门”列的数据修改为“部门 A、B、C”，如图 12.26 所示。

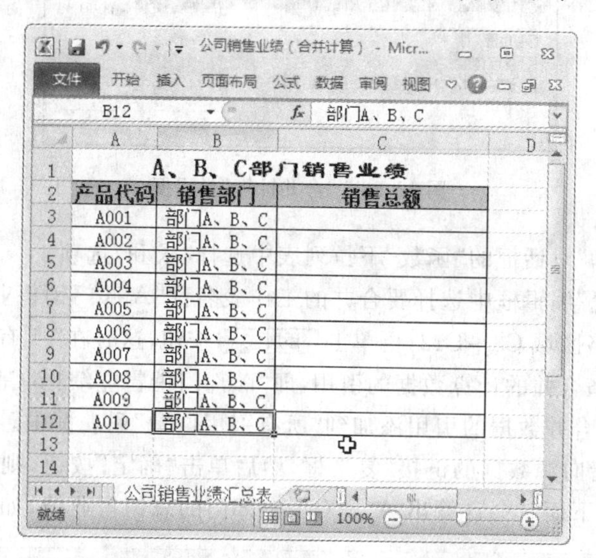

图 12.26 “公司销售业绩汇总表”的结构

② 选中 C3～C12 单元格，单击“数据”选项卡的“数据工具”组中的“合并计算”按钮，如图 12.27 所示，弹出“合并计算”对话框，如图 12.28 所示。

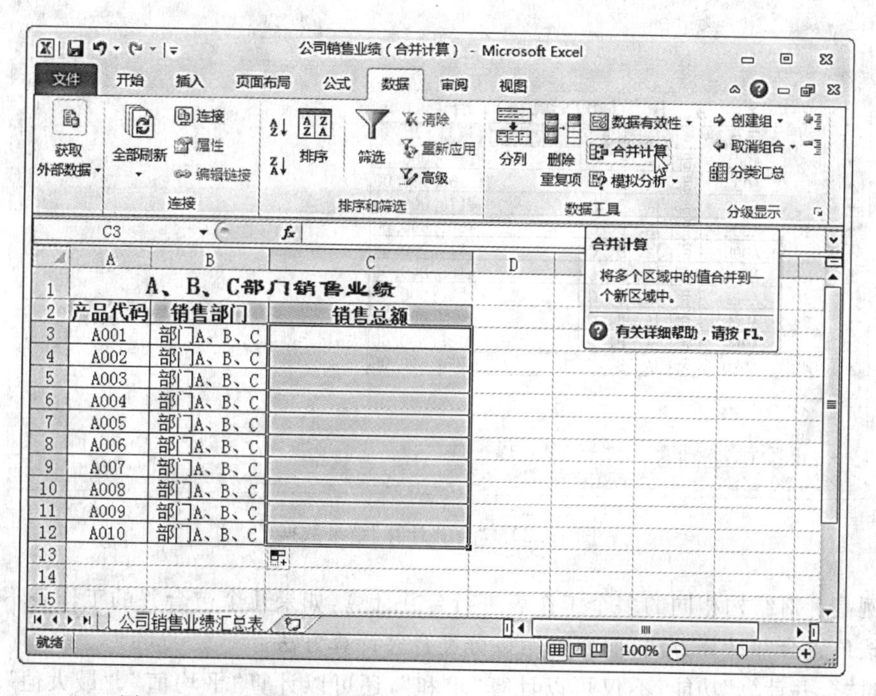

图 12.27 “数据”选项卡的“数据工具”组中的“合并计算”按钮

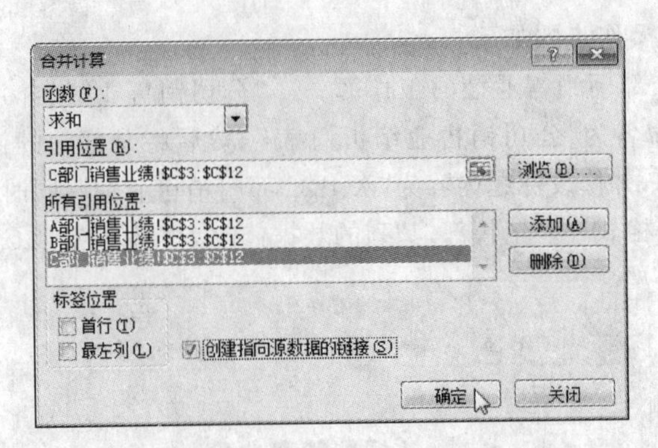

图 12.28 “合并计算”对话框

③ 在“合并计算”对话框的“函数”下拉列表中选择“求和”选项。

④ 在“引用位置”编辑框中选择要合并的工作表名称“A 部门销售业绩”，然后选择该表中的业绩数据单元格区域 C3～C12，再单击 添加(A) 按钮，这时在“所有引用位置”列表框中就出现了部门 A 准备合并的计算数据的引用，即“A 部门销售业绩！$C$3：$C$12”。继续选择其他工作表，将合并数据的引用添加到“所有引用位置”列表框中。

⑤ 选中“创建指向源数据的链接”复选框，然后单击“确定”按钮，则在“公司销售业绩汇总表”的“销售总额”下面就会计算出 A、B、C 3 个部门的总销售业绩，如图 12.29 所示。

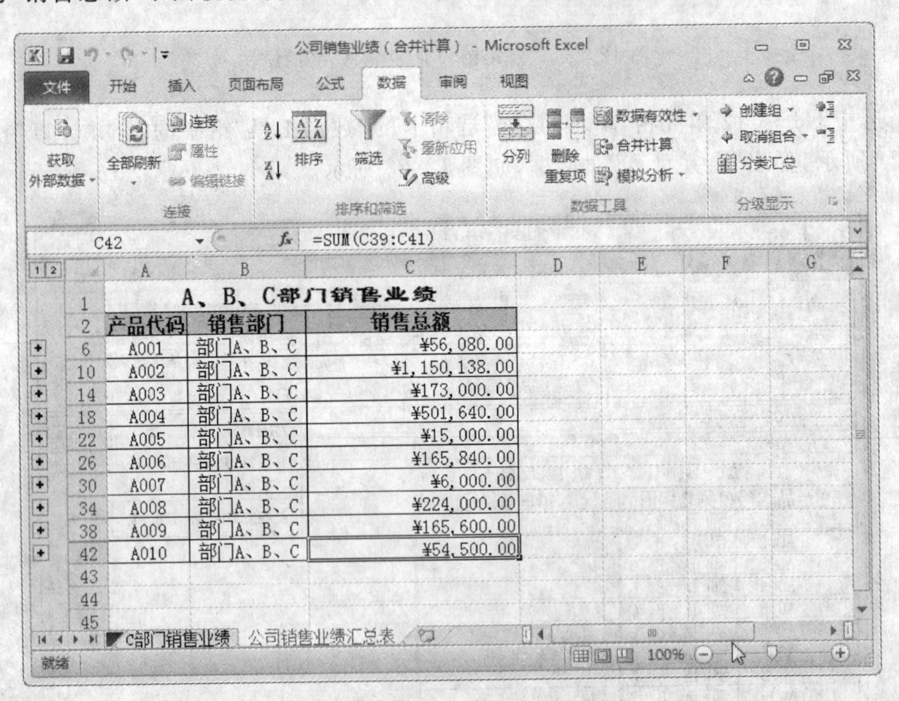

图 12.29 “合并计算”结果数据

此例是针对结构相同的多个工作表进行合并计算，如果几个被合并的工作表不同，则不能采用按位置合并计算方法，而要采用按分类合并计算方法。

通过“合并计算”功能，不仅可以计算“求和”，还可以计算“平均值”、“最大值”、“方差”

等，如图 12.30 所示。

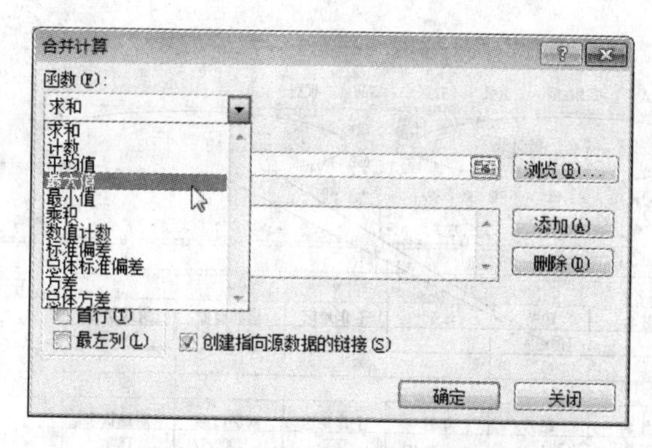

图 12.30 “合并计算”的其他计算功能

12.2.2 Excel 中数据的高级筛选

在 Excel 中，通过筛选数据可以将符合用户指定条件以外的数据隐藏起来，使工作表中只显示符合条件的数据。Excel 提供了两种筛选方法，即自动筛选和高级筛选。

自动筛选方法是基本筛选方法，但当遇到复杂的问题时使用自动筛选方法无法实现，需要使用高级筛选方法来完成。高级筛选方法比自动筛选方法更灵活，但使用前需要做一些准备工作。

在使用高级筛选方法前，需要建立一个条件区域，即一个在工作表中遵守特定要求的指定区域。此条件区域包括 Excel 使用筛选方法筛选出的信息，此区域的限定如下：

① 至少由两行组成，在第一行中必须包含有数据列表中的一些或全部字段名称。当使用计算的条件时，计算条件可以使用空的标题行。

② 条件区域的另一行或若干行必须由筛选条件构成。

③ 尽管条件区域可以在工作表中的任意位置，但最好不要设置在数据列表的行中，通常可以选择条件区域设置在数据列表的上面或下面。

Excel 的高级筛选的条件规则如下：

① 如果筛选条件在同一行中，则同行中的各条件之间是并列关系，也就是说是 AND 关系。

② 如果筛选条件在不同行中，则不同行的各条件之间是或者关系，也就是说是 OR 关系。

【例 12-1】 假设一公司员工信息表由序号、姓名、职务、年薪、工作地区、雇佣日期、解雇状态 7 个属性构成，用户需要筛选出职务中包含“经理”字符，且解雇状态为“FALSE”的员工。

实现这项工作的操作步骤如下：

① 在“公司员工信息表”工作表上面插入若干空行（至少两行），复制“公司员工信息表”工作表的第一行项目标签到第一行。

然后在第二行“职务”标签下面（C2 单元格）输入“ * 经理 * ”在两个“ * ”中包含的文本条件表示筛选文本中包含的内容。此例表示，职务中包含“经理”文本。

接着在第二行“解雇状态”标签下面（G2 单元格）输入 FALSE，表示筛选出在岗的工作人员,如图 12.31 所示。

第一行：字段
第二行：筛选
数据列表

	A	B	C	D	E	F	G
1	序号	姓名	职务	年薪	工作地区	雇佣日期	解雇状态
2			*经理*				FALSE
3							
4							
5	序号	姓名	职务	年薪	工作地区	雇佣日期	解雇状态
6	1	韩若琳	总经理	789,456	武汉	2000/7/10	TRUE
7	2	徐琼	地区总经理	654,890	上海	1999/12/9	TRUE
8	3	龚远超	地区副经理	98,230	武汉	[illegible]/3/12	TRUE
9	4	蓝子良	员工	55,500	上海	2000/2[illegible]	FALSE
10	5	林秀玲	地区总经理	260,000	武汉	2000/4/8	[illegible]
11	6	周威	地区总经理	149,000	广州	2001[illegible]	[illegible]
12	7	陆觉	员工	39,000	上海	2002/8/13	[illegible]
13	8	张骞	员工	29,850	武汉	1999/3/24	FALSE
14	9	王传辉	地区副经理	220,000	上海	2002/1/29	TRUE
15	10	黄筱轩	地区副经理	350,060	上海	2001/3/12	FALSE
16	11	连裕清	地区副经理	89,467	广州	1999/10/15	TRUE
17	12	芦闻淏	员工	69,687	广州	1999/10/15	TRUE
18	13	朱良	员工	95,000	上海	2000/9/11	TRUE
19	14	张子洋	员工	27,690	上海	1998/12/26	FALSE
20	15	席居超	员工	42,000	武汉	2002/1/19	FALSE
21	16	姚辉	员工	24,000	武汉	2000/12/22	FALSE
22	17	[illegible]	员工	[illegible]	武汉	2001/7/21	FALSE

公司员工信息表

图 12.31　高级筛选的条件区域和数据列表

这两个条件被设置在同一行中(第二行),表示两个条件是并列关系,即筛选出“在岗”的“经理”。

② 单击“数据”选项卡的“排序和筛选”组中的“高级”命令,弹出“高级筛选”对话框,如图 12.32 所示。

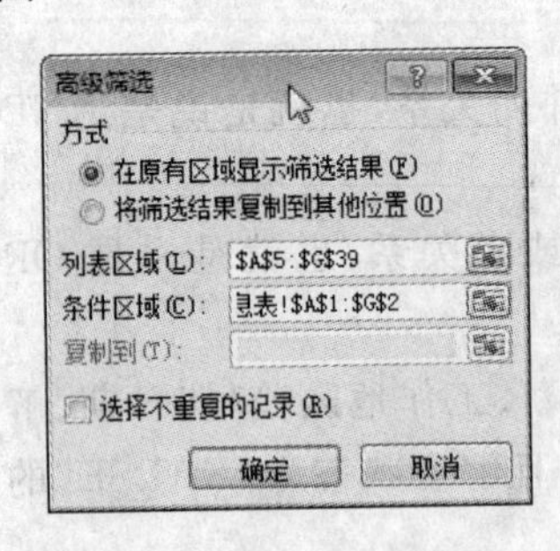

图 12.32　“高级筛选”对话框

③ 在“高级筛选”对话框的“方式”下有两个单选按钮,如果选中“在原有区域显示筛选结果”,则筛选数据源中不满足条件的数据在筛选结果中会被隐藏起来,原数据表区域内显示的是满足条件的所有数据。如果选中“将筛选结果复制到其他位置”,则筛选结果可以由用户重新选择一个单元格区域存储,目的存储区域在“复制到”编辑框中设置。

“列表区域”说明筛选的数据源,本例中就是“公司员工信息表”所在的区域,即＄A＄5:＄G＄39。

“条件区域”是用户存储筛选条件的单元格区域,本例中就是“公司员工信息表”中上面的区域,即＄A＄1:＄G＄2。

如果要筛选出不需要重复的数据结果,还可以选中对话框中的“选择不重复的记录”复选框。

④ 最后,单击“确定”按钮,筛选结果立即生成,如图 12.33 所示。

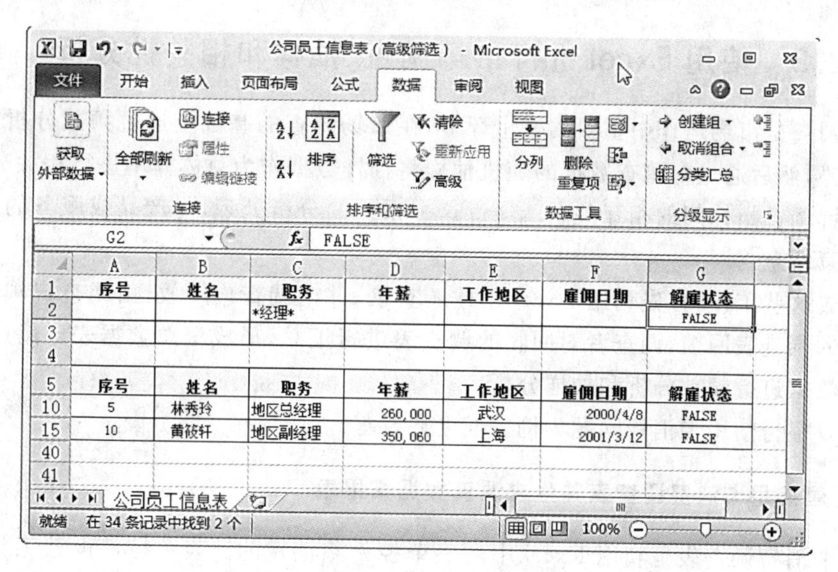

图 12.33　“高级筛选”的筛稳选条件设置及筛选结果

【例 12-2】　如果用户要筛选出职务中包含“总经理”字符、解雇状态为“FALSE”的员工，或者“年薪”达到和超过 60 000、工作地区在“武汉”的在岗或解雇的职工。

此问题中存在“或者”条件，所以在条件设置区域中应该分行设置。

① 第一行是“职务”为“＊总经理＊”、“解雇状态”为“FALSE”的设置。

② 第二行是“年薪”为“＞＝60000”、“工作地区”为“武汉”的设置。

与之相对应，“高级筛选”对话框的“条件区域”中的设置应该包含这两行条件，即＄A＄1:＄G＄3，筛选结果如图 12.34 所示。

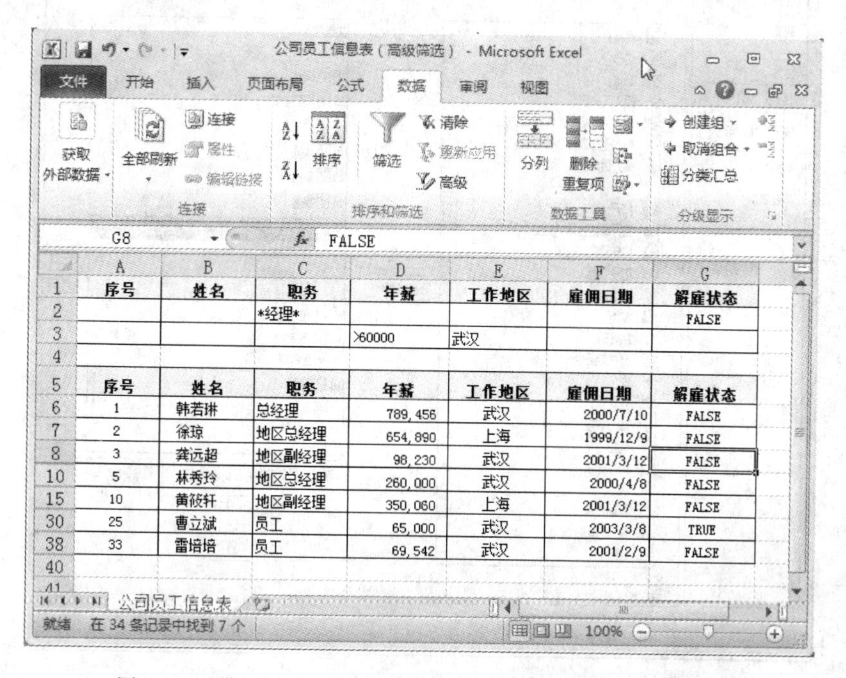

图 12.34　例 12-2 的“高级筛选”的筛选条件设置及筛选结果

12.2.3 使用 Excel 进行市场调查、抽样和相关性分析

市场调查是市场运作中重要的一个环节,在市场调查的基础上通过频数分析得到数据的分布趋势,然后通过对调查数据的随机抽样将抽样数据作为总体样本进行相关分析,从而进一步了解调查指标间的相互关系。通过这一系列的分析处理,为产品或服务的开发提供有用的决策信息。

为完成这些工作,首先利用 Excel 创建调查表,并向调查户发放,由调查户填写。用户将填写后的调查表回馈,调查者对回收的调查表进行汇总,形成汇总数据表。然后,再对汇总表中的数据进行频数分析和抽样分析。

下面以银行信用卡消费问题为例完成上述要求。

1. 创建信用卡消费调查表并生成调查数据结果表

信用卡消费调查表是利用 Excel 中的表单控件来创建的。表单控件设计工具在“开发工具”选项卡中,要显示该选项卡,可以执行以下操作:

选择 Excel 功能区的“文件”选项卡中的“选项”命令,弹出“Excel 选项”对话框,如图 12.35 所示。然后在该对话框中选择“自定义功能区”选项,在右边的列表框中选中“开发工具”复选框,单击“确定”按钮。

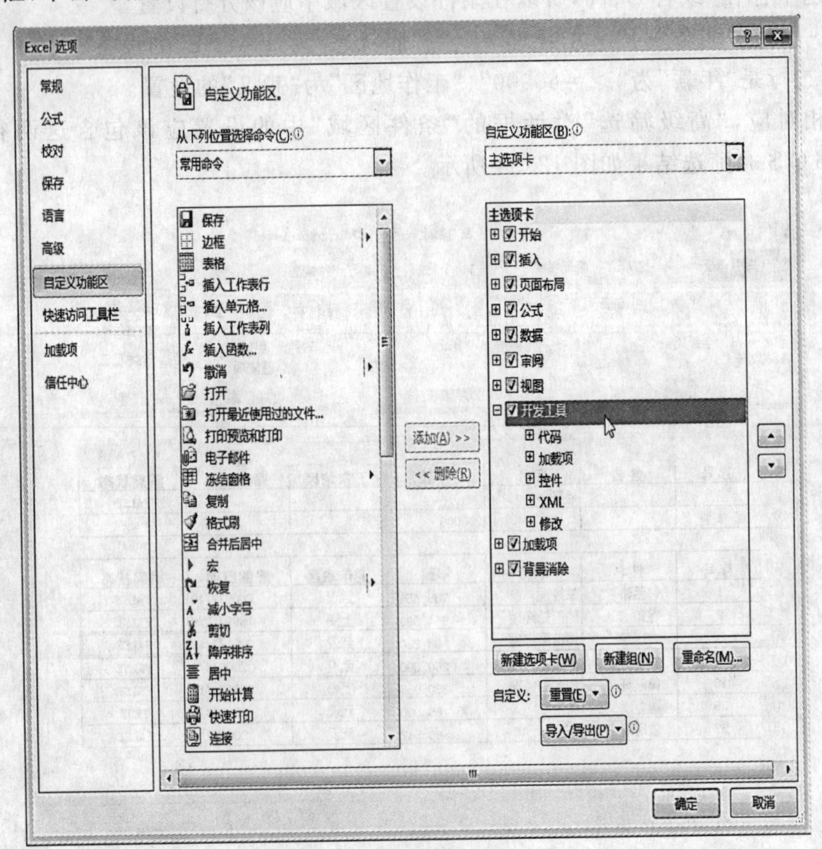

图 12.35 “Excel 选项”对话框

这时在 Excel 功能区中展开了“开发工具”选项卡，表单控件设计工具在“开发工具”选项卡的“控件”组中的“插入”按钮下。如果要使用表单控件，需要单击“开发工具”选项卡的“控件”组中的“插入”按钮将其显示出来，如图 12.36 所示。

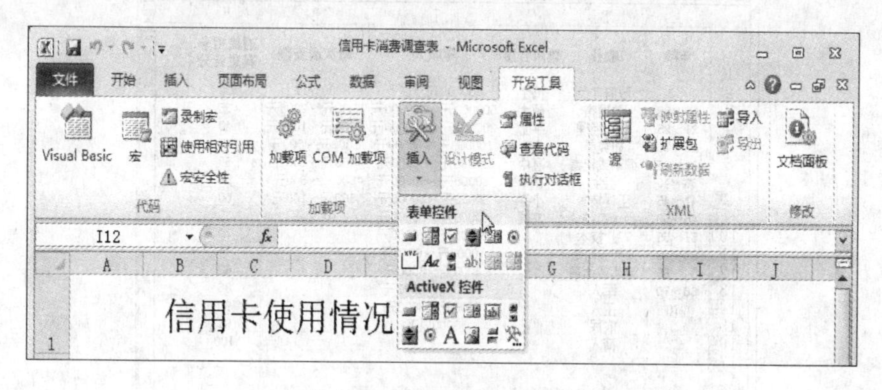

图 12.36　显示出表单控件

信用卡消费调查问题由一个包含 3 个工作表的工作簿组成。

- 第一个工作表是要创建的“信用卡消费问卷”工作表，如图 12.37 所示，该工作表的内容是由多个控件组成的“信用卡使用情况调查表”。

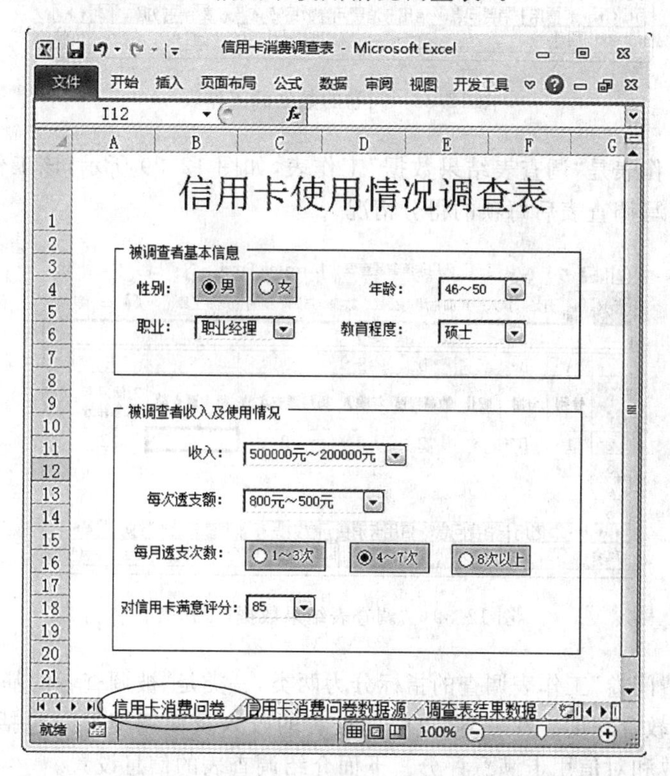

图 12.37　“信用卡消费问卷”工作表的控件组成

- 第二个工作表是问卷的数据源工作表，即“信用卡消费问卷数据源”，如图 12.38 所示，其中存储的是各类调查指标的分类及取值范围。

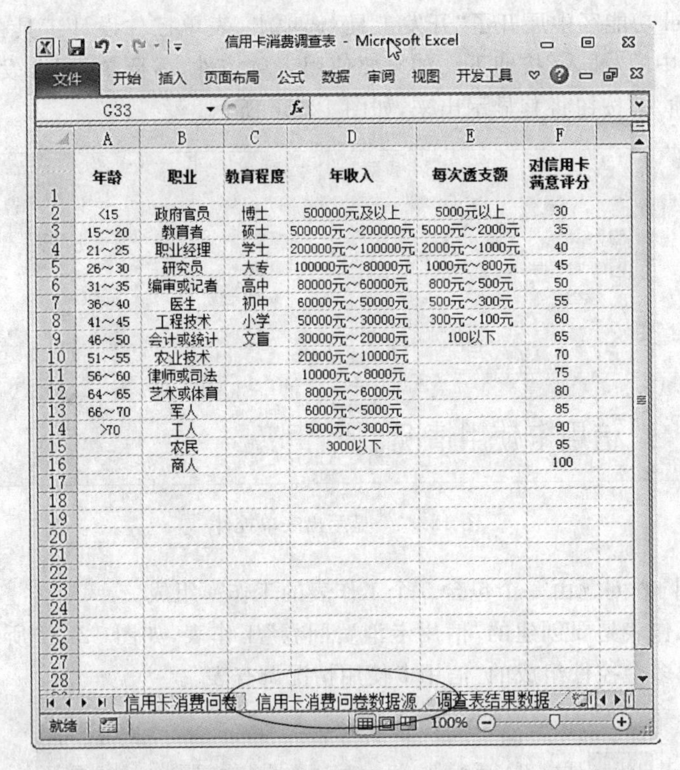

年龄	职业	教育程度	年收入	每次透支额	对信用卡满意评分
<15	政府官员	博士	500000元及以上	5000元以上	30
15～20	教育者	硕士	500000元～200000元	5000元～2000元	35
21～25	职业经理	学士	200000元～100000元	2000元～1000元	40
26～30	研究员	大专	100000元～80000元	1000元～800元	45
31～35	编审或记者	高中	80000元～60000元	800元～500元	50
36～40	医生	初中	60000元～50000元	500元～300元	55
41～45	工程技术	小学	50000元～30000元	300元～100元	60
46～50	会计或统计	文盲	30000元～20000元	100以下	65
51～55	农业技术		20000元～10000元		70
56～60	律师或司法		10000元～8000元		75
64～65	艺术或体育		8000元～6000元		80
66～70	军人		6000元～5000元		85
>70	工人		5000元～3000元		90
	农民		3000以下		95
	商人				100

图 12.38 问卷的数据源工作表

- 第三个工作表是“调查表结果数据”工作表，如图 12.39 所示，该工作表中存储的是调查者填写调查表后每项的得分情况。

性别	年龄	职业	教育程度	年收入	每月透支次数	每次透支额	对信用卡满意评分
1	8	3	2	2	2	5	12

图 12.39 “调查表结果数据”工作表

“信用卡消费问卷”工作表调查的指标分为两类，一类是“被调查者的基本信息”，包括性别、年龄、职业和教育程度；另一类是“被调查者的收入及使用情况”，包括收入、每次透支额、每月透支次数和对信用卡满意评分。下面介绍调查表的信息设置。

1）“性别”和“每月透支次数”的设置

“性别”由两个单选按钮组成，标识名分别是“男”和“女”，分别右击，在快捷菜单中选择“设置控件格式”命令，弹出“设置控件格式”对话框，如图 12.40 所示。选择“控制”选项卡，将“单元格链接”到第 3 个工作表（“调查表结果数据”）的“性别”下面的单元格，即“调查表结果数据!$A$2”。

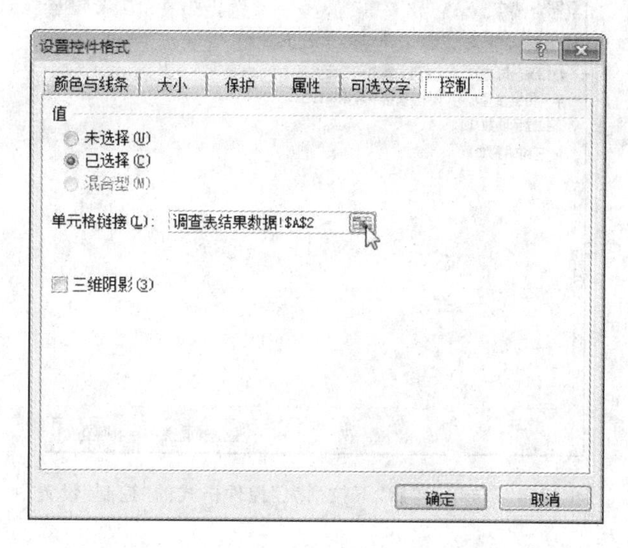

图 12.40 “男”、“女”单选按钮的格式“控制”设置

通过对控件的“单元格链接”进行设置，可以将用户选择的项目转换为数字数据的结果，并保存在链接单元格中。

例如，如果用户选择性别为“男”，则“调查表结果数据!$A$2”单元格中存储数据“1”；如果用户选择性别为“女”，则“调查表结果数据!$A$2”单元格中存储数据“2”。

这里的数字值是由单选按钮的次序决定的，选中第一个，它的链接值为“1”，选中第二个，它的链接值为“2”，依此类推。

类似的，“每月透支次数”的3个单选按钮的链接值分别是“1”、“2”、“3”，一旦选中相应的单选按钮，对应的数值就被存储到所链接的单元格中。

本例的数值将被存储到第3个工作表(“调查表结果数据”)的相应单元格中，如图12.41所示。

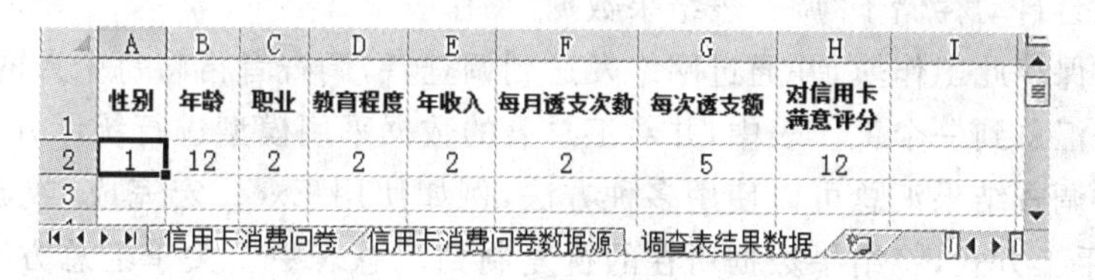

	A	B	C	D	E	F	G	H	I
1	性别	年龄	职业	教育程度	年收入	每月透支次数	每次透支额	对信用卡满意评分	
2	1	12	2	2	2	2	5	12	
3									

图 12.41 “单元格链接”后的结果

2)“年龄”、“职业”、“教育程度”、“收入”、“每次透支额”、“对信用卡满意评分”的设置

这几个调查项都是使用“下拉列表”控件设置的，在此以“年龄”的设置为例进行介绍，对“年龄”后的“下拉列表”控件右击，在快捷菜单中选择“设置控件格式”命令，弹出“设置控件格式”对话框，然后选择“控制”选项卡，如图12.42所示。

在“数据源区域”编辑框中选择“信用卡消费问卷数据源”工作表中的“年龄”下面的区域，即“信用卡消费问卷数据源!$A$2:$A$14”。则以后用户在接受调查时，输入的年龄就是这个区域中可选择的每一个年龄段值，这里将年龄分为13段。

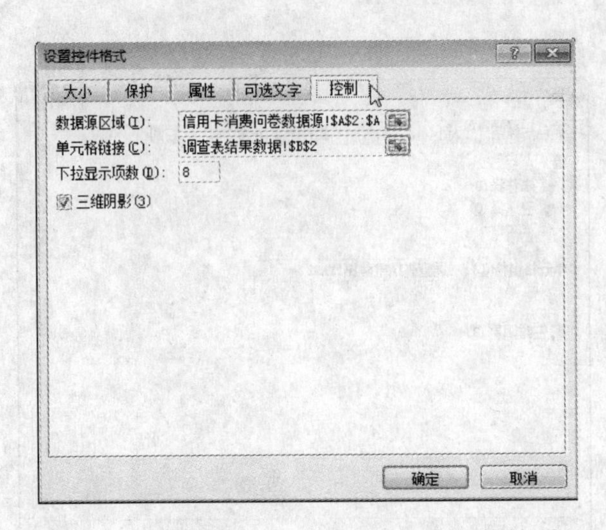

图 12.42 “年龄”后“下拉列表”控件格式的“控制”设置

在“单元格链接”编辑框中选择“调查表结果数据”工作表的“年龄”下面的单元格，即“调查表结果数据！\$B\$2”。

同样，通过对控件的“单元格链接”进行设置，可以将用户选择的项目转换为数字数据的结果，并保存在链接单元格中。

例如，如果用户选择年龄为“66～70”，则“调查表结果数据！\$B\$2”单元格中存储数据“12”，即这个年龄段属于年龄分段中的第 12 个。

这里的数字值是由数据源中数据的次序决定的，选择数据源中的第一个值，它的链接值为“1”，选择数据源中的第二个值，它的链接值为“2”，以此类推。

类似的，对调查项的其他下拉列表控件使用同一方法进行设置。

至此，“信用卡消费调查表”工作簿设计完成，以后可将该工作簿发送给被调查者，由被调查者在“信用卡消费问卷”工作表中的“信用卡使用情况调查表”中选择指标值，所选指标的调查结果就会自动存储于“调查表结果数据”工作表中。

被调查者保存此工作簿，并通过网络发送到调查者，调查者再将每个人的第三个工作表中的结果数据汇总到一个工作表中，并对汇总表的数据采用模型进行统计分析处理。

对回馈的调查结果汇总可以使用多种方法，例如使用 Excel 宏完成，或通过 VBA 编程完成，或通过手工方式，将结果数据所在的行复制到汇总表中。关于汇总方法的选择，不是本书讨论的问题，因此不予介绍。

下面假设数据汇总工作已经完成，并存储于“信用卡消费调查结果汇总表及分析结果”工作簿中的“调查表结果汇总表”工作表中，如图 12.43 所示。

2. 信用卡消费调查频数分析及图表

① 在“信用卡消费调查结果汇总表及分析结果”工作簿中设计一个工作表，命名为“频数分析结果”，如图 12.44 所示。

② 在该工作表的第一行中输入“年收入频数分析”，并合并 A1：D1。

③ 在该工作表的第一行的 A2～D2 单元格中分别输入“年收入段”、“限值”、“频数”、

	A	B	C	D	E	F	G	H	I
1	序号	性别	年龄	职业	教育程度	年收入	每月透支次数	每次透支额	对信用卡满意评分
2	1	1	7	8	2	7	2	7	12
3	2	1	3	12	5	13	1	8	13
4	3	2	4	8	4	12	2	7	11
5	4	1	8	3	3	8	3	5	14
6	5	2	8	5	1	10	1	6	13
7	6	2	5	10	2	3	2	6	11
8	7	2	8	1	2	3	1	7	12

图 12.43　包含 300 个调查数据的“调查表结果汇总表”

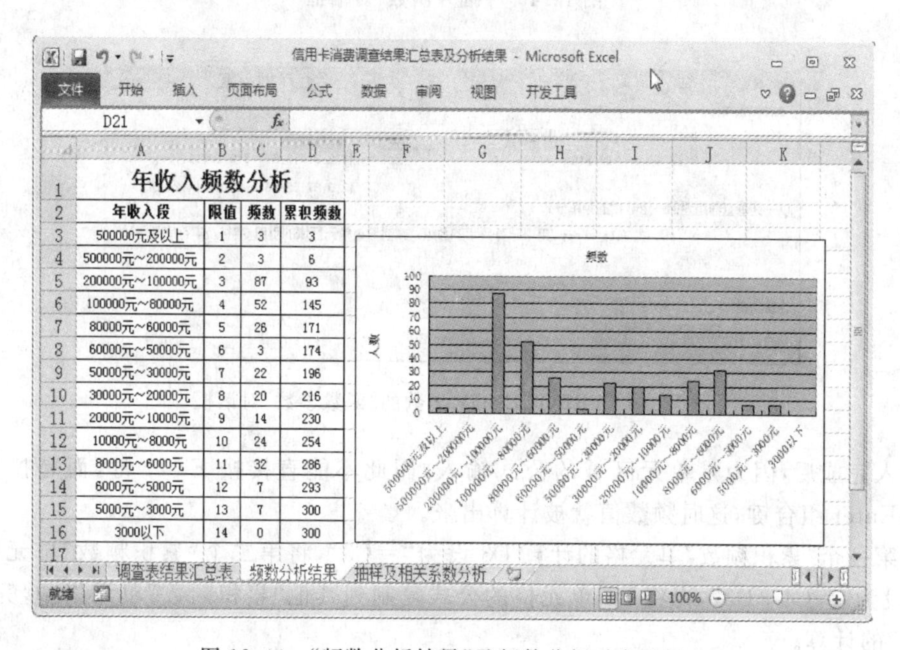

年收入频数分析

年收入段	限值	频数	累积频数
500000元及以上	1	3	3
500000元～200000元	2	3	6
200000元～100000元	3	87	93
100000元～80000元	4	52	145
80000元～60000元	5	26	171
60000元～50000元	6	3	174
50000元～30000元	7	22	196
30000元～20000元	8	20	216
20000元～10000元	9	14	230
10000元～8000元	10	24	254
8000元～6000元	11	32	286
6000元～5000元	12	7	293
5000元～3000元	13	7	300
3000以下	14	0	300

图 12.44　“频数分析结果”及频数分析对应的图表

“累积频数”。

对于该工作表的第一列的 A3～A16 单元格中的数据，由“信用卡消费调查表”工作簿中的“信用卡消费问卷数据源”工作表中的“年收入”下面的数据复制而来。

“限值”所在列下面的数据是“年收入段”的对应取值 1～14。

④ 选中“频数”下的 C3：C16 单元格区域，然后单击“公式”选项卡中的“插入函数”按钮，弹出“插入函数”对话框，如图 12.45 所示。

⑤ 选择“FREQUENCY”函数，单击“确定”按钮，弹出“函数参数”对话框，在此对话框中为“FREQUENCY”函数设置两个参数，如图 12.46 所示。

在 Data_array 编辑框中输入“调查表结果汇总表!F2:F301”，即“年收入”下面的调查数据。在 Bins_array 编辑框中输入“B3：B16”，即“频数分析结果表”中“限值”下面的频数计算的分段值。

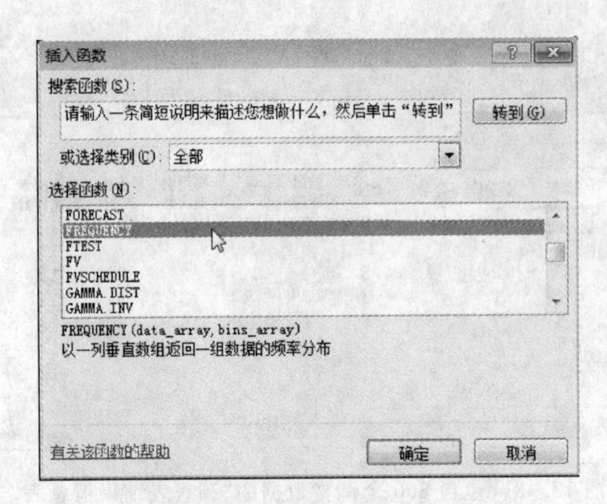

图 12.45 “插入函数”对话框

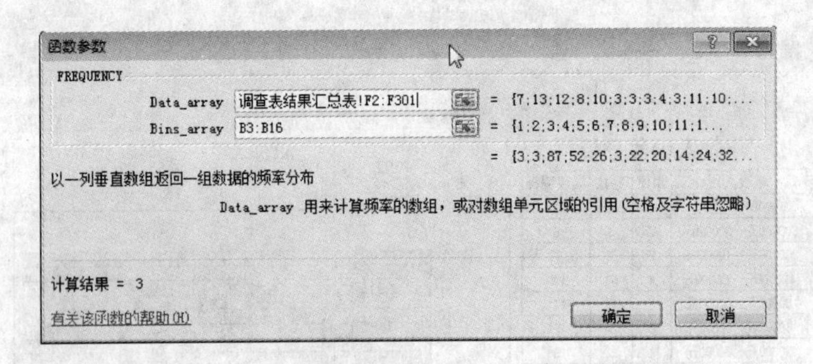

图 12.46 FREQUENCY 函数的“函数参数”对话框

输入完成后，因为是单元区域的公式输入，因此不能直接按 Enter 键，而是按 Ctrl+Shift+Enter 组合键，这时频数值就被计算出来。

将第一个“累积频数”单元格的计算 D3 设为“=C3”，将第二个“累积频数”单元格的计算 D4 设为“=C4+D3”，再将 D4 单元格的公式复制到其他“累积频数”单元格中，完成“累积频数”的计算。

最后，对“频数”列的数据制作图表(图表的制作这里不再讨论)，完成数据分析的结果。

类似的，还可以对汇总表中的其他指标进行频数分析。

3. 信用卡消费抽样调查及相关性分析

在实际中，对调查的数据有时不需要或不能全部进行统计分析，而是选取其中的一部分数据分析。选取数据的过程，在统计学中称为“抽样”，“抽样”过程就是在大量数据中合理地选取有代表性的一部分数据，以后可以对选取的这部分数据进行分析，分析结果可以代表全部数据的分析结果。

“抽样”方法有多种，一般常用“随机”和“周期”两种方法。

“随机”法就是在所有的数据中任意选取若干个数据样本，这种方法的前提是，原始数据集合中的数据没有按任何规律排列，这样随机选择出来的数据就没有特质，也就一般性地代表了原始数据。

“周期”法就是在所有的数据中，从头到尾有一定间隔规律地选取若干个数据样本。

抽样是进行数据分析的第一步，在数据分析样本选取出来以后，再对样本数据采用某种统计方法进行分析，例如“相关系数”分析、“回归”分析、“指数平滑”分析等。

1）信用卡消费数据的抽样

① 在“信用卡消费调查结果汇总表及分析结果”工作簿中建立一个工作表，命名为“抽样及相关系数分析”，如图 12.47 所示。

	A	B	C
1	年收入和每月透支次数抽样及相关分析		
2	样本序号	年收入	每月透支次数
3	234	4	2
4	4	8	3
5	128	3	2
6	68	2	2
7	167	4	2
8	5	10	1
9	188	12	2

图 12.47 “抽样及相关性分析”工作表

② 在该工作表的第一行中输入“年收入和每月透支次数抽样及相关分析”，并合并 A1∶C1。

③ 在该工作表的第二行的 A2～C2 单元格中分别输入“样本序号”、“年收入”、“每月透支次数”。

④ 单击功能区中“数据”选项卡的“分析”组中的“数据分析”按钮，弹出“数据分析”对话框，如图 12.48 所示。

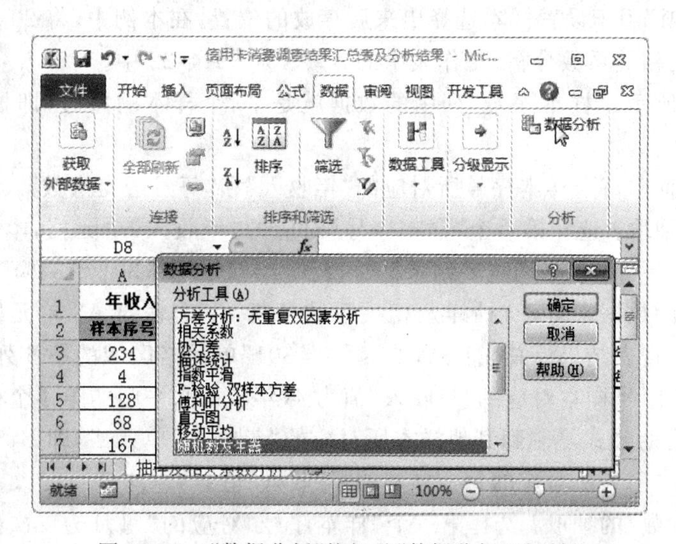

图 12.48 “数据分析”按钮及“数据分析”对话框

如果在“数据”选项卡的“分析”组中没有“数据分析”按钮,可以通过以下方法安装分析工具:

选择功能区中的“文件”选项卡,然后选择“选项”命令,弹出“Excel 选项”对话框。在该对话框中选择“加载项”选项,在“管理”下拉菜单中选择“Excel 加载项”命令,然后单击“转到”按钮,此时 Excel 会弹出“加载宏”对话框,在此对话框中选中“分析工具库”复选框,并单击“确定”按钮。

⑤ 选择“抽样”选项,单击“确定”按钮,弹出“抽样”对话框,如图 12.49 所示。

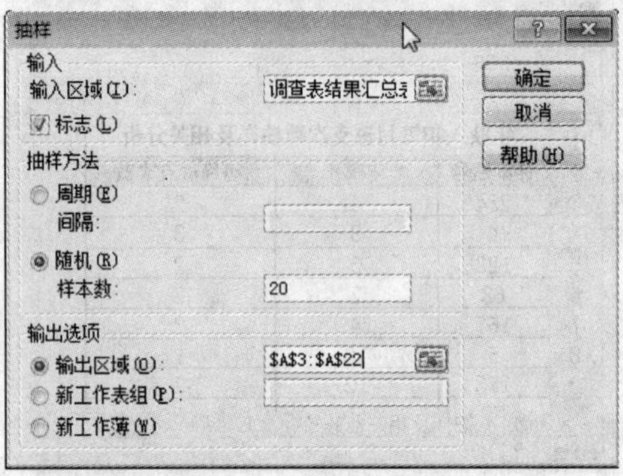

图 12.49 “抽样”对话框

⑥“输入区域”用于指定抽样数据源存储的区域,本例中是“调查表结果汇总表!$A$1:$A$301”。

即从 1～300 个数据中选择样本(序号列)。由于数据源的第一个数据是列标题“序号”,所以将“输入区域”下面的“标志”复选框选中。

⑦ 在“抽样方法”中可选择“周期”或“随机”方法进行抽样,本例中选择“随机”,并设置“样本数”为 20,即从序号为 1～300 的数据中选择 20 个数据进行分析。

⑧“输出选项”用于设置样本选择出来后存放的位置,在本例中,将 20 个样本存储在本工作簿的“抽样及相关系数分析”工作表中的$A$3:$A$22 中。

如图 12.47 所示,“样本序号”列中的数据就是 20 个样本的序号,即抽取了第 234、4、128 等序号的样本。

接下来就是抽取每个样本序号所对应的“年收入”和“每月透支次数”。

“年收入”的抽取:选择第一个“样本序号”对应的“年收入”单元格,本例中是 B3,在公式编辑栏中输入“=INDEX(调查表结果汇总表!$A$2:$I$301,A3,6)”。

即“年收入”的数据来自于“抽样及相关系数分析”工作表的 A3 单元格值(样本序号:234)所对应的“调查表结果汇总表!$A$2:$I$301”单元格区域的第 6 列的值(年收入)。在本例中,即 234 序号样本对应的“年收入”值为 4(年收入水平中的第 4 个档次)。

将 B3 单元格的公式复制到其他样本所对应的“年收入”单元格,即 B4～B22,这些单元格中的值就是样本序号所对应的每个样本的“年收入”值。

“每月透支次数”的抽取:选择第一个“样本序号”对应的“每月透支次数”单元格,本例中是 C3,在公式编辑栏中输入“=INDEX(调查表结果汇总表!$A$2:$I$301,A3,7)”。

即“每月透支次数”的数据来自于“抽样及相关系数分析”工作表的 A3 单元格值(样本

序号：234)所对应的“调查表结果汇总表！＄A＄2：＄I＄301”单元格区域的第 7 列的值(每月透支次数)。在本例中,即 234 序号样本对应的“每月透支次数”值为 2(每月透支次数水平中的第二个档次)。

将 C3 单元格的公式复制到其他样本所对应的“每月透支次数”单元格,即 C4～C22,这些单元格中的值就是样本序号所对应的每个样本的“每月透支次数”值。

至此,抽样过程完成,样本的值由样本的“样本序号”、对应的“年收入”和“每月透支次数”3 个数据构成。

2) 对信用卡消费数据样本的“相关系数”分析

下面对上述抽样数据进行统计分析。数据分析的方法非常多,本例中将采用“相关系数”分析方法对“年收入”和“每月透支次数”两组数据进行相关性分析,判断这两个数据之间的关联性。

单击“数据”选项卡中的“数据分析”按钮,弹出“数据分析”对话框,选择“相关系数”,如图 12.50 所示。

单击“确定”按钮,弹出“相关系数”对话框,如图 12.51 所示。

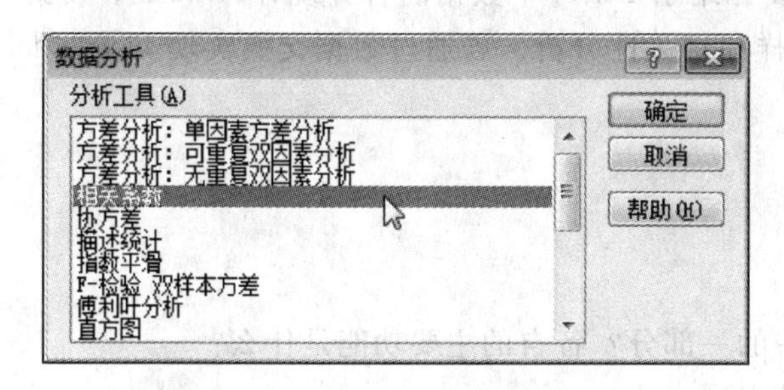

图 12.50　“数据分析”对话框

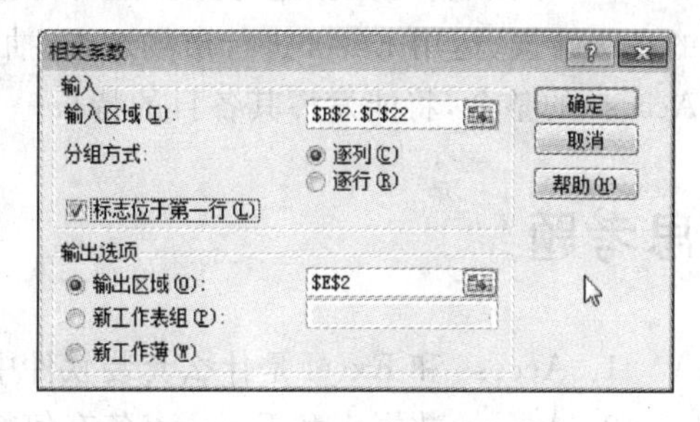

图 12.51　“相关系数”对话框

“输入区域”是指进行分析的数据源,即“年收入”和“每月透支次数”数据所在的区域,本例中是＄B＄2：＄C＄22。数据是以列方式存储的,所以选择“分组方式”为“逐列”,由于所选区域的第 1 行(工作表的第 2 行)为标题行,所以选中“标志位于第一行”复选框。

“输出选项”是分析结果存放的位置,本例中选择“输出区域”,并指定输出起点为＄E＄2。最后,单击“确定”按钮,在＄E＄2 开始的单元格中就生成了“相关系数”分析结果,如图 12.52 所示。

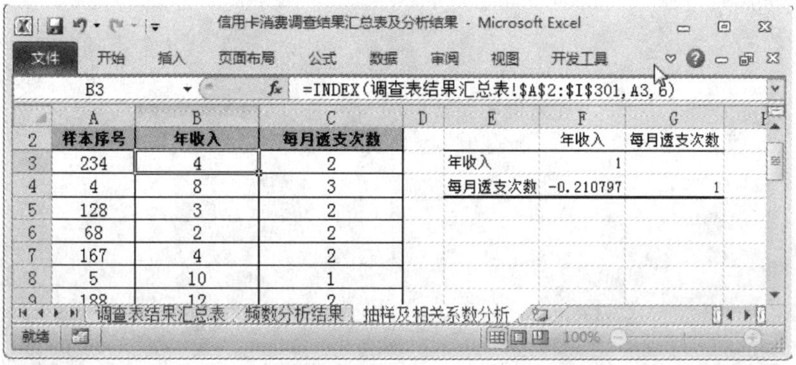

信用卡消费调查结果汇总表及分析结果 - Microsoft Excel

B3　=INDEX(调查表结果汇总表!$A$2:$I$301,A3,6)

	A	B	C	D	E	F	G
2	样本序号	年收入	每月透支次数			年收入	每月透支次数
3	234	4	2		年收入	1	
4	4	8	3		每月透支次数	-0.210797	1
5	128	3	2				
6	68	2	2				
7	167	4	2				
8	5	10	1				

调查表结果汇总表　频数分析结果　抽样及相关系数分析

图 12.52　“相关系数”分析结果

本例到此全部完成,完成这个事例分 3 个步骤:

- 创建信用卡消费调查表并生成调查数据结果表
- 信用卡消费调查频数分析及图表
- 信用卡消费抽样调查及相关性分析

本章小结

Excel 和 Access 作为 Microsoft Office 的两个组件,共同点是都以表格的形式表达和处理数据,但各有其特点。

本章分析了 Access 数据库表与 Excel 表的异同点,并介绍了将 Excel 表的数据类型结构化的两种方法,即使用"设置单元格格式"对话框格式化数据类型和使用"数据有效性"对话框格式化数据类型。

Excel 的应用案例是本章的重点。本章讨论了运用 Excel 中强大的数学分析方法(Access 不具备)对数据进行分析应用,主要介绍了 Excel 中数据的合并统计,Excel 中数据的高级筛选,运用 Excel 进行市场调查、抽样和相关性分析。若通过数据交换实现 Excel 和 Access 的整合,将能发挥其各自的特长。

思考题

1. Access 和 Excel 是什么套装软件中的一部分?各自的主要功能是什么?
2. Access 数据表和 Excel 表各有何特点?
3. 将 Excel 表结构化的基本方法有哪些?
4. Excel 中数据的合并统计功能有何作用?操作步骤是什么?
5. Excel 中数据的高级筛选功能有何作用?操作步骤是什么?
6. 如何运用 Excel 进行市场调查、抽样和相关性分析?举例说明。

参考文献

[1] Cary N. Prague，等. 中文版 Access 2003 宝典. 赵传启，等译. 北京：电子工业出版社，2004.
[2] 施伯乐，丁宝康，等. 数据库教程. 北京：电子工业出版社，2004.
[3] 肖慎勇，杨博，等. 数据库及其应用. 北京：清华大学出版社，2007.
[4] 李雁翎. Access 基础与应用. 二版. 北京：清华大学出版社，2008.
[5] 张玲，刘玉玫. Access 数据库技术实训教程. 北京：清华大学出版社，2008.
[6] Hector Garcia-Molina，等. 数据库系统全书. 岳丽华，杨冬青，等译. 北京：机械工业出版社，2003.
[7] 朱扬勇. 数据库系统设计与开发. 北京：清华大学出版社，2007.
[8] 高屹，齐东元，等. Web 应用开发技术. 北京：清华大学出版社，2008.
[9] 陈建伟，陈焕英. ASP 动态网站开发教程. 三版. 北京：清华大学出版社，2008.
[10] 丁跃潮，张涛，等. XML 实用教程. 北京：北京大学出版社，2006.
[11] 吴泽俊，等. 电子商务实现技术. 北京：清华大学出版社，2006.
[12] S·希利尔，等. 数据、模型与决策：运用电子表格建模与案例研究. 2 版. 任建标译. 北京：中国财政经济出版社，2004.
[13] 恒盛杰资讯. Excel 数据分析与处理经典. 北京：中国青年出版社，2007.
[14] 徐秀花，程晓锦，李业丽. Access 2010 数据库应用技术教程. 北京：清华大学出版社，2013.
[15] 科教工作室. Access 2010 数据库应用. 2 版. 北京：清华大学出版社，2011.